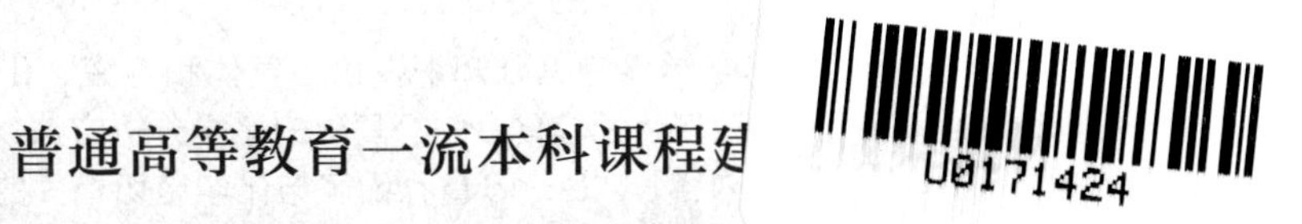

普通高等教育一流本科课程建
普通高等教育“十三五”规划教材
江西省精品课程教材

大学化学

第二版

邱　萍　黄鹏程　李东平　主编

化学工业出版社
·北京·

内容简介

本书共 15 章。前 11 章介绍了化学学科的基础知识，包括气体和溶液、化学热力学、化学动力学、化学反应平衡、各种典型类型的反应、配位化合物、基础的化学分析方法、物质结构、元素周期表中各族元素及重要化合物的性质等内容。 12～15 章介绍了与化学密切相关的一些交叉学科及化学在其中的应用。各章末都附有思考题和习题，便于学生对所学内容加深理解和练习。书末附录中给出了一些常用的化学数据并附有元素周期表。

本书可供高等教育院校师生教学使用。

图书在版编目（CIP）数据

大学化学 / 邱萍，黄鹏程，李东平主编. —2 版. —北京：化学工业出版社，2022. 4（2024.10重印）

普通高等教育一流本科课程建设成果教材 普通高等教育“十三五”规划教材 江西省精品课程教材

ISBN 978-7-122-40848-8

Ⅰ. ①大… Ⅱ. ①邱… ②黄… ③李… Ⅲ. ①化学-高等学校-教材 Ⅳ. ①O6

中国版本图书馆 CIP 数据核字（2022）第 033430 号

责任编辑：赵玉清　　文字编辑：周　倜
责任校对：田睿涵　　装帧设计：关　飞

出版发行：化学工业出版社
（北京市东城区青年湖南街 13 号　邮政编码 100011）
印　　刷：北京云浩印刷有限责任公司
装　　订：三河市振勇印装有限公司
787mm × 1092mm　1/16　印张 22½　字数 582 千字　　2024 年 10 月北京第 2 版第 4 次印刷

购书咨询：010-64518888　　售后服务：010-64518899
网　　址：http://www.cip.com.cn
凡购买本书，如有缺损质量问题，本社销售中心负责调换。

定　　价：59.00 元

第二版前言

在全面落实全国教育大会、新时代全国高等学校本科教育工作会议背景下，我校“大学化学”课程已获批江西省第一批一流本科课程、江西省精品在线开放课程。《大学化学》第一版自 2013 年出版以来，已过了九年，在这期间，化学及相关领域都有了新的发展。与此同时，我们也收到了一些读者和同行发来的反馈意见和建议。为了反映新的变化和适应新形势下的需要，经参编教师协商，决定对原教材进行修订。

本书是在保留第一版特色的基础上修订而成的，修订的主要工作是：进一步优化内容，精炼语言；加强与现实生产生活的联系，适当体现与相关领域的关系；增加了数字化信息，拓展了知识点的介绍与应用；对教材内容进行了适当的增减，删减了仪器分析部分内容，将内容繁多复杂的“化学定量分析法”拆分为“定量分析及数据处理”和“滴定分析法”两章内容，按 2020 版教学大纲的要求，对内容进行适当补充拓展等。这样设置更有利于各个专业的学习选用，及时反映化学与一些新技术的联系。

新版教材在南昌大学化学化工学院大学化学教研室全体教师的积极参与下完成，参加编写工作的有：吴芳英（绪论、第 6 章）、李静（第 1、13 章）、雷学仿（第 2、3、9 章）、邱萍（第 4、12 章）、李来生（第 5 章）、汪淑华（第 7、12 章）、周新木（第 10 章）、李东平（第 11、15 章）、李志美（第 8、14 章），李东平老师和黄鹏程老师对章节修订和数字化内容进行补充，邱萍老师负责组织编写、统稿。

教材修订得到吴芳英老师和使用单位的支持与帮助，感谢南昌大学大学化学教研室的各位同仁和化学工业出版社一如既往的支持。教材不妥之处，敬请读者批评指正。

编　者

2022 年 3 月

于南昌大学

第一版前言

随着科学技术的迅猛发展，不同学科之间相互交叉渗透，许多非化学、化工学科的最新成果都与化学相关联，化学已经成为许多非化学、化工学科发展的支撑点。所以将“大学化学”作为大多数非化学、化工类专业学生的一门公共学科基础课程，就显得尤为重要。近年来，随着教学改革的进一步深化，教学团队成员不断探索和总结，在教学内容和形式上进行了一系列改革和新的尝试，又经多次集体讨论、多方听取学生意见，取得了多项教改成果，同时也积累了大量宝贵的教学经验。据此我们编写了本教材。

本教材根据“大学化学”课程的性质和学时要求，以现代化学的基本原理为基础，针对生命科学、食品科学、材料科学、环境科学、建筑工程学及医学等学科对化学基本知识、基本技术和基本方法的需求，重视理论联系实际，突出了化学知识的科学性和应用性。具体特色如下:

（1）理论基础的易读性: 对化学反应的基本原理、物质结构基础等化学基本理论知识的讲述，既注重了概念准确又做到简洁通俗，使读者 (尤其对刚入校的新生来说) 更容易理解和接受。

（2）理论与运用的紧密结合性: 在化学反应的基本原理中，把四大平衡中的一些平衡移动问题作为其化学平衡的例子来讲述，让实例配合理论讲解，让运用有理论指导，使得前后内容更具连贯性、系统性。

（3）应用的广泛性: 结合化学与生命科学和技术、材料科学、环境科学、建筑工程学等学科的紧密联系和相互渗透，介绍化学在这些学科中的应用，可以让读者在较少的学时内对化学的知识体系和进展有一个较为全面的了解。

（4）具有社会性和现代性: 教材紧跟化学学科的最新发展动向，及时反映化学领域的前沿知识，以开阔学生的视野。在最后介绍了现代社会普遍关注的化学与健康、绿色化学两章化学知识。

（5）另外，对化学分析部分采用了先分散简介后综合叙述的方式，更明确了四大化学滴定的特性和共性。

教材共分 16 章，主要内容包括气体、溶液分散体系、化学反应的基本规律、溶液中的四大平衡、物质结构、元素化合物、分析化学导论、仪器分析方法。选编了化学与材料、化学与生命科学、化学与能源及化学与健康、绿色化学等重要相关的化学知识。

本教材由吴芳英老师组织、雷学仿老师具体协调各章节编写内容、邱萍老师负责文字编排，并在大学化学教研室全体教师的积极参与下完成。参加编写工作的有吴芳英（绪论、第6章）、李静（第1、14章）、雷学仿（第2、3章、第8章滴定部分）、邱萍（第4章、第13章部分）、李来生（第5、12章）、汪淑华（第7章、第13章部分）、周新木（第9章）、李东平（第10、16章）、万益群（第11章）、李志美（第8章前半部分、第15章）。

本书是普通高等教育“十二五”重点规划教材，在教材的编写过程中，曾得到有关部门和一些关心本教材的同仁的热情帮助和大力支持。同时获得了南昌大学2012年教材出版资助项目的资助，在此一并表示衷心感谢。

由于编者水平有限，书中疏漏和不当之处在所难免，恳请广大同仁和读者批评指正。

编　者

2013年1月于南昌

目录

第3章 化学平衡和化学反应速率 / 040

第4章 酸碱平衡 / 064

第5章 氧化还原反应 / 092

第6章 沉淀-溶解平衡 / 115

第7章　配位化合物及配位平衡　/　125

第8章　定量分析及数据处理　/　150

第9章　滴定分析法　/　163

第12章 化学与生命科学 / 269

第13章 化学与材料 / 283

第14章　化学与环境　/　294

第15章　绿色化学　/　304

附录　/　316

参考文献　/　347

绪论

化学是在原子、分子水平上研究物质的组成、结构和性能以及相互转化的科学。作为自然科学中的一门基础科学，化学是促进当代科学技术进步和人类物质文明飞跃发展的基础和动力。化学是一门中心、实用和创造性的科学，是一门古老而又生机勃勃的科学。

人类从懂得使用火开始，就从野蛮进入了文明。燃烧是人类最早应用的化学反应。燃烧在改善人类的饮食条件的同时也改善了人们的生活条件，人们利用燃烧制作了陶器，冶炼了青铜等金属。古代的炼丹家更是在寻求长生不老药的过程中使用了燃烧、煅烧、蒸馏、升华等化学基本操作。造纸、染色、酿造、火药等生产技术的发明无一不是经历无数化学反应的结果。因此，化学自产生之日起就和人类的生活密切相关。当然，在古代，化学表现出的是一种经验性、零散性和实用性的技术，而未成为一门科学。

17 世纪中叶以后，随着生产的迅速发展，积累了大量有关物质变化的知识。同时，数学、物理学和天文学等相关学科的发展促进了化学的发展。1661 年波意耳（R. Boyle）首次指出“化学研究的对象和任务就是寻找和认识物质的组成和性质”，他明确地把化学作为一门认识自然的科学，而不是一种以实用为目的的技艺。恩格斯对此给予了高度的评价，指出：“是波意耳把化学确定为科学。”

18 世纪末，化学实验室开始有了较精密的天平，使化学从对物质变化的简单定性研究进入到准确的定量研究。随后相继发现了质量守恒定律、定组成定律、倍比定律等，为化学新理论的诞生奠定了基础。19 世纪初，为了说明这些定律的内在联系，道尔顿（Dalton J）和阿伏加德罗（Avogadro A）分别创立了原子论和原子-分子论，从而进入了近代化学发展时期。

19 世纪下半叶，物理学的热力学理论被引入化学，从宏观角度解决了化学平衡的问题。随着工业化的进程，出现了生产酸、碱、合成氨、染料及其他有机化合物的大型工厂，化学工业的发展更促进了化学学科的深入发展。化学开始形成了无机化学、分析化学、有机化学和物理化学四大基础化学学科。

20 世纪是化学取得巨大成就的世纪，化学的研究对象从微观世界到宏观世界，从人类社会到宇宙空间的不断发展。在化学的理论、研究方法、实验技术以及应用等方面都发生了巨大的变化。原来的四大基础化学学科已经无法涵盖化学研究领域，从而衍生出新的学科分支，如生物化学、环境化学、高分子化学、材料化学、药物化学、地球化学等。现代科学中的能源、环境、材料、生物、信息技术等跨世纪学科无一例外地与化学密切相关，化学已成为促进社会及科学发展的基础科学之一。

21 世纪是化学与其他学科相互渗透和相互交融的世纪。更多的化学工作者投身到研究生命、材料的工作中。研究生命和材料的工作者也将更多地应用化学原理和手段来从事各自的研究。化学科学的发展在促进其他科学发展的同时，也将受到其他科学发展和技术进步成果的推动。物理科学的发展使得化学家不但能够描述过程，还能用激光、分子束和脉冲等技术跟踪超快过程。这些进步将有助于化学家在更深层次揭示物质的性质及变化规律。数学的非线性理论和混沌理论对化学多元复杂体系的研究产生了深刻的影响。随着计算机技术的发展，化学与数学方法、计算机技术的结合，形成了化学计算学，实现了计算机模拟化学过程。应用量子力学方法处理分子结构与性能的关系，有可能按照预定性要求设计新型分子。应用数学方法和计算机确定新型分子的合成路线，使分子设计摆脱纯经验的探索，为材料科学开辟新的方向。近代生物学已经把生命当作化学过程来认识，化学家和生物学家正在携手合作从分子水平研究生命科学。随着生物工程研究的进展化学家将更多地和生物学家一起利用细胞来进行物质的合成，同时将更多地应用仿生技术来研究模拟酶催化剂。

化学作为一门中心的、实用的和创造性的科学，与社会的多方面的需求有关，也有人称"化学是一门让人类生活得更美好的科学"。因此，化学的基础和应用与国民经济各部门的紧密结合将产生巨大的生产力，并影响每个人的生活。化学将在研究高效肥料和高效农药，特别是与环境友好的生物肥料和生物农药，以及开发新型农业生产资料等方面发挥巨大作用。化学将在发展新能源和资源的合理开发和高效安全利用中起关键作用。这些将改变人类能源消耗的方式，同时提高人类生态环境的质量。化学也将在电子信息材料、生物医用材料、新型能源材料、生态环境材料、航空航天材料及复合材料的研究中发挥重大作用。在发展量子计算机、生物计算机、分子器件和生物芯片等新技术中，化学都将做出自己的贡献。化学将在克服疾病和提高人类的生存质量等方面进一步发挥重大的作用。在攻克高死亡率和高致残心脑血管疾病、肿瘤、糖尿病以及艾滋病的进程中，化学家将和医学工作者一起不断创造和研究包括基因疗法在内的新药物和新方法。化学研究也将使人们从分子水平了解病理过程，研究预警生物标志物的检测方法。化学研究也将在揭示中药的有效成分、揭示多组分药物的协同作用机理方面发挥巨大作用，从而加速中药走向世界。

总之，化学是与国民经济各部门、人民生活各方面、科学技术各领域都有密切关系的基础科学。它不仅是化学工作者的必备知识，而且是理、工、农、医各相关学科人士所必须掌握的专业基础知识。为培养基础扎实、知识面宽、能力强、具有创新精神的高级人才，较为系统地学习化学基本原理、掌握必需的化学基本技能，了解它们在现代科学各个领域的应用是十分必要的。同时化学是一门充满活力和创造性的科学，通过化学课程的学习，不但使学生掌握一定的化学知识，而且能培养学生的创新思维能力和辩证唯物主义观点。化学是一门以实验为基础的科学，化学实验是人们认识物质化学性质、揭示化学变化规律和检验化学理论的基本手段。学生在实验室模拟各种实验条件，细致地对实验现象进行观察比较，并从中得出有用的结论。因此，通过化学实验可以培养学生的动手能力、认真细致的工作习惯、分析和解决实际问题的思想方法和工作方法。

"大学化学"作为理、工、农、医专业的学科基础课程，能够为其他专业课程的学习奠定坚实的基础。本书包含了无机化学和定量分析的基本内容，首先从宏观上介绍物质的聚集状态（气体、稀溶液、胶体）的基本性质和化学反应的基本原理（能量变化、反应速度、反应方向、反应平衡及平衡移动）；然后阐述在科学研究中定量分析的原理，溶液中的化学平衡（酸碱平衡、氧化还原平衡、沉淀平衡、配位平衡）以及在滴定分析中的应用；再从微观上介绍物质结构（原子、分子、晶体）的基本知识，介绍常用仪器分析方法；最后简要介绍化学在生命科学、材料科学、环境科学等领域的应用。

学生通过本课程的学习，应了解化学变化的基本规律，学会从化学反应产生的能量、反应的速率、反应进行的程度等方面来分析化学反应的条件，从而优化化学反应的条件；学会用原子分子结构的观点解释原子及化合物的性质，正确处理各类化学平衡（酸碱平衡、沉淀平衡、氧化还原平衡、配位平衡）的移动及平衡间的转换；学会用定量分析方法来测定物质的量，从而解决生产、科研中的实际问题，为进一步学习有关的专业课程打下基础。

第1章

气体和溶液

学习要求

① 了解分散系的分类及主要特征。
② 掌握理想气体状态方程和气体分压定律。
③ 掌握稀溶液的通性及其应用。
④ 掌握胶体的基本概念、结构及其性质等。
⑤ 了解高分子溶液、乳状液的基本概念和特征。

1.1 气体

1.1.1 理想气体状态方程

气体是物质存在的一种形态，没有固定的形状和体积，能自发地充满任何容器。气体的基本特征是它的扩散性和可压缩性。一定温度下的气体常用其压力或体积进行计量。在压力不太高（小于100kPa）、温度不太低（大于0℃）的情况下，气体分子本身的体积和分子之间的作用力可以忽略，气体的体积、压力和温度之间具有以下关系：

$$pV=nRT \tag{1-1}$$

式中，p 为气体的压力，Pa；V 为气体的体积，m^3；n 为气体的物质的量，mol；T 为气体的热力学温度，K；R 为摩尔气体常数。

式(1-1) 称为理想气体状态方程。

在一个标准大气压($p=101325\text{Pa}, T=273.15\text{K}$)下，1mol 理想气体的体积为 22.414L，代入式(1-1) 可以确定 R 的数值及单位：

$$R=\frac{pV}{nT}=\frac{101325\text{Pa}\times 22.414\times 10^{-3}\ \text{m}^3}{1\text{mol}\times 273.15\text{K}}$$

$$=8.314\text{Pa}\cdot\text{m}^3\cdot\text{mol}^{-1}\cdot\text{K}^{-1}$$
$$=8.314\ \text{J}\cdot\text{mol}^{-1}\cdot\text{K}^{-1}\qquad(1\text{Pa}\cdot\text{m}^3=1\ \text{J})$$

例 1-1 某氮气钢瓶容积为 40.0L，25 ℃时，压力为 250kPa，计算钢瓶中氮气的质量。

解 根据式(1-1)：

$$n=\frac{pV}{RT}=\frac{250\times10^3\text{Pa}\times40\times10^{-3}\text{m}^3}{8.314\text{Pa}\cdot\text{m}^3\cdot\text{mol}^{-1}\cdot\text{K}^{-1}\times298.15\text{K}}=4.03\text{mol}$$

N_2 的摩尔质量为 28.0g·mol^{-1}，钢瓶中 N_2 的质量为：

$$4.03\text{mol}\times28.0\text{g}\cdot\text{mol}^{-1}=112.8\text{g}\approx113\text{g}$$

1.1.2 道尔顿分压定律

在生产和科学实验中，实际遇到的气体大多是由几种气体组成的混合物。如果将几种互不发生化学反应的气体放入同一容器，其中某一组分气体 i 对容器壁施加的压力，称为该气体的分压（p_i），它等于相同温度下该气体单独占有与混合气体相同体积时所产生的压力。1801 年英国物理学家道尔顿（J. Dalton）通过大量实验发现，混合气体中各组分气体的分压之和等于该混合气体的总压，这一关系被称为道尔顿分压定律。可表示为：

$$p=p_1+p_2+p_3+\cdots+p_i=\sum_{i=1}^{n}p_i \tag{1-2}$$

式中，p 为气体的总压；p_i 为组分气体 i 的分压。

根据理想气体状态方程，有：

$$p_{总}=n_{总}\frac{RT}{V},p_i=n_i\frac{RT}{V}$$

所以
$$\frac{p_i}{p_{总}}=\frac{n_i}{n_{总}}$$

即
$$p_i=p_{总}\frac{n_i}{n_{总}} \tag{1-3}$$

令 $\frac{n_i}{n_{总}}=x_i$，则：

$$p_i=p_{总}\,x_i \tag{1-4}$$

x_i 表示组分 i 的物质的量与混合物的总物质的量之比，称为组分 i 的摩尔分数。对于任何一个多组分系统 $\sum_{i=1}^{n}x_i=1$。

在同温同压的条件下，气体的体积与其物质的量成正比，因此混合气体中组分 i 的体积分数等于其摩尔分数，即：

$$\frac{V_i}{V_{总}}=\frac{n_i}{n_{总}} \tag{1-5}$$

式中，V_i 和 $V_{总}$ 分别表示组分 i 的分体积和混合气体的总体积。

将式(1-5) 代入式(1-3)，可得：

$$p_i = p_{总}\frac{V_i}{V_{总}} \tag{1-6}$$

该式表明同温同压下，混合气体组分 i 的分压等于组分 i 的体积分数与混合气体总压之乘积。

严格来说，分压定律仅适用于理想气体混合物，但对压力不太高的真实混合气体，在温度不太低的情况下也可近似使用。在本课程中，把实际气体均近似为理想气体。

例 1-2 冬季草原上的空气主要含氮气、氧气和氩气。在压力为 9.90×10^4 Pa 及温度为 -20.0℃时，收集一份空气试样。经测定其中氮气、氧气和氩气的体积分数分别为 0.790、0.200、0.010。计算收集试样时各气体的分压。

解 根据式(1-6)有：

$$p_i = p_{总}\frac{V_i}{V_{总}}$$

$$p(N_2)=0.79p_{总}=0.790\times9.90\times10^4=7.82\times10^4\,\text{Pa}$$

$$p(O_2)=0.20p_{总}=0.200\times9.90\times10^4=1.98\times10^4\,\text{Pa}$$

$$p(\text{Ar})=0.010p_{总}=0.010\times9.90\times10^4=0.099\times10^4\,\text{Pa}$$

1.2 溶液

1.2.1 分散系

物质除了以气态、液态、固态的形式单独存在以外，还常常以一种（或多种）物质分散于另一种物质中的形式存在，这种形式称为分散系。例如，细小的水滴分散在空气中形成的云雾，二氧化碳分散在水中形成的汽水，奶油、乳蛋白等分散在水中形成的牛奶，各种金属化合物分散在岩石中形成的矿石等都是分散系。在分散系中，被分散的物质称为分散相（或分散质），而容纳分散质的物质称为分散介质（或分散剂）。分散相处于分割成粒子的不连续状态，而分散介质则处于连续状态。在分散系中，分散相和分散介质可以是固体、液体或气体。按分散相和分散介质的聚集状态分类，分散系可以分为九种，见表 1-1。

表 1-1 按聚集状态分类的各种分散系

分散相	分散介质	实例	分散相	分散介质	实例
气	气	空气、家用煤气	固	液	泥浆、油漆
液	气	云、雾	气	固	泡沫塑料、木炭
固	气	烟、灰尘	液	固	肉冻、硅胶
气	液	泡沫、汽水	固	固	红宝石、合金、有色玻璃
液	液	牛奶、豆浆、农药乳浊液			

此外，按照分散相粒子大小不同，常把液态分散系分为三类：低分子或离子分散系、胶体分散系和粗分散系，见表 1-2。

表 1-2　按分散相粒子大小分类的各种分散系

<table>
<tr><th>分散相粒子直径/nm</th><th colspan="2">分散系类型</th><th>分散相</th><th>主要特征</th><th colspan="2">实例</th></tr>
<tr><td><1</td><td colspan="2">低分子或离子分散系</td><td>小分子或离子</td><td>稳定、扩散快、粒子能透过半透膜</td><td rowspan="2">单相系统</td><td>氯化钠、氢氧化钠等水溶液</td></tr>
<tr><td rowspan="2">1～100</td><td rowspan="2">胶体分散系</td><td>高分子溶液</td><td>高分子</td><td>稳定、扩散慢、粒子不能透过半透膜</td><td>蛋白质、核酸水溶液，橡胶的苯溶液</td></tr>
<tr><td>溶胶</td><td>分子、离子、原子的聚集体</td><td>较稳定、扩散慢、粒子不能透过半透膜</td><td rowspan="2">多相系统</td><td>氢氧化铁、碘化银溶胶</td></tr>
<tr><td>>100</td><td>粗分散系</td><td>乳状液、悬浊液</td><td>分子的大集合体</td><td>不稳定、扩散很慢、粒子不能透过滤纸</td><td>乳汁、泥浆</td></tr>
</table>

系统中任何一个均匀的（组成均一）部分称为一个相。在同一相内，其物理性质和化学性质完全相同，相与相之间有明确的界面分隔。只有一个相的系统称为单相系统或均相系统，有两个或两个以上相的系统称为多相系统。低分子或离子分散系为均相系统，溶胶和粗分散系属于多相系统。

1.2.2　溶液浓度的表示方法

溶液作为物质存在的一种形式，广泛存在于自然界中，它与生物体的生存、发展有着密切的关系，生物体内的各种生理、生化反应都是在以水为主要溶剂的溶液系统中进行的。此外，科学研究和工农业生产也都与溶液密不可分。溶液的性质与溶质和溶剂的相对含量有关，为了研究和生产的不同需要，溶液浓度有很多表示方法，常用的有物质的量浓度、摩尔分数、质量摩尔浓度和质量分数等。

(1) 物质的量浓度

物质 B 的物质的量除以混合物的体积，称为物质 B 的物质的量浓度。在不发生混淆时，可简称为浓度。用符号 c_B 表示：

$$c_B=\frac{n_B}{V} \tag{1-7}$$

式中，n_B 为物质 B 的物质的量，mol；V 为溶液的体积，L。体积的常用单位为 L，故浓度的常用单位为 $mol\cdot L^{-1}$。

根据 SI 规定，使用物质的量单位 mol 时，应指明物质的基本单元。所以在使用物质的量浓度时也必须注明物质的基本单元。例如 $c(H_2SO_4)=0.10mol\cdot L^{-1}$ 与 $c(1/2H_2SO_4)=0.10mol\cdot L^{-1}$ 的两个溶液，它们浓度数值虽然相同，但是，它们所表示 1L 溶液中所含 H_2SO_4 的物质的量是不同的，分别为 0.10mol 和 0.050mol。

(2) 摩尔分数

物质 B 的物质的量与混合物总物质的量之比，称为物质 B 的摩尔分数。其数学表达式为：

$$x_B=\frac{n_B}{n} \tag{1-8}$$

式中，x_B 为物质 B 的摩尔分数；n_B 为物质 B 的物质的量，mol；n 为混合物总物质的量，mol。

(3) 质量摩尔浓度

溶液中溶质 B 的物质的量除以溶剂的质量，称为溶质 B 的质量摩尔浓度。其数学表达式为：

$$b_B=\frac{n_B}{m_A} \tag{1-9}$$

式中，b_B 为溶质 B 的质量摩尔浓度，$mol \cdot kg^{-1}$；n_B 是溶质 B 的物质的量，mol；m_A 是溶剂的质量，kg。由于物质的质量不受温度的影响，所以溶液的质量摩尔浓度是一个与温度无关的物理量。

(4) 质量分数

物质 B 的质量与混合物的质量之比，称为 B 的质量分数，其数学表达式为：

$$w_B=\frac{m_B}{m} \tag{1-10}$$

式中，m_B 为物质 B 的质量；m 为混合物的质量；w_B 为物质 B 的质量分数，SI 单位为 1。

例 1-3 求 $w(NaCl)=5\%$ 的 NaCl 水溶液中溶质和溶剂的摩尔分数。

解 根据题意，100g 溶液中含有 NaCl 5g，水 95g。因此：

$$n(NaCl)=\frac{m(NaCl)}{M(NaCl)}=\frac{5g}{58g \cdot mol^{-1}}=0.086mol$$

$$n(H_2O)=\frac{m(H_2O)}{M(H_2O)}=\frac{95g}{18.0g \cdot mol^{-1}}=5.28mol$$

$$x(NaCl)=\frac{n(NaCl)}{n(NaCl)+n(H_2O)}=\frac{0.086mol}{(0.086+5.28)mol}=0.016$$

$$x(H_2O)=\frac{n(H_2O)}{n(NaCl)+n(H_2O)}=\frac{5.28mol}{(0.086+5.28)mol}=0.984$$

例 1-4 已知浓硫酸的密度为 $1.84g \cdot mL^{-1}$，含硫酸为 96.0 %，如何配制 $c(H_2SO_4)=0.10mol \cdot L^{-1}$ 的硫酸溶液 500mL？

解

$$c_B=\frac{n_B}{V}=\frac{m_B}{M_BV}=\frac{m_B}{M_Bm/\rho}=\frac{w_B\rho}{M_B}$$

$$c(浓\ H_2SO_4)=\frac{w(浓\ H_2SO_4)\times\rho}{M(浓\ H_2SO_4)}=\frac{0.960\times1.84g \cdot mL^{-1}\times1000mL \cdot L^{-1}}{98.0g \cdot mol^{-1}}=18.0mol \cdot L^{-1}$$

$$V(浓\ H_2SO_4)=\frac{c(H_2SO_4)V(H_2SO_4)}{c(浓\ H_2SO_4)}=\frac{0.10mol \cdot L^{-1}\times0.500\ L}{18.0mol \cdot L^{-1}}\approx0.0028\ L=2.8mL$$

1.2.3 稀溶液的通性

溶液有两大类性质，一类性质与溶液中溶质的本性有关，比如溶液的颜色、密度、酸碱性和导电性等；另一类性质与溶液中溶质的独立质点数有关，而与溶质的本性无关，如溶液的蒸气压、凝固点、沸点和渗透压等。特别值得注意的是后一类性质，当溶液的浓度较稀时，蒸气压降低、沸点上升、凝固点下降、渗透压的数值仅与溶液中溶质的微粒数有关，而与溶质的特性无关，我们把这一类性质称为稀溶液的通性（或稀溶液的依数性）。

(1) 水的相图

由于稀溶液的通性和溶剂的相平衡有关，因此先介绍溶剂水的相平衡及其相图。图 1-1 是根据实验数据绘制的水的相图。它由三条线、一个点和三个区域组成。图中线 OA、OB、

OC 分别代表水的气液、气固、固液两相平衡线，表示两相平衡时平衡压力与温度的对应关系。曲线上的任何一点都代表两相共存时的温度和压力条件。在气液平衡线 OA 上，当蒸气压等于外界压力时，液体产生沸腾现象，此时对应的温度就是液体的沸点。如标准大气压（$p^{\ominus}$）下，水的沸点是 373.15K。三条曲线相交于 O 点，它代表固态冰、液态水、气态水蒸气三相共存的温度和压力条件，称为水的三相点，其温度为 273.16K，压力为 0.611kPa。三条线将相图平面分为三个区域，AOB 区为气相区，AOC 区为液相区，BOC 区为固相区，每个区域内只存在一个相，所以又称为单相区。根据水的相图，给定温度和压力，就可以确定水的状态。

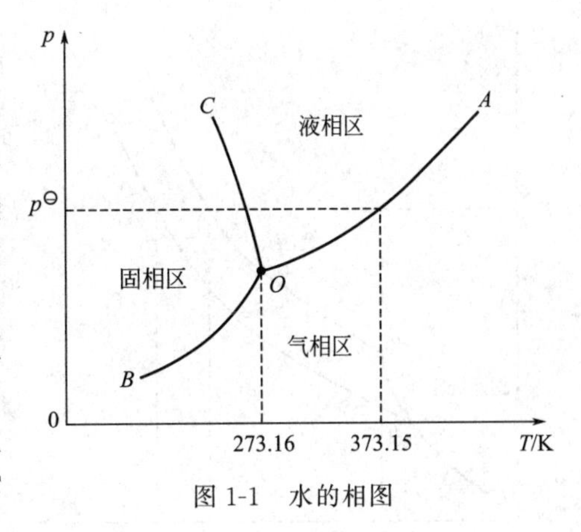

图 1-1　水的相图

(2) 溶液蒸气压下降

将一种纯溶剂置于一个密封容器中，在溶剂表面存在着一个蒸发与凝聚的动态平衡。当蒸发为气态的溶剂粒子数目与气态粒子凝聚成液态溶剂的粒子数目相等时，这时液体上方的蒸气所具有的压力称为溶剂在该温度下的饱和蒸气压（p^0），简称蒸气压。饱和蒸气压与物质的种类有关，有些物质的蒸气压很大，如乙醚、汽油等；有些物质的蒸气压很小，如甘油、硫酸等。蒸气压的大小，与液体分子间的吸引力有关，吸引力越大，蒸气压越小。极性分子之间的吸引力强，蒸气压小。非极性分子之间的吸引力小，蒸气压大。分子量越大，分子间的作用力越强，蒸气压越小。

如果在纯溶剂中加入一定量的非挥发性溶质，溶剂的表面就会被溶质粒子部分占据，溶剂的表面积相对减小，所以单位时间内逸出液面的溶剂分子数相比于纯溶剂要少。所以，达到平衡时溶液的蒸气压就比纯溶剂的饱和蒸气压低，这种现象称为溶液蒸气压下降。

法国物理学家拉乌尔（F. M. Raoult）在 1887 年总结出一条关于溶液蒸气压的规律。他指出，在一定温度下，难挥发非电解质稀溶液的蒸气压等于纯溶剂的饱和蒸气压与溶液中溶剂的摩尔分数的乘积，即：

$$p=p^0 x_A \tag{1-11}$$

式中，p 为溶液的蒸气压，Pa；p^0 为纯溶剂的饱和蒸气压，Pa；x_A 为溶剂的摩尔分数。

对于一个双组分溶液体系，$x_A+x_B=1$，即 $x_A=1-x_B$。

所以

$$p=p^0\times(1-x_B)=p^0-p^0 x_B$$

$$p^0-p=p^0 x_B$$

而 p^0-p 为溶剂蒸气压的下降值 Δp，所以有：

$$\Delta p=p^0 x_B \tag{1-12}$$

式中，x_B 为溶质的摩尔分数。

因此，拉乌尔的结论又可表示为“在一定温度下，难挥发非电解质稀溶液蒸气压的下降值与溶质的摩尔分数成正比”，通常称这个结论为拉乌尔定律。

(3) 溶液的沸点升高

液体的蒸气压随温度升高而增大，当温度升到蒸气压等于外界压力时，液体就沸腾了，此时的温度称为该液体的沸点。

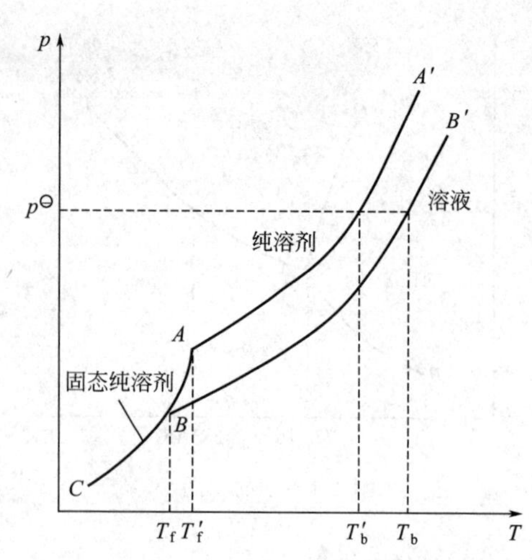

图 1-2　溶液的沸点升高和凝固点降低示意图

前面讨论了溶液的蒸气压要比纯溶剂的蒸气压低，也就是说在某一温度，纯溶剂已经开始沸腾，而溶液由于蒸气压低却还未能沸腾。为了使溶液也能在常压下沸腾，就必然要给溶液继续加热，促使溶剂分子热运动，以增加溶液的蒸气压。当溶液的蒸气压达到外界压力时，溶液开始沸腾，此时溶液的温度就要比纯溶剂的沸腾温度来得高（见图 1-2）。图中曲线 AA' 和 BB' 分别表示纯溶剂和溶液的蒸气压随温度变化的关系。T_b' 和 T_b 分别为纯溶剂和溶液的沸点。

如纯水在 373.15K 时，其蒸气压为 100kPa（与大气压相同），开始沸腾。如果在同样温度的纯水中加入难挥发非电解质，溶液不再沸腾，这是由于溶液的蒸气压下降造成的。只有温度大于 373.15K 时，其蒸气压等于 100kPa，水溶液才重新开始沸腾。溶液浓度越大，其蒸气压下降越多，则溶液沸点升高越多，其关系为：

$$\Delta T_b = K_b b_B \tag{1-13}$$

式中，ΔT_b 为溶液沸点的变化值，K 或℃；K_b 为溶剂的沸点升高常数，$K \cdot kg \cdot mol^{-1}$ 或 $℃ \cdot kg \cdot mol^{-1}$；$b_B$ 为溶质的质量摩尔浓度，$mol \cdot kg^{-1}$。K_b 只与溶剂的性质有关，而与溶质的本性无关。不同的溶剂有不同的 K_b 值，它们可以理论推算，也可以由实验测得。几种常见溶剂的 K_b 值列于表 1-3。

表 1-3　几种溶剂的 K_b 和 K_f

溶剂	T_b/K	K_b/K·kg·mol^{-1}	T_f/K	K_f/K·kg·mol^{-1}
水	373.15	0.52	273.15	1.86
乙酸	391.45	3.07	289.75	3.90
苯	353.35	2.53	278.66	5.12
萘	491.15	5.80	353.45	6.94
四氯化碳	351.65	4.88	—	—
环己烷	—	—	279.65	20.2

（4）溶液的凝固点降低

当固体纯溶剂的蒸气压与溶液中溶剂的蒸气压相等时，溶液的固相与液相达到平衡，此时的温度称为溶液的凝固点。溶液的凝固点比纯溶剂的凝固点低是一个常见的自然现象，例如海水由于含有大量的盐分，因此要在比纯水凝固点更低的温度下才结冰。图 1-2 中，曲线 AC 和 AA' 分别表示固态纯溶剂和液态纯溶剂的蒸气压随温度变化的关系，曲线 AC 和 AA' 相交于 A 点，A 点所对应的温度 T_f' 表示纯溶剂的凝固点。曲线 BB' 表示溶液的蒸气压随温度变化的关系，加入溶质以后，溶剂的蒸气压就会下降，曲线 AC 和 BB' 相交于 B 点，在交点处，固态纯溶剂的蒸气压与溶液的蒸气压相等，此时系统的温度 T_f 为溶液的凝固点。显然，溶液的凝固点 T_f 比纯溶剂的凝固点 T_f' 低。与溶液沸点升高一样，溶液凝固点降低也与溶质的含量有关，即：

$$\Delta T_f = K_f b_B \tag{1-14}$$

式中，ΔT_f 为溶液凝固点的降低值，K 或℃；K_f 为溶剂的凝固点降低常数，$K \cdot kg \cdot mol^{-1}$ 或 $℃ \cdot kg \cdot mol^{-1}$；$b_B$ 为溶质的质量摩尔浓度，$mol \cdot kg^{-1}$。K_f 只与溶剂的性质有

关，而与溶质的本性无关。几种常见溶剂的 K_f 见表 1-3。

溶液沸点的升高和凝固点降低都与溶质的质量摩尔浓度成正比，而质量摩尔浓度又与溶质的分子量有关。因此，利用溶液沸点升高和凝固点降低可以估算溶质的分子量。由于溶液凝固点降低常数比沸点升高常数大，而且溶液凝固点测定比沸点测定准确，因此通常用测定凝固点的方法来估算溶质的分子量。

例 1-5 有一质量分数为 1.5%的氨基酸水溶液，测得其凝固点为 272.96K，试求该氨基酸的分子量。

解 根据式(1-14)：

$$b_B=\frac{n_B}{m_A}=\frac{m_B}{m_A M_B}$$

$$\Delta T_f=K_f b_B=K_f\times\frac{m_B}{m_A M_B}$$

$$M_B=K_f\times\frac{m_B}{m_A \Delta T_f}$$

由于该溶液浓度较小，所以 $m_A+m_B\approx m_A$，$m_B/m_A\approx 1.5\%$

所以 $$M_B=\frac{1.86\text{K}\cdot\text{kg}\cdot\text{mol}^{-1}\times 1.5\%}{273.15\text{K}-272.96\text{K}}\approx 0.147\text{kg}\cdot\text{mol}^{-1}=147.00\text{g}\cdot\text{mol}^{-1}$$

该氨基酸的分子量为 147.00。

溶液的蒸气压下降、沸点升高和凝固点降低具有广泛的用途。例如，当外界气温发生变化时，植物细胞内的有机体会产生大量可溶性物质（氨基酸、糖等），使细胞液浓度增大，凝固点降低，保证了在一定的低温条件下细胞液不致结冰，使植物表现出一定的抗寒能力。另外，细胞液浓度增大，有利于其蒸气压的降低，从而使细胞中水分的蒸发量减少，蒸发过程变慢，因此在较高的气温下能保持一定的水分而不枯萎，表现了相当的抗旱能力。冬季汽车水箱中常加防冻液和用于降温的制冷剂等都是凝固点降低的应用。此外，有机化学实验中常常用测定化合物的熔点或沸点的办法来检验化合物的纯度。含有杂质的化合物其熔点比纯化合物低，沸点比纯化合物高，而且熔点的降低值和沸点的升高值与杂质含量有关。

(5) 溶液的渗透压

物质自发地由高浓度向低浓度迁移的现象称为扩散，扩散现象不但存在于溶质与溶剂之间，它也存在于任何不同浓度的溶液之间。如果在两个不同浓度的溶液之间存在一种多孔分离膜，它可以选择性地让一部分物质通过，而不让某些物质通过，则这种膜称为半透膜。那么在两溶液之间会出现什么现象？在此，以蔗糖溶液与纯水形成的系统为例加以说明。

如图 1-3 所示，在一个连通器的两边各装着蔗糖溶液与纯水，中间用半透膜将它们隔开。在扩散开始之前，连通器两边的玻璃柱中的液面高度相同。经过一段时间的扩散以后，玻璃柱内的液面高度不再相同，蔗糖溶液一边的液面比纯水的液面要高。这是因为半透膜能够阻止蔗糖分子向纯水一边扩散，却不能阻止水分子向蔗糖溶液的扩散。由于单位体积内纯水中水分子比蔗糖溶液中的水分子多，因此进入溶液中的水分子比离开的水分子多，所以蔗糖溶液的液面升高。这种由物质粒子通过半透膜扩散的现象称为渗透。随着蔗糖溶液液面的升高，液柱的静压力增大，使蔗糖溶液中水分子通过半透膜的速度加快。当压力达到一定值时，在单位时间内从两个相反方向通过半透膜的水分子数相等，渗透达到平衡，两侧液面不再发生变化。渗透平衡时液面高度差所产生的压力称为渗透压。换句话说，渗透压就是阻止渗透作用进行所需加给溶液的最小额外压力。

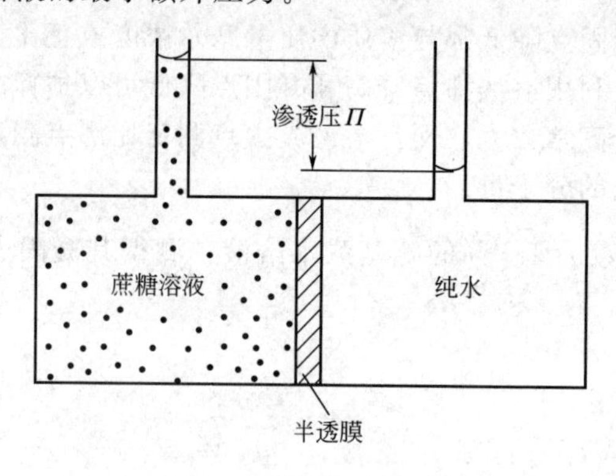

图 1-3 渗透压示意图

1886 年，荷兰物理学家范特霍夫（Van't Hoff）总结前人实验得出稀溶液的渗透压与浓度、温度的关系式：

$$\Pi = c_B RT \tag{1-15}$$

式中，Π 是溶液的渗透压，Pa；c_B 是溶液的浓度，$mol \cdot L^{-1}$；R 是摩尔气体常数，$8.314 \times 10^3 Pa \cdot L \cdot mol^{-1} \cdot K^{-1}$；$T$ 是系统的温度，K。对于稀的水溶液，$c_B \approx b_B$，因此式(1-15) 又可表示为：

$$\Pi = c_B RT \approx b_B RT \tag{1-16}$$

通过测定溶液的渗透压，可以计算溶质的分子量，尤其是测定生物大分子的分子量。

例 1-6 293K 时，将 1.00g 血红素溶于水中，配制成 100mL 溶液，测得其渗透压为 366Pa，求血红素的分子量。

解 根据式(1-15) 得：

$$M_B = \frac{m_B RT}{\Pi V} = \frac{1.00g \times 8.314 \times 10^3 Pa \cdot L \cdot mol^{-1} \cdot K^{-1} \times 293K}{366Pa \times 100mL \times 10^{-3} L \cdot mL^{-1}} \approx 6.66 \times 10^4 g \cdot mol^{-1}$$

血红素的分子量为 6.66×10^4。

渗透作用对植物的生理活动有着非常重要的意义。细胞膜是一种很容易透水，但几乎不能透过溶解于细胞液中物质的薄膜。水进入细胞中产生相当大的压力，能使细胞膨胀，这就是植物茎、叶、花瓣等具有一定弹性的原因。它使植物能够远远地伸出它的枝叶，更好地吸收二氧化碳并接受阳光。另外，植物吸收水分和养料也是通过渗透作用，只有当土壤溶液的渗透压低于植物细胞溶液的渗透压时，植物才能不断地吸收水分和养料，促使本身生长发育；反之，植物就可能枯萎。如在根部施肥过多，会造成植物细胞脱水而枯萎。

渗透作用在动物生理上同样具有重要意义。人和动物体内的血液都要维持等渗关系，因此在向人体内血管输液时，应输入等渗溶液，如果输入高渗溶液，则红细胞中水分外渗，使之产生皱缩；如果输入低渗溶液，水自外渗入红细胞使其膨胀甚至破裂，产生溶血现象。例如，淡水鱼不能在海洋中生活，反之亦然。

应该指出的是，稀溶液的依数性定律不适用于浓溶液和电解质溶液。浓溶液中溶质浓度大，溶质粒子之间的相互影响大为增加，使简单的依数性的定量关系不再适用。电解质溶液的蒸气压、沸点、凝固点和渗透压的变化要比相同浓度的非电解质都大，这是因为电解质在溶液中会解离产生正负离子，因此其总的粒子数大为增加，此时稀溶液的依数性取决于溶质分子、离子的总组成，稀溶液通性所指定的定量关系不再存在。

1.3 胶体溶液

胶体分散系是由颗粒直径在1～100nm的分散质组成的体系。它可分为两类：一类是胶体溶液，又称溶胶，它是由一些小分子化合物聚集成一个单独的大颗粒的多相集合系统，如$Fe(OH)_3$溶胶和As_2S_3溶胶等；另一类是高分子溶液，它是由一些高分子化合物所组成的溶液。高分子化合物因其分子结构较大，其溶液属于胶体分散系，因此它表现出许多与胶体相同的性质。事实上，它是一个均相的真溶液。

1.3.1 分散度和比表面

由于胶体溶液是一个多相系统，因此相与相之间就会存在界面，有时也将相与相之间的界面称为表面。分散系的分散度常用比表面来衡量，所谓比表面就是单位体积分散相的总表面积，其数学表达式为：

$$s=\frac{S}{V} \tag{1-17}$$

式中，s为分散相的比表面，m^{-1}；S为分散相的总表面积，m^2；V为分散相的体积，m^3。

从式(1-17)可以看出，单位体积的分散相表面积越大，即分散相的颗粒越小，则比表面越大，系统的分散度越高。例如，一个体积为$1.0cm^3$的立方体，其表面积为$6.0cm^2$，比表面为$6.0\times10^2m^{-1}$。如果将其分成边长为$10^{-7}cm$的小立方体，共有10^{21}个，则其总表面积为$6.0\times10^7cm^2$，比表面为$6.0\times10^9m^{-1}$。由此可见，其比表面增加了10^7倍。胶体粒子大小处于10^{-9}～$10^{-7}m$，所以溶胶粒子的比表面非常大，正是由于这个原因使溶胶具有某些特殊的性质。

1.3.2 表面能

处于物质表面的质点（分子、原子、离子等）其所受的作用力与处在物质内部的相同质点所受的作用力大小和方向并不相同。如图1-4所示，对于处在同一相中的质点来说，其内部质点由于同时受到来自其周围各个方向，并且大小相近的作用力，因此它所受到的总的作用力为零。而处在物质表面的质点就不同，由于在它周围并非都是相同的质点，所以它受到的来自各个方向的作用力的合力就不等于零。该表面质点总是受到一个与界面垂直方向的作用力。这个作用力的方向根据质点所处的状态及性质，可以是指向物质的内部，也可以是指向外部。所以，物质表面的质点处在一种力不稳定状态，它有减小自身所受作用力的趋势。

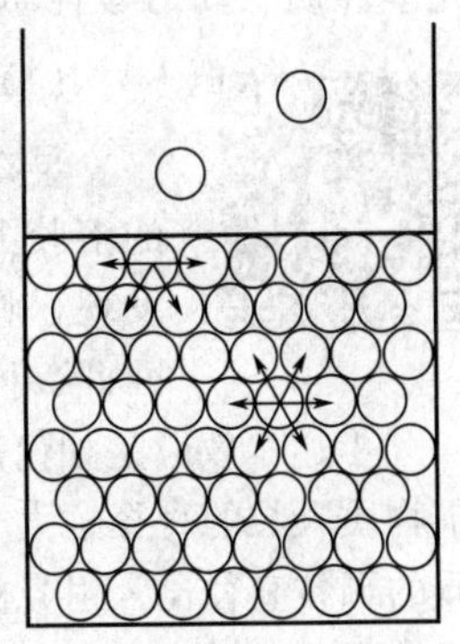

图1-4 液体表面及内部粒子所处的状态

换句话说，就是处在物质表面的质点比处在内部的质点能量要高。表面质点进入物质内部要释放出部分能量，使其变得相对稳定。而内部质点要迁移到物质表面则需要吸收能量，因而处在物质表面的质点自身变得相对不稳定。这些表面质点比内部质点所多余的能量称为表面能。不难看出，物质的表面积越大，表面分子越多，其表面能越高，表面质点就越不稳定。在胶体分散系中，分散质颗粒具有很大的表面积，故相应地具有很大的表面能。

1.3.3 胶团的结构

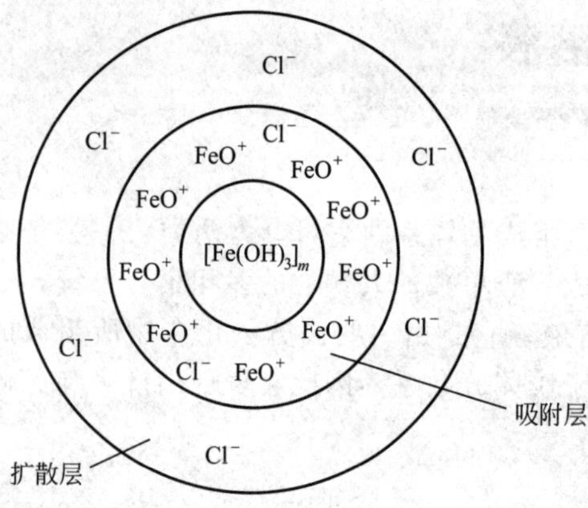

图 1-5 $Fe(OH)_3$ 溶胶的胶团结构示意图

溶胶具有扩散双电层结构。例如，将 $FeCl_3$ 水解制备 $Fe(OH)_3$ 溶胶时，许多 $Fe(OH)_3$ 分子聚集在一起形成了胶核（直径 1～100nm）。

胶核具有很大的表面积，它吸附 FeO^+ 而使表面带正电荷，FeO^+ 是电位离子。电位离子被牢牢地吸附在胶核表面上。由于静电引力，带正电荷的 FeO^+ 吸引液相中的 Cl^-，Cl^- 与电位离子的电荷相反，称为反离子。由于反离子受到电位离子的静电吸引和本身的热运动，使一部分反离子被束缚在胶核表面与电位离子一起形成吸附层。电泳时，吸附层与胶核一起移动，这个运动单位为胶粒。另一部分离子离开胶核表面扩散到分散剂中，它们疏散地分布在胶粒周围，离胶核越远，浓度越小，这个液相层称为扩散层。胶粒与扩散层一起称为胶团。胶团是电中性的，而胶粒是带电的，胶粒所带电荷与电位离子符号相同。$Fe(OH)_3$ 胶团结构如图 1-5 所示，也可以用如下结构式表示：

$$\underbrace{\underbrace{\{[Fe(OH)_3]_m}_{\text{胶核}}\cdot \underbrace{\underbrace{nFeO^+}_{\text{电位离子}}\cdot \underbrace{(n-x)Cl^-}_{\text{反离子}}}_{\text{吸附层}}\}^{x+}}_{\text{胶粒}} \cdot \underbrace{xCl^-}_{\text{反离子（扩散层）}}$$

胶团

三硫化二砷溶胶的胶团结构式为：

$$\{(As_2S_3)_m \cdot nHS^- \cdot (n-x)H^+\}^{x-} \cdot xH^+$$

硅胶的胶团结构式为：

$$\{(H_2SiO_3)_m \cdot nHSiO_3^- \cdot (n-x)H^+\}^{x-} \cdot xH^+$$

硝酸银溶液和过量碘化钾溶液作用制备的碘化银溶胶，其胶团结构式为：

$$\{(AgI)_m \cdot nI^- \cdot (n-x)K^+\}^{x-} \cdot xK^+$$

1.3.4 胶体溶液的性质

胶体的许多性质都与其分散相高度分散和多相共存的特点有关。溶胶的性质主要包括：光学性质、动力学性质和电化学性质。

(1) 光学性质

早在 1869 年，丁达尔（Tyndall）在研究胶体时将一束光线照射到透明的溶胶上，在与光线垂直方向上观察到一条发亮的光柱。后人为了纪念他的发现，将这一现象称为丁达尔效应。由于丁达尔效应是所有胶体特有的现象，因此，可以通过此效应来鉴别溶液与胶体。

丁达尔效应是如何产生的呢？我们知道当光线照射到物体表面时，可能产生两种情况：如果物质颗粒的直径远大于入射光的波长，此时入射光被完全反射，不出现丁达尔效应；如果物质的颗粒直径比入射光的波长小，则发生光的散射作用而出现丁达尔现象。因为溶胶的粒子直径在 1～100nm，而一般可见光的波长范围在 400～760nm，所以可见光通过溶胶时便产生明显的散射作用。如果分散相颗粒太小（$<$1nm），对光的散射太弱，则发生光的透射现象。

(2) **动力学性质**

在超微显微镜下观察溶胶的散射现象的同时，还可以看到溶胶中的发光点在做无休止、无规则的运动，这一现象与花粉在液体表面的运动情况相似，由于该现象是由植物学家布朗（Brown）首先发现，所以被称为布朗运动。布朗运动产生的原因有两方面：一是溶胶粒子的热运动；二是分散剂分子对胶粒的不均匀的撞击。我们观察到的布朗运动，是以上两种因素的综合结果。

布朗运动的存在导致了胶粒的扩散作用，即胶粒自发地从浓度较大的部位向浓度较小的部位扩散，因为溶胶粒子比普通分子或离子大得多，所以扩散速率很慢。同时，布朗运动的存在也使胶粒不致因重力的作用而迅速沉降，有利于保持溶胶的稳定性。

(3) **电学性质**

在外电场作用下，溶胶系统的胶粒在分散剂中能发生定向迁移，这种现象称为溶胶的电泳。可以通过溶胶粒子在电场中的迁移方向来判断溶胶粒子的带电性。

图 1-6 是电泳的实验装置，在 U 形管中装入棕红色的 $Fe(OH)_3$ 溶胶，并在溶胶的表面小心滴加少量蒸馏水，使溶胶表面与水之间有一明显的界面。然后在两边管子的蒸馏水中插入铂电极，并给电极加上电压。经过一段时间的通电，可以观察到 U 形管中溶胶的界面不再相同，在负极一端溶胶界面比正极端高。说明该溶胶在电场中往负极一端迁移，溶胶粒子带正电。溶胶粒子带电的主要原因有：

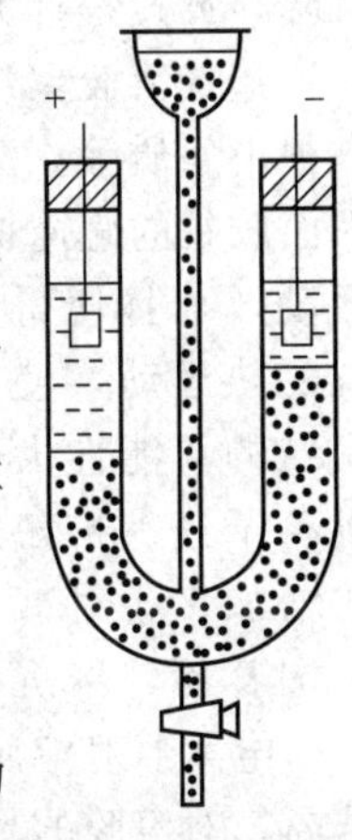

图 1-6　电泳管

① 吸附作用　溶胶系统具有较高的表面能，而这些小颗粒为了减小其表面能，就要选择性地吸附与其组成类似的离子。以 $Fe(OH)_3$ 溶胶为例，该溶胶是用 $FeCl_3$ 溶液在沸水中水解制成：

$$FeCl_3 + 3H_2O = Fe(OH)_3 + 3HCl$$

在水解过程中，反应系统中除了生成 $Fe(OH)_3$ 外，还有大量的副产物 FeO^+ 生成：

$$FeCl_3 + 2H_2O = Fe(OH)_2Cl + 2HCl$$

$$Fe(OH)_2Cl = FeO^+ + Cl^- + H_2O$$

$Fe(OH)_3$ 溶胶在溶液中选择吸附了与自身组成有关的 FeO^+，而使 $Fe(OH)_3$ 溶胶带正电。

又如硫化砷溶胶的制备通常是将 H_2S 气体通入饱和 H_3AsO_3 溶液中，经过一段时间后，生成淡黄色 As_2S_3 溶胶：

$$2H_3AsO_3 + 3H_2S = As_2S_3 + 6\ H_2O$$

由于 H_2S 在溶液中电离产生大量 HS^-，所以 As_2S_3 吸附 HS^-，使 As_2S_3 溶胶带负电。

② 解离作用　胶体粒子带电的另一个原因是胶粒表面的解离作用。例如，硅胶粒子带电就是因为 H_2SiO_3 解离形成 $HSiO_3^-$ 和 SiO_3^{2-}，并附着在表面而带负电。其反应式为：

$$H_2SiO_3 = HSiO_3^- + H^+$$

$$HSiO_3^- = SiO_3^{2-} + H^+$$

1.3.5　溶胶的稳定性和聚沉

(1) **溶胶的稳定性**

溶胶是多相、高分散系统，具有很大表面能，有自发聚集成较大颗粒而沉淀的趋势。但事实上许多溶胶可长期稳定存在，其主要原因是溶胶具有动力学稳定性和聚结稳定性。

溶胶的动力学稳定性是指在重力作用下，分散质粒子不会从分散剂中沉淀出来，从而保持系统相对稳定的性质。溶胶粒子具有强烈的布朗运动，使其能抵抗重力的作用而不沉淀，所以溶胶是动力学稳定系统。

溶胶的聚结稳定性是指溶胶在放置过程中不发生分散质粒子的相互聚结而产生沉淀。由于胶粒带电，当两个带同种电荷的胶粒相互靠近时，胶粒之间会产生静电排斥作用，从而阻止胶粒的相互碰撞，使溶胶趋向稳定。另外，由于溶胶粒子中的带电离子与极性溶剂间有静电引力的相互作用，使得溶剂分子在胶粒表面形成一个溶剂化膜，该溶剂化膜也起到阻止胶粒相互碰撞的作用。

(2) 溶胶的聚沉

溶胶的稳定性是相对的，只要破坏了溶胶的稳定性因素，胶粒就会相互聚结成大颗粒而沉降，此过程称为溶胶的聚沉。

造成溶胶聚沉的因素很多，如胶体本身浓度过高，溶胶被长时间加热，以及在溶胶中加入强电解质等。溶胶的浓度过高时，单位体积中胶粒的数目较多，胶粒间的空间相对减小，因而胶粒的碰撞机会增加，溶胶容易发生聚沉。将溶胶长时间加热，会增强溶胶粒子的热运动，而且使得胶粒周围原来的溶剂化膜被破坏，胶粒暴露在溶剂当中；同时由于胶粒的热运动，使胶粒表面的电位离子和反离子数目减少，吸附层变薄，胶粒间的碰撞聚结的可能性大大增加。如果在溶胶中加入大量电解质，由于离子总浓度的增加，大量离子进入扩散层内，迫使扩散层中的反离子向胶粒靠近。由于吸附层中反离子浓度的增加，相对减小了胶粒所带的电荷，使胶粒间的静电斥力减弱，胶粒间的碰撞变得更加容易，聚沉的机会增加。

电解质对溶胶的聚沉作用主要是那些与胶粒所带电荷相反的离子，一般来说，离子电荷越高，对溶胶的聚沉作用就越大。例如，要使带负电荷的 As_2S_3 溶胶聚沉，所需 Al^{3+} 的浓度比 Ba^{2+} 的浓度小。对同价离子来说，它们的聚沉能力与离子在水溶液中的实际大小有关。离子在水溶液中均会形成水合离子，水合离子半径越大，其聚沉能力越小。在同价离子中，离子半径越小，电荷密度越大，其水化半径也越大，因而离子的聚沉能力越小。例如，碱金属粒子在相同阴离子条件下，对带负电溶胶的聚沉能力大小为：$Rb^+ > K^+ > Na^+ > Li^+$，Li^+ 的离子半径最小，相应的水化半径最大，因此它的聚沉能力最小。

电解质的聚沉能力通常用聚沉值来表示。使一定量的溶胶，在一定时间内开始聚沉所需电解质的最低浓度($mmol \cdot L^{-1}$)称为聚沉值。可见聚沉值越小，表明电解质的聚沉能力越强，反之亦然。如 NaCl、$MgCl_2$、$AlCl_3$ 三种电解质对 As_2S_3 负溶胶的聚沉值分别为 $51mmol \cdot L^{-1}$、$0.72mmol \cdot L^{-1}$、$0.093mmol \cdot L^{-1}$，说明对于 As_2S_3 负溶胶，三价 Al^{3+} 聚沉能力最强，一价 Na^+ 聚沉能力最弱。

如果将两种带有相反电荷的溶胶按适当比例相互混合，溶胶同样会发生聚沉。这种现象称为溶胶的互聚。溶胶的互聚要求按等电量原则进行，即两种互聚的溶胶粒子所带的电荷总数必须相等，否则其中的一种溶胶的聚沉会不完全。

(3) 溶胶的保护

由于溶胶具有某些溶液所没有的特殊性质，因此在许多情况下需要对溶胶进行保护。保护溶胶的方法有很多，这里主要讨论高分子溶液对溶胶的保护与敏化作用。

高分子化合物是指分子量在 10000 以上的有机化合物。许多天然有机物如蛋白质、纤维素、淀粉、橡胶以及人工合成的各种塑料等都是高分子化合物。高分子化合物在适当的溶剂中能强烈地溶剂化，形成很厚的溶剂化膜而溶解，构成了均匀、稳定的单相分散系。

在溶胶中加入高分子化合物，能显著提高溶胶对电解质的稳定性。这是由于在溶胶中加入高分子，高分子化合物附着在胶粒表面，可以在胶粒表面形成一个高分子保护膜，从而提高了溶胶的稳定性。值得注意的是，在溶胶中加入少量高分子化合物，反而使溶胶对电解质的敏感性大大增加，降低了其稳定性，这种现象称为高分子的敏化作用。产生敏化作用的原因是加入的高分子化合物量太少，不足以包住胶粒，反而使大量胶粒吸附在高分子的表面，使胶粒间可以互相桥联变大而聚沉。

1.4 高分子溶液和乳状液

高分子溶液和乳状液都属于液态分散系，前者为胶体分散系，后者为粗分散系。

1.4.1 高分子溶液

许多天然有机物如蛋白质、纤维素、淀粉、橡胶以及人工合成的各种塑料等都是高分子化合物。它们的分子中主要含有由千百个碳原子彼此以共价键相结合的物质，由一种或多种小的结构单位连接而成。例如，淀粉或纤维素是由许多葡萄糖分子缩合而成，蛋白质分子中最小的单位是各种氨基酸。

大多数高分子化合物的分子结构是线状或线状带支链。虽然它们分子的长度有的可达几百纳米，但它们的截面积却只有普通分子的大小。当高分子化合物溶解在适当的溶剂中，就形成高分子化合物溶液，简称高分子溶液。高分子物质在适当的溶剂中可以达到较高的浓度，其渗透压可以测定，进一步可以计算出它的平均分子量，这是高分子化合物分子量测定的一种重要方法。

高分子溶液由于其溶质的颗粒大小与溶胶粒子相近，属于胶体分散系，所以它表现出某些溶胶的性质，例如，不能透过半透膜、扩散速度慢等。然而，它的分散相粒子为单个大分子，是一个分子分散的单相均匀系统，因此，它又表现出溶液的某些性质，与溶胶的性质有许多不同之处。

高分子化合物像一般溶质一样，在适当溶剂中其分子能强烈自发溶剂化而逐步溶胀，形成很厚的溶剂化膜，使它能稳定地分散于溶液中而不凝结，最后溶解成溶液，具有一定溶解度。例如，蛋白质、淀粉溶于水，天然橡胶溶于苯都能形成高分子溶液。除去溶剂后，重新加入溶剂时仍可溶解，因此高分子溶液是一种热力学稳定系统。与此相反，溶胶的胶核是不溶于溶剂的，溶胶是用特殊的方法制备而成的，溶胶凝结后不能用再加溶剂的方法使它复原，因此是一种热力学不稳定系统。高分子溶液溶质与溶剂之间没有明显的界面，因此对光的散射作用很弱，丁达尔效应不像溶胶那样明显。另外高分子化合物还有很大的黏度，这与它的链状结构和高度溶剂化的性质有关。

1.4.2 乳状液

乳状液是分散相和分散介质均为液体的粗分散系。牛奶、某些植物茎叶裂口渗出的白浆（例如橡胶树的胶乳）、人和动物机体中的血液和淋巴液以及乳白鱼肝油和发乳都是乳状液。

乳状液又可分为两大类：一类是“油”（通常指有机物）分散在水中所形成的系统，以油/水型表示，如牛奶、农药乳化剂等；另一类是水分散在“油”中形成的水/油型乳状液，例如石油。

将油和水一起放在容器内猛烈振荡，可以得到乳状液。但是这样得到的乳状液并不稳定，停止振荡后，分散的液滴相碰后会自动合并，油水会迅速分离成两个互不相溶的液层。因为两种极性相差很大的物质，通过机械分散方式很难形成一个均匀混合的稳定单项系统，这两种物质只有在它们接触表面积最小时才能够稳定存在，即两物质各成一相。水和油就是如此，水是一种强极性的化合物，而油通常是直链碳氢化合物，其极性较弱。因此，将这两种物质通过机械方式混在一起后，不需多时，油水就会自动分层。在油水混合时加入少量肥皂，则形成的乳状液在停止振荡后分层很慢，肥皂就起了一种稳定剂的作用。乳状液的稳定剂称为乳化剂，许多乳化剂都是表面活性剂。这种能够显著降低表面张力，从而使一些极性相差较大的物质也能相互均匀分散、稳定存在的物质称为表面活性剂。

表面活性剂的分子由极性基团（亲水）和非极性基团（疏水）两大部分构成。极性部分通常是由—OH、—COOH、$—NH_2$、═NH、$—NH_3^+$ 等基团构成。而非极性部分主要是由碳氢组成的长链或芳香基团所组成。因此，它能很好地在水相或油相的表面形成一个保护膜，降低水相或油相的表面能，起到防止被分散的物质重新碰撞而聚结的作用。

乳化剂可根据其亲和能力的差别分为亲水性乳化剂和亲油性乳化剂。常用的亲水性乳化剂有：钾肥皂、钠肥皂、蛋白质、动物胶等。亲油性乳化剂有钙肥皂、高级醇类、高级酸类、石墨等。

在制备不同类型的乳状液时，要选择不同类型的乳化剂。例如，亲水性乳化剂适合制备油/水型乳状液，不适合制备水/油型乳状液。这是因为亲水性乳化剂的亲水基团结合能力比亲油基团的结合能力强，乳化剂分子大部分分布在油滴表面。因此，它在油滴表面形成一较厚的保护膜，防止油滴之间相互碰撞而聚结。相反该乳化剂不能在水滴表面较好地形成保护膜，因为表面活性剂分子大部分被拉入水滴中，因此水滴表面的保护膜厚度不够，水滴之间碰撞后，容易聚结而分层。同理，在制备水/油型乳状液时，最好选用亲油性乳化剂。通过向乳状液中加水可区分不同类型的乳状液。加水稀释后，乳状液不出现分层，说明水是一种分散介质，则为油/水型乳状液；加水稀释后，乳状液出现分层，则为水/油型乳状液。牛奶是一种油/水型乳状液，所以加水稀释后不出现分层。

乳状液及乳化剂在生产中的应用十分广泛，绝大多数有机农药、植物生长调节剂的使用都离不开乳化剂。例如，有机农药水溶性较差，不能与水均匀混合。为了能使农药与水较好地混合，加入适量的乳化剂，以减小它们的表面张力，从而达到均匀喷洒、降低成本、提高杀虫治病性的目的。再如，食物中的脂肪在消化液（水溶液）中是不溶解的，但经过胆汁中胆酸的乳化作用和小肠的蠕动，使脂肪形成微小的液滴，其表面积大大增加，有利于肠壁的吸收。此外，乳状液在日用化工、制药、食品、制革、涂料、石油钻探等工业生产中都有许多应用。

思考题

1-1 什么是分散系？液体分散系分为哪几类？

1-2 简述稀溶液依数性及其适用范围。

1-3 有一种称“墨海”的带盖砚台，其结构如图所示，当在砚台中加入墨汁，在外圈加入清水，并盖严，经足够长的时间，砚中发生了什么变化？请写出现象并解释原因。

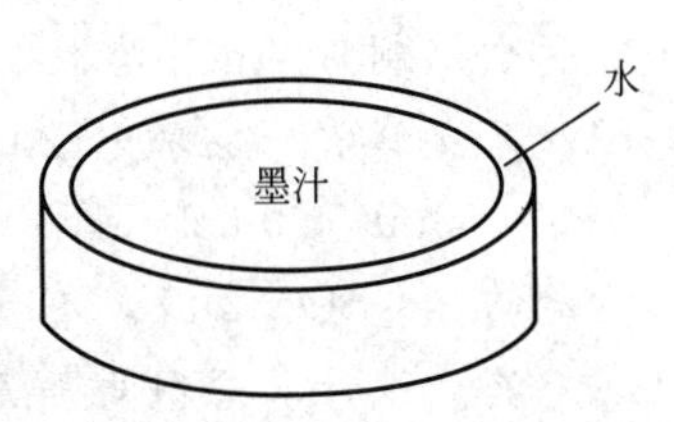

1-4 乙二醇的沸点是197.9℃，乙醇的沸点是78.3℃，用作汽车散热器水箱中的防冻剂，哪一种物质较好？

1-5 表面活性剂具有什么结构特点？

习题

1-1 用作消毒剂的过氧化氢溶液中过氧化氢的质量分数为0.030，这种水溶液的密度为$1.0g \cdot mL^{-1}$，请计算这种水溶液中过氧化氢的质量摩尔浓度、物质的量浓度和摩尔分数。 （答：$0.91mol \cdot kg^{-1}$，$0.88mol \cdot L^{-1}$，0.016）

1-2 计算5.0 %的蔗糖（$C_{12}H_{22}O_{11}$）水溶液与5.0%的葡萄糖（$C_6H_{12}O_6$）水溶液的沸点。 （答：373.30K）

1-3 比较下列各水溶液的指定性质的高低（或大小）次序。（1）凝固点：$0.1mol \cdot kg^{-1}$ $C_{12}H_{22}O_{11}$ 溶液，$0.1mol \cdot kg^{-1}$ CH_3COOH 溶液，$0.1mol \cdot kg^{-1}$ KCl 溶液。（2）渗透压：$0.1mol \cdot L^{-1}$ $C_6H_{12}O_6$ 溶液，$0.1mol \cdot L^{-1}$ $CaCl_2$ 溶液，$0.1mol \cdot L^{-1}$ KCl 溶液，$1mol \cdot L^{-1}$ $CaCl_2$ 溶液。（提示：从溶液中的粒子数考虑。）

1-4 医学上用的葡萄糖（$C_6H_{12}O_6$）注射液是血液的等渗溶液，测得其凝固点下降为0.543℃。（1）计算葡萄糖溶液的质量分数。（2）如果血液的温度为37℃，血液的渗透压是多少？ （答：0.0499，753kPa）

1-5 已知樟脑的$K_f = 40K \cdot kg \cdot mol^{-1}$，熔点是178℃，取某有机物晶体0.014g与0.20g樟脑熔融混合，测定其熔点为162℃，求此物质的分子量。 （答：175）

1-6 孕甾酮是一种雌性激素，它含有（质量分数）9.5% H、10.2% O和80.3% C，在5.00g苯中含有0.100g的孕甾酮的溶液在5.18℃时凝固，孕甾酮的分子量是多少？写出其分子式。 （答：310，$C_{21}H_{29}O_2$）

1-7 海水中含有一些离子，它们的质量摩尔浓度为：$b(Cl^-) = 0.57mol \cdot kg^{-1}$、$b(SO^{2-}{}_4) = 0.029mol \cdot kg^{-1}$、$b(HCO_3^-) = 0.002mol \cdot kg^{-1}$、$b(Na^+) = 0.49mol \cdot kg^{-1}$、$b(Mg^{2+}) = 0.055mol \cdot kg^{-1}$、$b(K^+) = 0.011mol \cdot kg^{-1}$和$b(Ca^{2+}) = 0.011mol \cdot kg^{-1}$。请计算海水的近似凝固点和沸点。 （答：270.98 K，373.76 K）

1-8 在严寒的季节里为了防止仪器中的水冰结，欲使其凝固点下降到−3.00℃，试问在500g水中应加甘油（$C_3H_8O_3$）多少克？ （答：74.1g）

1-9 难挥发非电解质溶液，在不断的沸腾过程中，它的沸点是否恒定？其蒸气在冷却过程中的凝聚温度是否恒定？为什么？

1-10 硫化砷溶胶是通过将硫化氢气体通到H_3AsO_3溶液中制备得到：

$$2H_3AsO_3 + 3H_2S = As_2S_3 + 6H_2O$$

试写出该溶胶的胶团结构式。

1-11 将10.0mL $0.01mol \cdot L^{-1}$的KCl溶液和100mL $0.05mol \cdot L^{-1}$的$AgNO_3$溶液混

合以制备 AgCl 溶胶。试问该溶胶在电场中向哪极运动？并写出胶团结构。

1-12 三支试管中均放入 20.00mL 同种溶胶。欲使该溶胶聚沉，至少在第一支试管加入 0.53mL 4.0mol·L^{-1} 的 KCl 溶液，在第二支试管中加入 1.25mL 0.050mol·L^{-1} 的 Na_2SO_4 溶液，在第三支试管中加入 0.74mL 0.0033mol·L^{-1} 的 Na_3PO_4 溶液。试计算每种电解质溶液的聚沉值，并确定该溶胶的电性。

（答：100mmol·L^{-1}，2.9 mmol·L^{-1}，0.12mmol·L^{-1}，正电）。

第2章

化学热力学初步

学习要求

① 理解热力学的基本概念和术语。

② 掌握热与功、Q_p、ΔU、$\Delta_r H_m$、$\Delta_r H_m^\ominus$、$\Delta_f H_m^\ominus$、$\Delta_r S_m$、$\Delta_r S_m^\ominus$、$S_m^\ominus$、$\Delta_r G_m$、$\Delta_r G_m^\ominus$、$\Delta_f G_m^\ominus$ 的概念及有关计算和应用。

③ 会用 $\Delta_r G_m^\ominus$ 作为化学反应方向的判据，以及温度对 $\Delta_r G_m^\ominus$ 的影响。

对于化学反应，化学工作者最关心的问题是：①化学反应的方向和限度；②化学反应的速率。前一个问题是化学热力学研究的范畴，后一个问题是化学动力学要解决的问题。本章先讨论化学反应的方向问题。化学反应的限度和化学反应的速率问题在下一章讨论。

所谓化学反应的方向问题，就是在一定条件且没有任何外力的作用下，化学反应自发地朝着某一个方向进行。例如：

$$2H_2+O_2=\!=\!=2H_2O$$

是自发进行的，并伴随着大量的热产生。但是，

$$2H_2O=\!=\!=2H_2+O_2$$

是非自发的，除非电解，也就是给外力。

再如：铁容易氧化生锈这是自发进行的，但生锈的铁不会自发地分解出氧而除锈。

那么这些化学反应为什么会有一定的自发的反应方向呢？回答这个问题之前我们来观察一些自然现象：①水总是自发地从高处流向低处，自发从低处流向高处是不可能的；②热量自发地从高温物体传给低温物体，不可能自发由低温物体流向高温物体；③风的流动是从高压处流向低压处，风的逆向流动是不可能的；④下雨天打雷放电等。这些自然现象它们有一个共同的特点：就是变化自发地朝着能量降低的方向进行。自然界一个普遍的规律是：能量越低越稳定，总是自发地向能量减少的方向变化，并在此运动过程中释放能量。甚至人类也会自发地趋向能量降低的过程，往往通过各种方式发泄和排解自己的能量，如喜怒哀乐等。

再来看另外一些自然现象：①一杯纯净的水滴入一滴蓝墨水一会儿自动扩散均匀；②衣

服会脏；③食物的香味会到处飘散等。它们也有一个共同的特点：就是变化自发地朝着混乱度增加的方向进行。

综合以上现象得出结论：自然界宏观物体变化的方向就是自发地趋于能量降低和混乱度增加。

现在我们可以回答化学反应为什么会有一定的自发的反应方向了。化学变化也属于自然界宏观物体变化，其自发变化的方向实际上也是能量和混乱度两大因素的共同作用，也可以说研究化学反应自发的方向就是解决在宏观条件下化学反应的内部能量变化和化学反应的内部混乱度变化这两大问题。这也是本章的两大主题，所有的内容都是围绕这两大主题展开的。

2.1 基本概念和术语

2.1.1 系统和环境

热力学中把人们所研究的对象称为系统，而把系统以外与系统密切相关的其他物质和空间称为环境。

例如，我们研究杯子中的溶液，则溶液是系统，溶液面上的空气、杯子均为环境。当然，桌子、教室也为环境。但我们着眼于和系统密切相关的环境，即为空气和杯子等。

系统和环境之间有时有界面，如溶液和杯子；有时又无明显界面，如溶液与溶液面上的空气之间。

由于人们研究的系统中的能量变化关系、系统中化学反应的方向以及系统中物质的组成和变化等属于热力学性质范畴的问题，故常常把系统称为热力学系统。

根据系统与环境间物质和能量的交换情况的不同，可将热力学系统分为三种：

① 敞开系统。系统与环境间既有物质交换又有能量交换。

② 封闭系统。系统与环境间只有能量交换没有物质交换。

③ 孤立系统。系统与环境间既无物质交换也无能量交换。绝热、密闭的系统即为孤立系统，如理想保温杯。应当指出，真正的孤立系统是不存在的，热力学中有时把与系统有关的环境部分与系统合并在一起看作是一个孤立系统。热力学上研究得较多的是封闭系统。

有必要说明一下：所谓术语或专业术语，是各门学科中的专门用语，相当于各个行业的“行话”，具有专业性、科学性、单义性的特点。术语往往由一般的词汇或词构成，成为术语后，与原词的意义部分地或完全地失去了联系。如以上所定义的“系统”和“环境”与我们平时所说原词的“系统”和“环境”的意义是完全不同的。有了这些术语，我们便可以使用它们来准确地、简洁地描述和解析本课程的内容，但前提是读者必须准确地理解和把握这些术语（虽然有些术语的确比较难理解，如下面要讲的“状态和状态函数”），这一点非常重要。

2.1.2 状态和状态函数

系统都有一定的物理性质和化学性质，如温度、压力、体积、质量、密度、组成等，这一系列表征系统性质的宏观物理量的总和就是系统的状态（state）。当系统的各种宏观物理量性质都有确定数值时，就确定了系统各方面的表现，系统就处于一定的热力学状态；反之，系统的状态一旦确定，系统的各种宏观物理量性质都有确定的数值，系统的状态发生变化，系统的宏观物理量性质也会随之改变。

系统的性质是由系统的状态确定的，这些宏观物理量性质就是状态的函数，称为状态函数（state function）。上述各项系统的性质都是状态函数。

状态函数的数值只与状态有关，状态函数是系统自身的性质。当系统发生变化时，状态函数的改变只与始态和终态有关，而与变化的途径无关。系统无论经什么变化途径恢复到起始状态，状态函数的数值不变。这是状态函数的一个非常重要的基本原理，也是后面要讲的热力学的一个非常重要的基本原理。

状态函数可分为两大类：

① 广度性质。此种性质表现系统“量”的特征，其数值在一定条件下与体系中的物质数量成正比，即具有加和性。体积、热容、质量、热力学能、焓、熵、吉布斯自由能等都是广度性质（或容量性质）。

② 强度性质。此种性质表现系统“质”的特征，其数值在一定条件下仅由体系中物质本身的特性决定，不随体系中物质总量而改变，即不具加和性。温度、压力、密度、黏度等都是强度性质。

2.1.3 过程与途径

当系统发生一个任意的变化时，我们说系统发生了一个过程，即系统状态发生变化的经过称为过程。如气体膨胀或压缩、液体的蒸发、固体的溶解等。

热力学上经常遇到的过程有下列几种：

① 恒压过程（isobaric process） 系统压力始终恒定不变（$\Delta p=0$）。在敞口容器中进行的反应，可看作恒压过程，因为系统始终经受相同的大气压力。绝大多数化学反应是在敞口容器中进行的，所以恒压过程是化学反应的主要过程。

② 恒容过程（isochoric process） 系统体积始终恒定不变（$\Delta V=0$）。在刚性密闭容器中进行的反应，就是恒容过程。

③ 恒温过程（isothermal process） 此过程只要求系统始态和终态温度相同（$\Delta T=0$）。当化学反应发生后，由于反应的热效应，会引起系统的温度升高或降低。如果把过程设计成：让反应后生成物的温度冷却或升温至与反应前反应物的温度相同，则该反应就可以按恒温过程处理。

系统由始态变化到终态，可以经由不同的路线，系统在变化时经由的具体路线称为途径。例如某一系统由始态（298.15K，101.3kPa）变化到终态（373.15K，506.3kPa），可以通过不同的途径来完成（见图 2-1）。但其从始态（298.15K，101.3kPa）变化到终态的状态函数（温度 T，压力 p）的改变量却相同，即 $\Delta T=75\text{K}$，$\Delta p=405\text{kPa}$。这就是因为在状态一定时，状态函数就有一个相应的确定值；始态和终态一定时，状态函数的改变量就只有一个唯一的数值，与途径无关。这也就是状态函数的基本原理。

2.1.4 功和热

功和热是系统状态发生变化时与环境之间的两种能量的交换形式，单位均为 J 或 kJ。系统与环境之间因存在温度差异而发生的能量交换形式称为热，用 Q 来表示。系统与环境之间无物质交换时，除热以外的其他各种能量交换形式称为功，用 W 来表示。热力学中对 W 和 Q 的符号的规定如下：

系统向环境吸热，Q 取正值（$Q>0$，系统能量升高）；

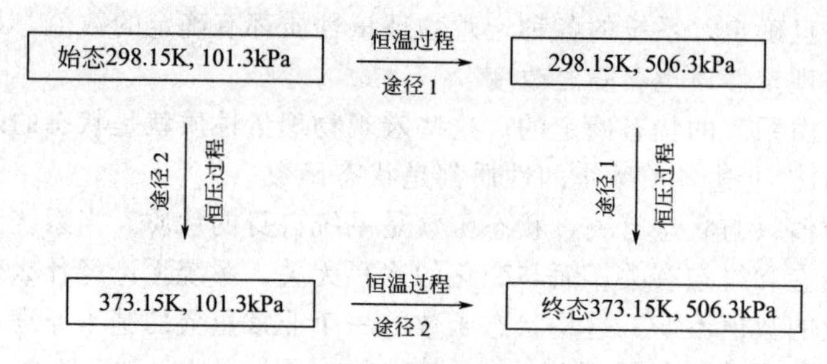

图 2-1 由始态变化到终态的两种途径

系统向环境放热，Q 取负值（$Q<0$，系统能量下降）。

环境对系统做功，功取正值（$W>0$，系统能量升高）；

系统对环境做功，功取负值（$W<0$，系统能量降低）。

功有多种形式，通常分为体积功和非体积功两大类。由于系统体积变化反抗外力所做的功为体积功，其他功如电功、表面功等都称为非体积功。在化学反应中，系统一般只做体积功，因为非体积功，如电功，一定要在原电池这种特殊的装置中才可能产生。所以，本章下面讨论中，除特别指明外，都限于系统只做体积功的情况。

按照以上对功的正负号规定，当系统做体积功时，设系统的压力为 p，体积变化为 ΔV，则体积功 W 为：

$$W=-p\Delta V \tag{2-1}$$

要说明的是：功和热是系统的状态发生变化过程中与环境交换的能量，是与过程密切相关的，变化过程结束了能量的交换也就结束了。它们是过程量，不是状态函数。经由不同的途径完成同一变化时，热和功的数值可能不同。

2.1.5 热力学能

系统状态发生变化时与环境之间有能量交换，表明系统内部蕴藏着一定的能量。系统内部所蕴藏的总能量叫做热力学能（thermodynamic energy），也叫内能，单位 J 或 kJ，用符号 U 表示。它包括系统中分子的平动能、转动能、振动能、电子运动和原子核内的能量以及系统内部分子与分子间的相互作用的位能等。热力学能是系统内部能量的总和，所以是系统自身的一种性质，在一定的状态下应有一定的数值，因此热力学能是状态函数。

2.1.6 热力学第一定律

前面提到要研究化学反应自发的方向首先要解决在宏观条件下化学反应的能量变化。当系统状态发生改变或发生化学反应时，可以认为反应物是始态，产物是终态。即系统从反应物状态 1（系统热力学能 U_1）变化至产物状态 2（系统热力学能 U_2），系统热力学能的变化值：

$$\Delta U=U_2-U_1$$

然而我们却无法知道某一系统热力学能的绝对值，也就无法直接由 U_2-U_1 计算出 ΔU。

但是关于能量的变化，人们在长期实践的基础上得出这样一个结论：自然界的一切物质都具有能量，能量有各种不同的形式，能够从一种形式转化为另一种形式。在转化的过程中，能量的总值不变，称为能量守恒定律。应用于热力学系统中就是热力学第一定律。也就是在封闭系统中热力学能的改变值 ΔU 等于系统与环境之间的能量（功和热的总和）交换。即：

$$\Delta U=Q+W \tag{2-2}$$

例 2-1 某过程中，系统从环境吸收 200kJ 的热，对环境做功 100kJ，求该过程中系统的热力学能变和环境的热力学能变。

解 由热力学第一定律

$$\Delta U(\text{系统})=Q+W=200\text{kJ}+(-100\text{kJ})=100\text{kJ}$$

$$\Delta U(\text{环境})=Q+W=(-200\text{kJ})+100\text{kJ}=-100\text{kJ}$$

系统净增了 100kJ 的热力学能，而环境减少了 100kJ 的热力学能，系统与环境的总和保持能量守恒。

$$\Delta U(\text{系统})+\Delta U(\text{环境})=0$$

热力学第一定律的原理应用于化学反应，就可以通过测定外界环境能量（功和热）的变化来计算其化学反应的内部能量变化值。即：

$$U_2(\text{产物系统热力学能})-U_1(\text{反应物系统热力学能})=\Delta U=Q+W$$

但是实际上同时测定一个化学反应外界环境能量的功和热的变化，工作量还是很大，当然也没有必要，我们还有更简单的解决办法，那就是只考虑化学反应的热效应。

2.2 热化学

化学反应通常在恒容或恒压条件下进行，因此化学反应热效应常分为恒容反应热和恒压反应热。

2.2.1 恒容反应热

在恒温条件只做体积功情况下，若系统发生化学反应是恒容过程，则该过程中与环境之间交换的热就是恒容反应热。以符号“Q_V”来表示。

由热力学第一定律可得：

$$\Delta U=Q_V+W$$

且恒容过程 $\Delta V=0$，$W=-p\Delta V=0$，则：

$$\Delta U=Q_V \tag{2-3}$$

式(2-3) 表明：在恒容且不做非体积功时，恒容反应热等于系统热力学能的改变。

2.2.2 恒压反应热

同样在恒温条件只做体积功情况下，若系统发生化学反应是恒压过程，则该过程中与环境之间交换的热就是恒压反应热。以符号“Q_p”来表示。

$$\Delta U=Q_p+W$$

且恒压过程 $W=-p\Delta V$，$p=p_1=p_2$，$\Delta U=U_2-U_1$，则有：

$$\Delta U=Q_p-p\Delta V$$

$$Q_p=\Delta U+p\Delta V=\Delta U+(p_2V_2-p_1V_1)=(U_2+p_2V_2)-(U_1+p_1V_1)$$

上式表明：恒压过程中化学反应系统的热效应即恒压反应热 Q_p 等于终态（产物）与始态（反应物）的（$U+pV$）值之差。U、p、V 都是状态函数，其组合函数（$U+pV$）也应是状态函数。为了方便起见我们定义一个新的状态函数叫做焓（enthalpy），用符号“H”表示：

$$H=U+pV$$

则又有：

$$Q_p = H_2 - H_1 = \Delta H \tag{2-4}$$

焓（H）具有能量的量纲，无明确的物理意义。它是状态函数，其绝对值也无法确定。但焓变 ΔH 是有明确物理意义的，式(2-4) 表明：在恒温恒压且不做非体积功时，恒压反应热等于系统焓的改变。

下面我们对式(2-2)、式(2-3)、式(2-4) 作进一步讨论。

$\Delta U = Q + W$ 的条件是：在封闭系统中。

$\Delta U = Q_V$ 的条件是：在封闭系统中且恒容。

$\Delta H = Q_p$ 的条件是：在封闭系统中且恒温恒压且不做非体积功。

ΔU、ΔH 就是化学反应的内部能量变化，即当系统发生化学反应时反应物是始态，产物是终态。

$\Delta U = U$ 终态(产物系统热力学能)$-U$ 始态(反应物系统热力学能)

$\Delta H = H$ 终态(产物系统的焓)$-H$ 始态(反应物系统的焓)

式(2-2)、式(2-3)、式(2-4) 都是通过测定外界环境能量的变化值，来衡量化学反应的内部能量变化值，但我们通常使用式(2-4) $\Delta H = Q_p$ 更方便。因为大多数化学反应都是在恒温恒压且不做非体积功的条件下进行，故化学反应的焓变 ΔH 就是我们要找的研究化学反应自发的方向要解决的在宏观条件两大主题的其中之一，即化学反应的内部能量变化。

需要说明的是焓 H 是状态函数，化学反应焓变 ΔH 的值只与化学反应的反应物和产物的状态有关，与化学反应变化的途径无关。而化学反应热是过程量，不是状态函数。反应经由不同的途径化学反应热数值可能不同。也就是说非恒温恒压任意过程的化学反应焓变 ΔH 的值不一定等于该过程的化学反应热。但是由状态函数的性质我们知道只要反应物始态和产物终态确定时，化学反应状态函数的改变量 ΔH（也包括 ΔU，以及后面要讲的 ΔG、ΔS 等）就只有一个唯一的数值，任意过程的化学反应焓变 ΔH 的值可以通过设计反应物始态和产物终态都相同的恒温恒压过程来计算。这是热力学一个非常重要的基本原理。化学热力学内容，实际上就是在一定条件下，利用一些特定的状态函数改变量来解决化学反应的一些问题。化学反应实际变化的途径是很复杂的，按此途径计算状态函数改变量就很困难，但是根据上述状态函数的性质，可抛开途径，从始态和终态就可直接计算状态函数改变量。热力学方法之所以简便，就是基于这个原理。

化学反应的焓 ΔH 是状态函数的广度性质，具有加和性。如化学反应：

$$2H_2(g) + O_2(g) = 2H_2O(g)$$

生成 2mol 的 $H_2O(g)$ 与生成 1mol 的 $H_2O(g)$ 的 ΔH 值是不一样的，在同一状态下前者是后者的两倍。所以必须引入化学反应进行程度的一个量的概念，即化学反应进度。

2.2.3 化学反应进度

(1) 化学反应计量方程式

对任一化学反应，其反应为：

$$a\mathrm{A} + e\mathrm{E} \longrightarrow d\mathrm{D} + g\mathrm{G}$$

式中，A、E、D、G 代表物质；a、e、d、g 代表相应物质前面的系数。移项后写成：

$$0 = -a\mathrm{A} - e\mathrm{E} + d\mathrm{D} + g\mathrm{G}$$

可简化为：

$$0=\sum_{B}\nu_B B \tag{2-5}$$

式中，B为参与化学反应的各种物质；ν_B 为物质B前面的系数，称之为物质B的化学计量数（stoichiometric number），其量纲为1。反应物的化学计量数为负值，而产物的化学计量数为正值。其中：$\nu_A=-a$，$\nu_E=-e$，$\nu_D=+d$，$\nu_G=+g$。

[以后本章及第3章都用式（2-5）表示一般的化学反应计量方程式。]

例如，反应 $1/2N_2+3/2H_2 = NH_3$，化学计量数 ν_B 分别为：$\nu(NH_3)=1$，$\nu(N_2)=-1/2$，$\nu(H_2)=-3/2$。

(2) 化学反应进度 ξ

化学反应进度（extent of reaction）ξ（读ksi）就是表示化学反应进行的程度的一个物理量，单位为mol。

定义式为：

$$d\xi=\nu_B^{-1}dn_B \quad 或 \quad dn_B=\nu_B d\xi$$

式中，n_B 为物质B的物质的量；ν_B 是物质B的化学计量数。

积分式

$$\xi=\Delta n_B\nu_B^{-1}$$

$$即 \quad \Delta n_B=\nu_B\xi$$

即当反应进行后，某一参与反应的物质的物质的量从始态的 n_{B1} 变到终态的 n_{B2}，则该反应的反应进度：

$$\xi=(n_{B2}-n_{B1})/\nu_B=\Delta n_B\nu_B^{-1}$$

例

$$N_2+3H_2 = 2NH_3$$

当 $\Delta n(NH_3)=1mol$ 时，$\xi=\Delta n(NH_3)/\nu(NH_3)=1mol/2=0.5mol$

而此时 $\Delta n(N_2)=-0.5mol$，$\xi=\Delta n(N_2)/\nu(N_2)=-0.5mol/(-1)=0.5mol$

同理 $\Delta n(H_2)=-1.5mol$，$\xi=\Delta n(H_2)/\nu(H_2)=-1.5mol/(-3)=0.5mol$

可见，无论选何种参与反应的物质来表示该反应的反应进度，都可得到相同的结果。

一般习惯称反应进度为进行了 n mol的反应，如上面称进行了0.5mol的反应。若化学反应中各物质的改变量（物质的量）正好等于反应式中该物质的化学计量数，该反应的反应进度即进行了1mol反应，又称摩尔反应，或单位摩尔反应。

由于 ξ 与化学计量数 ν_B 有关，而 ν_B 又与反应式书写有关，ξ 显然也与化学反应计量方程式书写有关。若把上述的反应写成：

$$1/2N_2(g)+3/2H_2(g) = NH_3(g)$$

则反应进度为1mol。

2.2.4 标准摩尔反应焓变 $\Delta_r H_m^\ominus$

有了化学反应进行程度的量即反应进度的概念，来计算化学反应的 ΔH 值其实还不够。前面提到的热力学函数 ΔU、ΔH 以及后面的 ΔS、ΔG 等均为状态函数。状态函数在不同的系统中或同一系统的不同状态下有不同的数值。如化学反应：

$$2H_2(g)+O_2(g) = 2H_2O(g) 和 2H_2(g)+O_2(g) = 2H_2O(l)$$

前者产物是 $2H_2O$（g），后者产物是 $2H_2O$（l），两者的 ΔH 是不同的，前者放热小于后者，即：ΔH(前者)>ΔH(后者)。

为了比较不同的系统或同一系统不同的状态的这些热力学函数的变化，需要规定一个状态作为比较的标准或者说参考标准，这就是热力学上的标准状态。

(1) 物质的标准态

热力学中规定：标准状态是在温度 T 及标准压力 $p^{\ominus}$($p^{\ominus}=100\text{kPa}$)下的状态，简称标准态，用右上标“$^{\ominus}$”表示。当系统处于标准态时，指系统中诸物质均处于各自的标准态。对具体的物质而言，相应的标准态如下：

① 纯理想气体物质的标准态是气体处于标准压力 $p^{\ominus}$下的状态，混合理想气体中任一组分的标准态是该气体组分的分压为 $p^{\ominus}$时的状态（在无机及分析化学中把气体均近似作理想气体）。

② 纯液体（或纯固体）物质的标准态就是标准压力 $p^{\ominus}$下的纯液体（或纯固体）。

③ 溶液中溶质的标准态是指标准压力 $p^{\ominus}$下溶质的浓度为 $c^{\ominus}$($c^{\ominus}=1\text{mol}\cdot\text{L}^{-1}$)的溶液，严格地说是溶质的质量摩尔浓度为 $1\text{mol}\cdot\text{kg}^{-1}$ 的理想溶液。

必须注意，在标准态的规定中只规定了压力 $p^{\ominus}$，并没有规定温度。处于标准状态和不同温度下的系统的热力学函数有不同的值。一般的热力学函数值均为 298.15K（即 25℃）时的数值，若非 298.15K，须特别指明。

(2) 摩尔反应焓变 $\Delta_r H_m$、标准摩尔反应焓变 $\Delta_r H_m^{\ominus}$

有了化学反应进行程度的量的概念，对于某化学反应来说，若反应进度为 ξ 时的反应焓变为 $\Delta_r H$，则摩尔反应焓变为：

$$\Delta_r H_m = \Delta_r H/\xi$$

式中，$\Delta_r H_m$ 的单位为 $\text{J}\cdot\text{mol}^{-1}$ 或 $\text{kJ}\cdot\text{mol}^{-1}$，其中下角标 r 表示反应，下角标 m 表示摩尔反应。因此，摩尔反应焓变 $\Delta_r H_m$ 为按所给定的化学反应计量方程式当反应进度 ξ 为 1mol 或单位反应进度时的反应焓变。

由于反应进度与具体化学反应计量方程有关，因此计算一个化学反应的 $\Delta_r H_m$ 必须明确写出其化学反应计量方程。

又有了化学反应物质的标准态，当化学反应处于温度 T 的标准状态时，该反应的摩尔反应焓变称为标准摩尔反应焓变，以 $\Delta_r H_m^{\ominus}(T)$表示，$T$ 为反应的热力学温度。

根据热力学的规定：系统向环境吸热，Q 取正值；系统向环境放热，Q 取负值。则：$\Delta_r H_m^{\ominus}>0$ 化学反应吸热，$\Delta_r H_m^{\ominus}<0$ 化学反应放热。

2.2.5 热化学反应方程式

表示化学反应与反应热关系的化学反应方程式叫热化学反应方程式。
例如：

$$\text{C(石墨)}+O_2(g) = CO_2(g) \qquad \Delta_r H_m^{\ominus}=-393.509\text{kJ}\cdot\text{mol}^{-1}$$

$$N_2(g)+3H_2(g) = 2NH_3(g) \qquad \Delta_r H_m^{\ominus}=-92.22\text{kJ}\cdot\text{mol}^{-1}$$

$$H_2(g)+1/2O_2(g) = H_2O(l) \qquad \Delta_r H_m^{\ominus}=-285.830\text{kJ}\cdot\text{mol}^{-1}$$

式中，$\Delta_r H_m^{\ominus}$ 表示在 298.15K、标准状态下，相应化学反应计量方程式的恒压热效应，即标准摩尔反应焓变。

由于 $\Delta_r H_m^{\ominus}$ 是具有广度性质的状态函数，其值与参与化学反应的各种物质的量及状态都有关，所以正确地书写热化学反应方程式时必须注意以下几点：

① 正确写出化学反应计量方程式，必须是配平的反应方程式。因为反应热效应常指单位反应进度时反应所放出或吸收的热量，而反应进度与化学反应计量方程式有关，所以同一反应，以不同的化学计量方程式表示，其恒压反应热 $\Delta_r H_m^{\ominus}$ 的数值不同。
例如：

$$C(石墨) + O_2(g) \longequal CO_2(g) \qquad \Delta_r H_m^\ominus = -393.509 kJ \cdot mol^{-1}$$

$$\frac{1}{2}C(石墨) + \frac{1}{2}O_2(g) \longequal \frac{1}{2}CO_2(g) \qquad \Delta_r H_m^\ominus = -\frac{1}{2} \times 393.509 kJ \cdot mol^{-1}$$

② 应注明参与反应的诸物质的聚集状态，以 g、l、s 表示气、液、固态。聚集状态不同，$\Delta_r H_m^\ominus$ 不同。例如：

$$C(石墨) + O_2(g) \longequal CO_2(g) \qquad \Delta_r H_m^\ominus = -393.509 kJ \cdot mol^{-1}$$

$$C(金刚石) + O_2(g) \longequal CO_2(g) \qquad \Delta_r H_m^\ominus = -395.404 kJ \cdot mol^{-1}$$

③ 应注明反应温度，如果在 298.15K，通常可以省略不写。

热化学反应方程式表示了化学反应与其恒压热效应的定量关系，两大主题之一即化学反应的内部能量变化已得到基本解决。当然 $\Delta_r H_m^\ominus$ 的具体计算下面将继续讨论。

2.2.6 盖斯定律

1840 年，俄国化学家盖斯（G. H. Hess）从大量热化学实验数据中总结出一条规律：任一化学反应，不论是一步完成，还是分几步完成，其热效应都是相同的。这就是盖斯定律。这个定律实际上是热力学状态函数性质的必然结果。因为 $Q_p = \Delta H$，$Q_V = \Delta U$，ΔH、ΔU 是状态函数。所以盖斯定律也可以表述为：任何一个化学反应，在不做其他功和处于恒压或恒容的情况下，化学反应热效应 ΔH、ΔU 仅与反应的始、终态有关而与具体途径无关。

盖斯定律有着广泛的应用。利用一些反应热的数据，就可以计算出另一些反应的反应热。尤其是不易直接准确测定或根本不能直接测定的反应热，常可利用盖斯定律来算得。例如：C 和 O_2 化合生成 CO 的反应热是很难准确测定的，因为在反应过程中不可避免地会有一些 CO_2 生成。但是 C 和 O_2 化合生成 CO_2 以及 CO 和 O_2 化合生成 CO_2 的反应热是可准确测定的，因此可以利用盖斯定律把生成 CO 的反应热计算出来。

已知：

$$(1) C(s) + O_2(g) \longrightarrow CO_2(g) \qquad \Delta_r H_{m1}^\ominus = -393.5 kJ \cdot mol^{-1}$$

$$(2) CO(g) + \frac{1}{2}O_2(g) \longrightarrow CO_2(g) \qquad \Delta_r H_{m2}^\ominus = -283.0 kJ \cdot mol^{-1}$$

求：

$$(3) C(s) + \frac{1}{2}O_2(g) \longrightarrow CO(g) \qquad \Delta_r H_{m3}^\ominus = ?$$

反应途径如图 2-2 所示。

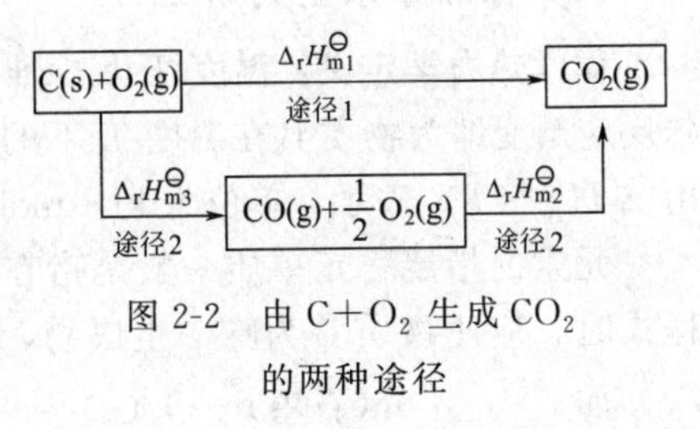

图 2-2 由 C+O_2 生成 CO_2 的两种途径

由图 2-2 可得 $\Delta_r H_{m1}^\ominus = \Delta_r H_{m2}^\ominus + \Delta_r H_{m3}^\ominus$

$\Delta_r H_{m3}^\ominus = \Delta_r H_{m1}^\ominus - \Delta_r H_{m2}^\ominus = -110.5 kJ \cdot mol^{-1}$

用盖斯定律计算反应热时，利用反应式之间的代数关系进行计算更为方便。例如，上述的反应式(1)、(2)和(3) 的关系是：(3) = (1) − (2)，可直接得出 $\Delta_r H_{m3}^\ominus = \Delta_r H_{m1}^\ominus - \Delta_r H_{m2}^\ominus$。

反应式之间的代数关系计算竖式如下：

	(1) $C(s) + O_2(g) \longrightarrow CO_2(g)$	$\Delta_r H_{m1}^\ominus$
−)	(2) $CO(g) + 1/2O_2(g) \longrightarrow CO_2(g)$	$\Delta_r H_{m2}^\ominus$
	(3) $C(s) + 1/2O_2(g) \longrightarrow CO(g)$	$\Delta_r H_{m3}^\ominus = \Delta_r H_{m1}^\ominus - \Delta_r H_{m2}^\ominus$

必须注意，在利用化学反应方程式之间的代数关系进行运算中，把相同物质项消去时，不仅物质种类必须相同，而且状态（即物态、温度、压力）也要相同，否则不能相消。

例 2-2 已知：

(1) $4NH_3(g)+3O_2(g) \Longrightarrow 2N_2(g)+6H_2O(l)$　　$\Delta_r H_{m1}^\ominus=-1530kJ \cdot mol^{-1}$

(2) $H_2(g)+1/2O_2(g) \Longrightarrow H_2O(l)$　　$\Delta_r H_{m2}^\ominus=-286kJ \cdot mol^{-1}$

试求反应　$N_2(g)+3H_2(g) \Longrightarrow 2NH_3(g)$ 的 $\Delta_r H_{m3}^\ominus$。

解　$3\times(2)-\frac{1}{2}\times(1)$ 得：

$$N_2(g)+3H_2(g) \Longrightarrow 2NH_3(g)$$

$$\Delta_r H_{m3}^\ominus=3\times\Delta_r H_{m2}^\ominus-\frac{1}{2}\Delta_r H_{m1}^\ominus=3\times(-286)-\frac{1}{2}\times(-1530)=-93kJ \cdot mol^{-1}$$

又如有反应：

$$N_2(g)+3H_2(g) \Longrightarrow 2NH_3(g) \qquad \Delta_r H_{m1}^\ominus$$

$$\frac{1}{2}N_2(g)+\frac{3}{2}H_2(g) \Longrightarrow NH_3(g) \qquad \Delta_r H_{m2}^\ominus$$

$$2NH_3(g) \Longrightarrow N_2(g)+3H_2(g) \qquad \Delta_r H_{m3}^\ominus$$

由盖斯定律可方便得出：

$$\Delta_r H_{m2}^\ominus=\frac{1}{2}\Delta_r H_{m1}^\ominus$$

$$\Delta_r H_{m3}^\ominus=-\Delta_r H_{m1}^\ominus$$

盖斯定律使用方便而应用非常广泛，在后续章节有关化学平衡的内容以及化学平衡常数的计算，对化学反应方程式之间的代数关系进行运算随处可见。

2.2.7　标准摩尔反应焓变 $\Delta_r H_m^\ominus$ 的计算

到此为止我们可以测定恒温恒压下化学反应的热效应，并利用 $\Delta H=Q_p$ 来计算出 $\Delta_r H_m^\ominus$。但是我们不可能对所有化学反应都直接测定反应热，那么能否还有简单办法可以直接计算出 $\Delta_r H_m^\ominus$ 呢？回答是肯定的。

当然如果能够知道参加化学反应的各物质的焓的绝对值，对于任一反应就能直接计算其反应热效应。但焓的绝对值也是无法测定的。为解决这一困难，人们采用了一个相对标准，同样可以方便地用来计算反应的 ΔH。

(1) 标准摩尔生成焓 $\Delta_f H_m^\ominus$

化学热力学定义：温度 T 及标准态下，由元素的指定稳定单质生成 1mol 物质 B 的标准摩尔反应焓变即为物质 B 在温度 T 下的标准摩尔生成焓（standard molar enthalpy of formation），用 $\Delta_f H_m^\ominus$（T）表示，单位为 $kJ \cdot mol^{-1}$。若温度是 298.15K，则可不用注明温度。

元素的指定稳定单质一般是指在温度 T 及标准态下单质的最稳定状态。在书写反应方程式时，应使物质 B 为唯一生成物，且物质 B 的化学计量数 $\nu_B=1$。

如　　$C(石墨)+O_2(g) \Longrightarrow CO_2(g)$　$\Delta_r H_m^\ominus=-393.51kJ \cdot mol^{-1}$

则　　$CO_2(g)$ 的 $\Delta_f H_m^\ominus(CO_2,g)=-393.51kJ \cdot mol^{-1}$

$$H_2(g)+\frac{1}{2}O_2(g) \Longrightarrow H_2O(l) \qquad \Delta_r H_m^\ominus=-285.830kJ \cdot mol^{-1}$$

$$\Delta_f H_m^\ominus(H_2O,l)=-285.830kJ \cdot mol^{-1}$$

本教材附录Ⅲ中列出了一些物质 298.15K、标准压力 $p^\ominus$ 下的热力学函数，其中包括标准摩尔生成焓数据。这些重要数据使简单直接计算出 $\Delta_r H_m^\ominus$（包括 $\Delta_r S_m^\ominus$、$\Delta_r G_m^\ominus$）成为可能。

例如由附录的数据：$\Delta_f H_m^\ominus(CO_2,g)=-393.509kJ\cdot mol^{-1}$、$\Delta_f H_m^\ominus(H_2,g)=0kJ\cdot mol^{-1}$、$\Delta_f H_m^\ominus(CO,g)=-110.525kJ\cdot mol^{-1}$、$\Delta_f H_m^\ominus(H_2O,g)=-241.818kJ\cdot mol^{-1}$，计算反应 $CO(g)+H_2O(g) = CO_2(g)+H_2(g)$ 在 298.15K 时的 $\Delta_r H_m^\ominus$。

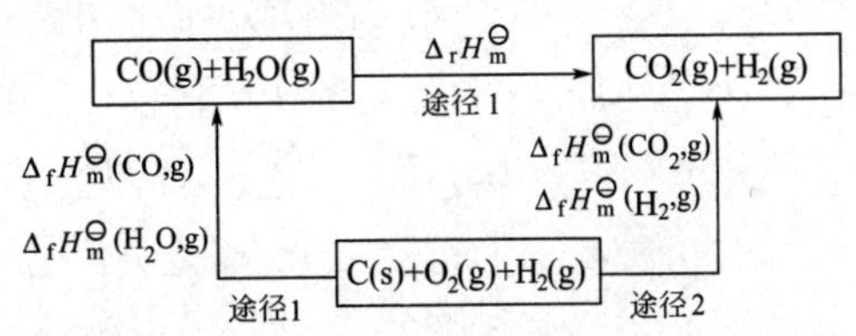

图 2-3　$CO(g)+H_2O(g) = CO_2(g)+H_2(g)$ 的 $\Delta_r H_m^\ominus$ 计算

反应途径如图 2-3 所示。

图 2-3 根据盖斯定律，若把参加反应的各物质元素的指定稳定单质 $C(s)+O_2(g)+H_2(g)$ 定为始态，把反应的产物 $CO_2(g)+H_2(g)$ 定为终态，则途径 1 和途径 2 的反应焓变应相等。则有：

$$[\Delta_f H_m^\ominus(CO,g)+\Delta_f H_m^\ominus(H_2O,g)]+\Delta_r H_m^\ominus=\Delta_f H_m^\ominus(CO_2,g)+\Delta_f H_m^\ominus(H_2,g)$$

$$\begin{aligned}\Delta_r H_m^\ominus &=[\Delta_f H_m^\ominus(CO_2,g)+\Delta_f H_m^\ominus(H_2,g)]-[\Delta_f H_m^\ominus(CO,g)+\Delta_f H_m^\ominus(H_2O,g)]\\ &=[-393.509+0]-[-110.525+(-241.818)]\\ &=-41.166(kJ\cdot mol^{-1})\end{aligned}$$

把上例归纳为一般通式，反应途径如图 2-4 所示。

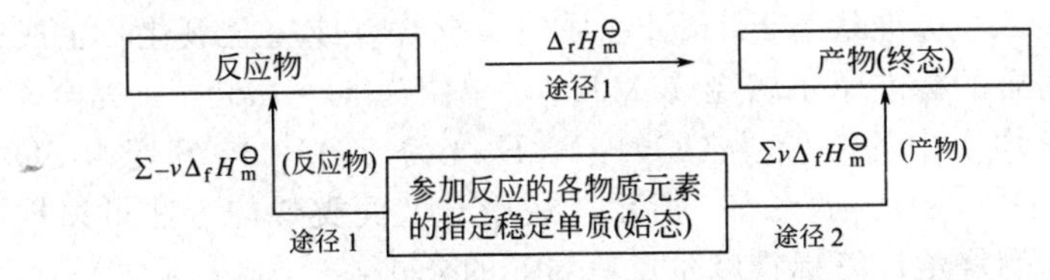

图 2-4　利用 $\Delta_f H_m^\ominus$ 计算任意化学反应的 $\Delta_r H_m^\ominus$

由图 2-4 得：$\sum -\nu_{反应物}\ \Delta_f H_m^\ominus(反应物)+\Delta_r H_m^\ominus(经途径\ 1)=\sum \nu_{产物}\ \Delta_f H_m^\ominus(产物)$(经途径 2)

则对任意化学反应有：

$$\begin{aligned}\Delta_r H_m^\ominus &=\sum \nu_{产物}\ \Delta_f H_m^\ominus(产物)-\sum -\nu_{反应物}\ \Delta_f H_m^\ominus(反应物)\\ &=\sum \nu_{产物}\ \Delta_f H_m^\ominus(产物)+\sum \nu_{反应物}\ \Delta_f H_m^\ominus(反应物)\end{aligned}$$

由化学反应计量方程式：

$$0=\sum_B \nu_B B$$

最后得任意化学反应的标准摩尔反应焓变：

$$\Delta_r H_m^\ominus=\sum_B \nu_B \Delta_f H_m^\ominus(B) \tag{2-6}$$

式中，B 为参与化学反应的各种物质；ν_B 为物质 B 的化学计量数。

补充说明：根据上述定义，稳定单质的标准摩尔生成焓为零。当一种元素有两种或两种以上单质时，只有一种是最稳定的。碳的最稳定单质为石墨，硫的最稳定单质为斜方硫，磷的最稳定单质为白磷等。

C 的两种同素异形体石墨和金刚石，其中石墨是 C 的稳定单质，它的标准摩尔生成焓为零。由稳定单质转变为其他形式单质时，也有焓变：

$$C(石墨) = C(金刚石)\qquad \Delta_r H_m^\ominus=1.895kJ\cdot mol^{-1}$$

$$\Delta_f H_m^\ominus(金刚石)=1.895kJ\cdot mol^{-1}$$

例 2-3　计算下列反应的 $\Delta_r H_m^\ominus$

$$2Na_2O_2(s)+2H_2O(l) = 4NaOH(s)+O_2(g)$$

解 查附录Ⅲ得各物质的 $\Delta_f H_m^{\ominus}$ 如下：

	$Na_2O_2(s)$	$H_2O(l)$	$NaOH(s)$	$O_2(g)$
$\Delta_f H_m^{\ominus}/kJ \cdot mol^{-1}$	−510.87	−285.830	−425.609	0

$$\begin{aligned}\Delta_r H_m^{\ominus} &= \sum_B \nu_B \Delta_f H_m^{\ominus}(B) \\ &= [4\times(-425.609)+0]-[2\times(-510.87)+2\times(-285.830)] \\ &= -109.036(kJ \cdot mol^{-1})\end{aligned}$$

(2) 水合离子标准摩尔生成焓

即标准态下由最稳定纯态单质溶于大量水形成无限稀薄溶液，并生成 1mol 水合离子 B(aq)的标准摩尔反应焓变。符号为 $\Delta_f H_m^{\ominus}(B, \infty, aq, 298.15K)$。规定氢离子为参考状态，298.15K 时由单质 $H_2(g)$生成 1mol 的水合氢离子的标准摩尔生成焓为零。其他离子与之比较，便可得到它们的水合离子的标准摩尔生成焓。

(3) 标准摩尔燃烧焓 $\Delta_c H_m^{\ominus}$

有机化合物的生成热难以测定，而其燃烧热却比较容易通过实验测得，因此经常用燃烧热来计算这类化合物的 $\Delta_r H_m^{\ominus}$。

化学热力学定义：在标准状态下 1mol 物质完全燃烧（或完全氧化）生成标准态的产物的反应热效应为该物质的标准摩尔燃烧焓 $\Delta_c H_m^{\ominus}$，单位为 $kJ \cdot mol^{-1}$。完全燃烧（或完全氧化）是指参加反应各物质中的 C 变为 $CO_2(g)$，H 变为 $H_2O(l)$，S 变为 $SO_2(g)$，N 变为 $N_2(g)$，$Cl_2(g)$变为 HCl(aq)。如图 2-5 所示，运用与上面类似的方法可以推导出由反应物和产物通过标准摩尔燃烧焓计算标准摩尔反应焓变的公式：

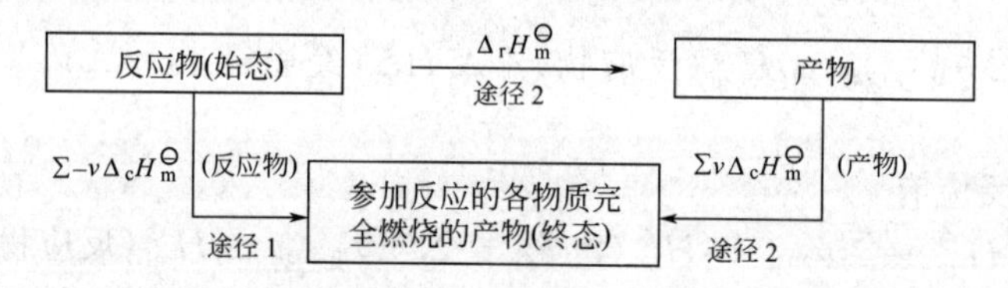

图 2-5 利用 $\Delta_c H_m^{\ominus}$ 计算任意化学反应的 $\Delta_r H_m^{\ominus}$

$$\Sigma-\nu\Delta_c H_m^{\ominus}(\text{反应物}) = \Delta_r H_m^{\ominus} + \Sigma\nu\Delta_c H_m^{\ominus}(\text{产物})$$

$$\Delta_r H_m^{\ominus} = \Sigma-\nu\Delta_c H_m^{\ominus}(\text{反应物}) - \Sigma\nu\Delta_c H_m^{\ominus}(\text{产物})$$

$$\Delta_r H_m^{\ominus} = \sum_B -\nu_B \Delta_c H_m^{\ominus}(B) \tag{2-7}$$

式(2-6)、式(2-7) 就是采用了选取一个相对标准来计算标准摩尔反应焓变 $\Delta_r H_m^{\ominus}$，即反应物与产物的参考稳定单质生成完全燃烧的产物完全等同。

2.3 化学反应的自发方向

本章开始提到自然界宏观物体变化的方向就是自发的趋于能量降低和混乱度增加。而化学反应的自发变化的方向实际上也是这两大因素的共同作用：①化学反应的内部能量变化，②化学反应的内部混乱度变化。

第一个问题热化学已解决，就是化学反应系统在恒温恒压且不做非体积功情况下的化学反应焓变 $\Delta_r H_m$。下面解决第二个问题。

2.3.1 熵

(1) 熵的概念

混乱度的大小在热力学中用一个新的热力学状态函数——熵来量度，符号为 S，单位为 $J \cdot mol^{-1} \cdot K^{-1}$。若以 Ω 代表系统内部的微观状态数，则熵 S 与微观状态数 Ω 有如下关系：

$$S = k \ln \Omega \tag{2-8}$$

式中，k 为玻耳兹曼（Boltzmann）常数。由于在一定状态下，系统的微观状态数有确定值，所以熵也有定值，因而熵也是状态函数。系统的混乱度越大，熵值就越大。

(2) 标准摩尔熵 $S_m^\ominus(B)$

热力学第三定律指出：在热力学温度 0K 时，任何纯物质的完美晶体的微观粒子排列是整齐有序的，其微观状态数 $\Omega=1$，此时系统的熵值等于零，即 $S^*(B,0K)=0$。以此为基准，可以确定其他温度下任何纯物质的熵值。熵是状态函数，可设计某 1mol 的物质 B 从 0K 至温度 T 的升温过程，该过程的熵变 $\Delta S_m(B)$ 即为物质 B 在该温度下的摩尔规定熵 $S_m(B,T)$。

$$\Delta S_m(B) = S_m(B,T) - S_m^*(B,0K) = S_m(B,T)$$

在标准态下某物质 B 的摩尔规定熵 $S_m(B,T)$ 称为该物质的标准摩尔熵（简称标准熵），用符号 $S_m^\ominus(B, T)$ 表示。一般在 298.15K 时，用 $S_m^\ominus(B)$ 表示。需要指出，在 298.15K 及标准状态下，参考状态的单质其标准摩尔熵 $S_m^\ominus(B)$ 并不等于零，这与标准状态时参考状态的单质其标准摩尔生成焓 $\Delta_f H_m^\ominus(T)=0$ 不同。

水合离子的标准摩尔熵是以 $S_m^\ominus(H^+,aq)=0$ 为基准而求得的相对值，但是这并不影响化学反应熵变的计算结果。一些物质在 298.15K 的标准摩尔熵和一些常见水合离子的标准摩尔熵见附录Ⅲ。

根据熵的含义，不难看出物质标准熵的大小应有如下的规律：

① 同一物质，同一温度下，当聚集状态不同时，$S_m^\ominus(B,T,g) > S_m^\ominus(B,T,l) > S_m^\ominus(B,T,s)$。

② 温度越高，$S_m^\ominus(B,T)$ 越大。

③ 同类物质，如卤化氢等，其摩尔质量越大，$S_m^\ominus(B,T)$ 越大

④ 分子内原子数目越多或电子数目越多，分子结构越复杂，$S_m^\ominus(B,T)$ 越大。

(3) 标准摩尔反应熵变 $\Delta_r S_m^\ominus(T)$

熵是状态函数，与系统的始态和终态有关，与途径无关，据此在 298.15K 时对任一化学反应：

$$0 = \sum_B \nu_B B$$

其标准摩尔反应熵变为：

$$\Delta_r S_m^\ominus = \sum_B \nu_B S_m^\ominus(B) \tag{2-9}$$

即化学反应的标准摩尔反应熵变 $\Delta_r S_m^\ominus$ 等于各反应物和产物标准摩尔熵与相应各化学计量数乘积之和。这与标准摩尔反应焓变 $\Delta_r H_m^\ominus$ 的计算类似。

例 2-4 计算 298.15K、标准状态下反应：$CaCO_3(s) \longrightarrow CaO(s)+CO_2(g)$的标准摩尔反应熵 $\Delta_r S_m^\ominus$。

解

$$\Delta_r S_m^\ominus = \sum_B \nu_B S_m^\ominus(B)$$
$$=1\times S_m^\ominus(CaO,s)+1\times S_m^\ominus(CO_2,g)+(-1)S_m^\ominus(CaCO_3,s)$$
$$=(39.75+213.74-92.9)J\cdot mol^{-1}\cdot K^{-1}$$
$$=160.59J\cdot mol^{-1}\cdot K^{-1}$$

2.3.2 化学反应方向的判据

至此，决定化学反应的自发变化的方向两大因素——化学反应的内部能量变化与混乱度变化我们都已解决。对于任一化学反应来说我们都可以计算出其标准摩尔反应焓变 $\Delta_r H_m^\ominus$、标准摩尔反应熵变 $\Delta_r S_m^\ominus$，那么可以肯定地说：若化学反应的 $\Delta_r H<0$(放热,能量降低)及 $\Delta_r S>0$(混乱度增加)，反应是自发的；其逆反应 $\Delta_r H>0$(吸热，能量升高)及 $\Delta_r S<0$(混乱度减小)，是非自发的。例如：

$$H_2(g)+Cl_2(g) = 2HCl(g) \qquad \Delta_r H_m^\ominus=-184.60kJ\cdot mol^{-1}<0$$
$$\Delta_r S_m^\ominus=20.066J\cdot mol^{-1}\cdot K^{-1}>0$$

是自发的，而其逆反应 $\Delta_r H_m^\ominus>0$、$\Delta_r S_m^\ominus<0$，肯定是非自发的。

但再看下面两个反应：

$$(1)MgO(s)+SO_3(g) \longrightarrow MgSO_4(s) \qquad \Delta_r H_m^\ominus=-287.6kJ\cdot mol^{-1}<0$$
$$\Delta_r S_m^\ominus=-191.9J\cdot mol^{-1}\cdot K^{-1}<0$$
$$(2)CaCO_3(s) \longrightarrow CaO(s)+CO_2(g) \qquad \Delta_r H_m^\ominus=178.32kJ\cdot mol^{-1}>0$$
$$\Delta_r S_m^\ominus=160.59J\cdot mol^{-1}\cdot K^{-1}>0$$

反应（1）$\Delta_r H_m^\ominus<0$ 能量降低，$\Delta_r S_m^\ominus<0$ 混乱度减小；反应（2）$\Delta_r H_m^\ominus>0$ 能量升高 $\Delta_r S_m^\ominus>0$ 混乱度增加。我们无法据此判断反应的自发方向，所以必须综合考虑这两大因素。

1878 美国物理化学家吉布斯（Gibbs）由热力学定律证明：对于一个恒温恒压下，非体积功等于零的过程，该过程如果是自发的，则过程的焓、熵和温度三者的关系为：

$$\Delta H-T\Delta S<0 \tag{2-10}$$

为了方便，可引入另一个热力学函数——吉布斯自由能（Gibbs free energy），也称自由焓（free enthalpy），用符号 G 表示，其定义为：

$$G=H-TS \tag{2-11}$$

G 的单位为 $kJ\cdot mol^{-1}$，因为 H、T、S 都是状态函数，故它们的组合 G 也是状态函数。在恒温恒压条件下，设始态的吉布斯自由能为 G_1，终态的吉布斯自由能为 G_2，则该过程的吉布斯自由能变 ΔG 为：

$$\Delta G=G_2-G_1$$

得

$$\Delta G=\Delta H-T\Delta S \tag{2-12}$$

式(2-12) 也称为吉布斯-赫姆霍兹（Gibbs-Helmholtz）方程。在恒温恒压条件下，任一化学反应的吉布斯自由能变 ΔG 就是其自发方向的判据：

当 $\Delta G<0$ 时，化学反应自发进行。

当 $\Delta G=0$ 时，化学反应平衡状态。

当 $\Delta G>0$ 时，化学反应不能自发进行（其逆过程是自发的）。

下面我们对化学反应 ΔG 作进一步讨论。

2.3.3 标准摩尔生成吉布斯自由能变 $\Delta_f G_m^\ominus$ 与标准摩尔反应吉布斯自由能变 $\Delta_r G_m^\ominus$

因吉布斯自由能是状态函数，在化学反应中如果能够知道反应物和产物的吉布斯自由能的数值，则化学反应的吉布斯自由能变可由 $\Delta G = G_{产物} - G_{反应物}$ 求得。但由吉布斯自由能的定义可知，它与焓一样，是无法求得绝对值的。为了求算反应的 ΔG，可仿照求标准生成焓 $\Delta_f H_m^\ominus$ 的处理方法：选定一个相对的标准，在标准状态下，由稳定单质生成物质 B 的反应，其反应进度为 1mol 时的标准摩尔反应吉布斯自由能变 $\Delta_r G_m^\ominus$，称为该物质 B 的标准摩尔生成吉布斯自由能变，符号为 $\Delta_f G_m^\ominus$（B，T），单位为 $kJ \cdot mol^{-1}$。同 $\Delta_f H_m^\ominus$ 一样，在标准状态下所有指定单质的标准摩尔生成吉布斯自由能变 $\Delta_f G_m^\ominus(B) = 0kJ \cdot mol^{-1}$。一些物质在 298.15K 时的标准生成吉布斯自由能变 $\Delta_f G_m^\ominus(B)$ 列于附录Ⅲ。有了 $\Delta_f G_m^\ominus(B)$ 数据，对于某化学反应：

$$0 = \sum_B \nu_B B$$

在 298.15K 时，其标准摩尔反应吉布斯自由能变为：

$$\Delta_r G_m^\ominus = \sum_B \nu_B \Delta_f G_m^\ominus(B) \qquad (2\text{-}13)$$

同时又有：

$$\Delta_r G_m^\ominus = \Delta_r H_m^\ominus - T\Delta_r S_m^\ominus \qquad (2\text{-}14)$$

例 2-5 计算 298.15K、100kPa 下反应 $H_2(g) + Cl_2(g) \longrightarrow 2HCl(g)$ 的 $\Delta_r G_m^\ominus$。

解 查表得：

	$H_2(g)$ +	$Cl_2(g)$ ⟶	$2HCl(g)$	
$\Delta_f H_m^\ominus$	0	0	−92.307	$kJ \cdot mol^{-1}$
$S_m^\ominus$	130.684	223.066	186.908	$J \cdot mol^{-1} \cdot K^{-1}$
$\Delta_f G_m^\ominus$	0	0	−95.299	$kJ \cdot mol^{-1}$

$$\Delta_r G_m^\ominus = \sum_B \nu_B \Delta_f G_m^\ominus(B) = 2 \times (-95.299) kJ \cdot mol^{-1} = -190.598 kJ \cdot mol^{-1}$$

或：
$$\begin{aligned}\Delta_r G_m^\ominus &= \Delta_r H_m^\ominus(298.15K) - T\Delta_r S_m^\ominus(298.15K) \\ &= [2 \times (-92.307) - 298.15 \times (20.066 \times 10^{-3})] kJ \cdot mol^{-1} \\ &= -190.597 kJ \cdot mol^{-1}\end{aligned}$$

所以此标准状态下反应正向自发进行。

2.3.4 $\Delta_r G$ 与温度的关系

由标准生成吉布斯自由能变的数据算得 $\Delta_r G_m^\ominus$，可用来判断反应在 298.15K 时标准态下能否自发进行。那么在其他温度下化学反应能否自发进行？为此需要了解温度对 $\Delta_r G$ 的影响。

在热力学中 $\Delta_r H$ 和 $\Delta_r S$ 都是温度的函数，但是一般随温度的变化而变化不大，而由式(2-12)可知 $\Delta_r G$ 却随温度的变化而变化很大。因此，在本教材中计算 $\Delta_r H$ 和 $\Delta_r S$ 可看作不随温度而变的常数。这样，只要求得 298.15K 的 $\Delta_r H_m^\ominus$（298.15K）和 $\Delta_r S_m^\ominus$（298.15K）就可以由：

$$\Delta_r G_m^\ominus(T) \approx \Delta_r H_m^\ominus(298.15K) - T\Delta_r S_m^\ominus(298.15K)$$

近似求算出温度 T 时的 $\Delta_r G_m^\ominus$（T）。

可以看出 $\Delta_r G_m^\ominus(T)$ 受到温度的影响，$\Delta G=\Delta H-T\Delta S$ 综合了 ΔH、ΔS 两大因素。

① 当 $\Delta H<0$，$\Delta S>0$ 时，任意温度 $\Delta G<0$ 反应是自发的。

② 当 $\Delta H>0$，$\Delta S<0$ 时，任意温度 $\Delta G>0$ 反应是非自发的。

这与前面讨论的结果一样。即①、②情况 ΔG 虽受到温度的影响但不改变符号，即化学反应自发进行的方向不随温度的变化而改变。

但是：

③ 当 $\Delta H<0$，$\Delta S<0$ 时，温度 T 起关键作用。如：

$$MgO(s)+SO_3(g)\longrightarrow MgSO_4(s)$$

低温 $\Delta G<0$ 反应正向自发进行，高温自发进行的方向产生逆转。

④ 当 $\Delta H>0$，$\Delta S>0$ 时同样温度 T 起作用。如：

$$CaCO_3(s)\longrightarrow CaO(s)+CO_2(g)$$

高温 $\Delta G<0$ 反应正向自发进行，低温自发进行的方向产生逆转。

当然③、④的低温高温的具体 T 值要通过计算。

例 2-6 已知 298.15K、100kPa 下反应 $MgO(s)+SO_3(g)\longrightarrow MgSO_4(s)$，$\Delta_r H_m^\ominus=-287.6kJ\cdot mol^{-1}$，$\Delta_r S_m^\ominus=-191.9J\cdot mol^{-1}\cdot K^{-1}$，问：

(1) 该反应在标准状态下，298.15K 时能否自发进行？

(2) 该反应是温度升高有利还是降低有利？

(3) 求该反应在标准状态下逆向反应的最低分解温度。

解 ①
$$\begin{aligned}\Delta_r G_m^\ominus&=\Delta_r H_m^\ominus-T\Delta_r S_m^\ominus\\&=[(-287.6)-298.15\times(-191.9)\times10^{-3}]kJ\cdot mol^{-1}\\&=-230.4kJ\cdot mol^{-1}<0\end{aligned}$$

反应能自发进行。

② $\Delta_r H_m^\ominus<0$，$\Delta_r S_m^\ominus<0$，降温 T 对反应有利。

③ 要使反应逆向进行，则：

$$\Delta_r G_m^\ominus(T)=\Delta_r H_m^\ominus(298.15K)-T\Delta_r S_m^\ominus(298.15K)>0$$

$$T>\frac{\Delta_r H_m^\ominus}{-\Delta_r S_m^\ominus}$$

$$T>\frac{-287.6kJ\cdot mol^{-1}}{-(-191.9\times10^{-3}kJ\cdot mol^{-1}\cdot K^{-1})}$$

$$T>1499K$$

即 $T=1499K$ 时，为反应逆转温度。$T<1499K$ 时，低温 $\Delta G<0$，反应正向自发进行；$T>1499K$ 时，高温 $\Delta G>0$，反应正向非自发进行，逆向自发进行。

例 2-7 已知 298.15K、标准态下反应 $CaCO_3(s)\longrightarrow CaO(s)+CO_2(g)$，$\Delta_r H_m^\ominus=178.32kJ\cdot mol^{-1}$，$\Delta_r S_m^\ominus=160.59J\cdot mol^{-1}\cdot K^{-1}$ 求 298.15K 反应的 $\Delta_r G_m^\ominus$，判断该温度下反应的自发性，估算反应可以自发进行的最低温度是多少。

解
$$\begin{aligned}\Delta_r G_m^\ominus&=\Delta_r H_m^\ominus-T\Delta_r S_m^\ominus\\&=(178.32-298.15\times160.59\times10^{-3})kJ\cdot mol^{-1}=130.44kJ\cdot mol^{-1}>0\end{aligned}$$

反应非自发，逆向可自发进行。

要使反应正向自发进行　则：

$$\Delta_r G_m^\ominus=\Delta_r H_m^\ominus-T\Delta_r S_m^\ominus<0$$

$$T > \frac{\Delta_r H_m^\ominus}{\Delta_r S_m^\ominus}$$

$$T > \frac{178.32\text{kJ} \cdot \text{mol}^{-1}}{160.59 \times 10^{-3}\text{kJ} \cdot \text{mol}^{-1} \cdot \text{K}^{-1}}$$

$$T > 1110\text{K}$$

即该反应 $T=1110\text{K}$ 时，为反应逆转温度。$T<1110\text{K}$ 时，低温 $\Delta G>0$，反应非自发，逆向自发进行；$T>1110\text{K}$ 时，高温 $\Delta G<0$ 反应正向自发进行，反应自发。

热力学原理在实践中有着广泛的应用。利用标准摩尔反应吉布斯自由能变 $\Delta_r G_m^\ominus$ 作为化学反应自发方向的判据，可以预言某些化学反应能否自发进行，指导人们进行新物质开发的研究，为人们的科学研究提供更广阔的思路。

但必须注意：在恒温恒压条件下，$\Delta_r G_m^\ominus$ 只能判断处于标准状态时的反应方向。若反应处于任意状态时，不能用 $\Delta_r G_m^\ominus$ 来判断，必须计算出任意状态 $\Delta_r G_m$ 才能判断反应方向。我们将在下一章中继续讨论热力学原理中的化学平衡问题。

当然读者可能会有疑问，吉布斯自由能变 ΔG 作为任一化学反应的自发方向的判据，只能是在恒温恒压条件下。那么非恒温恒压条件下化学反应的自发方向的判据有没有呢？回答是肯定的。但这个问题的具体答案已超出本教材的范围，有兴趣的读者可以参阅化学专业教材《物理化学》的有关内容。

思考题

2-1 分辨如下概念的物理意义。

(1) 封闭系统和孤立系统；

(2) 功、热和能；

(3) 热力学能和焓；

(4) 生成焓和反应焓；

(5) 过程的自发性。

2-2 什么类型的化学反应 Q_p 等于 Q_V？什么类型的化学反应 Q_p 大于 Q_V？什么类型的化学反应 Q_p 小于 Q_V？

2-3 指出等式成立的条件：$\Delta_r H=Q$；$\Delta_r U=Q$；$\Delta_r H=\Delta_r U$

2-4 状态函数在热力学方法中的重要意义？

2-5 判断下列说法是否正确？尽量用一句话给出你的判断根据。

(1) 碳酸钙的生成焓等于 $CaO(s)+CO_2(g) \longrightarrow CaCO_3(s)$ 的反应焓。

(2) 单质的生成焓等于零，所以它的标准熵也等于零。

2-6 下列说法是否正确？若不正确应如何改正。

(1) 放热反应都能自发进行。

(2) 熵值变大的反应都能自发进行。

(3) $\Delta_r G_m^\ominus<0$ 的反应都能自发进行。

(4) 生成物的分子数比反应物多，该反应的 $\Delta_r S_m^\ominus$ 必是正值。

2-7 反应 $H_2(g)+I_2(g) \longrightarrow 2HI(g)$ 的 $\Delta_r H_m^\ominus$ 是否等于 $HI(g)$ 的标准生成焓 $\Delta_f H_m^\ominus$？为什么？

习题

2-1 2.0mol H_2(设为理想气体)在恒温(25℃)下,经过下列三种途径,从始态 $0.015m^3$ 膨胀到终态 $0.040m^3$,求各途径中气体所做的功。

(1) 自始态反抗100kPa的外压到终态。

(2) 自始态反抗200kPa的外压到中间平衡态,然后再反抗100kPa的外压到终态。

(答:−2.5kJ,−3.5kJ)

2-2 某理想气体在恒定外压(101.3kPa)下吸热膨胀,其体积从80L变到160L,同时吸收25kJ的热量,试计算系统热力学能的变化。 (答:−17kJ)

2-3 蔗糖($C_{12}H_{22}O_{11}$)在人体内的代谢反应为:

$$C_{12}H_{22}O_{11}(s)+12O_2(g)\longrightarrow 12CO_2(g)+11H_2O(l)$$

假设标准状态时其反应热有30%可转化为有用功,试计算体重为70kg的人登上3000m高的山(按有效功计算),若其能量完全由蔗糖转换,需消耗多少蔗糖?已知 $\Delta_f H_m^\ominus(C_{12}H_{22}O_{11})=-2222kJ\cdot mol^{-1}$。 (答:$4.2\times10^2$g)

2-4 利用附录Ⅲ的数据,计算下列反应的 $\Delta_r H_m^\ominus$:

(1) $Fe_3O_4(s)+4H_2(g)\longrightarrow 3Fe(s)+4H_2O(g)$ (答:151.2kJ · mol^{-1})

(2) $2NaOH(s)+CO_2(g)\longrightarrow Na_2CO_3(s)+H_2O(l)$ (答:−171.8kJ · mol^{-1})

(3) $4NH_3(g)+5O_2(g)\longrightarrow 4NO(g)+6H_2O(g)$ (答:−905.4kJ · mol^{-1})

(4) $CH_3COOH(l)+2O_2(g)\longrightarrow 2CO_2(g)+2H_2O(l)$ (答:−872.9kJ · mol^{-1})

2-5 已知下列化学反应的反应热:

(1) $C_2H_2(g)+\frac{5}{2}O_2(g)\longrightarrow 2CO_2(g)+H_2O(g)$; $\Delta_r H_m^\ominus=-1246.2kJ\cdot mol^{-1}$

(2) $C(s)+2H_2O(g)\longrightarrow CO_2(g)+2H_2(g)$; $\Delta_r H_m^\ominus=+90.9kJ\cdot mol^{-1}$

(3) $2H_2O(g)\longrightarrow 2H_2(g)+O_2(g)$; $\Delta_r H_m^\ominus=+483.6kJ\cdot mol^{-1}$

求乙炔(C_2H_2,g)的生成热 $\Delta_f H_m^\ominus$。 (答:219.0kJ · mol^{-1})

2-6 苯和氧按下式反应:

$$C_6H_6(l)+\frac{15}{2}O_2(g)\longrightarrow 6CO_2(g)+3H_2O(l)$$

在25℃,100kPa下,0.25mol苯在氧气中完全燃烧放出817kJ的热量,求 C_6H_6 的标准摩尔燃烧焓 $\Delta_c H_m^\ominus$ 和燃烧反应的 $\Delta_r U_m^\ominus$。

(答:$\Delta_c H_m^\ominus=-3268kJ\cdot mol^{-1}$,$\Delta_r U_m^\ominus=-3264kJ\cdot mol^{-1}$)

2-7 由软锰矿二氧化锰制备金属锰可采取下列两种方法:

(1) $MnO_2(s)+2H_2(g)\longrightarrow Mn(s)+2H_2O(g)$

(2) $MnO_2(s)+2C(s)\longrightarrow Mn(s)+2CO(g)$

上述两个反应在25℃、100kPa下是否能自发进行?如果考虑工作温度愈低愈好的话,则制备锰采用哪一种方法比较好? [答:均不能自发进行,反应(1)更合适]

2-8 定性判断下列反应的 $\Delta_r S_m^\ominus$ 是大于零还是小于零:

(1) $Zn(s)+2HCl(aq)\longrightarrow ZnCl_2(aq)+H_2(g)$ (2) $CaCO_3(s)\longrightarrow CaO(s)+CO_2(g)$

(3) $NH_3(g)+HCl(g)\longrightarrow NH_4Cl(s)$ (4) $CuO(s)+H_2(g)\longrightarrow Cu(s)+H_2O(l)$

（答：(1)、(2) $\Delta_r S_m^\ominus > 0$；(3)、(4) $\Delta_r S_m^\ominus < 0$）

2-9 反应 $A(g)+B(s) \longrightarrow C(g)$ 的 $\Delta_r H_m^\ominus = -42.98kJ \cdot mol^{-1}$（设A、C均为理想气体），25℃、标准状态，经过某一过程进行了1mol反应做了最大非体积功，并放热 $2.98kJ \cdot mol^{-1}$。试求系统在此过程中的 Q、W、$\Delta_r U_m^\ominus$、$\Delta_r H_m^\ominus$、$\Delta_r S_m^\ominus$、$\Delta_r G_m^\ominus$。

（答：$Q=-2.98kJ$、$W=-40.0kJ$、$\Delta_r U_m^\ominus = -42.98kJ \cdot mol^{-1}$、$\Delta_r H_m^\ominus = -42.98kJ \cdot mol^{-1}$、$\Delta_r S_m^\ominus = -10J \cdot mol^{-1} \cdot K^{-1}$、$\Delta_r G_m^\ominus = -40.0kJ \cdot mol^{-1}$）

2-10 利用附录Ⅲ的数据计算下列反应在298.15K的 $\Delta_r H_m^\ominus$、$\Delta_r S_m^\ominus$ 和 $\Delta_r G_m^\ominus$，并判断哪些反应能自发向右进行。

(1) $2CO(g)+O_2(g) \longrightarrow 2CO_2(g)$

(2) $4NH_3(g)+5O_2(g) \longrightarrow 4NO(g)+6H_2O(g)$

(3) $Fe_2O_3(s)+3CO(g) \longrightarrow 2Fe(s)+3CO_2(g)$

(4) $2SO_2(g)+O_2(g) \longrightarrow 2SO_3(g)$

（答：(1) $\Delta_r H_m^\ominus = -565.968kJ \cdot mol^{-1}$, $\Delta_r S_m^\ominus = -173.01J \cdot mol^{-1} \cdot K^{-1}$, $\Delta_r G_m^\ominus = -514.382kJ \cdot mol^{-1}$；

(2) $\Delta_r H_m^\ominus = -905.47kJ \cdot mol^{-1}$, $\Delta_r S_m^\ominus = 180.50J \cdot mol^{-1} \cdot K^{-1}$, $\Delta_r G_m^\ominus = -959.45kJ \cdot mol^{-1}$；

(3) $\Delta_r H_m^\ominus = -24.8kJ \cdot mol^{-1}$, $\Delta_r S_m^\ominus = 15.4\ J \cdot mol^{-1} \cdot K^{-1}$, $\Delta_r G_m^\ominus = -29.6kJ \cdot mol^{-1}$

(4) $\Delta_r H_m^\ominus = -197.78kJ \cdot mol^{-1}$, $\Delta_r S_m^\ominus = -188.06J \cdot mol^{-1} \cdot K^{-1}$, $\Delta_r G_m^\ominus = -141.73kJ \cdot mol^{-1}$）

2-11 计算25℃ 100kPa下反应 $CaCO_3(s) \longrightarrow CaO(s)+CO_2(g)$ 的 $\Delta_r H_m^\ominus$ 和 $\Delta_r S_m^\ominus$ 并判断：

(1) 上述反应能否自发进行？

(2) 对上述反应，是升高温度有利？还是降低温度有利？

(3) 计算使上述反应自发进行的温度条件。

（答：(1) 不能自发进行；(2) 升高温度有利；(3) 1110.3K）

2-12 NO和CO是汽车尾气的主要污染物，人们设想利用下列反应消除其污染。

$$2CO(g)+2NO(g) = 2CO_2(g)+N_2(g)$$

试通过热力学计算说明这种设想的可能性。

（答：$\Delta_r G_m^\ominus = -687.5kJ \cdot mol^{-1}$ 反应常温下可自发进行）

2-13 白云石的主要成分是 $CaCO_3 \cdot MgCO_3$，欲使 $MgCO_3$ 分解而 $CaCO_3$ 不分解，加热温度应控制在什么范围？（答：796.7～1110.4K）

2-14 $CuSO_4 \cdot 5H_2O$ 遇热首先失去5个结晶水，如果继续升高温度，$CuSO_4$ 还会分解为 CuO 和 SO_3。试用热力学原理估算这两步的分解温度。（答：397.5K，1150K）

第3章

化学平衡和化学反应速率

学习要求

① 掌握标准平衡常数 $K^{\ominus}$ 的概念及表达式的书写；掌握 $\Delta_f G_m^{\ominus}$ 与 $K^{\ominus}$ 的关系及有关计算。

② 运用标准平衡常数 $K^{\ominus}$ 与反应商 Q，判断化学平衡的移动。

③ 掌握温度对平衡常数 $K^{\ominus}$ 的影响。

④ 运用多重平衡规则求算标准平衡常数 $K^{\ominus}$。

⑤ 了解反应速率、基元反应、反应级数的概念；理解活化分子、活化能、催化剂的概念；了解影响反应速率的因素及其应用。

研究化学反应，前一章只简单地解决了在标准状态下化学反应自发进行的方向问题。实际上化学反应不可能都在标准状态下进行。还有一些问题需要解决：①非标准状态下化学反应进行的方向如何判断？②化学反应的限度如何，即有多少反应物可以最大限度地转化为生成物？③化学反应是一个非常复杂的系统，在系统中各个参与反应的物质作用以及它们之间关系如何？④化学反应在什么时间达到限度？前三个问题的解决是化学平衡问题。最后一个问题的解决是反应速率问题。化学平衡仍然属于化学热力学范畴，化学反应速率属于化学动力学范畴，因此研究它们的方法有所不同。

3.1 化学平衡

3.1.1 可逆反应与化学平衡

对于化学反应，人们习惯把从左向右即由反应物生成产物进行的反应称作正反应，反应的方向为正方向；从右向左由产物生成反应物进行的反应则称作逆反应，反应的方向为逆方向。

在一定条件下既能向正方向进行又能向逆方向进行的反应称可逆反应，例如大家熟悉反应：

$$H_2(g)+I_2(g) \rightleftharpoons 2HI(g)$$

在一定温度下，H_2 和 I_2 能化合生成 HI，同时 HI 又能分解为 H_2 和 I_2。对这样的反应，在强调可逆时，在反应式中常用“$\rightleftharpoons$”代替“$=\!=\!=$”。

原则上所有的反应都有可逆性，只是可逆程度不同而已。对于可逆反应，如上面所举的 HI 合成反应，在一定条件下反应最终会达到这样一种状态：单位时间内，有多少 HI 分子生成，就会有同样数目的 HI 分子分解为 H_2 和 I_2，即正逆反应的速率相等。可逆反应达到这种状态时称为化学平衡状态。

3.1.2 化学平衡常数

(1) 实验平衡常数

化学反应处于平衡状态时各物质的浓度（气体为分压）称为平衡浓度（气体为平衡分压）。例如在四个密闭容器中分别加入不同数量的 $H_2(g)$、$I_2(g)$ 和 HI(g)，参与反应的各物质的平衡分压如表 3-1 所示。

表 3-1 $H_2(g)+I_2(g) \rightleftharpoons 2HI(g)$ 各物质平衡分压和平衡常数（700K）

编号	起始分压/kPa			平衡分压/kPa			$\frac{p^2(HI)}{p(H_2)p(I_2)}$
	$p(H_2)$	$p(I_2)$	$p(HI)$	$p(H_2)$	$p(I_2)$	$p(HI)$	
①	66.00	43.70	0	26.57	4.293	78.82	54.47
②	62.14	62.63	0	13.11	13.60	98.10	53.98
③	0	0	26.12	2.792	2.792	20.55	54.17
④	0	0	27.04	2.878	2.878	21.27	54.62

由表 3-1 看出，当反应达平衡时，虽然反应系统内各物质的分压不同，但反应系统内以化学反应计量方程式中的化学计量数（ν_B）为幂指数的各物质的分压的乘积为一常数，即：

$$K_p=\frac{p^2(HI)}{p(H_2)p(I_2)}$$

K_p 即称为反应的平衡常数。

对任一化学反应，其反应式为：

$$aA+eE \longrightarrow dD+gG$$

则其反应平衡常数的通式：

$$K_p=\frac{p(D)^d p(G)^g}{p(A)^a p(E)^e}$$

对任一化学反应：

$$0=\sum_B \nu_B B$$

气相反应的平衡常数为：

$$K_p=\prod_B (p_B)^{\nu_B} \tag{3-1}$$

若反应系统内各物质为溶液中溶质，则：

$$K_c=\prod_B (c_B)^{\nu_B} \tag{3-2}$$

式中，K_p、K_c 称为实验平衡常数；p_B、c_B 为物质 B 的平衡压力、平衡浓度。由于该常数由实验测得，故称为实验平衡常数（或经验平衡常数）。实验平衡常数表达式中各组分的浓度（或分压）都有单位，所以实验平衡常数是有单位的，实验平衡常数的单位取决于化学计量方程式中生成物、反应物的单位及相应的化学计量数。所以生成物、反应物的单位不同及相应的化学计量数不同的化学反应，实验平衡常数的单位肯定不同，使用不方便，故引入标准平衡常数。

(2) 标准平衡常数

对给定反应在一定温度下达平衡时，在标准平衡常数表达式中，有关组分的浓度（或分压）都必须用相对浓度（或相对分压）来表示，即反应方程式中各物质的浓度（或分压）均须分别除以其标准态的量，即浓度除以标准浓度 $c^{\ominus}(1\text{mol}\cdot\text{L}^{-1})$ 称为相对浓度，分压除以标准压力 $p^{\ominus}(100\text{kPa})$ 称为相对分压，标准平衡常数是量纲为一的量。

对于任一化学反应：

$$0=\sum_{\mathrm{B}}\nu_{\mathrm{B}}\mathrm{B}$$

对气相反应：

$$K_p^{\ominus}=\prod_{\mathrm{B}}(p_{\mathrm{B}}/p^{\ominus})^{\nu_{\mathrm{B}}} \tag{3-3}$$

若反应系统内各物质为溶液中溶质，则：

$$K_c^{\ominus}=\prod_{\mathrm{B}}(c_{\mathrm{B}}/c^{\ominus})^{\nu_{\mathrm{B}}} \tag{3-4}$$

式中，$\prod_{\mathrm{B}}(p_{\mathrm{B}}/p^{\ominus})^{\nu_{\mathrm{B}}}$、$\prod_{\mathrm{B}}(c_{\mathrm{B}}/c^{\ominus})^{\nu_{\mathrm{B}}}$ 为平衡时化学反应计量方程式中各反应组分相对浓度$(c_{\mathrm{B}}/c^{\ominus})^{\nu_{\mathrm{B}}}$、相对分压$(p_{\mathrm{B}}/p^{\ominus})^{\nu_{\mathrm{B}}}$ 的连乘积。由于 $c^{\ominus}=1\text{mol}\cdot\text{L}^{-1}$，为简单起见，$c^{\ominus}$ 在与 K_c 有关的数值计算中常予以省略。相对浓度或相对分压是量纲为一的量，因此标准平衡常数是量纲为一的量。

应当注意：

① 对于多相反应，在标准平衡常数表达式中，物质 B 若为溶液中的溶质应用相对浓度$(c_{\mathrm{B}}/c^{\ominus})$表示；若为气体应用相对分压$(p_{\mathrm{B}}/p^{\ominus})$表示；纯固体、纯液体或参与反应而浓度基本保持不变（如 H_2O）为“1”，可省略。

例如反应：

$$\mathrm{MnO_2(s)+2Cl^-(aq)+4H^+(aq)\rightleftharpoons Mn^{2+}(aq)+Cl_2(g)+2H_2O(l)}$$

标准平衡常数表达式为：

$$K^{\ominus}=\frac{[c(\mathrm{Mn^{2+}})/c^{\ominus}][p(\mathrm{Cl_2})/p^{\ominus}]}{[c(\mathrm{Cl^-})/c^{\ominus}]^2[c(\mathrm{H^+})/c^{\ominus}]^4}$$

式中，$MnO_2(s)$、$H_2O(l)$省略不写。

② 由于标准平衡常数表达式是根据化学反应计量方程式写出来的，所以标准平衡常数 $K^{\ominus}$ 与化学反应方程式有关。同一化学反应，反应方程式书写不同，其 $K^{\ominus}$ 值也不同。例如：

$$\mathrm{H_2(g)+I_2(g)\rightleftharpoons 2HI(g)} \qquad K_1^{\ominus}=\frac{[p(\mathrm{HI})/p^{\ominus}]^2}{[p(\mathrm{H_2})/p^{\ominus}][p(\mathrm{I_2})/p^{\ominus}]}$$

$$\frac{1}{2}\mathrm{H_2(g)}+\frac{1}{2}\mathrm{I_2(g)\rightleftharpoons HI(g)} \qquad K_2^{\ominus}=\frac{[p(\mathrm{HI})/p^{\ominus}]}{[p(\mathrm{H_2})/p^{\ominus}]^{1/2}[p(\mathrm{I_2})/p^{\ominus}]^{1/2}}$$

$$\mathrm{2HI(g)\rightleftharpoons H_2(g)+I_2(g)} \qquad K_3^{\ominus}=\frac{[p(\mathrm{H_2})/p^{\ominus}][p(\mathrm{I_2})/p^{\ominus}]}{[p(\mathrm{HI})/p^{\ominus}]^2}$$

它们之间关系：

$$K_1^\ominus=(K_2^\ominus)^2=\frac{1}{K_3^\ominus}$$

3.1.3 平衡常数与化学反应的程度

化学反应达到平衡时，系统中各物质的浓度不再随时间而改变，此时反应物已最大限度地转化为生成物。平衡常数具体反映出平衡时各组分相对浓度、相对分压之间的关系，通过平衡常数可以计算化学反应进行的最大限度，即化学平衡组成。在化工生产中常用转化率来衡量化学反应进行的程度。某反应物的转化率即指该反应物已转化为生成物的百分数，即：

$$\varepsilon=\frac{\text{某反应反应物已转化的量}}{\text{反应起始时该反应物的量}}\times 100\%$$

化学反应达平衡时的转化率称平衡转化率。显然，平衡转化率是理论上该反应的最大转化率。但在实际生产中，反应达到平衡需要一定时间，流动的生产过程往往使反应物在系统还没有达到平衡时就离开了反应容器，所以实际的转化率要低于平衡转化率。实际转化率与反应进行的时间有关。工业上所说的转化率一般指实际转化率，而一般教材中所说的转化率是指平衡转化率。

例 3-1 在容积为 10.00L 的容器中装有等物质的量的 $PCl_3(g)$和 $Cl_2(g)$。已知在 523K 发生以下反应：

$$PCl_3(g)+Cl_2(g)=\!=\!=PCl_5(g)$$

达平衡时，$p(PCl_5)=100kPa$，$K^\ominus=0.57$。求：(1) 开始装入的 $PCl_3(g)$和 $Cl_2(g)$的物质的量；(2) $Cl_2(g)$ 的平衡转化率。

解 (1) 设 $PCl_3(g)$ 和 $Cl_2(g)$ 的起始分压为 x kPa

	$PCl_3(g)$	$+Cl_2(g)\rightleftharpoons$	$PCl_5(g)$
起始分压/kPa	x	x	0
平衡分压/kPa	$x-100$	$x-100$	100

$$K^\ominus=[p(PCl_5)/p^\ominus]\cdot[p(Cl_2)/p^\ominus]^{-1}\cdot[p(PCl_3)/p^\ominus]^{-1}$$

$$0.57=\frac{100/100}{\left(\frac{x-100}{100}\right)^2};\quad x=232$$

起始
$$n(PCl_3)=n(Cl_2)=\frac{p(PCl_3)V(PCl_3)}{RT}=\frac{232\times10^3\,Pa\times10.00\times10^{-3}\,m^3}{8.314\,Pa\cdot m^3\cdot mol^{-1}\cdot K^{-1}\times523K}=0.534mol$$

(2)
$$\varepsilon(Cl_2)=\frac{n_{\text{转化}}(Cl_2)}{n_{\text{起始}}(Cl_2)}\times100\%=\frac{p_{\text{转化}}(Cl_2)}{p_{\text{起始}}(Cl_2)}\times100\%=\frac{100}{232}\times100\%=43.1\%$$

3.1.4 化学反应等温式

从第 2 章我们得知，在恒温恒压条件下，任一化学反应的吉布斯自由能变 ΔG 就是其自发方向的判据：

当 $\Delta G<0$ 时，化学反应自发进行。

当 $\Delta G=0$ 时，化学反应平衡状态。

当 $\Delta G>0$ 时，化学反应不能自发进行（其逆过程是自发的）。

但第 2 章只能计算出标准摩尔反应吉布斯自由能变 $\Delta_r G_m^\ominus$，只能判断处于标准状态时的化学反应自发方向。

我们来看表 3-1 所涉及的化学反应 $H_2(g)+I_2(g) \rightleftharpoons 2HI(g)$，由附录Ⅲ可知：$\Delta_f G_m^\ominus(HI)=1.70kJ\cdot mol^{-1}$，$\Delta_f G_m^\ominus(I_2)=19.327kJ\cdot mol^{-1}$，$\Delta_f G_m^\ominus(H_2)=0kJ\cdot mol^{-1}$。

$$\begin{aligned}\Delta_r G_m^\ominus &=2\times 1.70kJ\cdot mol^{-1}-(19.327kJ\cdot mol^{-1}+0kJ\cdot mol^{-1})\\&=-15.927kJ\cdot mol^{-1}<0\end{aligned}$$

标准状态下反应是自发的。其逆反应是非自发的。表 3-1 中编号③、④的情况下也是自发的。说明在任意状态下不能用标准状态时 $\Delta_r G_m^\ominus$ 作为反应方向的判据。所以必须引入任意状态下化学反应的摩尔吉布斯自由能变 $\Delta_r G_m$ 来作为任意状态下反应方向的判据。

热力学研究证明，对任一化学反应：

$$0=\sum_B \nu_B B$$

在恒温恒压、任意状态下的 $\Delta_r G_m$ 与其标准态下的 $\Delta_r G_m^\ominus$ 有如下关系：

$$\Delta_r G_m=\Delta_r G_m^\ominus+RT\ln Q \tag{3-5}$$

式中，Q 称为化学反应的反应商，简称反应商。反应商和标准平衡常数表达式完全相同，所不同的是，标准平衡常数只能表达平衡态时，系统内参与反应各物质 B 的相对浓度或相对分压之间的数量关系；反应商则能表示反应进行到任意时刻（包括平衡状态）时，系统内各物质 B 的相对浓度或相对分压之间的数量关系。

由式(3-5) 还可看出，任意状态下的化学反应的 $\Delta_r G_m$ 是由化学反应的 $\Delta_r G_m^\ominus$ 和 $RT\ln Q$ 两项决定的，由于参与反应各物质 B 的浓度或分压随着反应的进行而发生变化，反应商 Q 也是随着反应的进行而变化的，而 $\Delta_r G_m^\ominus$ 在恒温恒压下对某一化学反应来说是恒定的，所以 $\Delta_r G_m$ 是随着反应的进行而变化的。变化方向如何呢？

来看表 3-1 涉及的化学反应：

$$H_2(g)+I_2(g)\rightleftharpoons 2HI(g)$$

反应商
$$Q=\frac{[p(HI)/p^\ominus]^2}{[p(H_2)/p^\ominus][p(I_2)/p^\ominus]}$$

编号①、②反应开始时，$p(HI)=0$、$p(H_2)>0$、$p(I_2)>0$，则 $Q=0$、$\ln Q\ll 0$、$\Delta_r G_m\ll 0$，反应正向进行。随着反应的进行，$p(HI)$ 增大，$p(H_2)$、$p(I_2)$ 减小，Q 值增大，$\Delta_r G_m$ 值也增大，最终要达到 $\Delta_r G_m=0$，反应最终达到平衡。

相反编号③、④反应开始时，$p(HI)>0$、$p(H_2)=0$、$p(I_2)=0$，则 $Q\gg 0$、$\Delta_r G_m\gg 0$，反应逆向进行。随着反应的进行，$p(HI)$ 减小，$p(H_2)$、$p(I_2)$ 增大，Q 值减小，$\Delta_r G_m$ 值也减小，最终要达到 $\Delta_r G_m=0$，反应最终达到平衡。

结论是：$\Delta_r G_m<0$ 反应正向进行、$\Delta_r G_m>0$ 反应逆向进行，$\Delta_r G_m$ 变化方向总是朝着 $\Delta_r G_m=0$ 的方向，因为反应最终要达到平衡状态。这与反应自发方向的判据一致。

当反应达到平衡状态时，反应商 Q 的值与标准平衡常数 $K^\ominus$ 相等，$\Delta_r G_m=0$，根据式(3-5) 得：

$$0=\Delta_r G_m^\ominus+RT\ln K^\ominus \quad 或 \quad \Delta_r G_m^\ominus=-RT\ln K^\ominus \tag{3-6}$$

式(3-6) 即为化学反应的标准平衡常数与化学反应的标准摩尔吉布斯自由能变之间的关系。

因此，只要知道温度 T 时的 $\Delta_r G_m^\ominus$，就可以计算该反应在温度 T 时的标准平衡常数 $K^\ominus$。$\Delta_r G_m^\ominus$ 可查热力学函数表或根据 $\Delta_r G_m^\ominus(T) \approx \Delta_r H_m^\ominus(298.15\text{K}) - T\Delta_r S_m^\ominus(298.15\text{K})$计算，所以，任一恒温恒压下的化学反应的标准平衡常数均可以通过式(3-6) 计算。

从式(3-6) 可以看出，在一定温度下，化学反应的 $\Delta_r G_m^\ominus$ 值越小，则 $K^\ominus$ 值越大，反应就进行得越完全；反之，若 $\Delta_r G_m^\ominus$ 值越大，则 $K^\ominus$ 值越小，反应进行的程度越小。因此，$\Delta_r G_m^\ominus$、$K^\ominus$ 反映了标准状态时化学反应进行的完全程度。

将式(3-6) 代入式(3-5)，得：

$$\Delta_r G_m = -RT\ln K^\ominus + RT\ln Q \quad 或 \quad \Delta_r G_m = RT\ln\frac{Q}{K^\ominus} \tag{3-7}$$

式(3-7) 称为化学反应等温式，它表明恒温恒压下，化学反应的摩尔吉布斯自由能变 $\Delta_r G_m$ 与反应的标准平衡常数 $K^\ominus$ 及化学反应的反应商 Q 之间的关系。将 $K^\ominus$ 与 Q 进行比较，可以得出判断化学反应进行方向的判据：

$Q<K^\ominus$ 时　$\Delta_r G_m<0$，反应向正方向进行。

$Q=K^\ominus$ 时　$\Delta_r G_m=0$，反应处于平衡状态。

$Q>K^\ominus$ 时　$\Delta_r G_m>0$，反应向逆方向进行。

此判据称为反应商判据，其更为简单，只需比较 $K^\ominus$ 与 Q。

上述判据意义：①$K^\ominus$ 的意义，$K^\ominus$ 恒温恒压下是个常数，反映了标准状态下化学反应进行的完全程度，其实就是化学反应趋势的本质所在。②Q 的意义，Q 是系统内各物质之间的数量关系。即化学反应 $K^\ominus$ 是质，Q 是量。这也是研究化学平衡及其移动的关键所在，本章及后续章节有关化学平衡的内容讨论都是以此为依据。

例 3-2 在 2000℃时，反应 $N_2(g)+O_2(g) \rightleftharpoons 2NO(g)$，$K^\ominus=0.10$，判断在下列条件下反应进行的方向：

(1) $p(N_2)=82.1\text{kPa}$，$p(O_2)=82.1\text{kPa}$，$p(NO)=1.0\text{kPa}$；

(2) $p(N_2)=5.1\text{kPa}$，$p(O_2)=5.1\text{kPa}$，$p(NO)=1.62\text{kPa}$；

(3) $p(N_2)=2.0\text{kPa}$，$p(O_2)=5.1\text{kPa}$，$p(NO)=4.1\text{kPa}$。

解　(1) $$Q_1=\frac{\left[\dfrac{p(NO)}{p^\ominus}\right]^2}{\dfrac{p(N_2)}{p^\ominus}\times\dfrac{p(O_2)}{p^\ominus}}=\frac{\left(\dfrac{1.0}{100}\right)^2}{\dfrac{82.1}{100}\times\dfrac{82.1}{100}}=1.48\times10^{-4}$$

$Q_1<K^\ominus$，反应正向自发。

(2) $$Q_2=\frac{\left(\dfrac{1.62}{100}\right)^2}{\dfrac{5.1}{100}\times\dfrac{5.1}{100}}=0.10$$

$Q_2=K^\ominus$，处于平衡状态。

(3) $$Q_3=\frac{\left(\dfrac{4.1}{100}\right)^2}{\dfrac{2.0}{100}\times\dfrac{5.1}{100}}=1.65$$

$Q_3>K^\ominus$，反应正向非自发，逆向自发。

3.1.5 化学平衡的移动

通过上述讨论可知：

① 化学平衡是$Q=K^{\ominus}$、$\Delta_r G_m=0$时的状态，当反应$Q<K^{\ominus}$、$\Delta_r G_m<0$时，反应有正向进行的驱动力；随着反应进行，$\Delta_r G_m$值增加，最后达到$Q=K^{\ominus}$、$\Delta_r G_m=0$，即正向驱动力完全消失。同理，当反应$Q>K^{\ominus}$、$\Delta_r G_m>0$时，反应有逆向进行的驱动力；随着逆向反应进行，$\Delta_r G_m$值减小，最后也达到$Q=K^{\ominus}$、$\Delta_r G_m=0$即逆向驱动力完全消失。所以化学平衡是正向和逆向驱动力都完全消失的状态，即$Q=K^{\ominus}$、$\Delta_r G_m=0$的状态。在适宜的条件下，可逆反应可以达到平衡状态。

② 化学平衡$Q=K^{\ominus}$、$\Delta_r G_m=0$是相对的，同时也是有条件的。一旦维持平衡的条件发生了变化（如温度、压力等的变化），系统的宏观性质和物质的组成都将发生变化，此时$Q\neq K^{\ominus}$、$\Delta_r G_m\neq 0$，原有旧的平衡被破坏，重新建立新的平衡。这种因条件改变从旧的平衡状态转变到新的平衡状态的过程称为化学平衡的移动。我们将讨论影响化学平衡移动的因素。

③ 化学平衡是动态平衡，从微观上看，正、逆反应仍在以相同的速率进行着，只是净反应结果没有变化。

(1) 浓度（气体分压）对平衡的影响

对于一个在一定温度下已达到化学平衡的反应系统(此时$Q=K^{\ominus}$)：

① 增加反应物的浓度或降低生成物的浓度，则Q值将变小，则$Q<K^{\ominus}$。此时系统不再处于平衡态，反应要向正方向进行，直到Q重新等于K，系统又建立起新的平衡。

② 降低反应物的浓度或增大生成物的浓度，则Q值将增大，$Q>K^{\ominus}$，此时平衡向逆反应方向移动。

例如同离子效应：反应$H_2S \rightleftharpoons 2H^+ + S^{2-}$，在$H_2S$饱和溶液中$c(H_2S)$保持不变，若增加$c(H^+)$，$Q$值将增大，$Q>K^{\ominus}$，此时平衡向逆反应方向移动，则$c(S^{2-})$减小，反之亦然。可通过控制$c(H^+)$来控制$c(S^{2-})$。

在考虑平衡问题时，应该注意：

① 在实际反应时，人们为了尽可能地充分利用某一种原料，往往使用过量的另一种原料（廉价、易得）与其反应，以使平衡尽可能向正反应方向移动，提高前者转化率。

② 如果从平衡系统中不断降低生成物的浓度（或其分压），则平衡不断向生成物方向移动，直至某反应物基本上被消耗完全，使可逆反应进行得比较完全。

③ 如果系统中存在多个平衡，则必须应用多重平衡规则。

例 3-3 在298.15K时，$AgNO_3$和$Fe(NO_3)_2$溶液发生如下反应：

$$Fe^{2+} + Ag^+ \rightleftharpoons Fe^{3+} + Ag$$

反应开始时，Fe^{2+}和Ag^+浓度各为0.100mol L^{-1}，达到平衡时Fe^{2+}的转化率为19.4%。

(1) 求平衡时Fe^{2+}、Ag^+和Fe^{3+}各离子的浓度及298.15K时的平衡常数。

(2) 如再加入一定量的固体亚铁盐，增加0.100mol L^{-1}的Fe^{2+}，试问平衡将向什么方向移动？并求再次达到平衡时Fe^{2+}、Ag^+和Fe^{3+}各离子的浓度及Ag^+的总转化率。

解 (1) 起始浓度：$c(Fe^{2+})=c(Ag^+)=0.100\text{mol}\cdot\text{L}^{-1}$

$c(Fe^{3+})=0\text{mol}\cdot\text{L}^{-1}$

平衡浓度：$c(Fe^{3+})=0.100\times 19.4\%=0.0194(\text{mol}\cdot\text{L}^{-1})$

$c(Fe^{2+})=c(Ag^+)=0.100-0.0194=0.0806(\text{mol}\cdot\text{L}^{-1})$

$$K^{\ominus}=\frac{c(Fe^{3+})/c^{\ominus}}{[c(Fe^{2+})/c^{\ominus}][c(Ag^+)/c^{\ominus}]}=0.0194/0.0806^2=2.99$$

(2) 欲知平衡向什么方向移动，需将Q与$K^{\ominus}$进行比较。刚加入亚铁盐时，溶液中各种离子的瞬时浓度为：

$$c(Fe^{2+})=(0.100+0.0806)mol \cdot L^{-1}=0.1806mol \cdot L^{-1}$$

$$c(Fe^{3+})=0.0194mol \cdot L^{-1}$$

$$c(Ag^{+})=0.0806mol \cdot L^{-1}$$

$$Q=\frac{c(Fe^{3+})/c^{\ominus}}{[c(Fe^{2+})/c^{\ominus}][c(Ag^{+})/c^{\ominus}]}=\frac{0.0194}{0.1806\times 0.0806}=1.333$$

由于 $Q<K^{\ominus}$，所以平衡向右移动。

	Fe^{2+}	+ Ag^{+}	$\rightleftharpoons$ Fe^{3+}	+ Ag
起始浓度/$mol \cdot L^{-1}$	0.1806	0.0806	0.0194	
平衡浓度/$mol \cdot L^{-1}$	$0.1806-x$	$0.0806-x$	$0.0194+x$	

$$K^{\ominus}=\frac{c(Fe^{3+})/c^{\ominus}}{[c(Fe^{2+})/c^{\ominus}][c(Ag^{+})/c^{\ominus}]}=\frac{0.0194+x}{(0.1806-x)(0.0806-x)}=2.99$$

解得：

$$x=0.0139$$

则：

$$c(Fe^{2+})=(0.1806-0.0139)mol \cdot L^{-1}=0.1667mol \cdot L^{-1}$$

$$c(Ag^{+})=(0.0806-0.0139)mol \cdot L^{-1}=0.0667mol \cdot L^{-1}$$

$$c(Fe^{3+})=(0.0194+0.0139)mol \cdot L^{-1}=0.0333mol \cdot L^{-1}$$

$$Ag^{+}\text{的转化率}\ \varepsilon=\frac{0.1000-0.0667}{0.1000}\times 100\%=33.3\%$$

加入 Fe^{2+} 后，增加反应物的浓度，Q 值将变小，平衡向右移动。同时 Ag^{+} 的转化率由 19.4%提高到 33.3%。

从上例可以看出：在化工生产中，为了充分利用某一反应物，常常让价格相对较低的另一反应物过量，以提高前者的转化率；还可以通过从平衡系统中不断移出生成物，使平衡向右移动。

(2) 压力对平衡的影响

对于一个气体反应：

$$aA+bB \rightleftharpoons gG+dD$$

达平衡时有：

$$K_p^{\ominus}=\prod_B (p_B/p^{\ominus})^{\nu_B}$$

① T 不变，$K_p^{\ominus}$ 不变，若体积压缩至原体积的 $1/x$，系统总压增大 x 倍，则系统参与反应各物质 B 的分压也增大 x 倍，即：$p_{B2}=xp_{B1}$。

可得：

$$K^{\ominus}=\frac{(p_G/p^{\ominus})^g(p_D/p^{\ominus})^d}{(p_A/p^{\ominus})^a(p_B/p^{\ominus})^b};\quad Q=\frac{(xp_G/p^{\ominus})^g(xp_D/p^{\ominus})^d}{(xp_A/p^{\ominus})^a(xp_B/p^{\ominus})^b}=x^{\Delta n}K^{\ominus}$$

其中，$\Delta n=(g+d)-(a+b)$为反应方程式中气体计量系数之差。

当 $\Delta n<0$，反应后气体分子数减少，$x^{\Delta n}<1$，$Q=x^{\Delta n}K^{\ominus}<K^{\ominus}$，平衡右移；

$\Delta n>0$，反应后气体分子数增加，$x^{\Delta n}>1$，$Q=x^{\Delta n}K^{\ominus}>K^{\ominus}$，平衡左移；

$\Delta n=0$，反应后气体分子数不变，$x^{\Delta n}=1$，$Q=K^{\ominus}$，平衡不变。

所以，增加系统总压，平衡向气体分子数减少的方向移动；降低系统总压，平衡向气体分子数增加的方向移动；改变总压，对气体分子数不变的平衡没有影响。

② 引入不参与反应的惰性气体

a. 恒温恒压：为保持压力不变，p_B 必然减小，相当于 $p_{总}$ 减小，平衡向气体分子数增加方向移动。

b. 恒温恒容：V 不变，增加气体，$p_{总}$ 增加，p_B 不变，Q 不变，对平衡无影响。

③ 改变反应物或生成物的分压，$p_B=c_BRT$，与浓度对平衡的影响一致。

通过上述讨论可得出：压力对平衡的影响关键看各组分 p_B 是否改变，以及反应前后气体分子数 Δn 的数值。压力对没有气体物质参与的反应系统的平衡影响不大，一般可不考虑。

例 3-4 已知反应 $N_2O_4(g) \rightleftharpoons 2NO_2(g)$ 在总压为 101.3kPa 和温度为 325K 时达到平衡，转化率为 50.2%。试求：(1) 该反应的 $K^\ominus$；(2) 相同温度，压力为 5×101.3kPa 时的 $N_2O_4(g)$ 平衡转化率 ε。

解 (1) 平衡转化率 $\varepsilon=\dfrac{某反应反应物已转化的量}{反应起始时该反应物的量}\times 100\%$

	$N_2O_4(g)$	$2NO_2(g)$
起始时物质的量/mol	1	0
平衡时物质的量/mol	$(1-\varepsilon)$	2ε
平衡总物质的量/mol	$(1-\varepsilon)+2\varepsilon=(1+\varepsilon)$	

平衡分压 p/kPa

$$p(N_2O_4)=[(1-\varepsilon)/(1+\varepsilon)]\times 101.3\text{kPa}$$
$$p(NO_2)=[2\varepsilon/(1+\varepsilon)]\times 101.3\text{kPa}$$

$$K^\ominus=\frac{[p(NO_2)/p^\ominus]^2}{p(N_2O_4)/p^\ominus}=\frac{\left(\dfrac{2\varepsilon}{1+\varepsilon}\times\dfrac{101.3\text{kPa}}{100\text{kPa}}\right)^2}{\left(\dfrac{1-\varepsilon}{1+\varepsilon}\times\dfrac{101.3\text{kPa}}{100\text{kPa}}\right)}$$

(2) 温度不变 $K^\ominus$ 不变。

$$K^\ominus=\frac{4\varepsilon^2}{1-\varepsilon^2}\times\frac{5\times 101.3}{100}=1.37$$

解得：ε=0.251。设反应起始时，$n(N_2O_4)=1\text{mol}$，N_2O_4 的平衡转化率为 ε，转化率为 25.1%

(3) 温度对化学平衡的影响

温度对平衡的影响与浓度、压力的影响有本质上的区别。浓度、压力改变时，$K^\ominus$ 不变，通过改变 Q 值，使 $Q\neq K^\ominus$，导致平衡移动；而温度改变时通过改变 $K^\ominus$ 值使得 $K^\ominus\neq Q$，从而引起平衡的移动。

由

$$\Delta_r G_m^\ominus=\Delta_r H_m^\ominus-T\Delta_r S_m^\ominus=-RT\ln K^\ominus$$

得：

$$\ln K=-\frac{\Delta_r H_m}{RT}+\frac{\Delta_r S_m}{R}$$

$$\ln K_1=-\frac{\Delta_r H_m}{RT_1}+\frac{\Delta_r S_m}{R}$$

$$\ln K_2=-\frac{\Delta_r H_m}{RT_2}+\frac{\Delta_r S_m}{R}$$

$$\ln\frac{K_1^\ominus}{K_2^\ominus}=-\frac{\Delta_r H_m^\ominus}{R}\left(\frac{1}{T_1}-\frac{1}{T_2}\right) \tag{3-8}$$

需要说明的是：$\Delta_r H_m^{\ominus}$、$\Delta_r S_m^{\ominus}$ 都是温度的函数，但在温度变化不大时，$\Delta_r H_m^{\ominus}$、$\Delta_r S_m^{\ominus}$ 可看作常数。

① 对吸热反应（$\Delta H>0$）

T 升高，$T_2>T_1$，$K_2^{\ominus}>K_1^{\ominus}$，$Q<K^{\ominus}$，平衡右移，即平衡向吸热反应方向移动。

T 降低，$T_2<T_1$，$K_2^{\ominus}<K_1^{\ominus}$，$Q>K^{\ominus}$，平衡左移，即平衡向放热反应方向移动。

结论：升高温度，平衡向吸热反应方向移动；降低温度，平衡向放热反应方向移动。

② 对放热反应($\Delta H<0$)

T 升高，$T_2>T_1$，$K_2^{\ominus}<K_1^{\ominus}$，$Q>K^{\ominus}$，平衡左移，即平衡向吸热反应方向移动。

T 降低，$T_2<T_1$，$K_2^{\ominus}>K_1^{\ominus}$，$Q<K^{\ominus}$，平衡右移，即平衡向放热反应方向移动。

结论：升高温度，平衡向吸热反应方向移动；降低温度，平衡向放热反应方向移动。结论一致。

例 3-5 已知反应 $N_2(g)+3H_2(g) \longrightarrow 2NH_3(g)$ 的 $\Delta_r H_m^{\ominus}=-92.2\text{kJ}\cdot\text{mol}^{-1}$，200℃时其 $K^{\ominus}=0.44$，求 300℃的 $K^{\ominus}$？

解

$$\ln\frac{K_1^{\ominus}}{K_2^{\ominus}}=-\frac{\Delta_r H_m^{\ominus}}{R}\left(\frac{1}{T_1}-\frac{1}{T_2}\right)$$

$$\ln\frac{0.44}{K_2^{\ominus}}=-\frac{-92.2\times10^3\text{J}\cdot\text{mol}^{-1}}{8.314\text{J}\cdot\text{mol}^{-1}\cdot\text{K}^{-1}}\left(\frac{1}{200+273}-\frac{1}{300+273}\right)\text{K}^{-1}$$

$$K_2^{\ominus}=7.4\times10^{-3}$$

$\Delta_r H_m^{\ominus}<0$，放热反应，T 升高，$K^{\ominus}$减小，平衡向左（吸热反应方向）移动。

(4) 勒·夏特列原理

1907 年，勒·夏特列（Le Chatelier）总结大量实验事实得出平衡移动的普遍原理：任何一个处于化学平衡的系统，当某一确定系统平衡的因素（如浓度、压力、温度等）发生改变时，系统的平衡将发生移动。平衡移动的方向总是向着减弱外界因素的改变对系统影响的方向。

必须指出：勒·夏特列原理仅适用于已达平衡的系统；勒·夏特列原理也适用于其他平衡，如相平衡。

酸碱平衡中的缓冲溶液缓冲作用原理就是酸碱浓度对平衡移动的影响，平衡移动的方向总是向着减弱外界加入酸碱浓度的方向，例如醋酸-醋酸钠缓冲系统：

$$\underset{\text{大量}}{HAc}+H_2O \rightleftharpoons H_3O^++\underset{\text{大量}}{Ac^-}$$

当加入少量的酸时平衡向左，即向减小 $c(H^+)$ 的方向移动，当加入少量的碱时平衡向右，即向增大 $c(H^+)$ 的方向移动。而根据平衡 $K^{\ominus}=\frac{c(H^+)c(Ac^-)}{c(HAc)}$，HAc、$Ac^-$ 的大量可保持其 $c(HAc)$、$c(Ac^-)$ 几乎不变，则 $c(H^+)$ 也可保持几乎不变。

3.1.6 多重平衡规则

一个给定化学反应计量方程式的平衡常数，无论反应分几步完成，其平衡常数表达式完全相同，也就是说当某总反应为若干个分步反应之和（或之差）时，则总反应的平衡常数为这若干个分步反应平衡常数的乘积（或商）。

例如

① $SO_2(g)+NO_2(g) \rightleftharpoons SO_3(g)+NO(g)$ $\qquad \Delta_r G_{m1}^{\ominus}, K_1^{\ominus}$

② $SO_2(g)+\frac{1}{2}O_2(g) \rightleftharpoons SO_3(g)$ $\Delta_r G_{m2}^{\ominus}, K_2^{\ominus}$

③ $NO_2(g) \rightleftharpoons \frac{1}{2}O_2(g)+NO(g)$ $\Delta_r G_{m3}^{\ominus}, K_3^{\ominus}$

反应①=反应②+反应③，由盖斯定律可得：$\Delta_r G_{m1}^{\ominus}=\Delta_r G_{m2}^{\ominus}+\Delta_r G_{m3}^{\ominus}$

由式(3-6)，则：

$$-RT\ln K_1^{\ominus}=-RT\ln K_2^{\ominus}+(-RT\ln K_3^{\ominus})$$

$$K_1^{\ominus}=K_2^{\ominus}K_3^{\ominus}$$

同理：反应②=反应①－反应③

可得：

$$\Delta_r G_{m2}^{\ominus}=\Delta_r G_{m1}^{\ominus}-\Delta_r G_{m3}^{\ominus}$$

$$K_2^{\ominus}=K_1^{\ominus}/K_3^{\ominus}$$

例如：① $H_2S = H^+ + HS^-$ $K_{a_1}^{\ominus}$

② $HS^- = H^+ + S^{2-}$ $K_{a_2}^{\ominus}$

方程式①+②得 $H_2S = 2H^+ + S^{2-}$，平衡常数为 $K^{\ominus}=K_{a_1}^{\ominus}K_{a_2}^{\ominus}$。

前一章提到如下反应：

$N_2(g)+3H_2(g) = 2NH_3(g)$ $\Delta_r H_{m1}^{\ominus}$， $\Delta_r G_{m1}^{\ominus}, K_1^{\ominus}$

$\frac{1}{2}N_2(g)+\frac{3}{2}H_2(g) = NH_3(g)$ $\Delta_r H_{m2}^{\ominus}$， $\Delta_r G_{m2}^{\ominus}, K_2^{\ominus}$

$2NH_3(g) = N_2(g)+3H_2(g)$ $\Delta_r H_{m3}^{\ominus}, \Delta_r G_{m3}^{\ominus}, K_3^{\ominus}$

由盖斯定律可方便得出：

$$\Delta_r H_{m2}^{\ominus}=1/2\Delta_r H_{m1}^{\ominus}，\quad \Delta_r G_{m2}^{\ominus}=1/2\Delta_r G_{m1}^{\ominus}，\quad K_2^{\ominus}=K_1^{\ominus 1/2}$$

$$\Delta_r H_{m3}^{\ominus}=-\Delta_r H_{m1}^{\ominus}，\quad \Delta_r G_{m3}^{\ominus}=-\Delta_r G_{m1}^{\ominus}，\quad K_3^{\ominus}=1/K_1^{\ominus}$$

应用多重平衡规则理论和反应商判据对后续的章节中平衡移动都可得到圆满的解释。首先来看一个简单的例子。

化学反应$[HgCl_4]^{2-}+4I^- = [HgI_4]^{2-}+4Cl^-$可由以下反应而得：

	① $Hg^{2+}+4I^- = [HgI_4]^{2-}$ $K_1^{\ominus}=K_f^{\ominus}[HgI_4]^{2-}=6.8\times10^{29}$
－)	② $Hg^{2+}+4Cl^- = [HgCl_4]^{2-}$ $K_2^{\ominus}=K_f^{\ominus}[HgCl_4]^{2-}=1.2\times10^{15}$
	③ $[HgCl_4]^{2-}+4I^- = [HgI_4]^{2-}+4Cl^-$

①－②=③则：$K_3^{\ominus}=\dfrac{K_f^{\ominus}[HgI_4]^2}{K_f^{\ominus}[HgCl_4]^2}=5.7\times10^{14}$

得出反应③的$K^{\ominus}$比较大，反应向右进行得比较完全，我们可以认为反应③实际上是I^-、Cl^-对Hg^{2+}的竞争反应，谁的竞争力强就看反应①、②的$K^{\ominus}$的大小，由于$K_f^{\ominus}[HgI_4]^{2-} \gg K_f^{\ominus}[HgCl_4]^{2-}$，$I^-$的竞争力强于$Cl^-$，反应有利于向生成$[HgI_4]^{2-}$的方向进行，所以反应③$I^-$置换出$Cl^-$。

再看我们最熟悉的例子。

化学反应$AgCl(s)+2NH_3 = [Ag(NH_3)_2]^+ + Cl^-$可由以下反应而得：

	① $Ag^+ + 2NH_3 = [Ag(NH_3)_2]^+$ $K_1^{\ominus}=K_f^{\ominus}[Ag(NH_3)_2]^+=1.1\times10^7$
－)	② $Ag^+ + Cl^- = AgCl(s)$ $K_2^{\ominus}=1/K_{sp}^{\ominus}[AgCl]=5.6\times10^9$
	③ $AgCl(s)+2NH_3 = [Ag(NH_3)_2]^+ + Cl^-$

①－②＝③则：$K_3^{\ominus}=\dfrac{K_1^{\ominus}}{K_2^{\ominus}}=\dfrac{K_f^{\ominus}[Ag(NH_3)_2]^+}{1/K_{sp}^{\ominus}[AgCl]}=2.0\times10^{-3}$

同样可以认为反应③实际上是 NH_3、Cl^- 对 Ag^+ 的竞争反应，与前一例子不同的是反应①、②$K^{\ominus}$的大小相差不大，竞争力的强弱就在于 NH_3、Cl^- 浓度，即反应商的值：

$$Q=\frac{c([Ag(NH_3)_2]^+)c(Cl^-)}{c^2(NH_3)}$$

$c(NH_3)$ 增大，Q 值减小，反应③正向进行，AgCl(s) 溶解生成$[Ag(NH_3)_2]^+$，也就是说 AgCl(s) 中加足量的 NH_3 则沉淀溶解。相反 $c(Cl^-)$ 增大，Q 值增大，反应③逆向进行，$[Ag(NH_3)_2]^+$ 解离生成 AgCl(s)，也就是说$[Ag(NH_3)_2]^+$ 中加足量的 Cl^- 则 AgCl(s) 沉淀生成。

还有如：

① $2H^+ + S^{2-} \longrightarrow H_2S$　　　$K_1^{\ominus}=\dfrac{1}{(K_{a,1}^{\ominus}[H_2S]K_{a,2}^{\ominus}[H_2S])}$

－）② $Fe^{2+} + S^{2-} \longrightarrow FeS$　　　$K_2^{\ominus}=1/K_{sp}^{\ominus}[FeS]$

③ $FeS(s) + 2H^+ \longrightarrow Fe^{2+} + H_2S$

$$K^{\ominus}=\frac{K_1^{\ominus}}{K_2^{\ominus}}=\frac{K_{sp}^{\ominus}[FeS]}{K_{a,1}^{\ominus}[H_2S]K_{a,2}^{\ominus}[H_2S]}=\frac{1.59\times10^{-19}}{1.4\times10^{-21}}=1.14\times10^2$$

$$Q=\frac{c(Fe^{2+})c(H_2S)}{c^2(H^+)}$$

H^+、Fe^{2+} 对 S^{2-} 的竞争反应，竞争力相差不大，增大 $c(H^+)$，Q 值减小，即足量的酸可使 $Q<K^{\ominus}$，FeS(s) 沉淀溶解。但是 CuS(s) 用酸就不能溶解。

反应 $CuS(s) + 2H^+ \longrightarrow Cu^{2+} + H_2S$ 的

$$K^{\ominus}=\frac{K_{sp}^{\ominus}[CuS]}{K_{a,1}^{\ominus}[H_2S]K_{a,2}^{\ominus}[H_2S]}=\frac{1.27\times10^{-36}}{1.4\times10^{-21}}=9.07\times10^{-14}$$

$$Q=\frac{c(Cu^{2+})c(H_2S)}{c^2(H^+)}$$

$K^{\ominus}$太小，H^+、Cu^{2+} 对 S^{2-} 的竞争反应，H^+ 竞争力太小，在一定浓度的 Cu^{2+}、H_2S 的情况下要使得 $Q<K^{\ominus}$，$c(H^+)$ 要大到实际无法达到的程度。即反应 $CuS(s)+2H^+ \longrightarrow Cu^{2+} + H_2S$ 不可能正向进行。所以 CuS(s) 实际可用硝酸氧化来溶解：

$$3CuS+8HNO_3 \longrightarrow 3Cu(NO_3)_2+2NO+3S+4H_2O$$

原因是硝酸氧化性很强，电极反应：$NO_3^- + 4H^+ + 3e^- \longrightarrow NO + 2H_2O$ 的 $K^{\ominus}$足够大。

类似的平衡移动在后续的章节中还有很多，都可以用多重平衡规则理论和反应商判据来解析。

3.2 化学反应速率

由热力学数据可知化学反应 $2H_2 + O_2 \longrightarrow 2H_2O$ 有强烈的自发进行的趋势，并伴随着大量的能量产生。但室温下 H_2、O_2 混合气体长时间静置看不出有反应的迹象，实际上看不出发生变化，即反应速率太慢。若改变条件，如加热、点火或加入催化剂，则反应可以很快进行，甚至发生爆炸。这个条件就是动力学条件。化学动力学研究的就是反应进行的速率，并根据研究反应速率提供的信息探讨反应机理，即研究反应的快慢和反应进行的途径，以便能有效地掌握化学反应规律，创造条件，加快对工业生产有利的反应，把热力学的反应可能性变为现实性；并且减慢一些不利的化学反应（如食物的变质、铁的生锈、染料的褪色以及橡胶的老化等）或阻止其进行。

3.2.1 化学反应的速率及其表示法

化学反应的进行快慢即化学反应的速率，国际上普遍采用的定义是用反应进度 ξ 随时间的变化率来表示化学反应的速率 $\dot{\xi}$，即对于任一化学反应：

$$0=\sum_{B}\nu_B B$$

反应速率定义为：

$$\dot{\xi}=\frac{d\xi}{dt}=\frac{1}{\nu_B}\times\frac{dn_B}{dt} \tag{3-9}$$

由反应进度定义的化学反应速率叫转化速率，由于反应进度与反应的物质无关，则用反应式中任一物质表示的反应速率在数值上是一致的。但该反应速率与化学反应计量式有关。

若化学反应在恒容条件下进行，反应速率也可用单位体积中反应进度随时间的变化率来表示，称为基于浓度的反应速率，用符号 v 表示，其单位为 $mol \cdot L^{-1} \cdot s^{-1}$：

$$v=\frac{\dot{\xi}}{V}=\frac{1}{\nu_B}\times\frac{dn_B}{Vdt} \tag{3-10}$$

恒容条件下体积 V 不变，则反应速率可表示为反应物或产物浓度随时间的变化率：

$$v=\frac{1}{\nu_B}\times\frac{dc_B}{dt} \tag{3-11}$$

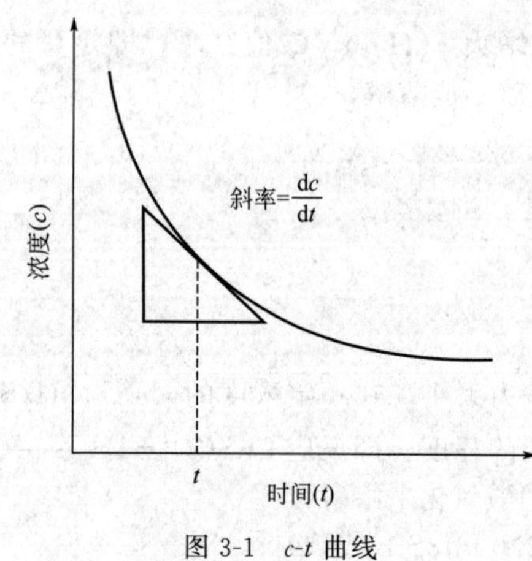

图 3-1 c-t 曲线

式(3-10)、式(3-11) 表示的是瞬时反应速率，即化学反应中某时刻的真实反应速率。对于大多数化学反应而言，反应开始后，各物质的浓度在不断地变化着，所以化学反应瞬时速率也随反应的进行在不断改变。而实际反应速率是通过实验测定的。实验中，用化学方法或物理方法测定在不同时刻反应物（或生成物）的浓度，即 c-t 的一套数据，据此绘出 c-t 曲线，然后在曲线上求斜率，得到不同时刻的瞬时反应速率，也可求得某一时段 Δt 的平均反应速率（图 3-1)。

例 3-6 N_2O_5 的分解反应为：

$$2N_2O_5(g) = 4NO_2(g)+O_2(g)$$

在 340K 测得的实验数据如下：

t/min	0	1	2	3	4	5
$c(N_2O_5)/mol \cdot L^{-1}$	1.00	0.70	0.50	0.35	0.25	0.17

试计算该反应在 2min 之内的平均速率和 1min 时的瞬时速率。

解 以 $c(N_2O_5)$为纵坐标，以 t 为横坐标作图可得到 N_2O_5 浓度随时间变化的曲线

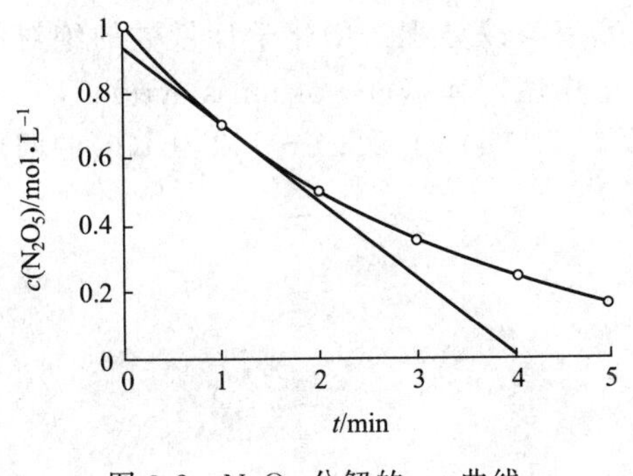

图 3-2　N_2O_5 分解的 c-t 曲线

(图 3-2)。从图上可查出：$t=2\text{min}$，$c(N_2O_5)=0.50\text{mol}\cdot\text{L}^{-1}$；$t=0$，$c(N_2O_5)=1.00\text{mol}\cdot\text{L}^{-1}$。

则 2min 之内的平均速率为：

$$v=\frac{(0.50-1.00)\text{mol}\cdot\text{L}^{-1}}{-2(2-0)\text{min}}=0.12\text{mol}\cdot\text{L}^{-1}\cdot\text{min}^{-1}$$

在 c-t 曲线上任一点作切线，其斜率即为该时刻的 $\mathrm{d}c/\mathrm{d}t$。1min 时的斜率为：

$$\text{斜率}=\frac{-0.50\text{mol}\cdot\text{L}^{-1}}{2.25\text{min}}=-0.22\text{mol}\cdot\text{L}^{-1}\cdot\text{min}^{-1}$$

1min 时的瞬时速率为：

$$v=\frac{1}{\nu}\times\frac{\mathrm{d}c}{\mathrm{d}t}=-\frac{1}{2}\times(-0.22\text{mol}\cdot\text{L}^{-1}\cdot\text{min}^{-1})=0.11\text{mol}\cdot\text{L}^{-1}\cdot\text{min}^{-1}$$

3.2.2　化学反应的机理

(1) 基元反应

通常的化学反应计量方程式只是表明了热力学中的始态与终态及其计量关系，并没有说明反应物是经历怎样的途径转变为生成物的。许多化学反应从反应物到产物之间的转化所经历的过程比较复杂，用实验的方法能够检测到一些反应的中间产物的存在，说明这些反应是分多步进行的。人们把反应物转变为生成物的具体途径、步骤称为反应机理（也称为反应历程）。根据反应机理的复杂程度，可把化学反应分为基元反应和非基元反应两大类。

所谓基元反应，是指由反应物分子（或离子、原子及自由基等）直接碰撞发生作用而生成产物的反应。基元反应是组成一切化学反应的基本单元。研究表明，只有少数化学反应是由反应物一步直接转化为生成物的基元反应。例如：

① $SO_2Cl_2 \rightleftharpoons SO_2+Cl_2$

② $2NO_2 \rightleftharpoons 2NO+O_2$

③ $2NO+O_2 \rightleftharpoons 2NO_2$

反应①是单分子反应，反应②是双分子反应，反应③是三分子反应。

而大多数化学反应往往要经过若干个基元反应步骤才能使反应物最终转化为生成物。由两个或两个以上的基元反应组合而成的总反应称为非基元反应或复合反应。复合反应是分多步进行的反应，可用实验方法检测到中间产物的存在。中间产物是反应过程中某一步反应产生的物质，它被后面一步或几步反应消耗掉，因而不出现在总反应方程式中。例如反应：

$$H_2(g)+Cl_2(g)\longrightarrow 2HCl(g)$$

并非由一个 $H_2(g)$分子与一个 $Cl_2(g)$分子直接反应生成 2 个 HCl(g)分子，而是由下列 4 步基元反应完成：

① $Cl_2(g)+M\longrightarrow 2Cl(g)+M$

② $Cl(g)+H_2(g)\longrightarrow HCl(g)+H(g)$

③ $H(g)+Cl_2(g)\longrightarrow HCl(g)+Cl(g)$

④ $Cl(g)+Cl(g)+M\longrightarrow Cl_2(g)+M$

式中，M 为惰性物质，可以是器壁或不参与反应的第三种物质，M 只起传递能量的作用。

(2) 基元反应的速率方程——质量作用定律

基元反应的反应速率与反应物浓度之间的关系比较简单，对此人们在大量实验的基础上总结出一条规律："在一定温度下，基元反应的反应速率与以方程式中化学计量数的绝对值为幂指数的反应物浓度的乘积成正比"，并称之为质量作用定律（law of mass action），"质量"在此处实际上意味着浓度。所以，上述非基元反应 $H_2(g)+Cl_2(g) \longrightarrow 2HCl(g)$ 的四个基元反应的反应速率可表示为：

① $v_1=k_1c(Cl_2)c(M)$

② $v_2=k_2c(Cl)c(H_2)$

③ $v_3=k_3c(H)c(Cl_2)$

④ $v_4=k_4c^2(Cl)c(M)$

若反应 $aA+bB+\cdots \longrightarrow gG+dD+\cdots$ 为基元反应，则：

$$v=kc_A^a c_B^b\cdots \tag{3-12}$$

上式即为基元反应的速率方程式。

(3) 非基元反应速率方程的确定

应当注意的是质量作用定律仅适用于基元反应，对于非基元反应，从反应方程式中是不能给出速率方程的。它必须通过实验，由实验获得有关的数据后，通过数学处理，才能确定速率方程。

如非基元反应　　$2NO+2H_2 \longrightarrow N_2+2H_2O$

$v\neq kc^2(NO)c^2(H_2)$

而是　　$v=kc^2(NO)c(H_2)$　（从实验数据得到）

由实验来确定速率方程的方法很多，这里只介绍一种比较简单的方法——改变物质数量比例法。例如对于反应：

$$aA+bB \longrightarrow gG+dD$$

可先假设其速率方程为：

$$v=kc_A^a c_B^b$$

然后通过实验来确定 a 和 b 值。实验时在一组反应物中设法保持 A 的浓度不变，而将 B 的浓度加大一倍，若反应速率比原来加大一倍，则可确定 $b=1$。在另一组反应物中设法保持 B 的浓度不变，而将 A 的浓度加大一倍，若反应速率增加到原来的 4 倍，则可确定 $a=2$。这种方法特别适用于较复杂的反应。

(4) 反应级数

反应速率方程中反应物浓度项的幂指数之和称为反应级数。对于基元反应，速率方程 $v=kc_A^a c_B^b\cdots$ 中各浓度项的幂次 $a,b,\cdots$ 分别称为反应组分 A,B,…的级数。该反应总的反应级数 n 则是各反应组分 A,B,…的级数之和，即 $n=a+b+\cdots$ 反应级数与它们的化学计量系数是一致的，基元反应都具有简单的级数。

零级反应：　$n=0$　（一类特殊的反应，速率与浓度无关）

一级反应：　$n=1$

二级反应：　$n=2$

……

而对于非基元反应，例如前述一氧化氮和氢气的反应：

$$2NO+2H_2 \longrightarrow N_2+2H_2O$$

根据实验结果 $v=kc^2(NO)c(H_2)$，所以为三级反应；$v\neq kc^2(NO)c^2(H^2)$，所以不是四级反应。

复合反应的级数可以是整数或分数，通常是利用实验测定的。例如反应：

$$H_2(g)+Cl_2(g) \longrightarrow 2HCl(g)$$

反应速率方程 $v=kc^{1/2}(Cl_2)c(H_2)$，为1.5级反应

反应级数反映了反应物浓度对反应速率的影响程度。反应级数越大，反应物浓度对反应速率的影响就越大。

(5) 反应速率常数

反应速率方程式中的比例系数 k 即为反应速率常数。不同的反应有不同的 k 值。k 值与反应物的浓度无关，而与温度的关系较大，温度一定，速率常数为一定值。速率常数表示反应速率方程中各有关浓度项均为单位浓度时的反应速率。

因为反应速率的单位是 $mol \cdot L^{-1} \cdot s^{-1}$，当为一级反应时速率常数的单位为 s^{-1}，二级反应时为 $mol^{-1} \cdot L \cdot s^{-1}$，以此类推。同一温度下，比较几个反应的 k，可以大略知道它们反应速率的相对大小，k 值越大，则反应越快。

注意：在书写反应速率方程式时，稀溶液中的溶剂、固体或纯液体参与的化学反应，其速率方程式不必列出它们的浓度项。因为其浓度在反应中近似不变，为常数，可并入常数 k 中。

例 3-7 在298K时，测得反应 $2NO+O_2 \longrightarrow 2NO_2$ 的反应速率及有关实验数据如下：

实验编号	初始浓度/$mol \cdot L^{-1}$		初始速率/$mol \cdot L^{-1} \cdot s^{-1}$
	$c(NO)$	$c(O_2)$	
1	0.10	0.10	16
2	0.10	0.20	32
3	0.10	0.30	48
4	0.20	0.10	64
5	0.30	0.10	144

求：(1) 上述反应的速率方程式和反应级数；(2) 速率常数。

解 (1) 设反应的速率方程为：

$$v=kc^a(NO)c^b(O_2)$$

由实验1、2、3得 $v \propto c^1(O_2)$，　$b=1$；

由实验1、4、5得 $v \propto c^2(NO)$，　$a=2$。

所以速率方程为：

$$v=kc^2(NO)c(O_2)$$

总反应级数 $n=3$。

(2) 表中任一实验数据代入速率方程式，即：

$$16mol \cdot L^{-1} \cdot s^{-1}=k \times (0.10mol \cdot L^{-1})^2 \times 0.10mol \cdot L^{-1}$$

$$k=1.6 \times 10^4 mol^{-2} \cdot L^2 \cdot s^{-1}$$

从实验数据求 k，一般至少求三个以上 k 值，再取平均值。

3.2.3 简单反应级数的反应

(1) 零级反应

零级反应的反应速率与反应物的浓度无关，v=常数。

对零级反应：　$B \longrightarrow P$

速率方程：

$$v=-\frac{dc_B}{dt}=k_0c_B^0=k_0 \tag{3-13}$$

设反应起始($t=0$)时反应物 B 的浓度为 c_{B0}，反应进行到 t 时的浓度为 c_B，对上式积分：

$$\int_{c_{B0}}^{c_B} dc_B=-k_0\int_0^t dt$$

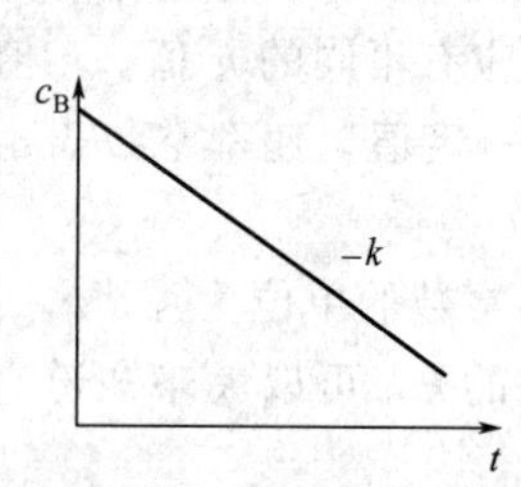

图 3-3　零级反应 c_B-t 曲线

由积分公式得：

$$c_B-c_{B0}=-k_0t \tag{3-14}$$

零级反应的 c_B-t 曲线见图 3-3。

半衰期 $t_{1/2}$ 为反应物消耗一半所需的时间。对于零级反应，当 $t=t_{1/2}$ 时，$c_B=c_{B0}/2$，

$$t_{1/2}=\frac{c_{B0}}{2k_0} \tag{3-15}$$

$t_{1/2}$ 与初始浓度成正比。

常见的零级反应有：表面催化反应和酶催化反应，这时反应物总是过量的，反应速率决定于固体催化剂的有效表面活性位或酶的浓度。还有光化学反应只与光强度有关，与反应物的浓度无关。

零级反应具有如下特征：

① 速率常数 k 的量纲为速率单位，即[浓度]·[时间]$^{-1}$：$mol\cdot L^{-1}\cdot s^{-1}$。

② c_B 对 t 作图 c_B-t 为一直线，直线的斜率为 $-k$，截距为 c_{B0}。

③ 反应的半衰期与反应物的起始浓度 c_{B0} 成正比，与速率常数成反比 。

(2) 一级反应

反应速率只与反应物浓度的一次方成正比，反应为一级反应：

$$B \longrightarrow P$$

速率方程：

$$v=-\frac{dc_B}{dt}=k_1c_B \tag{3-16}$$

$$-\frac{dc_B}{c_B}=k_1dt$$

$$\int_{c_{B0}}^{c_B}-\frac{dc_B}{c_B}=\int_0^t k_1dt$$

$$-\ln\frac{c_B}{c_{B0}}=k_1t$$

$$\ln c_B=\ln c_{B0}-k_1t \tag{3-17}$$

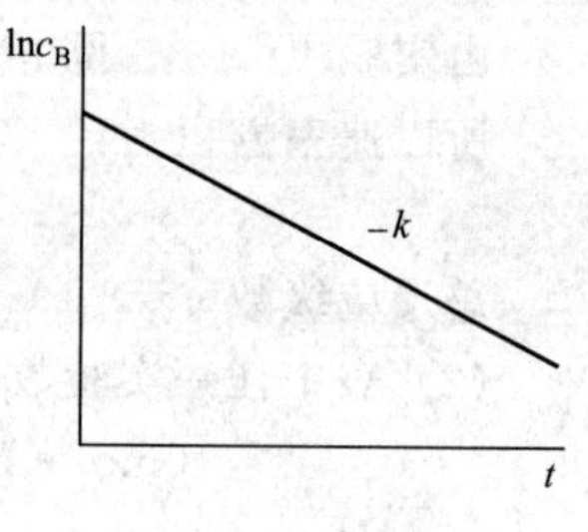

图 3-4　一级反应 c_B-t 曲线

一级反应的 $\ln c_B$-t 曲线见图 3-4。

将 $c_B=c_{B0}/2$ 代入，得一级反应半衰期：

$$\ln(c_{B0}/2)=\ln c_0-k_1t_{1/2}$$

$$t_{1/2}=\ln 2/k=0.696/k \tag{3-18}$$

常见的一级反应有：有机物分解、异构化、放射性衰变等。

一级反应具有如下特征：

① 速率常数的量纲为[时间]$^{-1}$：s^{-1}。

② $\ln c_B$ 对 t 作图得一直线，直线的斜率为 $-k$，截距为 $\ln c_{B0}$。

③反应的半衰期与速率常数成反比，与反应物的起始浓度无关。

(3) 二级反应

二级反应有两类：

① $2B \longrightarrow P$

② $A+B \longrightarrow P$

二级反应较为复杂，本教材不在此介绍。

3.2.4 反应速率理论

(1) 碰撞理论简介

不同的化学反应，反应速率的差别可能很大；同样的反应，当反应的条件（如温度和浓度）不一致时，反应速率也可能不同。碰撞理论最早对这些现象做出解释。碰撞理论认为发生化学反应的前提是反应物分子必须相互碰撞。反应速率与单位体积、单位时间内分子间的碰撞次数成正比，但并不是每次碰撞都能发生反应，否则，反应将在瞬间完成。反应物分子间的大多数碰撞都没有发生反应。是什么原因导致这样的现象呢？碰撞理论认为可归结为下列两个原因。

① 能量因素

a. 活化分子：碰撞理论把那些能够发生反应的碰撞称为有效碰撞。碰撞理论认为能发生有效碰撞的分子与普通分子的差异在于它们具有较高的能量。分子无限接近时，要克服斥力。这就要求分子具有足够的运动速度，即能量。具备足够的能量是有效碰撞的必要条件。碰撞理论把那些具有足够高的能量、能够发生有效碰撞的分子称为活化分子。

b. 活化能：反应系统中，大量分子的能量彼此是不相等的。因为气体分子运动的动能与其运动速度有关，所以气体分子的能量分布类似于分子的速度分布。图 3-5 中的横坐标为能量，纵坐标 $\Delta N/(N\Delta E)$表示具有能量在 $E\sim(E+\Delta E)$范围内单位能量区间的分子数 ΔN 与分子总数 N 的比值(分子分数)。E_k 为气体分子的平均能量，E_0 为活化分子的最低能量。曲线下的面积表示分子分数总和为 100%，阴影部分的面积表示能量不小于 E_0 的分子分数。

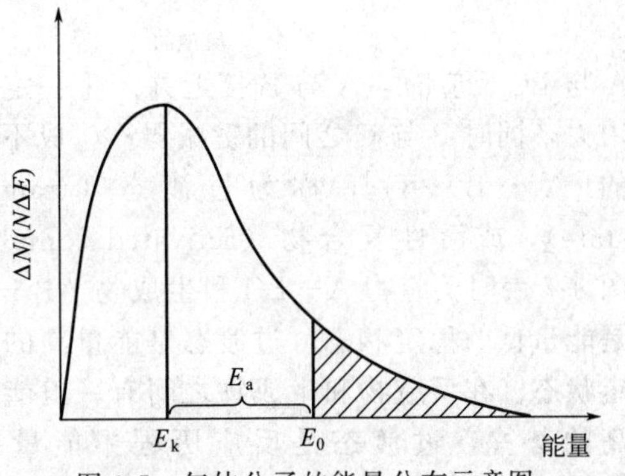

图 3-5 气体分子的能量分布示意图

活化能就是使普通分子（即具有平均能量的分子）转变成活化分子所需的能量。由于反应物分子的能量各不相同，活化分子的能量彼此也不同，只能从统计平均的角度来比较反应物分子和活化分子的能量。因此活化能可定义为：要使普通分子成为活化分子所需的最小能量，用 E_a 表示，单位为 $kJ \cdot mol^{-1}$。即要使 1mol 具有平均能量的分子转化成活化分子所需吸收的最低能量。

在一定温度下，反应的活化能越大，其活化分子分数越小，反应速率就越小；反之，反应的活化能越小，其活化分子分数越大，反应速率就越大。

② 方位因素　由于反应物分子由原子组成，分子有一定的几何构型，分子内原子的排列有一定的方位。碰撞理论认为分子通过碰撞发生化学反应，不仅要求分子有足够的能量，而且要求这些分子要有适当的取向（或方位）。例如，反应：

$$NO_2(g)+CO(g) \longrightarrow NO(g)+CO_2(g)$$

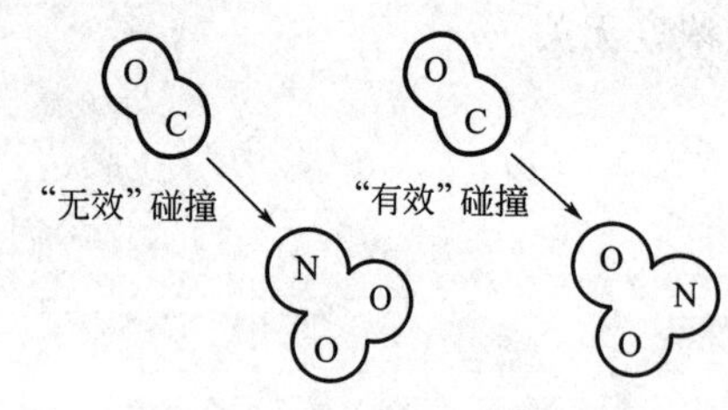

图 3-6 分子碰撞时不同取向

若分子碰撞时的几何方位不适宜，如图 3-6 所示，若 CO 中的 C 与 NO_2 中的 N 迎头相碰，尽管碰撞的分子有足够的能量，反应也不能发生。只有方位适宜，CO 中的 C 与 NO_2 中的 O 迎头相碰，才是有效碰撞，才可能导致反应的发生。反应物分子的构型越复杂，方位因素的影响越大。

总之，根据碰撞理论，反应物分子必须有足够的能量，并以适宜的方位碰撞，才能发生反应。碰撞理论比较直观地解释了一些简单的气体双原子反应的反应速率与活化能的关系，以及反应物浓度、反应温度对反应速率的影响等，但没有从分子内部的结构及运动揭示活化能的意义，因而具有一定的局限性。

(2) 过渡状态理论简介

过渡状态理论又称为活化配合物理论。该理论认为化学反应不是只通过简单碰撞就生成产物，而是要经过一个由反应物分子以一定的构型而存在的过渡状态。当具有足够动能的分子彼此以适当的取向发生碰撞时，动能转变为分子间相互作用的势能，引起分子和原子内部结构的变化，使原来以化学键结合的原子间的距离变长，而没有结合的原子间距离变短，形成了过渡状态的构型。

埃林等人提出过渡状态的构型。对于反应 A＋BC ══ AB＋C，其实际过程是：

$$A+BC \underset{\text{快}}{\rightleftharpoons} A\cdots B\cdots C \longrightarrow AB+C$$

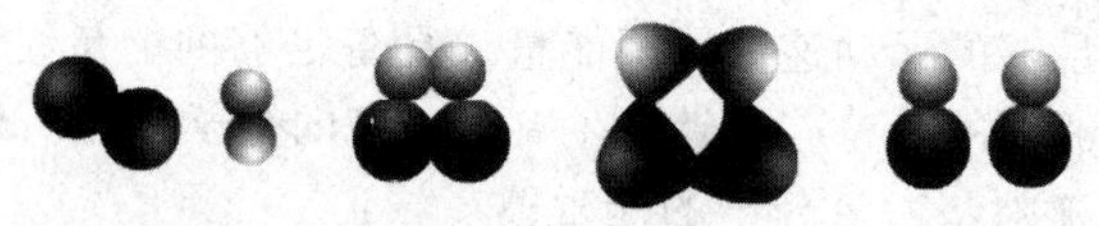

A 与 BC 反应时，A 与 B 接近并产生一定的作用力，同时 B 与 C 之间的键减弱；生成不稳定的[A … B … C]，称为过渡态（transition state)，或活性复合物（activated complex)。图 3-7 表明反应物 A＋BC 和生成物 AB＋C 均是能量低的稳定状态，过渡态是能量高的不稳定状态。在反应物和生成物之间有一道能量很高的势垒，过渡态是反应历程中能量最高的点。

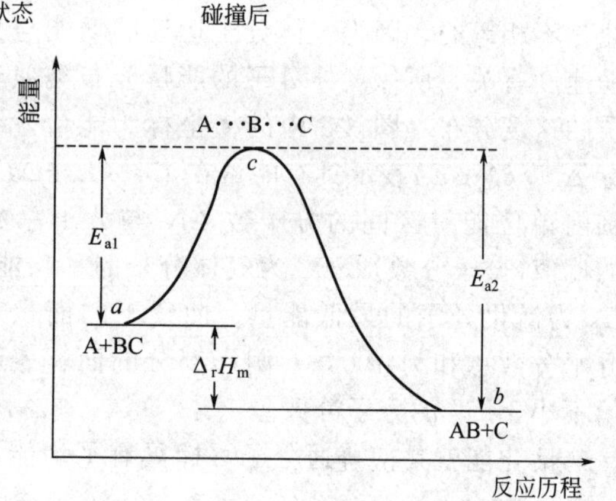

图 3-7 反应途径能量变化示意图

反应物 A＋BC 吸收能量 E_{a1} 成为过渡态[A…B…C]，E_{a1} 为正反应的活化能，就是翻越势垒所需的能量。正反应的活化能与逆反应的活化能之差可认为是反应的热效应：

$$\Delta_r H_m = E_{a1} - E_{a2}$$

过渡态极不稳定，很容易分解成原来的反应物（快反应），也可能分解得到生成物（慢反应）。从原则上讲，只要知道过渡态的结构，就可以运用光谱数据及量子力学和统计力学的方法，计算化学反应的动力学参数，如速率常数 k 等。过渡态理论考虑了分子结构的特点和化学键的特征，较好地揭示了活化能的本质，这是该理论的成功之处。然而对于复杂的反应系统，过渡态的结构难以确定，而且量子力学对多质点系统的计算也是至今尚未彻底解决的困难问题。这些因素造成了过渡态理论在实际反应系统中应用的困难。

3.2.5 影响化学反应速率的因素

(1) 温度对反应速率的影响

一般来说，温度升高反应速率加快。温度升高，分子的运动速度加快，单位时间内的碰撞频率增加；系统的平均能量增加，分子的能量分布曲线明显右移，增加了活化分子百分数。

① 1884 年，荷兰人范特霍夫提出：对于反应物浓度（或分压）不变的一般反应，温度每升高 10K，反应速率一般增加 2～4 倍。即：

$$\frac{v_{(t+10)}}{v_t}=\frac{k_{(t+10)}}{k_t}=2\sim4 \tag{3-19}$$

式中，v_t、$v_{(t+10)}$ 分别为温度 t（℃）、$t+10$℃时的反应速率；k_t、$k_{(t+10)}$ 分别为温度 t、$t+10$℃时的反应速率常数。在温度变化不大或不需精确数值时，利用式(3-19) 可粗略地估计温度对速率的影响。

② 1889 年，阿仑尼乌斯（S. A. Arrhenius）在大量实验事实的基础上，建立了速率常数与温度之间的定量关系式——阿仑尼乌斯公式，即：

$$k=A\mathrm{e}^{\frac{-E_a}{RT}} \tag{3-20}$$

式中，A 为常数，称指前因子，它与温度、浓度无关，不同反应的 A 值不同，其单位与 k 值相同；R 为摩尔气体常量；T 为热力学温度；E_a 为活化能，对某一给定反应，E_a 为定值。

在反应温度区间变化不大时，E_a 和 A 不随温度而改变。由式(3-20) 可见，k 与温度 T 呈指数的关系，温度微小的变化将导致 k 值较大的变化。

对式(3-20) 取对数，阿仑尼乌斯方程也可表示为：

$$\ln k=-\frac{E_a}{RT}+\ln A \text{ 或}$$

$$\lg k=-\frac{E_a}{2.303RT}+\ln A$$

$\lg k$-$\frac{1}{T}$曲线如图 3-8 所示。

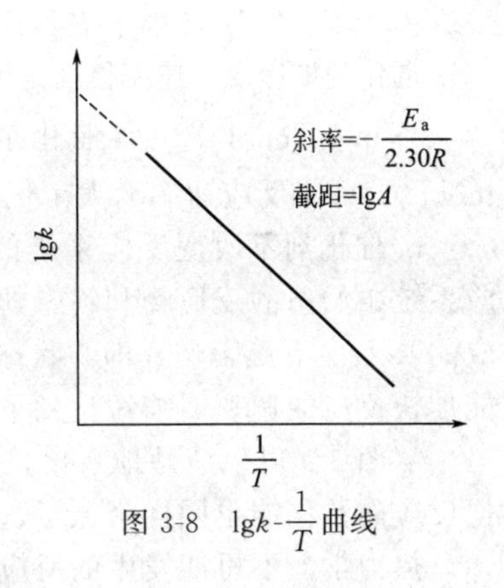

图 3-8　$\lg k$-$\frac{1}{T}$曲线

若已知反应的活化能，在温度 T_1 时有 $\ln k_1=-E_a/(RT_1)+\ln A$；在温度 T_2 时有 $\ln k_2=-E_a/(RT_2)+\ln A$。两式相减得：

$$\ln\frac{k_1}{k_2}=-\frac{E_a}{R}\left(\frac{1}{T_1}-\frac{1}{T_2}\right) \tag{3-21}$$

例 3-8 某反应温度从 27℃升至 37℃时，其速率常数增加一倍，求此反应的活化能。

解

$$\ln\frac{1}{2}=-\frac{E_a}{8.314\text{J}\cdot\text{mol}^{-1}\cdot\text{K}^{-1}}\left(\frac{1}{300\text{K}}-\frac{1}{310\text{K}}\right)$$

$$E_a=5.36\times10^4\text{J}\cdot\text{mol}^{-1}$$

$$=53.6\text{kJ}\cdot\text{mol}^{-1}$$

(2) 浓度对反应速率的影响

① 根据反应速率方程式：

$$v=kc_A^a c_B^b$$

一般化学反应（除零级反应外）的反应速率随反应物的浓度增大而增大。

② 根据反应速率理论，对于一确定的化学反应，一定温度下，反应物分子中活化分子所占的百分数是一定的，因此单位体积内的活化分子的数目与单位体积内反应分子的总数成正比，也就是与反应物的浓度成正比。当反应物浓度增大时，单位体积内分子总数增加，活化分子的数目相应也增多，单位体积、单位时间内的分子有效碰撞的总数也就增多，因而反应速率加快。

(3) 催化剂对反应速率的影响

催化剂是一种只要少量存在就能显著改变化学反应速率，但不改变化学反应的平衡位置，而且在反应结束时，其自身的质量、组成和化学性质都保持不变的物质。能加快反应速率的催化剂称正催化剂，简称催化剂；能减慢反应速率的催化剂称负催化剂，又称阻化剂、抑制剂。催化剂对化学反应的作用称为催化作用。虽然，催化剂并不消耗，但是实际上它参与了化学反应，并改变了反应机理。催化反应都是复合反应，催化剂在其中的一步基元反应中被消耗，在后面的基元反应中又再生。

① 催化剂的特点

a. 催化剂只能改变反应历程，不能改变反应的始态和终态。即只能加速化学平衡的到达，不能改变化学平衡的状态或位置。催化剂之所以能改变反应速率，是由于参与了反应过程，改变了原来反应的途径，因而改变了活化能，同时改变了正、逆反应速率。例如反应：

$$A+B \longrightarrow AB$$

当有催化剂 Z 存在时，改变了反应的途径，使之分为两步；

$$A+Z \longrightarrow AZ \quad 活化能为 E_1$$
$$AZ+B \longrightarrow AB+Z \quad 活化能为 E_2$$

由于 E_1、E_2 均小于 E_a（图 3-9），所以反应速率加快了。

催化剂加速反应速率往往是很惊人的。例如，在 503K 时分解 HI 气体，无催化剂时，E_a 为 $184\text{kJ}\cdot\text{mol}^{-1}$；以 Au 作催化剂时，$E_a$ 降至 $104.6\text{kJ}\cdot\text{mol}^{-1}$。由于 E_a 降低了 $80\text{kJ}\cdot\text{mol}^{-1}$，可使反应速率增大 1 亿多倍。

b. 催化剂不改变反应系统的热力学状态，不影响化学平衡。从热力学的观点来看，反应系统中始态的反应物和终态的生成物，它们的状态不因为是否使用催化剂而改变。所以反应的 $\Delta_r G_m$ 不受影响，即“状态函数的变化与途径无关”。使用催化剂不改变平衡常数，只能加快反应的速率，缩短达到平衡所需的时间。

从图 3-9 可以清楚地看出，非催化历程和催化历程的热效应是一样的。使用催化剂后，逆反应的活化能也同样降低了，催化剂可以同时提高正反应与逆反应的速率。

热力学上不可能发生的反应，使用任何催化剂都不能使之发生。

c. 催化剂具有一定的选择性。每种催化剂都有其使用的范围，只能催化某一种类或某几个反应，有的甚至只能催化某一个反应，不存在万能的催化剂。

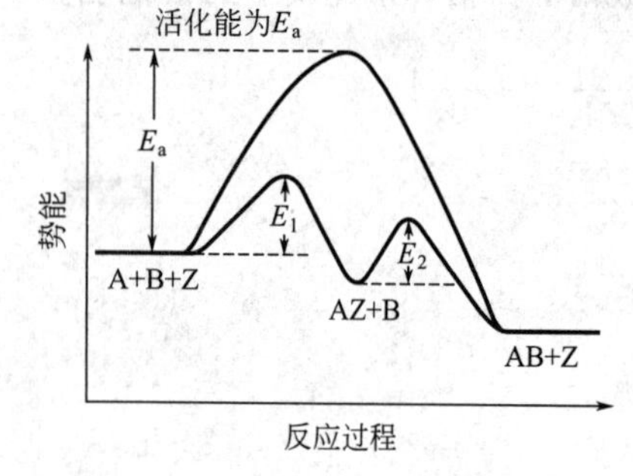

图 3-9 催化剂改变反应途径示意图

d. 反应过程中催化剂本身会发生变化。尽管反应前后催化剂的质量和某些化学性质不变，但催化剂的某些物理性状，特别是表面性状会发生变化。另外某些杂质对催化剂的性能有很大的影响。有些物质可增强催化功能，在工业上用作“助催化剂”；有些物质则减弱催化功能，称为“抑制剂”；还有些杂质严重阻碍催化功能，甚至使催化剂“中毒”，完全失去催化功能，这种杂质称为“毒物”。所以工业生产中使用的催化剂必须经常“再生”或补充。

② 均相催化和多相催化　催化剂与反应物同处于一个相中的催化反应称为均相催化反应。可以是气相，也可以是液相。例如，I^- 催化 H_2O_2 分解的反应，I^- 叫均相催化剂。

催化剂与反应物不是处于同一物相的反应称为多相催化反应或非均相催化反应。反应物一般是气体或液体，催化剂多为固体，反应在固相催化剂表面的活性中心上进行。催化剂活性表面积越大，催化效率越高，反应速率越快。多相催化反应在工业上有广泛应用，如合成氨反应中用 Fe 作催化剂；Cu 催化 C_2H_5OH 脱氢反应；石油炼制大多都是多相催化反应。

酸雨是当今全球性环境问题之一，工业排放的 SO_2、NO_x 进入雨水形成酸雨，造成土壤、湖泊酸化，生态环境破坏，森林死亡，农作物受害，建筑物、桥梁、设备受腐蚀。SO_2 在大气中氧化为 SO_3 的过程，既可能有受 NO、O_3 等催化的均相催化反应，也可能有受包括烟尘中 Fe、Mn 氧化物催化的多相催化反应。我国很多地区有酸雨沉降的报道，云南、贵州、四川等地已成为酸雨多发地区。

③ 酶及其催化作用　几乎所有的生物反应都是被酶催化的。当前对酶的结构和酶反应机理的研究是生物化学最重要的研究领域之一。酶是一类结构和功能特殊的蛋白质。生物体内各种各样的生物化学变化几乎都要在不同的酶催化下才能进行。例如，食物中蛋白质的水解（即消化），在体外需在强酸（或强碱）条件下煮沸相当长的时间，而在人体内正常体温下，在胃蛋白酶的作用下短时间内即可完成。

酶催化作用有以下特点：

a. 高度的专一性。酶催化作用选择性很强，一种酶往往只对一种特定的反应有效。如淀粉酶只能水解淀粉，脲酶只能将尿素转化为 NH_3 和 CO_2。酶催化的选择性甚至达到原子水平，只要底物（在讨论酶催化作用时常将反应物称为底物）分子中有一个基团、一个双键、一个原子的增减或空间取向不同，某些酶就能将其区分开来，从而表现出对底物有无催化作用。

b. 高的催化效率。酶催化效率比通常的无机或有机催化剂高出 $10^8 \sim 10^{12}$ 倍。其高效催化在于它能大大降低反应的活化能。例如，1mol 乙醇脱氢酶在室温下 1s 内可使 720mol 乙醇转化为乙醛。同样的反应，工业上用 Cu 作催化剂，在 200℃时 1mol Cu 只能催化 0.1～1mol 乙醇转化。酶在生物体内量非常少，一般以 μg 或 ng 计，但其催化效率之高，是无机物或有机物催化剂无法比拟的。

c. 温和的催化条件。一般化工生产常用高温高压条件、强酸性或强碱性介质等。酶催化反应条件温和，在生物体内进行，通常是常温常压下，中性或近中性介质中反应。如根瘤菌在常温常压下，在田间土壤中固定空气中的氮，使之转化为氨态氮。

d. 特殊的酸碱环境需求。酶具有许多极性基团，因此溶液的 pH 对酶的活性影响很大。酶只在一定的 pH 范围内才表现出其活性。若溶液偏离最佳 pH，酶的活性就降低或完全消失。

酶催化反应用于工业生产，可以简化工艺流程、降低能耗、节省资源、减少污染。酿造工业利用酶催化反应生产酒、有机酸、抗生素等产品，已成为一项重要的产业。随着生命科学、仿生科学的发展，有可能用模拟酶代替普通催化剂，这必将引发意义深远的技术革新。

思考题

3-1　反应系统中各组分的平衡浓度是否随时间变化？是否随反应物起始浓度变化？是否随温度变化？

3-2　有气相和固相参加的反应，平衡常数是否与固相的存在量有关？有气相和溶液参加的反应，平衡常数是否与溶液中各组分的量有关？

3-3 经验平衡常数与标准平衡常数有何区别和联系？

3-4 平衡常数改变后，平衡是否移动？平衡移动后，平衡常数是否改变？

3-5 对 $\Delta_r G_m^\ominus > 0$ 反应，是否在任何条件下正反应都不能自发进行？$\Delta_r G_m^\ominus = 0$ 是否意味着反应一定处于平衡态？

3-6 化学动力学是否研究反应的快慢和限度？

3-7 当温度不同而反应物起始浓度相同时，同一个反应的起始速率是否相同？速率常数是否相同？反应级数是否相同？活化能是否相同？当温度相同而反应物起始浓度不同又如何？

3-8 某反应的速率常数的单位是 $L \cdot mol^{-1} \cdot s^{-1}$，反应是否为一级反应？

3-9 假设反应 $A \longrightarrow 2B$ 正反应的活化能为 E_{a+}，逆反应的活化能为 E_{a-}，加入催化剂后正、逆反应的 E_{a+}、E_{a-} 如何变化？升高反应温度又如何？

习题

3-1 写出下列反应的标准平衡常数表达式：

(1) $Zn(s) + 2H^+(aq) \rightleftharpoons Zn^{2+}(aq) + H_2(g)$

(2) $AgCl(s) + 2NH_3(aq) \rightleftharpoons [Ag(NH_3)_2]^+(aq) + Cl^-(aq)$

(3) $CH_4(g) + 2O_2(g) \rightleftharpoons CO_2(g) + 2H_2O(l)$

(4) $HgI_2(s) + 2I^-(aq) \rightleftharpoons [HgI_4]^{2-}(aq)$

(5) $H_2S(aq) + 4H_2O_2(aq) \rightleftharpoons 2H^+(aq) + SO_4^{2-}(aq) + 4H_2O(l)$

3-2 已知下列反应在 298.15K 的标准平衡常数：

(1) $SnO_2(s) + 2H_2(g) \rightleftharpoons 2H_2O(g) + Sn(s)$； $K_1^\ominus = 21$

(2) $H_2O(g) + CO(g) \rightleftharpoons H_2(g) + CO_2(g)$； $K_2^\ominus = 0.034$

计算反应 $2CO(g) + SnO_2(s) \rightleftharpoons Sn(s) + 2CO_2(g)$ 在 298.15K 时的平衡常数 $K^\ominus$。

（答：2.4×10^{-2}）

3-3 在 317K，反应 $N_2O_4(g) \rightleftharpoons 2NO_2(g)$ 的平衡常数 $K^\ominus = 1.00$。分别计算当系统总压为 400kPa 和 800kPa 时 $N_2O_4(g)$ 的平衡转化率，并解释计算结果。

[答：400kPa 时 $\alpha(N_2O_4) = 24.3\%$；800kPa 时 $\alpha(N_2O_4) = 17.4\%$]

3-4 在 2033 K 和 3000 K 的温度条件下混合等物质的量的 N_2 和 O_2，发生如下反应：

$$N_2(g) + O_2(g) \rightleftharpoons 2NO(g)$$

平衡混合物中 NO 的体积分数分别是 0.80% 和 4.5%。计算两种温度下反应的 $K^\ominus$，并判断该反应是吸热反应还是放热反应。

（答：$K_{2033K}^\ominus = 2.6 \times 10^{-4}$；$K_{3000K}^\ominus = 8.9 \times 10^{-3}$）

3-5 反应 $CaCO_3(s) \rightleftharpoons CaO(s) + CO_2(g)$ 在 1037K 时平衡常数 $K^\ominus = 1.16$，现将 1.0mol 的 $CaCO_3(s)$ 置于 10.0L 容器中加热至 1037K。问达到平衡时 $CaCO_3(s)$ 的分解分数是多少？

（答：13.5%）

3-6 373K 时，光气分解反应 $COCl_2(g) \rightleftharpoons CO(g) + Cl_2(g)$ 的平衡常数 $K^\ominus = 8.0 \times 10^{-9}$，$\Delta_r H_m^\ominus = 104.6 kJ \cdot mol^{-1}$，试求：

(1) 373K 下反应平衡后，总压力为 202.6kPa 时，$COCl_2(g)$的解离度；

(2) 反应的 $\Delta_r S_m^\ominus$。 （答：6.32×10^{-3}%；$\Delta_r S_m^\ominus$=125.5J·mol^{-1}·K^{-1}）

3-7 25℃时，反应 $2H_2O_2(g) \rightleftharpoons 2H_2O(g)+O_2(g)$ 的 $\Delta_r H_m^\ominus$ 为 −210.9kJ·mol^{-1}，$\Delta_r H_m^\ominus$ 为 131.8J·mol^{-1}·K^{-1}。试计算该反应在25℃和100℃时的$K^\ominus$，计算结果说明什么问题？ （答：$K^\ominus_{298.15K}$=6.7×10^{43}；$K^\ominus_{373.15K}$=2.5×10^{36}）

3-8 已知尿素 $CO(NH_2)_2$ 的 $\Delta_f G_m^\ominus$=−197.15kJ·mol^{-1}，求尿素的合成反应：

$$2NH_3(g)+CO_2(g) \rightleftharpoons H_2O(g)+CO(NH_2)_2(s)$$

在 298.15K 时的 $\Delta_r G_m^\ominus$ 和 $K^\ominus$。 （答：$\Delta_r G_m^\ominus$=1.53kJ·mol^{-1}；$K^\ominus$=0.540）

3-9 已知下列物质 298K 时的标准摩尔生成吉布斯自由能变分别为：

物质	$NiSO_4 \cdot 6H_2O(s)$	$NiSO_4(s)$	$H_2O(g)$
$\Delta_f G_m^\ominus$/kJ·mol^{-1}	−2221.7	−773.6	−228.4

(1) 计算反应 $NiSO_4 \cdot 6H_2O(s) \rightleftharpoons NiSO_4(s)+6H_2O(g)$在 298K 时的标准平衡常数 $K^\ominus$。

(2) 求算 298K 时水在固体 $NiSO_4 \cdot 6H_2O(s)$ 上的平衡蒸气压。

（答：$K^\ominus$=2.40×10^{-14}；$p(H_2O)$=0.537kPa）

3-10 已知反应 $2SO_2(g)+O_2(g) \longrightarrow 2SO_3(g)$在 427℃和 527℃时的 $K^\ominus$值分别为 1.0×10^5 和 1.1×10^2，求该温度范围内反应的 $\Delta_r H_m^\ominus$。

（答：$\Delta_r H_m^\ominus$=−3.2×10^2kJ·mol^{-1}）

3-11 某基元反应 A+B ⟶ C，在 1.20 L 溶液中，当 A 为 4.0mol，B 为 3.0mol 时，v 为 0.0042mol·L^{-1}·s^{-1}，计算该反应的速率常数，并写出该反应的速率方程式。 （答：5.0×$10^{-4}$$mol^{-1}$·L·$s^{-1}$）

3-12 在 301K 时鲜牛奶大约 4.0h 变酸，但在 278K 的冰箱中可保持 48h。假定反应速率与变酸时间成反比，求牛奶变酸反应的活化能。 （答：75kJ·mol^{-1}）

3-13 已知青霉素 G 的分解反应为一级反应，37℃时其活化能为 84.8kJ·mol^{-1}，指前因子 A 为 4.2×$10^{12}$$h^{-1}$，求 37℃时青霉素 G 分解反应的速率常数？

（答：2.2×$10^{-2}$$h^{-1}$）

3-14 某病人发热至 40℃时，使体内某一酶催化反应的速率常数增大为正常体温(37℃）时的 1.25 倍，求该酶催化反应的活化能？ （答：60.0kJ·mol^{-1}）

3-15 反应 $C_2H_5Br(g) \Longrightarrow C_2H_4(g)+HBr(g)$在 650K 时 k 为 2.0×$10^{-5}$$s^{-1}$，在 670K 时 k 为 7.0×$10^{-5}$$s^{-1}$。求 690K 时的 k。 （答：2.3×$10^{-4}$$s^{-1}$）

3-16 物质 A 的分解反应 A ⟶ B+C 的实验数据如下：

t/s	0	200	400	600	800
c(A) /mol·L^{-1}	0.01000	0.00916	0.00839	0.00768	0.00703

(1) 计算反应 200～600s 间的平均速率。 （答：3.70×10^{-6}mol·L^{-1}·s^{-1}）

(2) 用浓度对时间作图，求反应 400s 时的瞬时速率。

（答：3.64×10^{-6}mol·L^{-1}·s^{-1}）

3-17 元素放射性衰变是一级反应。^{14}C 的半衰期为 5730a（a 代表年）。今在一古墓木质样品中测得^{14}C 含量只有原来的 68.5%。问此古墓距今多少年？ （答：3130a）

第4章

酸碱平衡

学习要求

① 熟悉弱电解质解离平衡。

② 了解近代酸碱理论的基本概念。

③ 掌握各种平衡的计算原理与方法。

④ 掌握缓冲溶液的缓冲原理与配制方法。

酸（acid）和碱（base）无论在人们日常生活中还是在工业生产中几乎无处不在。食醋的主要成分是醋酸，水果、蔬菜中含有有机酸；从世界范围内年产量最大的重要工业原料硫酸，到年产量也名列前茅的氨水和石灰，所有这些都可以说明酸、碱的重要性。

酸碱反应又是一类极为重要的化学反应，在生产实际或自然界中，许多化学反应和生物化学反应都是酸碱反应。有些化学现象或化学反应尽管不是酸碱反应，甚至表面上看起来与酸、碱无关，可是，在化学变化的过程中，酸或碱都起了不可替代的作用，特别是在有机合成反应中，酸或碱常常可以作为催化剂。建立在酸碱反应基础上的酸碱滴定法是一种常用的化学分析手段。本章将在介绍酸碱概念的基础上，从质子酸碱理论出发，着重讨论酸碱度对弱酸弱碱型体分布的影响，各类酸碱溶液 pH 的计算，缓冲溶液的性质、组成和应用。

4.1 酸碱质子理论与酸碱平衡

人们对酸、碱的认识经历了一个由浅入深、由感性到理性、由低级到高级的认识过程。17 世纪中叶，波意耳（R. Boyle）从实际观察中提出，酸有酸味，并能使蓝色石蕊变红；碱有涩味，并能使红色石蕊变蓝。18 世纪后期，化学研究使人们从物质的内在性质来认识酸碱，拉瓦锡（A. L. Lavoisier）提出氧元素是酸的必要成分。19 世纪初叶，盐酸、氢碘酸、氢氰酸等均已发现，研究表明，它们均不含氧而皆含氢，于是戴维（H. David）又提出氢是酸的基本元素。到了19世纪80年代，瑞典化学家阿仑尼乌斯（S. A. Arrhenius）第一次提出了酸碱电离理论。

对酸和碱进行阐释的理论还有许多，包括：富兰克林（E. C. Franklin ）的溶剂理论、布朗斯特德（J. N. Brønsted）和劳莱（T. M. Lowry）的质子理论、路易斯（G. N. Lewis）的电子理论以及软硬酸碱理论等。

酸碱电离理论认为，在水溶液中，凡是电离（ionization）时所产生的阳离子（cation）全部是氢离子的物质就是酸，而凡是电离时所生成的阴离子（anion）全部是氢氧根离子（hydroxide ion）的物质就是碱；酸与碱反应得到的产物是盐（salt）和水；弱酸盐或弱碱盐在水中能发生水解（hydrolysis），生成相应的弱酸或相应的弱碱；酸碱中和反应的实质就是H^+和OH^-结合为H_2O的反应。酸碱的相对强弱可以根据它们在水溶液中解离出H^+或OH^-程度的大小来衡量，在水中能全部电离的酸和碱称为强酸和强碱，只有部分电离的酸和碱称为弱酸和弱碱。

当然，各种理论都有其自身一定的局限性，酸碱电离理论也不例外，它把酸、碱仅限于水溶液，又把碱限制为氢氧化物等。本章为了能够更好地说明酸、碱以及酸碱平衡的有关规律，将主要以酸碱质子理论来讨论酸碱平衡及有关应用。

4.1.1 酸、碱与酸碱反应的实质

根据酸碱质子理论，酸和碱不是彼此孤立的，而是统一在一个质子的关系上。凡是能给出质子（H^+）（proton）的物质就是酸，而凡是能接受质子的物质就是碱。当一种酸给出质子之后，它的剩余部分就是碱。其关系为：

$$\text{酸} \rightleftharpoons \text{碱} + H^+$$

(1) 酸、碱的共轭关系与酸碱半反应

醋酸（可以简写为HAc）能给出质子，按照质子理论，HAc就是酸，而它的剩余部分Ac^-由于对质子具有一定的亲和力，还能够接受质子而成为HAc，故Ac^-就是碱。两者的对应关系为：

$$HAc \rightleftharpoons H^+ + Ac^-$$

这种因一个质子的得失而相互转变的每一对酸碱就被称为共轭酸碱对（conjugate acid-base pair）。

又如NH_3在水溶液中能接受质子，故按照质子理论它就是碱；NH_4^+可以失去质子而成为NH_3，所以NH_4^+就是NH_3的共轭酸（conjugate acid）：

$$NH_3 + H^+ \rightleftharpoons NH_4^+$$

这种酸及其共轭碱（或碱及其共轭酸）相互转变的反应就称为酸碱半反应。再看以下一些酸碱半反应：

$$H_2CO_3 \rightleftharpoons H^+ + HCO_3^-$$

$$HCO_3^- \rightleftharpoons H^+ + CO_3^{2-}$$

$$^+NH_3—CH_2—CH_2—^+NH_3 \rightleftharpoons H^+ + ^+NH_3—CH_2—CH_2—NH_2$$

以上这些例子可以看出，根据酸碱质子理论，酸或碱可以是中性分子，也可是阴离子或阳离子。质子理论中没有盐的概念，酸碱解离理论中的盐，在质子理论中都变成了离子酸和离子碱，如NH_4Cl中的NH_4^+是酸，Cl^-是碱。总之，酸比它的共轭碱（conjugate base）

多一个质子；或者说碱比它的共轭酸少一个质子。

需要注意的是：

① 酸、碱是相对的。同一种物质在不同的介质（medium）或溶剂（solvent）中常具有不同的酸碱性。例如 HCO_3^-，在 $HCO_3^- \rightleftharpoons H^+ + CO_3^{2-}$ 半反应中它表现为酸。可是在 $HCO_3^- + H^+ \rightleftharpoons H_2CO_3$ 半反应中，HCO_3^- 就成了碱。

再如，HAc 在水溶液中是一种弱酸，但在液氨中就成为强酸了。若要进一步了解这方面内容，请参阅“分析化学”有关参考书。

② 共轭酸碱体系是不能独立存在的。由于质子的半径特别小，电荷密度很大，它只能在水溶液中瞬间出现。因而当溶液中某一种酸给出质子后，必定要有一种碱来接受。例如 HAc 在水溶液中给出质子时，溶剂 H_2O 就是接受质子的碱：

$$\underset{酸_1}{HAc(aq)} \rightleftharpoons H^+(aq) + \underset{碱_1}{Ac^-(aq)}$$

$$+)\quad \underset{碱_2}{H_2O(l)} + H^+(aq) \rightleftharpoons \underset{酸_2}{H_3O^+(aq)}$$

$$\underset{酸_1}{HAc(aq)} + \underset{碱_2}{H_2O(l)} \rightleftharpoons \underset{酸_2}{H_3O^+(aq)} + \underset{碱_1}{Ac^-(aq)}$$

反应式中 H_3O^+ 称为水合质子（hydrated proton）。

上式就是醋酸在水中的解离（dissociation）平衡，平时书写时可以简化为：

$$HAc \rightleftharpoons H^+ + Ac^-$$

但不能忘了其中溶剂水分子的作用。另外，考虑到在此所讨论的酸碱平衡大多为在水中的单相离子平衡，为简便起见，平衡关系式中均略去物态符号。若有气体或固体产生则分别用“↑”和“↓”表示。

(2) 酸碱反应的实质

① 酸碱解离反应　如 HAc 在水中的解离反应：

$$\underset{酸_1}{HAc} + \underset{碱_2}{H_2O} \xrightarrow{H^+} \rightleftharpoons \underset{酸_2}{H_3O^+} + \underset{碱_1}{Ac^-}$$

再如 NH_3 在水中的解离反应：

$$\underset{碱_1}{NH_3} + \underset{酸_2}{H_2O} \rightleftharpoons \underset{碱_2}{OH^-} + \underset{酸_1}{NH_4^+}\quad (H^+\ 由\ H_2O\ 转移至\ NH_3)$$

可见，酸碱解离反应是质子的转移反应。

② 酸碱电离理论中的水解反应　如 NaAc 在水中的水解反应：

$$\underset{碱_1}{Ac^-} + \underset{酸_2}{H_2O} \rightleftharpoons \underset{碱_2}{OH^-} + \underset{酸_1}{HAc}\quad (H^+\ 由\ H_2O\ 转移至\ Ac^-)$$

再如 NH_4Cl 在水中的水解反应：

$$\underset{\text{酸}_1}{NH_4^+} + \underset{\text{碱}_2}{H_2O} \overset{H^+}{\rightleftharpoons} \underset{\text{酸}_2}{H_3O^+} + \underset{\text{碱}_1}{NH_3}$$

也可看出，酸碱电离理论中的水解反应同样是质子的转移反应。所以，这种反应在酸碱质子理论中也属于酸碱解离反应。

③ 酸碱中和反应　如 NaOH 与 HCl 的中和反应：

$$\underset{\text{酸}_1}{H_3O^+} + \underset{\text{碱}_2}{OH^-} \overset{H^+}{\rightleftharpoons} \underset{\text{酸}_2}{H_2O} + \underset{\text{碱}_1}{H_2O}$$

再如 HAc 与 NH_3 的酸碱反应：

$$\underset{\text{酸}_1}{HAc} + \underset{\text{碱}_2}{NH_3} \overset{H^+}{\rightleftharpoons} \underset{\text{酸}_2}{NH_4^+} + \underset{\text{碱}_1}{Ac^-}$$

很明显，前一个反应是由 H_3O^+-H_2O 与 OH^--H_2O 两个共轭酸碱对所组成，而后一个反应则是由 HAc-Ac^- 与 NH_3-NH_4^+ 两个共轭酸碱对所组成。因此，根据酸碱质子理论，酸碱反应实际上是由两个共轭酸碱对共同作用的结果，反应的实质就是两个共轭酸碱对之间质子传递的反应。

(3) 溶剂的质子自递反应与水的离子积

在以上例子中可以看到，对于水体系，酸的解离过程中，水分子接受质子，起了碱的作用；而碱的解离过程中，溶剂水分子释放质子，起了酸的作用。因此，H_2O 是一种两性溶剂。

由于 H_2O 的两性作用，一个水分子可以从另一个水分子中夺取质子而形成 H_3O^+ 和 OH^-，即：

$$H_2O + H_2O \rightleftharpoons H_3O^+ + OH^-$$

这种仅仅在溶剂分子之间发生的质子传递作用就称为溶剂的质子自递反应，反应的平衡常数称为溶剂的质子自递常数，一般以 $K_s^\ominus$ 表示。对于溶剂水分子来说，水的质子自递常数又称为水的离子积（ionic product），以 $K_w^\ominus$ 表示：

$$K_w^\ominus = \left[\frac{c^{eq}(H_3O^+)}{c^\ominus}\right]\left[\frac{c^{eq}(OH^-)}{c^\ominus}\right] \tag{4-1a}$$

式中，c^{eq}（H_3O^+）、c^{eq}（OH^-）分别表示质子传递作用达到平衡时 H_3O^+、OH^- 的平衡浓度；$c^\ominus$ 为标准态浓度，$c^\ominus = 1mol \cdot L^{-1}$。

上式通常可以简写为：

$$K_w^\ominus = [H_3O^+][OH^-] \tag{4-1b}$$

或

$$K_w^\ominus = [H^+][OH^-] \tag{4-1c}$$

298K 时，$K_w^\ominus = 1.0 \times 10^{-14}$。

由于水的质子自递是吸热反应，所以 $K_w^\ominus$ 随温度的升高而增大（表 4-1）。

表 4-1 不同温度时的 $K_w^\ominus$

温度/K	273	283	298	323	373
$K_w^\ominus$	1.14×10^{-15}	2.92×10^{-15}	1.01×10^{-14}	5.47×10^{-14}	5.50×10^{-13}

4.1.2 酸碱平衡与酸、碱的相对强度

强电解质在水溶液中应完全解离，但实验测定时却发现它们的解离度并没有达到100%。这种现象主要是由于带不同电荷的离子之间以及离子和溶剂分子之间的相互作用，使得每一个离子的周围都吸引着一定数量带相反电荷的离子，形成了所谓的离子氛（ion atmosphere）。有些阴阳离子会形成离子对，从而影响了离子在溶液中的活动性，降低了离子在化学反应中的作用能力，使得离子参加化学反应的有效浓度要比实际浓度低。这种离子在化学反应中起作用的有效浓度称为活度（activity）。活度与浓度有如下关系：

$$a_i=\frac{\gamma_i c_i}{c^\ominus}$$

式中，a_i 表示 i 离子的活度；γ_i 为 i 离子的活度系数（activity coefficient）；c_i 是 i 离子的物质的量浓度。

为了衡量溶液中正负离子的作用情况，人们引入了离子强度（ionic strength，I）的概念。其定义为

$$I=\frac{1}{2}\sum c_i z_i^2 \tag{4-2}$$

式中，c_i 和 z_i 分别为溶液中第 i 种离子的物质的量浓度和该离子的电荷数。I的单位为 $mol\cdot L^{-1}$。

溶液的浓度愈大，离子的电荷愈高，离子强度也就愈大。离子强度反映了离子间作用的强弱。离子强度愈大，离子间相互牵制作用愈大，离子活度系数也就愈小，相应离子的活度就愈低。

严格地讲，电解溶液中的离子浓度应该用活度来代替。当溶液中的离子强度 $I<10^{-4}\,mol\cdot L^{-1}$ 时，离子间牵制作用就降低到极微弱的程度，近似可以忽略，活度系数 $\gamma=1$，a 与 c 在数值上相等。所以对于稀溶液（尤其是弱电解质溶液），为了简便起见，通常就用浓度代替活度进行计算。

根据酸碱质子理论，酸或碱的强弱取决于其给出质子或接受质子的能力大小。物质给出质子的能力愈强，其酸性（acidity）也就愈强，反之就愈弱。同样，物质接受质子的能力愈强，其碱性（basicity）就愈强，反之也就愈弱。

在水中，酸给出质子或碱接受质子能力的大小可以用酸或碱的解离常数（dissociation constant）$K_a^\ominus$ 或 $K_b^\ominus$ 来衡量。

(1) 酸碱解离平衡与解离平衡常数

① 一元弱酸（一元弱碱） 例如 HAc 这种一元弱酸，在水溶液中的解离平衡：

$$HAc \rightleftharpoons H^+ + Ac^-$$

解离反应的平衡常数为：

$$(K_a^\ominus)^c(HAc)=\frac{([H^+]/c^\ominus)\times([Ac^-]/c^\ominus)}{[HAc]/c^\ominus}$$

$(K_a^\ominus)^c$（HAc）称为 HAc 的浓度解离常数（或称为浓度平衡常数）。

为简便起见，一般上式可以简写为：

$$K_a^\ominus(HAc)=\frac{[H^+][Ac^-]}{[HAc]}$$

若溶液浓度较大，或离子强度较大，就应采用活度解离常数 $(K_a^\ominus)^a$（HAc）（或称为活度平衡常数），即：

$$(K_a^\ominus)^a(HAc)=\frac{a^{eq}(H^+)a^{eq}(Ac^-)}{a^{eq}(HAc)}$$

根据活度与浓度之间的关系，

$$(K_a^\ominus)^a(HAc)=\frac{a^{eq}(H^+)a^{eq}(Ac^-)}{a^{eq}(HAc)}=\frac{\gamma(H^+)[H^+]\gamma(Ac^-)[Ac^-]}{\gamma(HAc)[HAc]}$$

由于 $\gamma(HAc)\approx 1$，故：

$$(K_a^\ominus)^a(HAc)=\gamma(H^+)\gamma(Ac^-)\times\frac{[H^+][Ac^-]}{[HAc]}=\gamma(H^+)\gamma(Ac^-)(K_a^\ominus)^c(HAc)$$

可见，只有当溶液浓度较稀，或离子强度较小时，$(K_a^\ominus)^c$（HAc）$\approx$ $(K_a^\ominus)^a$（HAc）。因此，当溶液离子强度较小时可以采用活度解离常数代替浓度解离常数，不加以区分，并一般就以 $K_a^\ominus$ 表示。本章讨论中若未加以说明，在浓度平衡常数表达式中所代入的常数值都是活度平衡常数的值。注意，本教材所附的解离常数都是活度解离常数。

一般 $K_a^\ominus$ 愈大，表明该弱酸的解离程度愈大，给出质子的能力就愈强。

再如氨这种一元弱碱，在水溶液中的解离平衡：

$$NH_3+H_2O \rightleftharpoons NH_4^+ + OH^-$$

解离反应的平衡常数（浓度解离常数）为：

$$K_b^\ominus(NH_3)=\frac{[NH_4^+][OH^-]}{[NH_3]}$$

同样，$K_b^\ominus$ 愈大，表明该弱碱的解离平衡正向进行的程度愈大，接受质子的能力就愈强。

一般认为，$K^\ominus>1$ 的酸（或碱）为强酸（strong acid）（或强碱，strong base）；$K^\ominus$ 在 $1\sim10^{-3}$ 的酸（或碱）为中强酸（或碱）；$K^\ominus$ 在 $10^{-4}\sim10^{-7}$ 的酸（或碱）为弱酸（weak acid）（或弱碱，weak base）；若酸（或碱）的 $K^\ominus<10^{-7}$，则称为极弱酸（或极弱碱）。当然，这种划分也不是绝对的。

根据 $K^\ominus$ 值的大小可以比较酸（或碱）的相对强弱。

例如 25℃时，HAc 在水中的 $K_a^\ominus=1.74\times10^{-5}$；而 HCN 的 $K_a^\ominus=6.17\times10^{-10}$。显然 HCN 在水体系中给出质子的能力较 HAc 弱，故相对而言 HAc 的酸性较 HCN 的强。

再如，25℃时，NH_3 在水中的 $K_b^\ominus=1.79\times10^{-5}$；而苯胺($C_6H_5NH_2$)的 $K_b^\ominus=3.98\times10^{-10}$。显然 NH_3 在水体系中接受质子的能力较苯胺强，故相对而言，苯胺的碱性较 NH_3 的弱。

对于一定的酸、碱，$K_a^\ominus$ 或 $K_b^\ominus$ 的大小同样与浓度无关，只与温度、溶剂等有关。由于酸碱解离平衡过程的焓变较小，因而在室温范围内，一般可以不考虑温度的影响。对于溶剂来说，酸、碱这类电解质在不同的溶剂中，其酸、碱性强弱会有所不同。例如，醋酸在水中为弱电解质，而在液氨中为强电解质。

酸、碱的 $K_a^\ominus$ 或 $K_b^\ominus$ 可以通过实验测得，也可以根据有关热力学数据求得，数据可见书末附录Ⅲ。

例 4-1 试求出 298.15K，标准态下下列解离平衡的 $K_a^\ominus$ 及 $pK_a^\ominus$

$$\begin{array}{lccc} & HF & \rightleftharpoons & H^+ + & F^- \\ \Delta_f G_m^{\ominus}/kJ\cdot mol^{-1} & -296.82 & & 0 & -278.79 \end{array}$$

解 因为

$$\lg K^{\ominus}=\frac{-\Delta G^{\ominus}}{2.303RT}$$

$$\Delta G^{\ominus}_{298.15}=-278.79-(-296.82)=18.03kJ\cdot mol^{-1}$$

所以

$$\lg K_a^{\ominus}(HF)=\frac{-18.03\times10^3}{2.303\times8.314\times298.15}=-3.16$$

$$K_a^{\ominus}(HF)=6.9\times10^{-4}$$

因为

$$pK_a^{\ominus}=-\lg K_a^{\ominus}$$

所以

$$pK_a^{\ominus}(HF)=3.16$$

② 多元酸（polyacid）（多元碱，polybase） 多元酸（或碱），在水中的解离是逐级进行的。

例如 H_2CO_3 的一级解离平衡为：

$$H_2CO_3 \xrightleftharpoons{K_{a_1}^{\ominus}} H^+ + HCO_3^-$$

一级解离的平衡常数：

$$K_{a_1}^{\ominus}=\frac{[H^+][HCO_3^-]}{[H_2CO_3]}$$

二级解离平衡为：

$$HCO_3^- \rightleftharpoons H^+ + CO_3^{2-}$$

二级解离的平衡常数：

$$K_{a_2}^{\ominus}=\frac{[H^+][CO_3^{2-}]}{[HCO_3^-]}$$

由于 CO_3^{2-} 对 H^+ 的吸引力强于 HCO_3^- 对 H^+ 的吸引力，再加上一级解离对二级解离的抑制作用（后面将讨论），故多元酸（或碱），逐级解离常数间的关系为：

$$K_1^{\ominus}>K_2^{\ominus}>K_3^{\ominus}>\cdots$$

再如 Na_2CO_3 在水中的解离反应，一级解离平衡为：

$$CO_3^{2-}+H_2O \xrightleftharpoons{K_{b_1}^{\ominus}} OH^- + HCO_3^-$$

一级解离的平衡常数（酸碱电离理论中称为水解常数，hydrolysis constant）：

$$K_{b_1}^{\ominus}=\frac{[OH^-][HCO_3^-]}{[CO_3^{2-}]}$$

二级解离平衡为：

$$HCO_3^- + H_2O \xrightleftharpoons{K_{b_2}^{\ominus}} OH^- + H_2CO_3$$

二级解离的平衡常数：

$$K_{b_2}^{\ominus}=\frac{[OH^-][H_2CO_3]}{[HCO_3^-]}$$

总的解离平衡为：

$$CO_3^{2-}+2H_2O \rightleftharpoons 2OH^- + H_2CO_3$$

根据多重平衡原理，多元酸（或多元碱）总解离平衡的平衡常数为：

$$K^{\ominus}=K_1^{\ominus}K_2^{\ominus}K_3^{\ominus}\cdots \tag{4-3}$$

(2) **解离度**(degree of dissociation)

酸或碱这类电解质(electrolyte)在水中的解离程度还可以用解离度的大小来表征,或者说,解离度的大小也可以用于比较弱酸(或弱碱)的相对强弱。

解离度一般用α表示,是指某电解质在水中解离达到平衡时,已解离的溶质分子数与溶质分子总数之比。由于解离前后溶液体积不变,故也可以表示为已解离的电解质浓度与电解质的原始浓度之比。即:

$$解离度(\alpha)=\frac{解离部分的弱电解质浓度}{未解离前弱电解质浓度}$$

这一概念在酸碱电离理论中称为电离度(degree of ionization)。

在水中,温度、浓度相同的条件下,解离度大的酸(或碱),$K^{\ominus}$就大,该酸(或碱)的酸性(或碱性)相对就强。

例 4-2 已知25℃时,0.200mol·L^{-1}氨水的解离度为0.95%,求溶液的[H$^+$]以及氨的解离常数。

解 $$NH_3 + H_2O \rightleftharpoons NH_4^+ + OH^-$$

平衡浓度/mol·L^{-1} 0.200(1−0.95%) 0.200×0.95% 0.200×0.95%

$$[OH^-]=0.200\times0.95\%=1.90\times10^{-3}$$

$$[H^+][OH^-]=K_w^{\ominus}=1.00\times10^{-14}$$

$$[H^+]=\frac{1.00\times10^{-14}}{1.90\times10^{-3}}=5.26\times10^{-12}$$

$$K_b^{\ominus}=\frac{[NH_4^+][OH^-]}{[NH_3]}$$

$$=\frac{(1.90\times10^{-3})^2}{0.200\times(1-0.95\%)}=1.82\times10^{-5}$$

例 4-3 HAc在25℃时,$K_a^{\ominus}=1.8\times10^{-5}$。求0.20mol·L^{-1}HAc的解离度。

解 $$HAc \rightleftharpoons H^+ + Ac^-$$

平衡浓度/mol·L^{-1} 0.20(1−α) 0.20α 0.20α

$$K_a^{\ominus}(HAc)=\frac{[H^+][Ac^-]}{[HAc]}$$

$$1.8\times10^{-5}=\frac{(0.20\alpha)^2}{0.20(1-\alpha)}$$

一般来说,在化学平衡计算中,由于平衡常数本身就有百分之几的测定误差,故允许有5%左右的计算误差,可以进行相关的近似处理。对此例,$\frac{c}{K_a^{\ominus}}\geqslant500$,即体系浓度较大,而弱酸或弱碱的解离常数又较小,那么,弱酸或弱碱的解离就很少,计算时就可以忽略解离部分的贡献,$1-\alpha\approx1$。

解得$\alpha=0.95\%$。

(3) **共轭酸碱对 $K_a^{\ominus}$ 与 $K_b^{\ominus}$ 的关系**

① 一元弱酸及其共轭碱 对Ac$^-$,在水中有以下酸碱解离平衡存在:

$$Ac^- + H_2O \rightleftharpoons HAc + OH^-$$

相应的解离平衡常数为:

$$K_b^\ominus(Ac^-)=\frac{[HAc][OH^-]}{[Ac^-]}$$

将 HAc 的解离平衡常数表达式与 Ac^- 的解离平衡常数表达式相乘，有：

$$K_a^\ominus(HAc)K_b^\ominus(Ac^-)=\frac{[H^+][Ac^-]}{[HAc]}\times\frac{[HAc][OH^-]}{[Ac^-]}$$
$$=[H^+][OH^-]$$

再如 NH_4^+ 在水中的解离平衡为：

$$NH_4^+ + H_2O \rightleftharpoons NH_3 + H_3O^+$$

$$K_a^\ominus(NH_4^+)=\frac{[H^+][NH_3]}{[NH_4^+]}$$

同样将 NH_3 的 $K_b^\ominus$ 与其共轭酸 NH_4^+ 的 $K_a^\ominus$ 两个平衡常数表达式相乘：

$$K_b^\ominus(NH_3)K_a^\ominus(NH_4^+)=\frac{[NH_4^+][OH^-]}{[NH_3]}\times\frac{[H^+][NH_3]}{[NH_4^+]}$$
$$=[H^+][OH^-]$$

因此，一元弱酸及其共轭碱，$K_a^\ominus$ 与 $K_b^\ominus$ 之间具有以下关系：

$$K_a^\ominus K_b^\ominus=K_w^\ominus=1.0\times10^{-14}(25℃) \tag{4-4}$$

可见，对于某种弱酸，若 $K_a^\ominus$ 较大，它给出质子的能力较强，酸性较强，则其共轭碱的 $K_b^\ominus$ 就会较小，说明该弱酸的共轭碱接受质子的能力相对就较弱，碱性相对也就较弱。

例如，$K_a^\ominus$ (HAc) $>K_a^\ominus$ (HCN)，故 HAc 的酸性比 HCN 的酸性强。根据 $K_a^\ominus$ 与 $K_b^\ominus$ 的关系：

$$K_b^\ominus(Ac^-)=\frac{1.0\times10^{-14}}{K_a^\ominus(HAc)}=\frac{1.0\times10^{-14}}{1.74\times10^{-5}}=5.7\times10^{-10}$$

$$K_b^\ominus(CN^-)=\frac{1.0\times10^{-14}}{6.17\times10^{-10}}=1.6\times10^{-5}$$

很显然，Ac^- 的碱性要比 CN^- 的碱性弱。

② 多元酸（或多元碱） 以 H_2CO_3 以及 CO_3^{2-} 各级解离常数之间的关系为例。

将 $K_{a_1}^\ominus(H_2CO_3)$与 $K_{b_2}^\ominus(CO_3^{2-})$两个平衡常数表达式相乘：

$$K_{a_1}^\ominus(H_2CO_3)K_{b_2}^\ominus(CO_3^{2-})=\frac{[H^+][HCO_3^-]}{[H_2CO_3]}\times\frac{[H_2CO_3][OH^-]}{[HCO_3^-]}$$
$$=[H^+][OH^-]$$

将 $K_{a_2}^\ominus(H_2CO_3)$与 $K_{b_1}^\ominus(CO_3^{2-})$两个平衡常数表达式相乘：

$$K_{a_2}^\ominus(H_2CO_3)K_{b_1}^\ominus(CO_3^{2-})=\frac{[H^+][CO_3^{2-}]}{[HCO_3^-]}\times\frac{[HCO_3^-][OH^-]}{[CO_3^{2-}]}$$
$$=[H^+][OH^-]$$

可见，二元酸及其共轭碱的解离常数之间具有以下关系：

$$K_{a_1}^\ominus K_{b_2}^\ominus=K_{a_2}^\ominus K_{b_1}^\ominus=[H^+][OH^-]=K_w^\ominus \tag{4-5}$$

利用共轭酸碱对相应酸或碱的解离常数就能求得对应共轭碱或共轭酸的解离常数，并用于有关酸碱平衡的讨论。

例 4-4 求 $H_2PO_4^-$ 的 $K_{b_3}^\ominus$ 及 $pK_{b_3}^\ominus$，并判断 NaH_2PO_4 水溶液呈酸性还是碱性。

解　$H_2PO_4^-$ 是 H_3PO_4 的共轭碱，H_3PO_4 又是一种三元酸。根据三元酸及其共轭碱解离常数之间的关系：

$$K_{a_1}^{\ominus}K_{b_3}^{\ominus}=K_{a_2}^{\ominus}K_{b_2}^{\ominus}=K_{a_3}^{\ominus}K_{b_1}^{\ominus}=[H^+][OH^-]=K_w^{\ominus}$$

因此：

$$K_{b_3}^{\ominus}=\frac{K_w^{\ominus}}{K_{a_1}^{\ominus}}$$

查表得 H_3PO_4 的 $K_{a_1}^{\ominus}=7.5\times10^{-3}$，所以：

$$K_{b_3}^{\ominus}=\frac{1.0\times10^{-14}}{7.5\times10^{-3}}=1.3\times10^{-12}$$

因为 $$pK_{b_3}^{\ominus}=-\lg K_{b_3}^{\ominus}$$

所以 $$pK_{b_3}^{\ominus}=11.88$$

对于 NaH_2PO_4 来说，它在水溶液中的解离主要有以下两个解离平衡存在。

酸式解离，即给出质子的解离反应：$H_2PO_4^- \xrightleftharpoons{K_{a_2}^{\ominus}} H^+ + HPO_4^{2-}$

碱式解离，即接受质子的解离反应：$H_2PO_4^- + H_2O \xrightleftharpoons{K_{b_3}^{\ominus}} OH^- + H_3PO_4$

这种在水溶液中既能给出质子，又能接受质子的物质称为两性物质。除 NaH_2PO_4 外，还有 $NaHCO_3$、$(NH_4)_2CO_3$ 以及邻苯二甲酸氢钾等物质。对于这类物质，其水溶液是呈酸性还是碱性，可以根据不同解离过程相应的解离常数的相对大小来判断。本例中，$H_2PO_4^-$ 的酸式解离相应的 $K_{a_2}^{\ominus}=6.3\times10^{-8}$，碱式解离已求得 $K_{b_3}^{\ominus}=1.3\times10^{-12}$。显然，$K_{a_2}^{\ominus}>K_{b_3}^{\ominus}$，说明 $H_2PO_4^-$ 在水溶液中酸式解离的能力要比其碱式解离的能力强。因此，NaH_2PO_4 溶液将以酸式解离为主，从而使溶液呈现弱酸性。

4.2　影响酸碱解离的主要因素

酸碱平衡的移动及其控制具有十分重要的实际意义。例如，H_2S 常用于一些离子的沉淀分离，主要原理是利用不同硫化物的溶解度不同，通过控制 S^{2-} 浓度来实现硫化物的沉淀与不沉淀。而 H_2S 是一种二元酸，在水溶液中有以下平衡存在：

$$H_2S \rightleftharpoons H^+ + HS^-$$
$$HS^- \rightleftharpoons H^+ + S^{2-}$$

那么，怎样才能控制 S^{2-} 浓度呢？这就有必要首先搞清影响酸碱解离的主要因素。

4.2.1　稀释定律

浓度为 c（$mol\cdot L^{-1}$）的 HA 弱酸溶液加水稀释时，HA 的解离平衡会发生相应的移动，使 HA 的解离程度发生改变。

HA 弱酸水溶液存在以下解离平衡：

$$HA \rightleftharpoons H^+ + A^-$$

平衡浓度/$mol\cdot L^{-1}$　　$c(1-\alpha)$　　$c\alpha$　　$c\alpha$

$$K_a^{\ominus}(HA)=\frac{[H^+][A^-]}{[HA]}$$

$$K_a^{\ominus}(HA)=\frac{c\alpha\times c\alpha}{c(1-\alpha)}=\frac{c\alpha^2}{(1-\alpha)}$$

若弱酸浓度不算太低，弱酸酸性不算太强，按近似处理条件，$1-\alpha\approx1$：

$$K_a^{\ominus}(HA)\approx c\alpha^2$$

可求得

$$\alpha=\sqrt{\frac{K_a^{\ominus}(HA)}{c}}$$

上式表明，HA弱酸的解离度是随着水溶液的稀释而增大的，这一规律就称为稀释定律(dilution law)。

例 4-5 求 $2.0\times10^{-2}mol\cdot L^{-1}$ HAc的解离度，并与例4-3比较。

解 因为

$$\alpha=\sqrt{\frac{K_a^{\ominus}(HAc)}{c}}$$

所以

$$\alpha=\sqrt{\frac{1.8\times10^{-5}}{2.0\times10^{-2}}}$$

解得 $\alpha=3.0\%$。

与例4-3比较可见，HAc浓度由 $2.0\times10^{-1}mol\cdot L^{-1}$ 稀释到 $2.0\times10^{-2}mol\cdot L^{-1}$，而解离度却从0.95%增大为3.0%。

计算结果说明，对于一定的弱酸或弱碱，在一定的温度条件下，其解离度的大小与浓度有关，是随溶液的稀释而增大的。不过需要注意的是，解离度随溶液的稀释而增大，并不意味着溶液中离子的浓度也相应增大。

由上例可见，解离度与电解质的浓度有关，这点与解离常数显然不同。因此，在用解离度来衡量不同电解质的相对强弱时必须指明它们的浓度。

4.2.2 同离子效应

含有共同离子的易溶强电解质的加入或存在，使弱酸（或弱碱）解离度降低的现象，称为同离子效应（common ion effect)。

例 4-6 在 $0.20mol\cdot L^{-1}$ 的HAc水溶液中，加入NaAc固体，使NaAc的浓度为 $0.10mol\cdot L^{-1}$。计算HAc的解离度，并与例4-3比较。

解

$$HAc \rightleftharpoons H^+ + Ac^-$$

平衡浓度/$mol\cdot L^{-1}$ $\quad 0.20(1-\alpha) \quad 0.20\alpha \quad 0.10+0.20\alpha$

因为

$$K_a^{\ominus}(HAc)=\frac{[H^+][Ac^-]}{[HAc]}$$

所以

$$1.8\times10^{-5}=\frac{0.20\alpha\times(0.10+0.20\alpha)}{0.20(1-\alpha)}$$

式中，$1-\alpha\approx1$，解得 $\alpha=0.018\%$。

计算结果表明，当 $0.20mol\cdot L^{-1}$ 的HAc水溶液中加入NaAc固体，使NaAc的浓度为 $0.10mol\cdot L^{-1}$ 时，HAc的解离度由不加NaAc时的0.95%降低到0.018%。

同样，在弱碱水溶液中加入与弱碱具有共同离子的强电解质时，也会使弱碱的解离度降低。

4.2.3 盐效应

如果在弱电解质溶液中，加入一定量的强电解质，还会产生另一种现象。例如，在HAc溶液中，若加入NaCl之类的强电解质，就会使HAc的解离度增大。原因就在于当离子强度较大时，H^+及Ac^-碰撞重新结合成HAc的机会减小。这种在弱电解质溶液中，加入易溶强电解质时，使该弱电解质解离度增大的现象就称为盐效应（salt effect）。盐效应显然是一种与同离子效应完全相反的作用。

例如，对于HA弱酸水溶液，若有其他强电解质存在，溶液离子强度较大的情况下：

$$(K_a^{\ominus})^c(\mathrm{HA})=\frac{(K_a^{\ominus})^a(\mathrm{HA})}{\gamma(\mathrm{H^+})\gamma(\mathrm{A^-})}$$

由于$\gamma(H^+)$、$\gamma(A^-)$均小于1，因此$(K_a^{\ominus})^c(\mathrm{HA})>(K_a^{\ominus})^a(\mathrm{HA})$。在例4-5中忽略了离子强度，用活度解离常数直接代入表达式中进行计算，而实际上表达式中的解离常数应为浓度解离常数，即$\alpha=\sqrt{\frac{(K_a^{\ominus})^c(\mathrm{HA})}{c}}$。在离子强度较大的情况下，代入浓度平衡常数与活度平衡常数的关系式，可以得到：

$$\alpha=\sqrt{\frac{(K_a^{\ominus})^c(\mathrm{HA})}{c}}=\sqrt{\frac{(K_a^{\ominus})^a(\mathrm{HA})}{\gamma(\mathrm{H^+})\gamma(\mathrm{A^-})c}}$$

显然，在有其他强电解质存在时，HA这种弱酸的解离度就会增大。

当然，在发生同离子效应的同时，也存在盐效应，只不过在具有共同离子的强电解质存在下，同离子效应的影响大于盐效应。

一般来说，只有在离子强度较大的场合或要求较高的情况下才需要考虑盐效应。

4.2.4 温度的影响

Ac^-或NH_4^+这类物质在水中的解离反应，其实就是酸碱中和反应的逆反应。由于中和反应的反应热往往较大，温度对这类平衡移动的影响就显得较为明显。例如，氨和盐酸的中和反应：

$$\mathrm{NH_3+H_3O^+\rightleftharpoons NH_4^++H_2O}\qquad \Delta_r H_m^{\ominus}=-52.21\mathrm{kJ\cdot mol^{-1}}$$

由焓变的性质可知，NH_4^+在水中解离反应的$\Delta_r H_m^{\ominus}=52.21\mathrm{kJ\cdot mol^{-1}}$，为一吸热过程，温度升高时$K_a^{\ominus}$（$NH_4^+$）就会增大。因而升高温度，平衡将朝着有利于形成$NH_3$的方向移动，使弱电解质$NH_4^+$的解离度（酸碱电离理论中又称为水解度）增大。

对于$Bi(NO_3)_3$、$FeCl_3$、$SnCl_2$、$SbCl_3$以及Al_2S_3等物质，在水溶液中与水发生以下质子转移反应：

$$\mathrm{Bi(NO_3)_3+H_2O\rightleftharpoons BiONO_3\downarrow+2HNO_3}$$

$$\mathrm{FeCl_3+3H_2O\rightleftharpoons Fe(OH)_3\downarrow+3HCl}$$

$$\mathrm{SnCl_2+H_2O\rightleftharpoons Sn(OH)Cl\downarrow+HCl}$$

这类反应有固相产生，平衡能向右进行得较为完全。这种平衡称为多相离子平衡，反应也称为水解反应。与多元酸、多元碱在水中的解离相似，$FeCl_3$之类电解质的水解也是逐级进行的，但它们的水解过程要比多元酸、多元碱的解离过程复杂。稀释定律同样适用于这类水解反应，即溶液愈稀，水解度就愈大；加入一定的强酸能抑制相应的水解反应。例如，在$Bi(NO_3)_3$水溶液中若加入硝酸，就能降低$Bi(NO_3)_3$的水解度。相反，若加入碱溶液，就会促进其水解；另外，这类反应同样是吸热过程，因此，温度愈高，水解愈严重。例如，$FeCl_3$ 的稀溶液水解程度小，难以看出有 $Fe(OH)_3$ 沉淀产生，但长时间煮沸后，就会析出棕色沉淀。

因此，在配制一些易水解的物质的水溶液时，应先将这些物质溶解在其相应的酸中。例如，配制 $SnCl_2$ 溶液时，应将 $SnCl_2$ 溶于较浓的 HCl 中，然后再稀释到一定的浓度，且在配制中不能加热，以免水解产生 Sn(OH)Cl。当然，这类水解反应也有其可利用的一面，常常被用于生产实际中的分离或提纯。例如，可以根据 $Bi(NO_3)_3$ 易水解而制取高纯度的 Bi_2O_3；可以利用 Fe^{3+} 易于水解，使之形成 $Fe(OH)_3$ 而从反应体系中分离出去。

4.3 酸碱平衡中组分分布及浓度计算

既然是酸碱平衡，体系中必然会有多种形式同时存在。例如在 HAc 平衡体系中，HAc、Ac^- 同时存在，只是在一定酸度条件下各种存在形式的浓度大小不同而已。

对于弱酸或弱碱来说，当酸度改变时，溶液中各种存在形式的浓度会随之发生变化，这种变化对某些化学反应的进行及其限度有一定的影响，例如以下反应：

$$Ca^{2+}+C_2O_4^{2-} \rightleftharpoons CaC_2O_4\downarrow$$

当 Ca^{2+} 浓度一定时，能否得到 CaC_2O_4 沉淀，或 CaC_2O_4 沉淀得是否完全，都与 $C_2O_4^{2-}$ 的浓度有关。$C_2O_4^{2-}$ 是一种二元碱，溶液中会同时存在 $C_2O_4^{2-}$、$HC_2O_4^-$ 以及 $H_2C_2O_4$。只有了解这些组分在不同酸度条件下的分布，才能控制一定的酸度，保证溶液中具有一定浓度的 $C_2O_4^{2-}$，使沉淀反应能够进行，并进行得完全。

4.3.1 酸度、初始浓度、平衡浓度与物料等衡

严格来说，酸度（acid degree）是指溶液中 H_3O^+ 的活度，常用 pH 表示，$pH=-\lg\{\alpha(H_3O^+)\}$，但在稀溶液中可以简写为：

$$pH=-\lg[H^+] \tag{4-6}$$

这里还应注意总浓度与平衡浓度的区分。平时所表示的溶液的浓度一般都是指总浓度（或初始浓度，在分析化学中又称为分析浓度）。例如，$0.20mol\cdot L^{-1}$ HAc 溶液，$0.20mol\cdot L^{-1}$ 就是初始浓度，表示了 HAc 溶液中已解离的 Ac^- 和未解离的 HAc 两种存在形式的总浓度，本书以 $c(HAc)$ 表示。而平衡浓度是指某物质在溶液中解离达到平衡时，某种存在形式(或某组分)的浓度。对于 HAc 溶液，本书以［HAc］表示在水中解离达到平衡时，溶液中未解离部分的 HAc 的平衡浓度，［Ac^-］表示 HAc 在水中解离达到平衡时，溶液中 Ac^- 的平衡浓度。本例中：

$$c(HAc)=[HAc]+[Ac^-]=0.20mol\cdot L^{-1}$$

某物质在溶液中解离达到平衡时，各种存在形式的平衡浓度之和等于该物质的总浓度，这种关系就称为物料等衡关系，其数学表达式称为物料等衡式(material balance equation，缩写为 MBE)。

例如，$c(Na_2CO_3)$的 Na_2CO_3 溶液，组分 CO_3^{2-} 的物料等衡式为：

$$c(Na_2CO_3)=[H_2CO_3]+[HCO_3^-]+[CO_3^{2-}]$$

而组分 Na^+ 的 MBE 为：

$$2c(Na_2CO_3)=[Na^+]$$

4.3.2 分布系数与分布曲线

分布系数（distribution coefficient）是指溶液中某种组分存在形式的平衡浓度占其总浓度的分数，一般以 δ 表示。当溶液酸度改变时，组分的分布系数会发生相应的变化。组分的分布系数与溶液酸度的关系曲线就是分布曲线（distribution curve）。分布系数以及分布曲线的讨论将有助于深入理解有关具体平衡移动的条件。

对于一元弱酸，例如 HAc 溶液，HAc 和 Ac^- 的分布系数分别为：

$$\delta(HAc)=\frac{[HAc]}{c(HAc)},\quad \delta(Ac^-)=\frac{[Ac^-]}{c(HAc)}$$

为简便起见，下面分别用 δ_1、δ_0 表示含有一个质子、无质子组分的分布系数，并将解离常数中所标注的具体物质略去。

根据物料等衡关系，$c(HAc)=[HAc]+[Ac^-]$

$$\delta_1=\frac{[HAc]}{[HAc]+[Ac^-]}=\frac{1}{1+\dfrac{[Ac^-]}{[HAc]}}$$

因为

$$K_a^\ominus=\frac{[H^+][Ac^-]}{[HAc]}$$

所以$\dfrac{[Ac^-]}{[HAc]}=\dfrac{K_a^\ominus}{[H^+]}$。代入以上 δ_1 表达式中可得：

$$\delta_1=\frac{1}{1+\dfrac{K_a^\ominus}{[H^+]}}=\frac{[H^+]}{[H^+]+K_a^\ominus} \tag{4-7a}$$

同样可得：

$$\delta_0=\frac{K_a^\ominus}{[H^+]+K_a^\ominus} \tag{4-7b}$$

将上两式相加，得：

$$\delta_1+\delta_0=\frac{[H^+]}{[H^+]+K_a^\ominus}+\frac{K_a^\ominus}{[H^+]+K_a^\ominus}=1$$

显然，某物质水溶液中各种存在形式分布系数之和等于 1。

如果以 pH 为横坐标，醋酸各存在形式的分布系数为纵坐标，可得如图 4-1 所示的分布曲线。从图中可以看到，当 $pH=pK_a^\ominus$ 时，$\delta(HAc)=\delta(Ac^-)=0.5$，溶液中 HAc 与 Ac^- 两种形式各占 50%；当 $pH \ll pK_a^\ominus$ 时，$\delta(HAc) \gg \delta(Ac^-)$，即溶液中以 HAc 为主要的存在形式；而当 $pH \gg pK_a^\ominus$ 时，$\delta(HAc) \ll \delta(Ac^-)$，则溶液中主要以 Ac^- 形式存在。

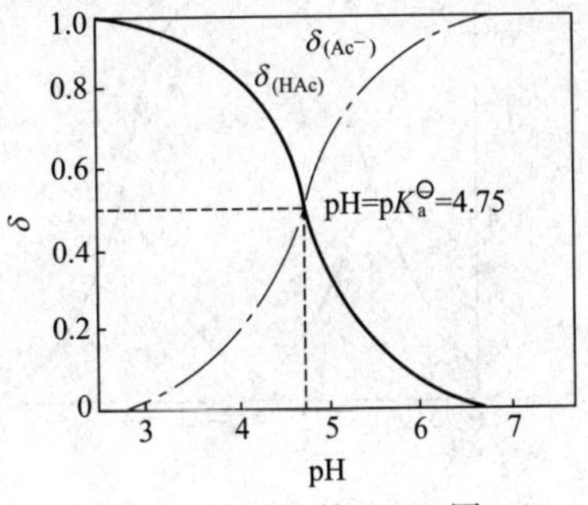

图 4-1　HAc 的 δ-pH 图

对于二元酸，例如草酸（$H_2C_2O_4$），溶液中的存在形式有 $H_2C_2O_4$ 以及 $HC_2O_4^-$、$C_2O_4^{2-}$ 等。

$$\delta(H_2C_2O_4)=\frac{[H_2C_2O_4]}{c(H_2C_2O_4)}$$

$$\delta(HC_2O_4^-)=\frac{[HC_2O_4^-]}{c(H_2C_2O_4)}$$

$$\delta(C_2O_4{}^{2-})=\frac{[C_2O_4^{2-}]}{c(H_2C_2O_4)}$$

同样为了简便起见，用 δ_2、δ_1、δ_0 分别表示含有两个质子、一个质子、无质子组分的分布系数，并将解离常数中所标注的具体物质略去。

草酸溶液的 MBE 为：

$$c(H_2C_2O_4)=[H_2C_2O_4]+[HC_2O_4^-]+[C_2O_4^{2-}]$$

因此：

$$\delta_2=\frac{[H_2C_2O_4]}{[H_2C_2O_4]+[HC_2O_4^-]+[C_2O_4^{2-}]}=\frac{1}{1+\frac{[HC_2O_4^-]}{[H_2C_2O_4]}+\frac{[C_2O_4^{2-}]}{[H_2C_2O_4]}}$$

其中$\frac{[HC_2O_4^-]}{[H_2C_2O_4]}=\frac{K^{\ominus}_{a_1}}{[H^+]}$，而$\frac{[C_2O_4^{2-}]}{[H_2C_2O_4]}$可由以下解离平衡，根据多重平衡规则求出：

$$H_2C_2O_4 \rightleftharpoons C_2O_4^{2-}+2H^+$$

$$K^{\ominus}_{a_1}K^{\ominus}_{a_2}=\frac{[C_2O_4^{2-}][H^+]^2}{[H_2C_2O_4]}$$

将以上两个关系式代入 δ_2 表达式中，并整理得：

$$\delta_2=\frac{[H^+]^2}{[H^+]^2+[H^+]K^{\ominus}_{a_1}+K^{\ominus}_{a_1}K^{\ominus}_{a_2}} \tag{4-8a}$$

同理可得：

$$\delta_1=\frac{[H^+]K^{\ominus}_{a_1}}{[H^+]^2+[H^+]K^{\ominus}_{a_1}+K^{\ominus}_{a_1}K^{\ominus}_{a_2}} \tag{4-8b}$$

$$\delta_0=\frac{K^{\ominus}_{a_1}K^{\ominus}_{a_2}}{[H^+]^2+[H^+]K^{\ominus}_{a_1}+K^{\ominus}_{a_1}K^{\ominus}_{a_2}} \tag{4-8c}$$

同样有：

$$\delta_2+\delta_1+\delta_0=1$$

于是可以得到图 4-2 所示的分布曲线。

由图可知：

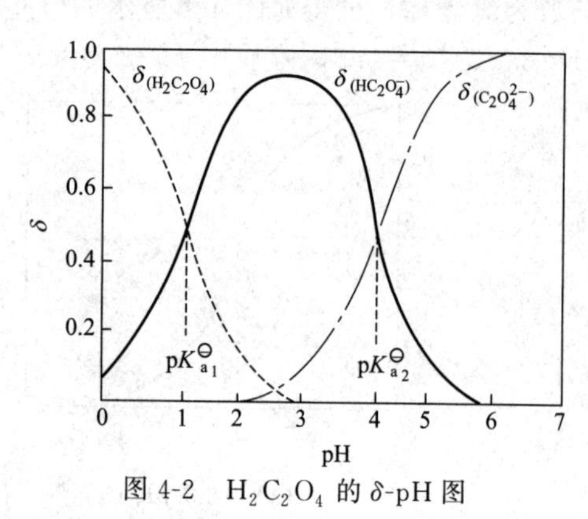

图 4-2 $H_2C_2O_4$ 的 δ-pH 图

当 $pH \ll pK^{\ominus}_{a_1}$ 时，$\delta_2 \gg \delta_1$，溶液中 $H_2C_2O_4$ 为主要存在形式；

当 $pK^{\ominus}_{a_1} \ll pH \ll pK^{\ominus}_{a_2}$ 时，$\delta_1 \gg \delta_2$ 和 $\delta_1 \gg \delta_0$，溶液中 $HC_2O_4^-$ 为主要存在形式；

当 $pH \gg pK^{\ominus}_{a_2}$ 时，$\delta_0 \gg \delta_1$，这时溶液中的主要存在形式为 $C_2O_4^{2-}$。

由于草酸 $pK^{\ominus}_{a_1}=1.23$，$pK^{\ominus}_{a_2}=4.19$，相差不大，因此在 $HC_2O_4^-$ 的优势区内，各种形式的存在情况比较复杂。计算表明，在 pH＝2.2～3.2 时，出现三种组分同时存在的情况，而在 pH＝2.71

时，虽然 $HC_2O_4^-$ 的分布系数达到最大(0.94)，但 δ_2 与 δ_0 的数值也各占 0.03。

4.3.3 组分平衡浓度计算的基本方法

(1) 直接由解离平衡求算

可以根据酸碱解离常数，特别是多元酸、多元碱的 $K_{a_1}^{\ominus}$(或 $K_{b_1}^{\ominus}$)及 $K_{a_2}^{\ominus}$(或 $K_{b_2}^{\ominus}$)等以及已知条件求得相应组分的平衡浓度。

例 4-7 常温、常压下 H_2S 在水中的饱和溶解度为 $0.10\text{mol}\cdot L^{-1}$。①试求 H_2S 饱和溶液中 $[HS^-]$、$[S^{2-}]$；②找出 S^{2-} 浓度与溶液酸度的关系。

解 ①H_2S 是一种二元弱酸，在水溶液中分两步解离：

$$H_2S \xrightleftharpoons{K_{a_1}^{\ominus}} H^+ + HS^-$$

$$HS^- \xrightleftharpoons{K_{a_2}^{\ominus}} H^+ + S^{2-}$$

已知 25℃时，$K_{a_1}^{\ominus}=1.07\times10^{-7}$，$K_{a_2}^{\ominus}=1.30\times10^{-13}$。

设一级解离所产生的 HS^- 浓度为 x（$\text{mol}\cdot L^{-1}$），二级解离所产生的 S^{2-} 浓度为 y（$\text{mol}\cdot L^{-1}$），则有：

$$H_2S \rightleftharpoons H^+ + HS^-$$

平衡浓度/$\text{mol}\cdot L^{-1}$　　$0.10-x$　　$x+y$　　$x-y$

$$HS^- \rightleftharpoons H^+ + S^{2-}$$

平衡浓度/$\text{mol}\cdot L^{-1}$　　$x-y$　　$x+y$　　y

由于 $K_{a_1}^{\ominus}\gg K_{a_2}^{\ominus}$，再加上一级解离对二级解离的抑制作用，故一般多元酸（或多元碱）二级以上的解离均较为困难。因而 H_2S 二级解离所产生的 H^+ 浓度 y 很小，体系中$[H^+]\approx x$；同样溶液中$[HS^-]\approx x$，所以 HS^- 的平衡浓度可以直接根据 H_2S 的一级解离求得。

因为
$$K_{a_1}^{\ominus}=\frac{[H^+][HS^-]}{[H_2S]}$$

所以
$$K_{a_1}^{\ominus}\approx\frac{x\times x}{0.10-x}=\frac{x^2}{0.10-x}\approx 8.90\times10^{-8}$$

在此 $\dfrac{c}{K_{a_1}^{\ominus}}\gg 500$，故 $0.10-x\approx0.10$，可解得

$$x=1.0\times10^{-4}(\text{mol}\cdot L^{-1})$$

溶液中 S^{2-} 浓度可以通过二级解离求出：

$$K_{a_2}^{\ominus}=\frac{[H^+][S^{2-}]}{[HS^-]}$$

因为
$$[H^+]\approx[HS^-]$$

所以
$$y\approx K_{a_2}^{\ominus}=1.30\times10^{-13}(\text{mol}\cdot L^{-1})$$

② 对于 H_2S 两级解离平衡的总反应：

$$H_2S \xrightleftharpoons{K^{\ominus}} 2H^+ + S^{2-}$$

根据多重平衡规则，$K^{\ominus}=K_{a_1}^{\ominus}K_{a_2}^{\ominus}$，因此：

$$K_{a_1}^{\ominus}K_{a_2}^{\ominus}=\frac{[H^+]^2[S^{2-}]}{[H_2S]}$$

$$[H^+]=\sqrt{\frac{K_{a_1}^{\ominus}K_{a_2}^{\ominus}[H_2S]}{[S^{2-}]}}$$

对于 H_2S 饱和溶液，由于 H_2S 的解离程度不大，$[H_2S]\approx c(H_2S)$，所以：

$$[H^+]=\sqrt{\frac{1.07\times10^{-7}\times1.30\times10^{-13}\times0.10}{[S^{2-}]}}=\sqrt{\frac{1.39\times10^{-21}}{[S^{2-}]}}$$

根据上例所得出的关系，H_2S 饱和溶液中 $[S^{2-}]$ 会随着 $[H^+]$ 的改变而改变。因此，通过调节 H_2S 溶液的酸度，就可以有效地控制溶液中的 S^{2-} 浓度。

(2) 由分布系数求算

根据某种物质的总浓度，以及组分在一定酸度条件下的分布系数就可以求得相应组分的平衡浓度。

例 4-8 常温、常压下，CO_2 饱和水溶液中，$c(H_2CO_3)=0.04mol\cdot L^{-1}$。求①pH＝5.00 时溶液中各种存在形式的平衡浓度；②pH＝8.00 时，溶液中的主要存在形式为何种组分？

解 CO_2 饱和水溶液中主要有 3 种存在形式，分别为 H_2CO_3、HCO_3^- 以及 CO_3^{2-}。

根据平衡浓度与分布系数的关系，可得：

$$[H_2CO_3]=\delta_2 c(H_2CO_3)$$
$$[HCO_3^-]=\delta_1 c(H_2CO_3)$$
$$[CO_3^{2-}]=\delta_0 c(H_2CO_3)$$

① pH＝5.00 时，

$$\delta_2=\frac{[H^+]^2}{[H^+]^2+[H^+]K_{a_1}^{\ominus}+K_{a_1}^{\ominus}K_{a_2}^{\ominus}}$$
$$=\frac{(10^{-5.00})^2}{(10^{-5.00})^2+10^{-5.00}\times10^{-6.35}+10^{-6.35}\times10^{-10.33}}$$
$$=0.96$$

同样可求得：$\delta_1=0.04$；$\delta_0\approx0$。

所以

$$[H_2CO_3]=0.04\times0.96=3.8\times10^{-2}mol\cdot L^{-1}$$
$$[HCO_3^-]=0.04\times0.04=2\times10^{-3}mol\cdot L^{-1}$$

② pH＝8.00 时，同理可求得：$\delta_2=0.02$；$\delta_1=0.97$；$\delta_0=0.01$。

可见 pH＝8.00 时，溶液中的主要存在形式是 HCO_3^-。

4.4 溶液酸度的计算

溶液的酸度可以通过测试或测量以及计算获得。计算的方法主要有代数法和图解法两种，前面所讨论的组分平衡浓度计算的第一种方法，即通过解离平衡的分析以及解离平衡常数表达式就可以求得溶液的酸度。在此主要讨论用酸碱质子理论求解溶液酸度的基本方法。

代数法又称计算法，酸碱质子理论中的代数法是利用质子条件式以及其他一些平衡关系和已知条件来求解溶液的酸度。

所谓质子条件，是指酸碱反应中质子转移的等衡关系，它的数学关系式称为质子条件式或质子等衡式(proton balance equation，缩写为 PBE)。

4.4.1 质子条件式的确定

质子条件式的确定主要有两种方法，即零水准法以及综合法。

(1) 零水准法

零水准法首先要选取零水准，作为零水准的物质一般是参与质子转移的大量物质。其次再将体系中其他存在形式与零水准相比，看哪些组分得质子，哪些组分失质子，得失质子数是多少，最后根据得失质子的物质的量应相等的原则写出等式。

下面以 Na_2CO_3 溶液为例，用零水准法来确定其质子条件式。

对于 Na_2CO_3 溶液来说，溶液中大量存在并参与质子转移的物质是 CO_3^{2-} 和 H_2O，故选择两者作为零水准。

Na_2CO_3 溶液中存在着以下几个平衡：

$$H_2O+H_2O \rightleftharpoons H_3O^+ + OH^-$$

$$CO_3^{2-}+H_2O \rightleftharpoons HCO_3^- + OH^-$$

$$HCO_3^- + H_2O \rightleftharpoons H_2CO_3 + OH^-$$

显然，除 CO_3^{2-} 及 H_2O 外，其他存在形式有 H_3O^+、OH^-、HCO_3^-、H_2CO_3。将 H_3O^+、OH^- 分别与 H_2O 相比，H_3O^+ 是 H_2O 得到一个质子的产物，OH^- 是 H_2O 失去一个质子的产物；将 HCO_3^-、H_2CO_3 分别与 CO_3^{2-} 相比，HCO_3^- 是 CO_3^{2-} 得到一个质子的产物，而 H_2CO_3 是 CO_3^{2-} 得到两个质子的产物。

根据得失质子的物质的量应该相等的原则，可得：

$$n(H^+)+n(HCO_3^-)+2n(H_2CO_3)=n(OH^-)$$

或：

$$[H^+]+[HCO_3^-]+2[H_2CO_3]=[OH^-]$$

即

$$[H^+]=[OH^-]-[HCO_3^-]-2[H_2CO_3]$$

上式就是 Na_2CO_3 溶液的质子条件式。这一关系式表明，Na_2CO_3 溶液的 $[OH^-]$ 是由三方面提供的，分别是水的解离（$[H^+]$ 项)、CO_3^{2-} 的一级碱式解离（$[HCO_3^-]$ 项)、CO_3^{2-} 的二级碱式解离（$[H_2CO_3]$ 项)。因此，质子条件式可以清楚地表明溶液中质子转移的等衡关系。

(2) 综合法

综合法是根据溶液的物料等衡式以及电荷等衡式来求得质子条件式。

电荷等衡式(charge balance equation，缩写为 CBE) 是溶液中电荷等衡关系的数学表达式，而电荷等衡关系是指平衡时溶液中正电荷的总浓度应等于负电荷的总浓度。例如，c ($mol \cdot L^{-1}$) 的 Na_2CO_3 溶液：

$$Na_2CO_3(aq)=2Na^+(aq)+CO_3^{2-}(aq)$$

其 CBE 为：

$$[Na^+]+[H^+]=[OH^-]+[HCO_3^-]+2[CO_3^{2-}]$$

即

$$2c+[H^+]=[OH^-]+[HCO_3^-]+2[CO_3^{2-}]$$

再根据其 MBE：

$$c(CO_3^{2-})=[H_2CO_3]+[HCO_3^-]+[CO_3^{2-}]$$

同样可以求得与零水准法相同的质子条件式。

例 4-9 分别写出 $H_2C_2O_4$ 溶液、$(NH_4)_2CO_3$ 溶液的质子条件式。

解 对于 $H_2C_2O_4$ 溶液，可以选择 H_2O、$H_2C_2O_4$ 作为零水准，它们有以下几个平衡存在：

$$H_2O+H_2O \rightleftharpoons H_3O^+ +OH^-$$

$$H_2C_2O_4 \rightleftharpoons H^+ +HC_2O_4^-$$

$$HC_2O_4^- \rightleftharpoons H^+ +C_2O_4^{2-}$$

与 H_2O 相比，H_3O^+ 是得一个质子的产物，OH^- 是失一个质子的产物；与 $H_2C_2O_4$ 相比，$HC_2O_4^-$ 是失一个质子的产物，$C_2O_4^{2-}$ 是失去两个质子的产物，因此：

$$n(H^+)=n(OH^-)+n(HC_2O_4^-)+2n(C_2O_4^{2-})$$

或：

$$[H^+]=[OH^-]+[HC_2O_4^-]+2[C_2O_4^{2-}]$$

对于 $(NH_4)_2CO_3$ 溶液，可以选择 H_2O、NH_4^+、CO_3^{2-} 作为零水准，它们也有以下几个平衡存在：

$$H_2O+H_2O \rightleftharpoons H_3O^+ +OH^-$$

$$NH_4^+ \rightleftharpoons H^+ +NH_3$$

$$CO_3^{2-}+H_2O \rightleftharpoons HCO_3^- +OH^-$$

$$HCO_3^- +H_2O \rightleftharpoons H_2CO_3+OH^-$$

与 H_2O 相比，H_3O^+ 是得一个质子的产物，OH^- 是失一个质子的产物；与 NH_4^+ 相比，NH_3 是失一个质子的产物；与 CO_3^{2-} 相比，HCO_3^- 是得一个质子的产物，H_2CO_3 是得两个质子的产物，所以：

$$[H^+]+[HCO_3^-]+2[H_2CO_3]=[OH^-]+[NH_3]$$

或

$$[H^+]=[OH^-]+[NH_3]-[HCO_3^-]-2[H_2CO_3]$$

4.4.2 一元弱酸（碱）溶液酸度的计算

下面就以一元弱酸 HA 水溶液为例，讨论酸碱质子理论中溶液酸度计算的基本方法。

HA 溶液中存在以下解离平衡：

$$HA \rightleftharpoons H^+ +A^-$$

$$H_2O \rightleftharpoons H^+ +OH^-$$

选择 H_2O、HA 为零水准，溶液的 PBE 为：

$$[H^+]=[OH^-]+[A^-]$$

上式表明，一元弱酸水溶液中的 $[H^+]$ 来自两个方面，一方面是弱酸本身解离的贡献，即：

$$[A^-]=\frac{K_a^\ominus[HA]}{[H^+]}$$

另一方面是水解离的贡献，即：

$$[OH^-]=\frac{K_w^\ominus}{[H^+]}$$

将以上两个平衡关系代入 HA 溶液的 PBE 中，整理可得：

$$[H^+]=\sqrt{K_a^\ominus[HA]+K_w^\ominus} \tag{4-9a}$$

式中，$[HA]=\delta_1 c$，而 $\delta_1=\dfrac{[H^+]}{[H^+]+K_a^\ominus}$，或$[HA]=c-[H^+]$。

式(4-9a) 就是计算一元弱酸水溶液酸度的精确式。

显然，精确式的求解较为麻烦，而且在实际工作中也常常没有必要，完全可以按计算的允许误差作适当的近似处理。

① 如果 $cK_a^\ominus \geqslant 20K_w^\ominus$，就可以忽略 $K_w^\ominus$，即不考虑水解离的贡献，且$[HA]=c-[H^+]$，则：

$$[H^+]=\sqrt{K_a^\ominus(c-[H^+])} \tag{4-9b}$$

式(4-9b) 就是计算一元弱酸水溶液 $[H^+]$ 的近似式，计算误差≤5%。

② 如果再满足$\dfrac{c}{K_a^\ominus}\geqslant 500$，即弱酸的总浓度较大，弱酸的解离程度不大，则$[HA]\approx c$，那么：

$$[H^+]=\sqrt{K_a^\ominus c} \tag{4-9c}$$

或

$$pH=\frac{1}{2}(pK_a^\ominus+pc) \tag{4-9d}$$

式中，$pc=-\lg c$

式 (4-9c)、式 (4-9d) 就是计算一元弱酸水溶液 $[H^+]$ 的最简式。

③ 如果只满足$\dfrac{c}{K_a^\ominus}\geqslant 500$，但不满足 $cK_a^\ominus \geqslant 20K_w^\ominus$，这时就不能忽略水解离的贡献：

$$[H^+]=\sqrt{K_a^\ominus c+K_w^\ominus} \tag{4-9e}$$

式 (4-9e) 也属于计算的近似式。

对于一元弱碱，处理方法以及计算公式、使用条件也相似，只需把相应公式及判断条件中的 $K_a^\ominus$ 换成 $K_b^\ominus$，将 $[H^+]$ 换成 $[OH^-]$ 即可。

例 4-10 计算 $c(NH_4Cl)=0.10mol\cdot L^{-1}$ 的 NH_4Cl 溶液的 pH(已知 NH_3 的 $K_b^\ominus=1.8\times10^{-5}$)。

解 由于 NH_4Cl 为 NH_3 的共轭酸，

$$K_a^\ominus(NH_4^+)=\frac{K_w^\ominus}{K_b^\ominus(NH_3)}=\frac{1.0\times10^{-14}}{1.8\times10^{-5}}=5.56\times10^{-10}$$

因为

$$cK_a^\ominus>20K_w^\ominus,\ \frac{c}{K_a^\ominus}>500$$

所以

$$[H^+]=\sqrt{K_a^\ominus c}=\sqrt{5.56\times10^{-10}\times0.10}=7.5\times10^{-6}mol\cdot L^{-1}$$

$$pH=5.12$$

例 4-11 计算浓度为 $0.10mol\cdot L^{-1}$ 的一氯乙酸溶液的 pH (已知一氯乙酸的 $K_a^\ominus=1.4\times10^{-3}$)。

解 因为 $cK_a^\ominus>20K_w^\ominus$，$\dfrac{c}{K_a^\ominus}<500$

所以

$$[H^+]=\sqrt{K_a^\ominus(c-[H^+])}$$

$$=\sqrt{1.4\times10^{-3}(0.10-[H^+])}$$

解得：$$[H^+]=1.1\times10^{-2}mol\cdot L^{-1},\ pH=1.96$$

例 4-12 计算 $c(HCN)=1.0\times10^{-4}mol\cdot L^{-1}$ 的 HCN 溶液 pH（已知 HCN 的 $K_a^{\ominus}=6.2\times10^{-10}$）。

解 因为
$$cK_a^{\ominus}<20K_w^{\ominus},\ \frac{c}{K_a^{\ominus}}>500$$
所以
$$[H^+]=\sqrt{K_a^{\ominus}c+K_w^{\ominus}}=\sqrt{6.2\times10^{-10}\times1.0\times10^{-4}+1.0\times10^{-14}}$$
$$=2.7\times10^{-7}mol\cdot L^{-1}$$
$$pH=6.57$$

例 4-13 计算 $c(NH_3)=0.10mol\cdot L^{-1}$ 的 NH_3 溶液的 pH（已知 NH_3 的 $K_b^{\ominus}=1.8\times10^{-5}$）。

解 因为
$$cK_b^{\ominus}>20K_w^{\ominus},\ \frac{c}{K_b^{\ominus}}>500$$
所以
$$[OH^-]=\sqrt{K_b^{\ominus}c}=\sqrt{1.8\times10^{-5}\times0.10}=1.3\times10^{-3}mol\cdot L^{-1}$$
$$pOH=2.89$$
$$pH=pK_w^{\ominus}-pOH=14.00-2.89=11.11$$

以上讨论可以看出，酸碱质子理论中溶液酸度计算的基本方法是从 PBE 出发，根据有关的解离平衡以及解离常数推测溶液的酸碱性，并按允许计算误差的要求近似处理，忽略次要组分或次要的计算项，从而获得计算式。

对于一般的酸碱体系，通常有现成的公式可以根据条件直接套用。在实际工作中，大多数情况下可以采用最简式计算，只有在对酸度要求较高的场合才需要考虑用近似式。

4.4.3 两性物质溶液酸度的计算

在此以 NaHA 这种两性物质为例，计算该物质水溶液的酸度。

对于 NaHA 这种多元酸一级解离的产物，其溶液中存在以下解离平衡：
$$HA^- \rightleftharpoons H^+ + A^{2-}$$
$$HA^- + H_2O \rightleftharpoons H_2A + OH^-$$
$$H_2O \rightleftharpoons H^+ + OH^-$$

选择 H_2O、HA^- 为零水准，因此这一溶液的 PBE 为：
$$[H^+]=[OH^-]+[A^{2-}]-[H_2A]$$

可见这种溶液的酸度是由三方面贡献的，按 PBE 式等号右边的顺序分别是水的解离、HA^- 的酸式解离、HA^- 的碱式解离。

式中$[OH^-]=\dfrac{K_w^{\ominus}}{[H^+]}$，$[A^{2-}]=K_{a_2}^{\ominus}\times\dfrac{[HA^-]}{[H^+]}$，$[H_2A]=\dfrac{[HA^-][H^+]}{K_{a_1}^{\ominus}}$。

将这些平衡关系代入 NaHA 溶液的 PBE 中并整理得：
$$[H^+]=\sqrt{\frac{K_{a_1}^{\ominus}\times(K_{a_2}^{\ominus}[HA^-]+K_w^{\ominus})}{K_{a_1}^{\ominus}+[HA^-]}} \tag{4-10a}$$

上式就是计算 NaHA 水溶液酸度的精确式。在计算时同样可以从具体情况出发，作合理的简化处理：

① 由于一般的多元酸，$K_{a_1}^{\ominus}$ 与 $K_{a_2}^{\ominus}$ 都相差较大，因而 HA^- 的二级解离以及 HA^- 接受

质子的能力都比较弱，可以认为$[HA^-]\approx c$，所以：

$$[H^+]=\sqrt{\frac{K_{a_1}^\ominus \times (K_{a_2}^\ominus c+K_w^\ominus)}{K_{a_1}^\ominus +c}} \tag{4-10b}$$

② 若$cK_{a_2}^\ominus>20K_w^\ominus$，这时就可以忽略水解离的贡献，则：

$$[H^+]=\sqrt{\frac{K_{a_1}^\ominus K_{a_2}^\ominus c}{K_{a_1}^\ominus +c}} \tag{4-10c}$$

上式就是计算 NaHA 溶液$[H^+]$ 的近似式。

③ 若体系还满足$c>20K_{a_1}^\ominus$，这时就可忽略分母中的$K_{a_1}^\ominus$项：

$$[H^+]=\sqrt{K_{a_1}^\ominus K_{a_2}^\ominus} \tag{4-10d}$$

或

$$pH=\frac{1}{2}(pK_{a_1}^\ominus+pK_{a_2}^\ominus) \tag{4-10e}$$

式(4-10d) 或式(4-10e) 就是计算 NaHA 溶液酸度的最简式。

④ 同样，若体系只满足$c>20K_{a_1}^\ominus$，而不满足$cK_{a_2}^\ominus>20K_w^\ominus$，那么就不能忽略水解离的贡献：

$$[H^+]=\sqrt{\frac{K_{a_1}^\ominus \times (K_{a_2}^\ominus c+K_w^\ominus)}{c}} \tag{4-10f}$$

例 4-14 计算 $c(NaHCO_3)=0.10mol\cdot L^{-1}$ $NaHCO_3$ 溶液的 pH。已知 H_2CO_3 的 $pK_{a_1}^\ominus=6.38$，$pK_{a_2}^\ominus=10.25$。

解 因为

$$cK_{a_2}^\ominus>20K_w^\ominus,\ c>20K_{a_1}^\ominus$$

所以

$$pH=\frac{1}{2}(pK_{a_1}^\ominus+pK_{a_2}^\ominus)=\frac{1}{2}(6.38+10.25)=8.32$$

例 4-15 分别计算 $c(NaH_2PO_4)=0.050mol\cdot L^{-1}$ NaH_2PO_4 溶液以及 $c(Na_2HPO_4)=1.0\times10^{-2}mol\cdot L^{-1}$ Na_2HPO_4 溶液的 pH。已知 25℃时 H_3PO_4 的 $K_{a_1}^\ominus=7.5\times10^{-3}$，$K_{a_2}^\ominus=6.3\times10^{-8}$，$K_{a_3}^\ominus=4.3\times10^{-13}$。

解 ① 对于 NaH_2PO_4，它是 H_3PO_4 失去一个质子的产物。因此溶液酸度计算公式与 NaHA 溶液的相同。

因为

$$cK_{a_2}^\ominus>20K_w^\ominus,c<20K_{a_1}^\ominus$$

所以

$$[H^+]=\sqrt{\frac{K_{a_1}^\ominus K_{a_2}^\ominus c}{K_{a_1}^\ominus +c}}=\sqrt{\frac{7.5\times10^{-3}\times6.3\times10^{-8}\times0.050}{7.5\times10^{-3}+0.050}}$$

$$=2.0\times10^{-5}(mol\cdot L^{-1})$$

$$pH=4.70$$

② 对于 Na_2HPO_4，由于它是 H_3PO_4 失去两个质子的产物，所以溶液酸度计算公式改为：

$$[H^+]=\sqrt{\frac{K_{a_2}^\ominus (K_{a_3}^\ominus c+K_w^\ominus)}{K_{a_2}^\ominus +c}}$$

近似处理的条件也相应调整。对于本例：

因为

$$cK_{a_3}^\ominus<20K_w^\ominus,\ c>20K_{a_2}^\ominus$$

所以 $$[H^+]=\sqrt{\frac{K_{a_2}^{\ominus}(K_{a_3}^{\ominus}c+K_w^{\ominus})}{c}}$$

$$=\sqrt{\frac{6.3\times10^{-8}\times(4.3\times10^{-13}\times1.0\times10^{-2}+1.0\times10^{-14})}{1.0\times10^{-2}}}$$

$$=3.0\times10^{-10}(\text{mol}\cdot\text{L}^{-1})$$

$$\text{pH}=9.52$$

4.4.4 其他酸碱体系 pH 的计算

对于其他酸碱溶液酸度的计算，除了较为复杂的体系，例如$(NH_4)_2CO_3$溶液以及一些混合体系，近似处理相对特殊外，可以参照以上两种体系酸度计算的处理办法。

(1) 多元酸（或多元碱）水溶液

由于一般多元酸（或多元碱）在水溶液中二级解离的程度不是很大，再加上一级解离对二级解离的抑制，因此这类物质水溶液的酸度主要由一级解离所贡献，大多数情况下可以作为一元弱酸（或一元弱碱）处理。

例 4-16 室温时饱和H_2CO_3溶液的浓度约为$0.040\text{mol}\cdot\text{L}^{-1}$，计算该溶液的 pH(已知$pK_{a_1}^{\ominus}=6.38$，$pK_{a_2}^{\ominus}=10.25$)。

解 因$K_{a_1}^{\ominus}\gg K_{a_2}^{\ominus}$，故可以作为一元弱酸处理。

因为 $$cK_{a_1}^{\ominus}>20K_w^{\ominus}，c/K_{a_1}^{\ominus}>500，所以：$$

$$[H^+]=\sqrt{cK_{a_1}^{\ominus}}=\sqrt{0.040\times10^{-6.38}}=1.3\times10^{-4}$$

$$\text{pH}=3.89$$

(2) 弱酸（或弱碱）及其共轭碱（或共轭酸）水溶液

由于同离子效应的存在，这种体系中无论是弱酸（或弱碱），还是其共轭碱（或其共轭酸），它们的解离度都不是很大，故这种水溶液酸度的计算一般可以采用最简式。

$$[H^+]=K_a^{\ominus}\times\frac{c_a}{c_b}，\quad 或\ \text{pH}=pK_a^{\ominus}+\lg\frac{c_b}{c_a} \tag{4-11}$$

式中，$K_a^{\ominus}$为弱酸（或共轭酸）的解离常数；c_a为弱酸（或共轭酸）的总浓度；c_b为弱碱（或共轭碱）的总浓度。

例 4-17 将浓度为$0.30\text{mol}\cdot\text{L}^{-1}$的吡啶溶液和$0.10\text{mol}\cdot\text{L}^{-1}$的 HCl 溶液等体积混合，求此溶液的 pH。已知吡啶的$pK_b^{\ominus}=8.82$。

解 吡啶是一种有机弱碱，与 HCl 的反应为：

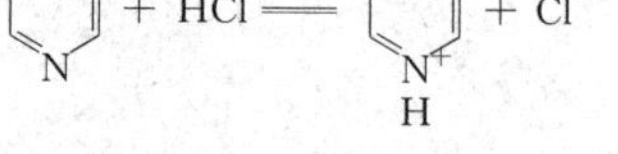

(N) + HCl ══ (N$^+$–H) + Cl^-

显然，吡啶是过量的，形成了弱碱 (N) 与其共轭酸 (N$^+$–H) 组成的体系。

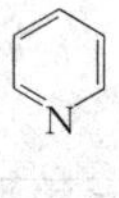

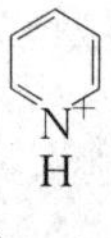

在此：$c_a=\frac{0.10}{2}=0.050\text{mol}\cdot\text{L}^{-1}$，$c_b=\frac{0.30-0.10}{2}=0.10\text{mol}\cdot\text{L}^{-1}$

$$[H^+]=K_a^{\ominus}\frac{c_a}{c_b}$$

或 $pH=pK_a^\ominus+\lg\frac{c_b}{c_a}=pK_w^\ominus-pK_b^\ominus+\lg\frac{c_b}{c_a}=14.00-8.82+\lg\frac{0.10}{0.050}=5.48$

对于多元酸（或多元碱）及其共轭酸（或共轭碱）所组成的系统，若显酸性或中性，一般也可以采用最简式计算（$HSO_4^--SO_4^{2-}$ 例外）；若显碱性（如 $HPO_4^{2-}-PO_4^{3-}$），则应采用近似式计算。

例 4-18 将 300mL 0.50mol·L^{-1} H_3PO_4 与 500mL 0.50mol·L^{-1} NaOH 混合。求此混合溶液的 pH。已知 $pK_{a_2}^\ominus=7.20$。

解 0.15mol H_3PO_4 / 0.25mol NaOH $\longrightarrow$ 生成 0.15mol $H_2PO_4^-$ / 余 0.10mol NaOH $\longrightarrow$ 生成 0.10mol HPO_4^{2-} / 余 0.05mol $H_2PO_4^-$

水溶液中主要存在下列平衡：

$$H_2PO_4^- \rightleftharpoons HPO_4^{2-}+H^+$$

$$HPO_4^{2-}+H_2O \rightleftharpoons H_2PO_4^-+OH^-$$

因为 $pK_{a_2}^\ominus=7.21$；$pK_{b_2}^\ominus=pK_w^\ominus-pK_{a_2}^\ominus=14.00-7.20=6.80$

所以可以用最简式计算：

$$pH=pK_{a_2}^\ominus+\lg\frac{c_b}{c_a}$$

解得 $pH=7.50$

4.5 溶液酸度的控制——酸碱缓冲溶液

大多数化学反应都需要在一定的酸度条件下进行。有的需要在强酸性条件下进行，一般可以采用一定的强酸来控制酸度；有的需要在强碱性条件下进行，可以采用一定的强碱来保证。可是还有许多化学反应和生产过程对溶液酸度的变化反映得较为敏感，需要在较窄的酸度范围内才能进行或进行得比较完全。那么怎样才能使溶液的 pH 维持基本不变呢？另外，溶液酸度的大小一般没有任何外部特征，除了可以用酸度计测定外，在实际工作中还常用什么方法检测呢？

人们在实践中发现，弱酸（或多元酸）及其共轭碱或弱碱（或多元碱）及其共轭酸所组成的溶液，以及两性物质溶液都具有一个共同的特点，即当体系适当稀释或加入少量强酸或少量强碱时，溶液的酸度能基本维持不变。这种具有保持溶液 pH 相对稳定的溶液就称为酸碱缓冲溶液（buffer solution of acid-base）。在反应体系中加入这种溶液，就能达到控制酸度的目的。

4.5.1 酸碱缓冲溶液的作用原理

在此以 100mL 浓度均为 0.10mol·L^{-1} 的 HAc 和 NaAc 混合溶液为例来说明酸碱缓冲溶液的作用原理。

这一体系水溶液中存在以下解离平衡：

$$HAc \rightleftharpoons H^++Ac^-$$

平衡浓度/mol·L^{-1}　　　　$0.10-x$　　x　　$0.10+x$

显然，系统中有前面所讨论过的同离子效应，溶液的酸度为：

$$pH_0=pK_a^{\ominus}+\lg\frac{c_b}{c_a}=4.76+\lg\frac{0.10}{0.10}=4.76$$

可见，这一体系的 pH 主要由 c_b/c_a 的比值所决定，由于酸碱缓冲溶液具有较高的浓度，只要 c_b、c_a 变化不大，这一比值就不会有太大的变化，取对数后对系统酸度的影响就不会太大。

例如，若向体系中加入 0.010mol·L^{-1}NaOH 溶液 10mL，这时体系中的 HAc 就会与 NaOH 作用，生成 NaAc。这时：

$$c_a=0.10\times\frac{100}{110}-0.010\times\frac{10}{110}=0.090\text{mol}\cdot\text{L}^{-1}$$

$$c_b=0.10\times\frac{100}{110}+0.010\times\frac{10}{110}=0.092\text{mol}\cdot\text{L}^{-1}$$

溶液的 pH 为：

$$pH=4.76+\lg\frac{0.092}{0.090}=4.77$$

这种情况下酸度的改变值为 $\Delta pH=pH-pH_0=4.77-4.76=0.01$。显然，HAc 是体系中的抗碱组分。

若向原体系中加入 0.010mol·L^{-1} HCl 溶液 10mL，这时由于体系中有 NaAc 存在，能与 HCl 作用，生成 HAc。显然，NaAc 的存在，使 c_b、c_a 也变化不大，c_b/c_a 的比值也就改变不大，体系的酸度就能基本维持不变。NaAc 为体系中的抗酸组分。

若将原体系适当稀释，并不会改变 c_b/c_a 的比值，因此，体系的酸度也就基本不变。

显然，弱酸及其共轭碱所组成的溶液之所以具有酸碱缓冲作用，能够抵抗由于体积变化，或外加少量酸、碱，或是体系中某一化学反应所产生的少量酸或碱对于体系酸度的影响，其原因就在于其中具有浓度较大、能抗酸或抗碱的组分存在，由于同离子效应的作用，使得体系的酸度基本不变。弱碱及其共轭酸、两性物质溶液等同样具有酸碱缓冲作用，也都是这个原理。

4.5.2 缓冲能力与缓冲范围

需要注意的是任何酸碱缓冲溶液的缓冲能力都是有限的，若向体系中加入过多的酸或碱，或是过分稀释，都有可能使酸碱缓冲溶液失去缓冲作用。对于指定 pH 时，酸碱缓冲溶液缓冲能力的大小一般可以用缓冲指数 β 来衡量。

对于 HA-A$^-$ 所构成的缓冲体系，溶液 $pH=pK_a^{\ominus}\pm1$ 范围内，$\beta=2.3\delta(HA)\delta(A^-)c(HA)$。当 $pK_a^{\ominus}\approx pH$，或[HA]=[A$^-$]时，$\beta_{max}=0.58c(HA)$。

因此，酸碱缓冲溶液的总浓度愈大，构成缓冲体系的两组分的浓度比值愈接近 1，其缓冲能力也就愈强。

外加一定量的强酸或强碱所引起的缓冲溶液 pH 改变的多少可以用缓冲容量 α 来衡量。对于 HA-A$^-$ 所构成的缓冲体系，缓冲容量 α 在缓冲范围 $pH_1\sim pH_2$ 的表达式为：

$$\alpha=(\delta_2^{A^-}-\delta_1^{A^-})c_{HA}$$

式中，$\delta_2^{A^-}$、$\delta_1^{A^-}$ 分别为 A$^-$ 在 pH_2 和 pH_1 时的分布系数。

例如，1L 总浓度为 0.1mol·L^{-1} 的 $HAc-Ac^-$ 缓冲溶液，可求得当 pH 从 3.74 改变到 5.74 时的缓冲容量为 0.082mol·L^{-1}。表明若要将这一缓冲体系的 pH 从 3.74 调整到 5.74，需加 NaOH 的量为 0.082mol。

另外，通常一个酸碱缓冲体系能起有效缓冲作用的范围也是有限的。这点从 $HAc-Ac^-$ 的分布曲线图中可以看得很明显。当 $pH=pK_a^\ominus$ 时，$[Ac^-]/[HAc]=1$，$\delta_1=\delta_0=0.5$；只有在 pH=3.74～5.74，当 $[Ac^-]/[HAc]$ 有较大变化时，pH 才可能变化很小，即在这个范围内，$HAc-Ac^-$ 缓冲溶液才具有较好的缓冲效果。因此，一般来说，$HA-A^-$ 酸碱缓冲溶液的缓冲范围（buffer range）为：

$$pH \approx pK_a^\ominus \pm 1$$

4.5.3 酸碱缓冲溶液的分类及选择

酸碱缓冲溶液根据用途的不同可以分成两大类，即普通酸碱缓冲溶液和标准酸碱缓冲溶液。标准酸碱缓冲溶液简称标准缓冲溶液，主要用于校正酸度计。普通酸碱缓冲溶液主要用于化学反应或生产过程中酸度的控制，在实际工作中应用很广，在生物学上也有重要意义。例如人体血液的 pH 能维持在 7.35～7.45 之间，就是靠血液中所含有的 $H_2CO_3-NaHCO_3$ 以及 $NaH_2PO_4-Na_2HPO_4$ 等缓冲体系，才能保证细胞的正常代谢以及整个机体的生存。

酸碱缓冲溶液选择时主要考虑以下三点：

① 对正常的化学反应或生产过程尽量不构成干扰，或易于排除。

② 应具有较强的缓冲能力。为了达到这一要求，所选择体系中两组分的浓度比应尽量接近 1，且浓度适当大些为好。

③ 所需控制的 pH 值应在缓冲溶液的缓冲范围内。若酸碱缓冲溶液是由弱酸及其共轭碱组成，则所选弱酸的 $pK_a^\ominus$ 应尽量与所需控制的 pH 一致。

另外，在实际工作中，有时只需要对 H^+ 或对 OH^- 有抵消作用即可，这时可以选择合适的弱碱或弱酸作为酸或碱的缓冲剂，加入体系后与 H^+ 或 OH^- 作用产生共轭酸或共轭碱与之组成缓冲体系。例如，在电镀等工业中，常用 H_3BO_3、柠檬酸、NaAc、NaF 等作为缓冲剂。

表 4-2 列举了一些常见的酸碱缓冲体系，可供选择时参考。

表 4-2　一些常见的酸碱缓冲体系

缓冲体系	$pK_a^\ominus$	缓冲范围(pH)
HAc-NaAc	4.75	3.6～5.6
NH_3-NH_4Cl	4.75①	8.3～10.3
$NaHCO_3-Na_2CO_3$	10.25	9.2～11.0
$KH_2PO_4-K_2HPO_4$	7.21	5.9～8.0
$H_3BO_3-Na_2B_4O_7$	9.2	7.2～9.2

① $pK_b^\ominus$ 数据。

4.5.4 缓冲溶液的计算与配制

对于标准缓冲溶液，它们的 pH 一般都是严格通过实验测得，若需要进行理论计算就需要校正溶液离子强度的影响，有关这方面内容可参阅“分析化学”有关参考书。而普通酸碱缓冲溶液的计算则较为简单，一般都可以采用最简式。

例 4-19 对于 HAc-NaAc 以及 HCOOH-HCOONa 两种缓冲体系，若要配制 pH 值为 4.8 的酸碱缓冲溶液，应选择何种体系为好？现有 $c(\mathrm{HAc})=6.0\mathrm{mol\cdot L^{-1}}$ HAc 溶液 12mL，要配成 250mL pH=4.8 的酸碱缓冲溶液，应称取固体 $NaAc\cdot 3H_2O$ 多少克？

解 据 $\mathrm{pH}=\mathrm{p}K_a^{\ominus}+\lg\dfrac{c_b}{c_a}$

若选用 HAc-NaAc 体系，$\lg\dfrac{c_b}{c_a}=\mathrm{pH}-\mathrm{p}K_a^{\ominus}=4.8-4.74=0.06$

$$\frac{c_b}{c_a}=1.15$$

若选用 HCOOH-HCOONa 体系，$\lg\dfrac{c_b}{c_a}=4.8-3.74=1.06$

$$\frac{c_b}{c_a}=11.5$$

本例中，由于 HAc 的 $\mathrm{p}K_a^{\ominus}$ 与所需控制的 pH 接近，HAc 和 Ac^- 两组分的浓度比值也接近 1，它的缓冲能力就比 HCOOH-HCOONa 体系强。因而应选择 HAc-NaAc 缓冲体系。

根据以上计算及选择，若要配制 250mL pH＝4.8 的酸碱缓冲溶液，由 $c(\mathrm{HAc})=\dfrac{12\times 6.0}{250}=0.288\mathrm{mol\cdot L^{-1}}$，以及 $\dfrac{c_b}{c_a}=1.15$，则：

$$c_b=1.15\times 0.288=0.331\mathrm{mol\cdot L^{-1}}$$

所以称取 $NaAc\cdot 3H_2O$ 的质量为：

$$\begin{aligned}m(\mathrm{NaAc\cdot 3H_2O})&=c_b M(\mathrm{NaAc\cdot 3H_2O})\times\frac{250}{1000}\\&=0.331\times 136\times\frac{250}{1000}\\&=11.3(\mathrm{g})\end{aligned}$$

思考题

4-1 简述酸碱理论的基本要点，什么叫水的自递常数？

4-2 弱酸弱碱与相对应的共轭碱共轭酸的解离平衡常数有什么联系？请写出关系式。

4-3 什么叫同离子效应和盐效应？它们对弱酸弱碱的解离平衡有何影响？

4-4 下列说法是否正确，说明理由。

(1) 凡是盐都是强电解质；

(2) $BaSO_4$、AgCl 难溶于水，水溶液导电不显著，故为弱电解质；

(3) 解离作用是先通电，然后解离，溶液就能导电了；

(4) 氨水冲稀一倍，溶液中 $c(OH^-)$ 就减为原来的一半；

(5) HCl 溶液的浓度为 HAc 溶液浓度的一倍，则前者的 $c(H^+)$ 也为后者的一倍。

4-5 什么叫分析浓度，平衡浓度和分布系数？它们之间有什么关系？

4-6 什么叫缓冲溶液？举例说明缓冲溶液的作用原理。

习题

4-1 指出下列各种酸的共轭碱：

H_2O、H_3PO_4、HCO_3^-、NH_4^+

4-2 指出下列各种碱的共轭酸：

H_2O、HPO_4^{2-}、$C_2O_4^{2-}$、HCO_3^-

4-3 从下列物质中找出共轭酸碱对，并按酸性由强到弱的顺序排列：

$H_2PO_4^-$、NH_3、H_2S、^-COOH、PO_4^{3-}、H_2SO_3、HS^-、NH_4^+、HCOOH、HSO_3^-

4-4 试计算 0.20mol·L^{-1} 氨水在以下情况的解离度以及 $[OH^-]$：

(1) 将溶液稀释一倍；(2) 加入 NH_4Cl，使 NH_4Cl 浓度为 0.10mol·L^{-1}；(3) 上述浓度氨水。

4-5 已知琥珀酸 $(CH_2COOH)_2$（以 H_2A 表示）的 $pK_{a_1}^{\ominus}=4.19$，$pK_{a_2}^{\ominus}=5.57$。试计算在 pH 4.88 时，H_2A、HA^- 和 A^{2-} 的分布系数 δ_2、δ_1、δ_0。

（答：0.145，0.710，0.145）

4-6 试计算：

(1) $c(H_2S)=0.10mol \cdot L^{-1}$ H_2S 溶液的 S^{2-} 浓度和 pH。

(2) 0.30mol·L^{-1}HCl 溶液中通入 H_2S 并达到饱和时的 S^{2-} 浓度。

（答：$[S^{2-}]=1.391\times10^{-13}$，pH=4；$[S^{2-}]=1.55\times10^{-20}$）

4-7 写出下列物质在水溶液中的质子条件式：

(1) NH_4Cl；(2) NH_4Ac；(3) $(NH_4)_2HPO_4$；(4) HCOOH；(5) Na_2S；(6) $Na_2C_2O_4$

4-8 计算浓度为 0.12mol·L^{-1} 的下列物质水溶液的 pH（括号内为 $pK_a^{\ominus}$）：

(1) 苯酚 (9.99)；(2) 丙烯酸 (4.25)；(3) 氯化丁基铵 ($C_4H_9NH_3Cl$) (9.39)。

（答：pH=5.41；pH=2.59；pH=5.15）

4-9 计算下列溶液的 pH：

(1) 0.10mol·L^{-1} KH_2PO_4；(2) 0.05mol·L^{-1} Na_2HPO_4。（答：4.66；9.70）

4-10 计算下列水溶液的 pH：

(1) 0.10mol·L^{-1} 乳酸和 0.10mol·L^{-1} 乳酸钠 ($pK_a^{\ominus}=3.85$)；

(2) 0.010mol·L^{-1} 邻硝基酚和 0.012mol·L^{-1} 邻硝基酚的钠盐 ($pK_a^{\ominus}=7.21$)

（答：3.85；7.29）

4-11 一溶液含 1.28g·L^{-1} 苯甲酸和 3.65g·L^{-1} 苯甲酸钠，求其 pH。（答：3.59）

4-12 欲配制 pH 为 5.0 的缓冲溶液，请用计算说明在下列两种体系中选择哪一种较合适？

(1) HAc-NaAc；

(2) $NH_3 \cdot H_2O$-NH_4Cl。

4-13 欲配制 pH=10.0 的缓冲溶液 1L。用了 16.0mol·L^{-1} 氨水 420mL，需加 NH_4Cl 多少克？

（答：65.4g）

第 5 章

氧化还原反应

学习要求

① 掌握氧化还原反应的基本概念和氧化还原方程式的配平方法。
② 理解电极电势的概念，利用能斯特公式计算不同条件下的电极电势。
③ 掌握电极电势在有关方面的应用。
④ 掌握原电池电动势与吉布斯自由能变之间的关系。
⑤ 掌握元素电势图及其应用。

5.1 氧化还原反应的基本概念

所有的化学反应可被划分为两大类：一类是在反应过程中，反应物之间没有电子的转移，为非氧化还原反应，如酸碱反应、沉淀反应以及配位反应等；另一类是在反应过程中，反应物之间发生了电子转移，相应地某些元素的氧化值发生了改变，为氧化还原反应。氧化还原反应是一类普遍存在并且非常重要的化学反应。“燃烧”反应、光合作用、动植物体内代谢过程、土壤中元素状态的转化、金属冶炼、金属腐蚀与防腐、基本化工原料转变成产品、原电池、电镀等都涉及氧化还原反应。

5.1.1 氧化值

1970 年，国际纯粹与应用化学联合会（IUPAC）较严格地定义了元素的氧化值（氧化数）：某元素一个原子的表观电荷数。通过假设把每一个化学键中的电子指定给电负性更大的原子而求得。

根据此定义，确定氧化值的一般规则如下：

· 单质中元素的氧化值为零，如 H_2、O_2 等物质中元素的氧化值为零。

· 中性分子中各元素的正负氧化值代数和为零。复杂的离子中各元素原子正负氧化值代数和等于离子电荷数。

· 在共价化合物中，共用电子对偏向于电负性大的元素的原子，原子的“形式电荷数”即为它们的氧化值。在离子化合物中，元素的氧化值等于该元素离子的电荷数。如在 $MgCl_2$ 中，镁的氧化值是+2，氯的氧化值是−1。

化合物中，氧的氧化值一般为−2，但在过氧化物（如 H_2O_2、Na_2O_2 等）中为−1，在超氧化合物（如 NaO_2）中为−1/2，在臭氧化物 KO_3 中为−1/3，在 O_2F_2 中为+1，在 OF_2 中为+2。化合物中，氢的氧化值一般为+1，仅在与活泼金属生成的离子型氢化物（如 NaH、CaH_2）中为−1。所有卤化物中卤素的氧化数均为−1；碱金属、碱土金属在化合物中的氧化数分别为+1、+2。氧化值可为正或负，可以是整数、分数或小数。

根据以上规则，可确定出化合物中任一元素的氧化值。

例 5-1 求 NH_4^+ 中 N 的氧化值。

解 已知 H 的氧化值为+1。设 N 的氧化值为 x。

根据多原子离子中各元素氧化值代数和等于离子的总电荷数的规则可以列出：

$$x+(+1)\times 4=+1$$

$$x=-3$$

所以 NH_4^+ 中 N 的氧化值为−3。

例 5-2 求 Fe_3O_4 中 Fe 的氧化值。

解 已知 O 的氧化值为−2。设 Fe 的氧化值为 x，则：

$$3x+4\times(-2)=0$$

$$x=+8/3$$

所以 Fe_3O_4 中 Fe 的氧化值为+8/3。

提示：在共价化合物中，判断元素的氧化值时，不要与共价数（某元素原子形成的共价键的数目）相混淆。

例如	CH_4	CH_3Cl	CH_2Cl_2	$CHCl_3$	CCl_4
C 的共价数	4	4	4	4	4
C 的氧化值	−4	−2	0	+2	+4

5.1.2 氧化还原反应

在反应过程中，反应前后元素的氧化值发生了变化的一类反应称为氧化还原反应。列举一个较简单的氧化还原反应：

$$Cu^{2+}+Zn = Cu+Zn^{2+}$$

氧化：失去电子，元素氧化值升高的过程，如 $Zn-2e^- = Zn^{2+}$（氧化半反应）。

还原：得到电子，元素氧化值降低的过程，如 $Cu^{2+}+2e^- = Cu$（还原半反应）。

还原剂：反应中氧化值升高的物质，如 Zn。

氧化剂：反应中氧化值降低的物质，如 Cu^{2+}。

氧化态物质：氧化值高的物质，如 Cu^{2+}、Zn^{2+}。

还原态物质：氧化值低的物质，如 Cu、Zn。

氧化剂和还原剂也可以是同一种物质，这样的反应称为自身氧化还原反应。

例如 $$2KClO_3 \rightleftharpoons 2KCl+3O_2\uparrow$$

某物质中同一元素同一氧化态的原子部分被氧化、部分被还原的反应称为歧化反应。歧化反应是自身氧化还原反应的一种特殊类型。例如：

$$Cl_2+H_2O \rightleftharpoons HClO+HCl$$

5.2 氧化还原反应的配平

氧化还原反应往往比较复杂，反应方程式也较难配平。最常用的配平方法主要有：离子-电子法、氧化值法等，这里只介绍离子-电子法。

例 5-3 写出酸性介质中，高锰酸钾与草酸反应的方程式。

解 （1）写出未配平的离子方程式

$$MnO_4^- + H_2C_2O_4 \longrightarrow Mn^{2+} + CO_2$$

（2）将反应改为两个半反应

氧化反应 $H_2C_2O_4 \longrightarrow CO_2$

还原反应 $MnO_4^- \longrightarrow Mn^{2+}$

（3）配平半反应的原子数

$$H_2C_2O_4 \longrightarrow 2CO_2 + 2H^+$$

$$MnO_4^- + 8H^+ \longrightarrow Mn^{2+} + 4H_2O$$

（4）用电子配平电荷数

$$H_2C_2O_4 \longrightarrow 2CO_2 + 2H^+ + 2e^-$$

$$MnO_4^- + 8H^+ + 5e^- \longrightarrow Mn^{2+} + 4H_2O$$

（5）根据氧化剂和还原剂得失电子总数相等的原则，合并两个半反应，消去式中的电子，即得到配平的反应式

$$2MnO_4^- + 5H_2C_2O_4 + 6H^+ = 2Mn^{2+} + 10CO_2\uparrow + 8H_2O$$

配平氧原子的经验规则如表 5-1 所示。

表 5-1 配平氧原子的经验规则

介质种类	反应物中	
	多一个原子[O]	少一个原子[O]
酸性介质	$+2H^+ \xrightarrow{结合[O]} +H_2O$	$+H_2O \xrightarrow{提供[O]} +2H^+$
碱性介质	$+H_2O \xrightarrow{结合[O]} +2OH^-$	$+2OH^- \xrightarrow{提供[O]} +H_2O$
中性介质	$+H_2O \xrightarrow{结合[O]} +2OH^-$	$+H_2O \xrightarrow{提供[O]} +2H^+$

5.3 电极电势

5.3.1 原电池

一切氧化还原反应均为电子从还原剂转移给氧化剂的过程。

例如：把一块锌放入 $CuSO_4$ 溶液中，锌开始溶解，而铜从溶液中析出。反应的离子方程式：

$$\overset{2e^-}{\overbrace{Zn(s)+Cu^{2+}}}(aq) = Zn^{2+}(aq)+Cu(s)$$

上述反应电子从 Zn 直接转移到 Cu^{2+}，但没有形成有秩序的电子流，反应的化学能没有转变成电能，而变成了热能释放出来，导致溶液温度升高。如果在两个烧杯中分别放入 $ZnSO_4$ 和 $CuSO_4$ 溶液，在盛有 $ZnSO_4$ 溶液的烧杯中放入 Zn 片，在盛有 $CuSO_4$ 溶液的烧杯中放入 Cu 片，将两个烧杯的溶液用一个盐桥联通，如图 5-1 所示。当用一个灵敏电流计（A）将铜片和锌片连接起来，就会发现电流表指针发生偏移，说明有电流产生。同时在铜片上有金属铜沉积上去，而锌片逐渐被溶解。取出盐桥，电流表指针回至零点；放入盐桥时，电流表指针又发生偏移。说明了盐桥具有使整个装置构成通路的作用。这种借助于氧化还原反应产生电流的装置称为原电池（primary battery）。

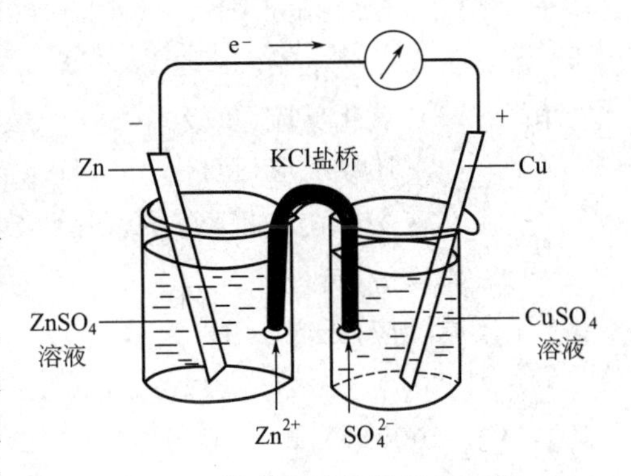

图 5-1　铜-锌原电池装置示意图

在原电池中，组成原电池的导体（如铜片和锌片）称为电极（electrode）。电子流出的电极称为负极（cathode），负极上发生氧化反应，如锌电极；电子进入的电极称为正极（anode），正极上发生还原反应，如铜电极。

在 Cu-Zn 原电池中：

负极（Zn）发生氧化反应　$Zn(s) = Zn^{2+}(aq)+2e^-$

正极（Cu）发生还原反应　$Cu^{2+}(aq)+2e^- = Cu(s)$

为了书写方便，通常用电池符号来表示一个原电池的组成，如 Cu-Zn 原电池的电池符号：

$$(-)Zn(s)|ZnSO_4(c_1)\|CuSO_4(c_2)|Cu(s)(+)$$

电池符号书写有如下规定：

① 一般把负极（−）写在左边，正极（+）写在右边。

② 用"|"表示金属和溶液两相之间的接触界面，"‖"表示盐桥。

③ 用化学式表示原电池物质的组成，并要注明物质的状态，气体要注明其分压，溶液要注明其浓度。如不注明，一般指 $1mol \cdot L^{-1}$ 或 100kPa。

④ 对于某些电极的电对，自身不是金属导体时，则需外加一个能导电而又不参与电极反应的惰性电极，通常用铂（Pt）作惰性电极。

"半电池"由同一种元素不同氧化值的两种物质构成。一种是处于低氧化值的物质（还原态物质）；另一种是处于高氧化值的物质（氧化态物质）。原电池由两个半电池组成的。

氧化还原电对是由同一种元素的氧化态物质和其对应的还原态物质所构成的整体。常用符号[氧化态]/[还原态]来表示，如氧化还原电对可写成 Cu^{2+}/Cu、Zn^{2+}/Zn 和 $Cr_2O_7^{2-}/Cr^{3+}$。电极的分类方法有所不同，列举四类常见的电极于表 5-2。

表 5-2　四类常见电极

电极类型	电对	电极
金属-金属离子电极	Zn^{2+}/Zn	$Zn|Zn^{2+}$
气体电极	H^+/H_2	$H^+|H_2|Pt$
氧化还原电极	Fe^{3+}/Fe^{2+}	$Fe^{3+},Fe^{2+}|Pt$
金属-金属难溶盐电极	$AgCl/Ag$	$Ag|AgCl|Cl^-$

例 5-4 将下列氧化还原反应设计成原电池，并写出它的原电池符号。

(1) $Sn^{2+} + Hg_2Cl_2 \rightleftharpoons Sn^{4+} + 2Hg + 2Cl^-$

(2) $2Fe^{2+}(0.10mol \cdot L^{-1}) + Cl_2(100kPa) \rightleftharpoons 2Fe^{3+}(0.10mol \cdot L^{-1}) + 2Cl^-(2.0mol \cdot L^{-1})$

解 (1) 氧化反应(负极) $Sn^{2+} \rightleftharpoons Sn^{4+} + 2e^-$

还原反应(正极) $Hg_2Cl_2 + 2e^- \rightleftharpoons 2Hg + 2Cl^-$

$(-)Pt(s)|Sn^{2+}(c_1), Sn^{4+}(c_2) \| Cl^-(c_3)|Hg_2Cl_2(s), Hg(s)(+)$

(2) 氧化反应(负极) $Fe^{2+} \rightleftharpoons Fe^{3+} + e^-$

还原反应(正极) $Cl_2 + 2e^- \rightleftharpoons 2Cl^-$

$(-)Pt(s)|Fe^{2+}(0.10mol \cdot L^{-1}), Fe^{3+}(0.10mol \cdot L^{-1}) \| Cl^-(2.0mol \cdot L^{-1}), Cl_2(100kPa)|Pt(s)(+)$

5.3.2 电极电势

(1) 电极电势的产生

在图 5-1 的原电池中，把两个电极用导线连接后就有电流产生，可见两个电极之间存在一定的电势差，即构成原电池的两个电极的电势是不相等的。那么电极电势是如何产生的呢?

早在 1889 年，德国化学家能斯特（H. W. Nernst）提出了双电层理论，可以用来说明金属和其盐溶液之间的电势差。金属晶体是由金属原子、金属离子和自由电子所组成的。如果把金属放在其盐溶液中，在金属与其盐溶液的接触界面上就会发生两个不同的过程：一个是金属表面的阳离子受极性水分子的吸引而进入溶液的过程；另一个是溶液中的水合金属离子在金属表面受到自由电子的吸引而重新沉积在金属表面的过程。当这两种方向相反的过程进行的速率相等时，即达到动态平衡：

$$M(s) \rightleftharpoons M^{n+}(aq) + ne^-$$

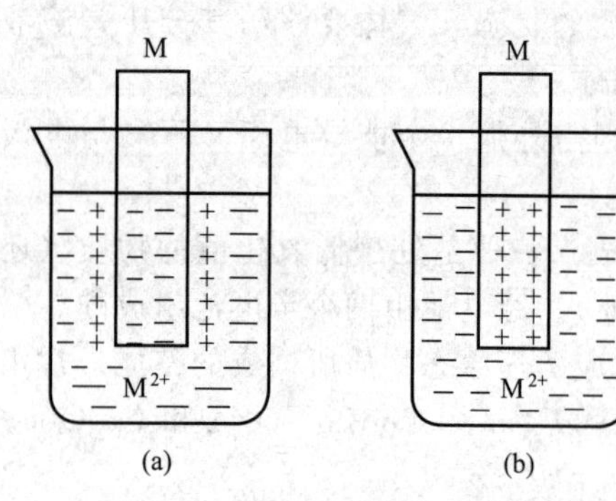

图 5-2 金属电极双电层示意图

金属越活泼或金属离子浓度越小，金属溶解的趋势就越大，金属离子沉积到金属表面的趋势越小。达到平衡时金属表面因聚集了自由电子而带负电荷，溶液带正电荷，由于正、负电荷相互吸引，在金属与其盐溶液的接触界面处就建立起双电层[图 5-2(a)]。

相反，金属越不活泼或金属离子浓度越大，金属溶解趋势就越小，达到平衡时金属表面因聚集了更多的金属离子而带正电荷，而附近的溶液由于金属离子沉淀，负电荷过剩，也构成了相应的双电层[图 5-2(b)]。这种双电层之间就存在一定的电势差。

金属与其盐溶液接触界面之间的电势差，简称为该金属的电极电势（electrode potential）。当氧化还原电对不同或对应的电解质溶液的浓度不同时，它们的电极电势就不同。若将两种不同电极电势的氧化还原电对以原电池的方式连接起来，两极之间有一定的电势差，导线中会产生电流。

(2) 标准氢电极和标准电极电势

电极处于标准状态时的电极电势称为标准电极电势，符号 $\varphi^{\ominus}$。事实上，电极电势的绝对值无法测定，只能选定某一电对的电极电势作为参比标准，将其他电对的电极电势与之比较而求出各电对平衡电势的相对值，一般采用标准氢电极作标准。标准氢电极如图 5-3 所示，其电极可表示为：

$$Pt(s)|H_2(100kPa)|H^+(1mol \cdot L^{-1})$$

将镀铂片镀上一层蓬松的铂（称铂黑），浸入 H^+ 浓度为 $1mol \cdot L^{-1}$ 的硫酸溶液中，在 298.15K 时不断通入压强为 100kPa 的纯氢气流，使铂黑吸附氢气达到饱和，这时溶液中的氢离子与铂黑所吸附的氢气建立如下的动态平衡：

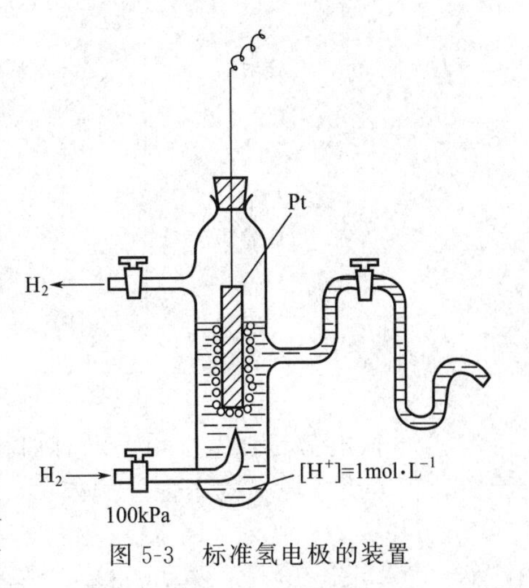

图 5-3　标准氢电极的装置

$$H_2(g) \xlongequal{} 2H^+(aq) + 2e^-$$

在 298.15K 时，标准氢电极的电极电势是指 100kPa 标准压力下的氢气和 $1mol \cdot L^{-1}$ H^+ 之间的电极电势。电化学上规定标准氢电极的电极电势为零，即 $\varphi^{\ominus}(H^+/H_2)=0.0000V$。

在原电池中，当无电流通过时两电极之间的电势差称为电池的电动势，用 E 表示。当两电极均处于标准状态时称为标准电动势，用 $E^{\ominus}$ 表示，即

$$E=\varphi_{(+)}-\varphi_{(-)} \text{或者} \quad E^{\ominus}=\varphi^{\ominus}_{(+)}-\varphi^{\ominus}_{(-)}$$

标准电极电势的测定按以下步骤进行：a. 将待测的标准电极与标准氢电极组成原电池；b. 用电势差计测定原电池的电动势；c. 用检流计来确定原电池的正、负极。

例如：将标准锌电极与标准氢电极组成原电池，测得其标准电动势 $E^{\ominus}=0.763V$，由检流计的方向判断锌电极为负极，氢电极为正极。由 $E^{\ominus}=\varphi^{\ominus}(H^+/H_2)-\varphi^{\ominus}(Zn^{2+}/Zn)$ 可得：

$$\varphi^{\ominus}(Zn^{2+}/Zn)=0.00-0.763=-0.763(V)$$

运用同样的方法，理论上可测得各种电极的标准电极电势，但有些电极能与水剧烈反应，不能直接测得，但可通过热力学数据间接求算出。常见的电极的标准电极电势见附录Ⅶ，标准电极电势表为研究氧化还原反应带来了很大的方便，使用时应注意下面几点。

① 为便于比较，电极反应一般写成：

$$\text{氧化型}+ne^- \rightleftharpoons \text{还原型}$$

例如：$MnO_4^- + 8H^+ + 5e^- \rightleftharpoons Mn^{2+} + 4H_2O$，$MnO_4^-$ 为氧化态，$MnO_4^- + 8H^+$ 为氧化型；Mn^{2+} 为还原态，$Mn^{2+} + 4H_2O$ 为还原型。即氧化型和还原型均包括相关介质。

② $\varphi^{\ominus}$ 值越小，电对中的氧化态物质得电子的能力越小，是越弱的氧化剂；而其还原态物质越易失电子，是越强的还原剂。$\varphi^{\ominus}$ 值越大，电对中的氧化态物质越易得电子，是越强的氧化剂（图 5-4）。较强的氧化剂容易与较强的还原剂反应，$\varphi^{\ominus}$ 值较大的电对中的氧化态物质能和 $\varphi^{\ominus}$ 值较小的电对中的还原态物质反应，存在对角线规律。

还原能力逐渐增强

电对	电极反应	$\varphi^{\ominus}$/V
Na^{+}/Na	$Na^{+}(aq)+e^{-} \rightleftharpoons Na(s)$	−2.714
Zn^{2+}/Zn	$Zn^{2+}(aq)+2e^{-} \rightleftharpoons Zn(s)$	−0.763
H^{+}/H_2	$2H^{+}(aq)+2e^{-} \rightleftharpoons H_2(g)$	0.0000
Cu^{2+}/Cu	$Cu^{2+}(aq)+2e^{-} \rightleftharpoons Cu(s)$	0.342
O_2/OH^{-}	$O_2(g)+2H_2O+4e^{-} \rightleftharpoons 4OH^{-}(aq)$	0.401
F_2/F^{-}	$F_2(g)+2e^{-} \rightleftharpoons 2F^{-}(aq)$	2.866

氧化能力逐渐增强

图 5-4 电极电势与氧化、还原能力的关系

③ 电极电势是强度性质，没有加和性。因此，$E^{\ominus}$值与电极反应的书写形式和计量系数无关，仅取决于电极的本性。例如：

$$Br_2(l)+2e^{-} \rightleftharpoons 2Br^{-} \qquad \varphi^{\ominus}=+1.065V$$

$$2Br_2(l)+4e^{-} \rightleftharpoons 4Br^{-} \qquad \varphi^{\ominus}=+1.065V$$

$$2Br^{-}-2e^{-} \rightleftharpoons Br_2(l) \qquad \varphi^{\ominus}=+1.065V$$

④ 使用电极电势要注意电对氧化态和还原态的价态。例如：$\varphi^{\ominus}(Fe^{3+}/Fe^{2+})=0.771V$，而 $\varphi^{\ominus}(Fe^{2+}/Fe)=-0.440V$。

⑤ 标准电极电势表分为酸表和碱表，如果电极反应中出现 H^{+}，都查酸表；如果电极反应中出现 OH^{-}，都查碱表。如两者均不出现，可以从存在的状态来分析，如电对 Fe^{3+}/Fe^{2+}，Fe^{3+} 和 Fe^{2+} 只能在酸性溶液中出现，故查酸表；电对 ZnO_2^{2-}/Zn 应查碱表。

⑥ $\varphi^{\ominus}$是水溶液体系的标准电极电势。对于非标准态、非水溶液体系，不能用 $\varphi^{\ominus}$ 比较物质的氧化还原能力。

5.3.3 原电池电动势与吉布斯自由能变

根据热力学原理，在恒温恒压下，反应系统的吉布斯自由能变($\Delta_r G_m$)等于系统所能做的最大有用功，即 $\Delta G=-W_{max}$。将一个能自发进行的氧化还原反应设计成一个原电池，在恒温恒压条件下，就可实现从化学能到电能的转化，原电池所作的最大有用功即为电功。电功($W_{电}$)等于电动势(E)与通过的电量(Q)的乘积。

$$W_{电}=EQ=EnF$$

$$\Delta G=-EQ=-nFE$$

式中，F 为法拉第常数，$96500C \cdot mol^{-1}$；n 为电池反应中转移的电子数。在标准态下

$$\Delta G^{\ominus}=-E^{\ominus}Q=-nFE^{\ominus} \tag{5-1}$$

$$\Delta_r G_m^{\ominus}=-nFE^{\ominus}=-nF[\varphi_{(+)}^{\ominus}-\Delta\varphi_{(-)}^{\ominus}]$$

则

$$\varphi_{(+)}^{\ominus}=\varphi_{(-)}^{\ominus}-\Delta_r G_m^{\ominus}/(nF)$$

由上式可知，标准电极电势可利用热力学函数 $\Delta_r G_m^{\ominus}$ 求得，并非一定要通过测量原电池电动势的方法得到。

例 5-5 若把下列反应设计成电池，求电池的电动势 $E^{\ominus}$ 及反应的 $\Delta_r G_m^{\ominus}$。

$$Cr_2O_7^{2-}+6Cl^{-}+14H^{+} = 2Cr^{3+}+3Cl_2+7H_2O$$

解 正极的电极反应：

$$Cr_2O_7^{2-}+14H^{+}+6e^{-} \longrightarrow 2Cr^{3+}+7H_2O \qquad \varphi_{(+)}^{\ominus}=1.33V$$

负极的电极反应：

$$2Cl^{-}-2e^{-} \longrightarrow Cl_2 \qquad \varphi_{(-)}^{\ominus}=1.36V$$

$$E^{\ominus}=\varphi^{\ominus}_{(+)}-\varphi^{\ominus}_{(-)}=1.33\text{V}-1.36\text{V}=-0.03\text{V}$$

$$\Delta_r G^{\ominus}_m=-nE^{\ominus}F=-6\times 96500\ \text{C}\cdot\text{mol}^{-1}\times(-0.03\text{V})=2\times 10^4\text{J}\cdot\text{mol}^{-1}$$

例 5-6 利用热力学函数数据计算 $\varphi^{\ominus}(Zn^{2+}/Zn)$的值。

解 把电对 Zn^{2+}/Zn 与另一电对(最好选择 H^+/H_2)组成原电池。

电池反应式为

$$Zn+2H^+\longrightarrow Zn^{2+}+H_2$$

$$\Delta_f G^{\ominus}_m/\text{kJ}\cdot\text{mol}^{-1}\quad 0\quad 0\quad -147\quad 0$$

则

$$\Delta_r G^{\ominus}_m=-147\text{kJ}\cdot\text{mol}^{-1}$$

由

$$\Delta_r G^{\ominus}_m=-nFE^{\ominus}=-nF[\varphi^{\ominus}_{(+)}-\varphi^{\ominus}_{(-)}]=-nF[\varphi^{\ominus}(H^+/H_2)-\varphi^{\ominus}(Zn^{2+}/Zn)]$$

得

$$\varphi^{\ominus}(Zn^{2+}/Zn)=\varphi^{\ominus}(H^+/H_2)+\Delta_r G^{\ominus}_m/(nF)$$

$$=\frac{0.000+(-147\times 10^3\text{J}\cdot\text{mol}^{-1})}{2\times 96500\text{C}\cdot\text{mol}^{-1}}$$

$$=-0.762\text{V}$$

5.3.4 影响电极电势的因素——能斯特方程

(1) 能斯特方程

标准电极电势是在标准状态下测定的，通常参考温度为 298.15K。如果条件改变电对的电极电势也会随之改变，德国化学家能斯特将影响电极电势的主要因素，如电极的本性、氧化态物质和还原态物质的浓度（或压力）、温度、介质等，概括为一数学表达式，称为能斯特方程（Nernst equation）：

对于任意电极反应

$$a\ \text{氧化态}+ne^-\rightleftharpoons b\ \text{还原态}$$

$$\varphi=\varphi^{\ominus}+\frac{RT}{nF}\ln\frac{c(\text{氧化态})^a}{c(\text{还原态})^b}\tag{5-2}$$

式中，R 为摩尔气体常数；F 为法拉第常数；T 为热力学温度；n 为电极反应得失的电子数。

在温度为 298.15K 时，将各常数值代入式(5-2) 得：

$$\varphi=\varphi^{\ominus}+\frac{0.0592}{n}\lg\frac{c(\text{氧化态})^a}{c(\text{还原态})^b}\tag{5-3}$$

式（5-2）和式（5-3）为电极电势的能斯特方程式。

应用能斯特方程式时，应注意以下问题。

① 组成电对的物质为固体、纯液体或稀溶液中的 H_2O 时，它们的浓度为常数，不写入方程式中。例如：

$$Zn^{2+}(aq)+2e^-\rightleftharpoons Zn(s)$$

$$\varphi(Zn^{2+}/Zn)=\varphi^{\ominus}(Zn^{2+}/Zn)+\frac{0.0592}{2}\lg\frac{c(Zn^{2+})}{c^{\ominus}}$$

$$Br_2(l)+2e^-\rightleftharpoons 2Br^-(aq)$$

$$\varphi(Br_2/Br^-)=\varphi^{\ominus}(Br_2/Br^-)+\frac{0.0592}{2}\lg\frac{1}{[c(Br^-)/c^{\ominus}]^2}$$

② 如果电对中某一物质是气体，其浓度用相对分压($p/p^{\ominus}$)代入。

例 5-7 计算当 Cl^- 浓度为 0.100mol・L^{-1}，$p(Cl_2)=303.9$kPa 时，求组成电对的电

极电势。

解　　$$Cl_2(g)+2e^- \rightleftharpoons 2Cl^-(aq)$$

由附录Ⅶ$\varphi^\ominus(Cl_2/Cl^-)=1.358V$

$$\varphi(Cl_2/Cl^-)=\varphi^\ominus(Cl_2/Cl^-)+\frac{0.0592}{2}\lg\frac{p(Cl_2)/p^\ominus}{[c(Cl^-)/c^\ominus]^2}$$

$$=1.358+\frac{0.0592}{2}\lg\frac{303.9/100}{(0.100)^2}=1.431(V)$$

③ 如果在电极反应中，除氧化态、还原态物质外，还有其他物质如 H^+、OH^- 参加，则应把这些物质的浓度也表示在能斯特方程式中。

例如　　$$MnO_4^-(aq)+8H^+(aq)+5e^- \rightleftharpoons Mn^{2+}(aq)+4H_2O$$

$$\varphi(MnO_4^-/Mn^{2+})=\varphi^\ominus(MnO_4^-/Mn^{2+})+\frac{0.0592}{5}\lg\frac{\frac{c(MnO_4^-)}{c^\ominus}\times\left[\frac{c(H^+)}{c^\ominus}\right]^8}{\frac{c(Mn^{2+})}{c^\ominus}}$$

(2) 浓度对电极电势的影响

对一个指定的电极，由能斯特方程可以看出，氧化型物质的浓度越大，则电极的 φ 值越大，即电对中氧化态物质的氧化性越强。相反，还原型物质的浓度越大，则电极的 φ 值越小，即电对中还原态物质的还原性越强。电对中氧化态或还原态物质的浓度或分压常因有弱电解质、沉淀物或配合物等的生成而发生改变，导致电极电势变化。

例 5-8　$Fe^{3+}(aq)+e^- \rightleftharpoons Fe^{2+}(aq)$，$\varphi^\ominus=+0.771V$，求 $c(Fe^{3+})=1.0mol\cdot L^{-1}$，$c(Fe^{2+})=0.0001mol\cdot L^{-1}$ 时的 $\varphi(Fe^{3+}/Fe^{2+})$。

解　$$\varphi(Fe^{3+}/Fe^{2+})=\varphi^\ominus(Fe^{3+}/Fe^{2+})+\frac{0.0592}{1}\lg\frac{c(Fe^{3+})/c^\ominus}{c(Fe^{2+})/c^\ominus}$$

$$=0.771+\frac{0.0592}{1}\lg\frac{1.0}{0.0001}=1.008(V)$$

提示：溶液中溶质的标准态是指在标准压力 $p^\ominus$ 下溶质的浓度为 $c^\ominus$（$c^\ominus=1.0mol\cdot L^{-1}$）的溶液，在计算时常会简化。

例 5-9　已知电极反应 $Ag^++e^- \rightleftharpoons Ag$，$\varphi^\ominus=+0.799V$，现往电极中加入 KI，使其生成 AgI 沉淀，达到平衡时，使 $c(I^-)=1.0mol\cdot L^{-1}$，求此时的 $\varphi(Ag^+/Ag)$。已知 $K_{sp}(AgI)=8.3\times10^{-17}$。

解　因 $Ag^+(aq)+I^-(aq) \rightleftharpoons AgI(s)$，当 $c(I^-)=1.0mol\cdot L^{-1}$ 时，则 Ag^+ 的浓度降为：

$$c(Ag^+)=\frac{K_{sp}^\ominus(AgI)}{c(I^-)}=\frac{8.3\times10^{-17}}{1.0}=8.3\times10^{-17}(mol\cdot L^{-1})$$

$$\varphi(Ag^+/Ag)=\varphi^\ominus(Ag^+/Ag)+\frac{0.0592}{1}\lg\frac{c(Ag^+)}{c^\ominus}$$

$$=0.799+\frac{0.0592}{1}\lg8.3\times10^{-17}=-0.153(V)$$

例 5-10　298.15K 时，向标准铜电极中加入氨水，使平衡时 $c(NH_3)=c([Cu(NH_3)_4]^{2+})=1.0mol\cdot L^{-1}$，求此时 $\varphi(Cu^{2+}/Cu)$。

解 电极反应 $Cu^{2+}(aq)+2e^- \rightleftharpoons Cu(s)$ $\varphi^\ominus(Cu^{2+}/Cu)=0.337V$

加入 NH_3 后 $Cu^{2+}+4NH_3 \rightleftharpoons [Cu(NH_3)_4]^{2+}$ $K_f^\ominus([Cu(NH_3)_4]^{2+})=2.09\times10^{13}$

当 $c(NH_3)=c([Cu(NH_3)_4]^{2+})=1.0mol\cdot L^{-1}$ 时，

$$c(Cu^{2+})=1/K_f^\ominus([Cu(NH_3)_4]^{2+})$$

$$\begin{aligned}\varphi(Cu^{2+}/Cu)&=\varphi^\ominus(Cu^{2+}/Cu)+\frac{0.0592}{2}\lg[c(Cu^{2+})/c^\ominus]\\&=\varphi^\ominus(Cu^{2+}/Cu)+\frac{0.0592}{2}\lg\left(\frac{1}{K_f^\ominus([Cu(NH_3)_4]^{2+})}\right)\\&=0.337+\frac{0.0592}{2}\lg\frac{1}{2.09\times10^{13}}\\&=-0.057V\end{aligned}$$

此时的电极对应另一类新电极。

即 $[Cu(NH_3)_4]^{2+}+2e^- \rightleftharpoons Cu+4NH_3$，$\varphi^\ominus([Cu(NH_3)_4]^{2+}/Cu)=-0.057V$

由上面的计算过程可知，这类电极的 $\varphi^\ominus$ 值除与原来电极的 $\varphi^\ominus$ 值有关外，还与生成配合物的稳定性有关。当氧化态物质生成配合物时，配合物的稳定性越大，对应电极的 $\varphi^\ominus$ 值越低。当还原态物质生成配合物时，配合物的稳定性越大，对应电极的 $\varphi^\ominus$ 值越高。

(3) 酸度对电极电势的影响

由能斯特公式可知，如果 H^+ 或 OH^- 参与了电极反应，则溶液的酸度变化会引起电极电势的变化。

例 5-11 计算电极 $NO_3^-(aq)+4H^+(aq)+3e^- \rightleftharpoons NO(g)+2H_2O$，在下列条件下的电极电势（298.15K）。

(1) pH=1.0，其他物质均处于标准状态；

(2) pH=7.0，其他物质均处于标准状态。

解 查附录Ⅶ得 $NO_3^-+4H^++3e^- \rightleftharpoons NO+2H_2O$，$\varphi^\ominus(NO_3^-/NO)=0.96V$

$$\varphi(NO_3^-/NO)=\varphi^\ominus(NO_3^-/NO)+\frac{0.0592}{3}\lg\frac{[c(NO_3^-)/c^\ominus][c(H^+)/c^\ominus]^4}{p(NO)/p^\ominus}$$

(1) pH=1.0，$c(H^+)=0.10mol\cdot L^{-1}$，则：

$$\varphi(NO_3^-/NO)=0.96+\frac{0.0592}{3}\lg\left(\frac{0.10}{1.0}\right)^4=0.88V$$

(2) pH=7.0，$c(H^+)=1.0\times10^{-7}mol\cdot L^{-1}$，则：

$$\varphi(NO_3^-/NO)=0.96+\frac{0.0592}{3}\lg\left(\frac{1.0\times10^{-7}}{1.0}\right)^4=0.41V$$

计算结果表明，NO_3^- 的氧化能力随酸度的降低而减弱。浓 HNO_3 表现出强的氧化性，而中性的硝酸盐氧化能力很弱。这种现象较普遍，多数氧化物、含氧酸盐的氧化性在强酸性条件下才表现出来。

(4) 条件电极电势

介质条件对电极电势有一定的影响，能斯特方程中氧化态和还原态的浓度应以活度表示。当溶液的离子强度较大或氧化态或还原态物质的价态较高时，活度系数受离子强度影响较大，用浓度代替活度会产生较大的偏差。另外氧化态或还原态物质可能与溶液中的其他组分发生各种副反应，常改变电对的氧化态和还原态的存在形式，从而影响电极电势。因此在很多实际工作中，需考虑各种因素引起电极电势的变化。

例如，计算 HCl 溶液中 Fe(Ⅲ)/Fe(Ⅱ)体系的电极电势时，由能斯特方程式得到：

$$\varphi(Fe^{3+}/Fe^{2+})=\varphi^{\ominus}(Fe^{3+}/Fe^{2+})+\frac{0.0592}{1}\lg\frac{\alpha(Fe^{3+})/c^{\ominus}}{\alpha(Fe^{2+})/c^{\ominus}}$$

活度(α)与浓度(c)间存在如下关系：

$$\alpha=\gamma c$$

式中，γ 为活度系数。

$$\varphi(Fe^{3+}/Fe^{2+})=\varphi^{\ominus}(Fe^{3+}/Fe^{2+})+0.0592\lg\frac{\gamma(Fe^{3+})c(Fe^{3+})}{\gamma(Fe^{2+})c(Fe^{2+})} \tag{5-4}$$

Fe^{3+} 易与 H_2O、Cl^- 等发生如下副反应：

$$Fe^{3+}+H_2O \longrightarrow FeOH^{2+} \longrightarrow Fe(OH)_2^+ \cdots$$

$$Fe^{3+}+Cl^- \longrightarrow FeCl^{2+} \longrightarrow FeCl_2^+ \cdots$$

若用 $c'(Fe^{3+})$表示溶液中 Fe^{3+} 的总浓度，$c(Fe^{3+})$为 Fe^{3+} 的平衡浓度则：

$$c'(Fe^{3+})=c(Fe^{3+})+c(FeOH^{2+})+c(FeCl^{2+})+\cdots$$

同理， $$c'(Fe^{2+})=c(Fe^{2+})+c(FeOH^{+})+c(FeCl^{+})+\cdots$$

定义 $\beta(Fe^{3+})$为 Fe^{3+} 的副反应系数： $$\beta(Fe^{3+})=\frac{c'(Fe^{3+})}{c(Fe^{3+})} \tag{5-5}$$

同样定义 $\beta(Fe^{2+})$为 Fe^{2+} 的副反应系数： $$\beta(Fe^{2+})=\frac{c'(Fe^{2+})}{c(Fe^{2+})} \tag{5-6}$$

将式(5-5) 和式 (5-6) 代入式(5-4) 得：

$$\varphi(Fe^{3+}/Fe^{2+})=\varphi^{\ominus}(Fe^{3+}/Fe^{2+})+0.0592\lg\frac{\gamma(Fe^{3+})\beta(Fe^{2+})c'(Fe^{3+})}{\gamma(Fe^{2+})\beta(Fe^{3+})c'(Fe^{2+})} \tag{5-7}$$

式(5-7) 是考虑了上述两个因素后的能斯特方程式的表示式。当溶液的离子强度很大，副反应很多时，γ 和 β 值不易求得，式(5-7) 的应用是很复杂的。为此，将此式改写为：

$$\varphi(Fe^{3+}/Fe^{2+})=\varphi^{\ominus}(Fe^{3+}/Fe^{2+})+0.0592\lg\frac{\gamma(Fe^{3+})\beta(Fe^{2+})}{\gamma(Fe^{2+})\beta(Fe^{3+})}+0.0592\lg\frac{c'(Fe^{3+})}{c'(Fe^{2+})} \tag{5-8}$$

当 $c'(Fe^{3+})=c'(Fe^{2+})=1mol\cdot L^{-1}$ 时，得：

$$\varphi(Fe^{3+}/Fe^{2+})=\varphi^{\ominus}(Fe^{3+}/Fe^{2+})+0.0592\lg\frac{\gamma(Fe^{3+})\beta(Fe^{2+})}{\gamma(Fe^{2+})\beta(Fe^{3+})}$$

上式中 γ 和 β 值在特定条件下是一固定值，因而上式应为一常数，以 $\varphi^{\ominus'}$ 表示之：

$$\varphi^{\ominus'}(Fe^{3+}/Fe^{2+})=\varphi^{\ominus}(Fe^{3+}/Fe^{2+})+0.0592\lg\frac{\gamma(Fe^{3+})\beta(Fe^{2+})}{\gamma(Fe^{2+})\beta(Fe^{3+})}$$

$\varphi^{\ominus'}$ 称为条件电极电势。它是在特定条件下，氧化态和还原态的总浓度均为 $1mol\cdot L^{-1}$ 或它们的浓度比率为 1 时的实际电极电势。可写作：

$$\varphi(Fe^{3+}/Fe^{2+})=\varphi^{\ominus'}(Fe^{3+}/Fe^{2+})+0.0592\lg\frac{c'(Fe^{3+})}{c'(Fe^{2+})}$$

对于电极反应：

$$a\ 氧化态+ne^- \rightleftharpoons b\ 还原态$$

一般通式(298.15K 时) 为：

$$\varphi=\varphi^{\ominus'}+\frac{0.0592}{n}\lg\frac{c'^{a}_{氧化态}}{c'^{b}_{还原态}}$$

条件电极电势的大小，反映了在外界因素影响下，氧化还原电对的实际氧化还原能力。因此，应用条件电极电势（$\varphi^{\ominus'}$）比用标准电极电势（$\varphi^{\ominus}$）能更正确地判断氧化还原反应的方向、次序和反应完成的程度。由于实验条件千变万化，条件电极电势不可能一一测定，现有的数据仍较少，若查不到所需的条件电极电势，可采用相近条件下的数据。

5.4 电极电势的应用

电极电势是反应物质在水溶液中氧化还原能力大小的物理量。水溶液中进行的氧化还原反应的许多问题都可以通过电极电势来解决。

5.4.1 计算原电池的电动势

在组成原电池的两个电对中，电极电势数值较大的是原电池的正极，代数值较小的是原电池的负极。原电池的电动势（E）等于正极的电极电势减去负极的电极电势：

$$E=\varphi_{(+)}-\varphi_{(-)}$$

例 5-12 计算下列原电池的电动势，并指出正、负极。

$$Zn(s)|Zn^{2+}(0.100mol\cdot L^{-1})\parallel Cu^{2+}(2.00mol\cdot L^{-1})|Cu(s)$$

解 先计算两极的电极电势

$$\varphi(Zn^{2+}/Zn)=\varphi^{\ominus}(Zn^{2+}/Zn)+\frac{0.0592}{2}\lg\frac{c(Zn^{2+})}{c^{\ominus}}$$

$$=-0.763+\frac{0.0592}{2}\lg\left(\frac{0.100}{1}\right)=-0.793V\text{(作负极)}$$

$$\varphi(Cu^{2+}/Cu)=\varphi^{\ominus}(Cu^{2+}/Cu)+\frac{0.0592}{2}\lg\frac{c(Cu^{2+})}{c^{\ominus}}$$

$$=0.337+\frac{0.0592}{2}\lg\left(\frac{2.00}{1}\right)$$

$$=0.346V\text{(作正极)}$$

故 $$E=\varphi_{(+)}-\varphi_{(-)}=0.346-(-0.793)=1.139V$$

5.4.2 判断氧化剂和还原剂的相对强弱

根据标准电极电势表中的 $\varphi^{\ominus}$ 值的大小，可以判断氧化剂和还原剂的相对强弱。

例 5-13 根据标准电极电势，在下列电对中找出最强的氧化剂和最强的还原剂，并列出各氧化型物质的氧化能力和各还原型物质的还原强弱次序：MnO_4^-/Mn^{2+}，Fe^{3+}/Fe^{2+}，I_2/I^-。

解 由附录Ⅶ可查出各电对的标准电极电势为：

$$MnO_4^-+8H^++5e^-\rightleftharpoons Mn^{2+}+4H_2O \qquad \varphi^{\ominus}=1.507V$$

$$Fe^{3+}+e^-\rightleftharpoons Fe^{2+} \qquad \varphi^{\ominus}=0.771V$$

$$I_2+2e^-\rightleftharpoons 2I^- \qquad \varphi^{\ominus}=0.536V$$

电对 MnO_4^-/Mn^{2+} 的 $\varphi^{\ominus}$ 最大，说明其氧化态 MnO_4^- 是最强的氧化剂，而相应的还原

态 Mn^{2+} 是最弱的还原剂。

各氧化态物质氧化能力为：$MnO_4^- > Fe^{3+} > I_2$。

各还原态物质还原能力为：$I^- > Fe^{2+} > Mn^{2+}$。

例 5-14 从含有 Cl^-、Br^-、I^- 的混合液中进行 I^- 的定性鉴定时，常用 $Fe_2(SO_4)_3$ 将 I^- 氧化为 I_2，再用 CCl_4 将 I_2 萃取出来呈紫红色。说明其原理。

解

$$I_2 + 2e^- \rightleftharpoons 2I^- \qquad \varphi^\ominus = 0.536V$$

$$Br_2 + 2e^- \rightleftharpoons 2Br^- \qquad \varphi^\ominus = 1.065V$$

$$Cl_2 + 2e^- \rightleftharpoons 2Cl^- \qquad \varphi^\ominus = 1.358V$$

$$Fe^{3+} + e^- \rightleftharpoons Fe^{2+} \qquad \varphi^\ominus = 0.771V$$

由标准电势可看出，$\varphi^\ominus(Fe^{3+}/Fe^{2+})$ 大于 $\varphi^\ominus(I_2/I^-)$，而小于 $\varphi^\ominus(Br_2/Br^-)$ 和 $\varphi^\ominus(Cl_2/Cl^-)$，因此 Fe^{3+} 只能氧化 I^-，故 Br^-、Cl^- 仍然留在溶液中，从而达到鉴定的目的。其反应为：

$$2Fe^{3+} + 2I^- \rightleftharpoons 2Fe^{2+} + I_2$$

5.4.3 判断氧化还原反应的方向

根据标准电极电势的大小，可以预测氧化还原反应进行的方向。恒温恒压下，氧化还原反应进行的方向可由反应的吉布斯自由能变来判断。

根据
$$\Delta_r G_m = -nFE = -nF[\varphi_{(+)} - \varphi_{(-)}]$$

$\Delta_r G_m < 0$，则电动势 $E > 0$，$\varphi_{(+)} > \varphi_{(-)}$，反应正向进行。

$\Delta_r G_m = 0$，则电动势 $E = 0$，$\varphi_{(+)} = \varphi_{(-)}$，反应处于平衡。

$\Delta_r G_m > 0$，则电动势 $E < 0$，$\varphi_{(+)} < \varphi_{(-)}$，反应逆向进行。

如果在标准状态下，应采用 $E^\ominus$ 或 $\varphi^\ominus$ 进行判断。

在氧化还原反应组成的原电池中，使反应物中的氧化剂电对电极作正极，还原剂电对电极作负极，比较两电极的电极电势值的相对大小即可判断氧化还原反应的方向。氧化还原反应总是自发地由较强的氧化剂与较强的还原剂反应。

由于电极电势 φ 的大小不仅与标准电极电势 $\varphi^\ominus$ 有关，还与参加反应的物质的浓度以及溶液的酸度有关。因此，如在非标准状态时，须先按能斯特方程式分别计算各个电极电势，然后根据电池的电动势（E）判断反应进行的方向。但大多数情况下，可以直接用 $\varphi^\ominus$ 值来判断。

当 $E^\ominus > 0.2V$，一般不会因浓度变化而使 $E^\ominus$ 值改变符号；而 $E^\ominus < 0.2V$，浓度变化可能使 $E^\ominus$ 值改变符号，氧化还原反应的方向常因反应物的浓度和酸度的变化，可能产生逆转。

例 5-15 判断下列反应在标准状态下进行的方向：

$$2Fe^{3+}(aq) + Sn^{2+}(aq) \rightleftharpoons 2Fe^{2+}(aq) + Sn^{4+}(aq)$$

解 查附录Ⅶ可知：$\varphi^\ominus(Sn^{4+}/Sn^{2+}) = 0.151V$，$\varphi^\ominus(Fe^{3+}/Fe^{2+}) = 0.771V$。

$\varphi^\ominus(Fe^{3+}/Fe^{2+}) > \varphi^\ominus(Sn^{4+}/Sn^{2+})$，$Fe^{3+}/Fe^{2+}$ 作正极。

$$E^\ominus = \varphi^\ominus(Fe^{3+}/Fe^{2+}) - \varphi^\ominus(Sn^{4+}/Sn^{2+}) = 0.771 - 0.151 > 0$$

反应中 Sn^{2+} 给出电子，而 Fe^{3+} 接受电子，所以反应是自发地从左向右进行

例 5-16 判断下列反应能否自发进行？

$$Pb^{2+}(aq, 0.10mol \cdot L^{-1}) + Sn(s) \rightleftharpoons Pb(s) + Sn^{2+}(aq, 1.0mol \cdot L^{-1})$$

解 查附录Ⅶ可知

$$Pb^{2+} + 2e^- \rightleftharpoons Pb \qquad \varphi^\ominus(Pb^{2+}/Pb) = -0.126V$$

$$Sn^{2+} + 2e^- \rightleftharpoons Sn \qquad \varphi^\ominus(Sn^{2+}/Sn) = -0.136V$$

在标准状态下反应式中，Pb^{2+} 为较强氧化剂，Sn^{2+} 为较强还原剂，因此

$$E^\ominus = \varphi^\ominus(Pb^{2+}/Pb) - \varphi^\ominus(Sn^{2+}/Sn)$$

$$= -0.126 - (-0.136) = 0.0100V \qquad < 0.2V$$

$$E = \left[\varphi^\ominus(Pb^{2+}/Pb) + \frac{0.0592}{2}\lg\frac{c(Pb^{2+})}{c^\ominus}\right] - \left[\varphi^\ominus(Sn^{2+}/Sn) + \frac{0.0592}{2}\lg\frac{c(Sn^{2+})}{c^\ominus}\right]$$

$$= E^\ominus + \frac{0.0592}{2}\lg\frac{c(Pb^{2+})}{c(Sn^{2+})} = 0.0100 + \frac{0.0592}{2}\lg\frac{0.10}{1.0}$$

$$= 0.0100 - 0.0296 = -0.0196V < 0$$

$E<0$ 反应自发向逆方向进行。

有 H^+ 和 OH^- 参加的氧化还原反应，溶液的酸度对氧化还原电对的电极电势有影响，从而有可能影响反应的方向。

例如碘离子与砷酸的反应为：

$$H_3AsO_4 + 2I^- + 2H^+ \rightleftharpoons HAsO_2 + I_2 + 2H_2O$$

其氧化还原半反应为：

$$H_3AsO_4 + 2H^+ + 2e^- \rightleftharpoons HAsO_2 + 2H_2O \qquad \varphi^\ominus(H_3AsO_4/HAsO_2) = +0.56V$$

$$2I^- - 2e^- \rightleftharpoons I_2 \qquad \varphi^\ominus(I_2/I^-) = +0.536V$$

从标准电极电势来看，I_2 不能氧化 $HAsO_2$；相反 H_3AsO_4 能氧化 I^-。但 $H_3AsO_4/HAsO_2$ 电对的半反应中有 H^+ 参加。如果在溶液中加入 $NaHCO_3$ 使 pH≈8，即$c(H^+)$ 由标准状态时的 $1mol \cdot L^{-1}$ 降至 $10^{-8}mol \cdot L^{-1}$，而其他物质的浓度仍为 $1mol \cdot L^{-1}$。根据能斯特方程：

$$\varphi(H_3AsO_4/HAsO_2) = \varphi^\ominus(H_3AsO_4/HAsO_2) + \frac{0.0592}{2}\lg\frac{\frac{c(H_3AsO_4)}{c^\ominus}\times\left[\frac{c(H^+)}{c^\ominus}\right]^2}{\frac{c(HAsO_2)}{c^\ominus}}$$

$$= 0.56 + \frac{0.0592}{2}\lg(10^{-8})^2 = 0.0864V$$

而 $\varphi^\ominus(I_2/I^-)$不受 $c(H^+)$的影响。

这时 $\varphi(I_2/I^-) > \varphi(H_3AsO_4/HAsO_2)$，反应自右向左进行，$I_2$ 能氧化 $HAsO_2$。

如果水溶液中同时存在多种离子（如 Fe^{2+}、Cu^{2+}），且都能和加入的还原剂（如 Zn）发生氧化还原反应：

$$Zn(s) + Fe^{2+}(aq) \rightleftharpoons Zn^{2+}(aq) + Fe(s)$$

$$Zn(s) + Cu^{2+}(aq) \rightleftharpoons Zn^{2+}(aq) + Cu(s)$$

上述两种离子是同时被还原，还是按一定的次序先后被还原呢？

从标准电极电势数据看：$\varphi^\ominus(Zn^{2+}/Zn) = -0.763V$，$\varphi^\ominus(Fe^{2+}/Fe) = -0.440V$，$\varphi^\ominus(Cu^{2+}/Cu) = +0.337V$。

Fe^{2+} 被 Zn 还原的 $E_1^\ominus$、Cu^{2+} 被 Zn 还原的 $E_2^\ominus$ 为：

$$E_1^\ominus = -0.440 - (-0.763) = 0.323V$$

$$E_2^\ominus = +0.337 - (-0.763) = 1.100V$$

由于 $E_2^\ominus > E_1^\ominus$，应该是 Cu^{2+} 首先被还原。随着 Cu^{2+} 被还原，Cu^{2+} 浓度不断减小，从而导致 $\varphi(Cu^{2+}/Cu)$ 也随之减小。当下式成立时：

$$\varphi^\ominus(Cu^{2+}/Cu)+\frac{0.0592}{2}\lg\frac{c(Cu^{2+})}{c^\ominus}=\varphi^\ominus(Fe^{2+}/Fe)$$

此时 Fe^{2+}、Cu^{2+} 将同时被 Zn 还原。

当 Fe^{2+}、Cu^{2+} 同时被还原时 Cu^{2+} 的浓度：

$$\lg\frac{c(Cu^{2+})}{c^\ominus}=\frac{2}{0.0592}[\varphi^\ominus(Fe^{2+}/Fe)-\varphi^\ominus(Cu^{2+}/Cu)]$$

$$=\frac{2}{0.0592}(-0.440-0.337)=-26.25$$

即 $$c(Cu^{2+})=5.6\times10^{-27}\ \text{mol}\cdot\text{L}^{-1}$$

当 Fe^{2+} 开始被 Zn 还原时，Cu^{2+} 已被还原完全。

提示：在一定条件下，氧化还原反应优先发生在电极电势差值最大的两个电对之间。当体系中各氧化剂（或还原剂）所对应电对的电极电势有较大差别时，可以选择性地氧化或还原，从而达到分离体系中各氧化剂（或还原剂）的目的。

5.4.4 确定氧化还原反应的限度

在一定条件下，当原电池的电动势（两电极电势的差）等于零时，原电池反应达到平衡，即组成该原电池的氧化还原反应达到平衡。

$$E=\varphi_{(+)}-\varphi_{(-)}=0$$

例如：Cu-Zn 原电池的电池反应为：

$$Zn(s)+Cu^{2+}(aq)=\!=\!=Zn^{2+}(aq)+Cu(s)$$

平衡常数 $$K^\ominus=\frac{c(Zn^{2+})/c^\ominus}{c(Cu^{2+})/c^\ominus}$$

按上述方法判断这个反应可以自发进行。随着反应的进行，Cu^{2+} 浓度不断地减小，而 Zn^{2+} 浓度不断地增大。因而 $\varphi(Cu^{2+}/Cu)$ 的代数值不断减小，$\varphi(Zn^{2+}/Zn)$ 的代数值不断增大。当两个电对的电极电势相等时，反应进行到了极限，最终建立了动态平衡。

平衡时 $$\varphi(Zn^{2+}/Zn)=\varphi(Cu^{2+}/Cu)$$

即 $$\varphi^\ominus(Zn^{2+}/Zn)+\frac{0.0592}{2}\lg[c(Zn^{2+})/c^\ominus]=\varphi^\ominus(Cu^{2+}/Cu)+\frac{0.0592}{2}\lg[c(Cu^{2+})/c^\ominus]$$

$$\frac{0.0592}{2}\lg\frac{c(Zn^{2+})/c^\ominus}{c(Cu^{2+})/c^\ominus}=\varphi^\ominus(Cu^{2+}/Cu)-\varphi^\ominus(Zn^{2+}/Zn)$$

$$\lg\frac{c(Zn^{2+})/c^\ominus}{c(Cu^{2+})/c^\ominus}=\frac{2}{0.0592}[\varphi^\ominus(Cu^{2+}/Cu)-\varphi^\ominus(Zn^{2+}/Zn)]$$

因为 $$K^\ominus=\frac{c(Zn^{2+})/c^\ominus}{c(Cu^{2+})/c^\ominus}$$

$$\lg K^\ominus=\frac{2}{0.0592}[\varphi^\ominus(Cu^{2+}/Cu)-\varphi^\ominus(Zn^{2+}/Zn)]$$

$$\lg K^\ominus=\frac{2}{0.0592}[0.342-(-0.763)]=37.33$$

即 $$K^\ominus=\frac{c(Zn^{2+})/c^\ominus}{c(Cu^{2+})/c^\ominus}=2.14\times10^{37}$$

这个反应进行得非常完全。

对一般反应，氧化还原反应的通式为：

$$n_2\ 氧化剂\ 1+n_1\ 还原剂\ 2 = n_2\ 还原剂\ 1+n_1\ 氧化剂\ 2$$

$$\varphi_1(氧化/还原)=\varphi_1^{\ominus}(氧化/还原)+\frac{0.0592}{n_1}\lg\frac{c(氧化剂\ 1)/c^{\ominus}}{c(还原剂\ 1)/c^{\ominus}}$$

$$\varphi_2(氧化/还原)=\varphi_2^{\ominus}(氧化/还原)+\frac{0.0592}{n_2}\lg\frac{c(氧化剂\ 2)/c^{\ominus}}{c(还原剂\ 2)/c^{\ominus}}$$

式中，$\varphi_1^{\ominus}$、$\varphi_2^{\ominus}$ 分别为氧化剂、还原剂两个电对的电极电势；n_1、n_2 为氧化剂、还原剂中的电子转移数。反应达平衡时，$\varphi_1=\varphi_2$，即：

$$\varphi_1^{\ominus}(氧化/还原)+\frac{0.0592}{n_1}\lg\frac{c(氧化剂\ 1)/c^{\ominus}}{c(还原剂\ 1)/c^{\ominus}}=\varphi_2^{\ominus}(氧化/还原)+\frac{0.0592}{n_2}\lg\frac{c(氧化剂\ 2)/c^{\ominus}}{c(还原剂\ 2)/c^{\ominus}}$$

整理得到：

$$\lg K^{\ominus}=\lg\left\{\left[\frac{c(还原剂\ 1)}{c(氧化剂\ 1)}\right]^{n_2}\times\left[\frac{c(氧化剂\ 2)}{c(还原剂\ 2)}\right]^{n_1}\right\}=\frac{n(\varphi_1^{\ominus}-\varphi_2^{\ominus})}{0.0592} \tag{5-9}$$

式中，n 为 n_1、n_2 的最小公倍数。

也可以从化学热力学来推证：

$$\Delta_r G_m^{\ominus}=-RT\ln K^{\ominus}$$

$$\Delta_r G_m^{\ominus}=-nFE^{\ominus}=-nF[\varphi_{(+)}^{\ominus}-\varphi_{(-)}^{\ominus}]$$

$$\lg K^{\ominus}=\frac{nF}{2.303RT}[\varphi_{(+)}^{\ominus}-\varphi_{(-)}^{\ominus}]$$

$$\lg K^{\ominus}=\frac{n}{0.0592}[\varphi_{(+)}^{\ominus}-\varphi_{(-)}^{\ominus}]$$

当 $T=298.15\text{K}$ 时，与式(5-9) 是一致的。

从式(5-9) 可知，氧化还原反应平衡常数的大小与 $\varphi_1^{\ominus}-\varphi_2^{\ominus}$ 的差值有关，差值越大，$K^{\ominus}$ 值越大，反应进行得越完全。如果是引用条件电极电势，求得的是条件平衡常数。

当把氧化还原反应应用于滴定分析时，要使反应完全程度达到 99.9%以上，$\varphi_1^{\ominus}-\varphi_2^{\ominus}$ 应相差多大呢？

滴定反应为：n_2 氧化剂 1$+n_1$ 还原剂 2 $=$ n_2 还原剂 1$+n_1$ 氧化剂 2

当反应进行完全时，氧化剂 1 还剩下不到 0.1%，即：$\left[\frac{c(还原剂\ 1)}{c(氧化剂\ 1)}\right]^{n_2}\geqslant\left(\frac{99.9}{0.1}\right)^{n_2}=(10^3)^{n_2}$

同理还原剂 2 也剩下不到 0.1%，即：$\left[\frac{c(氧化剂\ 2)}{c(还原剂\ 2)}\right]^{n_1}\geqslant\left(\frac{99.9}{0.1}\right)^{n_1}=(10^3)^{n_1}$

如 $n_1=n_2=1$ 时，代入式(5-9)，得：

$$\lg K^{\ominus}=\lg\left\{\left[\frac{c(还原剂\ 1)}{c(氧化剂\ 1)}\right]\times\left[\frac{c(氧化剂\ 2)}{c(还原剂\ 2)}\right]\right\}=\frac{(\varphi_1^{\ominus}-\varphi_2^{\ominus})}{0.0592}$$

$$\lg K^{\ominus}=\lg(10^3\times10^3)\leqslant\frac{(\varphi_1^{\ominus}-\varphi_2^{\ominus})}{0.0592}$$

所以 $\varphi_1^{\ominus}-\varphi_2^{\ominus}\geqslant0.35\text{V}$ 时，反应程度才能达到 99.9%以上。

例 5-17 计算下列反应

$$Ag^{+}(aq)+Fe^{2+}(aq) \rightleftharpoons Ag(s)+Fe^{3+}(aq)$$

(1) 求在 298.15K 时的标准平衡常数 $K^{\ominus}$；

(2) 如果在反应开始时，$[Ag^{+}]=1.0\text{mol}\cdot\text{L}^{-1}$，$[Fe^{2+}]=0.10\text{mol}\cdot\text{L}^{-1}$，求达到平衡时 Fe^{3+} 的浓度。

解　(1) 将上述氧化还原反应设计构成一个原电池，则 Ag^+/Ag 电对作正极，Ag^+ 是氧化剂；Fe^{3+}/Fe^{2+} 电对作负极，Fe^{2+} 是还原剂。标准电极电势可从附录Ⅶ中查得，因为 $n_1=n_2=n=1$，所以有：

$$\lg K^\ominus=\frac{n}{0.0592}[\varphi^\ominus_{(+)}-\varphi^\ominus_{(-)}]$$

$$\lg K^\ominus=\frac{n}{0.0592}[\varphi^\ominus(Ag^+/Ag)-\varphi^\ominus(Fe^{3+}/Fe^{2+})]$$

$$\lg K^\ominus=\frac{1\times(0.799-0.771)}{0.0592}=0.473$$

故
$$K^\ominus=2.97$$

(2) 设达到平衡时$[Fe^{3+}]=x\,mol\cdot L^{-1}$

	$Ag^+(aq)$	$+Fe^{2+}(aq)\rightleftharpoons Ag(s)+$	$Fe^{3+}(aq)$
初始浓度/$mol\cdot L^{-1}$	1.0	0.10	0
改变浓度/$mol\cdot L^{-1}$	$-x$	$-x$	x
平衡浓度/$mol\cdot L^{-1}$	$1.0-x$	$0.10-x$	x

$$K^\ominus=\frac{[Fe^{3+}]}{[Ag^+][Fe^{2+}]}$$

$$K^\ominus=\frac{x}{(1.0-x)(0.10-x)}=2.97$$

故
$$[Fe^{3+}]=x=0.074mol\cdot L^{-1}$$

通过上述讨论可以看出，由电极电势的相对大小能够判断氧化还原反应自发进行的方向、次序和限度。

5.4.5 计算其他反应平衡常数和 pH 值

弱酸（碱）的电离平衡常数($K_a^\ominus$ 或 $K_b^\ominus$)、难溶电解质的溶度积常数 $K_{sp}^\ominus$、配合物的稳定常数 $K_f^\ominus$ 等都可以通过测定电动势的方法来计算得到。

(1) 计算电离平衡常数($K_a^\ominus$ 或 $K_b^\ominus$)和 pH 值

欲测定标准状况下 $0.10mol\cdot L^{-1}$ 某弱酸 HX 溶液中 H^+ 的浓度，并计算弱酸 HX 的电离平衡常数 $K_a^\ominus$，为此可设计构成如下的一个氢电极：

$$Pt|H_2(100kPa)|H^+(0.10mol\cdot L^{-1}HX)$$

并将该电极与标准氢电极组成一个原电池。

实验测得该原电池的电动势为 0.168V，并可以确定此原电池中标准氢电极为正极。

$$2H^++2e^-\longrightarrow H_2$$

则有：
$$E=\varphi_{(+)}-\varphi_{(-)}=\varphi^\ominus(H^+/H_2)-\varphi(未知)$$
$$\varphi(未知)=-0.168V$$

因为
$$\varphi(未知)=\varphi^\ominus(H^+/H_2)+\frac{0.0592}{2}\lg\frac{\left(\frac{[H^+]}{c^\ominus}\right)^2}{p(H_2)/p^\ominus}$$

$$-0.168=0+0.0592\lg[H^+]$$

$$pH=2.84$$

$$[H^+]=1.45\times10^{-3}mol\cdot L^{-1}$$

考虑 HX 的电离平衡

	HX	⇌	H^+	+	X^-
初始浓度/$mol\cdot L^{-1}$	0.10		0		0
改变浓度/$mol\cdot L^{-1}$	-1.45×10^{-3}		1.45×10^{-3}		1.45×10^{-3}
平衡浓度/$mol\cdot L^{-1}$	$0.10-1.45\times10^{-3}$		1.45×10^{-3}		1.45×10^{-3}

$$K_a^\ominus=\frac{[H^+][X^-]}{[HX]}$$

$$K_a^\ominus=\frac{(1.45\times10^{-3})^2}{0.10-1.45\times10^{-3}}=2.13\times10^{-5}$$

(2) 计算难溶物的 $K_{sp}^\ominus$

用化学分析方法很难直接准确测定难溶物质在溶液中的离子浓度，所以很难应用离子浓度来计算 $K_{sp}^\ominus$。但可以通过测定原电池的电动势，来计算 $K_{sp}^\ominus$。

例如，要计算难溶盐 AgCl 的 $K_{sp}^\ominus$，可设计如下原电池

$$Ag(s),AgCl(s)|Cl^-(0.010mol\cdot L^{-1})\parallel Ag^+(0.010mol\cdot L^{-1})|Ag(s)$$

由实验测得该电池的电动势为 0.34V。

$$\varphi_{(+)}=\varphi^\ominus(Ag^+/Ag)+\frac{0.0592}{n}\lg[c(Ag^+)/c^\ominus]$$

$$\varphi_{(-)}=\varphi^\ominus(Ag^+/Ag)+\frac{0.0592}{n}\lg\frac{K_{sp}^\ominus(AgCl)}{c(Cl^-)/c^\ominus}$$

$$E=\varphi_{(+)}-\varphi_{(-)}=\frac{0.0592}{n}\lg\frac{c(Ag^+)c(Cl^-)/(c^\ominus)^2}{K_{sp}^\ominus(AgCl)}$$

$$0.34=0.0592\lg\frac{0.010\times0.010/1}{K_{sp}^\ominus(AgCl)}$$

$$K_{sp}^\ominus\ (AgCl)\ =1.7\times10^{-10}$$

5.5 元素电极电势图及其应用

5.5.1 元素电势图

拉蒂莫尔（W. M. Latimer）建议把同一元素的不同的氧化态物质，按照从左到右其氧化值降低的顺序，在两种氧化态物质之间的连线上标出对应电对的标准电极电势的数值，得到元素标准电势图，简称元素电势图。如下所示：

$$\varphi_A^\ominus/V \qquad Fe^{3+}\xrightarrow{0.771}Fe^{2+}\xrightarrow{-0.440}Fe$$

$$\varphi_B^\ominus/V \qquad ClO_4^-\xrightarrow{0.36}ClO_3^-\xrightarrow{0.33}ClO_2^-\xrightarrow{0.66}ClO^-\xrightarrow{0.40}Cl_2\xrightarrow{1.36}Cl^-$$

（ClO^- 至 Cl^-：0.62）

元素电势图清楚地表明同种元素不同的氧化态或还原态物质氧化还原能力的相对大小。

5.5.2 元素电势图的应用

(1) 歧化反应

歧化过程是一种自身氧化还原反应。如：

$$2Cu^{+} \rightleftharpoons Cu + Cu^{2+}$$

在这一反应中，一部分 Cu^{+} 被氧化为 Cu^{2+}，同时另一部分 Cu^{+} 被还原为金属 Cu。当一种元素处于中间氧化态时，它一部分向高氧化态变化（即被氧化），另一部分向低氧化态变化（即被还原），这类反应称为歧化反应。

铜的元素电势图为：

$$Cu^{2+} \xrightarrow{0.153} Cu^{+} \xrightarrow{0.521} Cu \quad (Cu^{2+}/Cu: 0.337)$$

因为 $\varphi^{\ominus}(Cu^{+}/Cu)$ 大于 $\varphi^{\ominus}(Cu^{2+}/Cu^{+})$，即：

$$\varphi^{\ominus}(Cu^{+}/Cu) - \varphi^{\ominus}(Cu^{2+}/Cu^{+}) = 0.521 - 0.153 = 0.368V > 0$$

所以 Cu^{+} 在水溶液中能自发歧化为 Cu^{2+} 和 Cu。

发生歧化反应的规律是：

$$M^{2+} \xrightarrow{\varphi^{\ominus}_{左}} M^{+} \xrightarrow{\varphi^{\ominus}_{右}} M$$

当电势图中的 $\varphi^{\ominus}_{右} > \varphi^{\ominus}_{左}$ 时，M^{+} 容易发生歧化反应：

$$2M^{+} \rightleftharpoons M^{2+} + M$$

反之当 $\varphi^{\ominus}_{左} > \varphi^{\ominus}_{右}$ 时，M^{+} 虽为中间氧化值，但不能发生歧化反应，而逆反应是自发的，即发生如下反应：

$$M^{2+} + M \rightleftharpoons 2M^{+}$$

根据元素电势图，可以描述某一元素的一些氧化还原的特性。例如：

$$\varphi^{\ominus}_{A}/V \quad Fe^{3+} \xrightarrow{0.771} Fe^{2+} \xrightarrow{-0.440} Fe$$

从电势图可以看出 $\varphi^{\ominus}(Fe^{2+}/Fe)$ 为负值，而 $\varphi^{\ominus}(Fe^{3+}/Fe^{2+})$ 为正值，右边电位小于左边，说明 Fe^{2+} 不能发生歧化反应，而逆歧化反应可以进行。

$$Fe + 2Fe^{3+} \rightleftharpoons 3Fe^{2+}$$

在 Fe^{2+} 盐溶液中，加入少量的金属铁，能避免 Fe^{2+} 被空气中的氧气氧化为 Fe^{3+}。

(2) 计算标准电极电势

利用元素电势图，根据相邻电对的已知标准电极电势，可以求算任何一未知电对的标准电极电势。如：

$$A \xrightarrow[n_1]{\varphi^{\ominus}_{1}} B \xrightarrow[n_2]{\varphi^{\ominus}_{2}} C \quad (A/C: \varphi^{\ominus}_{3},\ n_1 + n_2)$$

利用标准吉布斯自由能变与原电池标准电极电势关系求未知电对电势：

$$\Delta_r G^{\ominus}_{m} = -nFE^{\ominus}$$

由于 $\Delta_r G^{\ominus}_{m}$ 是状态函数具有加和性，可推得：$\Delta_r G^{\ominus}_{m(3)} = \Delta_r G^{\ominus}_{m(1)} + \Delta_r G^{\ominus}_{m(2)}$

$$-(n_1 + n_2)FE^{\ominus}_{(3)} = -n_1 FE^{\ominus}_{(1)} + (-n_2 FE^{\ominus}_{(2)})$$

以标准氢电极作参照，进一步推理可得：

$$-(n_1+n_2)F\varphi^{\ominus}_{(3)}=-n_1F\varphi^{\ominus}_{(1)}+(-n_2F\varphi^{\ominus}_{(2)})$$

推广应用到一般情况则为：

$$\varphi^{\ominus}_n=\frac{n_1\varphi^{\ominus}_1+n_2\varphi^{\ominus}_2+n_3\varphi^{\ominus}_3+\cdots}{n_1+n_2+n_3+\cdots} \tag{5-10}$$

例 5-18 根据下面碱性介质中溴的电势图求 $\varphi^{\ominus}(BrO_3^-/Br^-)$ 和 $\varphi^{\ominus}(BrO_3^-/BrO^-)$。

$\varphi^{\ominus}_B/V$

$$\underbrace{\overbrace{BrO_3^- \xrightarrow{?} BrO^- \xrightarrow{0.45} Br_2}^{0.52} \xrightarrow{1.09} Br^-}_{?}$$

解 根据式(5-10)：

(1) $$\varphi^{\ominus}(BrO_3^-/Br^-)=\frac{5\times\varphi^{\ominus}(BrO_3^-/Br_2)+1\times\varphi^{\ominus}(Br_2/Br^-)}{5+1}$$

$$=\frac{5\times0.52+1\times1.09}{6}=0.62V$$

(2) $$5\varphi^{\ominus}(BrO_3^-/Br_2)=4\times\varphi^{\ominus}(BrO_3^-/BrO^-)+1\times\varphi^{\ominus}(BrO^-/Br_2)$$

$$\varphi^{\ominus}(BrO_3^-/BrO^-)=\frac{5\varphi^{\ominus}(BrO_3^-/Br_2)-1\times\varphi^{\ominus}(BrO^-/Br_2)}{4}$$

$$=\frac{5\times0.52-1\times0.45}{4}=0.54V$$

5.6 氧化还原反应的应用

5.6.1 在生命科学中的应用

氧化还原反应在自然界中是普遍存在的。它在生物体尤其是人体的生命活动中具有重要的意义。食物中的糖类、脂肪和蛋白质在体内与氧发生生物氧化，以满足生命活动如肌肉收缩、神经传导和物质代谢等的能量需要。例如，葡萄糖发生的氧化反应：

$$C_6H_{12}O_6(s)+6O_2(g)=\!=\!=6CO_2(g)+6H_2O(l)$$

虽然反应的原理与体外的氧化（如燃烧）相同，但反应过程要复杂得多。因为生物氧化是在体温条件下、近中性的含水环境中、在一系列酶催化下进行的。反应过程中释放的大部分能量用以合成三磷酸腺苷（ATP）这样的高能磷酸化合物，并将能量储存起来。一旦肌体活动需要时，再由 ATP 通过水解提供能量。可见氧化还原反应在生物代谢过程中的重要性。

5.6.2 消毒与灭菌

在环境保护和卫生方面，许多氧化性物质（如 H_2O_2、$KMnO_4$、Cl_2、O_3 等）常作为净化剂和消毒杀菌剂。

高锰酸钾在医药上和日常生活中广泛用于灭菌消毒。例如，用 0.1%的 $KMnO_4$ 水溶液浸泡苹果、杨梅、樱桃等果品，5min 后就可杀死附着外表的细菌，防止肠道感染，并能把残留在果皮外的各种农药杀虫剂氧化。生的黄瓜、番茄、胡萝卜等用上法处理，还可杀死附在瓜果上的蛔虫等寄生虫卵。医药上用以消炎、止痒、除臭和防止感染。用 5% 的 $KMnO_4$ 溶液可治疗烫伤。

臭氧有强氧化性，在环境保护方面臭氧用于废气和废水的净化，并用于饮用水的消毒，取代氯气处理。

5.6.3 氧化还原反应与土壤肥力

土壤中某些元素存在状态的转化离不开氧化还原反应。例如，在地壳表面大气中，氮气约占总体积的 78%。但植物一般不能直接利用大气中游离的 N_2，常通过根部吸收氮的化合物铵盐、硝酸盐等，以供生长所需的营养。然而大自然中某些微生物，具有将空气中的氮气转化为氨的功能。这一自然固氮的过程便是一个氧化还原过程。再如，铁是植物所必需的营养元素，土壤中的铁绝大多数以无机形态存在。一般来讲，固体状态的铁不能被利用，但氢氧化铁在酸性溶液中，其溶解度随溶液的酸度增加而增大，且易被还原为低价铁，低价铁化合物的溶解度比较大，因而增加了土壤的肥力。

思考题

5-1 指出下列化合物中画线元素的氧化值。

$Na\underline{H}$　$\underline{N}H_3$　$Ba\underline{O_2}$　KO_2　$\underline{O}F_2$　$\underline{I}_2O_5$　$K_2\underline{Pt}Cl_6$　$\underline{Cr}O_4^{2-}$　$\underline{Mn}_2O_7$　$K_2\underline{Mn}O_4$　$\underline{S}_4O_6^{2-}$　$\underline{Fe}_3O_4$

5-2 试根据标准电极电势的数据，把下列物质按其氧化能力递增的顺序排列起来，写出它们在酸性介质中对应的还原产物。

$KMnO_4$　H_2O_2　$K_2Cr_2O_7$　$FeCl_3$　I_2　Br_2　Cl_2　F_2

5-3 在下列常见的氧化剂中，如果使酸度增加，哪些的氧化性增强？哪些不变？

(1) Cl_2　(2) $Cr_2O_7^{2-}$　(3) Fe^{3+}　(4) MnO_4^-

5-4 回答下列问题：

(1) 能否用铁制容器盛放 $CuSO_4$ 溶液？

(2) 配制 $SnCl_2$ 溶液时，为了防止 Sn^{2+} 被空气中的氧所氧化，通常在溶液中加少许 Sn 粒，为什么？

(3) 金属铁能还原 Cu^{2+}，而 $FeCl_3$ 溶液又能使金属铜溶解，为什么？

习题

5-1 用离子-电子法配平酸性介质中下列反应的离子方程式。

(1) $I_2 + H_2S \longrightarrow I^- + S$

(2) $MnO_4^- + SO_3^{2-} \longrightarrow Mn^{2+} + SO_4^{2-}$

(3) $PbO_2 + Cl^- \longrightarrow PbCl_2 + Cl_2$

(4) $Ag+NO_3^- \longrightarrow Ag^+ +NO$

(5) $H_2O_2+I^- \longrightarrow I_2+H_2O$

5-2 用离子-电子法配平碱性介质中下列反应的离子方程式。

(1) $H_2O_2+Cr(OH)_4^- \longrightarrow CrO_4^{2-}+H_2O$

(2) $Zn+ClO^- +OH^- \longrightarrow Zn(OH)_4^{2-}+Cl^-$

(3) $SO_3^{2-}+Cl_2 \longrightarrow Cl^- +SO_4^{2-}$

(4) $Br_2+OH^- \longrightarrow BrO_3^- +Br^-$

(5) $Br_2+Cr(OH)_3+OH^- \longrightarrow CrO_4^{2-}+Br^-$

5-3 将一未知电极电势的半电池与饱和甘汞电极组成一原电池，后者为负极。此原电池的电动势为0.170V。试计算该半电池对标准氢电极的电极电势（已知饱和甘汞电极的电极电势为0.2415V）。

5-4 写出下列氧化还原反应的半反应，并设计构成原电池，写出电池符号。

(1) $Pb^{2+}+Cu+S^{2-} \longrightarrow Pb+CuS\downarrow$

(2) $Ag^+ +Cu \longrightarrow Ag+Cu^{2+}$

(3) $Ni+Pb^{2+} \longrightarrow Ni^{2+}+Pb$

(4) $Sn+2H^+ \longrightarrow Sn^{2+}+H_2$

(5) $Fe+Cu^{2+} \longrightarrow Fe^{2+}+Cu$

5-5 计算298K时下列各原电池的标准电动势，并写出每个电池的自发电池反应。

(1) $(-)Pt|I^-,I_2 \| Fe^{3+},Fe^{2+}|Pt(+)$

(2) $(-)Zn|Zn^{2+} \| Fe^{3+},Fe^{2+}|Pt(+)$

(3) $(-)Pt|HNO_2,NO_3^-,H^+ \| Fe^{3+},Fe^{2+}|Pt(+)$

(4) $(-)Pt|Fe^{3+},Fe^{2+} \| MnO_4^-,Mn^{2+},H^+|Pt(+)$

5-6 根据标准电极电势判断下列反应能否正向自发进行？

(1) $2Br^- +2Fe^{3+} = Br_2+2Fe^{2+}$

(2) $I_2+Sn^{2+} = 2I^- +Sn^{4+}$

(3) $2Fe^{3+}+Cu = 2Fe^{2+}+Cu^{2+}$

(4) $H_2O_2+2Fe^{2+}+2H^+ = 2Fe^{3+}+2H_2O$

(5) $2Ag+Zn(NO_3)_2 = Zn+2AgNO_3$

(6) $2H_2S+H_2SO_3 = 3S\downarrow+3H_2O$

5-7 已知电池反应

$Zn(s)|Zn^{2+}(x\,mol\cdot L^{-1}) \| Ag^+(0.1mol\cdot L^{-1})|Ag(s)$的电动势$E=1.51V$，求$Zn^{2+}$的浓度。（答：$0.57mol\cdot L^{-1}$）

5-8 已知$\varphi^\ominus(Fe^{2+}/Fe)=-0.441V$，$\varphi^\ominus(Fe^{3+}/Fe^{2+})=0.771V$，计算$\varphi^\ominus(Fe^{3+}/Fe)$的值。（答：$-0.037$ V）

5-9 已知下列电对的电极电势：

$$Ag^+ +e^- \rightleftharpoons Ag \qquad \varphi^\ominus=0.7996V$$

$$AgCl(s)+e^- \rightleftharpoons Ag+Cl^- \qquad \varphi^\ominus=0.2223V$$

试计算AgCl的溶度积常数。（答：1.6×10^{-10}）

5-10 计算下列反应的标准平衡常数。

(1) $2Ag^+ +Zn \rightleftharpoons 2Ag+Zn^{2+}$

(2) $3Cu + 2NO_3^- + 8H^+ \rightleftharpoons 3Cu^{2+} + 2NO\uparrow + 4H_2O$

(3) $H_3AsO_3 + I_2 + H_2O \rightleftharpoons H_3AsO_4 + 2I^- + 2H^+$

(4) $MnO_2 + 2Cl^- + 4H^+ \rightleftharpoons Mn^{2+} + Cl_2 + 2H_2O$

5-11 根据标准电极电势表：

(1) 选择一种合适的氧化剂，使 Sn^{2+}、Fe^{2+} 分别氧化成 Sn^{4+} 和 Fe^{3+}，而不能使 Cl^- 氧化成 Cl_2。

(2) 选择一种合适的还原剂，使 Cu^{2+}、Ag^+ 分别还原成 Cu 和 Ag，而不能使 Fe^{2+} 还原。

5-12 根据铬元素电势图：$\varphi_A^\ominus/V \quad Cr_2O_7^{2-} \xrightarrow{1.33} Cr^{3+} \xrightarrow{-0.40} Cr^{2+} \xrightarrow{-0.89} Cr^0$

(1) 计算 $\varphi^\ominus(Cr_2O_7^{2-}/Cr^{2+})$ 和 $\varphi^\ominus(Cr^{3+}/Cr)$； （答：0.90，−0.73）

(2) 判断在酸性介质中，$Cr_2O_7^{2-}$ 的还原产物是 Cr^{3+} 还是 Cr^{2+}？

5-13 已知下列元素电势图

$$\varphi_A^\ominus/V \quad Cu^{2+} \xrightarrow{0.16} Cu^+ \xrightarrow{0.52} Cu^0$$

$$Hg^{2+} \xrightarrow{0.90} Hg_2^{2+} \xrightarrow{0.80} Hg^0$$

$$HClO \xrightarrow{1.61} Cl_2 \xrightarrow{1.36} Cl^-$$

$$\varphi_B^\ominus/V \quad ClO^- \xrightarrow{0.52} Cl_2 \xrightarrow{1.36} Cl^-$$

试回答：

(1) 哪些物质在水溶液中易发生歧化？写出相应的反应式。

(2) 在酸性介质中，如果使 Cu(Ⅱ)转化为 Cu(Ⅰ)和 Hg_2^{2+} 转化为 Hg(Ⅱ)，应分别采用什么方法，举例说明。

5-14 已知 $Cu^{2+} + 2e^- \rightleftharpoons Cu \quad \varphi^\ominus = 0.342V$

$Cu^{2+} + e^- \rightleftharpoons Cu^+ \quad \varphi^\ominus = 0.153V$

(1) 计算反应 $Cu + Cu^{2+} \rightleftharpoons 2Cu^+$ 的标准平衡常数。 （答：4.12×10^{-7}）

(2) 已知 $K_{sp}^\ominus(CuCl) = 1.72\times10^{-7}$，试计算反应 $Cu + Cu^{2+} + 2Cl^- \rightleftharpoons 2CuCl\downarrow$ 的标准平衡常数。 （答：1.39×10^7）

5-15 将一块纯铜片置于 $0.050mol\cdot L^{-1}$ $AgNO_3$ 溶液中，计算达到平衡后溶液的组成。（提示：首先计算出反应的标准平衡常数）。（答：$0.025mol\cdot L^{-1}$ $Cu(NO_3)_2$ 溶液）

第 6 章

沉淀-溶解平衡

学习要求

① 掌握溶度积的概念及溶度积与溶解度的换算。

② 了解影响沉淀-溶解平衡的因素，利用溶解度原理判断沉淀的生成与溶解。

③ 掌握沉淀-溶解平衡的相关计算。

通过第 3 章的学习，认识了化学反应平衡。在第 4 章和第 5 章分别学习了酸碱解离平衡和氧化还原反应平衡，本章我们将讨论沉淀-溶解平衡。所谓沉淀-溶解平衡即为难溶电解质的饱和水溶液中，难溶电解质固体与相应的各水合离子间的平衡。这种固相与液相间的平衡属于多相平衡，是无机化学的四大平衡之一。在科学实验和实际生产中，可以利用沉淀-溶解平衡原理进行物质的分离、提纯和产品的制备，也可作为基础分析检验方法。

6.1 沉淀-溶解平衡及溶度积原理

6.1.1 沉淀-溶解平衡的建立

物质在水中的溶解是一个复杂的物理-化学过程。溶解度的大小受多种因素影响，如晶格能、水合焓、温度、酸度等。严格地说，绝对不溶解的物质是不存在的，通常将在 100g 水中溶解量小于 0.01g 的物质称为难溶物。虽然难溶物的溶解度很小，但溶解部分是完全电离的，故也称其为难溶电解质。

例如，在一定温度下，将难溶电解质 AgCl 晶体放入水中，晶体表面的 Ag^+ 和 Cl^- 在水分子的作用下，不断从晶体表面溶解到水中而形成水合离子，这一过程称为溶解过程。同时，水溶液中的 Ag^+ 和 Cl^- 由于分子的热运动而不断相互碰撞，重新结合形成 AgCl 晶体，从而重新回到晶体表面，这一过程称为沉淀过程。当溶解和沉淀的速度相等时，就建立了

AgCl 固体和溶液中的 Ag^+ 和 Cl^- 之间的动态平衡，称为沉淀-溶解平衡（precipitation-dissolution equilibrium）。这是一种多相平衡，它可表示为：

$$AgCl(s) \rightleftharpoons Ag^+(aq) + Cl^-(aq)$$

按照化学平衡定律则有：

$$K^\ominus = [Ag^+][Cl^-] = K_{sp}^\ominus \tag{6-1}$$

由平衡常数表达式可知，当反应达到平衡时，反应标准平衡常数即为溶解于溶液中构晶离子浓度的乘积，故称为溶度积常数（solubility product constant），以 $K_{sp}^\ominus$ 表示。一定温度下，当反应达到平衡时，$K_{sp}^\ominus$ 为常数。

$K_{sp}^\ominus$ 的值可根据第 3 章中的热力学公式，利用热力学参数进行计算求得。

当反应未达到平衡时：

$$\Delta_r G_m = -RT\ln K_{sp}^\ominus + RT\ \ln Q_i \tag{6-2}$$

式中，Q_i 是未达到平衡时的离子积。

当达到沉淀-溶解平衡时，$\Delta_r G_m = 0$，则：

$$\Delta_r G_m^\ominus = -RT\ln K_{sp}^\ominus \tag{6-3}$$

6.1.2 溶度积常数、溶解度及两者间的相互换算

根据溶度积的表达式，难溶电解质的溶度积和溶解度是可以相互换算的。由溶解度求算溶度积时，先要把溶解度换算成物质的量浓度。

例 6-1 AgCl 在 25℃时溶解度为 $0.000192g/100gH_2O$，求它的溶度积常数。

解 因为 AgCl 饱和溶液极稀，可以认为 1g H_2O 的体积和质量与 1mL AgCl 溶液的体积和质量相同，所以在 1L AgCl 饱和溶液中含有 AgCl 0.00192g，AgCl 的摩尔质量为 $143.4g \cdot mol^{-1}$，将溶解度用物质的量浓度表示为：

$$c(AgCl) = \frac{0.00192g \cdot L^{-1}}{143.4g \cdot mol^{-1}} = 1.34 \times 10^{-5} mol \cdot L^{-1}$$

溶解的 AgCl 完全电离，故：

$$AgCl(s) \rightleftharpoons Ag^+(aq) + Cl^-(aq)$$

$$[Ag^+] = [Cl^-] = 1.34 \times 10^{-5} mol \cdot L^{-1}$$

所以

$$K_{sp}(AgCl) = [Ag^+][Cl^-] = (1.34 \times 10^{-5})^2 = 1.8 \times 10^{-10}$$

例 6-2 在 25℃时，Ag_2CrO_4 的溶解度是 $0.0217g \cdot L^{-1}$，试计算 Ag_2CrO_4 的 $K_{sp}^\ominus$。

解 $$c(Ag_2CrO_4) = \frac{T(Ag_2CrO_4)}{M(Ag_2CrO_4)} = \frac{0.0217g \cdot L^{-1}}{331.8g \cdot mol^{-1}} = 6.54 \times 10^{-5} mol \cdot L^{-1}$$

由 Ag_2CrO_4 的溶解平衡：

$$Ag_2CrO_4(s) \rightleftharpoons 2Ag^+(aq) + CrO_4^{2-}(aq)$$

平衡时浓度（$mol \cdot L^{-1}$）　　$2c$　　c

可得：

$$K_{sp}^\ominus = [Ag^+]^2 \times [CrO_4^{2-}] = (2c)^2 c = 4c^3 = 4 \times (6.54 \times 10^{-5})^3 = 1.12 \times 10^{-12}$$

例 6-3 在 25℃时 AgBr 的 $K_{sp}^\ominus = 5.35 \times 10^{-13}$，试计算 AgBr 的溶解度（以物质的量浓度表示）。

解　溴化银的溶解平衡为：

$$AgBr(s) \rightleftharpoons Ag^{+}(aq) + Br^{-}(aq)$$

设 AgBr 的溶解度为 c，则$[Ag^{+}]=[Br^{-}]=c$

得 $$K_{sp}^{\ominus}=[Ag^{+}]\times[Br^{-}]=c\times c=5.35\times10^{-13}$$

所以 $$c=\sqrt{5.35\times10^{-13}}=7.31\times10^{-7}\ mol\cdot L^{-1}$$

即 AgBr 的溶解度为 $7.31\times10^{-7}\ mol\cdot L^{-1}$。

注意：溶解度与溶度积进行相互换算是有条件的，如下所示。

① 难溶电解质的离子在溶液中应不发生水解、聚合、配位等反应。

② 难溶电解质要一步完全电离。

溶解度的比较：比较电解质间的溶解能力大小时，首先应该认清电解质组成是否为同一类型的电解质，对于同类型的电解质可直接通过比较其溶度积数据推断其溶解度的大小。对于不同类型的电解质，则要将溶度积数据换算为溶解度后再推断其溶解度的大小。如：

	$CaCO_3$	$AgCl$	Ag_2CrO_4
$K_{sp}^{\ominus}$	2.8×10^{-9}	1.8×10^{-10}	1.1×10^{-12}
$c/mol\cdot L^{-1}$	5.3×10^{-5}	1.34×10^{-5}	6.5×10^{-5}

6.1.3　溶度积原理

溶度积原理是根据溶液中非平衡态时离子浓度的乘积与平衡时离子积常数（$K_{sp}^{\ominus}$）大小来判断沉淀能否生成或溶解。

$$A_nB_m(s) \rightleftharpoons nA^{m+}(aq)+mB^{n-}(aq)$$

$$K_{sp}^{\ominus}=[A^{m+}]^n\times[B^{n-}]^m$$

$$Q_i=[A^{m+}]^n\times[B^{n-}]^m \tag{6-4}$$

$K_{sp}^{\ominus}$ 与 Q_i 的意义：$K_{sp}^{\ominus}$ 与 Q_i 均表示溶液中离子浓度的乘积。$K_{sp}^{\ominus}$ 表示难溶电解质沉淀溶解平衡时饱和溶液中离子浓度的乘积，在一定温度下 $K_{sp}^{\ominus}$ 为常数；Q_i 则表示任何情况下离子浓度的乘积，其值不定。

当　$Q_i>K_{sp}^{\ominus}$ 时，溶液为过饱和溶液，沉淀析出。

当　$Q_i=K_{sp}^{\ominus}$ 时，溶液为饱和溶液，处于平衡状态。

当　$Q_i<K_{sp}^{\ominus}$ 时，溶液为未饱和溶液，沉淀溶解。

6.2　沉淀的生成

6.2.1　沉淀的生成条件

当溶液中的 $Q_i>K_{sp}^{\ominus}$ 时，即可生成沉淀。

例 6-4　将等体积的 $4.0\times10^{-3}\ mol\cdot L^{-1}$ 的 $AgNO_3$ 和 $4.0\times10^{-3}\ mol\cdot L^{-1}$ K_2CrO_4 混合，有无 Ag_2CrO_4 沉淀产生？已知 $K_{sp}^{\ominus}(Ag_2CrO_4)=1.12\times10^{-12}$。

解　等体积混合后，浓度为原来的一半。

$$[Ag^{+}]=2.0\times10^{-3}\ mol\cdot L^{-1}；[CrO_4^{2-}]=2.0\times10^{-3}\ mol\cdot L^{-1}$$

$$Q_i = [Ag^+]^2[CrO_4^{2-}] = (2.0\times10^{-3})^2\times2.0\times10^{-3}$$
$$=8.0\times10^{-9} > K_{sp}^{\ominus}$$

所以有沉淀析出。

6.2.2 沉淀的完全程度

一定温度下，$K_{sp}^{\ominus}$ 是常数，溶液中的沉淀-溶解平衡始终存在，溶液中的任何一种离子的浓度都不会为零。所谓“沉淀完全”是指溶液中的某种离子的浓度极低。在定性分析中，一般要求溶液中的离子浓度小于 1.0×10^{-5} mol·L^{-1}；在定量分析中，离子浓度小于 1.0×10^{-6} mol·L^{-1}，即可认为沉淀完全。以下是几种使沉淀完全的方法。

(1) 同离子效应

因加入含有与难溶电解质相同离子的易溶强电解质，而使难溶电解质溶解度降低的效应称之为同离子效应。

例 6-5 已知室温下 $BaSO_4$ 在纯水中的溶解度为 1.0×10^{-5} mol·L^{-1}，$BaSO_4$ 在 0.010mol·L^{-1} Na_2SO_4 溶液中的溶解度比在纯水中小多少？已知 $K_{sp}^{\ominus}(BaSO_4)=1.07\times10^{-10}$

解 设 $BaSO_4$ 在 0.010mol·L^{-1} Na_2SO_4 溶液中的溶解度为 x mol·L^{-1}，则溶解平衡时：

$$BaSO_4(s) \rightleftharpoons Ba^{2+} + SO_4^{2-}$$

平衡时浓度/mol·L^{-1}　　x　　$0.010+x$

$$K_{sp}^{\ominus}(BaSO_4) = [Ba^{2+}][SO_4^{2-}]$$
$$= x(0.010+x) = 1.07\times10^{-10}$$

因为溶解度 x 很小，所以：

$$0.010+x \approx 0.010$$
$$0.010x = 1.07\times10^{-10}$$

所以 $$x = 1.07\times10^{-8}(\text{mol}\cdot\text{L}^{-1})$$

计算结果与 $BaSO_4$ 在纯水中的溶解度相比较，溶解度为原来的 $1.07\times10^{-8}/1.00\times10^{-5}$，即约为 0.0010 倍。

(2) 酸效应

难溶弱酸盐或难溶氢氧化物，通过控制溶液的 pH 可使难溶弱酸盐或难溶氢氧化物溶解。

例 6-6 计算欲使 0.010mol·L^{-1} Fe^{3+} 开始沉淀和沉淀完全时溶液的 pH 值。已知：$K_{sp}^{\ominus}(Fe(OH)_3)=2.79\times10^{-39}$。

解 $$Fe(OH)_3(s) \rightleftharpoons Fe^{3+}(aq) + 3OH^-(aq)$$

开始沉淀时 $$([Fe^{3+}]/c^{\ominus})([OH^-]/c^{\ominus})^3 = K_{sp}^{\ominus}(Fe(OH)_3)$$

$$[OH]/c^{\ominus} = \sqrt[3]{\frac{K_{sp}^{\ominus}(Fe(OH)_3)}{[Fe^{3+}]/c^{\ominus}}} = \sqrt[3]{\frac{2.79\times10^{-39}}{0.01}} = 6.5\times10^{-13}\text{mol}\cdot\text{L}^{-1}$$

$$pH = 14 - pOH = 14 - 12.19 = 1.81$$

沉淀完全时$[Fe^{3+}] \leqslant 1.0\times10^{-5}$ mol·L^{-1}，则：

$$[OH]/c^{\ominus} = \sqrt[3]{\frac{K_{sp}^{\ominus}(Fe(OH)_3)}{[Fe^{3+}]/c^{\ominus}}} = \sqrt[3]{\frac{2.79\times10^{-39}}{1.0\times10^{-5}}} = 6.5\times10^{-12}\text{mol}\cdot\text{L}^{-1}$$

$$pH = 14 - pOH = 2.81$$

显然，Fe^{3+} 开始沉淀时，溶液的 pH 为 1.81；完全时 pH 为 2.81。

(3) 盐效应

因加入强电解质使难溶电解质的溶解度增大（静电吸引使不易沉淀）的效应，称为盐效应。

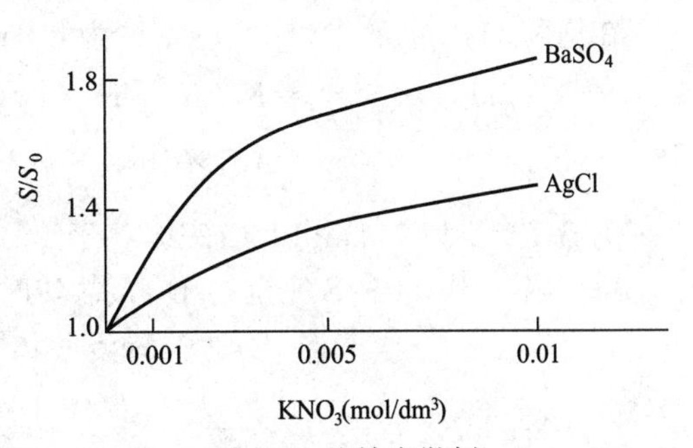

图 6-1　盐效应举例

S_0—纯水中的溶解度；S—在 KNO_3 溶液中的溶解度

KNO_3 溶解后完全电离为 K^+ 和 NO_3^- 离子，结果使溶液中的离子总数骤增，由于 SO_4^{2-} 和 Ba^{2+} 离子被众多带不同电荷的离子（K^+，NO_3^-）所包围，活动性降低，因而 Ba^{2+} 和 SO_4^{2-} 的有效浓度降低，使 $BaSO_4$ 进一步溶解，即溶解度增大（图 6-1）。

6.3　沉淀的溶解

沉淀溶解条件：当溶液中的 $Q_i < K_{sp}^{\ominus}$ 时，沉淀即溶解。因此，只要创造条件降低难溶电解质饱和溶液中的离子浓度即 Q_i，就能使沉淀溶解。通常采用以下几种方法。

6.3.1　生成弱电解质使沉淀溶解

难溶的金属氢氧化物，如 $Mg(OH)_2$、$Mn(OH)_2$、$Fe(OH)_3$、$Al(OH)_3$ 等都能溶于酸：

$$M(OH)_n + nH^+ \rightleftharpoons M^{n+} + nH_2O$$

$$K^{\ominus} = \frac{[M^{n+}]}{[H^+]^n} = \frac{[M^{n+}][OH^-]^n}{[H^+]^n[OH^-]^n} = \frac{K_{sp}^{\ominus}}{(K_w)^n}$$

室温时，$K_w^{\ominus} = 10^{-14}$，而一般 MOH 的 $K_{sp}^{\ominus}$ 大于 10^{-14}（即 $K_w^{\ominus}$），$M(OH)_2$ 的 $K_{sp}^{\ominus}$ 大于 10^{-28} [即$(K_w^{\ominus})^2$]，$M(OH)_3$ 的 $K_{sp}^{\ominus}$ 大于 10^{-42} [即$(K_w^{\ominus})^3$]，所以反应平衡常数都大于 1，表明金属氢氧化物一般都能溶于强酸。

例如，在含有固体 $CaCO_3$ 的饱和溶液中加入盐酸后，体系中存在着下列平衡的移动。

$$CaCO_3(s) \rightleftharpoons Ca^{2+} + CO_3^{2-}$$

$$HCl = Cl^- + H^+$$

$$H^+ + CO_3^{2-} \rightleftharpoons HCO_3^-$$

$$HCO_3^- + H^+ \rightleftharpoons H_2CO_3 \rightleftharpoons CO_2\uparrow + H_2O$$

又如，ZnS 的酸溶解：

$$ZnS(s) \rightleftharpoons Zn^{2+} + S^{2-}$$

$$+$$

$$HCl \rightleftharpoons Cl^- + H^+$$

$$\Updownarrow$$

$$HS^- + H^+ \rightleftharpoons H_2S$$

在饱和 H_2S 溶液中(H_2S 的浓度为 $0.1mol \cdot L^{-1}$)S^{2-} 和 H^+ 浓度的关系是：

$$[H^+]^2[S^{2-}] = K_{a_1}^{\ominus} K_{a_2}^{\ominus}[H_2S]$$
$$= 1.1\times10^{-7}\times1.25\times10^{-13}\times0.1 = 1.4\times10^{-21}$$

例 6-7 要使 0.1mol FeS 完全溶于 1 L 盐酸中，求所需盐酸的最低浓度。

解 当 0.1mol FeS 完全溶于 1L 盐酸时，

$$c(Fe^{2+}) = 0.1mol \cdot L^{-1},\ c(H_2S) = 0.1mol \cdot L^{-1}$$

$$K_{sp}^{\ominus}(FeS) = [Fe^{2+}][S^{2-}]$$

$$[S^{2-}] = \frac{K_{sp}^{\ominus}(FeS)}{[Fe^{2+}]} = \frac{1.59\times10^{-19}}{0.1} = 1.59\times10^{-18}(mol \cdot L^{-1})$$

根据

$$K_{a_1}^{\ominus}(H_2S)K_{a_2}^{\ominus}(H_2S) = \frac{[H^+]^2[S^{2-}]}{[H_2S]}$$

$$c(H^+) = \sqrt{\frac{K_{a_1}^{\ominus}(H_2S)K_{a_2}^{\ominus}(H_2S)[H_2S]}{[S^{2-}]}} = \sqrt{\frac{1.4\times10^{-21}}{1.59\times10^{-18}}} = 0.030(mol \cdot L^{-1})$$

另一解法：

$$FeS + 2H^+ = Fe^{2+} + H_2S$$

$$K = \frac{c(Fe^{2+})c(H_2S)}{c^2(H^+)} = \frac{c(Fe^{2+})c(H_2S)}{c^2(H^+)}\times\frac{c(S^{2-})}{c(S^{2-})} = \frac{K_{sp}(FeS)}{K_{a_1}K_{a_2}} = \frac{1.59\times10^{-19}}{1.4\times10^{-20}} = 11.4$$

$$c(H^+) = \sqrt{\frac{c(Fe^{2+})c(H_2S)}{K}} = \sqrt{\frac{0.1^2}{11.4}} = 0.030(mol \cdot L^{-1})$$

显然第二种解法更简便。

生成 H_2S 时消耗掉 0.2mol 盐酸，故所需的盐酸的最初浓度为 $0.03+0.2=0.23(mol \cdot L^{-1})$。

6.3.2 通过氧化还原反应使沉淀溶解

通过氧化还原反应使构成沉淀的离子形成不同价态，从而降低溶液的 Q_i 值，使其小于 K_{sp}，使沉淀溶解。

如 CuS($K_{sp}^{\ominus}$ 为 1.27×10^{-36})溶于硝酸。

$$CuS(s) \rightleftharpoons Cu^{2+} + S^{2-}$$
$$3S^{2-} + 2NO_3^- + 8H^+ \rightleftharpoons 3S\downarrow + 2NO\uparrow + 4H_2O$$

HgS($K_{sp}^{\ominus}$ 为 6.44×10^{-53})需用王水来溶解。

$$3HgS + 2HNO_3 + 12HCl = 3H_2[HgCl_4] + 3S + 2NO + 4H_2O$$

6.3.3 生成配合物使沉淀溶解

当构成沉淀中的离子与其他配体形成配合物，使该离子在溶液中的平衡浓度降低，即 Q_i 值减小，使 $Q_i < K_{sp}^{\ominus}$，则沉淀开始溶解。例如 AgCl 不溶于酸，但可溶于 NH_3 溶液。

$$AgCl(s) = Ag^+ + Cl^-$$
$$Ag^+ + 2NH_3 = [Ag(NH_3)_2]^+$$

难溶卤化物还可以与过量的卤素离子形成配离子而溶解。

$$AgI + I^- \longrightarrow AgI_2^-$$
$$PbI_2 + 2I^- \longrightarrow PbI_4^{2-}$$
$$HgI_2 + 2I^- \longrightarrow HgI_4^{2-}$$
$$CuI + I^- \longrightarrow CuI_2^-$$

6.4 分步沉淀和沉淀转化

6.4.1 分步沉淀

通常溶液中同时存在着几种离子，当加入某种沉淀剂时，由于溶度积不同，依据溶度积原理沉淀沉淀时将按照一定的先后次序进行，这种先后沉淀的现象称为分步沉淀（fractional precipitation）。利用该方法可将一种或一组离子从离子混合物中分离出来。

在浓度均为 $0.010 mol \cdot L^{-1}$ 的 I^- 和 Cl^- 溶液中，逐滴加入 $AgNO_3$ 试剂，开始只生成黄色的 AgI 沉淀，加入到一定量的 $AgNO_3$ 时，才出现白色的 AgCl 沉淀。

开始生成 AgI 和 AgCl 沉淀时所需要的 Ag^+ 浓度分别是：

$$AgI：c(Ag^+) = \frac{K_{sp}^{\ominus}(AgI)}{[I]} = \frac{8.3\times10^{-17}}{0.010} = 8.3\times10^{-15}(mol \cdot L^{-1})$$

$$AgCl：c(Ag^+) = \frac{K_{sp}^{\ominus}(AgCl)}{[Cl]} = \frac{1.8\times10^{-10}}{0.01} = 1.8\times10^{-8}(mol \cdot L^{-1})$$

计算结果表明，沉淀 I^- 所需 Ag^+ 浓度比沉淀 Cl^- 所需 Ag^+ 浓度小得多，所以 AgI 先沉淀。

当 Ag^+ 浓度刚超过 $1.8\times10^{-8} mol \cdot L^{-1}$ 时，AgCl 开始沉淀，此时溶液中存在的 I^- 浓度为

$$[I^-] = \frac{K_{sp}^{\ominus}(AgI)}{[Ag^+]} = \frac{8.3\times10^{-17}}{1.8\times10^{-8}} = 4.6\times10^{-9}(mol \cdot L^{-1})$$

可以认为，当 AgCl 开始沉淀时，I^- 已经沉淀完全。如果我们能适当地控制反应条件，就可使 Cl^- 和 I^- 分离。

例 6-8 在 $1.0 mol \cdot L^{-1}$ Co^{2+} 溶液中，含有少量 Fe^{3+} 杂质。问应如何控制 pH 值，才能达到除去 Fe^{3+} 杂质的目的？$K_{sp}^{\ominus}[Co(OH)_2] = 1.09\times10^{-15}$，$K_{sp}^{\ominus}[Fe(OH)_3] = 2.64\times10^{-39}$

解 ① 使 Fe^{3+} 定量沉淀完全时的 pH 值：

$$Fe(OH)_3(s) \rightleftharpoons Fe^{3+} + 3OH^-$$

$$K_{sp}^{\ominus}[Fe(OH)_3] = c(Fe^{3+})c^3(OH^-)$$

$$[OH] \geqslant \sqrt[3]{\frac{K_{sp}^{\ominus}(Fe(OH)_3)}{[Fe^{3+}]}} = \sqrt[3]{\frac{2.64\times10^{-39}}{10^{-6}}} = 1.38\times10^{-11}(mol \cdot L^{-1})$$

$$pOH = 10.86$$

$$pH = 14 - (-\lg 1.38\times10^{-11}) = 3.14$$

② 使 Co^{2+} 不生成 $Co(OH)_2$ 沉淀的 pH 值：

$$Co(OH)_2(s) \rightleftharpoons Co^{2+} + 2OH^-$$

$$K_{sp}^{\ominus}(Co(OH)_2)=[Co^{2+}][OH^-]^2$$

不生成 $Co(OH)_2$ 沉淀的条件是：

$$c(Co^{2+})c^2(OH^-)<K_{sp}^{\ominus}(Co(OH)_2)$$

$$[OH]\leqslant\sqrt{\frac{K_{sp}^{\ominus}(Co(OH)_2)}{[Co^{2+}]}}=\sqrt{\frac{1.09\times10^{-15}}{1.0}}=3.30\times10^{-8}(mol\cdot L^{-1})$$

$$pOH=7.50 \qquad pH=14-(-\lg 3.30\times10^{-8})=6.50$$

控制溶液的 pH 值，就可以使不同的金属硫化物在适当的条件下分步沉淀出来。

例 6-9 某溶液中 Zn^{2+} 和 Mn^{2+} 的浓度都为 $0.10mol\cdot L^{-1}$，向溶液中通入 H_2S 气体，使溶液中的 H_2S 始终处于饱和状态，溶液 pH 应控制在什么范围可以使这两种离子完全分离？

解 根据 $K_{sp}^{\ominus}(ZnS)=1.6\times10^{-24}$，$K_{sp}^{\ominus}(MnS)=2.5\times10^{-13}$ 可知，ZnS 比较容易生成沉淀。

先计算 Zn^{2+} 沉淀完全时，即 $c(Zn^{2+})<1.0\times10^{-6}mol\cdot L^{-1}$ 时的 $[S^{2-}]$ 和 $[H^+]$。

$$[S^{2-}]=\frac{K_{sp}^{\ominus}(ZnS)}{[Zn^{2+}]}=\frac{1.6\times10^{-24}}{1.0\times10^{-6}}=1.6\times10^{-18}(mol\cdot L^{-1})$$

$$[H^+]=\sqrt{\frac{K_{a_1}^{\ominus}K_{a_2}^{\ominus}[H_2S]}{[S^{2-}]}}=\sqrt{\frac{1.4\times10^{-21}}{1.6\times10^{-18}}}=3.0\times10^{-2}(mol\cdot L^{-1})$$

$$pH=1.7$$

然后计算 Mn^{2+} 开始沉淀时的 pH，

$$[S^{2-}]=\frac{K_{sp}^{\ominus}(MnS)}{[Mn^{2+}]}=\frac{2.5\times10^{-13}}{0.1}=2.5\times10^{-12}(mol\cdot L^{-1})$$

$$[H^+]=\sqrt{\frac{1.4\times10^{-21}}{2.5\times10^{-12}}}=2.4\times10^{-5}(mol\cdot L^{-1})$$

$$pH=4.62$$

因此只要将 pH 控制在 1.7～4.62 之间，就能使 ZnS 沉淀完全，而 Mn^{2+} 不产生沉淀，从而实现 Zn^{2+} 和 Mn^{2+} 的分离。

6.4.2 沉淀的转化

在含有沉淀的溶液中，加入适当的试剂，使沉淀转化为更难溶的沉淀，这一过程称为沉淀的转化（precipitation transformation）。如

$$\underset{白}{PbCl_2}+2I^-\!=\!=\!=\underset{黄}{PbI_2}\downarrow+2Cl^-$$

$$K_{sp}^{\ominus}(PbCl_2)=1.6\times10^{-5} \qquad K_{sp}^{\ominus}(PbI_2)=1.39\times10^{-8}$$

锅炉中的锅垢主要成分为 $CaSO_4$，$CaSO_4$ 不溶于酸，难以除去。若用 Na_2CO_3 溶液处理，可转化为疏松的、溶于酸的 $CaCO_3$，便于清除锅垢。

例 6-10 1L $0.1mol\cdot L^{-1}$ 的 Na_2CO_3 可使多少克 $CaSO_4$ 转化成 $CaCO_3$？

解 设平衡时 $c(SO_4^{2-})=x$

沉淀的转化反应为：

$$CaSO_4(s)+CO_3^{2-}\!=\!=\!=CaCO_3(s)+SO_4^{2-}$$

平衡时相对浓度/$mol\cdot L^{-1}$ $\qquad 0.1-x \qquad\qquad x$

反应的平衡常数为：

$$K^{\ominus}=\frac{[SO_4^{2-}]}{[CO_3^{2-}]}=\frac{[SO_4^{2-}][Ca^{2+}]}{[CO_3^{2-}][Ca^{2+}]}=\frac{K_{sp}^{\ominus}(CaSO_4)}{K_{sp}^{\ominus}(CaCO_3)}=\frac{9.1\times10^{-6}}{2.8\times10^{-9}}=3.25\times10^{3}$$

$$K^{\ominus}=\frac{[SO_4^{2-}]}{[CO_3^{2-}]}=\frac{x}{0.1-x}=3.25\times10^{3}$$

解得 $x=0.10$，即$[SO_4^{2-}]=0.10mol\cdot L^{-1}$

故转化掉的 $CaSO_4$ 的质量为 136.141×0.1=13.6(g)

思考题

6-1 比较电离平衡和沉淀平衡的异同。

6-2 现计划栽种某种常青树，但这种常青树不适宜含过量溶解性 Fe^{3+} 的土壤，下列哪种土壤添加剂能很好地降低土壤地下水中 Fe^{3+} 的浓度？

$Ca(OH)_2(aq)$，$KNO_3(s)$，$FeCl_3(s)$，$NH_4NO_3(s)$

6-3 海水中几种阳离子浓度如下：

离子	Na^+	Mg^{2+}	Ca^{2+}	Al^{3+}	Fe^{2+}
浓度/$mol\cdot L^{-1}$	0.46	0.050	0.01	4×10^{-7}	2×10^{-7}

(1) OH^- 浓度多大时，$Mg(OH)_2$ 开始沉淀？

(2) 在该浓度时，会不会有其他离子沉淀？

(3) 如果加入足量的 OH^- 以沉淀 50% Mg^{2+}，其他离子沉淀的百分数将是多少？

(4) 在 (3) 的条件下，从 1L 海水中能得到多少沉淀？

6-4 为了防止热带鱼池中水藻的生长，需使水中保持 $0.75mg\cdot L^{-1}$ 的 Cu^{2+}，为避免在每次换池水时溶液浓度的改变，可把一块适当的铜盐放在池底，它的饱和溶液提供了适当的 Cu^{2+} 浓度。假如使用的是蒸馏水，哪一种盐提供的饱和溶液最接近所要求的 Cu^{2+} 浓度？

$CuSO_4$，CuS，$Cu(OH)_2$，$CuCO_3$，$Cu(NO_3)_2$

习题

6-1 写出下列难溶电解质的溶度积常数表达式：

$AgBr$，Ag_2S，$Ca_3(PO_4)_2$，$MgNH_4AsO_4$

6-2 已知 AgCl 的溶解度是 $0.00018g\cdot(100gH_2O)^{-1}$(20℃)，求其溶度积。

（答：1.7×10^{-10}）

6-3 已知 $Zn(OH)_2$ 的溶度积为 1.2×10^{-17}(25℃)，求溶解度。

（答：$1.4\times10^{-6}mol\cdot L^{-1}$）

6-4 10mL $0.10mol\cdot L^{-1}$ $MgCl_2$ 和 10mL $0.010mol\cdot L^{-1}$ 氨水混合时，是否有 $Mg(OH)_2$ 沉淀产生？

（答：产生沉淀）

6-5 在 20mL $0.50mol\cdot L^{-1}$ $MgCl_2$ 溶液中加入等体积的 $0.10mol\cdot L^{-1}$ 的 $NH_3\cdot H_2O$

溶液，问有无 $Mg(OH)_2$ 生成？为了不使 $Mg(OH)_2$ 沉淀析出，至少应加入多少克 NH_4Cl 固体（设加入 NH_4Cl 固体后，溶液的体积不变）。（答：0.21g）

6-6 工业废水的排放标准规定 Cd^{2+} 降到 $0.10mg \cdot L^{-1}$ 以下即可排放。若用加消石灰中和沉淀法除 Cd^{2+}，按理论计算，废水溶液中的 pH 值至少应为多少？

（答：pH=9.89）

6-7 一溶液中含有 Fe^{3+} 和 Fe^{2+}，它们的浓度都是 $0.05mol \cdot L^{-1}$。如果要求 $Fe(OH)_3$ 沉淀完全而 Fe^{2+} 不生成 $Fe(OH)_2$ 沉淀，问溶液的 pH 应控制为何值？

（答：3.5<pH<7.1）

6-8 在 $0.1mol \cdot L^{-1}$ $FeCl_2$ 溶液中通入 H_2S 至饱和，欲使 Fe^{2+} 不生成 FeS 沉淀，溶液的 pH 最高为多少？（答：pH=2.3）

6-9 分别计算下列各反应的平衡常数，并讨论反应的方向。

(1) $PbS + 2HAc \rightleftharpoons Pb^{2+} + H_2S + 2Ac^-$

(2) $Mg(OH)_2 + 2NH_4^+ \rightleftharpoons Mg^{2+} + 2NH_3 \cdot H_2O$

(3) $Cu^{2+} + H_2S \rightleftharpoons CuS + 2H^+$

第 7 章

配位化合物及配位平衡

学习要求

① 掌握配位化合物的定义、组成、分类、命名。
② 了解配位化合物的类型和配合物的异构现象。
③ 掌握配合物的稳定常数、不稳定常数、逐级形成常数的概念、意义及其相互关系和计算；掌握配位平衡体系中有关各型体分布分数及平衡浓度的计算。
④ 熟练掌握配位平衡中各种副反应系数的计算（酸效应系数、共存离子效应系数、配位效应系数），MY 条件稳定常数的计算并理解其意义。
⑤ 了解 EDTA 的性质及其与金属离子配合物的特点。
⑥ 掌握配位平衡与沉淀平衡、氧化还原平衡、酸碱平衡的相互关系，并会计算。
⑦ 了解配合物在生物、医药等方面的应用。

配位化合物（coordination compound）简称配合物，是组成复杂、应用广泛的一类化合物。最早报道的配合物是 1704 年由普鲁士（即现在的德国）涂料工人迪士巴赫在研制美术涂料时合成的，叫普鲁士蓝，其化学式为 $KFe[Fe(CN)_6]$。但通常认为配合物的研究始于 1789 年法国化学家塔萨厄尔（B. M. Tassert）对分子加合物 $CoCl_3 \cdot NH_3$ 的发现。19 世纪上半叶，又陆续发现一些重要的配合物，由于当时还不能确定结构，这些物质通常以发现者的名字命名。直到 1893 年，瑞典化学家维尔纳（A. Werner，1866—1919）在前人和他本人研究的基础上，首先提出了配合物的配位理论，揭示了配合物的成键本质，使配位化学的研究得到了迅速发展，他本人也因此在 1913 年获诺贝尔化学奖。20 世纪以来，结构化学的发展和各种物理化学方法的采用，使配位化学成为化学科学中一个十分活跃的研究领域，并已逐渐渗透到有机化学、分析化学、物理化学、量子化学、生物化学等许多学科中，对近代科学的发展起了很大的作用。在生产实践、分析科学、功能材料和药物制造等方面有重要的实用价值和理论基础。

7.1 配位化合物的定义和组成

7.1.1 配合物的定义

在盛有 $CuSO_4$ 溶液的试管中滴加氨水，边加边摇，开始时有大量天蓝色的沉淀生成，继续滴加氨水时，沉淀逐渐消失，得深蓝色透明溶液，用酒精处理后，还可以得到深蓝色的晶体，经分析证明为$[Cu(NH_3)_4]SO_4$。

$$CuSO_4 + 4NH_3 \rightleftharpoons [Cu(NH_3)_4]SO_4$$

在纯的$[Cu(NH_3)_4]SO_4$ 溶液中，除了水合硫酸根离子和深蓝色的$[Cu(NH_3)_4]^{2+}$外，几乎检查不出 Cu^{2+} 和 NH_3 分子的存在。$[Cu(NH_3)_4]^{2+}$、$[Ag(CN_2)]^-$等这些复杂离子不仅存在于溶液中，也存在于晶体中。

在$[Cu(NH_3)_4]^{2+}$中，每个氨分子中的氮原子，提供一对孤对电子，填入 Cu^{2+} 的空轨道，形成四个配位键。这种配位键的形成使$[Cu(NH_3)_4]^{2+}$和 Cu^{2+} 有很大的区别，例如与碱不再生成沉淀，颜色也会变深等。类似$[Cu(NH_3)_4]^{2+}$、$[Ag(NH_3)_2]^+$等因为带正电荷，称为配位阳离子；$[Fe(CN)_6]^{4-}$、$[PtCl_6]^{2-}$等因为带负电荷，称为配位阴离子；此外还有一些中性的配位分子如$[Ni(CO)_4]$、$[Fe(CO)_5]$等。含有配离子的化合物和配位分子统称为配合物（习惯上把配离子也称为配合物）。如$[Cu(NH_3)_4]SO_4$、$K_4[Fe(CN)_6]$、$H[Cu(CN)_2]$、$[Cu(NH_3)_4](OH)_2$、$[PtCl_2(NH_3)_2]$、$[Fe(CO)_5]$等，都是配合物。

7.1.2 配合物的组成

(1) 内界和外界

配合物一般由内界和外界两部分组成。在配合物中，把由简单正离子（或原子）和一定数目的阴离子或中性分子以配位键相结合形成的复杂离子（或分子），即配位单元部分，称为配合物的内界（inner）。内界为配合物的特征部分（即配离子），是一个在溶液中相当稳定的整体，在配合物的化学式中以方括号标明。内界既可以是配位阳离子，也可以是配位阴离子。配离子电荷数等于中心原子与配体电荷数的代数和。在配合物中除了内界外，距中心离子较远的其他离子称为外界离子，构成配合物的外界（outer）。内界与外界之间以离子键相结合，在水溶液中的行为类似于强电解质。内界与外界离子所带电荷的总量相等，符号相反：

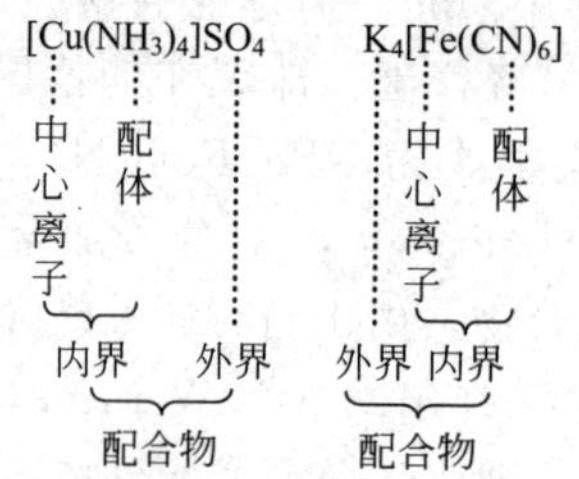

电中性的配合物，如$[CoCl_3(NH_3)_3]$、$[Ni(CO)_4]$等，没有外界：

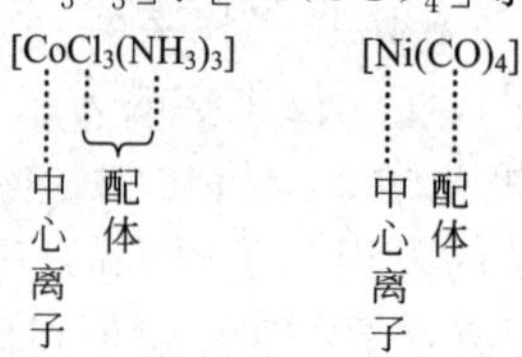

(2) 中心离子

中心离子（central ion，用 M 表示，也叫做配合物的形成体）是指在配合物中接受孤电子对的离子或原子。中心离子位于配合物的中心，具有空的价层电子轨道，能接受孤对电子，一般是金属离子，特别是过渡金属离子，如 Cr^{3+}、Fe^{3+}、Cu^{2+} 等，也可以是中性原子和高氧化态的非金属元素，如[$Ni(CO)_4$]中的 Ni 原子、$Fe(CO)_5$ 中的 Fe 原子和[SiF_6]$^{2-}$ 中的 Si(Ⅳ)。

(3) 配位体和配位原子

配位体（ligand，用 L 表示，简称配体）是指在配合物中与中心离子（或原子）以配位键相结合，能提供孤电子对的分子或离子，如 NH_3、H_2O 和 Cl^-、Br^-、I^-、CN^-、CNS^- 等。配体中提供孤对电子与中心离子（或原子）以配位键相结合的原子叫做配位原子。配位体与中心原子形成配离子时，配位原子上的孤电子对授予有空轨道的中心原子形成配位键。配位原子主要是那些电负性较大的 F、Cl、Br、I、O、S、N、P、C 等非金属元素的原子。

根据一个配体中所含配位原子的数目不同，可将配体分为单齿配体（unidentate ligand）和多齿配体（multidentate ligand）。

单齿配体中只含有一个配位原子，如 NH_3、OH^-、X^-、CN^-、SCN^- 等。

多齿配体中含有两个或两个以上的配位原子，如 $C_2O_4^{2-}$、乙二胺（$NH_2C_2H_4NH_2$，常缩写为 en)、草酸根 $C_2O_4^{2-}$(简写为 ox)、乙二胺四乙酸(简称 EDTA)等。多齿配体的多个配位原子可以同时与一个中心离子结合，所形成的配合物特称为螯合物(chelate)。常见的单齿配体有：F^-、Cl^-、Br^-、I^-、NH_3、H_2O、CO(羰基)、CN^-(氰根)、SCN^-(硫氰酸根)、NCS^-(异硫氰酸根)、NO_2^-(硝基)、ONO^-(亚硝酸根)、$S_2O_3^{2-}$(硫代硫酸根)。常见的多齿配体有：$H_2NCH_2CH_2NH_2$(乙二胺)、$^-OOC\text{-}COO^-$(草酸根)、$H_2NCH_2COO^-$(甘氨酸根)、EDTA(乙二胺四乙酸)。

(4) 配位数

配位数（coordination number）是指与中心离子（或原子）直接以配位键相结合的配位原子的总数。由于配位体分为单齿配位体和多齿配位体，因此配位数是配位原子数而不是配位体的个数。中心离子的配位数一般为 2、4、6、8 等，最常见的是 4 和 6。

例如，在[$Ag(NH_3)_2$]$^+$ 中，中心离子 Ag^+ 的配位数为 2；

在[$Cu(NH_3)_4$]$^{2+}$ 中，中心离子 Cu^{2+} 的配位数为 4；

在[$Fe(CO)_5$]中，中心原子 Fe 的配位数为 5；

在[$Fe(CN)_6$]$^{4-}$ 和[$CoCl_3(NH_3)_3$]中，中心离子 Fe^{2+} 和 Co^{3+} 的配位数皆为 6。

配合物中配体的总数称为配体数，由单齿配体形成的配合物中，配体数等于配位数；由多齿配体形成的配合物中配体数小于配位数。在计算中心离子的配位数时，一般是先在配离子中确定中心离子和配位体，接着找出配位原子的数目。如果配位体是单齿的，那么配位体的数目就是该中心离子的配位数。例如在[$Pt(NH_3)_4$]Cl_2 和[$PtCl_2(NH_3)_2$]中的中心离子都是 Pt^{2+}，而配位体前者是 NH_3，后者是 NH_3 和 Cl^-。这些配位体都是单齿的，那么配位数都是 4。如果配位体是多齿的，那么配位体的数目显然不等于中心离子的配位数。如[$Pt(en)_2$]Cl_2 中 en（代表乙二胺）是双齿配位体，即每一个 en 有两个氮原子同中心离子 Pt^{2+} 配位，因此 Pt^{2+} 的配位数不是 2 而是 4。同理在[$Co(en)_3$]Cl_3 中 Co^{3+} 的配位数不是 3 而是 6。

例 7-1 指出配合物 $K[FeCl_2Br_2(en)]$ 的中心原子、中心原子氧化值、配体、配位原子、配体数、配位数、配离子电荷、外界离子。

解 中心原子 Fe^{3+}；中心原子氧化值 +3；配体 en、Cl^-、Br^-；配位原子 N、Br、Cl；配体数 5；配位数 6；配离子电荷 −1；外界离子 K^+。

影响配位数的因素很多，主要是中心离子的氧化数、半径，配位体的电荷、半径，彼此间的极化作用，以及配合物生成时的条件（如温度、浓度）等。

一般说来，中心离子的电荷高，对配位体的吸引力较强，有利于形成配位数较高的配合物。比较常见的配位数与中心离子的电荷数有如下的关系：

中心离子的电荷	+1	+2	+3	+4
常见的配位数	2	4(或 6)	6(或 4)	6(或 8)

中心离子的半径越大，其周围可容纳的配位体就越多，配位数越大。如 Al^{3+} 与 F^- 可以形成 $[AlF_6]^{3-}$ 配离子，而体积较小的 B(Ⅲ)原子就只能形成 $[BF_4]^-$ 配离子。但中心离子的半径过大会减小对配体的吸引力，有时配位数反而减小。

单齿配位体的半径越大，在中心离子周围可容纳的配位体数目就越少。例如，Al^{3+} 与 F^- 形成 $[AlF_6]^{3-}$，与 Cl^- 则形成配位数为 4 的 $[AlCl_4]^-$。配位体的负电荷越多，在增加中心离子对配体吸引力的同时，也增加了配体间的斥力，配位数减小。如 $[SiO_4]^{4-}$ 中 Si 的配位数比 $[SiF_6]^{2-}$ 中的小。

此外，配位数的大小还和配合物形成时配位体的浓度、溶液的温度有关，一般温度越低，配位体浓度越大，配位数越大。

(5) 配离子的电荷数

配离子的电荷等于中心离子电荷与配位体总电荷的代数和。如 $K_4[Fe(CN)_6]$ 配合物中，配离子的电荷数为 $(+2)+(-1)\times 6=-4$，即 $[Fe(CN)_6]^{4-}$ 的电荷数为 −4。由于配合物必须是中性的，因此也可以从外界离子的电荷来决定配离子的电荷。如 $[Co(en)_3]Cl_3$ 中，外界有 3 个 Cl^-，所以配离子的电荷一定是 +3。

7.2 配位化合物的命名和类型

7.2.1 配合物化学式的书写原则及命名

(1) 化学式的书写

配合物化学式的书写应遵循以下两条原则：

① 内界与外界之间应遵循无机化合物的书写顺序，即其化学式中阳离子写在前，阴离子写在后。

② 将整个内界的化学式括在方括号内，在方括号内的中心原子与配体的书写顺序是：先写出中心原子（形成体）的元素符号，再依次书写阴离子和中性配体。

对于含有多种配体的配合物，无机配体列在前面，有机配体列在后面；若在方括号内含有同类配体，同类配体的先后次序是：以配位原子元素符号的英文字母次序为准。例如 NH_3、H_2O 两种中性配体的配位原子分别为 N 原子和 O 原子，因而 NH_3 写在 H_2O 之前。

若两个配体具有相同的化学式，但由于配位原子不同，要用不同的名称来表示。书写时要把配位原子写在前面。

(2) 配合物的命名

配位化合物的命名遵循1979年中国化学会无机化学专业委员会制定的汉语命名原则进行，即服从一般无机化合物的命名原则。如果配合物的酸根是一个简单的阴离子，则称某化某。如$[CoCl_2(NH_3)_4]Cl$，则称氯化二氯·四氨合钴（Ⅲ）。如果酸根是一个复杂阴离子，则称为某酸某。如$[Cu(NH_3)_4]SO_4$，则称为硫酸四氨合铜（Ⅱ）。若外界为氢离子，配阴离子的名称之后用酸字结尾。如$H[PtCl_3(NH_3)]$，称为三氯·氨合铂（Ⅱ）酸。它的盐如$K[PtCl_3(NH_3)]$则称三氯·氨合铂（Ⅱ）酸钾。

① 内界的命名　配合物的命名比一般无机化合物命名更复杂的地方在于配合物的内界。处于配合物内界的配离子，其命名方法一般地依照如下顺序：配位体数→配体名称→"合"→中心离子（原子）名称→中心离子（原子）氧化数（在括号内用罗马数字注明），中心原子的氧化数为零时可以不标明。如：

$[Cu(NH_3)_4]^{2+}$　四氨合铜(Ⅱ)离子

$[Fe(CN)_6]^{3-}$　六氰合铁(Ⅲ)离子

② 配位体的命名　配离子中含有两种配位体以上，则配位体之间用"·"隔开。在命名时配体列出的顺序按如下规定：

a. 先阴离子，后中性分子，如$[PtCl_5(NH_3)]^-$五氯·氨合铂(Ⅳ)。

b. 先无机配体，后有机配体，如$[Co(NH_3)_2(en)_2]^{3+}$二氨·二(乙二胺)合钴(Ⅲ)。

c. 同类配体的名称，按配位原子元素符号在英文字母中的顺序排列，如$[Co(NH_3)_5(H_2O)]^{3+}$五氨·一水合钴(Ⅲ)。

d. 同类配体的配位原子相同，则含原子少的排在前。

e. 配位原子相同，配体中原子数也相同，则按在结构式中与配位原子相连的元素符号在英文字母中的顺序排列。如$[Pt(NH_2)(NO_2)(NH_3)_2]$一氨基·一硝基·二氨合铂(Ⅱ)

③ 配合物命名　若为配位阳离子化合物，外界是简单的阴离子，则叫"某化某"。若外界是复杂的阴离子，则称为"某酸某"；若为配位阴离子化合物，则在配位阴离子与外界之间都用"酸"字连接。

$[Co(NH_3)_6]Br_3$　三溴化六氨合钴(Ⅲ)

$[Co(NH_3)_2(en)_2](NO_3)_3$　硝酸二氨·二(乙二胺)合钴(Ⅲ)

$K_2[SiF_6]$　六氟合硅(Ⅳ)酸钾

若配合物无外界，如：$[PtCl_2(NH_3)_2]$　二氯·二氨合铂（Ⅱ）

$[Ni(CO)_4]$　四羰基合镍

某些在命名上容易混淆的配位体，需按配位原子不同分别命名。例如：

—ONO 亚硝酸根；$—NO_2$　硝基；—SCN 硫氰酸根；—NCS　异硫氰酸根

$[Co(ONO)(NH_3)_5]SO_4$　硫酸亚硝酸根·五氨合钴(Ⅲ)

$[Co(NO_2)_3(NH_3)_3]$　三硝基·三氨合钴(Ⅲ)

7.2.2 配位化合物的类型

配合物的范围极其广泛。根据其结构特征，可将配合物分为以下几种类型：

(1) 简单配合物

由单齿配体与中心原子直接配位形成的配合物叫做简单配合物。在简单配合物的分子或离子中，只有一个中心原子，且每个配体只有一个配位原子与中心原子结合，如：

$[Ag(SCN)_2]^-$、$[Fe(CN)_6]^{4-}$、$[Cu(NH_3)_4]^{2+}$、$[PtCl_6]^{2-}$等。

(2) 螯合物

由多齿配体（含有2个或2个以上的配位原子）与同一中心原子形成的具有环状结构的配合物叫做螯合物（chelate），又称内配合物。例如：Cu^{2+}与2个乙二胺可形成两个五元环结构的二（乙二胺）合铜（Ⅱ）配离子：

$$\begin{matrix} CH_2—H_2N: \\ | \\ CH_2—H_2N: \end{matrix} + Cu^{2+} + \begin{matrix} :NH_2—CH_2 \\ | \\ :NH_2—CH_2 \end{matrix} \longrightarrow \left[\begin{matrix} CH_2—H_2N: \\ | \\ CH_2—H_2N: \end{matrix} \begin{matrix} \searrow \; \swarrow \\ Cu \\ \nearrow \; \nwarrow \end{matrix} \begin{matrix} :NH_2—CH_2 \\ | \\ :NH_2—CH_2 \end{matrix} \right]^{2+}$$

大多数螯合物具有五元环或六元环。

(3) 多核配合物

分子中含有两个或两个以上中心原子（离子）的配合物称多核配合物。多核配合物的形成是由于配体中的一个配位原子同时与两个中心原子（离子）以配位键结合形成的。

(4) 羰基配合物

以一氧化碳为配体的配合物称为羰基配合物（简称羰合物）。一氧化碳几乎可以和全部过渡金属形成稳定的配合物，如$Fe(CO)_5$、$Ni(CO)_4$、$Co_2(CO)_8$、$Mn_2(CO)_{10}$等，一般是中性分子，也有少数是配离子，如$[Co(CO)_4]^-$、$[Mn(CO)_6]^+$、$[V(CO)_6]^-$等，其中，金属元素处于低氧化值（包括零氧化值）。

羰基配合物用途广泛。如利用羰基配合物的分解可以纯制金属；$Fe(CO)_5$或$Ni(CO)_4$还可以用作汽油的抗震剂替代四乙基铅，以减少汽车尾气中铅的污染；另外，羰基配合物在配位催化领域也有广泛的应用。羰基配合物熔、沸点一般不高，难溶于水，易溶于有机溶剂，较易挥发、有毒，因此必须警惕，切勿将其蒸气吸入人体。

还有金属簇状配合物、夹心配合物和大环配合物等。

7.2.3 配位化合物的异构现象

分子或离子的化学组成相同而结构不同的现象，称为异构现象。具有相同化学组成但不同结构的分子或离子互称为异构体。互为异构体的分子或离子，在化学和物理性质（颜色、溶解度、化学反应、光谱、光学活性等）上存在程度不同的差别。配合物中存在大量的异构现象，表现为许多不同形式，通常可分为结构异构和立体异构两大类。

(1) 结构异构

由配合物中原子间连接方式不同引起的异构现象叫结构异构，主要有以下几种类型（表7-1）。

表7-1 常见的各种结构异构现象

异构名称	实例	实验现象
电离异构	$[CoSO_4(NH_3)_5]Br$(红) $[CoBr(NH_3)_5]SO_4$(紫)	$\searrow AgNO_3 \rightarrow AgBr$ $\searrow BaCl_2 \longrightarrow BaSO_4$
水合异构	$[Cr(H_2O)_6]Cl_3$(紫色) $[CrCl(H_2O)_5]Cl_2 \cdot H_2O$(蓝绿色) $[CrCl_2(H_2O)_4]Cl \cdot 2H_2O$(绿色)	内界所含水分子数随制备时温度和介质不同而异；溶液摩尔电导率随配合物内界水分子数减少而降低
键合异构	$[CoNO_2(NH_3)_5]Cl_2$ $[CoONO(NH_3)_5]Cl_2$	黄褐色，在酸中稳定 红褐色，在酸中不稳定
配位异构	$[Co(en)_3][Cr(Ox)_3]$；$[Co(Ox)_3][Cr(en)_3]$	

① 电离异构　也叫解离异构。当配合物在溶液中电离时，由于内界和外界配位体发生交换，生成不同的配离子的异构现象叫做电离异构。一个经典的例子是紫色的$[CoBr(NH_3)_5]SO_4$和红色的$[Co(SO_4)(NH_3)_5]Br$。这里Br^-与SO_4^{2-}发生相互交换，配合物外界的离子可用沉淀剂沉淀出来，例如用$AgNO_3$或$BaCl_2$就可以鉴定出这两种异构体。

② 水合异构　由水分子在配合物的内、外界的位置不同而形成的结构异构称为水合异构。水合异构体常常具有不同的颜色，如$[Cr(H_2O)_6]Cl_3$为紫色，$[CrCl(H_2O)_5]Cl_2 \cdot H_2O$为蓝绿色，$[CrCl_2(H_2O)_4]Cl \cdot 2H_2O$为绿色。

③ 键合异构　一种以单齿方式配位的配位体可能含有多种不同配位原子，它与某一金属离子配位时，可以用甲配位原子，也可以用乙配位原子。这种由于同一配位体上参与配位的原子不同而产生的异构现象叫做键合异构。例如$[Co(NH_3)_5NO_2Cl_2]$和$[Co(NH_3)_5ONO]Cl_2$便为键合异构体。

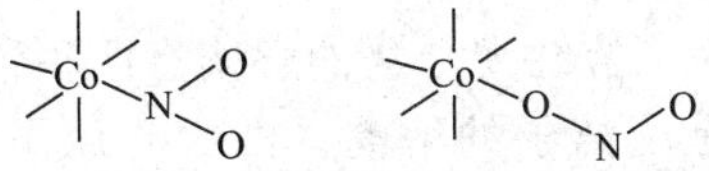

Co—NO₂　　Co—O—N—O

④ 配位异构　含有配位阳离子和配位阴离子的配合物盐中，如果在配位阳离子和配位阴离子之间，产生中心离子和配位体“搭配”方式不同时，就会出现配位异构现象，例如$[Co(NH_3)_6][Cr(C_2O_4)_3]$和$[Cr(NH_3)_6][Co(C_2O_4)_3]$。

(2) 立体异构

配位体在中心原子（离子）周围因排列方式不同而产生的异构现象，叫做立体异构或空间异构，它又分为几何异构（顺反异构）和旋光异构。

① 顺-反异构　由于内界中两种或多种配位体的几何排列不同而引起的异构现象，相同的配位体可以配置在临近的位置上（顺式，*cis*-），也可以配置在相对远离的位置上（反式，*trans*-），故这种异构现象又叫做顺-反异构。配位数为2或3的配合物或配位数为4的四面体配合物不存在顺-反异构，因为在这种结构中，配位体之间都是彼此相邻，毫无区别。然而，对于平面四边形和八面体配合物，顺-反异构却很常见。例如同一化学式的$[Pt(NH_3)_2Cl_2]$却有下列两种异构体，尽管化学式完全相同，但它们的物理和化学性质却不同，甚至在人体内的生理、病理作用也有所不同，顺式$[Pt(NH_3)_2Cl_2]$是橙黄色，能抑制DNA的复制，具有抑制肿瘤的作用，可作抗癌药物，而反式$[Pt(NH_3)_2Cl_2]$是亮黄色，不具抗癌活性。

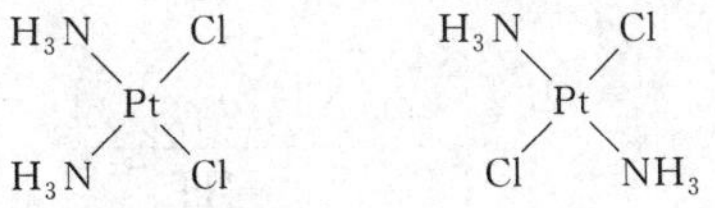

顺式　　反式

② 旋光异构　旋光异构的两者互成镜像，如同左右手一样，虽然面对面相似，但不能通过平移和转动操作使彼此叠合，如同我们的左、右手，只相似，不叠合，分子的这种性质叫做“手性”。旋光异构体的物理性质、化学性质可能相同，但它们旋转偏振光的性质不同，其中一种异构体使偏振光平面向右（+）旋转一个角度，另一个异构体使偏振光平面向左（−）旋转相同角度。就说这两个分子具有旋光性。凡能与其镜像叠合的分子就不具有旋光性。

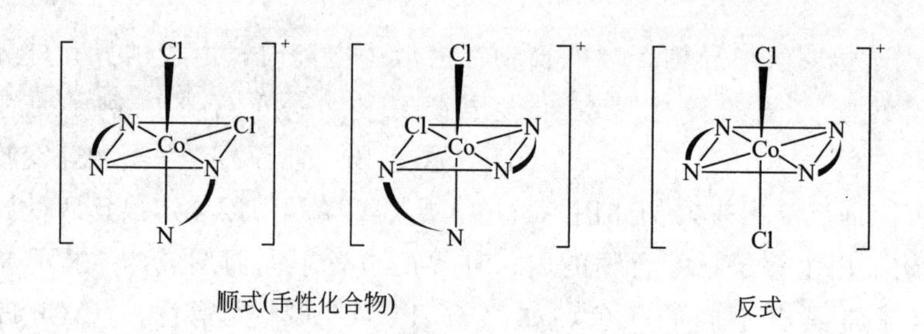

顺式(手性化合物)　　反式

7.3 配位解离平衡

在水溶液中，含有配离子的可溶性配合物的解离有两种情况：一是发生在内界与外界之间的解离，为完全解离；另一是配离子的解离，即中心原子与配体之间的解离，为部分解离。与多元弱酸（弱碱）的解离相类似，多配体的配离子在水溶液中的解离是分步进行的，最后达到某种平衡状态。配离子的解离反应的逆反应是配离子的形成反应，其形成反应也是分步进行的，最后也达到了某种平衡状态。这种在水溶液中存在的配离子的生成反应与解离反应间的平衡称为配位-解离平衡，简称配位平衡（coordination equilibrium）。本节将讨论配合物的稳定性以及影响配位平衡的因素。

7.3.1 配位平衡常数

(1) 稳定常数和不稳定常数

在水溶液中，配离子是以比较稳定的结构单元存在的，但是仍然有一定的解离现象。如 $[Cu(NH_3)_4]SO_4 \cdot H_2O$ 固体溶于水中时，如将少量 NaOH 溶液加入溶液中，这时没有 $Cu(OH)_2$ 沉淀生成，这似乎说明溶液中没有 Cu^{2+} 或者可以认为 Cu^{2+} 量不足以和所加的 OH^- 生成沉淀。但若加入 Na_2S 溶液，则可得到黑色 CuS 沉淀，显然在溶液中存在着少量游离的 Cu^{2+}。这就说明了在溶液中不仅有 Cu^{2+} 与 NH_3 分子的配位反应，同时还存在着配离子$[Cu(NH_3)_4]^{2+}$的解离反应，这两种反应最终会建立平衡：

$$Cu^{2+} + 4NH_3 \rightleftharpoons [Cu(NH_3)_4]^{2+}$$

这种平衡称为配离子的配位平衡（coordination equilibrium）。根据化学平衡的原理，其平衡常数表达式为：

$$K_{稳}^{\ominus} = \frac{[[Cu(NH_3)_4]^{2+}]}{[Cu^{2+}][NH_3]^4} \tag{7-1}$$

式中，$K_{稳}^{\ominus}$ 为配合物的稳定常数[❶]（stability constant）。$K_{稳}^{\ominus}$ 值越大，配离子越稳定，因此配离子的稳定常数是配离子的一种特征常数。一些常见配离子的稳定常数见附录。

上述平衡反应若是向左进行，则是配离子$[Cu(NH_3)_4]^{2+}$在水中的解离：

$$[Cu(NH_3)_4]^{2+} \rightleftharpoons Cu^{2+} + 4NH_3$$

其平衡常数表达式为：

---

❶ 又称形成常数（formation constant）。

$$K^{\ominus}_{不稳}=\frac{[Cu^{2+}][NH_3]^4}{[[Cu(NH_3)_4]^{2+}]} \tag{7-2}$$

式中，$K^{\ominus}_{不稳}$为配合物的不稳定常数（instability constant）或解离常数。$K^{\ominus}_{不稳}$值越大表示配离子在水中的解离程度越大，即越不稳定。很明显，稳定常数和不稳定常数之间是倒数关系：

$$K^{\ominus}_{稳}=\frac{1}{K^{\ominus}_{不稳}}$$

(2) 逐级稳定常数和累积稳定常数

配合物形成和解离反应及其关系式代表了配合物的总生成和解离反应及总的平衡关系式。实际上像多元弱酸一样，在溶液中配合物的形成与解离也是分步进行的，每一步都有稳定常数，称为逐级稳定常数$K^{\ominus}_{稳n}$（stepwise stability constant）。例如配离子$[Cu(NH_3)_4]^{2+}$的形成和解离是分四步来完成，每一步均有相应的标准平衡常数：

$Cu^{2+}+NH_3 \rightleftharpoons [Cu(NH_3)]^{2+}$，第一级逐级稳定常数为：

$$K^{\ominus}_{稳1}=\frac{[[Cu(NH_3)]^{2+}]}{[Cu^{2+}][NH_3]}$$

$[Cu(NH_3)]^{2+}+NH_3 \rightleftharpoons [Cu(NH_3)_2]^{2+}$，第二级逐级稳定常数为：

$$K^{\ominus}_{稳2}=\frac{[[Cu(NH_3)_2]^{2+}]}{[[Cu(NH_3)]^{2+}][NH_3]}$$

$[Cu(NH_3)_2]^{2+}+NH_3 \rightleftharpoons [Cu(NH_3)_3]^{2+}$　　$K^{\ominus}_{稳3}=\frac{[[Cu(NH_3)_3]^{2+}]}{[[Cu(NH_3)_2]^{2+}][NH_3]}$

$[Cu(NH_3)_3]^{2+}+NH_3 \rightleftharpoons [Cu(NH_3)_4]^{2+}$　　$K^{\ominus}_{稳4}=\frac{[[Cu(NH_3)_4]^{2+}]}{[[Cu(NH_3)_3]^{2+}][NH_3]}$

显然各级逐级常数相乘等于总反应$Cu^{2+}+4NH_3 \rightleftharpoons [Cu(NH_3)_4]^{2+}$的稳定常数：

$$K^{\ominus}_{稳1}K^{\ominus}_{稳2}K^{\ominus}_{稳3}K^{\ominus}_{稳4}=\frac{[[Cu(NH_3)_4]^{2+}]}{[Cu^{2+}][NH_3]^4}=K^{\ominus}_{稳}$$

$K^{\ominus}_{稳}$值越大，表示该配离子在水中越稳定。因此，从$K^{\ominus}_{稳}$的大小可以判断配位反应完成的程度，推广到ML_n配离子，其逐级稳定常数与总稳定常数之间的关系也是如此。

配离子在水溶液中会发生逐级解离，这些解离反应是配离子各级形成反应的逆反应，解离生成了一系列各级配位数不等的配离子，其各级解离的程度可用相应的逐级不稳定常数$K^{\ominus}_{不稳}$表示。例如，在水溶液中的解离：

$$[Cu(NH_3)_4]^{2+} \rightleftharpoons [Cu(NH_3)_3]^{2+}+NH_3$$

$$K^{\ominus}_{不稳1}=\frac{[[Cu(NH_3)_3]^{2+}][NH_3]}{[[Cu(NH_3)_4]^{2+}]}$$

$$[Cu(NH_3)_3]^{2+} \rightleftharpoons [Cu(NH_3)_2]^{2+}+NH_3$$

$$K^{\ominus}_{不稳2}=\frac{[[Cu(NH_3)_2]^{2+}][NH_3]}{[[Cu(NH_3)_3]^{2+}]}$$

$$[Cu(NH_3)_2]^{2+} \rightleftharpoons [Cu(NH_3)]^{2+}+NH_3$$

$$K^{\ominus}_{不稳3}=\frac{[[Cu(NH_3)]^{2+}][NH_3]}{[[Cu(NH_3)_2]^{2+}]}$$

$$[Cu(NH_3)]^{2+} \rightleftharpoons Cu^{2+} + NH_3$$

$$K^{\ominus}_{不稳4} = \frac{[Cu^{2+}][NH_3]}{[[Cu(NH_3)]^{2+}]}$$

显然，逐级不稳定常数分别与相对应的逐级稳定常数互为倒数：

$$K^{\ominus}_{不稳1} = \frac{1}{K^{\ominus}_{稳4}}, \ K^{\ominus}_{不稳2} = \frac{1}{K^{\ominus}_{稳3}}, \ K^{\ominus}_{不稳3} = \frac{1}{K^{\ominus}_{稳2}}, \ K^{\ominus}_{不稳4} = \frac{1}{K^{\ominus}_{稳1}}$$

同样：

$$[Cu(NH_3)_4]^{2+} \rightleftharpoons Cu^{2+} + 4NH_3$$

$$K^{\ominus}_{不稳} = K^{\ominus}_{不稳1} K^{\ominus}_{不稳2} K^{\ominus}_{不稳3} K^{\ominus}_{不稳4} = \frac{1}{K^{\ominus}_{稳}} = 10^{-13.32}$$

将各逐级稳定常数的乘积称为各级累积稳定常数（cumulative stability constant）。用 β_i 表示。

$$\beta^{\ominus}_1 = K^{\ominus}_1 = \frac{[ML]}{[M][L]}$$

$$\beta^{\ominus}_2 = K^{\ominus}_1 K^{\ominus}_2 = \frac{[ML_2]}{[M][L]^2}$$

$$\beta^{\ominus}_n = K^{\ominus}_1 K^{\ominus}_2 \cdots K^{\ominus}_n = \frac{[ML_n]}{[M][L]^n} \tag{7-3}$$

可见最后一级累积稳定常数 β_n 就是配合物的总的稳定常数。一些常见配离子的累积稳定常数见附录Ⅴ。利用配合物的稳定常数，可计算配位平衡中有关离子的浓度计算。配离子的形成是逐级的，且常常是逐级稳定常数之间差别不大，因此在计算离子浓度时需考虑各级配离子的存在。严格地说，应该用逐级稳定常数进行逐级平衡的计算。在实际中，通常加入的配位剂是过量的，因此金属离子常常处于最高配位数，其他配位数的离子在有关计算中可以忽略，因此，通常可以根据总的标准稳定常数进行有关计算。

例 7-2 比较 $0.10mol \cdot L^{-1}[Ag(NH_3)_2]^+$ 溶液含有 $0.1mol \cdot L^{-1}$ 的氨水和 $0.10mol \cdot L^{-1}$ $[Ag(CN)_2]^-$ 溶液中含有 $0.10mol \cdot L^{-1}$ 的 CN^- 时，溶液中 Ag^+ 的浓度。

解 (1) 设在 $0.1mol \cdot L^{-1}NH_3$ 存在下，Ag^+ 的浓度为 x $mol \cdot L^{-1}$，则：

$$Ag^+ + 2NH_3 \rightleftharpoons [Ag(NH_3)_2]^+$$

起始浓度/$mol \cdot L^{-1}$　0　0.1　0.1

平衡浓度/$mol \cdot L^{-1}$　x　$0.1+2x$　$0.1-x$

由于 $c(Ag^+)$ 较小，所以 $(0.1-x) mol \cdot L^{-1} \approx 0.1 mol \cdot L^{-1}$，$0.1+2x \approx 0.1 mol \cdot L^{-1}$，将平衡浓度代入

稳定常数表达式得：$$K^{\ominus}_{稳} = \frac{[[Ag(NH_3)_2]^+]}{[Ag^+][NH_3]^2} = \frac{0.1}{x \cdot 0.1^2} = 1.12 \times 10^7$$

$$x = 8.9 \times 10^{-7} mol \cdot L^{-1}$$

(2) 设在 $0.1mol \cdot L^{-1}$ CN^- 存在下，Ag^+ 的浓度为 y $mol \cdot L^{-1}$，则：

$$Ag^+ + 2CN^- \rightleftharpoons [Ag(CN)_2]^-$$

起始浓度/$mol \cdot L^{-1}$　0　0.1　0.1

平衡浓度/$mol \cdot L^{-1}$　y　$0.1+2y$　$0.1-y$

由于 $c(Ag^+)$ 较小，所以 $(0.1-y) mol \cdot L^{-1} \approx 0.1 mol \cdot L^{-1}$，$0.1+2y \approx 0.1 mol \cdot L^{-1}$，将平衡浓度代入稳定常数表达式得：

$$K^{\ominus}_{稳}=\frac{[[Ag(CN)_2]^-]}{[Ag^+][CN^-]^2}=\frac{0.1}{y\times 0.1^2}=1\times 10^{21.7}$$

$$y=2.0\times 10^{-21}\,mol\cdot L^{-1}$$

7.3.2 配位平衡的移动

与其他化学平衡一样，配位平衡也是一种动态平衡，当平衡体系的条件（如浓度、酸度等）发生改变，平衡就会发生移动，从而改变了配离子的稳定性。例如，向存在平衡 $M^{n+}+xL^- \rightleftharpoons ML_x^{(n-x)}$ 的溶液中加入某种试剂，使金属离子 M^{n+} 生成难溶化合物，或者改变 M^{n+} 的氧化态，都可使平衡向左移动。改变溶液的酸度使配位体 L^- 生成难电离的弱酸，同样也可以使平衡向左移动。此外，如加入某种试剂能与 M^{n+} 生成更稳定的配离子时，也可以改变上述平衡，使 $ML_x^{(n-x)}$ 遭到破坏。由此可见，配位平衡只是一种相对的平衡状态，溶液的 pH 值变化、另一种配位剂或金属离子的加入、氧化剂或还原剂的存在都对配位平衡有影响，下面分别讨论。

(1) 溶液 pH 值的影响

① 酸度对配位反应的影响是多方面的，既可以对配位剂 L 有影响，也可以对金属离子有影响。常见的配位剂 NH_3 和 CN^-、F^- 等都可以认为是碱。因此可与 H^+ 结合而生成相应的共轭酸，反应的程度决定于配位体碱性的强弱，碱越强就越易与 H^+ 结合。当溶液中的 pH 值发生变化时，L 会与 H^+ 结合生成相应的弱酸分子从而降低 L 的浓度，使配位平衡向解离的方向移动，降低了配离子的稳定性。

例如在酸性介质中，F^- 离子能与 Fe^{3+} 离子生成 $[FeF_6]^{3-}$ 配离子。但当酸度过大 $[c(H^+)>0.5mol\cdot L^{-1}]$ 时，由于 H^+ 与 F^- 结合生成了 HF 分子，降低了溶液中 F^- 浓度，使 $[FeF_6]^{3-}$ 配离子大部分解离成 Fe^{3+}，因而被破坏。反应如下：

$$Fe^{3+}+6F^- \rightleftharpoons [FeF_6]^{3-}$$

$$6F^-+6H^+ \rightleftharpoons 6HF$$

上式表明，酸度增大会引起配位体浓度下降，导致配合物的稳定性降低。这种现象通常称为配位体的酸效应。总反应为：

$$[FeF_6]^{3-}+6H^+ \rightleftharpoons Fe^{3+}+6HF$$

$$K^{\ominus}=\frac{[Fe^{3+}][HF]^6}{[[FeF_6]^{3-}][H^+]^6}=\frac{[Fe^{3+}][HF]^6}{[[FeF_6]^{3-}][H^+]^6}\times\frac{[F^-]^6}{[F^-]^6}=\frac{1}{K^{\ominus}_{稳}(K^{\ominus}_a)^6}$$

显然，pH 值对配位反应的影响程度与配离子的稳定常数有关，与配位剂 L 生成的弱酸的强度有关。

② 在配位反应中，通常是过渡金属作为配离子的中心离子。而对大多数过渡元素的金属离子，尤其在高氧化态时，都有显著的水解作用。例如配离子 $[CuCl_4]^{2-}$，如果酸度降低即 pH 值较大时，Cu^{2+} 会发生水解。

$$[CuCl_4]^{2-} \rightleftharpoons Cu^{2+}+4Cl^-$$

$$Cu^{2+}+H_2O \rightleftharpoons Cu(OH)^+ +H^+$$

$$Cu(OH)^+ +H_2O \rightleftharpoons Cu(OH)_2+H^+$$

随着水解反应的进行，溶液中游离 Cu^{2+} 浓度降低，使配位平衡朝着解离的方向移动，导致配合物的稳定性降低，这种现象通常称为金属离子的水解效应。当溶液中 pH 大于 8.5 时，配离子 $[CuCl_4]^{2-}$ 完全解离。

综上所述，在配位反应中，当溶液的 pH 值变化时，既要考虑对配位体的影响（酸效应），又要考虑对金属离子的影响（水解效应），但通常以酸效应为主。同时，为了保持配离子的相对稳定性，应综合考虑配体的碱性、中心原子氢氧化物的溶解度对配位平衡的影响。通常在不产生氢氧化物沉淀的基础上，适当提高溶液的 pH 值以保证配离子的稳定性。

(2) 沉淀反应对配位平衡的影响

沉淀反应与配位平衡的关系，可看成是沉淀剂和配位剂共同争夺中心离子的过程。在配合物溶液中加入某种沉淀剂，它可以与该配合物中的中心离子生成难溶化合物，该沉淀剂或多或少地导致配离子的解离，从而在溶液中建立了多重平衡。例如，在$[Cu(NH_3)_4]^{2+}$溶液中加入 Na_2S 溶液，就有 CuS 沉淀生成，配离子被破坏，其过程可表示为：

$$[Cu(NH_3)_4]^{2+} \rightleftharpoons Cu^{2+} + 4NH_3$$

$$Cu^{2+} + S^{2-} \rightleftharpoons CuS\downarrow$$

总反应为：

$$[Cu(NH_3)_4]^{2+} + S^{2-} \rightleftharpoons CuS\downarrow + 4NH_3$$

$$K^\ominus = \frac{[NH_3]^4}{[[Cu(NH_3)_4]^{2+}][S^{2-}]} = \frac{[NH_3]^4}{[[Cu(NH_3)_4]^{2+}][S^{2-}]} \times \frac{[Cu^{2+}]}{[Cu^{2+}]}$$

$$= \frac{1}{K^\ominus_{MY}([Cu(NH_3)_4]^{2+})K^\ominus_{sp}(CuS)}$$

同样，在沉淀中加入相应的配体，亦可使沉淀溶解。配合物的稳定常数越大，则沉淀越容易被配位反应溶解。

例如用浓氨水可将氯化银溶解。这是由于沉淀物中的金属离子与所加的配位剂形成了稳定的配合物，导致沉淀的溶解，其过程为：

$$AgCl(s) \rightleftharpoons Ag^+ + Cl^-$$

$$Ag^+ + 2NH_3 \rightleftharpoons [Ag(NH_3)_2]^+$$

即

$$AgCl(s) + 2NH_3 \rightleftharpoons [Ag(NH_3)_2]^+ + Cl^-$$

该反应的平衡常数为：

$$K^\ominus = \frac{[[Ag(NH_3)_2]^+][Cl^-]}{[NH_3]^2} = \frac{[[Ag(NH_3)_2]^+][Cl^-][Ag^+]}{[NH_3]^2[Ag^+]} = K^\ominus_{稳} K^\ominus_{sp}$$

由上述两个平衡常数表达式可以看出，配合物能否被破坏或沉淀能否被溶解，主要取决于沉淀物的 $K^\ominus_{sp}$ 和配合物 $K^\ominus_{稳}$ 的值。而能否实现还取决于所加的配位剂和沉淀剂的用量。

例 7-3 计算完全溶解 0.01mol 的 AgCl 和完全溶解 0.01mol 的 AgBr，至少需要 1L 多大浓度的氨水？已知 AgCl 的 $K^\ominus_{sp} = 1.8\times10^{-10}$，AgBr 的 $K^\ominus_{sp} = 5.0\times10^{-13}$，$[Ag(NH_3)_2]^+$ 的 $K^\ominus_{稳} = 1.12\times10^7$。

解 假定 AgCl 溶解全部转化为$[Ag(NH_3)_2]^+$，则氨一定是过量的。因此可忽略$[Ag(NH_3)_2]^+$的解离产生的 NH_3，所以平衡时$[Ag(NH_3)_2]^+$的浓度为 $0.01mol\cdot L^{-1}$，Cl^-的浓度为 $0.01mol\cdot L^{-1}$，反应为：

$$AgCl + 2NH_3 \rightleftharpoons [Ag(NH_3)_2]^+ + Cl^-$$

$$K^\ominus = \frac{[[Ag(NH_3)_2]^+][Cl^-]}{[NH_3]^2} = \frac{[[Ag(NH_3)_2]^+][Cl^-]}{[NH_3]^2} \times \frac{[Ag^+]}{[Ag^+]}$$

$$= K^\ominus_{稳}([Ag(NH_3)_2]^+) \times K^\ominus_{sp}(AgCl) = 1.12\times10^7 \times 1.8\times10^{-10}$$

$$= 2.02\times10^{-3}$$

$$[NH_3]=\sqrt{\frac{[[Ag(NH_3)_2]^+][Cl^{-1}]}{2.02\times10^{-3}}}=\sqrt{\frac{0.01\times0.01}{2.02\times10^{-3}}}=0.22(mol\cdot L^{-1})$$

在溶解的过程中与 AgCl 反应需要消耗氨水的浓度为 $2\times0.01=0.02(mol\cdot L^{-1})$，所以氨水的最初浓度为：$0.22+0.02=0.24(mol\cdot L^{-1})$。

同理，完全溶解 0.01mol 的 AgBr，设平衡时氨水的平衡浓度为 $y(mol\cdot L^{-1})$。

$$AgCl+2NH_3 \rightleftharpoons [Ag(NH_3)_2]^+ + Cl^-$$

$$K^{\ominus}=\frac{[[Ag(NH_3)_2]^+][Br^-]}{[NH_3]^2}=\frac{[[Ag(NH_3)_2]^+][Br^-]}{[NH_3]^2}\times\frac{[Ag^+]}{[Ag^+]}$$

$$=K^{\ominus}_{稳}([Ag(NH_3)_2]^+)\times K^{\ominus}_{sp}(AgBr)=1.12\times10^7\times5.0\times10^{-13}$$

$$=5.99\times10^{-6}$$

$$c(NH_3)=\sqrt{\frac{[[Ag(NH_3)_2]^+][Br^-]}{5.99\times10^{-6}}}=\sqrt{\frac{0.01\times0.01}{5.99\times10^{-6}}}=4.09(mol\cdot L^{-1})$$

所以溶解 0.01mol 的 AgBr 需要的氨水的浓度是 $4.09+0.02=4.11mol\cdot L^{-1}$

从例 7-3 可以看出，同样是 0.01mol 的固体，由于两者的 $K^{\ominus}_{sp}$ 相差较大，导致溶解需要的氨水的浓度有很大的差别。

例 7-4 向 $0.1mol\cdot L^{-1}$ 的 $[Ag(CN)_2]^-$ 配离子溶液（含有 $0.10mol\cdot L^{-1}$ 的 CN^-）中加入 KI 固体，假设 I^- 的最初浓度为 $0.1mol\cdot L^{-1}$，有无 AgI 沉淀生成？已知 $[Ag(CN)_2]^-$ 的 $K^{\ominus}_{稳}=1.0\times10^{21}$，AgI 的 $K^{\ominus}_{sp}=8.3\times10^{-17}$。

解 设 $[Ag(CN)_2]^-$ 配离子解离所生成的 $c(Ag^+)=x\ mol\cdot L^{-1}$，

$$Ag^+ + 2CN^- \rightleftharpoons [Ag(CN)_2]^-$$

	Ag^+	$2CN^-$	$[Ag(CN)_2]^-$
初始浓度/$mol\cdot L^{-1}$	0	0.10	0.10
平衡浓度/$mol\cdot L^{-1}$	x	$2x+0.10$	$0.10-x$

$[Ag(CN)_2]^-$ 解离度较小，故 $0.10-x\approx0.1$，代入 $K^{\ominus}_{稳}$ 表达式得

$$K^{\ominus}_{稳}=\frac{[[Ag(CN)_2]^-]}{[CN^-]^2[Ag^+]}=\frac{0.10}{x(0.10)^2}=1.0\times10^{21}$$

解得　$x=1.0\times10^{-20}mol\cdot L^{-1}$，即 $[Ag^+]=1.0\times10^{-20}mol\cdot L^{-1}$

$[Ag^+][I^-]=1.0\times10^{-20}mol\cdot L^{-1}\times0.1=1.0\times10^{-21}<K^{\ominus}_{sp}(AgI)=8.3\times10^{-17}$，因此，向 $0.1mol\cdot L^{-1}$ 的 $[Ag(CN)_2]^-$ 配离子溶液（含有 $0.10mol\cdot L^{-1}$ 的 CN^-）中加入 KI 固体，没有 AgI 沉淀产生。

(3) 氧化还原反应对配位平衡的影响

在配位平衡系统中若加入能与中心离子发生氧化还原反应的氧化剂或还原剂，降低了金属离子的浓度，从而降低了配离子的稳定性。例如，在含配离子 $[Fe(SCN)_6]^{3-}$ 的溶液中加入 $SnCl_2$ 后，溶液的血红色消失，这是由于 Sn^{2+} 将 Fe^{3+} 还原为 Fe^{2+}，Fe^{3+} 浓度减小，从而引起 $[Fe(SCN)_6]^{3-}$ 的解离：

$$[Fe(SCN)_6]^{3-} \rightleftharpoons 6SCN^- + Fe^{3+}$$

$$2Fe^{3+} + Sn^{2+} \rightleftharpoons 2Fe^{2+} + Sn^{4+}$$

总反应为：

$$2[Fe(SCN)_6]^{3-} + Sn^{2+} \rightleftharpoons 2Fe^{2+} + 12SCN^- + Sn^{4+}$$

同样的，如果金属离子在溶液中形成配离子，金属离子的氧化还原性往往会发生变化，这主要是因为在氧化还原电对中，加入一定的配位剂后，由于氧化型离子或还原型离子与配位剂发生反应生成相应的配离子，从而减小了相应离子的浓度，从而使电对的电极电势发生变化。例如，金属 Cu 能从 $Hg(NO_3)_2$ 溶液中置换出 Hg 却不能从$[Hg(CN)_4]^{2-}$溶液中置换出 Hg，就是因为在$[Hg(CN)_4]^{2-}$溶液中，由于$[Hg(CN)_4]^{2-}$的稳定常数很大，游离的 Hg^{2+} 浓度很小，降低了 Hg^{2+}/Hg 电对的电极电势，使 Hg^{2+} 氧化能力降低。

$$Hg^{2+}+2e^- \rightleftharpoons Hg \qquad E^\ominus(Hg^{2+}/Hg)=0.851V$$

$$[Hg(CN)_4]^{2-}+2e^- \rightleftharpoons Hg+4CN^- \qquad E^\ominus([Hg(CN)_4]^{2-}/Hg)=-0.374V$$

可见，氧化型离子生成配离子后，使电对的电极电势降低了。

利用稳定常数，可以计算金属与配离子之间的标准电极电势。

例 7-5 计算$[Ag(NH_3)_2]^+ + e^- \rightleftharpoons Ag+2NH_3$ 的标准电极电势。

解 查表得 $K^\ominus_{稳}([Ag(NH_3)_2]^+)=1.12\times10^7$，$E(Ag^+/Ag)=0.799V$，

① 求配位平衡时 $c(Ag^+)$

$$Ag^+ + 2NH_3 \rightleftharpoons [Ag(NH_3)_2]^+$$

$$K^\ominus_{稳}=\frac{[[Ag(NH_3)_2]^+]}{[NH_3]^2[Ag^+]}$$

$$[Ag^+]=\frac{[[Ag(NH_3)_2]^+]}{K^\ominus_{稳}[NH_3]^2}$$

根据题意要求标准电极电势，此时$[[Ag(NH_3)_2]^+]=[NH_3]=1mol\cdot L^{-1}$，所以

$$[Ag^+]=\frac{1}{K^\ominus_{稳}([Ag(NH_3)_2]^+)}=\frac{1}{1.12\times10^7}=8.92\times10^{-8}(mol\cdot L^{-1})$$

② 求 $E^\ominus([Ag(NH_3)_2]^+/Ag)$

$$E(Ag^+/Ag)=E^\ominus(Ag^+/Ag)+\frac{0.05917}{n}\lg([Ag^+]/c^\ominus)=0.799+0.05917\lg 8.92\times10^{-8}$$

$$=0.382V$$

根据标准电极电势的定义，$c([Ag(NH_3)_2]^+)=c(NH_3)=1mol\cdot L^{-1}$ 时，$E(Ag^+/Ag)$就是电极反应$[Ag(NH_3)_2]^+ + e^- \rightleftharpoons Ag+2NH_3$ 的标准电极电势。即 $E^\ominus([Ag(NH_3)_2]^+/Ag)=0.382V$。

从此题看出，由于 Ag^+ 生成了配离子，电极电势降低了。

(4) 配位平衡之间的转化

在配位反应中，一种配离子可以转化成更稳定的配离子，即平衡向生成更难解离的配离子方向移动。两种配离子的稳定常数相差越大，则转化反应越容易发生。

如$[HgCl_4]^{2-}$与 I^- 反应生成$[HgI_4]^{2-}$，$[Fe(NCS)_6]^{3-}$与 F^- 反应生$[FeF_6]^{3-}$，其反应式如下：

$$[HgCl_4]^{2-}+4I^- \rightleftharpoons [HgI_4]^{2-}+4Cl^-$$

$$[Fe(SCN)_6]^{3-}+6F^- \rightleftharpoons [FeF_6]^{3-}+6SCN^-$$

血红色　　　　　　　　无色

这是由于 $K^\ominus_{稳}([HgI_4]^{2-})>K^\ominus_{稳}([HgCl_4]^{2-})$、$K^\ominus_{稳}([FeF_6]^{3-})>K^\ominus_{稳}$([Fe

$(SCN)_6]^{3-}$)之故。

例 7-6 计算反应$[Ag(NH_3)_2]^+ + 2CN^- \rightleftharpoons [Ag(CN)_2]^- + 2NH_3$ 的平衡常数，并判断配位反应进行的方向。

解 查表得，$K^{\ominus}_{稳}([Ag(NH_3)_2]^+)=1.12\times10^7$，$K^{\ominus}_{稳}([Ag(CN)_2]^-)=1.0\times10^{21}$

$$K^{\ominus}=\frac{[[Ag(CN)_2]^-][NH_3]^2}{[[Ag(NH_3)_2]^+][CN^-]^2}=\frac{[[Ag(CN)_2]^-][NH_3]^2}{[[Ag(NH_3)_2]^+][CN^-]^2}\times\frac{[Ag^+]}{[Ag^+]}$$

$$=\frac{K^{\ominus}_{稳}([Ag(CN)_2]^-)}{K^{\ominus}_{稳}([Ag(NH_3)_2]^+)}=\frac{1.0\times10^{21}}{1.12\times10^7}=9.09\times10^{13}$$

反应朝生成$[Ag(CN)_2]^-$的方向进行。

通过以上讨论我们可以知道，形成配合物后，物质的溶解性、酸碱性、氧化还原性、颜色等都会发生改变。在溶液中，配位解离平衡常与沉淀-溶解平衡、酸碱平衡、氧化还原平衡等发生相互竞争。利用这些关系，使各平衡相互转化，可以实现配合物的生成或破坏，以达到科学实验或生产实践的需要。

7.4 螯合物及其特点

螯合物是中心原子与多齿配体形成的具有环状结构的一类配合物。

从图 7-1$[CaY]^{2-}$的结构可以看出，螯合物中的配体为多齿配体（也称螯合剂），即一个配体含有两个以上参与配位的配位原子。同一配体的两个配位原子之间相隔两个或三个其他原子，中心原子与配体间形成五元环或六元环，简称螯合环。当同一配体中含有多个配位原子时，可同时形成多个螯合环。这种由于形成螯合环而使螯合物具有特殊稳定性的作用称为螯合效应。

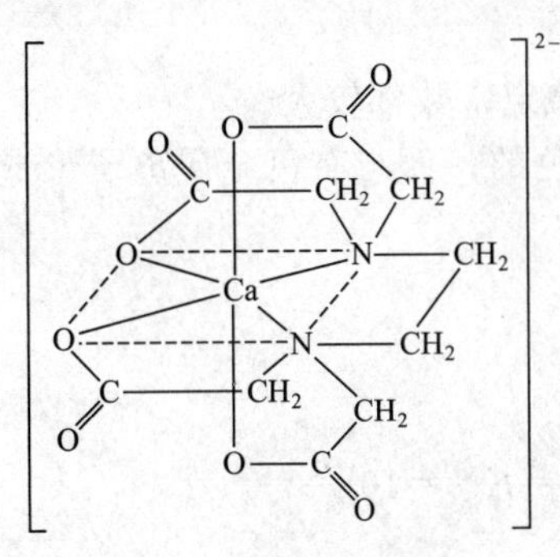

图 7-1　$[CaY]^{2-}$的结构

螯合物的稳定性与螯合环的大小有关系，五元环最稳定。五元环的键角为 108°，与 C sp^3 杂化轨道的夹角 109°28′接近，张力小，环稳定。六元环的键角为 120°，也比较稳定，如二（乙酰丙酮）合铜（Ⅰ）中配体共轭双键上的 C 为 sp^2 杂化，键角 120°，与六元环的键角相符。有些配体中虽有两个或两个以上配位原子，但由于两个配位原子间无相隔或间隔过多、过少其他原子，即使形成螯合物，其稳定性也不高。

螯合物的稳定性与螯合环的数目也有关。螯合环的数目越多，中心原子脱离配体的概率越小。所以在可能的情况下形成的螯合环的数目越多，稳定性越大，见表 7-2。

一些具有闭合大环的多齿配体，也能与金属离子形成非常稳定的螯合物。如生物体内的血红素分子，正是由 Fe^{2+} 与卟啉环形成的大环螯合物。

另外，许多的螯合物因具有特殊的颜色，可用于金属离子的定性分析。例如利用丁二酮肟与 Ni^{2+} 形成玫瑰红的沉淀可以鉴定 Ni^{2+}。

表 7-2 Cu^{2+} 与一些多齿配体形成螯合物的 lg*K*

中心原子	配体	配体数	螯合环数	lg*K*
Cu^{2+}	$H_2NCH_2CH_2NH_2$	1	1	10.67
	$H_2NCH_2CH_2NH_2$	2	2	20.0
	$(H_2NCH_2CH_2)_2NH$	1	2	15.9
	$H_2N(CH_2)_2NH(CH_2)_2NH(CH_2)NH_2$	1	3	20.5

7.4.1 乙二胺四乙酸及其在溶液中的解离平衡

(1) EDTA

在与金属离子配合的各种配位剂中，氨羧配位剂是一类十分重要的化合物，它们可与金属离子形成组成一定性质、稳定的螯合物。目前最重要、应用最广的氨羧配位剂是乙二胺四乙酸（EDTA）。乙二胺四乙酸为四元弱酸，常用 H_4Y 表示。乙二胺四乙酸中两个羧基上的 H^+ 常转移到 N 原子上，形成双偶极离子：

$$\begin{matrix} HOOCH_2C & & & & CH_2COO^- \\ & \overset{H}{\underset{+}{N}}-CH_2-CH_2-\overset{H}{\underset{+}{N}} & & & \\ {}^-OOCH_2C & & & & CH_2COOH \end{matrix}$$

由于乙二胺四乙酸在水中的溶解度很小（室温下，每 100mL 水中只能溶解 0.02g），故常使用它的二钠盐($Na_2H_2Y \cdot 2H_2O$，一般也称 EDTA)。乙二胺四乙酸二钠盐的溶解度较大（室温下，每 100mL 水中能溶解 11.2g)，其饱和溶液的浓度约为 $0.3mol \cdot L^{-1}$。

在酸度很高的溶液中，EDTA 的两个羧基负离子可再接受两个 H^+，形成 H_6Y^{2+}，这时，EDTA 就相当于一个六元酸。

EDTA 在配位滴定中有广泛的应用，基于以下几个特点：

① 普遍性　由于在 EDTA 分子中存在六个配位原子，几乎能与所有的金属离子形成稳定的螯合物。

② 组成恒定　在与大多数金属离子形成螯合物时，金属离子与 EDTA 以 1∶1 配位。

③ 可溶性　EDTA 与金属离子形成的螯合物易溶于水。

④ 稳定性高　EDTA 与金属离子形成的螯合物很稳定，稳定常数都较大。

⑤ 配合物的颜色　与无色金属离子形成的配合物也是无色的；而与有色金属离子形成配合物的颜色一般加深。

(2) EDTA 的解离平衡

在水溶液中，EDTA 有六级解离平衡：

$$H_6Y^{2+} \rightleftharpoons H^+ + H_5Y^+ \qquad \frac{[H^+][H_5Y^+]}{[H_6Y^{2+}]} = K_1^\ominus = 10^{-0.9}$$

$$H_5Y^+ \rightleftharpoons H^+ + H_4Y \qquad \frac{[H^+][H_4Y]}{[H_5Y^+]} = K_2^\ominus = 10^{-1.6}$$

$$H_4Y \rightleftharpoons H^+ + H_3Y^- \qquad \frac{[H^+][H_3Y^-]}{[H_4Y]} = K_3^\ominus = 10^{-2.0}$$

$$H_3Y^- \rightleftharpoons H^+ + H_2Y^{2-} \qquad \frac{[H^+][H_2Y^{2-}]}{[H_3Y^-]} = K_4^\ominus = 10^{-2.67}$$

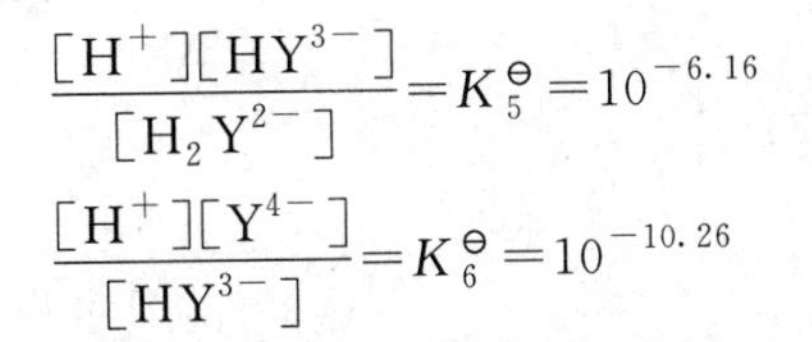

$$H_2Y^{2-} \rightleftharpoons H^+ + HY^{3-} \qquad \frac{[H^+][HY^{3-}]}{[H_2Y^{2-}]} = K_5^{\ominus} = 10^{-6.16}$$

$$HY^{3-} \rightleftharpoons H^+ + Y^{4-} \qquad \frac{[H^+][Y^{4-}]}{[HY^{3-}]} = K_6^{\ominus} = 10^{-10.26}$$

在任何水溶液中，EDTA 总是以 H_6Y^{2+}、H_5Y^+、H_4Y、H_3Y^-、H_2Y^{2-}、HY^{3-}、Y^{4-} 等 7 种形式存在的。各种存在形式的分布系数与溶液 pH 的关系如图 7-2 所示。可以看出，酸度越高，$[Y^{4-}]$ 越小；酸度越低，$[Y^{4-}]$ 越大。

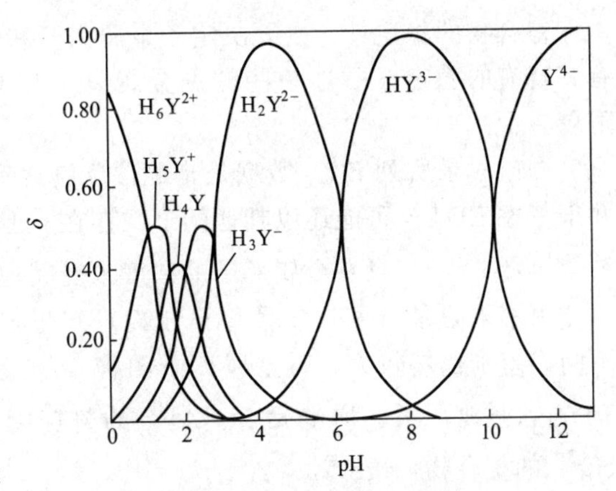

图 7-2　EDTA 溶液中各种存在形式的分布系数与溶液 pH 的关系曲线

在 pH<0.9 的强酸性溶液中，EDTA 主要以 H_6Y^{2+} 的形式存在；

在 pH＝0.9～1.6 的溶液中，EDTA 主要以 H_5Y^+ 的形式存在；

在 pH＝1.6～2.0 的溶液中 EDTA 主要以 H_4Y 的形式存在；

在 pH＝2.0～2.67 的溶液中，EDTA 的主要存在形式是 H_3Y^-；

在 pH＝2.67～6.16 的溶液中，EDTA 的主要存在形式是 H_2Y^{2-}；

在 pH＝6.16～10.26 的溶液中，EDTA 的主要存在形式是 HY^{3-}；

在 pH>10.26 的溶液中，EDTA 主要以 Y^{4-} 的形式存在。

7.4.2　金属离子-EDTA 配合物的特点

EDTA 的配位能力很强，它能通过 2 个 N 原子、4 个 O 原子总共 6 个配位原子与金属离子结合，形成很稳定的具有五元环的螯合物，它甚至能和很难形成配合物的、半径较大的碱土金属离子（如 Ca^{2+}、Sr^{2+}、Ba^{2+} 等）形成稳定的螯合物。一般情况下，EDTA 与 1～4 价金属离子都能形成配位比 1∶1 的易溶于水的螯合物：

$$Ca^{2+} + Y^{4-} \rightleftharpoons CaY^{2-}$$
$$Fe^{3+} + Y^{4-} \rightleftharpoons FeY^-$$
$$Sn^{4+} + Y^{4-} \rightleftharpoons SnY$$

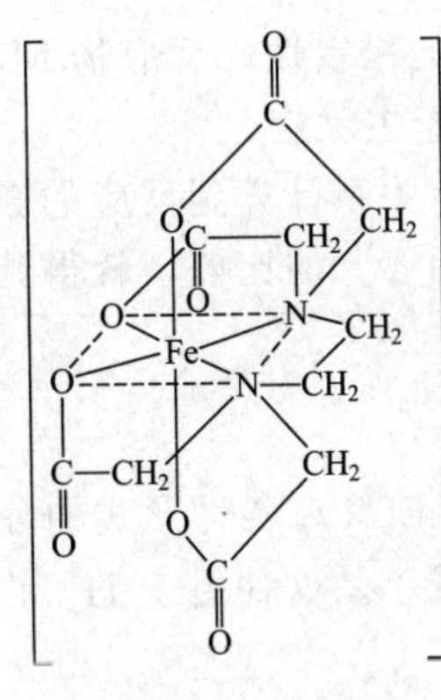

图 7-3　Fe^{3+} 与 EDTA 的螯合物结构示意图

Fe^{3+} 与 EDTA 的螯合物的结构如图 7-3 所示。

EDTA 与金属离子生成螯合物时，不存在分步配位现象，螯合物都比较稳定，所以配位反应比较完全，故在用作配位滴定反应时，分析结果的计算就十分方便。

无色金属离子与 EDTA 形成的螯合物仍为无色，有色金属与 EDTA 形成的螯合物的颜色将加深。这有利于用指示剂确定滴定终点。

以上特点说明 EDTA 和金属离子的配位反应能符合滴定分析的要求。

由于金属离子与 EDTA 形成 1∶1 的螯合物，为了讨论的方便，常可略去离子的电荷：

$$M + Y \rightleftharpoons MY$$

其稳定常数为：

$$K^{\ominus}_{MY}=\frac{[MY]}{[M][Y^{4-}]}=\frac{[MY]}{[M][Y]} \qquad (7\text{-}4)$$

螯合物的稳定性，主要决定于金属离子和配体的性质。在一定的条件下，每一螯合物都有其特有的稳定常数。一些常见金属离子与 EDTA 形成的螯合物的稳定常数可参见书末附录。

书末附录所列 $K^{\ominus}_{MY}$ 数据是指配位反应达到平衡且EDTA全部为 Y^{4-} 时的稳定常数，而并未考虑 EDTA 可能还以其他的形式存在。但是，仅在 pH≥12 的强碱性溶液中，$[Y]_{总}$ 才约等于 $[Y^{4-}]$；且在金属离子的浓度未受其他条件影响时，式(7-4) 才适用。

由书末附录可见，金属离子与 EDTA 形成的螯合物大多比较稳定，但是随金属离子的不同，差别仍然较大：碱金属离子的螯合物最不稳定；碱土金属离子的螯合物，$\lg K^{\ominus}_{MY}\approx 8\sim11$；过渡元素、稀土元素、$Al^{3+}$ 的螯合物，$\lg K^{\ominus}_{MY}\approx 15\sim19$；三价、四价金属离子和 Hg^{2+} 的螯合物，$\lg K^{\ominus}_{MY}>20$。

这些螯合物稳定性的差别，主要决定于金属离子本身的电荷、半径和电子层结构。

此外，溶液的酸度、温度和其他配位剂的存在等外界因素也影响螯合物的稳定性。其中，以酸度的影响最为重要。

7.4.3 配位反应的完全程度及其影响因素

以 EDTA 作为滴定剂，在测定金属离子的反应中，由于大多数金属离子与其生成的配合物具有较大的稳定常数，因此反应可以定量完成。但在实际反应中，不同的滴定条件下，除了 M、Y 的主反应外，反应物 M、Y 及反应产物 MY 也可能与溶液中的其他组分发生各种副反应，它们之间的平衡关系可用下式表示：

M + Y ⇌ MY　　主反应

M：OH^- → M(OH) ⋯ $M(OH)_n$　羟基配位效应；L → ML ⋯ ML_n　辅助配位效应

Y：H^+ → HY ⋯ H_6Y　酸效应；N → NY　同离子效应

MY：H^+ → MHY；OH^- → MOHY　混合配位效应

副反应

这些副反应的发生都将影响主反应进行的程度，从而影响到 MY 的稳定性。反应物 M、Y 的副反应将不利于主反应的进行，而反应产物 MY 的副反应则有利于主反应。

为了定量地表示副反应进行的程度，引入副反应系数 α。根据平衡关系计算副反应的影响，求得未参加主反应的组分 M 或 Y 的总浓度与平衡浓度 [M] 或 [Y] 的比值，就得到副反应系数 α。

(1) EDTA 的酸效应与酸效应系数 $\alpha_{Y(H)}$

在 EDTA 的多种形态中，只有 Y^{4-} 可以与金属离子进行配位。由 EDTA 各种形式的分布系数与溶液 pH 的关系图可知，随着酸度的增加，Y^{4-} 的分布系数减小。这种由于 H^+ 的存在使 EDTA 参加主反应的能力下降的现象称为酸效应。

酸效应的大小用酸效应系数（$\alpha_{Y(H)}$）来衡量。酸效应系数表示未参加配位反应的 EDTA 的各种存在形式的总浓度与能参加配位反应的 Y^{4-} 的平衡浓度之比：

$$\alpha_{Y(H)}=\frac{[Y_{总}]}{[Y^{4-}]}=\frac{[Y^{4-}]+[HY^{3-}]+[H_2Y^{2-}]+[H_3Y^-]+[H_4Y]+[H_5Y^+]+[H_6Y^{2+}]}{[Y^{4-}]}$$

$$=1+\frac{[H^+]}{K_6^\ominus}+\frac{[H^+]^2}{K_6^\ominus K_5^\ominus}+\frac{[H^+]^3}{K_6^\ominus K_5^\ominus K_4^\ominus}+\frac{[H^+]^4}{K_6^\ominus K_5^\ominus K_4^\ominus K_3^\ominus}+$$

$$\frac{[H^+]^5}{K_6^\ominus K_5^\ominus K_4^\ominus K_3^\ominus K_2^\ominus}+\frac{[H^+]^6}{K_6^\ominus K_5^\ominus K_4^\ominus K_3^\ominus K_2^\ominus K_1^\ominus}$$

溶液的 pH 越小，即 $[H^+]$ 越大，$\alpha_{Y(H)}$ 就越大，表示 Y^{4-} 的平衡浓度越小，EDTA 的副反应越严重。故 $\alpha_{Y(H)}$ 反映了副反应进行的严重程度。

在多数的情况下，$[Y]_{总}$ 总是大于 $[Y^{4-}]$ 的。只有在 pH≥12 时，EDTA 的酸效应系数 $\alpha_{Y(H)}$ 才等于 1，$[Y]_{总}$ 才几乎等于有效浓度 $[Y^{4-}]$，此时没有发生副反应。

在不同 pH 时的酸效应系数 $\alpha_{Y(H)}$ 列于表 7-3 中。以 pH-$\lg\alpha_{Y(H)}$ 作图，所得的曲线可以见图 7-4。

表 7-3　不同 pH 时的 $\lg\alpha_{Y(H)}$

pH	$\lg\alpha_{Y(H)}$	pH	$\lg\alpha_{Y(H)}$	pH	$\lg\alpha_{Y(H)}$	pH	$\lg\alpha_{Y(H)}$	pH	$\lg\alpha_{Y(H)}$
0.0	23.64	2.0	13.51	4.0	8.44	6.0	4.65	8.5	1.77
0.4	21.32	2.4	12.19	4.4	7.64	6.4	4.06	9.0	1.29
0.8	19.08	2.8	11.09	4.8	6.84	6.8	3.55	9.5	0.83
1.0	18.01	3.0	10.60	5.0	6.45	7.0	3.32	10.0	0.45
1.4	16.02	3.4	9.70	5.4	5.69	7.5	2.78	11.0	0.07
1.8	14.27	3.8	8.85	5.8	4.98	8.0	2.26	12.0	0.00

从表 7-3 可以看出，多数情况下 $\alpha_{Y(H)}$ 不等于 1，$[Y]_{总}$ 不等于 $[Y^{4-}]$。而前面讨论的式(7-4) 中的稳定常数 $K_{MY}^\ominus$ 是$[Y]_{总}=[Y^{4-}]$时的稳定常数，故不能在 pH 小于 12 时应用。要了解不同酸度下配合物 MY 的稳定性，就必须从 $[Y^{4-}]$ 与 $[Y]_{总}$ 的关系来考虑。因为：

$$[Y^{4-}]=\frac{[Y]_{总}}{\alpha_{Y(H)}}$$

将上式代入式(7-4)，有：

$$K_{MY}^\ominus=\frac{[MY]}{[M][Y^{4-}]}=\frac{[MY]\alpha_{Y(H)}}{[M][Y]_{总}}$$

整理后得：

$$\frac{[MY]}{[M][Y]_{总}}=\frac{K_{MY}^\ominus}{\alpha_{Y(H)}}=K_{MY}^{\ominus\prime} \tag{7-5a}$$

式中，$K_{MY}^{\ominus\prime}$ 是考虑了酸效应后 MY 配合物的稳定常数，称为条件稳定常数，即在一定酸度条件下用 EDTA 溶液总浓度 $[Y]_{总}$ 表示的稳定常数。

条件稳定常数的大小说明在溶液酸度影响下配合物 MY 的实际稳定程度。

式(7-5a) 在实际应用中常以对数形式表示，即：

$$\lg K_{MY}^{\ominus\prime}=\lg K_{MY}^\ominus-\lg\alpha_{Y(H)} \tag{7-5b}$$

条件稳定常数 $K_{MY}^{\ominus\prime}$ 可通过上两式由 $K_{MY}^\ominus$ 和 $\alpha_{Y(H)}$ 计算而得，它随溶液的 pH 变化而变化。

应用条件稳定常数 $K_{MY}^{\ominus'}$ 比用稳定常数 $K_{MY}^{\ominus}$ 能更正确地判断金属离子 M 和 Y 的配位情况，故 $K_{MY}^{\ominus'}$ 在选择配位滴定的 pH 条件时有着十分重要的意义。

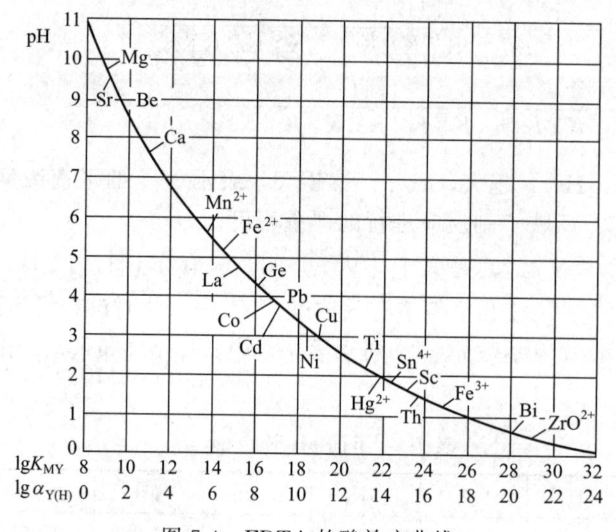

图 7-4　EDTA 的酸效应曲线

例 7-7　计算 pH＝2.0 和 pH＝5.0 时的 $\lg K_{ZnY}^{\ominus'}$ 值。

解　查书末附录，知 $\lg K_{ZnY}^{\ominus}=16.4$

① 查表 7-3，pH＝2.0 时，$\lg\alpha_{Y(H)}=13.5$，由式(7-5b) 得：

$$\lg K_{ZnY}^{\ominus'}=\lg K_{ZnY}^{\ominus}-\lg\alpha_{Y(H)}=16.4-13.5=2.9$$

② 查表 7-3，pH＝5.0 时，$\lg\alpha_{Y(H)}=6.5$，由式(7-5b) 得：

$$\lg K_{ZnY}^{\ominus'}=\lg K_{ZnY}^{\ominus}-\lg\alpha_{Y(H)}=16.4-6.5=9.9$$

可见，若在 pH＝2.0 时滴定 Zn^{2+}，由于副反应严重，ZnY 很不稳定，配位反应进行不完全。而在 pH＝5.0 时滴定 Zn^{2+}，$\lg K_{ZnY}^{\ominus'}=9.9$，ZnY 就很稳定，配位反应可以进行得很完全。

从表 7-3 和式(7-5) 可知，pH 愈大，$\lg\alpha_{Y(H)}$ 值愈小，副反应愈小，条件稳定常数 $K_{MY}^{\ominus'}$ 愈大，配位反应愈完全，对配位滴定愈有利。然而要注意的是，pH 太大时，许多金属离子会发生水解生成沉淀，此时就难以用 EDTA 直接滴定该种金属离子了。而 pH 降低，条件稳定常数 $K_{MY}^{\ominus'}$ 就减小，对于稳定性较高的配合物，溶液的 pH 即使稍低些，可能仍然可以进行准确滴定，而对于稳定性较差的配合物，若溶液的 pH 低，可能就无法进行准确滴定了。因此滴定不同的金属离子时，有着不同的最低允许 pH。

(2) 金属离子 M 的副反应及其副反应系数 α_M

金属离子 M 若发生副反应，结果会使金属离子参加主反应的能力下降。金属离子 M 的副反应系数用 α_M 表示，它表示未与 Y 配位的金属离子各种存在形式的总浓度 $[M]_总$ 与游离金属离子浓度 [M] 之比：

$$\alpha_M=\frac{[M]_总}{[M]}$$

在进行配位滴定时，为了掩蔽干扰离子，常加入某些其他的配位剂 L，这些配位剂称为辅助配位剂。辅助配位剂 L 与被滴定的金属离子发生的副反应称为辅助配位效应，其副反应系数用 $\alpha_{M(L)}$ 表示：

$$\alpha_{M(L)} = \frac{[M]_{总}}{[M]}$$
$$= \frac{[M]+[ML_1]+[ML_2]+\cdots+[ML_n]}{[M]}$$
$$= 1+\frac{[ML_1]}{[M]}+\frac{[ML_2]}{[M]}+\cdots+\frac{[ML_n]}{[M]}$$
$$= 1+[L]\beta_1+[L]^2\beta_2+\cdots+[L]^n\beta_n$$

式中，β_n 为金属离子与辅助配位剂 L 形成配合物的各级累积稳定常数。

由溶液中的 OH^- 与金属离子 M 形成羟基配合物所引起的副反应称为羟基配位效应，其副反应系数用 $\alpha_{M(OH)}$ 表示：

$$\alpha_{M(OH)} = \frac{[M]_{总}}{[M]}$$
$$= \frac{[M]+[M(OH)_1]+[M(OH)_2]+\cdots+[M(OH)_n]}{[M]}$$
$$= 1+[OH]\beta_1+[OH]^2\beta_2+\cdots+[OH]^n\beta_n$$

式中，β_n 为金属离子羟基配合物的各级累积稳定常数。

对含有辅助配位剂 L 的溶液，α_M 应包括 $\alpha_{M(L)}$ 和 $\alpha_{M(OH)}$ 两项，即

$$\alpha_M = \frac{[M]_{总}}{[M]} = \frac{[M]+[ML]+\cdots+[ML_n]+[M(OH)]+\cdots+[M(OH)_n]}{[M]}$$
$$= \alpha_{M(L)}+\alpha_{M(OH)}-1 \approx \alpha_{M(L)}+\alpha_{M(OH)}$$

利用金属离子的副反应系数 α_M，可以在其他配位剂 L 存在下，对有关平衡进行定量处理。

由式 $\alpha_M = \frac{[M]_{总}}{[M]}$ 可得 $[M] = \frac{[M]_{总}}{\alpha_M}$，代入式（7-4），整理后可得：

$$\frac{[MY]}{[M]_{总}[Y^{4-}]} = \frac{K^{\ominus}_{MY}}{\alpha_M} = K^{\ominus\prime}_{MY} \tag{7-6}$$

这是只考虑金属离子副反应（辅助配位效应和羟基配位效应）时 MY 配合物的条件稳定常数。

(3) MY 配合物的副反应系数 α_{MY}

在酸度较高时，MY 配合物会与 H^+ 发生副反应，生成酸式配合物 MHY；在碱度较高时，MY 会与 OH^- 发生副反应，生成 M(OH)Y、$M(OH)_2Y$ 等碱式配合物，这两种副反应称为混合配位效应。其结果会使平衡右移，总的配合物略有增加，也就是使配合物的稳定性略有增大。但是这些混合配合物一般不太稳定，可以忽略不计。

以上讨论可见，配位滴定中的影响因素很多，在一般情况下，主要是 EDTA 的酸效应和 M 的配位效应。

(4) EDTA 配合物的条件稳定常数

EDTA 与金属离子形成配离子的稳定性用绝对稳定常数来衡量。但在实际反应中，由于 EDTA 或金属离子可能存在一定的副反应，配合物的平衡常数 $K^{\ominus}_{MY}$ 不能真实反映主反应进行的程度，因此在其他配位剂 L 存在时，应该同时考虑 α_M 和 $\alpha_{Y(H)}$，即应该用未与滴定剂 Y^{4-} 配位的金属离子 M 的各种存在形体的总浓度 $[M]_{总}$ 来代替 [M]，用未参与配位反应的 EDTA 各种存在型体的总浓度 $[Y]_{总}$ 代替 [Y]，这样配合物的稳定性可表示为：

$$K_{MY}^{\ominus'}=\frac{[MY]}{[M]_{总}[Y]_{总}}=\frac{[MY]}{\alpha_{M(L)}[M]\alpha_{Y(H)}[Y]}=\frac{K_{MY}^{\ominus}}{\alpha_{M(L)}\alpha_{Y(H)}} \tag{7-7a}$$

或表示为：
$$\lg K_{MY}^{\ominus'}=\lg K_{MY}^{\ominus}-\lg\alpha_{M(L)}-\lg\alpha_{Y(H)} \tag{7-7b}$$

$K_{MY}^{\ominus'}$ 称为配合物的条件稳定常数（conditional stability constant），是在一定外因（H^+ 和 L）条件的影响下，用副反应系数校正后 MY 配合物的实际稳定常数，反映了实际反应中配合物的稳定性。因此，应用条件稳定常数 $K_{MY}^{\ominus'}$ 能更正确地判断 MY 配合物在该条件下的稳定性。

例 7-8 计算在 pH=1.0 和 pH=5.0 时，PbY 的条件稳定常数。

解 已知 $\lg K_{MY}^{\ominus}=18.04$

查表可知，pH=1.0 时，$\lg\alpha_{Y(H)}=18.01$，

所以 $\lg K_{MY}^{\ominus'}=\lg K_{MY}^{\ominus}-\lg\alpha_{Y(H)}=18.04-18.01=0.03$

pH=5.0 时，$\lg\alpha_{Y(H)}=6.45$，

所以 $\lg K_{MY}^{\ominus'}=\lg K_{MY}^{\ominus}-\lg\alpha_{Y(H)}=18.01-6.45=11.59$

例 7-9 计算 pH=11.0，$[NH_3]=0.10\text{mol}\cdot\text{L}^{-1}$ 时 ZnY 的条件稳定常数。若溶液中 Zn^{2+} 的总浓度为 $0.02\text{mol}\cdot\text{L}^{-1}$，计算游离的 Zn^{2+} 的浓度。

解 查表可知，Zn^{2+} 和 $[NH_3]$ 形成各级配离子的稳定常数：$\beta_1\sim\beta_4$ 分别为：$10^{2.27}$、$10^{4.81}$、$10^{7.31}$、$10^{9.46}$。所以 Zn^{2+} 的副反应系数为：

$$\begin{aligned}\alpha_{Zn(NH_3)}&=1+[NH_3]\beta_1+[NH_3]^2\beta_2+[NH_3]^3\beta_3+[NH_3]^4\beta_4\\&=1+10^{-1.0}\times10^{2.37}+10^{-2.0}\times10^{4.81}+10^{-3.0}\times10^{7.31}+10^{-4.0}\times10^{9.46}=10^{5.49}\end{aligned}$$

当 pH=11.0 时，Zn^{2+} 有羟合效应：$\alpha_{Zn(OH)}=10^{5.4}$

所以
$$\alpha_{Zn}=10^{5.49}+10^{5.4}-1=10^{5.7}$$

$$\lg K_{MY}^{\ominus'}=\lg K_{MY}^{\ominus}-\lg\alpha_{(Zn)}-\lg\alpha_{Y(H)}=16.50-5.7-0.07=10.73$$

游离的 Zn^{2+} 的浓度：
$$c(Zn^{2+})=\frac{[Zn^{2+}]}{\alpha_{Zn^{2+}}}=\frac{0.02}{10^{5.7}}=3.99\times10^{-8}\text{mol}\cdot\text{L}^{-1}$$

7.5 配合物在生物、医药等方面的应用

由于自然界中多数化合物是以配合物的形式存在的，因此，配合物所涉及的范围和应用是十分广泛的。与配合物相联系的学科也很多，例如生物无机化学、药物化学、有机化学、分析化学、结构化学等。在生物化学领域中，配合物的作用，更是十分引人注目。生物机体中有许多金属元素常以配合物形式存在。例如，动物体内的血红素是铁的有机配合物，近年来，已模拟合成了结构类似于血红素的配合物，制得人造血。植物中的叶绿素是镁与有机物质形成的复杂配合物。特别是生物体内的各种酶，几乎都是金属元素的复杂配合物，它们在生物的生化过程中起着决定性的作用。

7.5.1 配合物在维持机体正常生理功能中的作用

生物体内的微量金属元素，尤其是过渡金属元素，主要是通过形成配合物来完成生物化学功能的。这些化合物在维持生物体内正常生理功能方面具有重要的意义。例如植物生长中起光合作用的叶绿素是含 Mg^{2+} 的配合物。人体内输送氧气和 CO_2 的血红蛋白（Hb）是由亚铁血红素和 1 个分子珠蛋白构成。亚铁血红素分子中的 Fe^{2+} 除了同原卟啉大环配体上四个吡咯 N 原子形成四个配位键外，还与珠蛋白中肽键上一个组氨酸残基的咪唑 N 原子形成第五个配位键。Fe^{2+} 的第 6 个配位位置由水分子占据，它能被 O_2 置换形成氧合血红蛋白（$Hb \cdot O_2$）以保证体内对氧的需要。CO 中毒患者是由于吸入被 CO 污染的空气，在肺泡进行气体交换时，CO 就迅速与血红蛋白结合成碳氧合血红蛋白（$Hb \cdot CO$），其结合力要比氧与血红蛋白的结合力大 240 倍，使下述平衡向右移动。

$$HbO_2 + CO \rightleftharpoons Hb \cdot CO + O_2$$

因而血红蛋白输送氧的功能大为降低，减少对体内细胞的氧气供应，从而造成体内缺氧，如不及时抢救，最终因肌体缺氧而导致死亡。临床上常采用高压氧气疗法抢救 CO 中毒患者，高压的氧气可使溶于血液的氧气增多，从而导致上述可逆反应向左进行，达到治疗 CO 中毒之目的。现在已知的 1000 多种生物酶中，约有 1/3 是金属配合物。这些酶在维持体内正常代谢活动中起着非常重要作用。

7.5.2 配合物的解毒作用

配合物的解毒作用通常是指配体作为去毒剂，与体内有毒的金属原子（或离子）生成无毒的、可溶的配合物而排出体外。随着现代工、农业的迅速发展，给环境造成了严重的污染，某些非必需甚至有毒的金属可能进入体内，给人类的健康带来严重的危害。如重金属 Pb、Hg、Cd 等，它们能与蛋白质中的—SH 基相结合，抑制酶的活性；有时具有毒性的金属离子能够取代必需微量元素，如 Cd^{2+} 能取代 Zn^{2+} 从而抑制锌金属酶的活性；某些含汞化合物进入人体后会迅速通过血脑屏障，导致对细胞的损害。摄入过量必需金属元素也会引起中毒。利用配体生成无毒的配合物可以除去这些有毒金属。临床上已广泛应用了这类金属的解毒剂，如用枸橼酸钠治疗铅中毒，使铅转变为稳定的无毒的可溶性的$[Pb(C_6H_5O_7)]^-$配离子从肾脏排出体外。EDTA 的钙盐是排除体内 U、Th、Pu、Sr 等放射性元素的高效解毒剂。二巯基丙醇是治疗 As、Hg 中毒的首选药物。

7.5.3 配合物的治癌作用

20 世纪 60 年代末，以金属配合物为基础的抗癌药物的研制有明显的进展。例如，1969 年，Rosenberg 发现顺式二氯・二氨合铂（Ⅳ）（简称顺铂）具有广谱且较高的抗癌活性。顺式二氯・二氨合铂（Ⅳ）就是第一代的抗癌药物。该配合物具有脂溶性载体配体 NH_3，可顺利地通过细胞膜的脂质层进入癌细胞内，进入癌细胞的顺式二氯・二氨合铂（Ⅳ），由于有可取代配体 Cl^- 存在，Cl^- 即被配位能力更强的 DNA 中的配位原子所取代，进而破坏癌细胞的 DNA 的复制能力，抑制了癌细胞的生长。该配合物作为抗癌药物从 1978 年开始正式应用于临床以来，取得了良好的疗效。在顺式二氯・二氨合铂（Ⅳ）结构模式的启发下，人们广泛开展了研制抗癌金属配合物的探索工作，现在已发现有机锡化合物、金属茂类化合物具有较高的抗癌活性，它们有的已在临床使用。我们坚信，在不久的将来，抗癌金属配合物在防癌、治癌方面将会发挥更大的作用。另外以生物配体（包括蛋白质、核酸、氨基酸、微生物等）的配合物作为研究对象的新兴的边缘学科——生物无机化学正在蓬勃发展中。还有，以螯合反应为基础的螯合滴定分析法，在生化检验、药物分析及环境检测等领域，应用也很广泛。

思考题

7-1 配体的个数与配位数是不是同一个概念？

7-2 影响配位数的因素？一般配位数大小的规律？

7-3 总结几何异构体、旋光异构体的性质特点，并说明理由。

7-4 如何判断配合物有否旋光异构体。

7-5 1986 年 Jensen 合成了一种配合物，化学式为 $Ni[P(C_2H_5)_3]_3Br_2$，该化合物呈顺磁性，有极性，但难溶于水而易溶于苯，其苯溶液不导电。试给出配合物所有可能的结构。

7-6 EDTA 具有什么结构特点？EDTA 与金属离子形成的配合物有哪些特点？

7-7 EDTA 在水溶液中以哪些形式存在？其中哪种存在型体能与金属离子直接配位？EDTA 与金属离子配合物的稳定常数和条件稳定常数有何不同？

7-8 为什么 EDTA 能作 Pb^{2+}、Hg^{2+} 等重金属离子的解毒剂？写出有关离子方程式。

7-9 根据配合物稳定常数及难溶盐溶度积常数解释：

(1) AgCl 沉淀不溶于 HNO_3，但能溶于过量氨水；

(2) AgCl 沉淀溶于氨水，但 AgI 不溶；

(3) AgI 沉淀不溶于氨水，但可溶于 KCN 溶液中；

(4) AgBr 沉淀可溶于 KCN 溶液但 Ag_2S 却不溶。

习题

7-1 命名下列配合物，并指出中心原子、配离子电荷、配体和配位数。

$[Ag(NH_3)_2]NO_3$，$K_4[Fe(CN)_6]$，$K_3[Fe(CN)_6]$，$H_2[PtCl_6]$，$[Zn(NH_3)_4](OH)_2$，$[Co(NH_3)_6]Cl_3$。

7-2 写出下列配合物的化学式，并指出中心离子的配体、配位原子和配位数。

(1) 氯化二氯·一水·三氨合铬（Ⅲ）；　(2) 硫酸四氨合镍（Ⅱ）；

(3) 四硫氰·二氨合铬（Ⅲ）酸铵；　(4) 六氰合铁（Ⅱ）酸钾。

7-3 $PtCl_4$ 和氨水反应，生成的化合物化学式为$[Pt(NH_3)_4]Cl_4$。将 1mol 此化合物用 $AgNO_3$ 处理，得到 2mol AgCl。试推断配合物的结构式。

（答：$[PtCl_2(NH_3)_4]Cl_2$）

7-4 在 1L 1×10^{-3} mg·$L^{-1}$$[Cu(NH_3)_4]^{2+}$和 1.5 mg·$L^{-1}$ NH_3 处于平衡状态的溶液中，用计算说明：(1) 加入 0.002mol NaOH(忽略体积变化)，有无 $Cu(OH)_2$ 沉淀生成？(2) 加入 0.002mol Na_2S(忽略体积变化)，有无 CuS 沉淀生成？

（答：无，有）

7-5 (1) 计算 pH5.5 时 EDTA 溶液的 $\lg\alpha_{Y(H)}$ 值；(2) 查出 pH＝1、2……10 时 EDTA

的 $\lg\alpha_{Y(H)}$ 值，并在坐标纸上作出 $\lg\alpha_{Y(H)}$ -pH 曲线。由图查出 pH5.5 时的 $\lg\alpha_{Y(H)}$ 值，与计算值相比较。（答：5.7，5.7）

7-6 在 pH=9.26 的氨性缓冲溶液中，除氨配合物外的缓冲剂总浓度为 0.20mol·L^{-1}，游离 $C_2O_4^{2-}$ 浓度为 0.10mol·L^{-1}。计算 Cu^{2+} 的 $\alpha_{Cu^{2+}}$。已知 Cu(Ⅱ)-$C_2O_4^{2-}$ 配合物的 $\lg\beta_1=4.5$，$\lg\beta_2=8.9$；Cu(Ⅱ)-OH^- 配合物的 $\lg\beta_1=6.0$（答：$10^{9.36}$）

7-7 铬黑 T（EBT）是一种有机弱酸，它的 $\lg K_{1H}=11.6$，$\lg K_{2H}=6.3$，Mg-EBT 的 $\lg K_{MgIn}=7.0$，计算在 pH=10.0 时的 $\lg K'_{MgIn}$ 值。（答：5.4）

7-8 将 50mL 0.20mol·L^{-1} $AgNO_3$ 溶液和 50mL 6.0mol·L^{-1} 氨水溶液混合后，加入 0.50mL 2.0mol·L^{-1}KI 溶液，问是否有 AgI 沉淀生成？（答：有）

7-9 向一含有 0.20mol·L^{-1} 氨水和 0.20mol·$L^{-1}$$NH_4Cl$ 的缓冲溶液中加入等体积的 0.030mol·$L^{-1}$$[Cu(NH_3)_4]Cl_2$ 溶液，问混合溶液中有无 $Cu(OH)_2$ 沉淀生成？

（答：无）

7-10 溶液中 Cl^- 的浓度和 Ag^+ 的浓度均为 0.010mol·L^{-1}，问溶液中 NH_3 的初始浓度至少应控制为多少才能防止 AgCl 沉淀析出。（答：0.79mol·L^{-1}）

7-11 在 100.0mL 0.15mol·$L^{-1}$$K[Ag(CN)_2]$溶液中加入 50.0mL 0.10mol·$L^{-1}$KI 溶液，是否有 AgI 沉淀产生？若在上述混合物中再加入 50.0mL 0.20mol·L^{-1}KCN 溶液，是否有 AgI 沉淀产生？（答：有，无）

7-12 已知：$Ag^+ + 2CN^- \xlongequal{} [Ag(CN)_2]^-$ 的 $K_{稳}=1.3\times10^{21}$，$Ag_2S \xlongequal{} 2Ag^+ + S^{2-}$ 的 $K_{sp}=1.6\times10^{-49}$。求：$2[Ag(CN)_2]^- + S^{2-} \xlongequal{} Ag_2S\downarrow + 4CN^-$ 的平衡常数 K_c。

（答：3.7×10^6）

7-13 在 1.0mL 0.04mol·L^{-1} $AgNO_3$ 溶液中加入 1.0mL 2.00mol·L^{-1} $NH_3\cdot H_2O$，计算平衡时溶液中的 Ag^+ 浓度。（答：1.4×10^{-9}mol·L^{-1}）

7-14 已知 $M(NH_3)_4^{2+}$ 的 $\lg\beta_1\sim\lg\beta_4$ 为 2.0、5.0、7.0、10.0，$M(OH)_4^{2+}$ 的 $\lg\beta_1\sim\lg\beta_4$ 为 4.0、8.0、14.0、15.0。在浓度为 0.10mol·L^{-1} 的 M^{2+} 溶液中，滴加氨水至溶液中的游离氨浓度为 0.01mol·L^{-1}，pH=9.0。试问溶液中主要存在形式是哪一种？浓度为多大？若将 M^{2+} 溶液用 NaOH 和氨水调节至 pH≈13.0 且游离氨浓度为 0.010mol·L^{-1}，则上述溶液中的主要存在形式是什么？浓度又是多少？

（答：氨配合物，8.2×10^{-2}mol·L^{-1}；羟基配合物，5.0×10^{-2}mol·L^{-1}）

7-15 在 pH=6.0 的溶液中，含有 0.020mol·L^{-1} Zn^{2+} 和 0.020mol·L^{-1} Cd^{2+}，游离酒石酸根（Tart）浓度为 0.20mol·L^{-1}，加入等体积的 0.020mol·L^{-1} EDTA，计算 $\lg K'_{CdY}$ 和 $\lg K'_{ZnY}$ 值。已知 Cd^{2+}-Tart 的 $\lg\beta_1=2.8$，Zn^{2+}-Tart 的 $\lg\beta_1=2.4$、$\lg\beta_2=8.32$，酒石酸在 pH=6.0 时的酸效应可忽略不计。（答：6.47，−2.47）

7-16 今由 100mL 0.010mol·L Zn^{2+} 溶液，欲使其中 Zn^{2+} 浓度降至 10^{-9}mol·L^{-1}，问需向溶液中加入固体 KCN 多少克？已知 Zn^{2+}-CN^- 配合物的累积形成常数 $\beta_4=10^{16.7}$，$M(KCN)=65.12$g·mol^{-1}。（答：0.29g）

第 8 章

定量分析及数据处理

学习要求

① 掌握误差的分类、来源、减免方法，准确度、精密度的概念及其表示方法。

② 了解提高分析准确度的方法，可疑值的取舍方式。

③ 掌握有效数字的概念及运算规则。

8.1 分析化学概述

分析化学是化学学科中一个重要分支，是研究物质的组成、含量、结构及其多种化学信息的科学。分析化学的任务是：分析物质由哪些元素和（或）基团组成；确定物质中每种成分的含量及物质的纯度；分析物质中原子间彼此连接及其空间结构。

分析化学的研究对象涵盖工业生产过程中的各个环节，如工业生产的原理、半成品、成品的检验；食品、水、大气等质量指标的控制；废水、废气、废渣等环境污染物的处理；医学上临床分析、药物理化检验等。许多领域都离不开分析化学。其分析研究的对象从简单的单质到大分子化合物以及复杂的混合物；从无机物到有机物，乃至 DNA、多肽、蛋白质等；从低分子量的化合物到高分子量的化合物；从气态、液态到固态物质；从取样几吨到几十微克。

8.2 分析化学的方法

分析方法的分类有许多种，根据分析化学的任务可将其分为定性分析（qualitative analysis)、定量分析（quantitative analysis）和结构分析（structure analysis）。根据分析原理可分为化学分析法和仪器分析法。

8.2.1 化学分析法

化学分析方法（chernical analysis）是以物质的化学性质和化学反应为依据进行分析的方法，是分析化学的基础，包括定性分析和定量分析两部分。其中定性分析是根据发生化学反应的现象来判断某种组分是否存在；定量分析是根据待测组分和所加的化学试剂能发生有确定计量关系的化学反应，从而达到测定该组分含量的目的。定量分析又可分为重量分析和容量分析。根据反应产物的质量来确定待测组分的含量称为重量分析法；根据所消耗滴定剂的浓度和体积来计算待测组分含量的则称为容量分析，又称为滴定分析。

化学分析法一般多用于含量大于1%的常量（major）组分的分析，分析结果的准确度较高。该法设备简单，价格便宜，在生产、科研中应用广泛。

8.2.2 仪器分析法

仪器分析法（instrumental analysis）是利用待测组分的物理性质和物理化学性质并借助于特定仪器来确定待测物质的组成、结构及其含量的分析方法。主要包括光学分析、电化学分析、色谱分析等分析方法。

(1) 光学分析法

光学分析法（spectrometric analysis）是利用物质的光学性质进行测定的仪器分析方法。主要包括：分子光谱法，如紫外-可见光度法、红外光谱法、分子荧光及磷光分析法；原子光谱法，如原子发射光谱法、原子吸收光谱法。

(2) 电化学分析法

电化学分析法（electrochemical analysis）是根据物质的电化学性质所建立的分析方法。主要有电重量法（电解），电容量法（电位法、极谱法、伏安分析法、电导分析法、库仑分析法），离子选择性电极分析法。

(3) 色谱分析法

色谱分析法（chromatographic analysis）是根据物质在两相（固定相和流动相）中吸附能力、分配系数或其他亲和作用的差异而建立的一种分离、测定方法。这种分析法最大的特点是集分离和测定于一体，是多组分物质高效、快速、灵敏的分析方法，主要包括气相色谱法和液相色谱法。

(4) 其他分析法

随着科学技术的发展，许多新的仪器分析方法也得到不断的发展。如质谱法、核磁共振、X射线、电子显微镜分析、毛细管电泳等大型仪器分析方法，作为高效试样引入及处理手段的流动注射分析法，以及为适应分析仪器微型化、自动化、便携化而最新涌现出的微流控芯片毛细管分析等。

与化学分析法相比，仪器分析法操作比较简单、快速，灵敏度和准确度高，更适于微量（micro，0.01%～1%）、痕量（trace，<0.01%）及生产过程中的控制分析等。但通常仪器分析的设备较复杂，价格昂贵，且有些仪器对环境条件要求比较苛刻，如恒温、恒湿、防震等。

8.3 定量分析过程

定量分析常包括以下步骤：

① 取样　所取样品必须要有代表性。试样的采取和制备是定量分析中的重要环节，它直接关系到分析结果的质量。从总体样品中抽取的进行实际分析操作的样品（即分析试样）必须能够正确代表总体样品的组成。

② 试样预处理　包括试样的分解（干法和湿法分解）和分离及干扰消除过程。在试样分解过程中要防止待测组分的损失同时还要避免引入干扰测定的杂质。分析试样必须分解完全。通常分解试样是使试样中的待测组分以可溶盐的形式进入溶液。在处理复杂样品过程中，分离和干扰消除过程是必不可少的。

③ 测定　根据样品选择合适方法，分析过程的关键是选择合适的分析方法，进行准确测定，因此所选方法必须准确可靠。

④ 计算　根据测定的有关数据计算出待测组分的含量，计算必须准确无误。

⑤ 出报告　根据要求以合适形式报出。

8.4 定量分析结果的表示

8.4.1 待测组分的化学表示形式

分析结果通常以被测组分实际存在形式的含量表示，如测得试样中氮的含量，根据实际情况以 NH_3、NO_3^-、NO_2^-、N_2O_5 等形式的含量表示分析结果。如测定矿石中钠、钾的含量，常以对应的氧化物 Na_2O、K_2O 形式的含量表示分析结果。在金属材料分析和有机分析中常以元素形式的含量表示结果。水环境和电解质溶液分析时，常以存在的离子形式含量表示结果，如 Na^+、K^+、CO_3^{2-} 等形式。

8.4.2 待测组分含量的表示方法

固体试样中，常用质量分数表示待测组分 B 的含量（w_B），即试样中含待测物质 B 的质量 m_B 与试样的质量 m_s 之比。即：

$$w_B = \frac{m_B}{m_s}$$

当待测组分含量很低时，用 $\mu g \cdot g^{-1}$（或 10^{-6}）、$ng \cdot g^{-1}$（或 10^{-9}）和 $pg \cdot g^{-1}$（或 10^{-12}）等表示。

液体试样中待测组分的含量可用物质的量浓度、质量摩尔浓度、质量分数、体积分数、摩尔分数或质量浓度等表示。对于试样中微量组分含量，通常以 $mg \cdot L^{-1}$、$\mu g \cdot L^{-1}$ 表示。

气体试样中的常量待测组分的含量，通常以体积分数表示。对于微量组分的含量常以 $mg \cdot m^{-3}$ 表示。例如，中国空气污染物标准，氮氧化物，任何一次取样，浓度限值为 $0.10mg \cdot m^{-3}$（一级标准）。

8.5 定量分析中的误差

定量分析的任务是准确测定试样中组分的含量，定量分析的结果是经过许多测量和一系列操作步骤获得的。在测定过程中，受仪器试剂、测定方法和分析工作者主观条件等因素的限制，测定结果与真实值之间必然有一定的差值，称为误差。误差是客观存在、不可避免的。

误差＝测量值－真实值

例如，分析天平会有±0.0001g 的误差，若称得某物为 1.8657g，则该物的真实质量应为 1.8656～1.8658g。

应当了解分析过程中误差产生的原因及其出现的规律，以便采取相应的措施减小误差，以提高分析结果的准确度。

8.5.1 误差的分类

根据误差的性质和产生的原因分为系统误差和随机误差。

(1) 系统误差

系统误差是由分析过程中一些比较固定的原因所引起的误差。在同一条件下会重复出现，其正负、大小可测（一定），是单向性的，又称为可测误差。可通过其他方法验证而加以校正。根据误差的性质和产生的原因，系统误差可分为以下几种。

① 方法误差　由于分析方法本身不够完善造成的。例如在滴定分析中，化学反应不完全，指示剂指示的滴定终点与化学计量点不一致，以及干扰离子的影响等，导致分析结果系统地偏高或偏低。

② 仪器和试剂误差　由于测量仪器不够精确所造成的误差称为仪器误差，如容量器皿刻度和仪表刻度不准确等因素造成的误差。由试剂不纯造成的误差称为试剂误差，如试剂或蒸馏水中含有被测物质或干扰物质所造成的误差。

③ 操作误差　也称个人误差。在正常操作情况下，因操作者主观因素所造成的误差（所选试样缺乏代表性、溶样不完全、观察终点有误、观察先入为主等）。

(2) 随机误差

随机误差又叫偶然误差或不可测误差，是由测量过程中一系列偶然或意外因素（如测定时环境的温度、湿度、压力突变，仪器性能如天平零点发生改变等）而引起的误差，具有统计规律性。它的特点是多次测量时，大小相等的正负误差出现的概率相等；小误差出现的概率大，大误差出现的概率小。随机误差出现的规律可用正态分布曲线表示，见图 8-1。

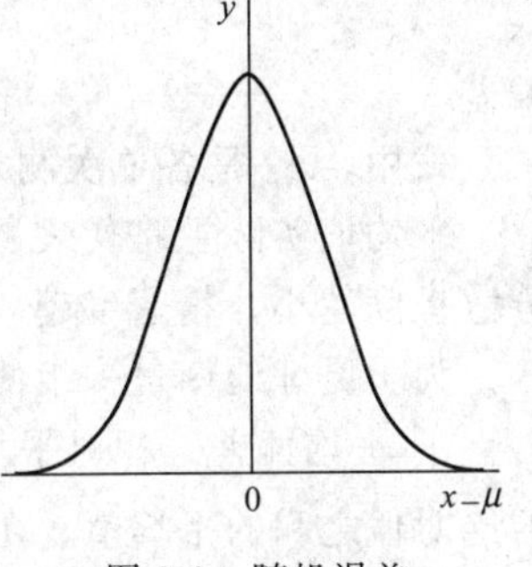

图 8-1　随机误差正态分布曲线

8.5.2 误差的表示方法

(1) 准确度和误差

准确度（accuracy）指测定值（X）与真实值（X_T）之间的接近程度，因此用误差

(error) 衡量准确度。误差越小，测定结果与真实值就越接近，准确度越高。误差有正负之分，正误差表示测定结果偏高，负误差表示测定结果偏低。误差又常分为绝对误差（E）和相对误差（E_r）。

绝对误差——测定值与真实值之差。

$$E = X - X_T \tag{8-1}$$

相对误差——绝对误差占真实值的百分数。分析结果的准确度常用相对误差表示。

$$E_r = \frac{E}{X_T} \times 100\% \tag{8-2}$$

例如，用分析天平称量两个试样，测定值分别为 0.1990g 和 1.1990g，假定真实值分别为 0.1991g 和 1.1991g，则其绝对误差分别为 $E_1 = 0.1990 - 0.1991 = -0.0001(g)$，$E_2 = 1.1990 - 1.1991 = -0.0001(g)$。

两者的绝对误差相等，而相对误差分别为

$$E_{r_1} = \frac{-0.0001}{0.1991} \times 100\% = -0.05\%$$

$$E_{r_2} = \frac{-0.0001}{1.1991} \times 100\% = -0.008\%$$

可见，这两个试样质量的绝对误差相等，但二者的相对误差不同，后者的相对误差小得多，即后者的称量准确度高得多。当被测定的量较大时，相对误差较小，测定准确度较高。因此，相对误差能更确切地表示各种情况下的测定结果的准确度。

(2) 精密度和偏差

在实际工作中，往往测定结果的真实值不可能准确知道，因此无法求出误差，无法确定分析结果的准确度。这种情况下分析结果的好坏可用精密度（precision）来判断。精密度是指同一试样多次平行测定结果之间相互接近的程度，表示了各测定结果的重现性，用偏差（deviation，d）表示。偏差是指单次测定值(x_i)与平均值($\bar{x}$)之间的差值，几个平行测定结果的偏差如果都很小，则说明分析结果的精密度较高。

平均值
$$\bar{x} = \frac{x_1 + x_2 + x_3 + \cdots + x_n}{n} = \frac{1}{n}\sum_{i=1}^{n} x_i \tag{8-3}$$

偏差
$$d_i = x_i - \bar{x} \tag{8-4}$$

式中，x_i 是各单次测定值；n 是测定次数。

平均值实际上是代表测定值的集中趋势，而各次测定值偏差是代表测定值的分散程度，分散程度越小，精密度越高。

为了更好地衡量一组测定值总的精密度，常用平均偏差和标准偏差两类偏差表示。

① 平均偏差、相对平均偏差和极差　平均偏差（average deviation）是单次测定值偏差的绝对值之和的平均值，用$\bar{d}$ 表示，即：

$$\bar{d} = \frac{\sum |d_i|}{n} \tag{8-5}$$

有时也用相对平均偏差$\bar{d}_r$ 来表示数据的精密度：

$$\bar{d}_r = \frac{\bar{d}}{\bar{x}} \times 100\% \tag{8-6}$$

平均偏差$\bar{d}$ 和相对平均偏差$\bar{d}_r$，不计正负号，而单次测定值的偏差 d_i 要记正负号。

此外，还可以用极差来粗略地表示数据的精密度或分散性。极差 R（range）是一组平行测定值中最大值 x_{max} 与最小值 x_{mix} 之差，即：

$$R = x_{max} - x_{mix} \tag{8-7}$$

例 8-1 计算下列一组平行测定值的平均偏差和相对平均偏差：36.46、36.48、36.43、36.42、36.46。

解 算术平均值：

$$\bar{x} = \frac{1}{5}(36.46 + 36.48 + 36.43 + 36.42 + 36.46) = 36.45$$

各次测量的绝对偏差分别为：

$$d_1 = 36.46 - 36.45 = 0.01$$
$$d_2 = 36.48 - 36.45 = 0.03$$
$$d_3 = 36.43 - 36.45 = -0.02$$
$$d_4 = 36.42 - 36.45 = -0.03$$
$$d_5 = 36.46 - 36.45 = 0.01$$

平均偏差：

$$\bar{d} = \frac{1}{5}(0.01 + 0.03 + 0.02 + 0.03 + 0.01) = 0.02$$

相对平均偏差

$$\bar{d}_r = \frac{\bar{d}}{\bar{x}} \times 100\% = \frac{0.02}{36.45} \times 100\% = 0.055\%$$

② 标准偏差与相对标准偏差　用平均偏差与相对平均偏差表示精密度比较简单，但由于在一系列的测定结果中，小偏差占多数，大偏差占少数，如果按总的测定次数计算算术平均偏差，所得结果会偏小，大偏差得不到应有的反映。例如 A、B 二组数据，求得各次测定的绝对偏差分别为：

d_A：+0.15、+0.39、0.00、-0.28、+0.19、-0.29、+0.20、-0.22、-0.38、+0.30。

$n=10$，$\bar{d}_A = 0.24$，$R = 0.77$。

d_B：-0.10、-0.19、+0.91*、0.00、+0.12、+0.11、0.00、+0.10、-0.69*、-0.18。

$n=10$，$\bar{d}_B = 0.24$，$R = 1.60$。

两组平均偏差相同，而实际上 B 数据中出现两个较大偏差（+0.91 和 -0.69），测定结果精密度较差。为了反映这些差别，引入标准偏差（standard deviation）。标准偏差又称均方根偏差，当测定次数趋于无穷大时，标准偏差用 σ 表示：

$$\sigma = \sqrt{\frac{\sum_{i=1}^{n}(x_i - \mu)^2}{n}} = \sqrt{\frac{\sum_{i=1}^{n} d_i^2}{n}} \tag{8-8}$$

其中 $\mu = \lim\limits_{n \to \infty} \bar{x}$

式中，μ 代表总体平均值。这里的 n 通常大于 30 次的测定，显然，在没有系统误差的情况下，μ 即为真实值。在实际工作中，对有限次数($n<20$)时的标准偏差用 s 表示：

$$s=\sqrt{\frac{\sum_{i=1}^{n}(x_i-\overline{x})^2}{n-1}}=\sqrt{\frac{\sum_{i=1}^{n}d_i^2}{n-1}} \tag{8-9}$$

相对标准偏差也称变异系数（CV），其计算式为：

$$CV=\frac{s}{\overline{x}}\times 100\% \tag{8-10}$$

例 8-2 在分析某一样品中 NaCl 时所得数据见表 8-1 第一列，求各偏差值。

解 根据有关公式，计算结果列于表 8-1。

表 8-1 例 8-2 数据表

Cl^- 含量/%	$\overline{x}$	d	$\overline{d}$	$\overline{d}/\overline{x}$
39.87		−0.035		
39.94		+0.035		
40.10		+0.195		
39.74	39.905	−0.165	0.077	0.193%
39.90		−0.005		
39.88		−0.025		

③ 准确度与精密度的关系　准确度表示测定结果的准确性，以真实值为标准，由随机误差和系统误差所决定。精密度表示测定结果的重现性，以平均值为标准，由随机误差所决定，与真实值无关。只有高精密度才能高准确度；精密度高是准确度高的前提，但精密度高不一定准确度好(可能有系统误差)，因为系统误差只影响准确度而不影响精密度(单向恒定)。

两者的关系可通过图 8-2、图 8-3 表示。

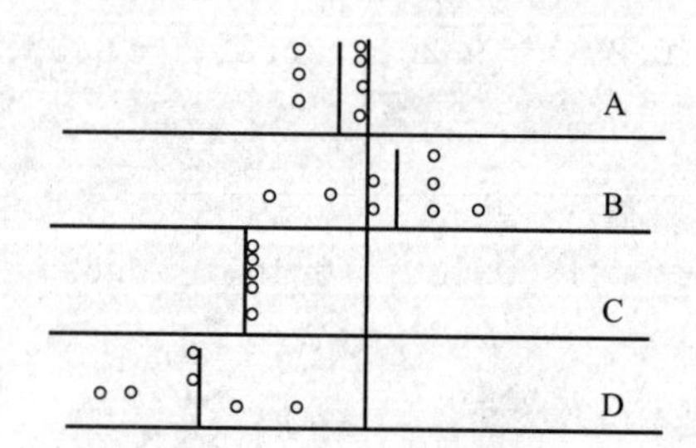

图 8-2 测定结果示意图

A—精密度高且准确度也好；

B—精密度不高但其平均值的准确度仍较好；

C—精密度很高但明显存在负的系统误差；

D—精密度很差，且准确度也很差，不可取

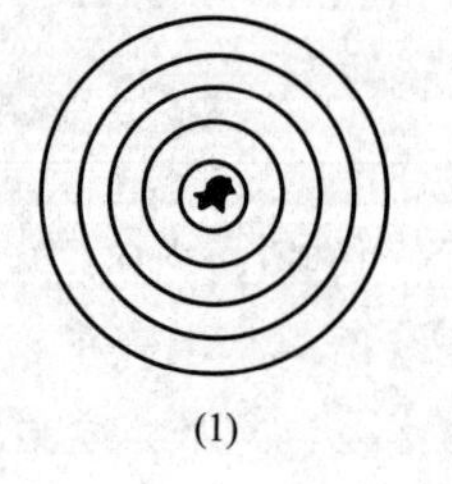

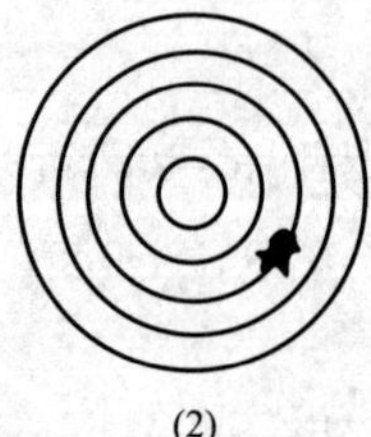

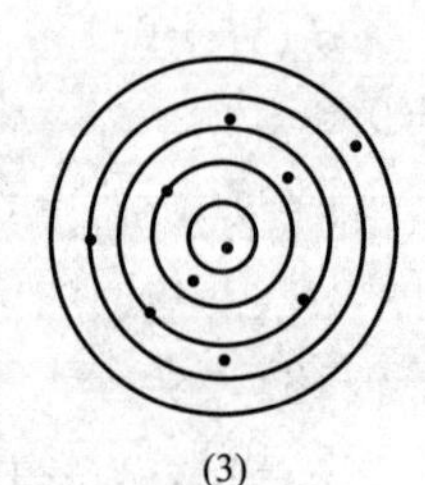

图 8-3 准确度与精密度的关系示意图

在实际工作中，真实值未知，分析结果的评价只能用精密度表示；若选用良好的分析方法，在消除系统误差的情况下，测定结果的差异主要是随机误差造成的，因此精密度完全可以评价分析结果的优劣。

8.5.3 提高分析结果准确度方法

分析结果的允许误差应视组分含量、分析对象等而改变对准确度的要求（表 8-2）。

表 8-2 不同组分含量的允许误差

含量/%	允许误差/%	含量/%	允许误差/%
约 100	0.1～0.3	约 1	2～5
约 50	0.3	约 0.1	5～10
约 10	1	0.01～0.001	约 10

在常规分析中，应控制在 0.1%～0.3%。

在定量分析中虽然误差是客观存在的，但必须采取措施尽可能地减少分析过程中的误差。减少误差的方法如下：

(1) 选择合适的分析方法

容量分析的准确度高。仪器分析灵敏度高。

(2) 减少测量误差

应减少每个测量环节的误差，天平称量应取样 0.2g 以上，滴定剂体积应大于 20mL。

(3) 消除系统误差

① 对照试验　以标准样品代替试样进行的测定，以校正测定过程中的系统误差。

方法有标准样比对法或加入回收法（用标准样品、管理样、人工合成样等）、选择标准方法（主要是国家标准等）、相互校验（内检、外检等）。

② 空白试验　在不加试样的情况下，按分析方法所进行的试验叫空白试验，空白试验所测得的值叫空白值。试样测定结果减去空白值为试样测定值。消除由试剂、蒸馏水不纯或仪器带入的杂质所引起的系统误差。

③ 仪器校准　消除因仪器不准引起的系统误差。

主要校准砝码、容量瓶、移液管，以及容量瓶与移液管的配套校准。

④ 分析结果校正　主要校正在分析过程中产生的系统误差。

如重量法测水泥熟料中 SiO_2 含量，可用分光光度法测定滤液中的硅，将结果加到重量法数据中，可消除由于沉淀溶解损失而造成的系统误差。

(4) 减小随机误差

随机误差符合正态分布规律，在消除系统误差的前提下，可通过增加平行测定次数的方法减少随机误差。分析化学通常要求在 3～5 次，当分析结果的准确度要求较高时，可增至 10 次左右，以减小随机误差。

8.6 分析结果的数据处理

8.6.1 有效数字及其计算规则

实验数据不仅表示数值的大小，同时也反映了测量的精确程度。例如对体积测量结果数据记录为 25.00mL 和 25.0mL，虽然数值大小相同，但精密度却相差 10 倍，前者说明是用移液管准确移取或滴定管量取，而后者是由量筒量取的。因此，必须按实际测量精度记录实验数据，并且按照有效数字运算规则进行测量结果的计算，报出合理的测量结果。

(1) 有效数字（significant figures)

有效数字——实际能测量到的数字，只保留一位可疑值。不仅表示数量，也表示精度。

例如读取同一滴定管刻度：甲的读数为 24.55mL，乙的读数为 24.54mL，丙的读数为 24.53mL。三个数据中，前 3 位数字都相同且很准确，但第 4 位是估计数，不确定，不同人读取时稍有差别。再如分析天平称取试样质量时记录为 0.2100g，它表示 0.210 是确定的，最后一位 0 是不确定数，可能有正负一单位的误差，即其实际质量是（0.2100±0.0001)g 范围内的某一值。其绝对误差为±0.0001，相对误差为(±0.0001/0.2100)×100%=±0.05%。

确定有效数字的原则如下：

① 最后结果只保留一位不确定的数字。

② 0～9 都是有效数字，但 0 起定位作用时则不是，如 0.0053（有效数字为两位）、0.5300（有效数字为四位）、0.0503（有效数字为三位）、0.5030（有效数字为四位）。数字后的“0”含义不清楚时，最好用指数形式表示，如 1000 可表示成 1.0×10^3、1.00×10^3、1.000×10^3。

③ 不能因改变单位而改变有效数字的位数，如 $2.3\text{L}=2.3\times10^3\text{mL}$，$20.3\text{L}=2.03\times10^4\text{mL}$，1.0mL=0.0010L。

④ 常数、倍数、系数等自然数的有效数字位数可认为没有限制，如 π、e。

⑤ 化学平衡计算中，结果一般为两位有效数字（由于 K 值一般为两位有效数字)。

⑥ 对数的有效数字位数由尾数决定，如 pH=11.20(两位)→$[H^+]=6.3\times10^{-12}\text{mol}\cdot\text{L}^{-1}$，pM=5.00(两位)→$[M]=1.0\times10^{-5}$。

⑦ 分析过程中滴定管、移液管、容量瓶分别取 4 位有效数字，分析天平（万分之一）取 4 位有效数字。

⑧ 标准溶液的浓度用 4 位有效数字表示，如 $0.1000\text{mol}\cdot\text{L}^{-1}$。

⑨ 各种误差、偏差保留 1～2 位有效数字。

(2) 有效数字的运算规则

① 数字修约　确定有效位数，并对多余位数的舍弃过程。其规则为修约规则。有效数字的运算规则为四舍六入五留双。即：

a. 当尾数≤4 时舍弃。

b. 尾数≥6 时则进入。

c. 尾数=5 时，当 5 后面的数字不为 0 时，进位；当 5 后面的数字为 0 时，5 前面数字为偶数者舍弃，为奇数者进位。

例如：

3.7464⇒3.746　　3.5236⇒3.524

7.21550⇒7.216　　6.53450⇒6.534

6.53451⇒6.535

若某数字的首位有效数字≥8，则该有效数字的位数可多计算一位。如 8.58 可视为 4 位有效数字。

在运算过程中，有效数字的位数可暂时多保留一位，得到最后结果时再定位。

使用计算器作连续运算时，运算过程中不必对每一步的计算结果进行修约，但最后结果的有效数字位数必须按照以上规则正确地取舍。

② 运算规则

a. 加减法　有效位数以绝对误差最大的数为准，即以小数点后位数最少的数字为依据。

例如：50.1＋1.45＋0.5812＝？

每个数据最后一位都有 ±1 的绝对误差，在上述数据中，50.1 的绝对误差最大（±0.1），即小数点后第一位为不定值，为使计算结果只保留一位不定值，所以各数值及计算结果都取到小数点后第一位。

$$50.1+1.45+0.5812\approx 50.1+1.4+0.6=52.1$$

b. 乘除法　有效位数以相对误差最大的数为准，即有效位数最少的数字为依据。

例如：$2.1879\times 0.154\times 60.06\approx 2.19\times 0.154\times 60.1=20.3$。

各数的相对误差分别为：

$$\pm\frac{1}{21879}\times 100\%=\pm 0.005\%$$

$$\pm\frac{1}{15}\times 100\%=\pm 0.6\%$$

$$\pm\frac{1}{6006}\times 100\%=\pm 0.02\%$$

上述数据中，有效位数最少的 0.154，其相对误差最大，因此，计算结果也只能取三位有效数字。

在运算过程中，首位数字是 8、9 时，可按多一位处理。如 90.0%，可视为四位有效数字进行处理。

8.6.2　平均值的置信区间

将以测定结果为中心，包含真实值在内的可靠性范围称为置信区间。真实值落在这一范围的概率，称为置信度或置信水准。

在多次测定求得平均值后，可得到置信区间的公式：

$$\mu=\overline{x}\pm u\sigma_{\overline{x}}=\overline{x}\pm\frac{u\sigma}{\sqrt{n}}=\overline{x}\pm\frac{ts}{\sqrt{n}} \tag{8-11}$$

在实验次数并不多时，μ 未知，只能用样本标准偏差替代总体标准偏差时，将引起对正态分布的偏离，需用 t 分布来处理；s 为标准偏差；t 为某一置信度下的概率系数（见表 8-3）；n 为测量次数。

表 8-3　t 值分布表

测定次数	置信度			
	90%	95%	99%	99.5%
2	6.314	12.706	63.657	127.32
3	2.920	4.303	9.925	14.089
4	2.353	3.182	5.841	7.453
5	2.132	2.776	4.604	5.598
6	2.015	2.571	4.032	4.773
7	1.943	2.447	3.707	4.317
8	1.895	2.365	3.500	4.029
9	1.860	2.303	3.355	3.832
10	1.833	2.262	3.250	3.690
11	1.812	2.228	3.169	3.581
21	1.725	2.086	2.846	3.153
∞	1.645	1.960	2.576	2.087

>> **例 8-3** 测定某作物中的含糖量，结果为 15.40%、15.44%、15.34%、15.41%、15.38%，求置信度为 95%时的置信区间。

解 首先求得平均值为 15.39%，$s=0.0374$，$n=5$，置信度为 95%时查表得到 $t=2.78$，

$$\mu=15.39\%\pm\frac{2.78\times0.0374}{\sqrt{5}}\%=15.39\%\pm0.046\%$$

即可理解为：总体平均值 μ 落在 15.39%±0.046%的区间内的可能性是 95%。

不能理解为：未来测定的实验平均值有 95%的可能性落在 15.39%±0.046%的区间内。

8.6.3 可疑值的数据取舍

在定量分析中，实验数据往往会有一些偏差较大的，称为可疑值或离群值。除非确定为过失误差数据，否则任一数据均不能随意地保留或舍去。

可疑值的取舍问题实质上是区分随机误差与过失误差的问题。可借统计检验来判断。常用的有四倍法（也称 $4d$ 法）、格鲁布斯法（Grubbs 法）和 Q 检验法等，其中 Q 检验法比较严格而且又比较方便。

Q 检验法即根据统计量 $Q_{计}$ 进行判断。判断步骤如下。

① 将数据按由小到大顺序排列为：$x_1, x_2, \cdots, x_{n-1}, x_n$。

② 计算出统计量 $Q_{计}$：

$$Q_{计}=\frac{x_n-x_{n-1}}{x_n-x_1} \tag{8-12}$$

式中，分子部分为可疑值与相邻值的差值；分母部分为整组数据的极差。$Q_{计}$ 越大，说明 x_1 或 x_n 离群越远。

③ 根据测定次数和要求的置信度由 Q 值表（表 8-4）查得 $Q_{表}$。

表 8-4 Q 值表

测定次数 n		3	4	5	6	7	8	9	10
置信度	90%($Q_{0.90}$)	0.94	0.76	0.64	0.56	0.51	0.47	0.44	0.41
	96%($Q_{0.96}$)	0.98	0.85	0.73	0.64	0.59	0.54	0.51	0.48
	99%($Q_{0.99}$)	0.99	0.93	0.82	0.72	0.68	0.63	0.60	0.57

④ 再以计算值与表值相比较，若 $Q_{计}>Q_{表}$，则该值需舍去，否则必须保留。

8.6.4 分析结果的数据处理与报告

在实际工作中，分析结果的数据处理是非常重要的。在实验和科学研究工作中，必须对试样进行多次平行测定（$n>3$），然后进行统计处理并写出分析报告。

因此数据处理按以下几个步骤用统计方法进行：

① 对于偏差较大的可疑数据按 Q 检验法进行检验，决定其取舍；

② 计算出数据的平均值、各数据对平均值的偏差、平均偏差与标准偏差等；

③ 按要求的置信度求出平均值的置信区间。

>> **例 8-4** 测定某矿石中铁的含量（%），获得如下数据：79.58、79.45、79.47、79.50、79.62、79.38、79.90。(1) 用 Q 检验法检验并且判断有无可疑值舍弃；(2) 根据所有保留值，求出平均值；(3) 求出平均偏差及标准偏差和置信度为 90%、$n=6$ 时的置信区间。

解　（1）从上列数据看 79.90 偏差较大：

$$Q=\frac{79.90-79.62}{79.90-79.38}=\frac{0.28}{0.52}=0.54$$

现测定 7 次，设置信度 $P=90\%$，则 $Q_{表}=0.51$，所以 $Q_{计}>Q_{表}$，则 79.90 应该舍去。

（2）求平均值：

$$\bar{x}=\frac{79.58+79.45+79.47+79.50+79.62+78.38}{6}=79.50\%$$

（3）求出平均偏差：

$$\bar{d}=\frac{0.08+0.05+0.03+0.12+0.12}{6}=0.07$$

求出标准偏差 s：

$$s=\sqrt{\frac{0.08^2+0.05^2+0.03^2+0.12^2+0.12^2}{6-1}}=0.09$$

求出置信度为 90%、$n=6$ 时，平均值的置信区间。查表 8-3 得 $t=2.015$。

$$\mu=79.50\%\pm\frac{2.015\times0.09}{\sqrt{6}}\%=79.50\%\pm0.07\%$$

思考题

8-1　准确度和精密度分别表示什么，它们之间有什么区别和联系？

8-2　如何检验和消除测量过程中的系统误差以提高分析结果的准确度？

8-3　用标准偏差和算术平均偏差表示结果，哪一个更合理？

8-4　如何减少随机误差？

8-5　某铁矿石中含铁 39.16%，若甲分析得结果为 39.12%、39.15%、39.18%，乙分析得 39.19%、39.24%、39.28%。试比较甲、乙两人分析结果的准确度和精密度。

习题

8-1　有一铜矿试样，经两次测定，得知铜含量为 24.87%、24.93%，而铜的实际含量为 25.05%。求分析结果的绝对误差和相对误差。

（答：$E=-0.15\%$；$E_r=\frac{-0.15\%}{25.05\%}=-0.60\%$）

8-2　某试样经分析测得含锰百分率为 41.24、41.27、41.23 和 41.26。求分析结果的平均偏差、相对平均偏差、标准偏差和相对标准偏差。

（答：$\bar{x}=41.25$；$\bar{d}=0.015$；相对平均偏差$=0.036\%$；$s=0.018$；

相对标准偏差$=\frac{0.018}{41.25}\times100=0.044\%$）

8-3　分析血清中钾的含量，5 次测定结果分别为（$mg\cdot mL^{-1}$）：0.160、0.152、0.154、

0.156、0.153。计算置信度为95%时，平均值的置信区间。

[答：(0.155±0.004)mg·mL^{-1}]

8-4 某铜合金中铜的质量分数的测定结果为0.2037、0.2040、0.2036。计算标准偏差 s 及置信度为90%时的置信区间。 （答：0.2038±0.0003）

8-5 用某一方法测定矿样中锰含量的标准偏差为0.12%，含锰量的平均值为9.56%。设分析结果是根据4次、6次测得的，计算两种情况下的平均值的置信区间（95%置信度）。 （答：9.56%±0.19%；9.56%±0.13%）

8-6 标定 NaOH 溶液时，得下列数据：0.1014mol·L^{-1}、0.1012mol·L^{-1}、0.1011mol·L^{-1}，0.1019mol·L^{-1}。用 Q 检验法进行检验，0.1019是否应该舍弃？(置信度为90%)(答：不能舍弃)

8-7 按有效数字运算规则，计算下列各式：

(1) $2.187\times0.854+9.6\times10^{-2}-0.0326\times0.00814$。 （答：1.964）

(2) $\dfrac{0.01012\times(25.44-10.21)\times26.962}{1.0045\times1000}$。 （答：0.004139）

(3) $\dfrac{9.82\times50.62}{0.005164\times136.6}$。 （答：704.7）

(4) pH=4.03，计算 H^+ 浓度。 （答：9.3×10^{-5} mol·L^{-1}）

8-8 测定某一热交换器中水垢的 P_2O_5 和 SiO_2 的含量如下（已校正系统误差）：

P_2O_5 含量/%：8.44，8.32，8.45，8.52，8.69，8.38；

SiO_2 含量/%：1.50，1.51，1.68，1.20，1.63，1.72。

根据 Q 检验法对可疑数据决定取舍，然后求出平均值、平均偏差、标准偏差、相对标准偏差和置信度分别为90%及99%时的平均值的置信区间。

（答：P_2O_5：$\mu_{90\%}=8.47\pm0.11$，$\mu_{99\%}=8.47\pm0.21$；

SiO_2：$\mu_{90\%}=1.61\pm0.10$，$\mu_{99\%}=1.54\pm0.31$）

8-9 以 $KBrO_3$ 基准物标定 $Na_2S_2O_3$ 溶液的浓度，试问 $KBrO_3$ 与 $Na_2S_2O_3$ 的化学计量关系？ （答：1∶6）

8-10 用同一 $KMnO_4$ 标准溶液分别滴定体积相等的 $FeSO_4$ 和 $H_2C_2O_4$ 溶液，消耗的 $KMnO_4$ 标准溶液体积相等，试问 $FeSO_4$ 和 $H_2C_2O_4$ 两种溶液浓度的比例关系为多少？ （答：2∶1）

第 9 章

滴定分析法

学习要求

① 掌握滴定分析法的基础知识。

② 掌握四大滴定法的基本原理和指示剂的选择。

③ 了解各滴定分析法的实际应用。

9.1 滴定分析法概论

9.1.1 滴定分析法的基本概念和方法分类

一般先将试样制备成溶液，用一种已知准确浓度的试剂溶液——标准溶液（standard solution，也称滴定剂）滴加到被测物的溶液中（或反向滴加），该过程称为滴定（titration）。再根据所消耗的试剂量按化学计量关系来确定被测物的量，该分析方法称滴定分析法（titration analysis）或容量分析法。当滴入的标准溶液的量与被测物的量正好符合滴定反应式中的化学计量关系时，称反应达到了化学计量点（stoichiometric point，sp）或理论终点。化学计量点的到达，反应常无明确易察觉的外部特征。因此，常需在待测溶液中加入指示剂（indicator），利用指示剂颜色的突变来判断停止滴定，这一点称为滴定终点（end point，ep）。但指示剂指示的变色点不一定恰好为化学计量点，因此，在滴定分析法中滴定终点与化学计量点之间的差别称为滴定误差（titration error）或终点误差。滴定分析法是定量分析中很重要的一种方法。其特点是适用于常量组分（含量>1%）的测定；准确度较高，相对误差一般约为±0.2%；仪器简单，操作简便、快速；应用范围较广。因此滴定分析法有很大的实用价值。

滴定分析是以化学反应为基础的，根据滴定反应的类型，滴定分析可分为酸碱滴定法（acid-base titration）、配位滴定法（complex titration）、氧化还原滴定法（redox titration）和沉淀滴定法（precipitation titration）。

9.1.2 滴定分析法对化学反应的要求和滴定方式

(1) 对化学反应的要求

适合滴定分析的化学反应，应满足以下几个条件：

① 反应必须按一定方向定量完成，即反应完全程度达99.9%以上，并可以按一定化学计量关系计算分析结果。

② 反应速率要快，或有简便的方法加速反应，如果反应速率慢，会造成滴定终点不准确而产生误差，反应速率可以通过加入催化剂或加热等办法来加速。

③ 有合适的指示化学计量点（或终点）的方法（合适的指示剂）。

④ 无干扰主反应的杂质存在（无干扰杂质）。

(2) 滴定方法

① 直接滴定法（direct titration） 凡是能同时满足四个要求的滴定反应，都可用直接滴定方式测定。如用HCl滴定NaOH、Zn标定EDTA等，将试样处理成溶液，用标准溶液直接滴定待测液，这种滴定方式在滴定分析中最为简便，应用较多。

② 返滴定法（back titration） 先准确加入已知过量的标准溶液，使之与试液中的待测物质或固体试样进行反应，待反应完全后，再用另一种标准溶液滴定剩余的标准溶液。根据两标准溶液的用量之差，计算待测物的含量。这种方式通常运用于一些待测物与滴定剂的反应速率较慢或者无适当的方法确定滴定终点的场合。例如，Al^{3+}与EDTA配位反应速率很慢，可向Al^{3+}溶液中加入已知过量的EDTA标准溶液并加热煮沸，待Al^{3+}与EDTA反应完全后，用标准Zn^{2+}溶液滴定剩余的EDTA。

③ 置换滴定法（replacement titration） 有些物质的反应不能按化学计量关系定量进行，可采用先将待测物与另一种物质反应而定量地置换出能被标准溶液滴定的物质，再用标准溶液滴定此物质的方法。如Ag^+与EDTA的反应不稳定，可先将Ag^+和$Ni(CN)_4^{2-}$反应而定量地转换出能被EDTA滴定的Ni^{2+}，然后用EDTA滴定置换出的Ni^{2+}，根据EDTA的消耗量及Ag^+和Ni^{2+}的相当量关系即可求出Ag^+的量。

④ 间接滴定法（indirect titration） 当被测物不能直接与滴定剂发生化学反应时，可以通过其他反应以间接的方式测定被测物含量。例如，Ca^{2+}不能与$KMnO_4$发生氧化还原反应，可以先使Ca^{2+}与$C_2O_4^{2-}$一定量沉淀为CaC_2O_4，然后用酸溶解CaC_2O_4，再以$KMnO_4$标准溶液滴定与Ca^{2+}结合的$C_2O_4^{2-}$，从而间接求出Ca^{2+}的含量。

9.1.3 基准物和标准溶液

标准溶液就是指已经知道准确浓度的溶液。由于要通过标准溶液的浓度和用量计算待测组分的含量，因此正确地配制标准溶液，准确地确定其浓度以及对标准溶液进行妥善保存，对于提高滴定分析的准确度是至关重要的。

(1) 基准物

能用来直接配制或标定标准溶液的物质称为基准物（primary standard substance）。对基准物的要求如下：

① 纯度高，质量分数在99.9%以上，易制备和提纯。

② 组成（包括结晶水）与化学式完全相符。

③ 性质稳定，易保存，不分解，不吸潮，不吸收大气中CO_2，不失结晶水等，以便容

易保存及称量过程保证其组成不变。

④ 有较大的摩尔质量，以减小称量的相对误差。

一些常用基准物有：用于酸碱滴定，Na_2CO_3（无水）、$Na_2B_4O_7 \cdot 10H_2O$、$H_2C_2O_4$、$C_6H_4(COOH)(COOK)$；用于配位滴定，$CaCO_3$、ZnO 及各种光谱纯金属；用于沉淀滴定，NaCl、KBr；用于氧化还原滴定，$K_2Cr_2O_7$、$H_2C_2O_4 \cdot 2H_2O$。

(2) 标准溶液的配制

标准溶液一般有两种配制方法：直接配制法和间接配制法。

① 直接配制法　根据所需要的浓度，准确称取一定量的物质，经溶解后，定量转移至容量瓶中并稀释至刻度。通过计算得出该标准溶液的准确浓度。

② 间接配制法（标定法）　当欲配制标准溶液的试剂不是基准物，就不能用直接法配制。可先粗配成近似所需浓度的溶液，然后用基准物通过滴定的方法确定已配溶液的准确浓度，这一过程称为标定。这种配制标准溶液的方法称为间接配制法。用于配制标准溶液的物质大多不能完全满足上述基准物的条件，这类物质必须用间接法配制标准溶液。例如 HCl、NaOH、$KMnO_4$、$Na_2S_2O_3$ 等标准溶液。

(3) 滴定分析中常用的浓度的表示方法

① 物质的量浓度　简称为浓度，是指单位体积溶液中所含溶质的物质的量。如 B 物质的浓度以符号 c_B 表示，即：$c_B=\frac{n_B}{V}$。教材在第 1 章已详叙。

② 滴定度　滴定度（titer，T）指每毫升标准溶液（A）相当于被测物（B）的质量或百分含量，以符号 $T_{B/A}$ 表示，单位为 $g \cdot mL^{-1}$。如 $T_{Fe/K_2Cr_2O_7}=0.005260 g \cdot mL^{-1}$，表示 1mL $K_2Cr_2O_7$ 标准溶液相当于 0.005260g Fe，也就是说 1mL $K_2Cr_2O_7$ 标准溶液恰好能与 0.005260g Fe^{2+} 反应。此种表示法在工厂或科学研究的例行分析中经常使用，计算快捷、直观。

9.1.4 滴定分析结果的计算

(1) 滴定剂与被测物质之间的计量关系

假设直接滴定法的滴定反应：

$$tT+bB=\!=\!=cC+dD$$

式中，T 为滴定剂，B 为被测物。

则被测物的物质的量 n_B 与滴定剂的物质的量 n_T 存在如下比例关系：

$$\frac{n_B}{n_T}=\frac{b}{t}$$

则

$$n_B=\frac{b}{t}n_T \tag{9-1}$$

如此，便可由所消耗的滴定剂的物质的量以求得被测物的物质的量。

其他三种滴定法中，滴定剂 T 与被测物 B 的关系应称为化学计量关系，要根据滴定的化学反应来确定。

(2) 标准溶液浓度的计算

① 以基准物直接配制　准确称取摩尔质量为 M_B 的 B 物质 m_B(g)，并定容至 V_B(L)，则其浓度(单位：$mol \cdot L^{-1}$）为：

$$c_B=\frac{n_B}{V_B}=\frac{m_B}{V_B M_B} \tag{9-2}$$

例 9-1 欲配制浓度为 $0.01666\text{mol}\cdot\text{L}^{-1}$ 的 $K_2Cr_2O_7$ 溶液 0.250L，需称取基准 $K_2Cr_2O_7$ 多少克？

解 根据公式，所需的 $K_2Cr_2O_7$ 的量可由 $m_B=c_B V_B M_B$ 计算。

$$m_B=0.01666\times0.25\times294.18=1.2258(\text{g})$$

② 以标准溶液标定 以另一浓度为 c_T（若用去的体积为 V_T）的标准溶液标定一定量（V_B）待测标准溶液时，该待测标准溶液的浓度为：

$$c_B=\frac{b}{t}\times\frac{c_T V_T}{V_B} \tag{9-3}$$

式中，$\frac{b}{t}$为反应式中的计量系数比。

(3) 待测组分含量的计算

通常以某物质的百分含量或用其在所测样品中的质量分数表示。其中的相关关系为：

① 某物质 B 的物质的量 $n_B(\text{mol})$： $n_B=c_B V_B$ (9-4)

式中，c_B 为某物质 B 的浓度，$\text{mol}\cdot\text{L}^{-1}$；$V_B$ 为某物质 B 的溶液的体积，L。

② 某物质 B 的质量 $m_B(\text{g})$： $m_B=n_B M_B$ (9-5)

式中，M_B 为 B 物质的摩尔质量，$\text{g}\cdot\text{mol}^{-1}$。

③ 被测物质的质量分数 w_B。若称取被测样品的质量为 m_s，则：

$$w_B=\frac{x c_T V_T M_B}{m_s} \tag{9-6}$$

式中，$x=\frac{n_B}{n_T}$，当滴定剂 T 与被测组分 B 之间的化学计量关系为 $t_T\sim b_B$ 时，$x=\frac{b}{t}$。

质量分数还可以百分数的形式表示。

例 9-2 在 1.000g Pb_3O_4 样品中加入 HCl 放出氯气。此氯气与 KI 溶液反应，析出的 I_2 用 $0.1000\text{mol}\cdot\text{L}^{-1}$ 的 $Na_2S_2O_3$ 滴定，消耗 25.00mL。试求样品中 Pb_3O_4 的质量分数。

解 因为有定量关系的物质是样品和 $Na_2S_2O_3$，故必须先找出它们之间的化学计量关系。

$$Pb_3O_4+8HCl = Cl_2\uparrow+3PbCl_2+4H_2O$$

$$Cl_2+2KI = I_2+2KCl$$

$$I_2+2S_2O_3^{2-} = 2I^-+S_4O_6^{2-}$$

化学计量关系为 $1Pb_3O_4\sim1Cl_2\sim1I_2\sim2S_2O_3^{2-}$

所以
$$\frac{n(Pb_3O_4)}{n(S_2O_3^{2-})}=\frac{1}{2}$$

所以
$$w(Pb_3O_4)=\frac{\frac{1}{2}\times c(S_2O_3^{2-})\times V(S_2O_3^{2-})\times M(Pb_3O_4)}{m_s}$$

$$=\frac{1/2\times0.1000\times0.02500\times685.6}{1.000}=0.8570$$

若以百分数形式表示，则 $w(Pb_3O_4)=85.70\%$。

9.2 酸碱滴定法

酸碱滴定法是利用酸碱间的中和反应来测定物质含量的滴定分析方法，一般的酸、碱以及能与酸、碱直接或间接进行质子传递的物质，几乎都可以利用酸碱滴定法测定，通常反应速率较快，能满足滴定分析法的要求。

9.2.1 酸碱指示剂

通过颜色变化来指示溶液酸碱度的一类试剂叫酸碱指示剂（acid-base indicator）。如酚酞（phenolphthalein，PP）、甲基橙（methyl orange，MO）等，主要用途是指示酸碱滴定的终点或测定溶液的 pH 值。

（1）酸碱指示剂的变色原理

酸碱指示剂一般是弱的有机酸或有机碱，其共轭酸碱对具有不同的结构，而具有不同的颜色。当溶液 pH 值改变时，酸式结构与碱式结构相互可逆地转化，指示剂自身颜色变化同时改变了滴定溶液的颜色。

例如，酚酞指示剂在水溶液中是一种无色的二元酸，其解离平衡过程如图 9-1 所示。

无色分子(内酯式) $\underset{-H_2O}{\overset{+H_2O}{\rightleftharpoons}}$ 无色分子 $\underset{H^+}{\overset{+OH^-}{\rightleftharpoons}}$ 无色离子 $\underset{H^+}{\overset{+OH^-}{\rightleftharpoons}}$ ($pK_a=9.1$) 红色离子(醌式) $\underset{H^+}{\overset{+OH^-}{\rightleftharpoons}}$ 无色离子(羟酸盐式) 浓的强碱性溶液中

图 9-1 酚酞在水中的解离过程

酚酞结构变化的过程也可简单表示为：

$$\text{无色分子}\underset{H^+}{\overset{OH^-}{\rightleftharpoons}}\text{无色离子}\underset{H^+}{\overset{OH^-}{\rightleftharpoons}}\text{红色离子}\underset{H^+}{\overset{\text{浓碱}}{\rightleftharpoons}}\text{无色离子}$$

上式表明，这个转变过程是可逆的，当溶液 pH 降低时，平衡向反方向移动，酚酞又变成无色分子。因此，酚酞在 pH<9.1 的酸性溶液中均呈无色，当 pH>9.1 时呈红色，在浓的强碱溶液中又呈无色。所以，酚酞是一种单色指示剂。

再如另一种常用的酸碱指示剂——甲基橙，是一种弱的有机碱，在溶液中有如下解离平衡存在：

$$NaO_3S-C_6H_4-N{=}N-C_6H_4-N(CH_3)_2 \underset{+OH^-}{\overset{+H^+}{\rightleftharpoons}} NaO_3S-C_6H_4-NH-N{=}C_6H_4{=}N^+(CH_3)_2$$

黄色分子(偶氮式)　　　　红色离子(醌式)

显然，甲基橙与酚酞相似，在不同的酸度条件下具有不同的结构及颜色，所不同的是，甲基橙是一种双色指示剂，在 pH<3.3 时呈红色，当 pH>4.4 时显黄色。

正由于酸碱指示剂在不同的酸度条件下具有不同的结构及颜色，因而当溶液酸度改变时，平衡发生移动，酸碱指示剂从一种结构变为另一种结构，从而使溶液的颜色发生相应的改变。

若以 HIn 表示一种弱酸型指示剂，In^- 为其共轭碱，指示剂的酸解离平衡为：

$$\underset{\text{酸式色}}{HIn} \rightleftharpoons H^+ + \underset{\text{碱式色}}{In^-}$$

电离平衡方程式：

$$K_a^\ominus(HIn)=\frac{[H^+][In^-]}{[HIn]}$$

(2) 酸碱指示剂的变色点和变色范围

根据电离平衡方程式可得：

$$[H^+]=K_a^\ominus(HIn)\times\frac{[HIn]}{[In^-]}$$

$$pH=pK_a^\ominus(HIn)-\lg\frac{[HIn]}{[In^-]} \tag{9-7}$$

① 理论变色点　当$[HIn]=[In^-]$时，$pH=pK_a^\ominus(HIn)$为指示剂的理论变色点（color change point）。

酸性溶液中，以 HIn 色为主；当 In^- 的量增多至与 HIn 的量相等时，显示酸式、碱式的混合色；$[In^-]$大于$[HIn]$时，显示碱式色。

故$[HIn]=[In^-]$是颜色刚好开始变化的位置，称为变色点。

② 指示剂的变色范围　由于人眼辨色能力的原因，定量来讲：

$\frac{[HIn]}{[In^-]}\geqslant 10$，呈酸色，$pH\leqslant pK_a^\ominus(HIn)-1$。

$\frac{[HIn]}{[In^-]}\leqslant\frac{1}{10}$，呈碱色，$pH\geqslant pK_a^\ominus(HIn)+1$。

$\frac{1}{10}\leqslant\frac{[HIn]}{[In^-]}\leqslant 10$，呈中间色，$pK_a^\ominus(HIn)-1\leqslant pH\leqslant pK_a^\ominus(HIn)+1$。

即由酸色变为碱色时，溶液 pH 值从 $pK_a^\ominus(HIn)-1$ 变为 $pK_a^\ominus(HIn)+1$（或反向变化）才能观察到颜色的变化。

所以指示剂的理论变色范围（color change interval）就是：

$$pH=pK_a^\ominus(HIn)\pm 1 \tag{9-8}$$

不同指示剂的 $pK_a^\ominus(HIn)$ 值不同，其变色范围、理论变色点不同。表 9-1 列出了一些常用的酸碱指示剂的变色范围。

表 9-1　一些常用的酸碱指示剂的变色范围

指示剂	变色范围 pH	颜色变化	$pK_a^\ominus(HIn)$	常用溶液	10mL 试液用量/滴
百里酚酞	1.2～2.8	红～黄	1.7	0.1%的 20%乙醇溶液	1～2
甲基黄	2.9～4.0	红～黄	3.3	0.1%的 90%乙醇溶液	1
甲基橙	3.1～4.4	红～黄	3.4	0.05%的水溶液	1
溴酚蓝	3.0～4.6	黄～紫	4.1	0.1%的 20%乙醇溶液或其钠盐水溶液	1
溴甲酚绿	4.0～5.6	黄～蓝	4.9	0.1%的 20%乙醇溶液或其钠盐水溶液	1～3
甲基红	4.4～6.2	红～黄	5.2	0.1%的 60%乙醇溶液或其钠盐水溶液	1
溴百里酚蓝	6.2～7.6	黄～蓝	7.3	0.1%的 20%乙醇溶液或其钠盐水溶液	1
中性红	6.8～8.0	红～黄橙	7.4	0.1%的 60%乙醇溶液	1
苯酚红	6.8～8.4	黄～红	8.0	0.1%的 60%乙醇溶液或其钠盐水溶液	1
酚酞	8.0～10.0	无～红	9.1	0.5%的 90%乙醇溶液	1～3
百里酚蓝	8.0～9.6	黄～蓝	8.9	0.1%的 20%乙醇溶液	1～4
百里酚酞	9.4～10.6	无～蓝	10.0	0.1%的 90%乙醇溶液	1～2

(3) 影响酸碱指示剂变色范围的因素

① 酸碱指示剂的变色需要靠人眼睛的观察。人眼对不同颜色的敏感程度不同，不同人员对同一种颜色的敏感程度不同，以及酸碱指示剂两种颜色之间的相互掩盖作用，会导致变色范围的不同。例如，人眼能够辨别的甲基橙的变色范围不是 pH＝2.4～4.4，而是 pH＝3.1～4.4。这就是由于人眼对红色比对黄色敏感，使得酸式一边的变色范围相对较窄。

② 温度、溶剂以及一些强电解质的存在会改变酸碱指示剂的变色范围。主要是因为这些因素会影响指示剂的解离常数 $K_a^\ominus(HIn)$ 的大小。例如，甲基橙指示剂在 18℃时的变色范围为 pH＝3.1～4.4，而 100℃时为 pH＝2.5～3.7。因此，若用酸碱指示剂显示酸度控制的结果时就应注意这种影响。

③ 对于单色指示剂，例如酚酞，指示剂用量的不同也会影响变色范围，用量过多将会使变色范围向 pH 低的一方移动。另外，用量过多还会影响酸碱指示剂变色的敏锐程度。

(4) 混合指示剂

对于需要将酸度控制在较窄区间内的反应体系，可以采用混合指示剂（mixed indicator）来指示酸度的变化。

混合指示剂利用颜色的互补来提高变色的敏锐性。由两种或两种以上的酸碱指示剂按一定的比例混合而成。例如，溴甲酚绿（$pK_a^\ominus=4.9$）和甲基红（$pK_a^\ominus=5.2$）两种指示剂，前者酸色为黄色，碱色为蓝色；后者酸色为红色，碱色为黄色。当它们按照一定的比例混合后，由于共同作用的结果，使溶液在 pH＜5.1 时显橙红色，当 pH＞5.1 时显绿色。在 pH≈5.1 时，溴甲酚绿的碱性成分较多，显绿色，而甲基红的酸性成分较多，显橙红色，两种颜色互补得到灰色，变色很敏锐。几种常用的混合指示剂见表 9-2。

表 9-2 几种常用的混合指示剂

指示剂溶液的组成	变色时的 pH	颜色		备注
		酸式色	碱式色	
1 份 0.1%甲基橙乙醇溶液 1 份 0.1%次甲基蓝乙醇溶液	3.25	蓝紫	绿	pH3.2，蓝紫色；pH3.4，绿色
1 份 0.1%甲基橙水溶液 1 份 0.25%靛蓝二磺酸水溶液	4.1	紫	黄绿	
1 份 0.1%溴甲酚绿钠盐水溶液 1 份 0.2%甲基橙水溶液	4.3	橙	蓝绿	pH3.5，黄色；pH4.05，绿色；pH4.3，浅绿
3 份 0.1%溴甲酚绿乙醇溶液 1 份 0.2%甲基红乙醇溶液	5.1	酒红	绿	
1 份 0.1%溴甲酚绿钠盐水溶液 1 份 0.1%氯酚红钠盐水溶液	6.1	黄绿	蓝紫	pH5.4，蓝绿色；pH5.8，蓝色；pH6.0，蓝带紫
1 份 0.1%中性红乙醇溶液 1 份 0.1%次甲基蓝乙醇溶液	7.0	紫蓝	绿	pH7.0，紫蓝
1 份 0.1%甲酚红钠盐水溶液 3 份 0.1%百里酚蓝钠盐水溶液	8.3	黄	紫	pH8.2，玫瑰红；pH8.4，清晰的紫色
1 份 0.1%百里酚蓝 50%乙醇溶液 3 份 0.1%酚酞 50%乙醇溶液	9.0	黄	紫	从黄到绿，再到紫
1 份 0.1%酚酞乙醇溶液 1 份 0.1%百里酚酞乙醇溶液	9.9	无	紫	pH9.6，玫瑰红；pH10，紫色
2 份 0.1%百里酚酞乙醇溶液 1 份 0.1%茜素黄 R 乙醇溶液	10.2	黄	紫	

9.2.2 酸碱滴定曲线和指示剂的选择

在酸碱滴定过程中，溶液 pH 值随滴定剂的加入而变化，以滴定剂的加入量或中和百分数为横坐标、溶液 pH 值为纵坐标作图所得曲线称为酸碱滴定曲线（titration curve）。由曲线可观察滴定过程中溶液 pH 值的变化情况，根据曲线的突跃判断该物质能否被准确滴定和选择合适的指示剂。

(1) 强酸强碱的滴定

以 $0.1000\text{mol}\cdot\text{L}^{-1}$ NaOH 标准溶液滴定 20.00mL $0.1000\text{mol}\cdot\text{L}^{-1}$ HCl 溶液为例讨论强酸强碱相互滴定时的滴定曲线和指示剂的选择。

① 滴定曲线的绘制

a. 滴定前 pH=1.00。

b. 化学计量点前 溶液的 pH 值取决于溶液中未被滴定的剩余酸的量：

$$[H^+]=\frac{c(\text{HCl})V(\text{HCl})}{V_{总}}=\frac{0.1000\times0.02}{19.98+20.00}$$
$$=5.00\times10^{-5}(\text{mol}\cdot\text{L}^{-1})$$

pH=4.30。

c. 化学计量点时 pH=7.00。

d. 化学计量点后　溶液的 pH 值取决于过量的 NaOH 的浓度。若加入 20.02mL（100.1%），即过量 0.02mL NaOH 溶液。

$$[OH^-]=\frac{c(NaOH)V(NaOH)_{过}}{V_{总}}$$

$$=\frac{0.1000\times(20.02-20.00)}{20.00+20.02}$$

$$=5.00\times10^{-5}(mol\cdot L^{-1})$$

pOH＝4.3，pH＝9.70。

若对滴定过程进行计算，结果列于表 9-3。以 NaOH 加入量为横坐标，以 pH 为纵坐标画出滴定曲线见图 9-2。

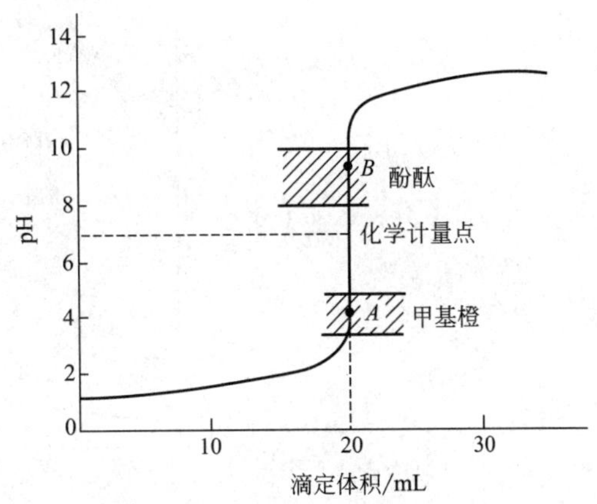

图 9-2　以 $0.1000mol\cdot L^{-1}$ NaOH 标准溶液滴定 20.00mL $0.1000mol\cdot L^{-1}$ HCl 溶液滴定曲线

表 9-3　用 $c(NaOH)=0.1000mol\cdot L^{-1}$ NaOH 溶液滴定 20.00mL 同浓度 HCl 溶液数据

加入 NaOH 溶液的体积/mL	剩余 HCl 溶液的体积/mL	过量 NaOH 溶液的体积/mL	pH 值
0.00	20.00		1.00
18.00	2.00		2.28
19.80	0.20		3.30
19.98	0.02		4.30(A) 突跃范围
20.00	0.00		7.00 突跃范围
20.02		0.02	9.70(B) 突跃范围
20.20		0.20	10.70
22.00		2.00	11.68
40.00		20.00	12.52

可见，化学计量点前后 0.1%（±0.02mL），溶液的 pH 值由 4.30 ⟶ 7.00 ⟶ 9.70，数值发生急剧的变化。我们把在滴定过程中，在化学计量点前后±0.1%相对误差范围内 pH 值发生的突变称为滴定突跃（titration jump）。该滴定突跃所在的 pH 值范围称为 pH 突跃范围。

② 指示剂的选择　选择指示剂的原则是：指示剂的变色范围全部或部分落在滴定的突跃范围内。所以在上例中，凡是变色范围部分或全部在 pH4.30～9.70 范围内的指示剂都可使用。如酚酞 pH8.0～10.0，甲基红 pH4.4～6.2，甲基橙 pH3.1～4.4。

若用 HCl 滴定 NaOH，条件同前，滴定曲线的形状相同、方向相反，突跃范围 pH9.70～4.30，同样可选酚酞、甲基红、甲基橙作指示剂。

另外，还应考虑所选择指示剂在滴定体系中的变色是否易于判断。例如，甲基橙用于碱滴定酸时，颜色变化由红到黄。由于人眼对红色中略带黄色不易察觉，因而一般甲基橙不用于碱滴定酸，常用于酸滴定碱。

③ 影响滴定突跃的因素　图 9-3 就是用不同浓度的 NaOH 溶液滴定不同浓度 HCl 溶液的滴定曲线。由图可见，滴定体系的浓度愈小，滴定突跃就愈小。滴定突跃的大小还与酸、碱本身的强弱有关。关于这个问题后面再详细讨论。

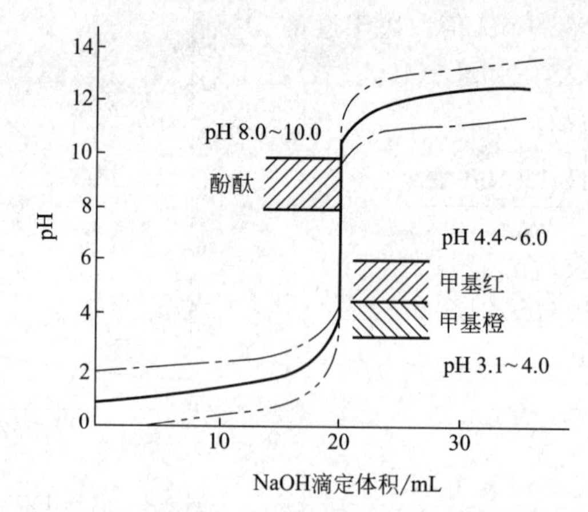

图 9-3 用不同浓度的 NaOH 溶液滴定不同浓度 HCl 溶液的滴定曲线

—— - —— pH5.3～8.7，$0.01mol \cdot L^{-1}$；—— pH4.3～9.7，$0.1mol \cdot L^{-1}$；

—— - - —— pH3.3～10.7，$1mol \cdot L^{-1}$

(2) 强碱滴定一元弱酸

以 $0.1000mol \cdot L^{-1}$ NaOH 滴定 20.00mL $0.1000mol \cdot L^{-1}$ HAc 为例，讨论强碱滴定一元弱酸的滴定曲线和指示剂的选择。

$$NaOH + HAc = NaAc + H_2O$$

滴定前，溶液中的 H^+ 来自 HAc 的电离。依照弱酸的电离计算：

$$[H^+] = \sqrt{K_a c} = 1.34 \times 10^{-3} (mol \cdot L^{-1}), pH = 2.87$$

化学计量点前，HAc 与滴定反应的产物 NaAc 形成缓冲溶液：

$pH = pK_a - \lg \dfrac{[HAc]}{[Ac^-]}$，当加入 19.98mL NaOH 时，剩余 0.02mL HAc。

$$[HAc] = \frac{(20.00 - 19.98) \times 0.1000}{20.00 + 19.98} = 5.00 \times 10^{-5} (mol \cdot L^{-1})$$

$$[Ac^-] = \frac{19.98 \times 0.1000}{20.00 + 19.98} = 5.00 \times 10^{-2} (mol \cdot L^{-1})$$

$$pH = pK_a - \lg 10^{-3} = 7.74$$

化学计量点时，溶液的 pH 值由产物 NaAc 的水解决定：

$$[OH^-] = \sqrt{K_b c} = \sqrt{\frac{K_w}{K_a} c} = \sqrt{\frac{1.00 \times 10^{-14}}{1.8 \times 10^{-5}} \times 0.0500} = 5.27 \times 10^{-6} \ (mol \cdot L^{-1})$$

$$pOH = 5.29$$

$$pH = 8.71$$

化学计量点后，溶液的 pH 值由过量的 NaOH 决定。加入 20.02mL NaOH 时：

$$[OH^-] = \frac{20.02 - 20.00}{20.00 + 20.02} \times 0.1000 = 5.00 \times 10^{-5} mol \cdot L^{-1}, \ pH = 9.70$$

同样若对滴定过程进行计算，结果以 NaOH 加入量为横坐标，以 pH 为纵坐标画出滴定曲线，如图 9-4 曲线Ⅰ所示。可见滴定曲线特点：曲线起点高，因 HAc 较 HCl 酸性弱，

H^+浓度低；滴定突跃明显小多了（pH7.75～9.70）。由图 9-4 可见，被滴定的酸愈弱，滴定突跃就愈小，有些甚至没有明显的突跃；化学计量点前曲线的转折不如强碱滴定强酸的明显。原因主要是：缓冲体系的形成；化学计量点不是中性，而是弱碱性。

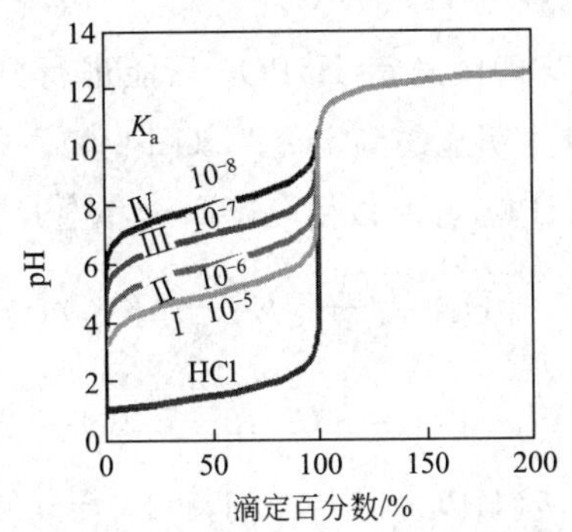

图 9-4　NaOH 溶液滴定不同弱酸溶液的滴定曲线

所以只能选择那些在弱碱性区域内变色的指示剂，例如酚酞，变色范围 pH8.0～10.0，滴定由无色变为粉红色。也可选择百里酚蓝。在酸性范围内变色的指示剂（如甲基橙、甲基红）不能用于该滴定。

若用强酸滴定一元弱碱，条件同前，滴定曲线的形状相同、方向相反。

(3) 准确滴定的依据

影响突跃范围的因素：a. K_a 越大，突跃越大；b. 浓度越大，突跃越大；c. 两者乘积越大，突跃越大。人眼判断终点时，一般也会有约 0.2～0.3 个 pH 值单位的不确定性。根据终点误差公式，若要使终点误差≤0.2%，就要求：只有 $cK_a(cK_b)\geqslant 10^{-8}$ 时，滴定才有明显的 pH 突跃，才能借助指示剂判断终点。所以，$cK_a(cK_b)\geqslant 10^{-8}$ 是判断弱酸（弱碱）能否被准确滴定的依据。

(4) 多元酸、混酸及多元碱的滴定

常见的多元酸多数是弱酸，在水溶液中分步解离。在多元酸滴定中要解决的问题是：有几个 H^+ 可被准确滴定、能否分步滴定以及如何选择指示剂。

多元酸被滴定时哪一步解离满足 $c_0K_{a_i}\geqslant 10^{-8}$，哪一级的 H^+ 就有被准确滴定的可能性；若两个相邻的 H^+ 都能满足要求，但它们的 K_{a_i} 值相差不大，当一个 H^+ 还未被滴定完全，另一个 H^+ 就开始被滴定了，这样就不能形成两个独立的突跃，而是两个 H^+ 同时被滴定。一般地，当两个相邻 H^+ 的 K_{a_i} 值之比大于 10^4，同时满足 $c_0K_{a_i}\geqslant 10^{-8}$，就可以形成两个独立的突跃，即可以分步被准确滴定。

判断多元酸及混酸能否准确滴定的步骤如下：

① 根据 $c_0K_{a_n}\geqslant 10^{-8}$ 判断各个质子能否被准确滴定。

② 根据 $K^{\ominus}_{a_n}/K^{\ominus}_{a_{n+1}}\geqslant 10^4$ 判断能否实现分步滴定（欲使滴定误差在 0.1%，则需≥10^6）。

③ 由终点 pH 值选择合适的指示剂。

如草酸，$K^{\ominus}_{a_1}/K^{\ominus}_{a_2}=5.6\times10^{-2}/(5.1\times10^{-5})=1.1\times10^3$，能用 NaOH 溶液滴定，但不能分步，两个相邻 H^+ 一步滴定完全。

以 $0.10\text{mol}\cdot\text{L}^{-1}$ NaOH 溶液滴定同浓度的 H_3PO_4 溶液为例。H_3PO_4 在水中分三级

解离：

$$H_3PO_4 \rightleftharpoons H^+ + H_2PO_4^- \qquad pK^{\ominus}_{a_1}=2.12$$

$$H_2PO_4^- \rightleftharpoons H^+ + HPO_4^{2-} \qquad pK^{\ominus}_{a_2}=7.20$$

$$HPO_4^{2-} \rightleftharpoons H^+ + PO_4^{3-} \qquad pK^{\ominus}_{a_3}=12.36$$

显然，$c_0K^{\ominus}_{a_3} \ll 10^{-8}$，所以直接滴定 H_3PO_4 只能进行到 HPO_4^{2-}。其次，$K^{\ominus}_{a_1}/K^{\ominus}_{a_2} > 10^4$，可以分步滴定。有两个较为明显的滴定突跃（图 9-5）。

第一化学计量点形成 NaH_2PO_4，所以由$[H^+]=\sqrt{K^{\ominus}_{a_1}K^{\ominus}_{a_2}}$得：

$$pH_{sp1}=\frac{1}{2}(pK^{\ominus}_{a_1}+pK^{\ominus}_{a_2})$$

$$=\frac{1}{2}(2.12+7.20)=4.66$$

这时 $\delta(H_2PO_4^-)=0.994$，$\delta(HPO_4^{2-})=\delta(H_3PO_4)=0.003$，显然两步反应有所交叉，可选择甲基橙为指示剂。

第二化学计量点产生 Na_2HPO_4，由$[H^+]=\sqrt{K^{\ominus}_{a_2}K^{\ominus}_{a_3}}$得：

$$pH_{sp2}=\frac{1}{2}(pK^{\ominus}_{a_2}+pK^{\ominus}_{a_3})$$

$$=\frac{1}{2}(7.20+12.36)=9.78$$

$\delta(HPO_4^{2-})=0.995$，反应也有所交叉，选择酚酞(变色点 pH≈9)为指示剂，但最好用百里酚酞指示剂(变色点 pH≈10)。

多元碱的滴定与多元酸的滴定类似，只需将计算公式、判别式中的 K_a 换成 K_b。如用 $0.10mol \cdot L^{-1}$ HCl 溶液滴定同浓度 Na_2CO_3 溶液，由 Na_2CO_3 的 $pK^{\ominus}_{b_1}=3.75$、$pK^{\ominus}_{b_2}=7.63$ 可知，$c_0K^{\ominus}_{b_1}$、$c_0K^{\ominus}_{b_2}$ 均满足准确滴定的要求，且 $K^{\ominus}_{b_1}/K^{\ominus}_{b_2} \approx 10^4$，基本上能实现分步滴定。第一个滴定突跃不太理想，第二个滴定突跃较为明显（图 9-6）。

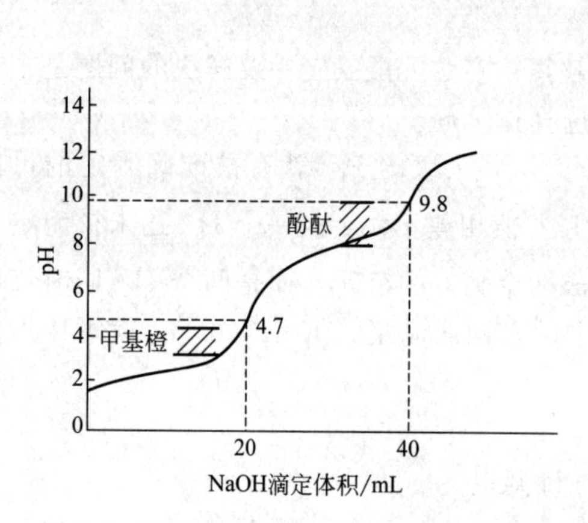

图 9-5　NaOH 溶液滴定 H_3PO_4 滴定曲线

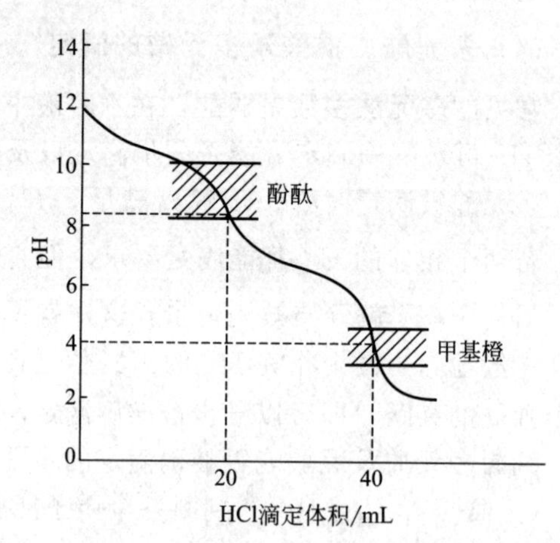

图 9-6　HCl 溶液滴定 Na_2CO_3 滴定曲线

第一化学计量点时形成 $NaHCO_3$，因此

$$pH_{sp1}=\frac{1}{2}(pK^{\ominus}_{a_1}+pK^{\ominus}_{a_2})=1/2(6.37+10.25)=8.31$$

选用酚酞为指示剂。采用甲酚红和百里酚蓝混合指示剂使终点变色明显。

第二化学计量点时形成 H_2CO_3 的饱和溶液（0.040mol·L^{-1}），作一元酸处理，求得 $pH_{sp2}=3.89$。甲基橙为指示剂。

滴定过程中生成的 H_2CO_3 转化为 CO_2 较慢，易形成 CO_2 的饱和溶液，使溶液酸度增大，终点过早出现。在滴定至终点时应剧烈摇动溶液，使 CO_2 尽快逸出。为更准确地确定终点，最好采用为 CO_2 所饱和并有相同浓度的 NaCl 和指示剂的溶液为参比。

9.2.3 酸碱滴定应用示例

(1) 直接法

工业纯碱、烧碱以及 Na_3PO_4 等产品组成大多是混合碱，它们的测定方法有多种。例如纯碱，其组成形式可能是纯 Na_2CO_3 或是 Na_2CO_3+NaOH，或是 $Na_2CO_3+NaHCO_3$，其组成及其相对含量的测定方法可用下例说明。

例 9-3 某纯碱试样 1.000g，溶于水后，以酚酞为指示剂，耗用 0.2500mol·L^{-1} HCl 溶液 20.40mL；再以甲基橙为指示剂，继续用 0.2500mol·L^{-1} HCl 溶液滴定，共耗去 48.86mL，求试样中各组分的相对含量。

解 该方法即“双指示剂法”。

用 HCl 标准溶液滴定至酚酞的粉红色刚好消失为终点，消耗滴定剂体积为 V_1，此时刚把体系中的 NaOH(如果存在的话)全部中和，同时(或仅仅)把 Na_2CO_3 中和到 $NaHCO_3$。加入甲基橙作指示剂，继续用 HCl 标准溶液滴定至橙色为终点，消耗滴定剂体积为 V_2。V_2 仅是滴定 $NaHCO_3$ 所消耗的 HCl 体积。然后根据体积计算出两者含量。

体积关系	存在的组分
$V_1=0$	$NaHCO_3$
$V_2=0$	NaOH
$V_1=V_2$	Na_2CO_3
$V_1>V_2$	$NaOH+Na_2CO_3$
$V_1<V_2$	$Na_2CO_3+NaHCO_3$

当 $V_1<V_2$，即组分为 $Na_2CO_3+NaHCO_3$ 时：

$$w(NaHCO_3)=\frac{c(HCl)(V_2-V_1)M(NaHCO_3)}{m_s}\times100\%$$

$$w(Na_2CO_3)=\frac{c(HCl)V_1M(Na_2CO_3)}{m_s}\times100\%$$

当 $V_1>V_2$，即组分为 $NaOH+Na_2CO_3$ 时：

$$w(NaOH)=\frac{c(HCl)(V_1-V_2)M(NaOH)}{m_s}\times100\%$$

$$w(Na_2CO_3)=\frac{c(HCl)V_2M(Na_2CO_3)}{m_s}$$

本例中，以酚酞为指示剂时，耗去 HCl 溶液 $V_1=20.40$mL，而用甲基橙为指示剂时，耗用同浓度 HCl 溶液 $V_2=48.86-20.40=28.46$mL。显然 $V_2>V_1$，可见试样为 $Na_2CO_3+NaHCO_3$，因此：

$$w(Na_2CO_3)=\frac{0.2500\times20.40\times10^{-3}\times106.0}{1.000}\times100\%=54.06\%$$

$$w(NaHCO_3)=\frac{0.2500\times(28.46-20.40)\times10^{-3}\times84.0}{1.000}\times100\%=16.93\%$$

(2) 间接法

许多不能满足直接滴定条件的酸、碱物质，如 NH_4^+、ZnO、$Al_2(SO_4)_3$ 以及许多有机物质，都可以考虑采用间接法测定。

例如 NH_4^+，其 $pK_a^\ominus=9.25$，是一种很弱的酸，在水溶剂体系中是不能直接滴定的，但可以采用间接法。测定的方法主要有蒸馏法和甲醛法，其中蒸馏法是根据以下反应进行的：

$$NH_4^+(aq)+OH^-(aq)\longrightarrow NH_3(g)+H_2O(l)$$

$$NH_3(g)+HCl(aq)\longrightarrow NH_4^+(aq)+Cl^-$$

$$NaOH(aq)+HCl(aq)(剩余)\longrightarrow NaCl(aq)+H_2O(l)$$

一些含氮有机物质（如含蛋白质的食品、饲料以及生物碱等），可以通过化学反应将有机氮转化为 NH_4^+，再依 NH_4^+ 的蒸馏法进行测定，这种方法称为克氏（Kjeldahl）定氮法。

将试样与浓 H_2SO_4 共煮，进行消化分解，加入 K_2SO_4 以提高沸点，氮在 $CuSO_4$ 催化下成为 NH_4^+：

$$C_mH_nN\xrightarrow[CuSO_4]{H_2SO_4\cdot K_2SO_4}CO_2\uparrow+H_2O+NH_4^+$$

溶液以过量 NaOH 碱化后，再以蒸馏法测定。

例 9-4 将 2.000g 的黄豆用浓 H_2SO_4 进行消化处理，得到被测试液，然后加入过量的 NaOH 溶液，将释放出来的 NH_3 用 50.00mL 0.6700mol·L^{-1} HCl 溶液吸收，多余的 HCl 采用甲基橙指示剂，以 0.6520mol·L^{-1} NaOH 30.10mL 滴定至终点。计算黄豆中氮的质量分数。

解 $$w(N)=\frac{[c(HCl)V(HCl)-c(NaOH)V(NaOH)]\times M(N)}{m_s}\times100\%$$

$$=\frac{(0.6700\times50.00\times10^{-3}-0.6520\times30.10\times10^{-3})\times14.01}{2.000}\times100\%=9.72\%$$

9.2.4 滴定分析法的共性

酸碱滴定法是滴定分析法中最基础的方法。概括其基本要点为：

(1) 滴定反应

$$HA+BOH=\!=\!=AB+H_2O$$

(2) 滴定曲线

在酸碱滴定过程中溶液的 pH 发生改变，随着滴定剂的不断加入而引起溶液 pH 改变的曲线，即滴定剂-pH 图。

(3) 滴定突跃

在整个滴定过程中，在化学计量点前后±0.1%相对误差范围内溶液的 pH 突变为酸碱滴定突跃。

由化学平衡可知：

酸解离	$HA \rightleftharpoons H^{+} + A^{-}$	$K_a^{\ominus}$
碱解离	$BOH \rightleftharpoons B^{+} + OH^{-}$	$K_b^{\ominus}$
水解离	+） $H^{+} + OH^{-} \rightleftharpoons H_2O$	$1/K_w^{\ominus}$
酸碱反应	$HA + BOH \rightleftharpoons AB + H_2O$	$K_{酸碱}^{\ominus}$

假设 HA、BOH 为酸碱滴定中的酸和碱，则酸碱反应 $HA+BOH \rightleftharpoons AB+H_2O$ 化学平衡常数为：

$$K_{酸碱}^{\ominus}=\frac{K_a^{\ominus}K_b^{\ominus}}{K_w} \tag{9-9}$$

我们知道酸碱滴定突跃范围的大小，取决于酸碱强弱和滴定反应的酸碱浓度的大小。

强碱滴定强酸或强酸滴定强碱滴定突跃范围很大，而从式(9-9)可得出，强酸、强碱的 $K_a^{\ominus}$、$K_b^{\ominus}$ 很大，酸碱反应的平衡常数 $K^{\ominus}$ 也很大。

对于强碱滴定一元弱酸（或强酸滴定一元弱碱），碱的 $K_b^{\ominus}$ 一定的情况下，弱酸的 $K_a^{\ominus}$ 愈小，酸碱反应的 $K^{\ominus}$ 愈小，滴定突跃范围愈小，反之亦然。

由此可见，酸碱反应的 $K^{\ominus}$ 愈大，滴定突跃范围愈大；反之酸碱反应的 $K^{\ominus}$ 愈小，滴定突跃范围愈小，甚至有的酸碱反应的 $K^{\ominus}$ 太小，几乎没有滴定突跃，不能进行滴定。

酸碱的浓度愈大，酸碱反应的反应商 Q 值愈小，滴定突跃范围愈大，反之亦然。

结论：酸碱滴定突跃范围的大小，表观取决于酸碱强弱和酸碱反应的浓度，本质上取决于酸碱反应的 $K^{\ominus}$ 值和反应商 Q 值。酸碱反应的 $K^{\ominus}$ 值愈大、反应商 Q 值愈小，正反应方向的趋势愈大，滴定突跃范围就愈大；反之，酸碱反应的 $K^{\ominus}$ 值愈小、反应商 Q 值愈大，正反应方向的趋势愈小，滴定突跃范围就愈小。

(4) 酸碱指示剂

一般是指有机弱酸或有机弱碱，其共轭酸碱对具有不同的结构，而具有不同的颜色。当溶液 pH 值改变时，酸式结构与碱式结构相互可逆地转化，从而产生颜色变化，指示滴定终点。式(9-8)所示为指示剂的理论变色范围的计算方法。指示剂的变色范围部分或全部落在滴定突跃内的均可用以指示滴定终点。

氧化还原滴定、配位滴定以及沉淀滴定，它们的滴定曲线、滴定突跃、滴定指示剂原理与酸碱滴定的基本原理本质上是一致的。这也就是四大滴定分析的共性。下面我们分别进行讨论。

9.3 氧化还原滴定法

氧化还原滴定法是以氧化还原反应为基础的滴定分析法。它的应用很广泛，可以用来直接测定氧化剂和还原剂，也可用来间接测定一些能和氧化剂或还原剂定量反应的物质。

9.3.1 基本原理

(1) 滴定反应

氧化还原反应的通式为：

$$n_1 Ox_1 + n_2 Red_2 \rightleftharpoons n_1 Red_1 + n_2 Ox_2$$

式中，Ox 为氧化剂；Red 为还原剂。

例如：

$$\underset{Ox_1}{Ce^{4+}} + \underset{Red_2}{Fe^{2+}} \rightleftharpoons \underset{Red_1}{Ce^{3+}} + \underset{Ox_2}{Fe^{3+}}$$

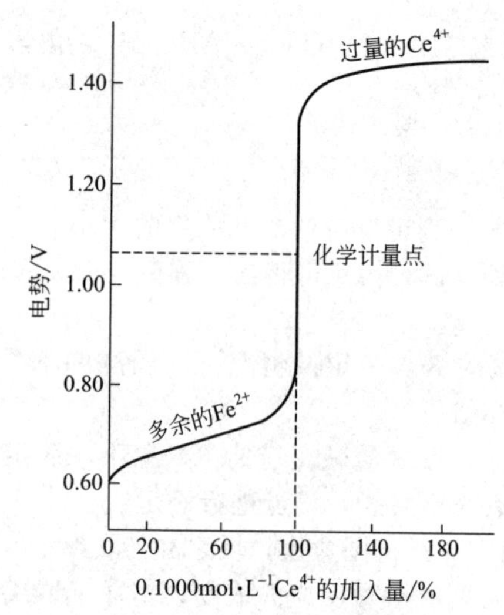

图 9-7　$0.1000mol \cdot L^{-1} Ce^{4+}$ 滴定 $0.1000mol \cdot L^{-1} Fe^{2+}$ 的滴定曲线

(2) 氧化还原滴定曲线

氧化还原滴定，随着滴定剂的不断加入，被滴定物质的氧化态和还原态的浓度逐渐改变，相关电对的电极电势也随之不断变化，并在化学计量点附近出现一个突变。以溶液的电极电势为纵坐标，加入的标准溶液为横坐标作图，可得到氧化还原滴定曲线，即滴定剂-φ 图。根据能斯特方程式，电极电势与被滴定物质的氧化态和还原态的浓度关系，滴定剂-φ 图本质上还是滴定剂-pM 图，这与酸碱滴定的滴定剂-pH 图是一致的。

图 9-7 是以 $0.1000mol \cdot L^{-1} Ce(SO_4)_2$ 溶液在 $1mol \cdot L^{-1} H_2SO_4$ 溶液中滴定 Fe^{2+} 溶液的滴定曲线。滴定反应为：

$$Ce^{4+} + Fe^{2+} \rightleftharpoons Ce^{3+} + Fe^{3+}$$

未滴定前，溶液中只有 Fe^{2+}，因此无法利用能斯特方程式计算溶液的电极电势。这一点与酸碱等其他滴定不同。

滴定开始后，溶液中存在两个电对，根据能斯特方程式，两个电对电极电势分别为：

$$\varphi(Fe^{3+}/Fe^{2+}) = \varphi^{\ominus\prime}(Fe^{3+}/Fe^{2+}) + 0.059\lg\frac{[Fe^{3+}]}{[Fe^{2+}]}$$

$$\varphi(Ce^{4+}/Ce^{3+}) = \varphi^{\ominus\prime}(Ce^{4+}/Ce^{3+}) + 0.059\lg\frac{[Ce^{4+}]}{[Ce^{3+}]}$$

其中：$\varphi^{\ominus\prime}(Fe^{3+}/Fe^{2+}) = 0.68V$；$\varphi^{\ominus\prime}(Ce^{4+}/Ce^{3+}) = 1.44V$。

在滴定过程中，每加入一定量滴定剂，反应达到一个新的平衡，此时两个电对的电极电势相等。因此，溶液中各平衡点的电势可选用便于计算的任何一个电对来计算。

① 化学计量点前，溶液中存在过量的 Fe^{2+}，滴入的 Ce^{4+} 几乎完全被还原为 Ce^{3+}，Ce^{4+} 的浓度极小，不易直接求得，因而用电对 Fe^{3+}/Fe^{2+} 计算溶液的电势。此时随 Ce^{4+} 的滴入，溶液中 $[Fe^{3+}]/[Fe^{2+}]$ 的值逐渐增加，$\varphi^{\ominus\prime}(Fe^{3+}/Fe^{2+})$ 值也随之逐渐增加。当 $[Fe^{3+}]/[Fe^{2+}]$ 为 0.1%时：

$$\varphi = \varphi^{\ominus\prime}(Fe^{3+}/Fe^{2+}) + 0.059\lg\frac{[Fe^{3+}]}{[Fe^{2+}]}$$

$$= 0.68 + 0.059\lg\frac{99.9}{0.1} = 0.68 + 3\times0.059 = 0.86(V)$$

② 化学计量点后，加入过量的 Ce^{4+}，因此可利用 Ce^{4+}/Ce^{3+} 电对来计算，当 Ce^{4+} 过量 99.9%时：

$$\varphi(Ce^{4+}/Ce^{3+}) = \varphi^{\ominus\prime}(Ce^{4+}/Ce^{3+}) + 0.059\lg\frac{[Ce^{4+}]}{[Ce^{3+}]}$$

$$=1.44+0.059\lg\frac{0.1}{100}=1.26(\text{V})$$

③ 化学计量点时，根据两电对的电势相等及两个电对氧化态、还原态的浓度可得：

化学计量点时电极电势
$$\varphi_{\text{sp}}=\frac{n_1\varphi_1^{\ominus\prime}+n_2\varphi_2^{\ominus\prime}}{n_1+n_2} \tag{9-10}$$

式中，n_1、n_2 分别为两电极反应中转移的电子数，而不是方程式前其对应的系数。

式(9-10)为可逆对称氧化还原反应化学计量点时的电极电势计算式，若有不对称电对参与反应，φ_{sp} 除了与 $\varphi^{\ominus\prime}$ 有关外，还与平衡时组分的浓度有关，这已超出本教材范围。

式(9-10)也是选择氧化还原指示剂的依据。

对于 $Ce(SO_4)_2$ 溶液滴定 Fe^{2+}，化学计量点时的电极电势为：

$$\varphi_{\text{sp}}=\frac{\varphi^{\ominus\prime}(Ce^{4+}/Ce^{3+})+\varphi^{\ominus\prime}(Fe^{3+}/Fe^{2+})}{2}=\frac{0.68+1.44}{2}=1.06(\text{V})$$

(3) 滴定突跃

化学计量点前 Fe^{2+} 剩余 0.1%到化学计量点后 Ce^{4+} 过量 0.1%，溶液的电极电势值由 0.86V 突变增加至 1.26V，电势的改变为 0.40V，即为滴定电势突跃。其大小与氧化剂、还原剂两电对的条件电极电势的差值有关。条件电极电势相差愈大，突跃愈大。

根据：

$$\lg K^{\ominus}=\frac{n}{0.059}(\varphi_{\text{正}}^{\ominus}-\varphi_{\text{负}}^{\ominus})$$

条件电极电势相差愈大，氧化还原反应平衡常数也愈大。也就是说 $K^{\ominus}$ 值愈大，突跃愈大。

此外滴定突跃的大小与反应商 Q 值有关。如在 H_3PO_4 介质中用 $KMnO_4$ 标准溶液滴定 Fe^{2+}，由于 PO_4^{3-} 与 Fe^{3+} 形成$[Fe(PO_4)_2]^{3-}$的滴定曲线，降低了产物 Fe^{3+} 的浓度，反应商 Q 值减小，使滴定突跃增大［也可以说降低了产物 Fe^{3+} 的浓度，$\varphi^{\ominus\prime}(Fe^{3+}/Fe^{2+})$降低，而使滴定突跃增大，其实质是一样的］。

结论是：氧化还原反应的 $K^{\ominus}$ 值愈大、反应商 Q 值愈小，正反应方向的趋势愈大，滴定突跃范围就愈大，反之亦然。这与酸碱滴定突跃也是一致的。

(4) 滴定指示剂原理

与酸碱指示剂原理几乎一样，氧化还原指示剂为具有氧化还原性质的有机化合物，它的氧化态和还原态具有不同颜色，能因氧化还原作用而发生颜色变化。其半反应可用下式表示：

$$\underset{(\text{氧化态})}{In_{Ox}}+ne^- = \underset{(\text{还原态})}{In_{Red}}$$

$$\varphi=\varphi_{In}^{\ominus}+\frac{0.059}{n}\lg\frac{[In_{Ox}]}{[In_{Red}]} \tag{9-11}$$

$\varphi_{In}^{\ominus}$ 为指示剂的标准电极电势。当溶液中氧化还原电对的电势改变时，指示剂的氧化态和还原态的浓度比也会发生改变，因而使溶液的颜色发生变化。

当$[In_{Ox}]/[In_{Red}]\geqslant 10$ 时，溶液呈现氧化态的颜色

$$\varphi\geqslant\varphi_{In}^{\ominus}+\frac{0.059}{n}\lg 10=\varphi_{In}^{\ominus}+\frac{0.059}{n}$$

当$[In_{Ox}]/[In_{Red}]\leqslant 1/10$ 时，溶液呈现还原态的颜色

$$\varphi \leqslant \varphi_{In}^{\ominus} + \frac{0.059}{n} \lg \frac{1}{10} = \varphi_{In}^{\ominus} - \frac{0.059}{n}$$

故指示剂变色的电势范围为：

$$\varphi = \varphi_{In}^{\ominus} \pm \frac{0.059}{n} \tag{9-12}$$

采用条件电极电势更合适指示剂变色的电势范围为：

$$\varphi = \varphi_{In}^{\ominus}{}' \pm \frac{0.059}{n} \tag{9-13}$$

当 $n=1$ 时，指示剂变色的电势范围为 $\varphi_{In}^{\ominus}{}' \pm 0.059V$。

当 $n=2$ 时，指示剂变色的电势范围为 $\varphi_{In}^{\ominus}{}' \pm 0.030V$。

由于此范围甚小，一般就可用指示剂的条件电极电势来估量指示剂变色的电势范围（表9-4）。

表 9-4　一些氧化还原指示剂的条件电极电势及颜色变化

指示剂	$\varphi_{In}^{\ominus}{}'[c(H^+)=1mol\cdot L^{-1}]/V$	颜色变化	
		氧化态	还原态
亚甲基蓝	0.36	蓝	无色
二苯胺	0.76	紫	无色
二苯胺磺酸钠	0.84	红紫	无色
邻苯氨基苯甲酸	0.89	红紫	无色
邻二氮杂菲-亚铁	1.06	浅蓝	红

滴定电势突跃的范围是选择氧化还原指示剂的依据，指示剂的变色范围部分或全部落在滴定突跃内的均可用以指示滴定终点。

氧化还原滴定还有一些特殊的指示剂。例如 $KMnO_4$ 本身显紫红色，而被还原的产物 Mn^{2+} 则几乎无色，所以用 $KMnO_4$ 来滴定无色或浅色还原剂时，一般不必另加指示剂。化学计量点后，MnO_4^- 过量 $2\times10^{-6}mol\cdot L^{-1}$ 即使溶液呈粉红色。$KMnO_4$ 称为自身指示剂。

又如可溶性淀粉与 I_3^- 生成深蓝色吸附配合物，反应特效而灵敏，蓝色的出现与消失可指示终点。又如以 Fe^{3+} 滴定 Sn^{2+} 时，可用 KSCN 为指示剂，当溶液出现红色，即生成 Fe(Ⅲ) 的硫氰酸配合物时，即为终点。此种物质称为专属指示剂。

9.3.2　常用氧化还原滴定方法

常见的主要有高锰酸钾法、碘量法、重铬酸钾法、硫酸铈法、溴酸钾法等。

重点介绍两种最常见的氧化还原滴定方法：高锰酸钾法、碘量法。

(1) 高锰酸钾法

高锰酸钾是一种强氧化剂，其氧化能力及还原产物与反应介质酸度有关。

酸性介质：　$MnO_4^- + 8H^+ + e^- \longrightarrow Mn^{2+} + 4H_2O$　　$\varphi^{\ominus}{}'=1.51V$

中性或弱酸(碱)性：　$MnO_4^- + 2H_2O + 3e^- \longrightarrow MnO_2 + 4OH^-$　　$\varphi^{\ominus}{}'=0.60V$

强碱性介质：　$MnO_4^- + e^- \longrightarrow MnO_4^{2-}$　　$\varphi^{\ominus}{}'=0.56V$

高锰酸钾法在各种介质条件下均能应用，因其在酸性介质中有更强的氧化性，一般在强酸性条件下使用。但在碱性条件下氧化有机物的反应速率较快，故滴定有机物常在碱性介质中进行。高锰酸钾作为氧化剂可以用来直接滴定 Fe^{2+}、H_2O_2、$C_2O_4^{2-}$、As^{3+}、Sb^{3+} 等。

① 高锰酸钾法的优缺点

a. 高锰酸钾法的优点：氧化能力强，可应用于直接、间接、返滴定等多种滴定分析，可对无机物、有机物进行滴定，应用很广，且无需另加指示剂，本身为自身指示剂。

b. 高锰酸钾法的缺点：其标准溶液的稳定性不够，由于氧化性太强而使滴定的选择性较低。滴定时要严格控制条件。

② 高锰酸钾标准溶液的标定

a. 配制　一般配制高锰酸钾标准溶液可称取稍过量的 $KMnO_4$ 固体，溶于一定体积的蒸馏水中，加热煮沸，冷却后，储藏于棕色瓶中，放置数天，过滤后再进行标定。久置后的 $KMnO_4$ 标准溶液应重新标定。

b. 标定　$KMnO_4$ 溶液可用还原剂基准物，如 $H_2C_2O_4 \cdot 2H_2O$、$Na_2C_2O_4$、AS_2O_3 和纯金属铁丝等来标定，若用 $Na_2C_2O_4$ 来标定，反应为：

$$2MnO_4^- + 5C_2O_4^{2-} + 16H^+ = 2Mn^{2+} + 10CO_2 + 8H_2O$$

③ 注意事项　为使滴定反应能定量、迅速完成，必须注意：

a. 温度：宜在 75～85℃，温度太低反应太慢，而温度太高时 $H_2C_2O_4$ 易分解。

b. 酸度：宜在 $c(H^+) = 0.5 \sim 1 mol \cdot L^{-1}$ 之间，太高 $H_2C_2O_4$ 易分解，太低易生成 MnO_2 沉淀。

c. 滴定速度：由于 $KMnO_4$ 的滴定反应是一个靠其还原产物 Mn^{2+} 催化的自催化反应，所以开始滴定的速度不能太快。待第一滴 $KMnO_4$ 褪色后再滴下一滴，在数滴之后有 Mn^{2+} 产生时可稍快一点。但也不能太快，否则 $KMnO_4$ 还未反应即在热的酸性溶液中分解，使标定结果偏低。

$$4MnO_4^- + 12H^+ = 4Mn^{2+} + 5O_2 + 6H_2O$$

④ 应用示例　用间接滴定法测定 Ca^{2+}。

H_2O_2 可用 $KMnO_4$ 直接滴定，而 Ca^{2+} 不与 $KMnO_4$ 反应，因而只能采用间接滴定。先用 $C_2O_4^{2-}$ 沉淀 Ca^{2+}：

$$Ca^{2+} + C_2O_4^{2-} = CaC_2O_4 \downarrow$$

沉淀经过滤、洗涤后用稀硫酸溶解：

$$CaC_2O_4 + 2H^+ = H_2C_2O_4 + Ca^{2+}$$

再用 $KMnO_4$ 标准溶液滴定溶液中的 $H_2C_2O_4$，根据 $KMnO_4$ 用量间接算出 Ca^{2+} 的含量。凡能与 $C_2O_4^{2-}$ 定量生成沉淀的金属离子均可采用此间接滴定法。

计量关系式：

$$n(Ca^{2+}) = n(C_2O_4^{2-}) = \frac{5}{2}n(MnO_4^-)$$

质量分数：

$$w(Ca^{2+}) = \frac{n(Ca^{2+})M(Ca^{2+})}{m_{样}} = \frac{\frac{5}{2}c(MnO_4^-)V(MnO_4^-)M(Ca^{2+})}{m_{样}}$$

(2) 碘量法

碘量法是利用 I_2 的氧化性和 I^- 的还原性来进行滴定的分析方法，是常用的氧化还原滴定方法之一，可分为直接碘量法与间接碘量法。电极反应为：

$$I_2 + 2e^- = 2I^- \qquad \varphi^{\ominus\prime}(I_2/I^-) = 0.535V$$

由于 I_2（s）在水中的溶解度很小（$0.00133 mol \cdot L^{-1}$），实际应用中常把它溶解在 KI 溶液中，以增大 I_2（s）的溶解度。

$$I_2 + I^- \longrightarrow I_3^-$$

① 直接碘量法　I_2 是一种较弱的氧化剂，能与较强的还原剂（Sn^{2+}、Sb^{3+}、As_2O_3、S^{2+}、SO_3^{2-}）等直接反应。如：

$$I_2 + SO_3^{2-} + H_2O \longrightarrow 2I^- + SO_4^{2-} + 2H^+$$

直接碘量法以 I_2 为滴定剂，滴定上述较强的还原剂。滴定应在酸性或中性介质中进行，因为碱性条件下 I_2 易歧化：

$$3I_2 + 6OH^- \longrightarrow IO_3^- + 5I^- + 3H_2O$$

由于 I_2 的氧化性不强，能被其氧化的物质不多，所以直接碘量法应用有限。

② 间接碘量法　间接碘量法与直接碘量法正好相反，它是利用 I^- 的还原性来测定氧化性物质。首先加入过量 I^- 使其与被测物反应，按计量反应方程式定量析出 I_2，而后用 $Na_2S_2O_3$ 标准溶液滴定析出的 I_2，从而间接测出被测物的含量。滴定反应在中性或弱酸性中进行：

$$2S_2O_3^{2-} + I_2 \longrightarrow S_4O_6^{2-} + 2I^-$$

酸性太强会使 $Na_2S_2O_3$ 分解：

$$S_2O_3^{2-} + 2H^+ \longrightarrow S\downarrow + H_2SO_3$$

碱性太强会发生副反应而无法定量：

$$S_2O_3^{2-} + 4I_2 + 10OH^- \longrightarrow 2SO_4^{2-} + 8I^- + 5H_2O$$

$$3I_2 + 6OH^- \longrightarrow IO_3^- + 5I^- + 3H_2O$$

③ 指示剂　碘量法常用淀粉指示剂来确定终点。在少量 I^- 存在下，I_2 与淀粉溶液形成蓝色加合物，以蓝色的出现或消失来指示终点的到达。在室温、少量 I^- [$c(I^-) \geqslant 0.001 mol \cdot L^{-1}$] 存在时，反应的灵敏度为 $c(I_2) = (0.5 \sim 1) \times 10^{-5} mol \cdot L^{-1}$；无 I^- 时灵敏度下降。淀粉溶液应新鲜配制，久置后与 I_2 加合呈紫或红色，变色不敏锐。

④ $Na_2S_2O_3$ 标准溶液的标定　$Na_2S_2O_3$ 不是基准试剂，不能直接配制成浓度准确的溶液，必须先配制成浓度相近的溶液而后标定。$Na_2S_2O_3$ 溶液不稳定，易发生下列反应。在 $pH < 4.6$ 的酸性介质（如含 CO_2 的水溶液）中：

$$S_2O_3^{2-} + 2H^+ \longrightarrow SO_2 + S\downarrow + H_2O$$

久置空气中：

$$Na_2S_2O_3 \xrightarrow{\text{细菌}} Na_2SO_3 + S\downarrow$$

为避免上述反应发生，配制 $Na_2S_2O_3$ 溶液须用新煮沸（除去 CO_2 和杀死细菌）并冷却的蒸馏水，加入少量 Na_2CO_3（0.02%）以使溶液呈弱碱性，以抑制细菌生长，储于棕色瓶中避免光照，经 8～12 天后再标定。长期保存的 $Na_2S_2O_3$ 溶液应隔 1～2 个月标定一次，如出现浑浊应重配。

$Na_2S_2O_3$ 溶液的标定可用基准试剂纯碘、KIO_3、$KBrO_3$、$K_2Cr_2O_7$ 及纯铜（配制成 Cu^{2+} 标准溶液）等。除纯碘配制成标准溶液可用直接碘量法标定 $Na_2S_2O_3$ 溶液外，其余均用间接碘量法标定。用淀粉作指示剂时，应先用 $Na_2S_2O_3$ 溶液滴定至溶液呈浅黄色（大部分碘已作用）后，再加淀粉溶液，用 $Na_2S_2O_3$ 溶液继续滴定至蓝色刚好消失即为终点。若淀粉指示剂加入过早，大量 I_2 与淀粉结合生成加合物，不易与 $Na_2S_2O_3$ 反应，产生误差。滴定至终点后过几分钟又会有蓝色复现，这是由于空气把 I^- 氧化为 I_2 所致。通常只需约半分钟不复现蓝色即认为到达终点。

⑤ 应用示例　用间接碘量法测定硫酸铜中的铜。

Cu^{2+}与I^-反应能定量析出I_2，而后用$Na_2S_2O_3$标准溶液滴定析出的I_2。反应为：

$$2Cu^{2+}+4I^- \xlongequal{} 2CuI+I_2$$

$$2S_2O_3^{2-}+I_2 \xlongequal{} S_4O_6^{2-}+2I^-$$

滴定中应加入过量KI，使Cu^{2+}转化完全。另外，由于CuI沉淀强烈吸附I_2，会使结果偏低，因而滴定中常加入KSCN，让CuI沉淀转化为CuSCN，使吸附的I_2释放出来，提高滴定准确度。必须注意，KSCN应在临近终点时再加入，否则SCN^-会还原I_2而使结果偏低。此外，滴定时溶液pH值应控制在3～4之间，太高Cu^{2+}易水解，太低I^-易被氧化。

此法也可用于铜矿、合金及镀铜液等样品中Cu^{2+}的测定。样品中的Fe^{3+}会干扰Cu^{2+}的测定，可加入NH_4HF_2掩蔽剂掩蔽Fe^{3+}。

9.3.3 氧化还原滴定前的预处理

在氧化还原滴定前常常要对样品进行预处理，将被测组分转变为能被准确滴定的状态。如测铁矿中总铁时，存在Fe^{2+}、Fe^{3+}，需把Fe^{3+}全部还原为Fe^{2+}，才能用$KMnO_4$（或$K_2Cr_2O_7$）滴定。在进行氧化还原滴定前的预处理时，所选用的预氧化剂和预还原剂应符合以下条件：

① 能将待测组分定量、完全转化为所需状态。

② 反应具有一定的选择性。如测铁矿中总铁时，若用Zn粉作还原剂则不仅把Fe^{3+}还原为Fe^{2+}，而且把Ti^{4+}还原为Ti^{3+}，用$KMnO_4$（或$K_2Cr_2O_7$）滴定时则一起氧化，造成滴定误差。

③ 过量的预氧化剂和预还原剂要易于除去，否则会干扰滴定。

除去方法常用：

a. 加热分解　如H_2O_2可借加热煮沸而除去，其反应为：

$$2H_2O_2 \xrightarrow{\triangle} 2H_2O+O_2$$

b. 过滤　如$NaBiO_3$不溶于水，可过滤除去。

c. 化学反应　如可用$HgCl_2$除去过量的$SnCl_2$：

$$2HgCl_2+SnCl_2 \xlongequal{} Hg_2Cl_2+SnCl_4$$

Hg_2Cl_2（白色沉淀）不必过滤，它不易被一般滴定剂氧化。

9.3.4 氧化还原滴定结果的计算

例9-5　用30.00mL $KMnO_4$溶液恰能氧化一定质量的$KHC_2O_4\cdot H_2O$，同样质量$KHC_2O_4\cdot H_2O$又恰能被25.20mL 0.2000mol·L^{-1}KOH溶液中和。$KMnO_4$溶液的浓度是多少？

解　$KMnO_4$与$KHC_2O_4\cdot H_2O$反应为：

$$2MnO_4^-+5C_2O_4^{2-}+16H^+ \xlongequal{} 2Mn^{2+}+10CO_2\uparrow+8H_2O$$

$$n(KMnO_4) \xlongequal{} \frac{2}{5}n(KHC_2O_4\cdot H_2O)$$

$KHC_2O_4\cdot H_2O$与KOH反应为：

$$HC_2O_4^-+OH^- \xlongequal{} C_2O_4^{2-}+H_2O$$

$$n(KHC_2O_4 \cdot H_2O) = n(KOH)$$

因两个反应中 $KHC_2O_4 \cdot H_2O$ 质量相等，所以有：

$$n(KMnO_4) = \frac{2}{5}n(KOH)$$

故
$$c(KMnO_4) = \frac{2c(KOH)V(KOH)}{5V(KMnO_4)} = 0.06720\text{mol} \cdot L^{-1}$$

例 9-6 （1）有一 $K_2Cr_2O_7$ 标准溶液的浓度为 $0.01683\text{mol} \cdot L^{-1}$，求其对 Fe 和 Fe_2O_3 的滴定度。（2）称取含铁矿样 0.2801g，溶解后将溶液中 Fe^{3+} 还原为 Fe^{2+}，然后用上述 $K_2Cr_2O_7$ 标准溶液滴定，用去 25.60mL。求试样中含铁量，分别以 $w(Fe)$ 和 $w(Fe_2O_3)$ 表示。

解 （1）$K_2Cr_2O_7$ 滴定 Fe^{2+} 的反应为：

$$Cr_2O_7^{2-} + 6Fe^{2+} + 14H^+ = 2Cr^{3+} + 6Fe^{3+} + 7H_2O$$

$$n(K_2Cr_2O_7) = \frac{1}{6}n(Fe) = \frac{1}{3}n(Fe_2O_3)$$

$$T_{Fe/K_2Cr_2O_7} = \frac{m(Fe)}{V(K_2Cr_2O_7)} = \frac{6c(K_2Cr_2O_7)V(K_2Cr_2O_7)M(Fe)}{V(K_2Cr_2O_7)}$$

$$= \frac{6 \times 0.01683\text{mol} \cdot L^{-1} \times 0.02560L \times 55.85g \cdot \text{mol}^{-1}}{25.60\text{mL}} = 5.640 \times 10^{-3} g \cdot \text{mL}^{-1}$$

$$T_{Fe_2O_3/K_2Cr_2O_7} = \frac{3c(K_2Cr_2O_7)V(K_2Cr_2O_7)M(Fe_2O_3)}{V(K_2Cr_2O_7)}$$

$$= \frac{3 \times 0.01683\text{mol} \cdot L^{-1} \times 0.02560L \times 159.70g \cdot \text{mol}^{-1}}{25.60\text{mL}}$$

$$= 8.063 \times 10^{-3} g \cdot \text{mL}^{-1}$$

（2）

$$w(Fe) = \frac{T_{Fe/K_2Cr_2O_7}V(K_2Cr_2O_7)}{m} \times 100\% = \frac{5.640 \times 10^{-3} \times 25.60}{0.2801} \times 100\% = 51.55\%$$

$$w(Fe_2O_3) = \frac{T_{Fe_2O_3/K_2Cr_2O_7}V(K_2Cr_2O_7)}{m} \times 100\% = \frac{8.063 \times 10^{-3} \times 25.60}{0.2801} \times 100\% = 73.69\%$$

例 9-7 25.00mL KI 用稀盐酸及 10.00mL $0.05000\text{mol} \cdot L^{-1}$ KIO_3 溶液处理，煮沸以挥发除去释出的 I_2，冷却后，加入过量的 KI 溶液使之与剩余的 KIO_3 反应。释出的 I_2 需用 21.14mL $0.1008\text{mol} \cdot L^{-1}$ $Na_2S_2O_3$ 溶液滴定，计算 KI 溶液的浓度。

解 加入的 KIO_3 分两部分分别与待测 KI（1）和以后加入的 KI（2）起反应：

$$IO_3^- + 5I^- + 6H^+ \rightleftharpoons 3I_2 + 3H_2O$$

第（2）步反应生成的 I_2 又被 $Na_2S_2O_3$ 滴定：

$$I_2 + 2S_2O_3^{2-} \rightleftharpoons 2I^- + S_4O_6^{2-}$$

待测 KI（1）消耗的 KIO_3 为总的 KIO_3 量减去后加入的 KI（2）所消耗的 KIO_3 量：

$$n(KIO_3)_1 = n(KIO_3)_{总} - n(KIO_3)_2 = n(KIO_3)_{总} - \frac{1}{3}n(I_2)_2$$

$$=n(KIO_3)_{总}-\frac{1}{6}n(Na_2S_2O_3)$$

而 $$n(KI)_1=5n(KIO_3)_1=5\left[n(KIO_3)_{总}-\frac{1}{6}n(Na_2S_2O_3)\right]$$

所以 $$c(KI)=\frac{5\left[c(KIO_3)V(KIO_3)-\frac{1}{6}c(Na_2S_2O_3)V(Na_2S_2O_3)\right]}{V(KI)}$$

$$=\frac{5\times\left(10.00\times0.05000-\frac{1}{6}\times21.14\times0.1008\right)}{25.00}=0.02897\text{mol}\cdot\text{L}^{-1}$$

9.4 配位滴定分析

配位滴定分析是利用形成配合物进行滴定分析的方法，该方法广泛应用于测定多种金属离子或间接测定其他离子。

配位滴定分析所使用的配位剂主要是有机配位剂中的氨羧配位剂，目前应用最为广泛的氨羧配位剂是乙二胺四乙酸（简称 EDTA，常用 H_2Y^{2-} 或 H_4Y 表示）。EDTA 能与大多数金属离子形成配位比为 1∶1 的、溶于水的稳定配合物，而且几乎是一步形成，所以配位反应很完全。

9.4.1 基本原理

(1) 滴定反应

与其他滴定反应不同，在配位滴定分析中，金属离子 M 和配位剂 EDTA 生成配合物 MY（均省略电荷）的反应为主反应：

$$M+Y \xlongequal{} MY$$

当有其他配体存在和溶液酸度不同时，可能发生一些副反应。所以滴定反应的 $K^{\ominus}$ 与配合物的条件稳定常数 $K^{\ominus\prime}$（conditional stability constant）（不考虑配合物 MY 发生副反应的情况）的关系为：

$$\lg K^{\ominus\prime}(MY)=\lg K^{\ominus}(MY)-\lg\alpha_M-\lg\alpha_{Y(H)} \tag{9-14}$$

(2) 滴定曲线

在配位滴定中，溶液中变化的是金属离子的浓度。即随着 EDTA 的加入，金属离子的浓度不断减小，配位滴定在化学计量点前后 pM（金属离子浓度的负对数）值将发生突变，借此则可利用金属指示剂来指示终点。以溶液的 pM 值为纵坐标，加入的 EDTA 标准溶液为横坐标作图，可得到配位滴定曲线，即滴定剂-pM 图。这与氧化还原滴定曲线的滴定剂-φ 图、酸碱滴定的滴定剂-pH 图也是一致的。如 EDTA 滴定 Ca^{2+} 的滴定曲线见图 9-8。

(3) 滴定突跃

图 9-8 表明 pH 值越大，滴定突跃越大，因为 pH 值越大，$K^{\ominus\prime}(CaY)$ 条件稳定常数越大，反之亦然。而图 9-9 表明滴定的金属离子浓度愈大，反应商 Q 值愈小，滴定突跃愈大。

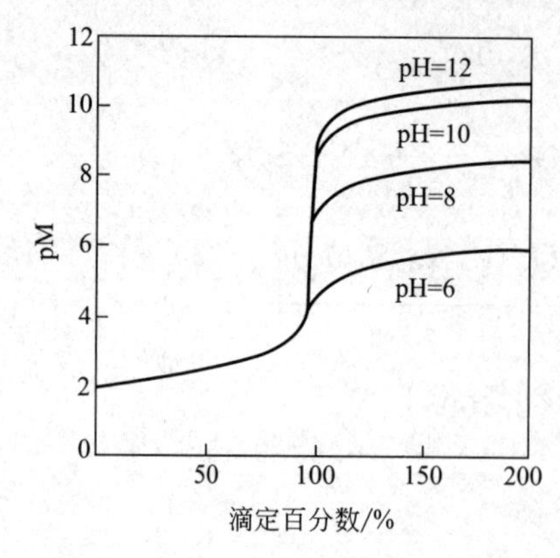

图 9-8　EDTA 滴定 Ca^{2+} 的滴定曲线

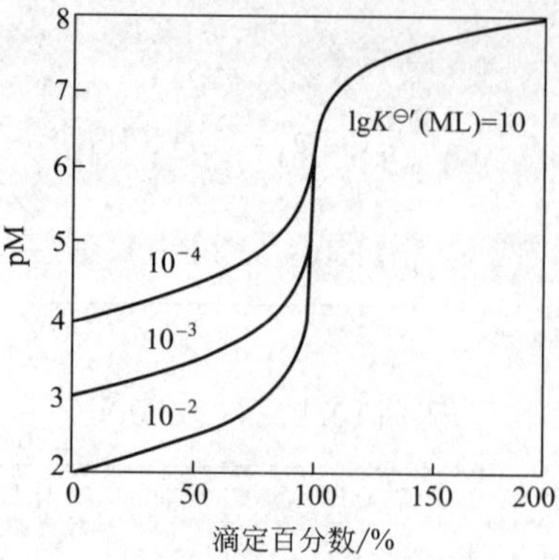

图 9-9　金属离子浓度对滴定曲线的影响

结论与酸碱、氧化还原滴定一样：反应的 $K^{\ominus}$（$K^{\ominus'}$）值愈大、反应商 Q 值愈小，正反应方向的趋势愈大，滴定突跃范围就愈大。

（4）金属指示剂原理

pM 值发生突变，可利用金属指示剂来指示终点。金属指示剂本身是一种配位剂，金属指示剂的变色原理是在使用的 pH 条件下，它能与金属离子形成与自身颜色有明显差别的有色配合物。

终点前

$$\underset{\text{金属离子}}{M} + \underset{\text{(甲色)}}{In} \rightleftharpoons \underset{\text{(乙色)}}{MIn}$$

终点及终点后

$$\underset{\text{(乙色)}}{MIn} + Y \rightleftharpoons MY + \underset{\text{(甲色)}}{In}$$

金属离子与指示剂稳定性应小于 EDTA 与金属离子所生成配合物的稳定性，一般 $K^{\ominus}$ 值要小两个数量级。也就是指示剂的变色点要落在滴定突跃内。比酸碱、氧化还原滴定要求严格一点。

作为金属指示剂还应具备以下条件：

a. 终点颜色变化明显，便于眼睛观察。

b. 显色反应要灵敏、迅速、有一定的选择性。

c. 指示剂与金属离子配合物应易溶于水，指示剂比较稳定，便于储藏和使用。

（5）常用的金属指示剂

① 铬黑 T（EBT）　铬黑 T 是弱酸性偶氮染料，其化学名称是 1-(1-羟基-2-萘偶氮)-6-硝基-2-萘酚-4-磺酸钠。

$$\underset{\substack{\text{(红色)}\\ pH<6}}{H_2In^-} \underset{+H^+}{\overset{-H^+}{\rightleftharpoons}} \underset{\substack{\text{(蓝色)}\\ pH\text{约}11}}{HIn^{2-}} \underset{+H^+}{\overset{-H^+}{\rightleftharpoons}} \underset{\substack{\text{(橙色)}\\ pH>12}}{In^{3-}}$$

在 pH 值为 7～11 的溶液里指示剂显蓝色，与红色有极明显的色差，pH 值在 9～10.5 之间最合适。

铬黑 T 可作 Zn^{2+}、Cd^{2+}、Mg^{2+}、Hg^{2+} 等离子的指示剂。例：

$$Mg^{2+} + \underset{\text{(蓝色)}}{HIn^{2-}} \rightleftharpoons \underset{\text{(红色)}}{MgIn^-} + H^+$$

$$Mg^{2+} + HY^{3-} \rightleftharpoons MgY^{2-} + H^+$$

$$MgIn^{-} + HY^{3-} \longrightarrow MgY^{2-} + HIn^{2-}$$

（红色）　　　　　　　　（蓝色）

红色→紫色→蓝色

② 钙指示剂　钙指示剂的化学名称是2-羟基-1-(2-羟基-4-磺酸基-1-萘偶氮)-3-萘甲酸，也称钙红。黑紫色粉末。此指示剂的水溶液在pH<8时为酒红色，在pH8.0～13.7时为蓝色，而在pH12～13之间与Ca^{2+}形成酒红色的配合物，可用于Ca^{2+}、Mg^{2+}共存时作测Ca^{2+}的指示剂(pH=12.5)。

③ 使用指示剂中存在的问题

a. 指示剂的封闭现象　某些金属离子与指示剂形成的配合物（MIn）比相应的金属离子与乙二胺四乙酸形成的配合物（MY）更稳定，在滴定其他金属离子时，若溶液中存在这些金属离子，则溶液一直呈现这些金属离子与指示剂形成的配合物MIn的颜色，即使到了化学计量点也不变色，这种现象称为指示剂的封闭现象。

例如在pH=10时以铬黑T为指示剂滴定Ca^{2+}、Mg^{2+}总量时，Al^{3+}、Fe^{3+}、Cu^{2+}、Co^{2+}、Ni^{2+}会封闭铬黑T，使终点无法确定。这时就必须将它们分离或加入掩蔽剂以消除干扰。

b. 指示剂的僵化现象　有些指示剂本身或金属离子与指示剂形成的配合物在水中的溶解度太小，使滴定剂与金属离子-指示剂的配合物交换缓慢，终点拖长，这种现象称为指示剂的僵化。解决办法是加入有机溶剂或加热以增大其溶解度，从而加快反应速度，使终点变色明显。

c. 指示剂的变质现象　金属离子指示剂大多为含有双键的有色化合物，易被日光、氧化剂、空气所分解，在水溶液中多不稳定，日久会变质。如铬黑T在Mn(Ⅳ)、Ce(Ⅳ)存在下，会很快被分解褪色。为了克服这一缺点，常配成固体混合物，加入还原性物质如抗坏血酸、羟胺等，或临用时才配制。

(6) 配位滴定的条件

同酸碱滴定类似，若允许的终点误差$E_t \leqslant 0.1\%$，则可推导出单一金属离子配位滴定的条件：$\lg[c(M)K^{\ominus}(MY)] \geqslant 6$。

若只考虑酸效应，从公式$\lg K^{\ominus\prime}(MY) = \lg K^{\ominus}(MY) - \lg\alpha_{Y(H)}$可知：

pH越高，$\lg\alpha_{Y(H)}$值则越小，$K^{\ominus\prime}(MY)$值就越大，则配位反应越完全，越有利于滴定。但pH高，金属离子可能发生水解，所以一般滴定单一金属离子时，溶液的pH值以被滴定的金属离子开始水解的最低pH值为上限。

反之，pH越低，$\lg\alpha_{Y(H)}$值则越大，$K^{\ominus\prime}(MY)$值就越小，则配位反应越不完全，越不利于滴定。显然，对于某一金属离子来说，知道溶液的pH值低到什么程度该金属离子就不能被准确滴定的问题，对实际测定是十分有意义的。利用$\lg[c(M)K^{\ominus\prime}(MY)] \geqslant 6$和$\lg K^{\ominus\prime}(MY) = \lg K^{\ominus}(MY) - \lg\alpha_{Y(H)} \geqslant 8$[$c(M) = 0.01 mol \cdot L^{-1}$时]可求算滴定某一金属离子所允许的最低pH值。

如：$\lg K_f^{\ominus}(MgY) = 9.12$，$\lg\alpha_{Y(H)} \leqslant 9.12 - 8 = 1.12$，最低pH值为9.7。

$\lg K_f^{\ominus}(CaY) = 11.0$，$\lg\alpha_{Y(H)} \leqslant 11.0 - 8 = 3$，

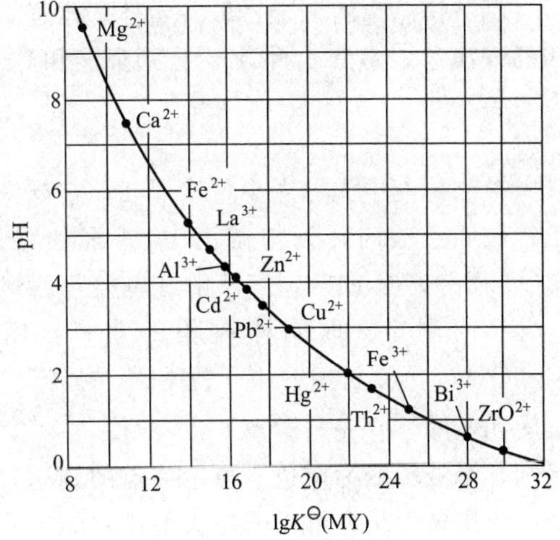

图9-10　EDTA的酸效应曲线

最低 pH 值为 7.3。

$\lg K_f^{\ominus}[Fe(Ⅲ)Y]=24.23$，$\lg\alpha_{Y(H)}\leqslant 24.23-8=16.23$，最低 pH 值为 1.3。

若所有的金属离子的浓度均为 $0.01mol\cdot L^{-1}$，用上述方法可以求出这些离子所允许的最低 pH 值。以金属离子的 $\lg K^{\ominus}(MY)$ 为横坐标，以金属离子所允许的最低 pH 值为纵坐标，描点作图可得酸效应曲线（图 9-10）。从图中不仅可以找出各金属离子滴定的最低 pH 值，还可以知道在一定的 pH 范围内，哪些离子能被滴定，哪些离子有干扰。从而可以利用控制酸度，达到分别滴定或连续滴定的目的。配位滴定中常加入缓冲溶液控制溶液的酸度。

9.4.2 配位滴定的应用

常用的乙二胺四乙酸标准溶液浓度为 $0.01\sim0.05mol\cdot L^{-1}$。乙二胺四乙酸标准溶液常采用间接法配制。先配成近似所需的浓度，再用基准物质金属锌、ZnO、$CaCO_3$ 或 $MgSO_4\cdot 7H_2O$ 等来标定它的浓度。

EDTA 是具有广泛配位性能的配位剂，它能与许多金属离子相配合，如果溶液中存在几种金属离子，这样用 EDTA 滴定时，就很可能相互干扰，因此，如何排除干扰，提高配位滴定的选择性，就成为配位滴定中要考虑和解决的重要问题。

常用的方法是控制酸度分别滴定：当溶液中存在两种金属离子 M 和 N，且 $c(M)=c(N)$，要想用控制酸度的方法准确滴定 M 而避免 N 的干扰，则要求：$\Delta\lg K^{\ominus}=\lg K^{\ominus}(MY)-\lg K^{\ominus}(NY)\geqslant 5$ 且 $\lg[c(M)K^{\ominus'}(MY)]\geqslant 6$ 同时成立。前一个条件表明 M 和 N 的稳定常数需有足够的差距，才能用控制酸度的方法分别滴定；后者则是滴定 M 离子所必须满足的条件。

例如，溶液中有 Bi^{3+}、Pb^{2+} 两种离子，查表可得 $\Delta\lg K^{\ominus}=\lg K^{\ominus}(BiY)-\lg K^{\ominus}(PbY)=27.90-18.30=9.60>5$，若它们浓度均为 $0.01mol\cdot L^{-1}$，所以可以用控制酸度的方法滴定铋，而铅不干扰。经计算，可先将溶液的 pH 控制在 1 左右滴定 Bi^{3+}，滴定完毕后，再将溶液的 pH 调至 4～5，就可滴定 Pb^{2+}。

再如，水中钙、镁的测定。乙二胺四乙酸测定水中钙、镁常用的方法是先测定钙、镁总量，再用沉淀掩蔽法让 Mg^{2+} 以 $Mg(OH)_2$ 的形式沉淀析出而单独测定钙量，然后由钙、镁总量和钙的含量，求出镁的含量。

钙、镁总量的测定：取一定体积水样，调节 pH=10，加铬黑 T 指示剂，然后用乙二胺四乙酸滴定。铬黑 T 和 Y^{4-} 分别都能和 Ca^{2+}、Mg^{2+} 生成配合物。它们的稳定性顺序为：

$$CaY^{2-}>MgY^{2-}>MgIn^{-}>CaIn^{-}$$

被测试液中先加入少量铬黑 T，它首先与 Mg^{2+} 结合生成酒红色的 $MgIn^{-}$ 配合物。滴入乙二胺四乙酸时，先与游离 Ca^{2+} 配位，其次与游离 Mg^{2+} 配位，最后夺取 $MgIn^{-}$ 中的 Mg^{2+} 而游离出 EBT，溶液由红色经紫色到蓝色，指示终点的到达。

钙的测定：取同样体积的水样，用 NaOH 溶液调节到 pH=12，此时 Mg^{2+} 以 $Mg(OH)_2$ 沉淀析出，不干扰 Ca^{2+} 的测定。再加入钙指示剂，此时溶液呈红色。再滴入乙二胺四乙酸，它先与游离 Ca^{2+} 配位，在化学计量点时夺取与指示剂配位的 Ca^{2+}，游离出指示剂，溶液转变为蓝色，指示终点的到达。从消耗标准溶液的体积和浓度计算 Ca 的量。

为避免干扰还可以采用其他掩蔽的方法，使之不能与 EDTA 配合。常用的掩蔽方法有：配位掩蔽和氧化还原掩蔽等。

9.5 沉淀滴定法

沉淀滴定法是利用沉淀反应来进行的滴定分析方法。要求沉淀的溶解度小，即反应需定量、完全；沉淀的组成要确定，即被测离子与沉淀剂之间要有准确的化学计量关系；沉淀反应速率快；沉淀吸附的杂质少；且要有适当的指示剂指示滴定终点。

9.5.1 基本原理

(1) 滴定反应

形成沉淀的反应虽然很多，但要同时满足上述要求的反应并不多。比较常用的是利用生成难溶的银盐的反应：

$$Ag^{+}+X^{-} \Longrightarrow AgX(s)$$

因此又称银量法，它可以测定 Cl^-、Br^-、I^-、Ag^+、SCN^- 等，还可以测定经过处理而能定量地产生这些离子的有机氯化物。

(2) 滴定曲线

银量法中，用 $AgNO_3$ 标准溶液滴定卤素离子 X^-。随 $AgNO_3$ 溶液的滴入，卤素离子浓度不断变化。以滴入 $AgNO_3$ 溶液体积为横坐标，pX（卤素离子浓度的负对数）为纵坐标，就可绘得滴定曲线（也可以用 pAg 为纵坐标），即滴定剂-pX 图。

图 9-11 为 $0.1000mol \cdot L^{-1}$ $AgNO_3$ 溶液分别滴定 20.00mL $0.1000mol \cdot L^{-1}$ Cl^-、Br^-、I^- 溶液的滴定曲线。

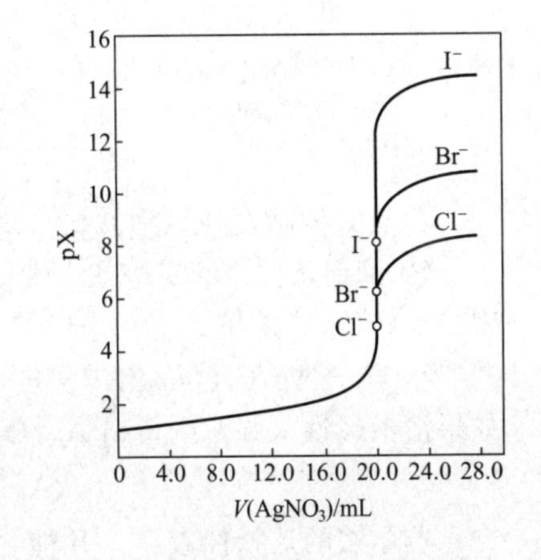

图 9-11 $0.1000mol \cdot L^{-1}$ $AgNO_3$ 溶液分别滴定 20.00mL $0.1000mol \cdot L^{-1}$ Cl^-、Br^-、I^- 溶液的滴定曲线

从滴定开始到化学计量点前，溶液中剩余 X^- 的浓度：

$$[X^-]=\frac{0.1000\times 20.00-0.1000\times V(AgNO_3)}{20.00+V(AgNO_3)}$$

化学计量点：

$$[X^-]=\sqrt{K_{sp}^{\ominus}}$$

化学计量点后：

$$[Ag^+]=0.1000\times\frac{V(AgNO_3)-20.00}{V(AgNO_3)+20.00}$$

$$[X^-]=\frac{K_{sp}^{\ominus}}{[Ag^+]}$$

(3) 滴定突跃

与其他滴定一样，反应的 $K^{\ominus}$ 值愈大（这里 $K_{sp}^{\ominus}$ 愈小）、反应商 Q 值愈小（反应溶液的浓度愈大），正反应方向的趋势愈大，滴定突跃范围就愈大。当被测离子浓度相同时，滴定突跃大小仅与沉淀溶解度 $K_{sp}^{\ominus}$ 有关。图 9-11 可以看出，$K_{sp}^{\ominus}$ 越小，突跃越大。

(4) 指示剂原理

在银量法中有两类指示剂。一类是稍过量的滴定剂与指示剂会形成带色的化合物而显示终点；另一类是利用指示剂被沉淀吸附的性质，在化学计量点时的变化带来颜色的改变以指示滴定终点。这与配位滴定指示剂原理几乎一样。

9.5.2 常见几种沉淀滴定法

(1) 莫尔法(Mohr)

用铬酸钾作指示剂，$AgNO_3$ 滴定 Cl^-、Br^-。

① 方法原理 在中性或弱碱性溶液中，用硝酸银标准溶液直接滴定 Cl^-(或 Br^-)。出现砖红色的 Ag_2CrO_4 沉淀，指示滴定终点的到达。

滴定反应： $Ag^+ + Cl^- \longrightarrow AgCl\downarrow$(白色)

指示剂反应： $2Ag^+ + CrO_4^{2-} \longrightarrow Ag_2CrO_4\downarrow$(砖红色)

化学计量点时：$[Ag^+]=[Cl^-]=\sqrt{K_{sp}^{\ominus}}=1.34\times10^{-5}mol\cdot L^{-1}$

② 指示剂浓度 以硝酸银溶液滴定 Cl^- 为例。

$$[Ag^+]=[Cl^-]=\sqrt{K_{sp}^{\ominus}(AgCl)}$$

若要 AgCl 沉淀生成的同时也出现 Ag_2CrO_4 砖红色沉淀，所需 CrO_4^{2-} 浓度则为：

$$[CrO_4^{2-}]=\frac{K_{sp}^{\ominus}(Ag_2CrO_4)}{[Ag^+]^2}=\frac{K_{sp}^{\ominus}(Ag_2CrO_4)}{K_{sp}^{\ominus}(AgCl)}=\frac{1.1\times10^{-12}}{1.8\times10^{-10}}=6.1\times10^{-3}(mol\cdot L^{-1})$$

终点时控制在$[K_2CrO_4]=5.0\times10^{-3}mol\cdot L^{-1}$ 为宜。

③ 滴定条件 滴定应在中性或弱碱性($pH=6.5\sim10.5$)介质中进行。若溶液为酸性时，则 Ag_2CrO_4 将溶解。

$$2Ag_2CrO_4+2H^+ \longrightarrow 4Ag^+ + 2HCrO_4^- \longrightarrow 4Ag^+ + Cr_2O_7^{2-} + H_2O$$

如果溶液碱性太强，则析出 Ag_2O 沉淀。

$$2Ag^+ + 2OH^- \longrightarrow Ag_2O + H_2O$$

莫尔法的选择性较差，凡能与 CrO_4^{2-} 或 Ag^+ 生成沉淀的离子都干扰测定。如 Ba^{2+}、Pb^{2+}、Hg^{2+} 以及 PO_4^{3-}、AsO_4^{3-}、S^{2-}、$C_2O_4^{2-}$ 等。

滴定液中不应含有氨，因为易生成 $Ag(NH_3)^{2+}$ 配离子，而使 AgCl 和 Ag_2CrO_4 溶解度增大。莫尔法能测定 Cl^-、Br^-，在测定过程中要剧烈摇动；但不能测定 I^- 和 SCN^-，因为 AgI 或 AgSCN 沉淀强烈吸附 I^- 或 SCN^-，致使终点过早出现。不能用 Cl^- 滴定 Ag^+，因为 Ag_2CrO_4 转化成 AgCl 很慢。

(2) 佛尔哈德法(Volhard)——铁铵矾$[NH_4Fe(SO_4)_2]$作指示剂

① 方法原理 用 NH_4SCN 标准溶液滴定 Ag^+，终点时出现红色的 $[Fe(SCN)]^{2+}$。

滴定反应： $Ag^+ + SCN^- \longrightarrow AgSCN\downarrow$(白)

指示剂反应： $Fe^{3+} + SCN^- \longrightarrow [Fe(SCN)]^{2+}$(红)

② 滴定条件 溶液酸度控制在硝酸浓度 $0.1\sim1mol\cdot L^{-1}$ 之间，指示剂 Fe^{3+} 浓度一般控制在 $0.015mol\cdot L^{-1}$，强氧化剂、氮的低价氧化物、汞盐等能与 SCN^- 起反应，干扰测定，必须预先除去。

③ 直接滴定法测 Ag^+

$$Ag^+ + SCN^- \rightleftharpoons AgSCN\downarrow \text{(白色)} \qquad K_{sp}^{\ominus} = 1.0 \times 10^{-12}$$

$$Fe^{3+} + SCN^- \rightleftharpoons [Fe(SCN)]^{2+} \text{(红色)} \qquad K_{稳}^{\ominus} = 200$$

稍过量的 SCN^- 与 Fe^{3+} 生成红色的 $[Fe(SCN)]^{2+}$，指示终点的到达。

④ 返滴定法

$$Ag^+ + Cl^- \rightleftharpoons AgCl\downarrow$$

$$Ag^+ + SCN^- \rightleftharpoons AgSCN\downarrow$$

$$Fe^{3+} + SCN^- \rightleftharpoons [Fe(SCN)]^{2+}$$

含有卤素离子或 SCN^- 的溶液中，加入一定量过量的 $AgNO_3$ 标准溶液，使卤素离子或 SCN^- 生成银盐沉淀，然后以铁铵矾为指示剂，用 NH_4SCN 标准溶液滴定过量的 $AgNO_3$。用此法测 Cl^- 时，终点的判断会遇到困难，产生较大的误差。在临近化学计量点时，加入的 NH_4SCN 将和 AgCl 发生沉淀的转化反应：

$$AgCl\downarrow + SCN^- \rightleftharpoons AgSCN\downarrow + Cl^-$$

减小误差的方法为将 AgCl 沉淀滤去，或滴加 NH_4SCN 标准溶液前加入硝基苯。

测定碘化物时，指示剂应在加入过量 $AgNO_3$ 后才能加入，否则将发生下列反应，产生误差。

$$2Fe^{3+} + 2I^- \rightleftharpoons 2Fe^{2+} + I_2$$

(3) 法扬司法 (Fajans)——吸附指示剂

吸附指示剂（adsorption indicator）是一类有机染料，它们的阴离子在溶液中容易被带正电荷的胶状沉淀所吸附，当它被吸附在胶粒表面之后，可能是由于形成某种化合物而导致指示剂分子结构的变化，因而引起颜色的变化，从而指示滴定终点的到达。

例如 $AgNO_3$ 滴定 Cl^-，用荧光黄（HFIn）作指示剂。

$$HFIn \rightleftharpoons H^+ + FIn^-$$

化学计量点前，Cl^- 过量：$AgCl \cdot Cl^- + FIn^-$（黄绿色）

化学计量点后，Ag^+ 过量：$AgCl \cdot Ag^+ + FIn^-$（黄绿色）$\rightleftharpoons AgCl \cdot Ag^+ \cdot FIn^-$（淡红色）

常用吸附指示剂如表 9-5 所示。

表 9-5 常用吸附指示剂

指示剂	被测离子	滴定剂	滴定条件(pH)
荧光黄	Cl^-,Br^-,I^-	$AgNO_3$	7～10
二氯荧光黄	Cl^-,Br^-,I^-	$AgNO_3$	4～10
曙红	SCN^-,Br^-,I^-	$AgNO_3$	2～10
溴甲酚绿	SCN^-	Ba^{2+},Cl^-	4～5

注意：

① 应尽量使沉淀的比表面大一些。

② 被滴定离子的浓度不能太低。

③ 避免在强的阳光下进行滴定。

④ 为使指示剂呈阴离子状态，溶液酸度要适宜。

⑤ 胶体微粒对指示剂的吸附能力，应略小于对待测离子的吸附能力。卤化银对卤化物和几种吸附指示剂的吸附能力的大小顺序如下：$I^- > SCN^- > Br^- >$ 曙红 $> Cl^- >$ 荧光黄。

思考题

9-1 能用于滴定分析的化学反应必须具备哪些条件？

9-2 基准物应具备哪些条件？基准物的称量范围如何估算？

9-3 下列物质中哪些可以用直接法配制标准溶液？哪些只能用间接法配制？

H_2SO_4　KOH　$KMnO_4$　$K_2Cr_2O_7$　KIO_3　$Na_2S_2O_3 \cdot 5H_2O$

9-4 什么是滴定度？滴定度与物质的量浓度之间如何换算？

9-5 酸碱滴定中，指示剂选择的原则是什么？

9-6 回答下列问题并说明理由。

(1) 将 $NaHCO_3$ 加热至 270～300℃，以制备 Na_2CO_3 基准物质，如果温度超过300℃，部分 Na_2CO_3 分解为 Na_2O，用此基准物质标定 HCl 溶液，对标定结果有否影响？为什么？

(2) 以 $H_2C_2O_4 \cdot 2H_2O$ 来标定 NaOH 浓度时，如草酸已失去部分结晶水，则标定所得 NaOH 的浓度偏高还是偏低？为什么？

(3) NH_4Cl 或 NaAc 含量能否分别用碱或酸的标准溶液来直接滴定？

(4) NaOH 标准溶液内含有 CO_3^{2-}，如果标定浓度时用酚酞作指示剂，在标定以后测定物质成分含量时用甲基橙作指示剂，讨论其影响情况及测定结果误差的正负。

9-7 简单叙述滴定分析法的共性，滴定突跃范围的大小本质上取决于什么？

9-8 配位滴定为什么要控制溶液的酸度？如何选择滴定时的酸度条件？

9-9 氧化还原滴定之前，为什么要进行预处理？对预处理所用的氧化剂或还原剂有哪些要求？

9-10 说明用下述方法进行测定是否会引入误差，如有误差则指出偏高还是偏低？

(1) 吸取 $NaCl+H_2SO_4$ 试液后，马上以莫尔法测 Cl^-；

(2) 中性溶液中用莫尔法测定 Br^-；

(3) 用莫尔法测定 pH 值约为 8 的 KI 溶液中的 I^-；

(4) 用莫尔法测定 Cl^-，但配制的 K_2CrO_4 指示剂溶液浓度过稀；

(5) 用佛尔哈德法测定 Cl^-，但没有加硝基苯。

习题

9-1 假如有一邻苯二甲酸氢钾试样，其中邻苯二甲酸氢钾含量约为 90%，其余为不与酸反应的惰性杂质，现用浓度为 $1.000mol \cdot L^{-1}$ 的 NaOH 标准溶液滴定，欲使滴定时碱液消耗体积在 25mL 左右，则：

(1) 需称取上述试样多少克？

(2) 若以 $0.01000mol \cdot L^{-1}$ 的 NaOH 标准溶液滴定，情况又如何？

(3) 通过 (1)、(2) 计算结果说明为什么在滴定分析中滴定剂的浓度常采用 0.1～$0.2mol \cdot L^{-1}$。

（答：5.7g；0.057g；0.57～1.1g）

9-2 下列酸或碱能否准确进行滴定？

（1）$0.1mol \cdot L^{-1}$ HF；

（2）$0.1mol \cdot L^{-1}$ HCN；

（3）$0.1mol \cdot L^{-1}$ NH_4Cl；

（4）$0.1mol \cdot L^{-1}$ C_5H_5N（吡啶）；

（5）$0.1mol \cdot L^{-1}$ NaAc；

［答：(1) 能准确进行滴定；(2)(3)(4)(5) 不能准确进行滴定］

9-3 已知某试样可能含有 Na_3PO_4、Na_2HPO_4 和惰性物质。称取该试样 1.0000g，用水溶解。试样溶液以甲基橙作指示剂，用 $0.2500mol \cdot L^{-1}$ HCl 溶液滴定，用去了 32.00mL。含同样质量的试样溶液以百里酚酞作指示剂，需上述 HCl 溶液 12.00mL。求试样中 Na_3PO_4 和 Na_2HPO_4 的质量分数。

［答：$w(Na_3PO_4)=0.4918$；$w(Na_2HPO_4)=0.2839$］

9-4 称取 2.000g 干肉片试样，用浓 H_2SO_4 煮解（以汞为催化剂）直至其中的氮素完全转化为硫酸氢铵。用过量 NaOH 处理，放出的 NH_3 吸收于 50.00mL H_2SO_4（1.00mL 相当于 0.01860g Na_2O）中。过量酸需要 28.80mL 的 NaOH（1.00mL 相当于 0.1266g 邻苯二甲酸氢钾）返滴定。试计算肉片中蛋白质的质量分数（N 的质量分数乘以因数 6.25 得蛋白质的质量分数）。 ［答：w(蛋白质)$=0.5327$］

9-5 称取混合碱试样 0.8983g，加酚酞指示剂，用 $0.2896mol \cdot L^{-1}$ HCl 溶液滴定至终点，耗去酸溶液 31.45mL。再加甲基橙指示剂，滴定至终点，又耗去 24.10mL 酸。求试样中各组分的质量分数。

［答：$w(Na_2CO_3)=0.8235$　$w(NaOH)=0.09481$］

9-6 计算在 $1mol \cdot L^{-1}$ HCl 溶液中用 Fe^{3+} 滴定 Sn^{2+} 的电势突跃范围。在此滴定中应选用什么指示剂？若用所选指示剂，滴定终点是否和化学计量点符合？ （答：符合）

9-7 用 $KMnO_4$ 法测定硅酸盐样品中的 Ca^{2+} 含量。称取试样 0.5863g，在一定条件下，将钙沉淀为 CaC_2O_4，过滤、洗涤沉淀。将洗净的 CaC_2O_4 溶解于稀 H_2SO_4 中，用 $0.05052mol \cdot L^{-1}$ $KMnO_4$ 标准溶液滴定，消耗 25.64mL。计算硅酸盐中 Ca 的质量分数。 （答：0.2214）

9-8 大桥钢梁的衬漆用红丹（Pb_3O_4）作填料，称取 0.1000g 红丹加 HCl 处理成溶液后再加入 K_2CrO_4，使定量沉淀为 $PbCrO_4$：

$$Pb^{2+}+CrO_4^{2-} = PbCrO_4\downarrow$$

将沉淀过滤、洗涤后溶于酸并加入过量的 KI，析出 I_2，以淀粉作指示剂，用 $0.1000mol \cdot L^{-1}$ $Na_2S_2O_3$ 溶液滴定，用去 12.00mL，求试样中 Pb_3O_4 的质量分数。 （答：0.9141）

9-9 抗坏血酸（摩尔质量为 $176.1g \cdot mol^{-1}$）是一个还原剂，它的半反应为：

$$C_6H_6O_6+2H^+ +2e^- = C_6H_8O_6$$

它能被 I_2 氧化。如果 10.00mL 柠檬水果汁样品用 HAc 酸化，并加入 20.00mL $0.02500mol \cdot L^{-1}$ I_2 溶液，待反应完全后，过量的 I_2 用 10.00mL $0.0100mol \cdot L^{-1}$ $Na_2S_2O_3$ 滴定，计算每毫升柠檬水果汁中抗坏血酸的质量。

［答：$m(C_6H_8O_6)=0.007925g$］

9-10 用碘量法测定钢中的硫时，先使硫燃烧为 SO_2，再用含有淀粉的水溶液吸收，最后用碘标准溶液滴定。现称取钢样 0.500g，滴定时用去 $0.0500mol \cdot L^{-1}$ I_2 标准

溶液 11.00mL。计算钢样中硫的质量分数。（答：3.53%）

9-11 将含有 PbO 和 PbO_2 的试样 1.234g，用 20.00mL 0.2500mol·L^{-1} $H_2C_2O_4$ 溶液处理，将 Pb（Ⅳ）还原为 Pb（Ⅱ）。溶液中和后，使 Pb^{2+} 定量沉淀为 PbC_2O_4，并过滤。滤液酸化后，用 0.04000mol·L^{-1} $KMnO_4$ 溶液滴定剩余的 $H_2C_2O_4$，用去 $KMnO_4$ 溶液 10.00mL。沉淀用酸溶解后，用同样的 $KMnO_4$ 溶液滴定，用去 $KMnO_4$ 溶液 30.00mL。计算试样中 PbO 及 PbO_2 的质量分数。

[答：w(PbO)＝36.18 %，w(PbO_2)＝19.38%]

9-12 称取分析纯 $CaCO_3$ 0.4206g，用 HCl 溶液溶解后，稀释成 500.0mL，取出该溶液 50.00mL，用钙指示剂在碱性溶液中以乙二胺四乙酸滴定，用去 38.84mL，计算乙二胺四乙酸标准溶液的浓度。配制该浓度的乙二胺四乙酸 1.000L，应称取 $Na_2H_2Y \cdot 2H_2O$ 多少克？

[答：m（$Na_2H_2Y \cdot 2H_2O$）＝4.028g]

9-13 取水样 100.00mL，在 pH＝10.0 时，用铬黑 T 为指示剂，用 c（H_4Y）＝0.01050mol·L^{-1} 的溶液滴定至终点，用去 19.00mL，计算水的总硬度。

（答：水的总硬＝111.9mg·L^{-1}）

9-14 称取含磷试样 0.1000g，处理成溶液，并把磷沉淀为 $MgNH_4PO_4$。将沉淀过滤洗涤后再溶解，然后用 c（H_4Y）＝0.01000mol·L^{-1} 的标准溶液滴定，共消耗 20.00mL。求该试样中 P_2O_5 的质量分数。（答：0.1420）

9-15 取纯 $CaCO_3$ 试样 0.1005g，溶解后用 100.00mL 容量瓶定容。吸取 25.00mL，在 pH＝12.0 时，用钙指示剂指示终点，用 EDTA 标准溶液滴定，用去 24.90mL。试计算：（1）EDTA 的浓度；（2）每毫升的 EDTA 溶液相当于多少克 ZnO、Fe_2O_3？（答：0.01008mol·L^{-1}，0.820mg·mL^{-1}，0.805mg·mL^{-1}）

9-16 分析铜锌一镁合金，称取 0.5000g 试样，溶解后，用容量瓶配制成 100.0mL 试液。吸取 25.00mL，调至 pH＝6.0 时，用 PAN 作指示剂，用 0.05000mol·L^{-1} EDTA 滴定 Cu^{2+} 和 Zn^{2+}，用去 30mL。另外又吸取 25.00mL 试液，调至 pH＝10.0，加 KCN 以掩蔽 Cu^{2+} 和 Zn^{2+}，用同浓度的 EDTA 标准溶液滴定，用去 4.14mL，然后再加甲醛掩蔽 Zn^{2+}，又用同浓度的 EDTA 标准溶液滴定，用去 13.40mL。计算试样中 Cu^{2+}、Zn^{2+}、Mg^{2+} 的质量分数。

（答：35.06%，60.75%，3.99%）

9-17 称取氯化物试样 0.1350g，加入 0.1120mol·L^{-1} 的硝酸银溶液 30.00mL，然后用 0.1230mol·L^{-1} 的硫氰酸铵溶液滴定过量的硝酸银，用去 10.00mL。计算试样中 Cl^- 的质量分数。

（答：0.5593）

9-18 称取含银废液 2.075g，加入适量硝酸，以铁铵矾为指示剂，消耗了 0.04600mol·L^{-1} 的硫氰酸铵溶液 25.50mL。计算此废液中 Ag 的质量分数。（答：0.06100）

9-19 有生理盐水 10.00mL，加入 K_2CrO_4 指示剂，以 0.1043mol·L^{-1} $AgNO_3$ 标准溶液滴定至出现砖红色，用去 $AgNO_3$ 标准溶液 14.58mL，计算生理盐水中 NaCl 的质量摩尔浓度。（答：0.1519mol·kg^{-1}）

9-20 称敢纯 KCl 和 KBr 的混合物 0.3074g，溶于水后用 0.1007mol·L^{-1} $AgNO_3$ 标准溶液滴定至终点，用去 30.98mL，计算混合物中 KCl 和 KBr 的质量分数。

（答：34.80%；65.20%）

第 10 章

物质结构基础

学习要求

① 理解原子核外电子运动的特性；了解波函数表达的意义；掌握四个量子数的符号和表示的意义及其取值规律；掌握原子轨道和电子云的角度分布图。
② 掌握核外电子排布原则及方法；掌握常见元素的电子结构式；理解核外电子排布和元素周期系之间的关系；了解有效核电荷、电离能、电子亲和能、电负性、原子半径的概念。
③ 理解化学键的本质、离子键与共价键的特征及它们的区别；理解键参数的意义；掌握杂化轨道、等性杂化、不等性杂化的概念；运用价层电子对互斥理论处理简单分子空间构型。
④ 理解分子间作用力的特征与性质；理解氢键的形成及对物理性质的影响；了解离子极化作用对物理性质的影响。

物质的各种性质都与其结构相关，世界是物质的，是由种类繁多、性质各异的物质组成的。前面的章节已从宏观角度讨论了化学变化中质量、能量变化的关系，解释了反应能否自发进行的原因。而从微观的角度看，化学变化的实质是物质的化学组成、结构发生了变化。

在化学变化中，原子核并不发生变化。要研究化学运动的规律，掌握物质的性质、物质发生化学反应的规律以及物质性质和结构之间的关系，预言新化合物的合成等，必须了解原子结构，特别是原子的电子层结构、分子结构与晶体结构的相关知识。

10.1 核外电子的运动状态

10.1.1 原子的组成

自然界中万物皆由化学元素组成。

20 世纪 40 年代，人们已发现了自然界存在的全部 92 种化学元素，加上用粒子加速器人工制造的化学元素，到 20 世纪末总数已达 111 种。

物质由分子组成，分子由原子组成，原子还可以进一步分割。

1911 年卢瑟福（E. Rutherford）通过 α 粒子的散射实验提出了含核原子模型（称卢瑟福模型）：原子是由带负电荷的电子与带正电荷的原子核组成。原子是电中性的。原子核也具有复杂的结构，它由带正电荷的质子和不带电荷的中子组成。

$$\text{原子}\begin{cases}\text{电子(荷负电)}\\ \text{原子核(荷正电)}\begin{cases}\text{质子(荷正电)}\\ \text{中子(不带电)}\end{cases}\end{cases}$$

人们将组成原子的电子、质子、中子等微粒称为基本粒子。原子很小，基本粒子更小。迄今为止，科学上发现的粒子已达数百种之多。表 10-1 是三种基本粒子的性质。

表 10-1　基本粒子的性质

基本粒子	符号	m/u	Q/e
质子	p	1.007277	+1
中子	n	1.008665	0
电子	e	0.000548	−1

表 10-1 中质量的单位为原子质量单位 u（atomic mass units），$1\text{u}=1.6605655\times10^{-27}\text{kg}$，表中的相对电荷是实测电荷与元电荷 e 的比值，e 的 SI 单位是库仑（C），$1e=1.602\times10^{-19}\text{C}$。

原子序数（atomic number）等于该原子核中的质子数（Z）。质量数（mass number）用符号 A 表示，中子数用符号 N 表示，则：质量数(A)＝质子数(Z)＋中子数(N)

质子数相同而中子数不同的两种或多种原子互为同位素（isotopes）。如${}^{12}_{6}\text{C}$、${}^{13}_{6}\text{C}$、${}^{14}_{6}\text{C}$表示元素碳的三种同位素，左上角标为质量数（A），左下角标为质子数（Z）或原子序数。核电荷数由质子数决定：核电荷数＝质子数＝核外电子数。

10.1.2　微观粒子（电子）的运动特征

(1) 氢原子光谱

太阳光或白炽灯光是复合光，通过棱镜后发生折射，可以分解为红、橙、黄、绿、青、蓝、紫色等按波长大小次序有规则连续排列的光谱。这种光谱称为连续光谱（continuous spectrum）或带状光谱。

化学元素经高温火焰、电火花、电弧等激发后也会发光。充有低压氢气的放电管通过高压电流，氢原子受激发，放出玫瑰红色的可见光以及紫外光和红外光，经棱镜分解就能得到氢原子的光谱图（见图 10-1）。这种光谱称为原子光谱（atomic spectrum）。原子光谱是不连续光谱（discontinuous spectrum），亦称线状光谱（line spectrum）。任何气态原子被激发时都可以给出原子光谱，光谱中一系列按波长排列的亮线的数目和位置则因被激发的气态原子的种类不同而不同。因此，每种元素的原子都具有它自己特征的原子光谱。分析化学中的发射光谱分析法就是根据原子所发射的特征光谱谱线的位置与强度来进行元素的定性分析和定量分析的。

氢原子光谱在可见光区有几条比较明显的谱线，通常用 H_α、H_β、H_γ、H_δ 标志，其波长分别为 656.3nm（红色）、486.1nm（蓝绿色）、434.1nm（蓝色）和 410.2nm（紫色）。

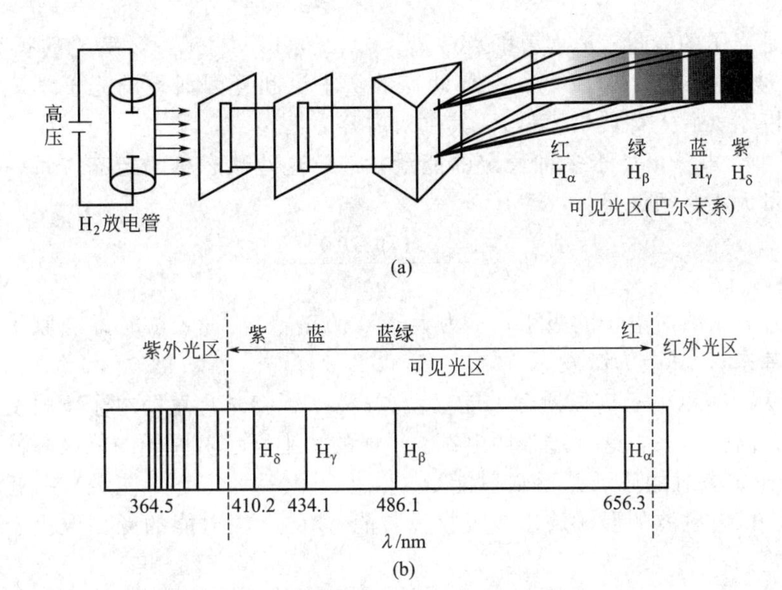

图 10-1 原子光谱发生装置（a）及氢原子光谱图（b）

1885 年，瑞士物理学家巴尔麦（J. J. Balmer）发现，氢原子光谱中可见光区各谱线的频率（ν，s^{-1}）之间有明显的规律性：

$$\nu=3.289\times10^{15}\left(\frac{1}{2^2}-\frac{1}{n^2}\right) \tag{10-1}$$

式中，n 为大于 2 的正整数，当分别取 3、4、5、6 时，可计算得到上述四条谱线的频率。可见光区的这一系列谱线被称为巴尔麦谱线系。

此后莱曼（T. Lyman）等人又相继在氢原子的可见光区两侧的紫外光区、红外光区发现若干谱线。这些谱线系分别按发现者的姓氏命名，即莱曼谱线系（紫外光区）、帕邢（F. Paschen）谱线系（近红外光区）、布拉开（F. S. Brackett）和普丰德（H. A. Pfund）谱线系（远红外光区）。1913 年瑞典物理学家里德堡（J. R. Rydberg）测定了氢原子各谱线的频率后，提出了计算谱线频率的经验通式：

$$\nu=3.289\times10^{15}\left(\frac{1}{n_1^2}-\frac{1}{n_2^2}\right) \tag{10-2}$$

式中，n_1、n_2 为正整数，且 $n_2>n_1$。莱曼谱线系 $n_1=1$，巴尔麦谱线系 $n_1=2$，帕邢谱线系 $n_1=3$。

巴尔麦公式与里德堡公式是经验公式，是在实验事实的基础上总结归纳的结果。那么公式中的 n 代表什么？又如何从理论上解释氢原子光谱能呢？这是人们所关注的内容。

(2) 玻尔理论

1900 年，普朗克（M. Planck）在研究黑体辐射问题时提出了著名的量子论。该理论认为物质吸收或放出能量是不连续的，像物质微粒一样，只能以单个的、一定分量的能量，一份一份地或按其基本分量的整数倍吸收或放出，即能量是量子化的。该能量的最小值称为能量子，简称量子（quantum）。

1905 年，爱因斯坦（A. Einstein）引用普朗克的量子论并加以推广，用于解释光电效应，提出了光子学说。光子学说认为当能量以光的形式传播时，其最小单位是光量子（简称光子，photon）。光子的能量与光的频率成正比，即：

$$E=h\nu \tag{10-3}$$

式中，E 是光子的能量；h 为普朗克常量，6.626×10^{-34} J·s；ν 为光的频率。

1913 年，玻尔（N. H. D. Bohr）在普朗克的量子论和爱因斯坦的光子学说的基础上提出了原子结构模型（后人称玻尔模型），其主要内容为：

① 氢原子中，电子可处于多种稳定的能量状态，这些状态称为定态。每一种可能存在的定态，其能量大小必须满足：

$$E_n=\frac{-2.179\times10^{-18}}{n^2} \tag{10-4}$$

式中，负号表示核对电子的吸引；n 为大于 0 的正整数。$n=1$ 时即氢原子处于能量最低的状态（称基态），其余为激发态。

② n 值愈大，表示电子离核愈远，能量就愈高。$n=\infty$时，意即电子不再受原子核产生的势场的吸引，离核而去，这一过程叫电离。n 值的大小表示氢原子的能级高低。

③ 电子处于定态时的原子并不辐射能量。当电子由一种定态（能级）跃迁到另一种定态（能级）时，以电磁波的形式放出或吸收辐射能（$h\nu$）。辐射能的频率取决于两定态能级之间的能量之差：

$$\Delta E=E_2-E_1=h\nu \tag{10-5}$$

玻尔还求得氢原子基态时（$n=1$）电子离核距离 $r=52.9$ pm，通常称为玻尔半径，以 a_0 表示。其氢原子中的电子处于基态时的能量为 $E_1=-2.179\times10^{-18}$J。

玻尔理论成功地解释了氢原子光谱的产生及光谱的不连续性。氢原子在正常状态时，电子处于基态，因此氢原子不会发光。当氢原子受高压放电激发时，电子由基态跃迁到激发态。处于激发态的电子不稳定，会自发地跃迁回低能量轨道，并以光子的形式释放出能量。因为氢原子轨道的能量是确定的，所以两轨道的能量差$\pm\Delta E(E_2-E_1)$也是定值，因而释放出的光子有确定的频率。如氢原子可见光谱（即巴尔麦谱线系）就是电子 $n=3$、4、5、6 能级时，跃迁回 $n=2$ 的能级放出的辐射，见图 10-2。后来又相继发现了氢原子电子从较高能级跃迁回 $n=1$ 时的辐射谱线，在紫外区；跃迁回 $n=3$、4 的谱线在红外区。这从理论上阐明了里德堡公式中 n_1、n_2 的含义。总之，由于原子能级的不连续，即量子化，造成了原子光谱为不连续的线状光谱，各谱线具有特定的频率。

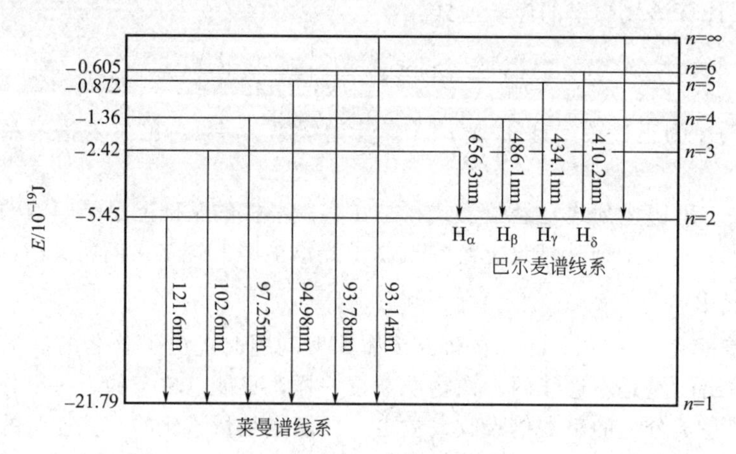

图 10-2　氢原子光谱与能级关系

但玻尔理论无法解释多电子原子的光谱，也不能解释氢原子光谱的精细结构。例如氢原子光谱的巴尔麦谱线系实际是波长相差很小的双线。玻尔理论的这一局限性源于其虽然引入了普朗克的量子化概念，却没跳出经典力学的范畴，电子在固定轨道上绕核运动的模型不符合微观粒子的运动特性——波粒二象性。微观粒子的这一运动特性是玻尔当时还没认识到的。

(3) 微观粒子的波粒二象性

① 光的波粒二象性　光的本质是物理学中曾经长期争论过的问题。直到 19 世纪，人们发现了光的干涉、衍射现象，表现出光的波动性，而光压、光电效应则表现出光的粒子性，说明光既具有波的性质又具有微粒的性质，称为光的波粒二象性（wave-particle dualism）。根据式(10-3)，结合相对论中的质能联系定律 $E=mc^2$，可以推出光子的波长 λ 与动量 P 之间的关系：

$$P=mc=\frac{E}{c}=\frac{h\nu}{c}=\frac{h}{\lambda} \tag{10-6}$$

通过普朗克常量把光的波动性（频率 ν，波长 λ）和微粒性（能量 E，动量 P）定量地联系起来，揭示了光的波粒二象性的本质。

② 微观粒子的波粒二象性　组成物质的结构微粒，如电子、质子、中子、原子等，其质量和体积都很小，运动速度又极大，称为微观粒子。而飞机、人造卫星等日常生活中遇见的一些物体，质量和体积都较大，而运动速度则比光速小得多，称为宏观物体。微观粒子与宏观物体的运动特征差异极大。要了解微观粒子的运动特征和规律，必须从认识微观粒子的属性出发全面考虑。

1924 年法国物理学家德布罗依（L. de Broglia）在光的波粒二象性的启发下，大胆假设微观粒子的波粒二象性是一种具有普遍意义的现象。他认为不仅光具有波粒二象性，所有微观粒子，如电子、原子等实物粒子也具有波粒二象性，并预言具有质量为 m、运动速度为 v 的微观粒子（如电子等）其相应的波长为：

$$\lambda=\frac{h}{P}=\frac{h}{mv} \tag{10-7}$$

式(10-7）即为有名的德布罗依关系式，虽然它形式上与式(10-6）相同，但实际上是一个全新的假设，将波粒二象性的概念从光子应用于微观粒子。这种实物微粒所具有的波称为德布罗依波（也叫物质波）。

1927 年，德布罗依的大胆假设即为戴维逊（C. J. Davisson）和盖革（H. Geiger）的电子衍射实验所证实。图 10-3 是电子衍射实验的示意图。他们使经过电势差加速的电子束入射到镍单晶上，观察散射电子束的强度和散射角的关系，结果得到完全类似于单色光通过小圆孔那样的衍射图像。从实验所得的衍射图，可以计算电子波的波长，结果表明动量 P 与波长之间的关系完全符合式(10-7)，说明德布罗依关系式是正确的。

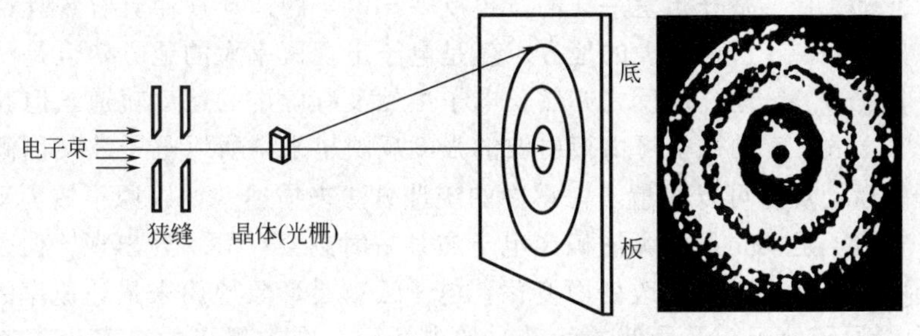

图 10-3　电子衍射实验示意图

电子衍射实验表明：一个动量为 P、能量为 E 的微观粒子，在运动时表现为一个波长为 $\lambda=\dfrac{h}{mv}$、频率为 $\nu=\dfrac{E}{h}$ 的沿微粒运动方向传播的波（物质波）。因此，电子等实物粒子也具有波粒二象性。

实验进一步证明，不仅电子，质子、中子、原子等一切微观粒子均具有波动性，都符合式(10-7）的关系。由此可见，波粒二象性是微观粒子运动的特征。因而描述微观粒子的运动不能用经典的牛顿力学，而必须用描述微观世界的量子力学。

③ 量子化　由玻尔理论及图 10-2 可知，原子中电子的能量状态不是任意的，而是有一定条件的，它具有微小而分立的能量单位——量子（quantum）（$h\nu$）。也就是说，物质只能以单个的、一定分量的能量，一份一份地按照这一基本分量（$h\nu$）的整倍数吸收或放出能量，即能量是量子化的。

微观粒子的能量与其他物理量具有量子化的特征是一切微观粒子的共性，是区别于宏观物体的重要特性之一。

④ 统计性

a. 不确定原理　在经典力学中，宏观物体在任一瞬间的位置和动量都可以用牛顿定律正确确定。如太空中的卫星，人们在任何时刻都能同时准确测知其运动速度（或动量）和空间位置，即它的运动轨道是可测知的。

而对具有波粒二象性的微观粒子，它们的运动并不服从牛顿定律，不能同时准确确定它们的速度和位置。1927 年，德国物理学家海森堡（W. Heisenberg）经严格推导提出了不确定原理（uncertainty principle，也称测不准原理）。该原理的通俗表达：不可能同时测得电子的精确位置和精确动量。其数学表达式为不确定关系式：

$$\Delta x \Delta p \geqslant \frac{h}{4\pi} \tag{10-8}$$

式中，Δx 和 Δp 分别为位置误差与动量误差；h 为普朗克常量。

式(10-8）表明：Δx 越小，Δp 就越大。或者说，位置误差越小，则动量误差越大；反之亦然。实际上，测不准原理正是反映了微观粒子的波粒二象性，是对微观粒子运动规律的认识的进一步深化。

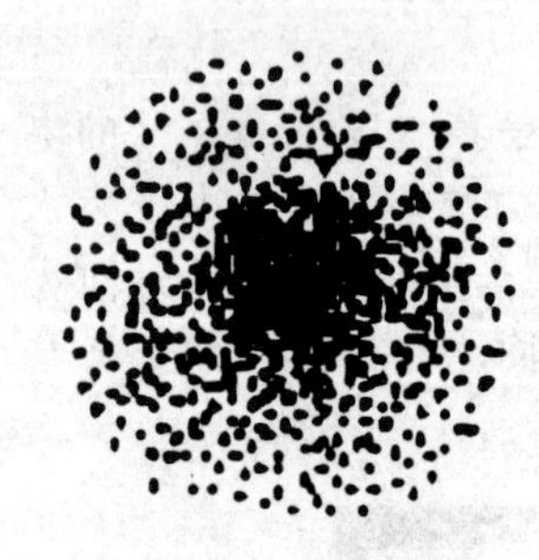
图 10-4　基态氢原子电子云

b. 统计性　在电子衍射实验中，如果电子流的强度很弱，设想射出的电子是一个一个依次射到底板上，则每个电子在底板上只留下一个黑点，显示出其微粒性。我们无法预测黑点的位置，每个电子在底板上留下的位置都是无法预测的。但经历了无数个电子后，在底板上留下的衍射环与较强电子流在短时间内的衍射图是一致的（图 10-4）。表明无论是“单射”还是“连射”，电子在底板上的概率分布是一样的，也反映出电子的运动规律具有统计性。底板上衍射强度大的地方，就是电子出现概率大的地方，也是波的强度大的地方；反之亦然。电子虽然没有确定的运动轨道，但其在空间出现的概率可由衍射波的强度反映出来，所以电子波又称概率波。

微观粒子的运动规律可以用量子力学中的统计方法来描述。如以原子核为坐标原点，电子在核外定态轨道上运动，虽然无法确定电子在某一时刻会在哪一处出现，但是电子在核外某处出现的概率大小却不随时间改变而变化，电子云就是形象地用来描述概率的一种图示方法。图 10-4 为氢原子处于能量最低的状态时的电子云，图中黑点的疏密程度表示概率密度的相对大小。由图 10-4 可知：离核愈近，概率密度愈大；反之，离核愈远，概率密度愈小。在离核距离（r）相等的球面上概率密度相等，与电子所处的方位无关，因此基态氢原子的电子云是球形对称的。

综上所述，微观粒子运动的主要特征是具有波粒二象性，具体体现在量子化和统计性上。

10.1.3 核外电子运动状态描述

由于微观粒子的运动具有波粒二象性的特征，所以核外电子的运动状态不能用经典的牛顿力学来描述，而需用量子力学来描述，以电子在核外出现的概率密度、概率分布来描述电子运动的规律。

(1) 薛定谔方程

1926 年，奥地利物理学家薛定谔（E. Schrödinger）根据电子具有波粒二象性的概念，提出了微观粒子运动的波动方程：

$$\frac{\partial^2 \Psi}{\partial x^2}+\frac{\partial^2 \Psi}{\partial y^2}+\frac{\partial^2 \Psi}{\partial z^2}=-\frac{8\pi^2 m}{h^2}(E-V)\Psi \qquad (10\text{-}9)$$

式中，Ψ 为波函数；h 为普朗克常量；m 为粒子质量；E 为总能量；V 为体系的势能；x、y、z 为空间坐标。

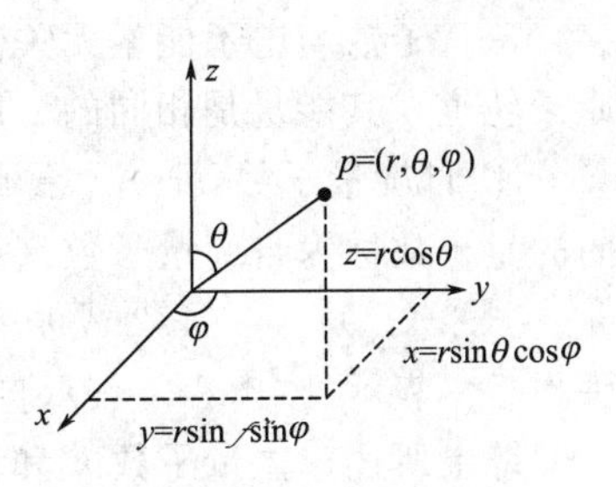

图 10-5 直角坐标与球极坐标的关系

为了有利于薛定谔方程的求解和原子轨道的表示，把直角坐标(x,y,z)变换成球极坐标(r,θ,φ)，其变换关系见图 10-5。薛定谔波动方程的解可写成：

$$\Psi(x,y,z)=\varphi(r,\theta,\varphi)=R(r)Y(\theta,\varphi) \qquad (10\text{-}10)$$

波函数 Ψ 分为两个函数的乘积。$R(r)$ 只与离核半径有关，为径向部分，称为径向波函数；$Y(\theta,\varphi)$ 只与原子轨道的角度有关，为角度部分，是 θ 和 φ 函数，称为角度波函数。

(2) 四个量子数

在求解薛定谔方程时，为使求得波函数 $\Psi(r,\theta,\varphi)$和能量 E 具有一定的物理意义，引入“量子数”这个概念。

① 主量子数(n)　主量子数 n（principal quantum number）是决定核外电子的能量和电子离核平均距离的参数。n 值越大，电子离核的距离越远，电子的能量越高。如 $n=1$，表示电子离核最近，即能量最低的第一电子层（能层）；$n=2$，表示电子离核稍远，即能量稍高的第二电子层（能层）；以此类推。

n 值取正整数，$n=1,2,3,\cdots$其中每一个 n 值代表一个电子层，在光谱学上用拉丁字母表示电子层：

主量子数(n)	1	2	3	4	5	6	7
电子层符号	K	L	M	N	O	P	Q

② 轨道角动量量子数(l)　轨道角动量量子数 l（orbital angular momentum quantum number）又称角量子数，它确定原子轨道或电子云的形状，并在多电子原子中和 n 一起决定电子的能量。

n 确定后，角量子数 l 可取 0 到$(n-1)$的正整数，即 $l=0,1,2,3,\cdots,(n-1)$。

例如，$n=1$，l 只能取 0；$n=2$，l 可取 0、1 两个值。

l 的每一个数值表示一种形状的原子轨道或电子云，代表一个电子亚层或能层。电子亚层或能层常用光谱符号表示。

角量子数(l)	0	1	2	3
亚层光谱符号	s	p	d	f

例如，$l=0$，表示球形的 s 电子层或 s 原子轨道；$l=1$，表示哑铃形的 p 电子云或 p 原子轨道；$l=2$，表示花瓣形的 d 电子云或 d 原子轨道。

对于多电子原子来说，同一电子层中的 l 值越小，该电子亚层的能级越低。例如，3s 的能级低于 3p 的能级低于 3d 的能级。

③ 磁量子数(m)　磁量子数 m（magnetic quantum number）的取值受 l 的限制，当 l 一定，m 可取 $0, \pm 1, \pm 2, \cdots, \pm l$，共有 $2l+1$ 个值。

磁量子数决定原子轨道在磁场中的分裂，在空间伸展的方向。m 的每一个数值表示具有某种空间方向的原子轨道。每一个亚层中，m 有几个取值，其亚层就有几个不同伸展方向的同类原子轨道。

$l=0$ 时，$m=0$，只有一个 s 亚层是球形对称的。

$l=1$ 时，$m=-1$、0、$+1$，有三个值，p 亚层有三个分别以 y、z、x 轴为对称轴的 p_y、p_z、p_x 原子轨道，这三个轨道的伸展方向互相垂直。

磁量子数与电子能量无关。l 相同，m 不同的原子轨道（即形状相同，空间取向不同的原子轨道）其能量是相同的。能量相同的各原子轨道称为简并轨道或等价轨道。

④ 自旋量子数(m_s)　原子中的电子除了绕核运动外，还可自旋。用于描述电子自旋方向的量子数称为自旋量子数（spin angular momentum quantum number），用符号 m_s 表示，$m_s=\pm 1/2$。$m_s=+1/2$ 或 $m_s=-1/2$ 分别表示电子的两种不同的自旋运动状态。通常用箭头↑、↓表示。“↑↑”表示自旋平行的两个电子，“↑↓”表示自旋相反的两个电子。

综上所述，主量子数 n 和角量子数 l 决定核外电子的能量；角量子数 l 决定电子云的形状；磁量子数 m 决定电子云的空间取向；自旋量子数（m_s）决定电子运动自旋状态。核外电子运动的状态由这四个量子数来描述。核外电子可能的状态，见表 10-2。

表 10-2　核外电子可能的状态

主量子数(n)	1	2		3			4			
电子层符号	K	L		M			N			
轨道角动量量子数(l)	0	0	1	0	1	2	0	1	2	3
电子亚层符号	1s	2s	2p	3s	3p	3d	4s	4p	4d	4f
磁量子数(m)	0	0	0 ±1	0	0 ±1	0 ±1 ±2	0	0 ±1	0 ±1 ±2	0 ±1 ±2 ±3
亚层轨道数($2l+1$)	1	1	3	1	3	5	1	3	5	7
电子层轨道数	1	4		9			16			
自旋量子数(m_s)	±1/2									
各层可容纳的电子数	2	8		18			32			

(3) 原子轨道和电子云

① 波函数和原子轨道及其空间图像

a. 波函数的物理意义　了解氢原子的薛定谔方程，可以得到一系列的波函数。和相应的一系列能量值 E_i。每一个合理的解 Ψ_i 就代表体系中电子的一种可能的运动状态，对应的能量 E_i 就是该电子在这个运动状态时的能量。因此，在量子力学中，核外电子的运动状态是用波函数 Ψ 和与其相应的能量来描述的，电子的每种可能的空间运动状态都有一个对应的波函数。

如果把空间某一点的坐标值代入 Ψ 中，可求得某一数值，但该数值代表空间某一点的什么性质，其意义是不明确的。因此波函数没有明确直观的物理意义。只能说是描述核外电子运动状态的数学表达式。因此，波函数就是“原子轨道”（atomic orbital）的同义词。但波函数描述的“原子轨道”绝非经典质点运动所具有的那种轨道的概念，而是指电子的一种空间运动状态，它与玻尔假设的固定的原子轨道有着本质的区别。

b. 原子轨道角度分布图　由于波函数是三维空间坐标 r、θ、φ 的函数，实际上很难用一个空间图像将 Y 随 r、θ、φ 变化的情况一起表示出来，但角度波函数 $Y(\theta,\varphi)$ 的数值随角度 θ、φ 的变化可以用图像表示出来，得到波函数角度分布图，或称原子轨道角度分布图。其作法是：先由薛定谔方程解出 $Y(\theta,\varphi)$，借助球坐标，选原子核为原点，引出方向为 (θ,φ) 的直线，使其长度等于 $|Y(\theta,\varphi)|$，连接所有线段的端点，就可在空间得到某些闭合的立体曲面，即为波函数或原子轨道的角度分布图。下面以 p_z 原子轨道为例，讨论原子轨道角度分布图的作法。

求解薛定谔方程，可得 p_z 原子轨道的角度波函数：

$$Y_{p_z}=\sqrt{\frac{3}{4\pi}}\cos\theta$$

表明 Y_{p_z}，值与 φ 无关，仅随 θ 而变。

计算得到 θ 不同时的 Y_{p_z} 值为：

θ	0°	30°	45°	60°	90°	120°	135°	150°	180°
Y_{p_z}	+0.489	+0.423	+0.346	+0.244	0	−0.244	−0.346	−0.423	−0.489

据此画出 Y_{p_z} 在 xz 平面上的曲线，见图 10-6。由于 Y_{p_z} 不随 φ 而变化，故将该曲线绕 z 轴旋转 360°，得到的空间闭合曲面就是 Y_{p_z} 原子轨道角度分布图。此图形分布在 xy 平面的上下两侧，在 xy 平面上 Y_{p_z} 值为零，故 xy 平面是 p_z 原子轨道角度分布图的节面。图形呈 8 字形双球面，习惯上叫做哑铃形。z 轴是对称轴，在 z 轴上出现极值。图中的正负号为角度波函数 Y_{p_z} 的符号，它们代表角度波函数的对称性，并不是代表电荷。

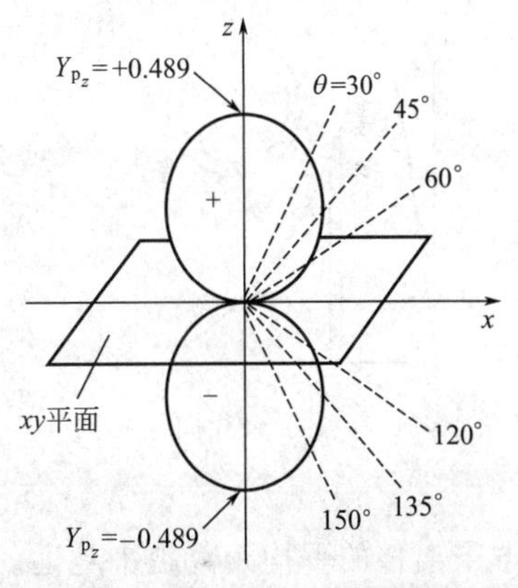

图 10-6　p_z 原子轨道的角度分布图

类似地可以画出各种原子轨道的角度分布图，如图 10-7 所示，可以看到 d 轨道都呈花瓣形。应该指出，图 10-7 只代表波函数的角度部分 $Y(\theta,\varphi)$，它并不代表总的波函数 $\Psi(r,\theta,\varphi)$。

原子轨道角度分布图突出地显示了原子轨道的极大值方向以及原子轨道的对称性，在研究分子结构时，它将在化学键的成键方向、能否成键以及讨论原子轨道组合成分子轨道方面有重要的意义。

② 电子云的角度分布图　电子云角度分布图是波函数角度部分函数 $Y(\theta,\varphi)$ 的平方 $|Y|^2$ 随角度 (θ,φ) 变化的图形，如图 10-8 所示，反映出电子在核外空间不同角度的概率密度大小。电子云的角度分布图与相应的原子轨道的角度分布图是相似的，它们之间的主要区别在于：

a. 原子轨道角度分布图中 Y 有正负之分，而电子云角度分布图中 $|Y|^2$ 则无正负号，这是由于 $|Y|$ 平方后总是正值。

b. 由于 $Y<1$，所以 $|Y|^2$ 一定小于 Y，因而电子云角度分布图要比原子轨道角度分布图稍“瘦”些。

原子轨道、电子云的角度分布图在化学键的形成、分子空间构型的讨论中有重要意义。

③ 电子云的径向分布图　通常用电子云的径向分布图来反映电子在核外空间出现的概率离核远近的变化。考虑一个离核距离为 r，厚度为 dr 的薄球壳（图 10-9）。以 r 为半径的球面面积为 $4\pi r^2$，球壳的体积为 $4\pi r^2 dr$。电子在球壳内出现的概率：

$$dp=|\Psi|^2 4\pi r^2 dr=R^2(r)4\pi r^2 dr$$

式中，R 为波函数的径向部分。令 $D(r)=R^2(r)4\pi r^2$，则 $D(r)$ 称为径向分布函数。以 $D(r)$ 对 r 作图即可得电子云径向分布图。

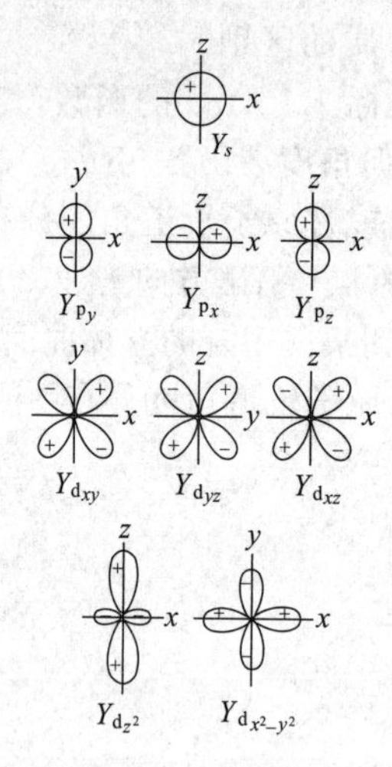

图 10-7 spd 原子轨道的角度分布

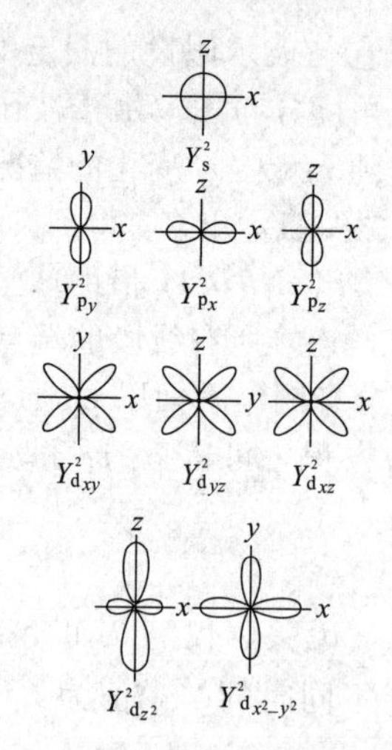

图 10-8 spd 电子云的角度分布

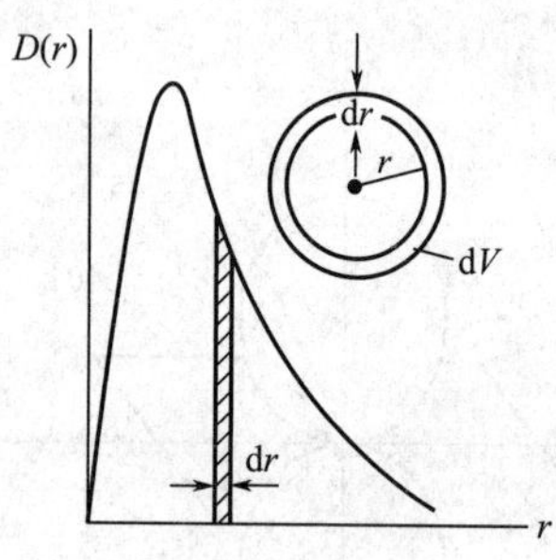

图 10-9 1s 电子云径向分布图

由 1s 电子云径向分布图可知，曲线在 $r=52.9\text{pm}$ 处有极大值，即 1s 电子在离核半径 $r=52.9\text{pm}$ 的球面处出现的概率最大，电子在其他部位都可能出现，但概率较小。52.9pm 恰好是玻尔理论中基态氢原子的半径，与量子力学的结果虽有相似之处，但有本质区别：玻尔理论中氢原子的电子只能在 $r=52.9\text{pm}$ 处运动，而量子力学认为电子只是在 $r=52.9\text{pm}$ 的薄球壳内出现的概率最大。

图 10-10 是氢原子电子云径向分布示意图，电子云径向分布曲线上有 $n-l$ 个峰值。在角量子数 l 相同、主量子数 n 增大时，如 1s、2s、3s，n 越大，电子云沿 r 扩展得越远，或者说电子离核的平均距离越来越远。

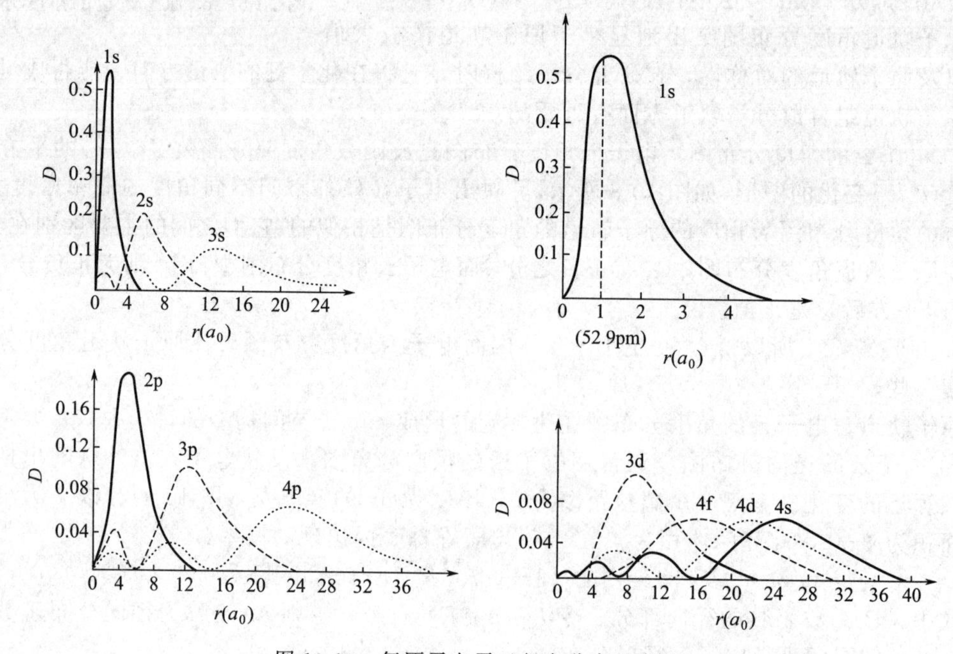

图 10-10 氢原子电子云径向分布示意图

必须指出，上述电子云的角度分布图和径向分布图都只是反映电子云的两个侧面，应用时须注意它们的适应范围及不同处理方式所解决的问题，综合认识核外电子的运动状态。

10.2 多电子原子结构

除氢以外，其他元素的原子核外都不止一个电子，统称为多电子原子，其电子的运动状态变得相当复杂。多电子原子核外电子的排布情况、多电子原子的轨道能级，是讨论元素周期系和元素化学性质的理论依据。

10.2.1 屏蔽效应和钻穿效应

(1) 屏蔽效应

在多电子原子中，每个电子不仅要受到原子核对它的吸引力，而且同时要受到其余电子对它的排斥力。多电子原子中某一电子受其余电子排斥作用的结果，可以近似看成其余电子削弱了或屏蔽了原子核对该电子的吸引作用，这种影响称为屏蔽效应。即该电子实际上所受到核的吸引力要比原来核电荷 Z 对它的吸引力小，($Z-\sigma_i$) 表示有效核电荷，用 Z^* 表示。

$$Z^* = Z-\sigma_i \tag{10-11}$$

式中，σ_i 称为屏蔽常数。

屏蔽常数，可根据斯莱脱提出的如下规则近似计算得到。

① 将原子中的电子分组，以（　）表示组：(1s)；(2s，2p)；(3s，3p)；(3d)；(4s，4p)；(4d)；(4f)；(5s，5p)……

② (ns,np)组右边的电子：$\sigma=0$。

③ (ns,np)同组中其他电子：$\sigma=0.35$　(1s 组例外，$\sigma=0.30$)。

④ ($n-1$) 层的每个电子：$\sigma=0.85$。

⑤ ($n-2$) 层及内层的每个电子：$\sigma=1.00$。

⑥ 对 d、f 组左边各电子：$\sigma=1.00$。

在计算原子中某被屏蔽电子的 σ 值时，可将其余电子对该电子的 σ 值相加后得到。其某个电子的能量可由下式估算：

$$E_i = -2.179\times10^{-18}\left(\frac{Z^*}{n^*}\right)^2 \tag{10-12}$$

式中，Z^* 为作用在某一电子上的有效核电荷；n^* 为该电子的有效主量子数。n^* 与 n 的关系如下：

n	1	2	3	4	5	6
n^*	1.0	2.0	3.0	3.7	4.0	4.2

例 10-1 计算$_{19}$K 的最后一个电子是填在 3d 还是 4s 轨道？

解 若最后一个电子填在 3d 轨道：

$$Z^*_{3d} = 19-(18\times1.00) = 1.0$$

$$E_{3d} = -2.179\times10^{-18}\times(1.0/3.0)^2 = -0.24\times10^{-18}\text{(J)}$$

若最后一个电子是填在 4s 轨道：

$$Z_{4s}^{*}=19-(10\times1.00+8\times0.85)=2.2$$

$$E_{4s}=-2.179\times10^{-18}\times(2.2/3.7)^{2}=-0.77\times10^{-18}(\mathrm{J})$$

计算说明 $E_{4s}<E_{3d}$，所以最后一个电子填在 4s 轨道。

(2) 钻穿效应

核外电子的运动状态只能用统计规律加以表示，原子的量子力学模型明确地说明了电子可以在核外空间各处出现。对氢原子径向分布图的研究证实，外层电子确实还有可能钻到内层并出现在离核较近的地方，这种现象称为钻穿效应（penetration effect）。

从图 10-10 可知，不同电子在离核某处球面上出现的概率大小不同。对于能量较大的电子（如 3s、3p 电子），出现概率最大的地方离核较远，而在离核较近的地方有小峰，即在离核较近处电子也有出现的可能。3s 有两个小峰，3p 只有一个小峰，所以 3s 的钻穿效应大于 3p，它受到内层电子的屏蔽作用小，σ 值变小，Z^{*} 变大，受到核的吸引力较强，所以 3s 电子的能量小于 3p 电子。

不同的电子钻穿能力不同，其能量降低的程度也不同。钻穿效应的强弱取决于主量子数 n 和角量子数 l。

① n 相同而 l 不同时，其钻穿能力随 l 增大而递减：$n\mathrm{s}>n\mathrm{p}>n\mathrm{d}>n\mathrm{f}$。能量的变化次序为：$E_{n\mathrm{s}}<E_{n\mathrm{p}}<E_{n\mathrm{d}}<E_{n\mathrm{f}}$。

② 当 l 同 n 不同时，主量子数 n 愈大，其径向分布图中主峰离核越远，钻穿效应较弱，则受到其余电子的屏蔽作用也越大，因而能量愈高：

$$E_{1s}<E_{2s}<E_{3s}<E_{4s}<\cdots$$

$$E_{1p}<E_{2p}<E_{3p}<E_{4p}<\cdots$$

③ 当 n、l 均不同时，会发生轨道能级重叠（energy level overlap），引起能级交错。

比较图 10-10 中 3d 和 4s 电子云的径向分布图。虽然 4s 的最高峰比 3d 的最高峰离核要远得多，但 4s 的三个小峰中有两个小峰比 3d 的高峰离核更近，故 4s 电子的钻穿效应大，受到周围电子的屏蔽作用大大减小，钻穿效应对能量的降低作用超过了主量子数 n 对能量的升高作用，使 $E_{4s}<E_{3d}$。用类似的解释可以很好说明其他能级的交错现象：

$$4s<3d<4p \qquad 5s<4d<5p \qquad 6s<4f<5d<6p$$

我国化学家徐光宪从光谱数据归纳出下述近似规则：多电子原子中，其外层电子的（$n+0.7l$）值越大，能量越高。

屏蔽效应和钻穿效应从不同角度说明了多电子原子中电子之间的相互作用对轨道能量的影响，两者之间是互相联系的。这些效应必然影响到多电子原子核外电子的排布次序。

10.2.2 核外电子排布规则

(1) 鲍林近似能级图

原子中各原子轨道能级的高低主要根据光谱实验确定，但也有从理论上去推算的。用图示法近似表示原子轨道能级的相对高低情况，即为近似能级图。

1939 年，鲍林（L. C. Pauling）根据大量的光谱实验数据以及某些近似的理论计算，总结出了多电子原子的原子轨道能量高低的顺序，得到了鲍林近似能级图，反映了电子按能级高低在核外排布的一般顺序，见图 10-11。

图 10-11 中每一个小圆圈表示一个原子轨道。由下至上，代表原子轨道的能量逐步递增。同一水平位置上的原子轨道为等价轨道。

根据原子中各轨道能量的大小，鲍林把能量接近的若干轨道划分为一个能级组（图 10-11 中用实线方框框出）。相邻两个能级组之间的能量差比较大，而同一能级组中各原子轨道的能量差较小。能级组与元素周期系中的七个周期是相一致的，即元素周期系中元素划分为周期的本质是能量关系。

必须指出，鲍林近似能级图仅仅反映了多电子原子中原子轨道能量的近似高低，不要误认为所有元素的能级高低都是一成不变的。由于近似能级图并未考虑到原子轨道能量的高低还与原子序数有关，因而不能反映出不同原子的相同原子轨道的能量高低。

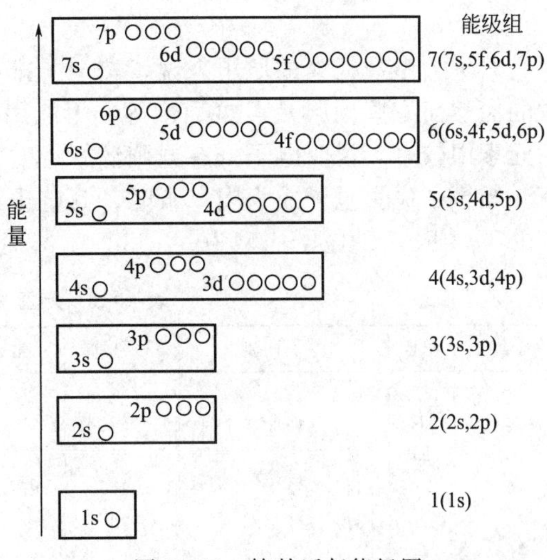

图 10-11　鲍林近似能级图

(2) 核外电子排布一般规则

了解核外电子的排布，有助于对元素性质周期性变化规律的理解，以及对元素周期表结构和元素分类本质的认识。多电子原子核外电子的排布遵循以下原则：

① 能量最低原则　原子在基态时核外电子的排布尽可能优先占据能量较低的轨道，使体系能量为最低。

② Pauli 不相容原理　一个原子不能有四个量子数完全相同的电子存在，即一条轨道中最多只能容纳两个自旋方向相反的电子。

③ Hund 规则　在等价轨道上电子将尽可能以相同自旋方向分占不同的轨道。

如 C 原子的两个电子在三个能量相同的 2p 轨道上分布时，分布方式为Ⅰ，而不是Ⅱ或Ⅲ：

$$\uparrow\ \uparrow\ \text{—}\qquad\qquad \uparrow\ \downarrow\ \text{—}\qquad\qquad \uparrow\!\downarrow\ \text{—}\ \text{—}$$

Ⅰ　　　　　Ⅱ　　　　　Ⅲ

等价轨道中电子处于全空、半空或全满状态时能量较低（Hund 规则特例）

(3) 原子的核外电子排布式与电子构型

运用核外电子排布规则来讨论核外电子排布的几个实例。$_{8}O$ 的核外电子排布可写成：$1s^2 2s^2 2p^4$。这种用主量子数 n 的数值和轨道角动量量子数 l 的符号表示的式子称原子的核外电子排布式或电子构型（也称电子组态、电子结构式），右上角的数字是相应轨道中的电子数目。

为了避免电子排布式书写过繁，常把电子排布已达到稀有气体结构的内层，以相应稀有气体元素符号外加方括号（称原子实）表示。如钠原子 $_{11}Na$ 的电子构型 $1s^2 2s^2 2p^6 3s^1$ 也可表示为 $[Ne]3s^1$。原子实以外的电子排布称外层电子构型。必须注意，虽然原子中电子是按近似能级图由低到高的顺序填充的，但在书写原子的电子构型时，外层电子构型应按 $(n-2)f$、$(n-1)d$、ns、np 的顺序，即按主量子数 n 由小到大的顺序书写。如：

$_{22}Ti$ 电子构型为 $[Ar]3d^2 4s^2$

$_{50}Sn$ 电子构型为 $[Kr]4d^{10} 5s^2 5p^2$

几个元素特殊电子构型：

$_{24}Cr$ 电子构型为 $[Ar]3d^5 4s^1$

$_{29}Cu$ 电子构型为 $[Ar]3d^{10} 4s^1$

$_{42}Mo$ 电子构型为 $[Kr]4d^5 5s^1$

$$_{47}\mathrm{Ag}\ 电子构型为[\mathrm{Kr}]4d^{10}5s^1$$

对绝大多数元素的原子来说，按电子排布规则得出的电子排布式与光谱实验的结论是一致的。然而有些副族元素如$_{58}Ce$等，不能用上述规则予以完满解释，这种情况在第 6、7 周期元素中较多，说明电子排布规则还有待发展完善。元素基态原子的电子构型见表 10-3。

当原子失去电子成为阳离子时，其电子是按 $n\mathrm{p} \rightarrow n\mathrm{s} \rightarrow (n-1)\mathrm{d} \rightarrow (n-2)\mathrm{f}$ 的顺序失去电子的。如 Fe^{2+} 的电子构型为$[Ar]3d^6 4s^0$，而不是$[Ar]3d^4 4s^2$。

表 10-3　元素基态原子的电子构型

原子序数	元素	电子构型	原子序数	元素	电子构型	原子序数	元素	电子构型
1	H	$1s^1$	38	Sr	$[Kr]5s^2$	75	Re	$[Xe]4f^{14}5d^5 6s^2$
2	He	$1s^2$	39	Y	$[Kr]4d^1 5s^2$	76	Os	$[Xe]4f^{14}5d^6 6s^2$
3	Li	$[He]2s^1$	40	Zr	$[Kr]4d^2 5s^2$	77	Ir	$[Xe]4f^{14}5d^7 6s^2$
4	Be	$[He]2s^2$	41	Nb	$[Kr]4d^4 5s^1$	78	Pt	$[Xe]4f^{14}5d^9 6s^1$
5	B	$[He]2s^2 2p^1$	42	Mo	$[Kr]4d^5 5s^1$	79	Au	$[Xe]4f^{14}5d^{10}6s^1$
6	C	$[He]2s^2 2p^2$	43	Tc	$[Kr]4d^5 5s^2$	80	Hg	$[Xe]4f^{14}5d^{10}6s^2$
7	N	$[He]2s^2 2p^3$	44	Ru	$[Kr]4d^7 5s^1$	81	Tl	$[Xe]4f^{14}5d^{10}6s^2 6p^1$
8	O	$[He]2s^2 2p^4$	45	Rh	$[Kr]4d^8 5s^1$	82	Pb	$[Xe]4f^{14}5d^{10}6s^2 6p^2$
9	F	$[He]2s^2 2p^5$	46	Pd	$[Kr]4d^{10}$	83	Bi	$[Xe]4f^{14}5d^{10}6s^2 6p^3$
10	Ne	$[He]2s^2 2p^6$	47	Ag	$[Kr]4d^{10}5s^1$	84	Po	$[Xe]4f^{14}5d^{10}6s^2 6p^4$
11	Na	$[Ne]3s^1$	48	Cd	$[Kr]4d^{10}5s^2$	85	At	$[Xe]4f^{14}5d^{10}6s^2 6p^5$
12	Mg	$[He]3s^2$	49	In	$[Kr]4d^{10}5s^2 5p^1$	86	Rn	$[Xe]4f^{14}5d^{10}6s^2 6p^6$
13	Al	$[He]3s^2 3p^1$	50	Sn	$[Kr]4d^{10}5s^2 5p^2$	87	Fr	$[Rn]7s^1$
14	Si	$[He]3s^2 3p^2$	51	Sb	$[Kr]4d^{10}5s^2 5p^3$	88	Ra	$[Rn]7s^2$
15	P	$[He]3s^2 3p^3$	52	Te	$[Kr]4d^{10}5s^2 5p^4$	89	Ac	$[Rn]6d^1 7s^2$
16	S	$[Ne]3s^2 3p^4$	53	I	$[Kr]4d^{10}5s^2 5p^5$	90	Th	$[Rn]6d^2 7s^2$
17	Cl	$[Ne]3s^2 3p^5$	54	Xe	$[Kr]4d^{10}5s^2 5p^6$	91	Pa	$[Rn]5f^2 6d^1 7s^2$
18	Ar	$[Ne]3s^2 3p^6$	55	Cs	$[Xe]6s^1$	92	U	$[Rn]5f^3 6d^1 7s^2$
19	K	$[Ar]4s^1$	56	Ba	$[Xe]6s^2$	93	Np	$[Rn]5f^4 6d^1 7s^2$
20	Ca	$[Ar]4s^2$	57	La	$[Xe]5d^1 6s^2$	94	Pu	$[Rn]5f^6 7s^2$
21	Sc	$[Ar]3d^1 4s^2$	58	Ce	$[Xe]4f^1 5d^1 6s^2$	95	Am	$[Rn]5f^7 7s^2$
22	Ti	$[Ar]3d^2 4s^2$	59	Pr	$[Xe]4f^3 6s^2$	96	Cm	$[Rn]5f^7 6d^1 7s^2$
23	V	$[Ar]3d^3 4s^2$	60	Nd	$[Xe]4f^4 6s^2$	97	Bk	$[Rn]5f^9 7s^2$
24	Cr	$[Ar]3d^5 4s^1$	61	Pm	$[Xe]4f^5 6s^2$	98	Cf	$[Rn]5f^{10}7s^2$
25	Mn	$[Ar]3d^5 4s^2$	62	Sm	$[Xe]4f^6 6s^2$	99	Es	$[Rn]5f^{11}7s^2$
26	Fe	$[Ar]3d^6 4s^2$	63	Eu	$[Xe]4f^7 6s^2$	100	Fm	$[Rn]5f^{12}7s^2$
27	Co	$[Ar]3d^7 4s^2$	64	Gd	$[Xe]4f^7 5d^1 6s^2$	101	Md	$[Rn]5f^{13}7s^2$
28	Ni	$[Ar]3d^8 4s^2$	65	Tb	$[Xe]4f^9 6s^2$	102	No	$[Rn]5f^{14}7s^2$
29	Cu	$[Ar]3d^{10}4s^1$	66	Dy	$[Xe]4f^{10}6s^2$	103	Lr	$[Rn]5f^{14}6d^1 7s^2$
30	Zn	$[Ar]3d^{10}4s^2$	67	Ho	$[Xe]4f^{11}6s^2$	104	Rf	$[Rn]5f^{14}6d^2 7s^2$
31	Ga	$[Ar]3d^{10}4s^2 4p^1$	68	Er	$[Xe]4f^{12}6s^2$	105	Db	$[Rn]5f^{14}6d^3 7s^2$
32	Ge	$[Ar]3d^{10}4s^2 4p^2$	69	Tm	$[Xe]4f^{13}6s^2$	106	Sg	$[Rn]5f^{14}6d^4 7s^2$
33	As	$[Ar]3d^{10}4s^2 4p^3$	70	Yb	$[Xe]4f^{14}6s^2$	107	Bh	$[Rn]5f^{14}6d57s^2$
34	Se	$[Ar]3d^{10}4s^2 4p^4$	71	Lu	$[Xe]4f^{14}5d^1 6s^2$	108	Hs	$[Rn]5f^{14}6d67s^2$
35	Br	$[Ar]3d^{10}4s^2 4p^5$	72	Hf	$[Xe]4f^{14}5d^2 6s^2$	109	Mt	
36	Kr	$[Ar]3d^{10}4s^2 4p^6$	73	Ta	$[Xe]4f^{14}5d^3 6s^2$	110	Ds	
37	Rb	$[Kr]5s^1$	74	W	$[Xe]4f^{14}5d^4 6s^2$	111	Rg	

10.2.3 原子的电子层结构与元素周期律

(1) 能级组与元素周期

常用的是长式元素周期表，它将元素分为 7 个周期。基态原子填有电子的最高能级组序数与原子所处周期数相同，各能级组能容纳的电子数等于相应周期的元素数目。见书末元素周期表。

(2) 价电子构型与元素周期表中的族

① 价电子构型　价电子是原子发生化学反应时易参与形成化学键的电子，价电子层的电子排布称价电子构型。

② 主族元素　其价电子构型为最外层电子构型，以符号ⅠA～ⅧA 表示。ⅧA 族为稀有气体，最外电子层均已填满，达到 8 电子稳定结构。

③ 副族元素　其价电子构型不仅包括最外层的 s 电子，还包括（$n-1$）d 亚层甚至（$n-2$）f 亚层的电子。即元素周期表中的ⅢB～ⅡB，其中ⅧB 族元素有 3 列共 9 个元素。副族元素也称过渡元素。

ⅠB、ⅡB 副族元素的族数等于最外层 s 电子的数目，ⅢB～ⅧB 副族元素的族数等于最外层 s 电子和次外层（$n-1$）d 亚层的电子数之和，即价电子数。

ⅧB 的情况特殊，其价电子数分别为 8、9 或 10。第 6 周期元素从$_{57}$La（镧）到$_{71}$Lu（镥）共 15 个元素称镧系元素，并用符号 Ln 表示。

(3) 价电子构型与元素分区

根据元素的价电子构型不同，可以把元素周期表中元素所在的位置分为 s、p、d、ds、f 五个区，见表 10-4。

表 10-4　元素的价电子构型与元素的分区、族

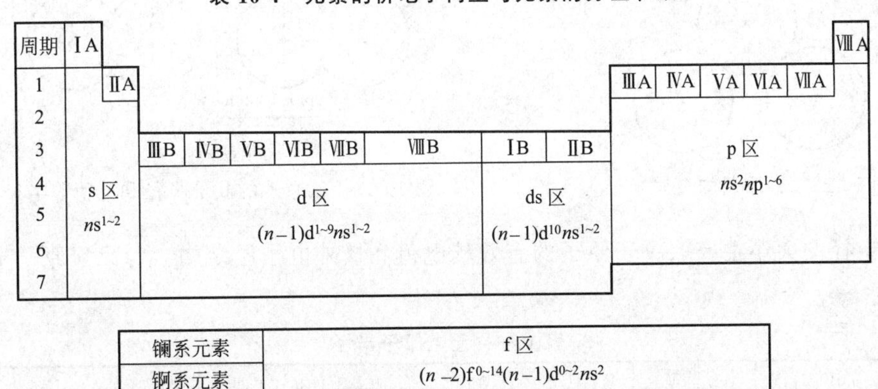

① s 区　s 区元素最后一个电子填充在 s 轨道，价电子构型为 $2s^1$ 或 $2s^2$，包括ⅠA 和ⅡA 族，它们在化学反应中易失去电子形成+1 或+2 价离子，除 H 外均为活泼金属。

② p 区　p 区元素最后一个电子填充在 p 轨道，价电子构型为 $ns^2np^{1\sim6}$，共有ⅢA～ⅧA 六族元素。

③ d 区　d 区元素最后一个电子基本填充在次外层（倒数第二层）（$n-1$）d 轨道（个别例外），它们具有可变氧化态，包括ⅢB～ⅧB 族共六族。

④ ds 区　ds 区元素的价电子构型为（$n-1$）$d^{10}ns^{1\sim2}$，与 d 区元素的区别在于它们的（$n-1$）d 轨道是全满的；与 s 区元素的区别在于它们有（$n-1$）d^{10} 电子层，即它们的次外层 d 轨道已全充满。ds 区元素的族数等于最外层 ns 轨道上的电子数。

⑤ f 区　f 区元素最后一个电子填充在 f 亚层，价电子构型为（$n-2$）$f^{0\sim14}$（$n-1$）$d^{0\sim2}ns^2$，包括镧系和锕系元素。

10.2.4　原子性质的周期性

元素有效核电荷呈现的周期性变化，体现了原子核外电子层的周期性变化，也使得元素的许多基本性质如原子半径、电离能、电子亲和能、电负性等呈现周期性的变化。

(1) 原子半径 (r)

根据量子力学的观点，原子中的电子在核外运动并无固定轨迹，电子云也无明确的边界，因此原子并不存在固定的半径。但是，现实物质中的原子总是与其他原子为邻的，如果将原子视为球体，那么两原子的核间距离即为两原子球体的半径之和。常将此球体的半径称为原子半径（r）。根据原子与原子间作用力的不同，原子半径的数据一般有三种：共价半径、金属半径和范德华（van der Waals）半径。

① 共价半径　同种元素的两个原子以共价键结合时，它们核间距的一半称为该原子的共价半径（covalent radius）。例如 Cl_2 分子，测得两 Cl 原子核间距离为 198pm，则其共价半径为 $r_{Cl}=99pm$。

② 金属半径　金属晶体中相邻两个金属原子的核间距的一半称为金属半径（metallic radius）。见图 10-12。

③ 范德华半径　当两个原子只靠范德华力（分子间作用力）互相吸引时，它们核间距的一半称为范德华半径。如稀有气体均为单原子分子，形成分子晶体时，分子间以范德华力相结合，同种稀有气体的原子核间距的一半即为其范德华半径。见图 10-13。

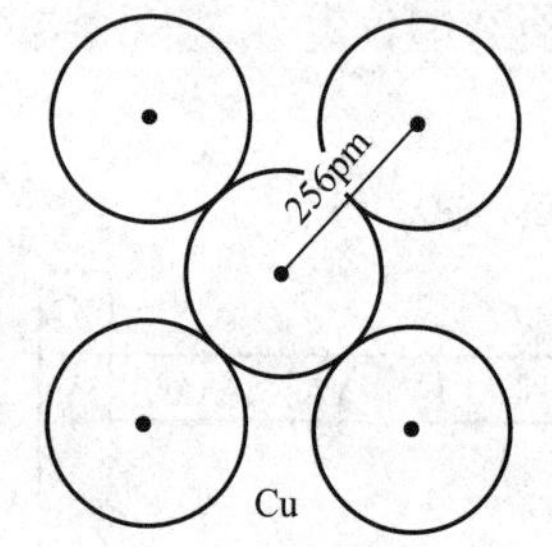

图 10-12　铜原子的金属半径

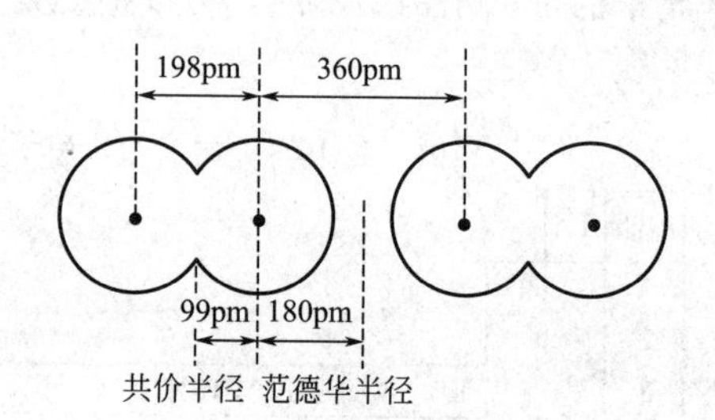

图 10-13　氯原子的共价半径和范德华半径

原子半径的大小主要取决于原子的有效核电荷和核外电子层结构。各元素原子半径见表 10-5。

表 10-5　元素原子半径

pm

ⅠA	ⅡA	ⅢB	ⅣB	ⅤB	ⅥB	ⅦB	ⅧB			ⅠB	ⅡB	ⅢA	ⅣA	ⅤA	ⅥA	ⅦA	ⅧA
H 37																	He 54
Li 156	Be 105											B 91	C 77	N 71	O 60	F 67	Ne 80
Na 186	Mg 160											Al 143	Si 117	P 111	S 104	Cl 99	Ar 96
K 231	Ca 197	Sc 161	Ti 154	V 131	Cr 125	Mn 118	Fe 125	Co 125	Ni 124	Cu 128	Zn 133	Ga 123	Ge 122	As 116	Se 115	Br 114	Kr 99
Rb 243	Sr 215	Y 180	Zr 161	Nb 147	Mo 136	Tc 135	Ru 132	Rh 132	Pd 138	Ag 144	Cd 149	In 151	Sn 140	Sb 145	Te 139	I 138	Xe 109
Cs 265	Ba 210		Hf 154	Ta 143	W 137	Re 138	Os 134	Ir 136	Pt 139	Au 144	Hg 147	Tl 189	Pb 175	Bi 155	Po 167	At 145	Rn
La 187	Ce 183	Pr 182	Nd 181	Pm 181	Sm 180	Eu 199	Gd 179	Tb 176	Dy 175	Ho 174	Er 173	Tm 173	Yb 194	Lu 172			

(2) 原子半径的周期性

① 同一周期元素原子半径从左到右递变。

② 同一主族元素原子半径从上到下逐渐增大。副族元素的原子半径从上到下递变不是很明显；第一过渡系到第二过渡系的递变较明显；而第二过渡系到第三过渡系基本没变，这是由于镧系收缩的结果。

③ 镧系收缩。镧系元素从 La 到 Lu 整个系列的原子半径逐渐收缩的现象称为镧系收缩 (lanthanide contraction)。由于镧系收缩，镧系以后的各元素如 Hf、Ta、W 等原子半径也相应缩小，致使它们的半径与上一个周期的同族元素 Zr、Nb、Mo 非常接近，相应的性质也非常相似，在自然界中常共生在一起，很难分离。

(3) 元素的电离能与电子亲和能

① 元素的电离能　使基态的气态原子失去一个电子形成+1 氧化态气态离子所需要的能量，叫做第一电离能 (ionization energy)，符号 I_1，表示式：

$$M(g) \longrightarrow M^+(g) + e^-$$

$$I_1 = \Delta E_1 = E(M^+, g) - E(M, g)$$

从+1 氧化态气态离子再失去一个电子变为+2 氧化态离子所需要的能量叫做第二电离能，符号 I_2，余类推。如无特别说明，电离能即第一电离能。各元素原子的第一电离能见表 10-6。

表 10-6　各元素原子的第一电离能 I_1　　kJ · mol^{-1}

ⅠA	ⅡA	ⅢB	ⅣB	ⅤB	ⅥB	ⅦB	Ⅷ B			ⅠB	ⅡB	ⅢA	ⅣA	ⅤA	ⅥA	ⅦA	O
H 1312																	He 2372
Li 520	Be 900											B 810	C 1086	N 1402	O 1314	F 1681	Ne 2081
Na 496	Mg 738											Al 578	Si 787	P 1012	S 1000	Cl 1251	Ar 1521
K 419	Ca 590	Sc 631	Ti 658	V 650	Cr 653	Mn 711	Fe 759	Co 758	Ni 737	Cu 746	Zn 906	Ga 579	Ge 762	As 944	Se 941	Br 1140	Kr 1350
Rb 403	Sr 550	Y 616	Zr 660	Nb 664	Mo 685	Tc 702	Ru 711	Rh 720	Pd 805	Ag 731	Cd 868	In 558	Sn 709	Sb 832	Te 869	I 1008	Xe 1170
Cs 376	Ba 503	La 538	Hf 654	Ta 761	W 770	Re 760	Os 840	Ir 880	Pt 870	Au 890	Hg 1007	Tl 589	Pb 716	Bi 703	Po 812	At	Rn 1040

La	Ce	Pr	Nd	Pm	Sm	Eu	Gd	Tb	Dy	Ho	Er	Tm	Yb	Lu
538	528	523	530	536	543	547	592	564	572	581	589	597	603	524

电离能的大小反映了原子失去电子的难易程度，即元素的金属性的强弱。电离能愈小，原子愈易失去电子，元素的金属性愈强。

例如，铝的电离能数据为：

电离能	I_1	I_2	I_3	I_4	I_5	I_6
I_n/kJ · mol^{-1}	578	1817	2745	11578	14831	18378

$I_1 < I_2 < I_3 < I_4 \cdots$这是由于原子失电子后，其余电子受核的吸引力越大的缘故；

$I_3 \ll I_4 < I_5 < I_6 \cdots$这是因为 I_1、I_2、I_3 失去的是铝原子最外层的价电子，即 3s、3p 电子，而从 I_4 起失去的是铝原子的内层电子，要把这些电子电离需要更高的能量，这正是铝常形成 Al^{3+} 的原因。

同周期元素，电离能从左到右增大。因元素的有效核电荷逐渐增大，原子半径逐渐减小，电离能逐渐增大；稀有气体由于具有 8 电子稳定结构，在同一周期中电离能最大。

因过渡元素的电子加在次外层，有效核电荷增加不多，原子半径减小缓慢，电离能增加不明显。

同族元素，电离能自上而下减小。从上到下，有效核电荷增加不多，而原子半径则明显增大，电离能逐渐减小。

② 电子亲和能　处于基态的气态原子得到一个电子形成气态阴离子所放出的能量，为该元素原子的第一电子亲和能（electron affinity），常用符号 A_1 表示。A_1 为负值，表示放出能量。

表示式：

$$X(g)+e^- \longrightarrow X^-$$

第二电子亲和能是指－1 氧化态的气态阴离子再得到一个电子过程中系统需吸收能量，所以 A_2 是正值。

例如：

$$O(g)+e^- \longrightarrow O^- \qquad A_1=-142kJ\cdot mol^{-1}$$

$$O^-(g)+e^- \longrightarrow O^{2-} \qquad A_2=844kJ\cdot mol^{-1}$$

电子亲和能的大小反映了原子得到电子的难易程度，即元素的非金属性的强弱。常用 A_1 值（习惯上用 $-A_1$ 值）来比较不同元素原子获得电子的难易程度，$-A_1$ 值愈大表示该原子愈容易获得电子，其非金属性愈强。表 10-7 为主族元素的第一亲和能数据。

表 10-7　为主族元素的第一亲和能 A_1　　$kJ\cdot mol^{-1}$

H							He
−72.7							+48.2
Li	Be	B	C	N	O	F	Ne
−59.6	+48.2	−26.7	−121.9	+6.75	−141.0	−328.0	+115.8
Na	Mg	Al	Si	P	S	Cl	Ar
−52.9	+38.6	−42.5	−133.6	−72.1	−200.4	−349.0	+96.5
K	Ca	Ga	Ge	As	Se	Br	Kr
−48.4	+28.9	−28.9	−115.8	−78.2	−195.0	−324.7	+96.5
Rb	Sr	In	Sn	Sb	Te	I	Xe
−46.9	+28.9	−28.9	−115.8	−103.2	−190.2	−295.1	+77.2

同周期元素，电子亲和能从左到右增大。氮族元素由于其价电子构型为 ns^2np^3，p 亚层半满，根据 Hund 规则较稳定，所以电子亲和能较小。又如稀有气体，其价电子构型为 ns^2np^6 的稳定结构，所以其电子亲和能为正值。

同族元素，电子亲和能自上而下基本上是减小。

(4) 元素的电负性

电负性（electronegativity）是指元素的原子在分子中吸引电子能力的相对大小，即不同元素的原子在分子中对成键电子吸引力的相对大小。鲍林（L. Pauling）根据热化学数据和分子的键能提出了以下的经验关系式：

$$E_{(A—B)}=[E_{(A—A)}\times E_{(B—B)}]^{1/2}+96.5(x_A-x_B)^2 \qquad (10\text{-}13)$$

式中，$E_{(A—B)}$、$E_{(A—A)}$ 和 $E_{(B—B)}$ 为分子 A—B、A—A 和 B—B 的键能，$kJ\cdot mol^{-1}$；x_A、x_B 分别表示键合原子 A 和 B 的电负性；96.5 为换算因子，并指定氟的电负性 $x_F=4.0$，而后可依次求出其他元素的电负性。

表 10-8 是鲍林电负性标度的元素的电负性。从表中可以看出，金属元素的电负性一般在 2.0 以下，非金属元素的电负性一般在 2.0 以上，因此，可以由元素的电负性的大小来衡量元素金属性与非金属性的强弱。

表 10-8　元素电负性

H																	He
2.18																	—
Li	Be											B	C	N	O	F	Ne
0.98	1.57											2.04	2.55	3.04	3.44	3.98	—
Na	Mg											Al	Si	P	S	Cl	Ar
0.93	1.31											1.61	1.90	2.19	2.58	3.16	—
K	Ca	Sc	Ti	V	Cr	Mn	Fe	Co	Ni	Cu	Zn	Ga	Ge	As	Se	Br	Kr
0.82	1.00	1.36	1.54	1.63	1.66	1.55	1.8	1.88	1.91	1.90	1.65	1.81	2.01	2.18	2.55	2.96	—
Rb	Sr	Y	Zr	Nb	Mo	Tc	Ru	Rh	Pd	Ag	Cd	In	Sn	Sb	Te	I	Xe
0.82	0.95	1.22	1.33	1.60	2.16	1.9	2.28	2.2	2.20	1.93	1.69	1.73	1.96	2.05	2.1	2.66	—
Cs	Ba	La	Hf	Ta	W	Re	Os	Ir	Pt	Au	Hg	Tl	Pb	Bi	Po	At	Rn
0.79	0.89	1.10	1.3	1.5	2.36	1.9	2.2	2.2	2.28	2.54	2.00	2.04	2.33	2.02	2.0	2.2	—

元素的电负性也呈周期性的变化：同一周期中，从左到右电负性逐渐增大；同一主族中，从上到下电负性逐渐减小。过渡元素的电负性都比较接近，没有明显的变化规律。

10.3　化学键理论

本节主要讨论分子中直接相邻的原子间的强相互作用力，即化学键问题和分子的空间构型（即几何形状）问题。

按照化学键形成方式与性质的不同，化学键可分为三种基本类型：离子键、共价键和金属键。

化学键——分子中相邻原子间较强烈的相互结合力。一般为 125～900kJ · mol^{-1}，既是电子对核的吸引力，也是核对电子的吸引力。电子云偏向对电子吸引力大的原子。

10.3.1　离子键理论

(1) 离子键

离子键（ionic bond）理论是 1916 年德国化学家柯塞尔（W. Kossel）提出的，他认为原子在反应中失去或得到电子以达到稀有气体的稳定结构，由此形成的正离子（positive ion）和负离子（negative ion）以静电引力相互吸引在一起。

离子键的本质就是正、负离子间的静电吸引作用。

离子键的要点：

① 当活泼金属原子与活泼非金属原子接近时，它们有得到或失去电子成为稀有气体结构的趋势，由此形成相应的正、负离子。如：

$$Cs\cdot + \cdot\underset{\cdot\cdot}{\ddot{F}}: \longrightarrow Cs^{+} + :\underset{\cdot\cdot}{\ddot{F}}:^{-}$$

② 正负离子靠静电引力相互吸引而形成离子晶体。离子晶体中离子键的强弱可近似用库仑定律判断：

$$V_{吸引} = -\frac{z^+ z^- e^2}{r}$$

式中，V 为引力；z^+、z^- 为正负离子电荷；e 为元电荷；r 为正负离子间半径。

由于离子键是正负离子通过静电引力作用相连接的，从而决定了离子键的特点是没有方向性和饱和性。正负离子近似看作点电荷，所以其作用不存在方向问题。没有饱和性是指在空间条件许可的情况下，每个离子可吸引尽可能多的相反离子。

例如 NaCl 晶体，其化学式仅表示 Na^+ 与 Cl^- 的离子数目之比为 1∶1，并不是其分子式，整个 NaCl 晶体就是一个大分子。

(2) 晶格能

由离子键形成的化合物叫离子型化合物（ionic compound），相应的晶体为离子晶体。离子晶体中用晶格能（lattice energy）量度离子键的强弱。

晶格能 U——由气态离子形成离子晶体时所放出的能量。通常为在标准压力和一定温度下，由气态离子生成离子晶体的反应，其反应进度为 1mol 时所放出的能量，单位为 $kJ \cdot mol^{-1}$。由定义可知，U 为负值，但在通常使用时及一些手册中都取正值。晶格能的数值越大，离子晶体越稳定。

晶格能可以根据波恩（Born)-哈伯（Haber）循环来计算。如 NaCl 可根据盖斯定律计算出该循环中的任一未知值（图 10-14）。

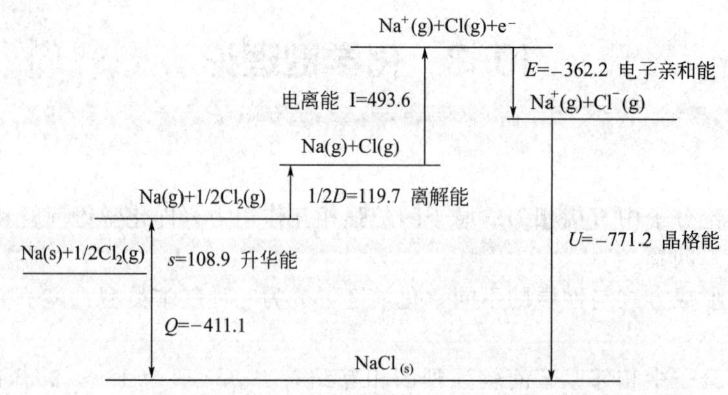

图 10-14 NaCl 晶体形成时的能量变化情况（$kJ \cdot mol^{-1}$）

$Q = 108.9 + 119.7 + 493.6 - 362.2 - 771.2 = -411.1 (kJ \cdot mol^{-1})$

根据波恩-哈伯循环得到的晶格能通常称为晶格能实验值。由于电子亲和能的测定比较困难，实验误差也较大，所以常会出现同一晶体的晶格能其实验值有差别。

晶格能的大小可以反映出物质的宏观性质，晶格能大的离子化合物较稳定，硬度高、熔点高、热膨胀系数小。

10.3.2 现代共价键理论

离子键理论能很好解释电负性差值较大的离子型化合物的成键与性质，但无法解释其他类型的化合物的问题。美国化学家路易斯（G. N. Lewis）提出了共价键（covalent bond）的电子理论：原子间可共用一对或几对电子，以形成稳定的分子。这是早期的共价键理论。

(1) 共价键的形式及其本质

1927 年英国物理学家海特勒（W. Heitler）和德国物理学家伦敦（F. London）成功地用量子力学处理 H_2 分子的结构。

1931 年美国化学家鲍林和斯莱特将其处理 H_2 分子的方法推广应用于其他分子系统而发展成为价键理论（valence bond theory），简称 VB 法或电子配对法。

当具有自旋状态反平行的未成对电子的两个氢原子相互靠近时，它们之间产生了强烈的吸引作用，形成了共价键，从而形成了稳定的氢分子。

量子力学从理论上解释了共价键形成原因：

当核外电子自旋平行的两个氢原子靠近时，两核间电子云密度小，系统能量 E 始终高于两个孤立氢原子的能量之和 E_a+E_b（图 10-15 中曲线Ⅱ），称为推斥态［图 10-16（a）］，不能形成 H_2 分子。

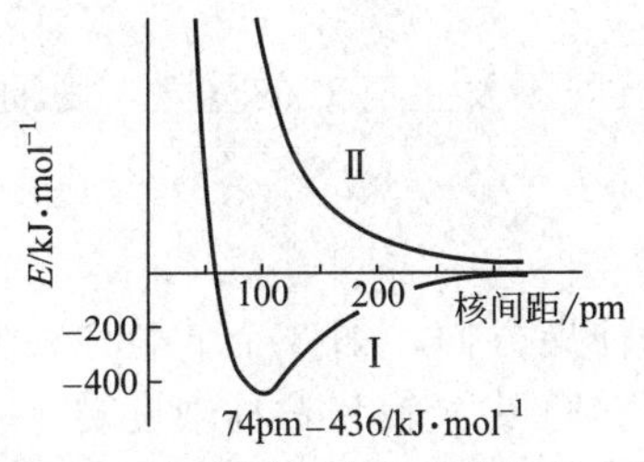

图 10-15　氢分子形成过程的能量变化

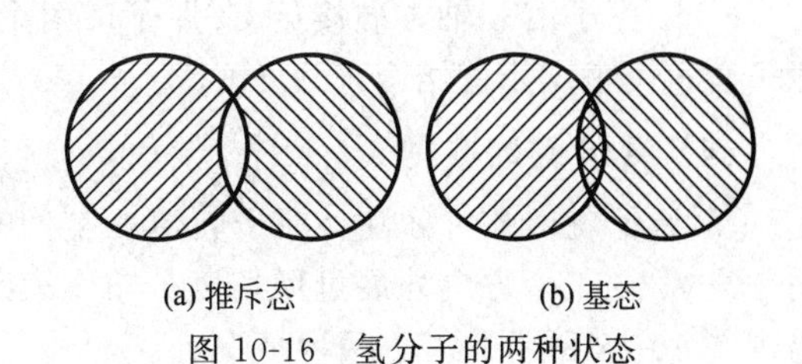

图 10-16　氢分子的两种状态

若电子自旋反平行的两个氢原子靠近时，两核间的电子云密度大，系统的能量 E 逐渐降低，并低于两个孤立氢原子的能量之和(图 10-15 中曲线Ⅰ)，称为吸引态[图 10-16(b)]。当两个氢原子的核间距 $L=74$pm 时，其能量达到最低点，$E_s=-436\text{kJ}\cdot\text{mol}^{-1}$，两个氢原子之间形成了稳定的共价键，形成了氢分子。

量子力学对氢分子结构的处理阐明了共价键的本质是电性的。

由于两个氢原子的 1s 原子轨道互相叠加，两个 ψ_{1s} 都是正值，叠加后使核间的电子云密度加大，这叫做原子轨道的重叠，在两个原子之间出现了一个电子云密度较大的区域[图 10-15(b)]。一方面降低了两核间的正电排斥，另一方面又增强了两核对电子云密度大的区域的吸引，这都有利于体系势能的降低，有利于形成稳定的化学键。

(2) 价键理论基本要点

自旋相反的未成对电子相互配对时，因其波函数符号相同，此时系统的能量最低，可以形成稳定的共价键。

若 A、B 两原子各有一未成对电子且自旋反平行，则互相配对构成共价单键，如 H—H 单键。如果 A、B 两原子各有两个或三个未成对电子，则在两个原子间可以形成共价双键或共价叁键。如 N≡N 分子以叁键结合，因为每个 N 原子有 3 个未成对的 2p 电子。

若原子 A 有能量合适的空轨道，原子 B 有孤电子对，原子 B 的孤电子对所占据的原子轨道和原子 A 的空轨道能有效地重叠，则原子 B 的孤电子对可以与原子 A 共享，这样形成的共价键称为共价配键，以符号 A←B 表示。

(3) 共价键的特征

从价键理论的两个要点可得出共价键的两个特征——饱和性与方向性。

① 饱和性　共价键的饱和性是指每个原子的成键总数或以单键相连的原子数目是一定的。因为共价键的本质是原子轨道的重叠和共用电子对的形成，而每个原子的未成对电子数是一定的，所以形成共用电子对的数目也就一定。

例如两个 H 原子的未成对电子配对形成 H_2 分子后，即使有第三个 H 原子接近该 H_2

分子，也不能形成 H_3 分子。

② 方向性　根据最大重叠原理，在形成共价键时，原子间总是尽可能地沿着原子轨道最大重叠的方向成键。成键电子的原子轨道重叠程度愈高，电子在两核间出现的概率密度也愈大，形成的共价键就越稳固。

图 10-17 表示的是 H 的 1s 轨道与 Cl 原子的 $3p_x$ 轨道的三种重叠情况：

a. H 原子 1s 轨道沿着 x 轴方向接近，与 Cl 原子的 $3p_x$，达到最大重叠，形成稳定的共价键。

b. H 原子向 Cl 原子接近时偏离了 x 轴方向，轨道间重叠小，结合不稳定，Cl 原子向 x 轴方向移动以达到最大重叠的倾向。

c. H 原子沿 z 轴方向接近 Cl 原子，两个原子轨道间不发生有效的重叠，因而 H 与 Cl 原子在这个方向不能结合形成 HCl 分子。

(4) 共价键的类型

① 原子轨道的对称性　原子轨道在空间有一定的伸展方向，如 3 个 p 轨道在空间分别向 x、y、z 三个方向伸展可用角度分布图表示。若将它们以 x 轴为对称轴旋转 180°，便会出现图 10-18 所示的以下两种情况：

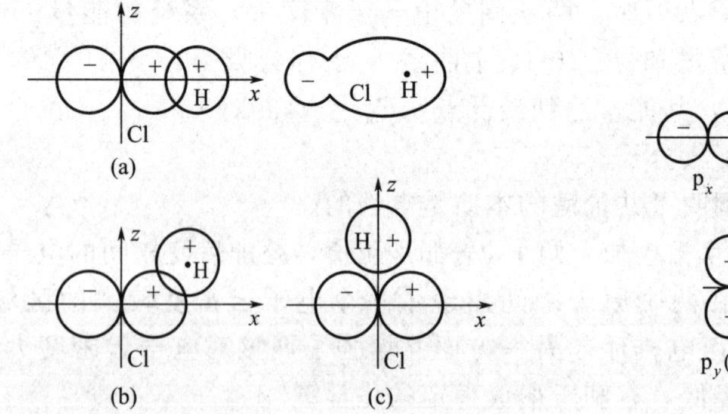

图 10-17　s 轨道和 p 轨道的三种重叠情况

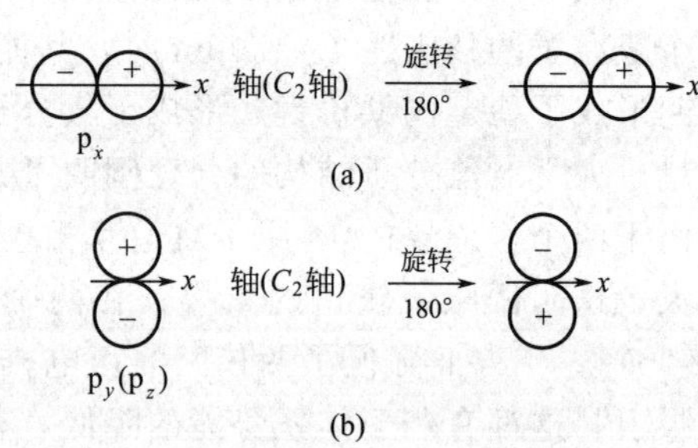

图 10-18　两种对称情况

a. 旋转前后轨道完全不可区分，即 $Y(\theta,\varphi)$的值和符号均不变（p_x）；

b. 旋转前后轨道在形状上不可区分，但 $Y(\theta,\varphi)$的符号与旋转前相反(p_y,p_z)。

前者说明该原子轨道有 σ 对称性。而后者表明原子轨道有 π 对称性。显然，s 原子轨道属 σ 对称。d 轨道则与 p 轨道类似，有 σ 对称和 π 对称之分，以 x 坐标轴为对称轴时，和 d_{yz} 轨道为σ 对称，d_{xy} 和 d_{xz} 轨道为 π 对称。

② 共价键的类型　共价键有两种——σ 键和 π 键，按对称性匹配原则处理。

a. σ 键　如果原子轨道沿核间连线方向进行重叠形成共价键，具有以核间连线（键轴）为对称轴的 σ 对称性，则称为 σ 键，如图 10-19 中的（a)。它们的共同特点是：“头碰头”方式达到原子轨道的最大重叠。重叠部分集中在两核之间，对键轴呈圆柱形对称。

b. π 键　形成的共价键若对键轴呈平行对称，则称为 π 键，如图 10-19 中的（b)。它们的共同的特点是两个原子轨道“肩并肩”地达到最大重叠，重叠部分集中在键轴的上方和下方，对通过键轴的平面呈镜面反对称（轨道改变正、负号)，在此平面上电子的概率密度为零（称为节面)。

c. 大 π 键　上述 π 键是由两个原子的原子轨道（通常为 p 轨道）“肩并肩”重叠形成的，其电子属两个原子共有，在两个原子间有最大的概率密度，称为定域 π 键。若有三个或三个

以上以 σ 键相连的原子处于同一平面，同时每个原子又有一个互相平行的 p 轨道，而这些 p 轨道上的电子总数 m 又小于 p 轨道数 n 的两倍（$2n$），这些 p 轨道重叠形成的 π 键称为大 π 键，用符号 Π_n^m 表示（读作 n 中心 m 电子大 π 键）。如 NO_2 分子中，N 原子分别在 xy 平面与两个 O 原子各形成一个 σ 键，三个原子各有一个 p_z 轨道，这些轨道互相“肩并肩”重叠形成 Π_3^3 键。这些大 π 键上的电子属于构成大 π 键的所有的原子，非定域在两原子间，因而称为非定域电子。

两个原子间形成的若是单键，则成键时通常轨道是沿着核间连线方向达到最大重叠，所以一般形成的都是 σ 键；若形成双键，两键中有一个是 σ 键，另一个必定是 π 键；若是叁键，则其中一个是 σ 键其余两个都是 π 键，如 N_2 分子（图 10-20）。

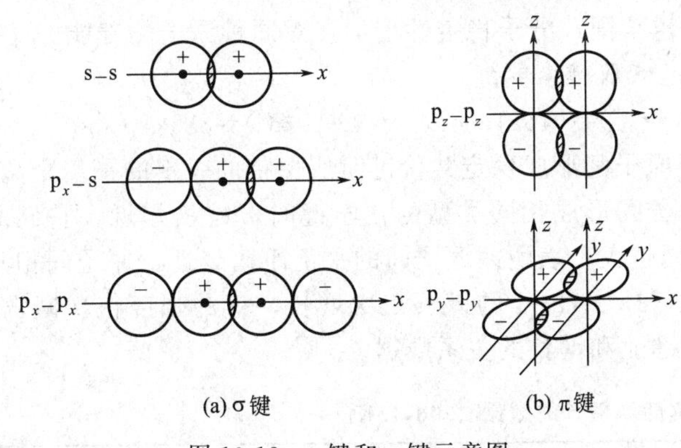

图 10-19　σ 键和 π 键示意图

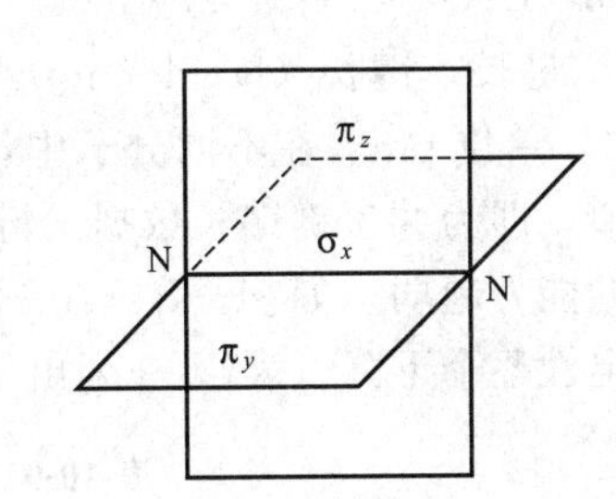

图 10-20　N_2 分子中化学键示意图

(5) 键参数

① 键级　键级（bond order）是一个描述键的稳定性的物理量。

在价键理论中，用成键原子间共价单键的数目表示键级。如 Cl—Cl 分子中的键级＝1；N≡N 分子中的键级＝3；

在分子轨道理论中键级的定义为：

$$键级=\frac{成键轨道上的电子数-反键轨道上的电子数}{2}$$

对于同核双原子分子，由于内层分子轨道上都已充填了电子，成键分子轨道上的电子使分子体系的能量降低，与反键分子轨道上的电子使分子体系的能量升高基本相同，互相抵消，可以认为它们对键的形成没有贡献，所以，键级也可用下式计算：

$$键级=\frac{外层成键轨道电子数-外层反键轨道电子数}{2}$$

分子的键级越大，表明共价键越牢固，分子也越稳定。He_2 分子的键级为 0，说明它不能稳定存在，而 N_2 分子的键级为 3，说明它很稳定。

② 键能　键能(E)是在标准状态下将气态分子 AB(g)解离为气态原子 A(g)、B(g)所需要的能量($kJ \cdot mol^{-1}$)。其数值通常用一定温度下该反应的标准摩尔反应焓变表示，即：

$$AB(g) \longrightarrow A(g)+B(g) \qquad \Delta_r H_m^\ominus = E_{(A-B)}$$

A 与 B 之间的化学键可以是单键、双键或叁键。

双原子分子，键能 $E_{(A-B)}$ 等于键的解离能 $D_{(A-B)}$，可直接从热化学测量中得到。例如，

$$Cl_2(g) \longrightarrow 2Cl(g)$$

$$\Delta_r H_{m,298.15}^\ominus(Cl_2)=E(Cl_2)=D(Cl_2)=247kJ \cdot mol^{-1}$$

把一个气态多原子分子分解为组成它的全部气态原子时所需要的能量叫原子化能，等于该分子中全部化学键键能的总和。

如果分子中只含有一种键，且都是单键，键能可用键解离能的平均值表示。如 NH_3 含有三个 N—H 键：

$$NH_3(g) \longrightarrow H(g)+NH_2(g) \qquad D_1=433.1\text{kJ}\cdot\text{mol}^{-1}$$

$$NH_2(g) \longrightarrow NH(g)+H(g) \qquad D_2=397.5\text{kJ}\cdot\text{mol}^{-1}$$

$$NH(g) \longrightarrow N(g)+H(g) \qquad D_3=338.9\text{kJ}\cdot\text{mol}^{-1}$$

$$E(\text{N—H})=\overline{D}(\text{N—H})=(D_1+D_2+D_3)/3$$

$$=(433.1+397.5+338.9)/3=389.8(\text{kJ}\cdot\text{mol}^{-1})$$

键能 E 增加，键强度增加，化学键越牢固，分子稳定性增加。对同种原子的键能 E 有：

单键＜双键＜叁键

如　$E(\text{C—C})=346\text{kJ}\cdot\text{mol}^{-1}$、$E(\text{C═C})=610\text{kJ}\cdot\text{mol}^{-1}$、$E(\text{C≡C})=835\text{kJ}\cdot\text{mol}^{-1}$

③ 键长　键长（bond length）为两原子间形成稳定共价键时所保持的一定的平衡距离，符号 l，单位 pm。在不同分子中，两原子间形成相同类型的化学键时，键长相近，它们的平均值，即为共价键键长数据。键长数据越大，表明两原子间的平衡距离越远，原子间相互结合的能力越弱。如 H—F、H—Cl、H—Br、H—I 的键长依次增长，键的强度依次减弱，热稳定性逐个下降。表 10-9 列出了某些键能和键长的关系数据。

表 10-9　某些键能和键长的数据（298.15K）

共价键	键能 E/kJ·mol^{-1}	键长 l/pm
H—H	436.00	74.1
H—F	568.6±1.3	91.7
H—Cl	431.4	127.5
H—Br	366±2	141.4
H—I	299±1	160.9
C—C	346	154
C═C	610.0	134
C≡C	835.1	120
C—H	413	109

④ 键角　键角（bond angle）即分子中相邻的共价键之间的夹角。

知道了某分子内全部化学键的键长和键角的数据，便可确定这些分子的几何构型。表 10-10 列出了 一些分子的化学键的键长、键角和几何构型。

表 10-10　一些分子的化学键的键长、键角和几何构型

分子	键长 l/pm	键角 θ/(°)	分子构型
NO_2	120	134	V 形（或角形）
CO_2	116.2	180	直线形
NH_3	100.8	107.3	三角锥形
CCl_4	177	109.5	正四面体形

⑤ 键的极性与键矩　当电负性不同的两个原子间形成化学键时，会因其吸引电子的能力不同而使共用的电子对部分地或完全偏向于其中一个原子，使其正负电荷的中心不重合，键具有了极性（polarity），称为极性键（polar bond）。不同元素的原子之间形成的共价键都不同程度地具有极性。

两个同元素原子间形成的共价键不具有极性，称为非极性键（nonpolar bond）。

键的极性的大小可以用键矩（μ）来衡量：

$$\mu = ql \tag{10-14}$$

式中，q 为电量；l 通常取两个原子的核间距。键矩是矢量，其方向是从正电荷中心指向负电荷中心。μ 的单位为库仑·米(C·m)。

10.3.3 分子轨道理论

(1) 分子轨道理论

价键理论较好地说明了共价键的形成，但存在一定的局限性。不能很好地解释 O_2 等分子具有顺磁性问题。1932 年前后，莫立根（R. S. Mulliken）、洪特（F. Hund）和伦纳德-琼斯（J. E. Lennard Jones）等人先后提出了分子轨道理论（molecular orbital theory），简称 MO 法，成功地说明了 O_2 分子的分子结构。

分子轨道和原子轨道一样，是一个描述核外电子运动状态的波函数 Ψ，两者的区别在于原子轨道是以一个原子的原子核为中心，描述电子在其周围的运动状态，而分子轨道是以两个或更多个原子核作为中心。每个分子轨道 Ψ_i 有一个相应的能量 E_i。若分子的总能量为 E，则：

$$E = \sum N_i E_i$$

式中，N_i 为 Ψ_i 轨道上的电子数目；E_i 为 Ψ_i 轨道被一个电子占有时所具有的能量。

例如 H_2 分子的分子轨道是由两个 H 原子的能量相同的 1s 原子轨道形成的。

分子轨道：

$$\Psi_{\mathrm{I}} = C_a \Psi_a + C_b \Psi_b$$
$$\Psi_{\mathrm{II}} = C_a' \Psi_a - C_b' \Psi_b$$

式中，Ψ_a、Ψ_b 代表两个氢原子的原子轨道；C、C' 为两个与原子轨道的重叠有关的参数，对同核双原子分子 $C_a = C_b$、$C_a' = C_b'$。

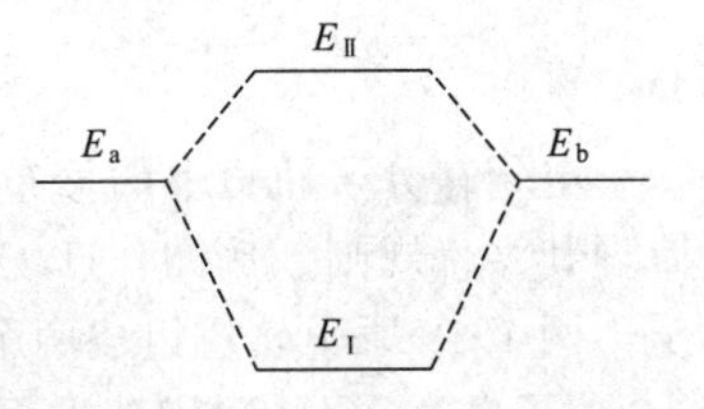

图 10-21 分子轨道的形成

Ψ_{I} 称为成键轨道（bonding orbital）。两核间概率密度增大，其分子轨道的能量低于原子轨道的能量。

Ψ_{II} 称为反键轨道（antibonding orbital），两核间概率密度减小，其分子轨道的能量高于原子轨道的能量。见图 10-21。

图 10-21 中 E_a、E_b 为两个 H 原子轨道的能量，E_{I}、E_{II} 分别为成键和反键轨道的能量。

(2) 组成有效分子轨道的原则

原子轨道组合成分子轨道必须满足对称性匹配、能量相近和轨道最大重叠三个原则，称为成键原则。

① 称性匹配　是指两个原子轨道具有相同的对称性，且重叠部分的正负号相同时，才能有效地组成分子轨道。

② 能量相近　组成分子轨道的两个原子轨道的能量相近。

③ 轨道最大重叠　参与成键的原子轨道重叠部分越大越好。

当组合成分子轨道的原子轨道满足上述三个原则时才能有效地组成分子轨道。

(3) 分子轨道能级图

分子轨道的能级顺序目前主要由光谱实验数据确定。将分子轨道按能级的高低排列起来，就可获得分子轨道的能级图。第二周期元素形成的同核双原子分子的分子轨道能级示意图见图 10-22。图中（a）、（b）两能级图的差异在于 σ_{2p} 和 π_{2p} 能级次序不同。图 10-22（a）

中 σ 能级比 π 低，该能级图适用于 O_2、F_2 分子。而 N_2、C_2、B_2 等分子的分子轨道能级顺序则如图 10-22（b）图所示。σ_{2p} 能级比 π_{2p} 能级高。能级图中的一个短横表示一个原子轨道或一个分子轨道。分子轨道的名称（σ,π）与分子轨道的对称性有关。图中分子轨道的符号上带“*”号的是反键轨道，不带“*”号的是成键轨道。注意分子轨道的数目和组成分子的原子轨道的数目相同。成键轨道与反键轨道数目相同。轨道的形状、能量相同，称为简并分子轨道，如 π_{2p_y} 和 π_{2p_z}，$\pi^*_{2p_y}$ 和 $\pi^*_{2p_z}$ 等。

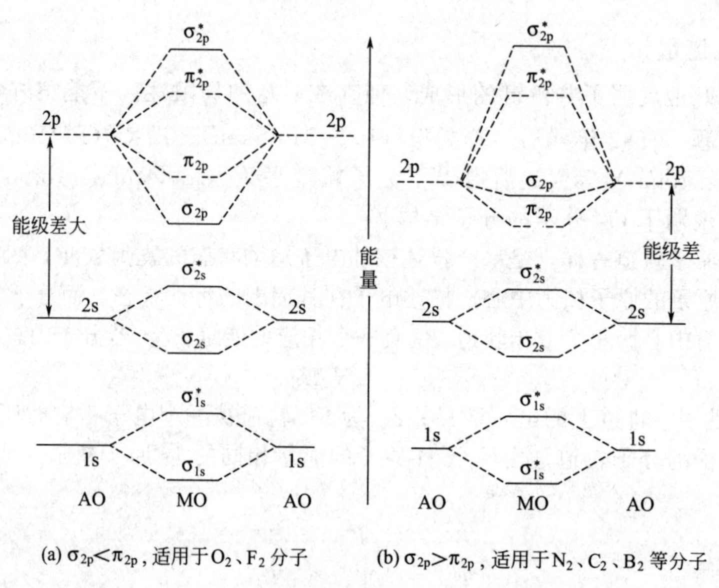

(a) $\sigma_{2p}<\pi_{2p}$，适用于 O_2、F_2 分子　　(b) $\sigma_{2p}>\pi_{2p}$，适用于 N_2、C_2、B_2 等分子

图 10-22　同核双原子分子轨道轨道能级

电子在分子轨道上的排布仍然遵循核外电子排布三原则——能量最低原理、泡利不相容原理和洪特规则。例如，H_2 分子由两个 H 原子组成，每个 H 原子的 1s 轨道上有一个 1s 电子，两个 1s 原子轨道组成两个分子轨道，根据电子排布规则，两个 1s 电子进入能量较低的 σ_{1s} 分子轨道，形成了 H_2 分子，如图 10-23 所示。

图 10-24 为 N_2 和 O_2 分子轨道排布示意图。

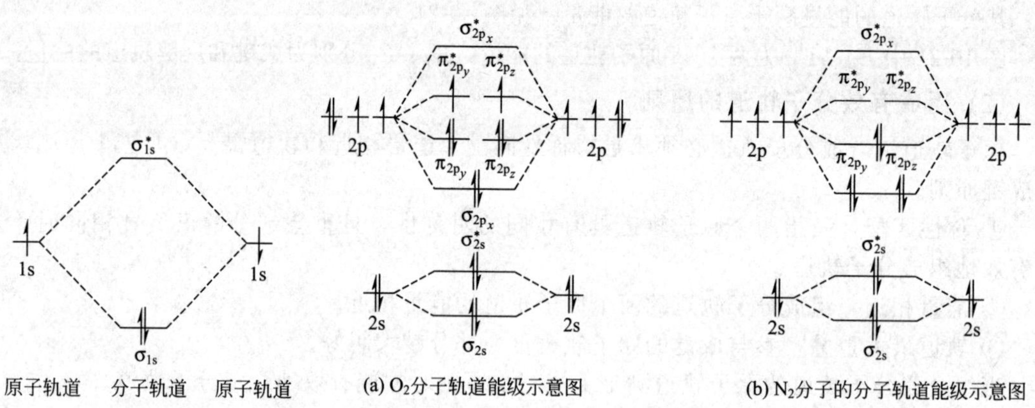

原子轨道　分子轨道　原子轨道　　(a) O_2分子轨道能级示意图　　(b) N_2分子的分子轨道能级示意图

图 10-23　H_2 分子轨道填充示意图　　图 10-24　分子轨道排布示意图

N_2 分子的分子轨道电子分布式：

$$N_2[(\sigma_{1s})^2(\sigma^*_{1s})^2(\sigma_{2s})^2(\sigma^*_{2s})^2(\pi_{2p_z})^2(\pi_{2p_y})^2(\sigma_{2p_x})^2]$$

或 $$N_2[KK(\sigma_{2s})^2(\sigma_{2s}^*)^2(\pi_{2p_y})^2(\pi_{2p_z})^2(\sigma_{2p_x})^2]$$

形成氮分子的一个 σ 键两个 π 键，键级为 3。

O_2 分子的分子轨道电子分布式：

$$O_2[(\sigma_{1s})^2(\sigma_{1s}^*)^2(\sigma_{2s})^2(\sigma_{2s}^*)^2(\sigma_{2p_x})^2(\pi_{2p_y})^2(\pi_{2p_z})^2(\pi_{2p_y}^*)^1(\pi_{2p_z}^*)^1]$$

或 $$O_2[KK(\sigma_{2s})^2(\sigma_{2s}^*)^2(\pi_{2p_y})^2(\pi_{2p_z})^2(\sigma_{2p_x})^2(\pi_{2p_y}^*)^1(\pi_{2p_z}^*)^1]$$

形成氧分子的一个 σ 单键两个三电子 π 键，如 $O\overset{\cdots}{\underset{\cdots}{—}}O$，键级为 2。

例 10-2 写出 O_2、O_2^-、O_2^{2-} 的分子轨道电子分布式，说明它们是否能稳定存在，并指出它们的磁性。

解 $$O_2[(\sigma_{1s})^2(\sigma_{1s}^*)^2(\sigma_{2s})^2(\sigma_{2s}^*)^2(\sigma_{2p_x})^2(\pi_{2p_y})^2(\pi_{2p_z})^2(\pi_{2p_y}^*)^1(\pi_{2p_z}^*)^1]$$

从 O_2 分子中的电子在分子轨道上的分布可知，O_2 分子有一个 σ 键，两个三电子 π 键，键级为 2，所以该分子能稳定存在。它有两个未成对的电子，具有顺磁性。

$$O_2^-[(\sigma_{1s})^2(\sigma_{1s}^*)^2(\sigma_{2s})^2(\sigma_{2s}^*)^2(\sigma_{2p_x})^2(\pi_{2p_y})^2(\pi_{2p_z})^2(\pi_{2p_y}^*)^2(\pi_{2p_z}^*)^1]$$

O_2^- 分子离子比 O_2 分子多一个电子，这个电子应分布在 $\pi_{2p_y}^*$ 分子轨道上，该分子离子尚有一个 σ 键，一个三电子 π 键，键级为 1.5，所以也能稳定存在。由于仍有一个未成对电子，有顺磁性。

$$O_2^{2-}[(\sigma_{1s})^2(\sigma_{1s}^*)^2(\sigma_{2s})^2(\sigma_{2s}^*)^2(\sigma_{2p_x})^2(\pi_{2p_y})^2(\pi_{2p_z}^*)^2(\pi_{2p_y}^*)^2(\pi_{2p_z}^*)^2$$

O_2^{2-} 分子离子比 O_2 分子多两个电子，使其 π_{2p}^* 轨道上的电子也都配对，它们与 π_{2p} 轨道上的电子对成键的贡献基本相抵，该分子离子有一个 σ 键，键级为 1，不如前述稳定，无未成对电子，为抗磁性。

10.3.4 杂化轨道理论

根据价键理论，共价键是成键原子通过电子配对形成的。例如 H_2O 分子的空间构型，根据价键理论两个 H—O 键的夹角应该是 90°，但实测结果是 104.5°。又如 C 原子，其价电子构型为 $2s^22p^2$，按电子配对法，只能形成两个共价键，且键角应为 90°，显然，与实验事实不符。鲍林(L. Pauling)和斯莱特(J. C. Slater)于 1931 年提出了杂化轨道理论。

(1) 杂化轨道理论要点

在原子间相互作用形成分子的过程中，同一原子中能量相近的不同类型的原子轨道（即波函数）可以相互叠加，重新组成同等数目、能量完全相等且成键能力更强的新的原子轨道，这些新的原子轨道称为杂化轨道（hybrid orbital）。杂化轨道的形成过程称为杂化（hybridization）。

杂化轨道在某些方向上的角度分布更集中，因而杂化轨道比未杂化的原子轨道成键能力强，使形成的共价键更加稳定。不同类型的杂化轨道有不同的空间取向，从而决定了共价型多原子分子或离子的不同的空间构型。没有参与杂化的轨道仍保持原有的形状。

(2) 杂化轨道的类型

① sp 杂化 由同一原子的一个 ns 轨道和一个 np 轨道线性组合得到的两个杂化轨道称为 sp 杂化轨道。每个杂化轨道都包含着 1/2 的 s 成分和 1/2 的 p 成分，两个杂化轨道的夹角为 180°如图 10-25 所示。

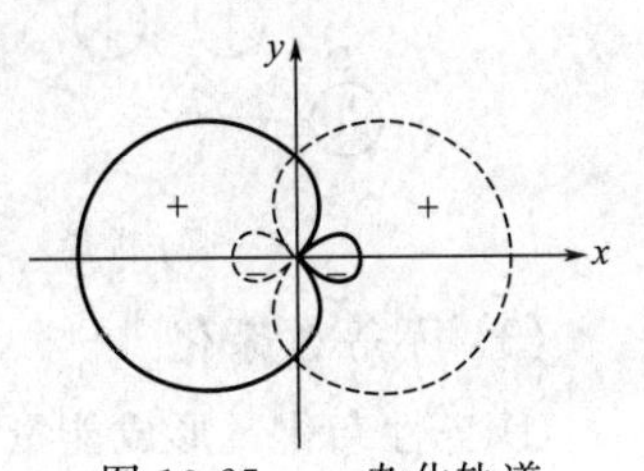

图 10-25 sp 杂化轨道

例如，实验测得 $BeCl_2$ 是直线形共价分子，Be 原子位于分子的中心位置，可见 Be 原子应以两个能量相等成键方向相反的轨道与 Cl 原子成键，这两个轨道就是 sp 杂化轨道。

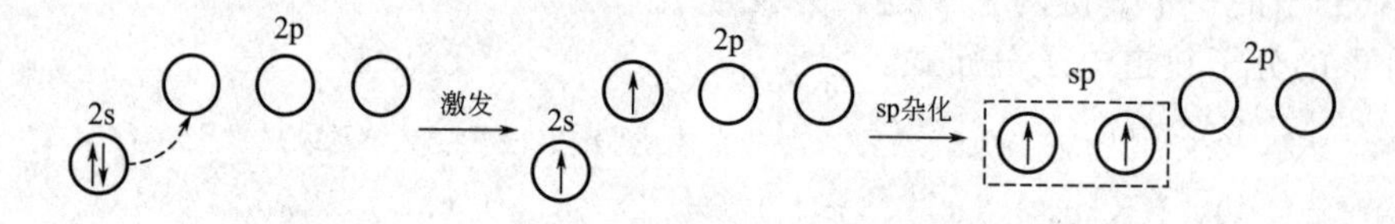

② sp^2 杂化　sp^2 杂化是一个 ns 原子轨道与两个 np 原子轨道的杂化，每个杂化轨道都含 1/3 的 s 成分和 2/3 的 p 成分，轨道夹角为 120°，轨道的伸展方向指向平面三角形的三个顶点，如图 10-26（a）所示。BF_3 为典型例子。硼原子的电子层结构为 $1s^2 2s^2 2p^1$，为了形成 3 个 σ 键，硼的 1 个 2s 电子要先激发到 2p 的空轨道上去，然后经 sp^2 杂化形成三个 sp^2 杂化轨道。所以 BF_3 分子的空间构型为平面三角形[图 10-26(b)]。

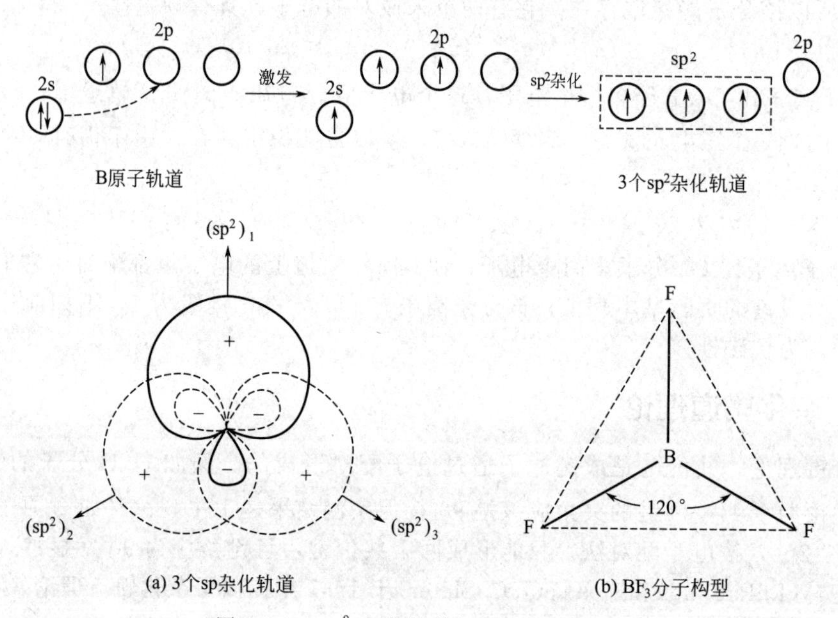

图 10-26　sp^2 杂化轨道与 BF_3 分子结构

③ sp^3 杂化　sp^3 杂化是由一个 ns 原子轨道和三个 np 原子轨道参与杂化的过程。CH_4 中碳原子的杂化就属此种杂化。碳原子价电子构型为 $2s^2 2p^2$，碳原子也经历激发、杂化过程，形成了 4 个 sp^3 杂化轨道：每一个 sp^3 杂化轨道都含有 1/4 的 s 成分和 3/4 的 p 成分，轨道之间的夹角为 109.5°（图 10-27）。

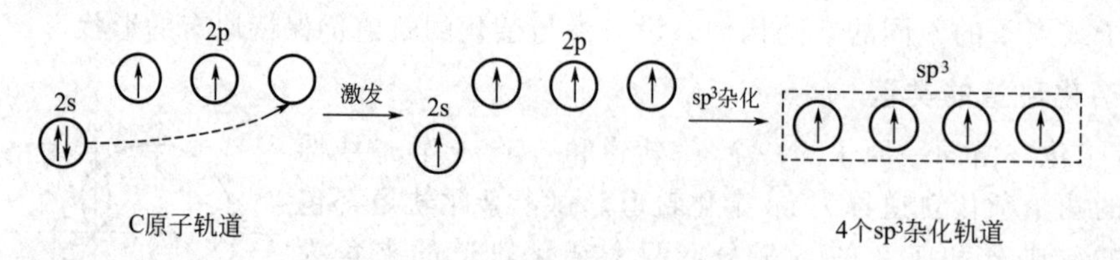

(3) 不等性杂化

① 等性杂化　形成能量相等、空间分布对称的杂化轨道的过程，每个杂化轨道的 s、p 成分相同，这种杂化称为等性杂化。参与杂化的每个原子轨道均有未成对的单电子的体系一

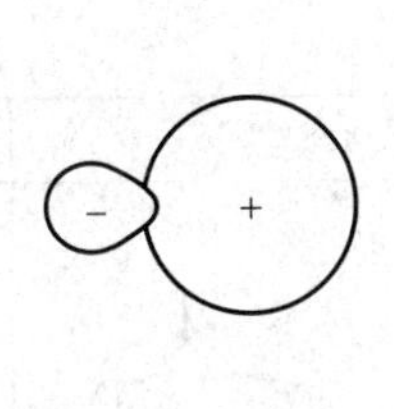

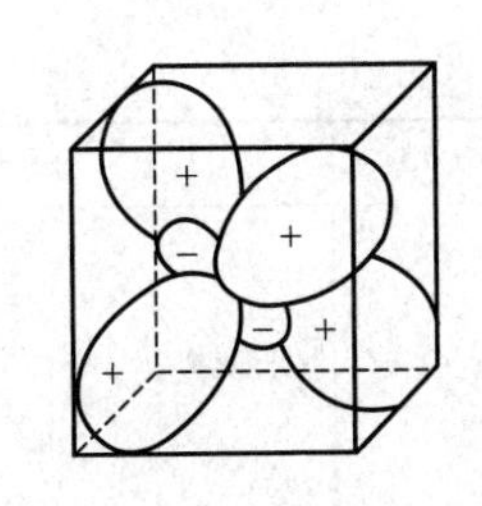

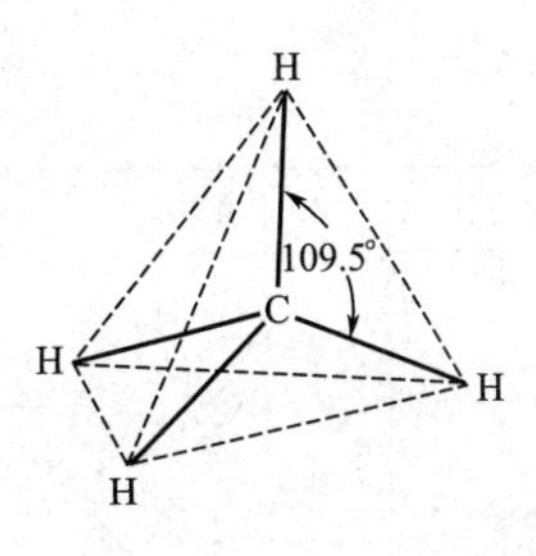

(a) 单个sp^3杂化轨道　(b) 4个sp^3杂化轨道　(c) CH_4分子构型

图 10-27　sp^3 杂化轨道与 CH_4 分子结构

般进行等性杂化。

② 不等性杂化　形成能量相等、空间分布不完全对称的杂化轨道的过程，对应轨道为不等性杂化轨道。参与杂化的原子轨道除有未成对的单电子原子轨道外还有成对电子的原子轨道的体系进行不等性杂化。如 N、O 等原子等。

氮原子的价电子层结构为 $2s^2 2p^3$，在形成 NH_3 分子时，氮的 2s 和 2p 轨道首先进行 sp^3 杂化。因为 2s 轨道上有一对孤电子对，由于含孤电子对的杂化轨道对成键轨道的斥力较大，使成键轨道受到挤压，成键后键角小于 109.5°，分子呈三角锥形（图 10-28）。同样氧原子的价电子层结构为 $2s^2 2p^4$，在形成 H_2O 分子时，有两对孤电子对，斥力更大，键角更小，分子呈 V 形（图 10-29）。

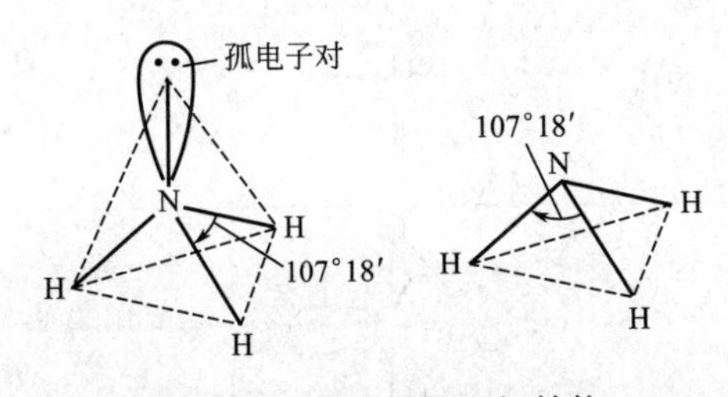

图 10-28　氨分子的空间结构

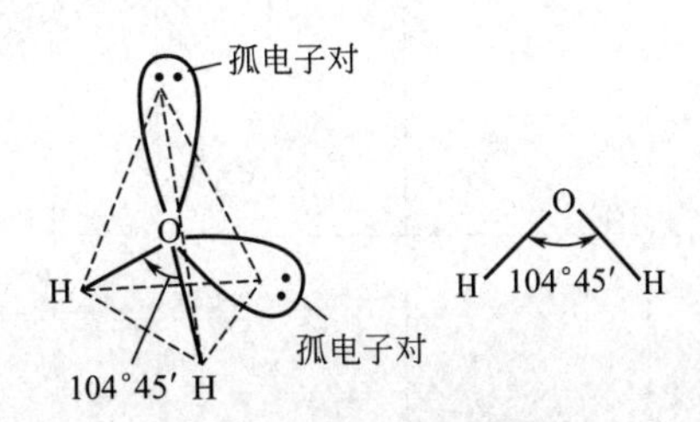

图 10-29　水分子的空间结构

杂化的原子轨道类型及分子空间构型见表 10-11。

表 10-11　常见的分子构型

价层电子对	孤电子对	分子类型	杂化类型	分子空间构型	实例
2	0	AX_2	sp	直线形	$BeCl_2$，CS_2
3	0	AX_3	sp^2	三角形	BF_3，SO_3
	1	AX_2		V 形	SO_2，NO_2
4	0	AX_4	dsp^2	四边形	$Cu(NH_3)_4^{2+}$

续表

价层电子对	孤电子对	分子类型	杂化类型	分子空间构型	实例
4	0	AX_4	sp^3	四面体 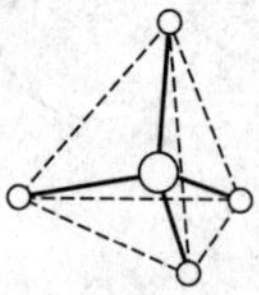	CH_4，SO_4^{2-}
	1	AX_3		三角锥 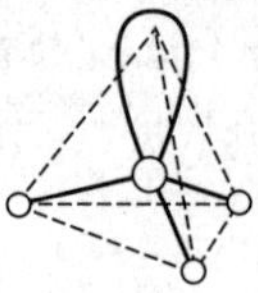	NH_3，SO_3^{2-}
	2	AX_2		V形 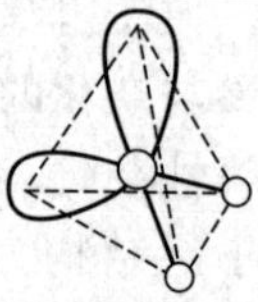	H_2O，H_2S
5	0	AX_5	dsp^3 sp^3d	三角双锥 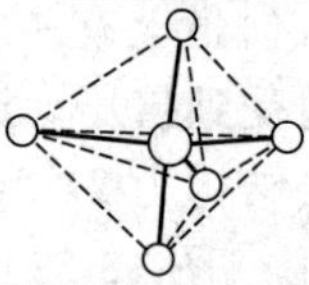	PCl_5，[$Fe(CO)_5$]
	1	AX_4		变形四面体 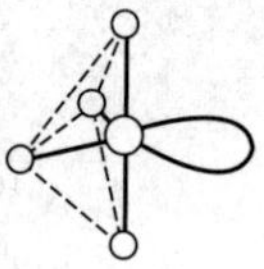	SF_4
	2	AX_3		T形 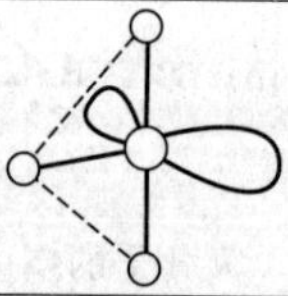	ClF_3，BrF_3
	3	AX_2		直线形 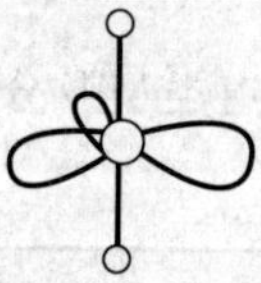	I_3^-，IF_2^-
6	0	AX_6	d^2sp^3 sp^3d^2	八面体 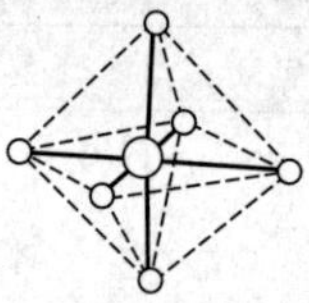	[$Fe(CN)_6$]$^{3-}$ SF_6，$Fe(H_2O)_6^{2-}$
	1	AX_5		四方锥 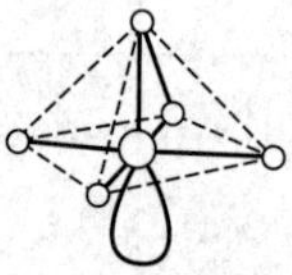	IF_5，BrF_5
	2	AX_4		平行四边形 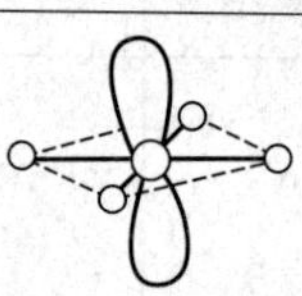	XeF_4，ICl_4^-

10.3.5 配合物的价键理论

在配位化合物中，中心离子和配体间靠什么力量结合在一起？它们的空间结构如何？为什么有的化合物稳定，有的不稳定？这类问题促使人们对其进行研究，从而发展了配位化合物的结构理论。

(1) 配合物价键理论的基本要点

1931年鲍林首先将分子结构的价键理论应用于配合物，后经他人修正补充，逐步完善成配合物的现代价键理论。其要点为：

① 中心离子（或原子）M与配体L形成配合物时，中心离子（或原子）以空的价轨道接受配体中配位原子提供的孤对电子，形成σ配键（用M←L表示）。

② 中心离子（或原子）所提供的空价轨道必须杂化，与配位原子的充满孤对电子的原子轨道相互重叠，形成配位共价键。

(2) 中心离子轨道杂化的类型

在配合物的形成过程中，中心离子需提供一定数目的经杂化的能量相同的空价轨道与配体形成配位键。中心离子所提供的空轨道的数目，由中心离子的配位数所决定，故中心离子空轨道的杂化类型与配位数有关。其轨道杂化的类型及空间结构见表10-11。

(3) 外轨型与内轨型配合物

以外层空轨道（ns、np、nd）参与杂化成键，这样的配键称为外轨（outer orbital）配键，形成的配合物称为外轨型配合物。若中心离子的次外层$(n-1)$d轨道参与了杂化成键，这样的配键称为内轨（inner orbital）配键，形成的配合物称为内轨型配合物。

中心离子的电荷增多，它对配位原子孤对电子的吸引力增强，有利于形成内轨型配合物。如$[Co(NH_3)_6]^{2+}$为外轨型，而$[Co(NH_3)_6]^{3+}$为内轨型配合物。

若配位原子的电负性较强（如F、O等作配位原子时），则较难给出孤对电子，对中心离子电子分布的影响较小，易形成外轨型配合物，如$[FeF_6]^{3-}$、$[Fe(H_2O)_6]^{3+}$等。若配位原子的电负性较弱如C(在CN、CO中)，则较易给出孤对电子，将影响中心离子的电子分布，使中心离子空出内层轨道，形成内轨型配合物，如$[Fe(CN)_6]^{3-}$、$[Co(CN)_6]^{3-}$等。

下面就$[FeF_6]^{3-}$和$[Fe(CN)_6]^{3-}$的形成进一步说明。

① $[FeF_6]^{3-}$配离子的形成　Fe^{3+}的价电子层结构为：

Fe^{3+}和F^-形成$[FeF_6]^{3-}$配离子时，配位数为6，Fe^{3+}需提供六个空轨道。Fe^{3+}外层能级相近的一个4s、三个4p和两个4d轨道经杂化，形成六个等价的sp^3d^2杂化轨道，容纳六个配体F^-提供的六对孤对电子，形成六个配键：

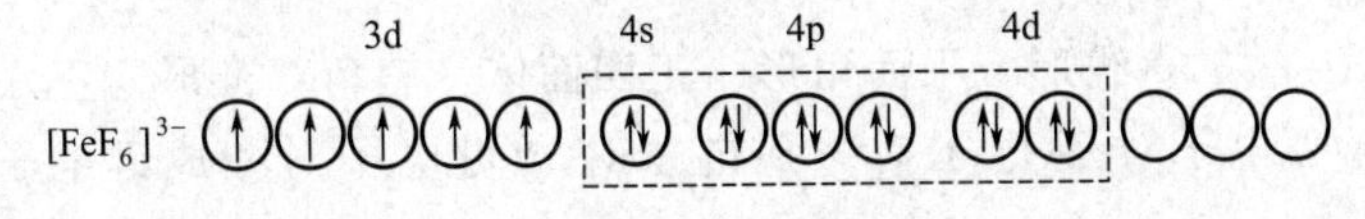

六个sp^3d^2杂化轨道在空间是对称分布的，指向正八面体的六个顶角，各轨道间的夹角为90°。所以sp^3d^2配离子的空间构型呈正八面体形。Fe^{3+}位于正八面体的中心，六个F^-位于正八面体的六个顶角。

② $[Fe(CN)_6]^{3-}$配离子的形成　在Fe^{3+}与CN^-结合形成$[Fe(CN)_6]^{3-}$配离子时，配位数为6。Fe^{3+}在配体CN^-的影响下，其3d电子发生归并，重新分布，空出了两个3d轨道，这两个3d轨道和一个4s、三个4p轨道杂化，形成六个等价的d^2sp^3杂化轨道，容纳六个CN^-配体中的六个配位C原子所提供的六对孤对电子，形成六个配键：

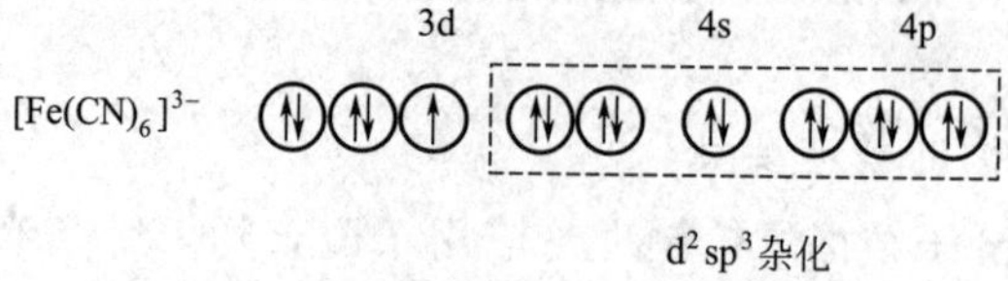

3d　4s　4p

$[Fe(CN)_6]^{3-}$　⇅⇅↑　[⇅⇅　⇅　⇅⇅⇅]

d^2sp^3杂化

因此，$[Fe(CN)_6]^{3-}$配离子的空间构型呈正八面体形。

可见，在配位数为6的配离子中，中心离子也可以采取两种不同杂化类型，sp^3d^2杂化和d^2sp^3杂化。

(4) 配合物的磁性

磁性是物质在外磁场作用下表现出来的性质。如果物质中电子均已成对，电子自旋所产生的磁效应相互抵消，这种物质不存在磁矩，不被外磁场所吸引，但在外磁场作用下，产生诱导磁矩，其方向与外磁场方向相反，这种物质称为反磁性物质。而当物质中有未成对电子时，则总磁效应不能相互抵消，这种物质置于外磁场中时，内部未成对电子在自旋及绕核运动时产生的磁场受外磁场吸引，其方向与外磁场方向一致，使磁场增强，这种物质称为顺磁性物质。所以物质磁性的强弱与物质内部未成对电子数的多少有关。物质的磁性强弱可以用磁矩（μ）来表示：

$\mu=0$的物质，其中电子皆已成对，具有反磁性；

$\mu>0$的物质，其中有未成对电子，具有顺磁性。

磁矩μ与物质中未成对电子数之间有近似关系

$$\mu=\sqrt{n(n+2)}\mu_B \tag{10-15}$$

式中，μ为磁矩，单位为$A \cdot m^2$；μ_B为玻尔磁子（Bohr magneton），其值为$9.274\times 10^{-24}A \cdot m^2$；$n$为未成对电子数。

物质的磁性可用磁天平进行测量。测量结果可以用来断判其属内轨型或内轨型配合物。

10.3.6　价层电子对互斥理论

(1) 理论基本要点

① 共价分子（或离子）中，中心原子价电子层中的电子对倾向于尽可能地远离，相互排斥作用小。

② 分子中中心原子的价层视为一个球面，价电子层中的电子对按最低能量原理排布在球面，价层电子对数VP与排列方式如下：

电子对数VP	2	3	4	5	6
排列方式	直线形	平面角形	正四面体	三角双锥形	正八面体形

③ 排斥作用：孤电子对-孤电子对＞孤电子对-成键电子对＞成键电子对-成键电子对；叁键＞双键＞单键。

(2) 推断分子或离子空间构型步骤

假定：氧族元素作配体认为不提供电子；H、卤族元素作配体提供1个电子。

① 计算价层电子对数

$M=$(中心原子价电子数+配位原子提供电子数±离子电荷代数值)/2

根据价层电子对数找出排布方式。

② 配位原子按几何构型排布在中心原子周围，每一对电子连接一个配位原子，剩余电子对为孤对电子，电子对处在排斥作用小的位置。常见的分子构型见表10-11。

10.4 共价型物质的晶体

10.4.1 晶体的类型

(1) 晶体的特征

晶体内部质点呈有规律的排布，使得晶体具有区别于无定形体的一些共同的特征：

① 各向异性（anisotropy），即在晶体的不同方向上具有不同的物理性质。如光学性质、电学性质、力学性质和导热性质等在晶体的不同方向上往往是各不相同的。如石墨特别容易沿层状结构方向断裂成薄片，石墨在与层平行方向的电导率要比与层垂直方向上的电导率高10^4倍以上。

② 具有一定的熔点，而无定形体则没有固定的熔点，只有软化温度范围（如玻璃、石蜡、沥青等）。

晶体还有一些其他的共性，如晶体具有规则的几何外形；具有均匀性，即一块晶体内各部分的宏观性质（如密度、化学性质等）相同。

X射线研究的结果得知，晶体由在空间排列得很有规则的结构单元（可以是离子、原子或分子等）组成。

晶体中具体的结构单元抽象为几何学上的点（称结点），把它们连接起来，构成不同形状的空间网格，称晶格。晶格中的格子都是六面体。

将晶体结构截裁成一个个彼此互相并置而且等同的平行六面体的最基本单元，这些基本单元就是晶胞（unit cell）。

晶体是由晶胞在三维空间无间隙地堆砌构成的，所以晶胞是晶格的最小基本单位（图10-30）。晶胞是一个平行六面体。同一晶体中其相互平行的面上结构单元的种类、数目、位置和方向相同。但晶胞的三条边的长度不一定相等，也不一定互相垂直，晶胞的形状和大小用晶胞参数表示，即用晶胞三个边的长度a、b、c和三个边之间的夹角α、β、γ表示，如图10-31所示。

(2) 晶体的分类

① 按晶体的对称性分类　可分为七大晶系，见表10-12。

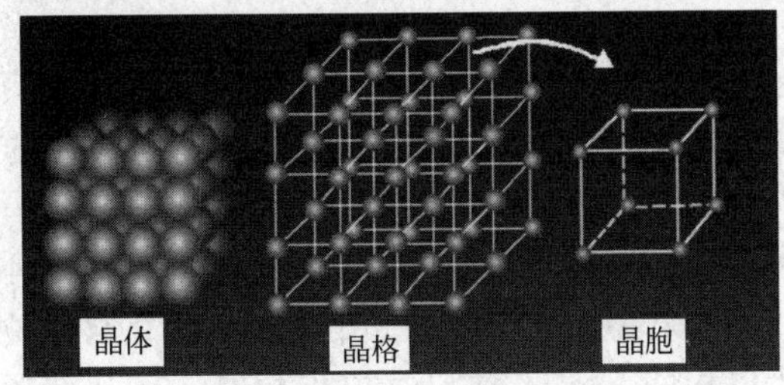

图10-30　晶体、晶格、晶胞

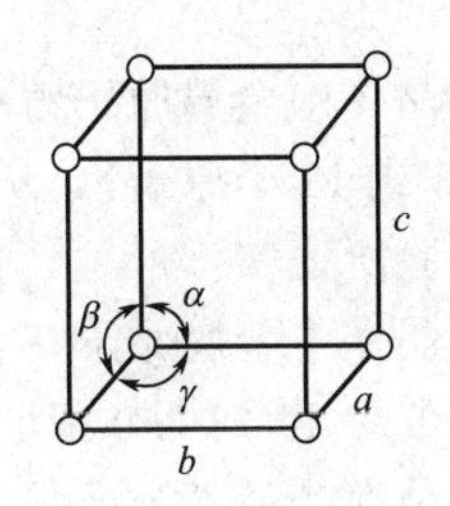

图10-31　晶胞参数

表 10-12　七大晶系

晶系	晶胞	类　型	实　例
立方晶系	$a=b=c$	$\alpha=\beta=\gamma=90°$	NaCl、CaF_2、金属 Cu
四方晶系	$a=b\neq c$	$\alpha=\beta=\gamma=90°$	SnO_2、TiO_2、金属 Sn
六方晶系	$a=b\neq c$	$\alpha=\beta=90°, \gamma=120°$	AgI、石英(SiO_2)
菱形晶系	$a=b=c$	$\alpha=\beta=\gamma\neq 90°<120°$	方解石($CaCO_3$)
斜方晶系	$a\neq b\neq c$	$\alpha=\beta=\gamma=90°$	$NaNO_2$、$MgSiO_4$、斜方硫
单斜晶系	$a\neq b\neq c$	$\alpha=\beta=90°, \gamma>90°$	$KClO_3$、KNO_2
三斜晶系	$a\neq b\neq c$	$\alpha\neq\beta\neq\gamma$	$CuSO_4 \cdot 5H_2O$、$K_2Cr_2O_7$、高岭土

② 按结构单元间作用力分类

a. 金属晶体　金属晶体中晶胞的结构单元上排列着的是中性原子或金属正离子，结构单元间靠金属正离子和自由电子之间的相互吸引作用相结合。

b. 分子晶体　分子晶体中晶胞的结构单元是分子，通过分子间的作用力相结合，此作用力要比分子内的化学键力小得多。分子晶体的熔点和硬度都很低；分子晶体多数是电的不良导体；因为电子不能通过这类晶体而自由运动。非金属单质、非金属化合物分子和有机化合物，大多数形成分子晶体。例如硫、磷、碘、萘、非金属硫化物、氢化物、卤化物、尿素、苯甲酸等。

c. 离子晶体　离子晶体（ionic crystal）中晶胞的结构单元上交替排列着正、负离子，例如 NaCl 晶体是由正离子 Na^+ 和负离子 Cl^- 组成的。由于离子间的静电引力比较大，所以离子晶体具有较高的熔点和较大的硬度，而多电荷离子组成的晶体则更为突出。离子晶体是电的不良导体，离子都处于固定位置上（仅有振动），离子不能自由运动。当离子晶体熔化或溶解在极性溶剂中时能变成良好导体，因为此时离子能自由运动了。一般离子晶体比较脆，机械加工性能差。

d. 原子晶体　原子晶体中组成晶胞的结构单元是中性原子，结构单元间以强大的共价键相联系。由于共价键有高度的方向性，往往阻止这些物质取得紧密堆积结构。例如金刚石中，C 原子以 sp^3 杂化轨道成键，正四合面体结构，有很高的稳定性。常见的原子晶体还有碳化硅（SiC）、碳化硼（B_4C）和氮化铝（AlN）等。原子晶体具有很高的熔点和硬度。原子晶体是不良导体，即使在熔融时导电性也很差，在大多数溶剂中都不溶解。

10.4.2　金属晶体

(1) 金属晶格

金属晶体（metallic crystal）的晶格上占据的质点是金属原子或金属正离子。金属晶体是靠金属正离子和自由电子之间的相互吸引作用结合成一个整体的，这种结合作用就是金属键。

金属晶体中金属原子力求达到最紧密的堆积，使每个金属原子拥有尽可能多的相邻原子（通常是 8 或 12 个原子），从而达到最稳定的结构。金属的这种紧密堆积，已为金属的 X 射线衍射实验所证实。

金属晶体中金属原子在空间的排列，可近似视为是等径圆球的密堆积。有三种基本的构型：配位数为 12 的六方密堆积，配位数为 12 的面心立方密堆积和配位数为 8 的体心立方堆积。前两种都是最紧密堆积，圆球占有全部体积的 74%。体心立方堆积是一种比较紧密的堆积方式，圆球占有全部体积的 68%（图 10-32）。

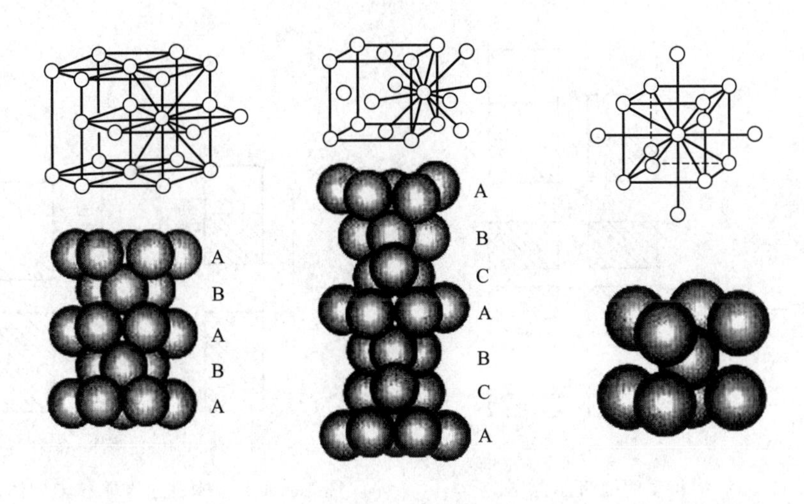

(a) 六方密堆积　　(b) 面心立方密堆积　　(c) 体心立方堆积

图 10-32　金属晶格三种密堆积

一些金属所属的晶格类型如下：

a. 六方密堆积晶格，La、Y、Mg、Zr、Hg、Cd、Co 等；

b. 面心立方密堆积晶格，Ca、Pb、Ag、Au、Al、Cu、Ni 等；

c. 体心立方堆积晶格，K、Rb、Cs、Li、Na、Cf、Mo、W、Fe 等。

(2) 金属键

非金属元素的原子都有较多的价电子，彼此可以共用电子而互相结合。但大多数金属元素的价电子都少于 4 个（多数只有 1 个或 2 个价电子），而金属晶格中每个原子要被 8 个或 12 个相邻原子所包围，很难想象它们之间是如何结合起来的。为了说明金属键的本质，目前有两种主要的理论——金属键的能带理论和改性共价键理论。这里只简要讨论金属键的能带理论。

分子轨道可由原子轨道线性组合而成，得到的分子轨道数与参与组合的原子轨道数相等。若一个金属晶格中有 N 个原子，这些原子的每一种能级相同的原子轨道，通过线性组合可得到 N 个分子轨道，它是一组扩展到整块金属的离域轨道。由于 N 数值很大（例如 6mg 的锂晶体内 $N=6.02\times10^{20}$），所形成的分子轨道之间的能级差就非常微小，实际上这 N 个能级构成一个具有一定上限和一定下限的连续能量带，称能带（energy-band）。图 10-33 是金属钠和镁的能带结构示意图。由已充满电子的原子轨道组成的低能量能带，叫做满带；由未充满电子的能级所形成的能带叫做导带；没有填入电子的空能级组成的能带叫空带。在具有不同能量的能带之间通常有较大的能量差，以致电子不能从一个较低能量的能带进入相邻的较高能量的能带，这个能量间隔区称为禁区，又叫禁带，在此区间内不能充填电子。例如金属钠的 2p 能带上的电子不能跃迁到 3s 能带上去，因为这两个能带之间有一个禁带。但 3s 能带上的电子却可以在接受外来能量后从能带中较低能级跃迁到较高能级上。

金属中相邻近的能带也可以相互重叠。例如镁原子的价电子是 $3s^2$，形成的 3s 能带是一个满带，如果 3s 电子不能越过禁带进入 3p 能带，镁就不会表现出导电性。但由于 3s 能带和 3p 能带发生了重叠，3s 能带上的电子得以进入 3p 能带。一个满带和一个空带相互重叠的结果如同形成了一个范围较大的导带，镁的价电子有了自由活动的空间（图 10-33）。所以镁和其他碱土金属都是良导体。根据能带结构中禁带宽度和能带中电子填充状况，可把物质分为导体、绝缘体和半导体（图 10-34）。

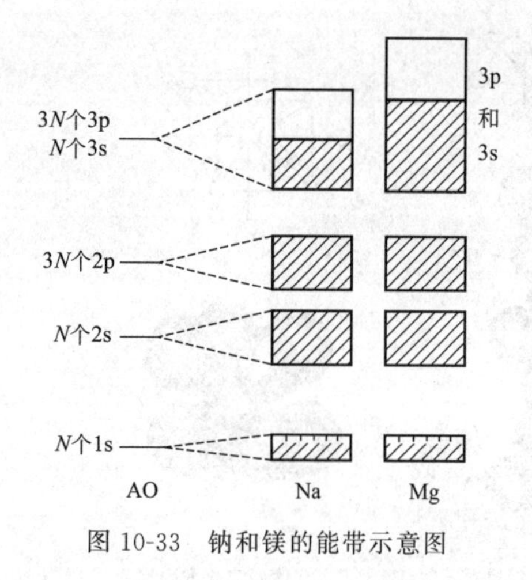

图 10-33 钠和镁的能带示意图

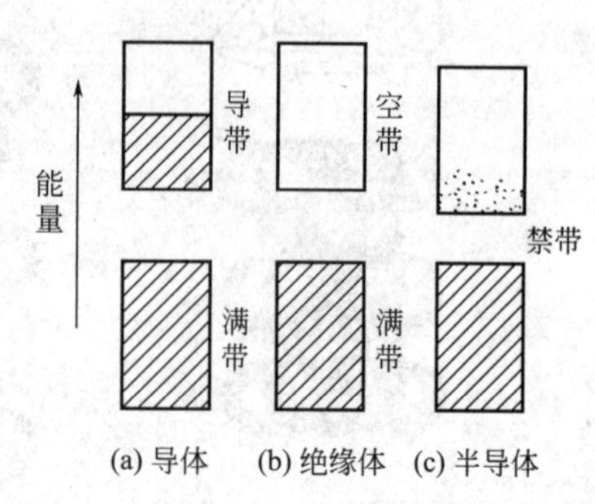

图 10-34 导体、绝缘体和半导体的能带

导体的特征是价带是导带，在外电场作用下，导体中的电子便会在能带内向高能级跃迁，因而导体能导电。绝缘体的能带特征是价带是满带，与能量最低的空带之间有较宽的禁带，在一般外电场作用下，绝缘体不能将价带的电子激发到空带上去，从而不能使电子定向运动，即不能导电。半导体的能带特征是价带也是满带，但与最低空带之间的禁带则较窄。当温度升高时，通过热激发电子可以较容易地从价带跃迁到空带上，使空带中有了部分电子，成了导带，而价带中电子少了，出现了空穴。在外加电场作用下，导带中的电子从电场负端向正端移动，价带中的电子向空穴运动，留下新空穴，使材料有了导电性。

金属的导电性和半导体的导电性不同，在温度升高时，由于系统内质点的热运动加快，增大了电子运动的阻力，所以温度升高时金属的导电性是减弱的。

能带理论能很好地说明了金属的共同物理性质。能带中的电子可以吸收光能，并也能将吸收的能量发射出来，这就说明了金属的光泽。金属的价层能带是导带，所以在外加电场的作用下可以导电，电子也可以传输热能，表现了金属的导热性。由于金属晶体中的电子是非定域的，当给金属晶体施加机械应力时，一些地方的金属键被破坏，而另一些地方又可生成新的金属键，因此金属具有良好的延展性和机械加工性能。

10.4.3 分子晶体

分子晶体中晶格的结构单元是小分子，结构单元间的作用力是分子间存在的弱吸引力——分子间力（包括氢键）等。分子间力不仅存在于分子晶体中，当分子相互接近到一定程度时，就存在分子间力。气体分子能凝聚成液体、固体主要是靠这种作用力，其作用力虽小，但对物质的物理性质（如熔点、溶解度等）的影响却很大。

(1) 分子极性

在任何一个分子中都存在一个正电荷中心和一个负电荷中心，根据两个电荷中心是否重合，可以把分子分为极性分子和非极性分子。正负电荷中心不重合的分子叫极性分子（polar molecule），正负电荷中心重合的分子叫非极性分子（nonpolar molecule）。

对同核双原子分子，由于两个原子的电负性相同，两个原子之间的化学键是非极性键，分子为非极性分子；如果是异核双原子分子，由于电负性不同，两个原子之间的化学键为极性键，即分子的正电荷中心和负电荷中心不会重合，分子为极性分子，如 HCl、CO 等。

对于复杂的多原子分子来说，如果是相同原子组成的分子，分子中只有非极性键，那么分子通常是非极性分子，单质分子大都属此类，如 P_4、S_8 等。如果组成原子不相同，那么分子的极性不仅与元素的电负性有关，还与分子的空间构型有关。例如，SO_2 和 CO_2 都是三原子分子，都是由极性键组成，但 CO_2 的空间构型是直线形，键的极性相互抵消，分子的正负电荷中心重合，分子为非极性分子。而 SO_2 的空间构型是 V 形，正负电荷重心不重合，分子为极性分子。

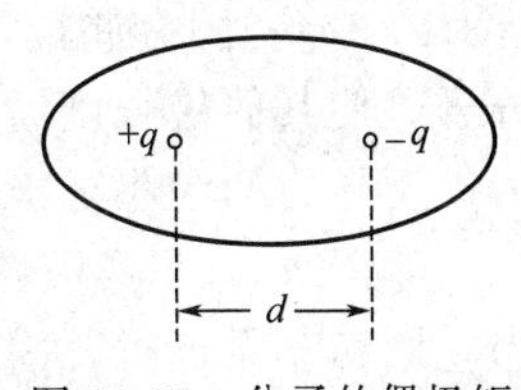

图 10-35　分子的偶极矩

分子极性的大小常用偶极矩（dipole moment）来量度。在极性分子中，正负电荷中心的距离称偶极长，用符号 d 表示，单位为米（m）；正负电荷所带电量为 ^{+}q 和 ^{-}q，单位为库仑（C）。分子的偶极矩 μ（见图 10-35）：

$$\mu=qd$$

偶极矩的 SI 单位是库仑·米（C·m）。

偶极矩可通过实验测得，根据偶极矩大小可以判断分子有无极性，偶极矩可帮助判断分子可能的空间构型。

(2) 分子变形性及分子极化

非极性分子在外电场作用下会产生偶极，成为极性分子；极性分子在外电场作用下本来就具有的固有偶极会增大，分子极性进一步增大。这种在外电场作用下，正、负电荷中心距离增大的现象，称为变形极化，所形成的偶极称为诱导偶极（induced dipole）。

诱导偶极与外电场强度 E 呈正比：

$$\mu_{诱导}=\alpha E$$

式中，α 为比例常数，称为极化率（polarizability）。

如果外电场强度一定，则极化率愈大，$\mu_{诱导}$ 愈大，分子的变形性也愈大，所以极化率可表征分子的变形性。

极性分子受到外电场作用时，极性分子要顺着电场方向取向。这一现象称为取向极化。

同时电场也使分子正、负电荷中心距离增大，发生变形，产生诱导偶极。所以此时分子的偶极为固有偶极和诱导偶极之和。

(3) 分子间作用力

原子间靠化学键结合成分子，化学键的键能一般为 100～600kJ·mol^{-1}，分子聚集成物质靠的是分子间力和氢键。稀有气体、H_2、O_2、N_2、Cl_2、NH_3 和 H_2O 等分子能液化或凝固，说明分子间作用力的存在。分子间力又叫做范德华力。分子间力包括以下三种。

① 色散力　当非极性分子相互靠近［图 10-36(a)］，由于电子的不断运动和原子核的不断振动，常发生电子云和原子核之间瞬间的相对位移，在某一瞬间总会有一个偶极存在，这种偶极叫瞬时偶极。当非极性分子靠近到一定距离时，由于同极相斥、异极相吸，瞬时偶极间总是处于异极相邻的状态［图 10-36(b)、(c)］，分子间通过瞬时偶极产生的吸引力称为色散力。色散力不仅存在于非极性分子间，同时也存在于非极性分子与极性分子之间和极性分子与极性分子之间。所以色散力是分子间普遍存在的作用力。分子的变形性愈大，色散力愈大。分子中原子或电子数愈多，分子愈容易变形，所产生的瞬间偶极矩就愈大，相互间的色散力愈大。

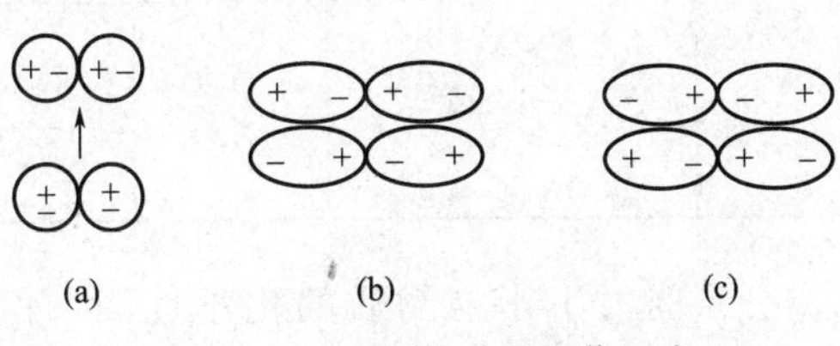

图 10-36　非极性分子间作用力

② 诱导力　当极性分子和非极性分子靠近时，除了色散力外，还存在诱导力。极性分子的固有偶极使非极性分子发生变形，电子云和原子核之间发生相对位移，产生诱导偶极

(图 10-37)。固有偶极与诱导偶极之间产生的作用力叫诱导力。同时诱导偶极又作用于极性分子，使其偶极长度增加，从而进一步增强了它们之间的吸引力。

诱导力的大小随极性分子的极性增大而增加，与被诱导的分子的变形性成正比。

③ 取向力　当极性分子相互靠近时，色散力也起作用。此外，极性分子具有固有偶极，当它们相互靠近时，固有偶极相互作用，同极相斥，异极相吸，分子在空间就按异极相邻的状态取向（图 10-38)，这样可以降低系统能量。固有偶极之间的作用力称为取向力。由于取向力的存在，使极性分子更加靠近。在相邻分子的固有偶极的作用下，每个分子的正、负电荷重心更加分开，产生诱导偶极，因此它们之间还存在着诱导力的作用。

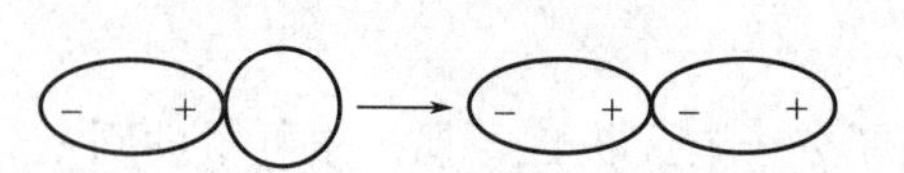

图 10-37　极性分子和非极性分子之间的作用

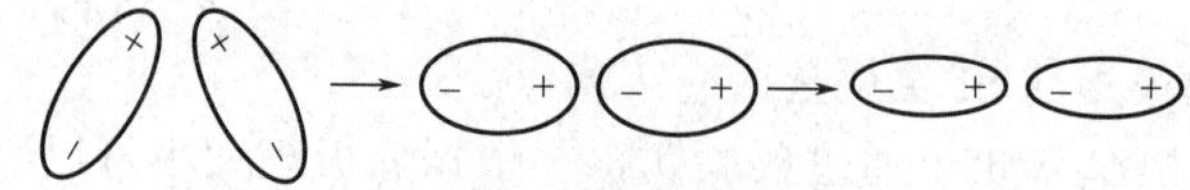

图 10-38　极性分子间的相互作用

取向力的大小决定于分子极性的大小，分子极性越大，取向力越大；取向力与热力学温度成反比。

总之，在非极性分子之间，只有色散力；在极性分子和非极性分子之间，有色散力和诱导力；在极性分子之间则有色散力、诱导力和取向力。分子间力是这三种力的总和。

(4) 分子间力的特点及对物质的性质的影响

分子间力有以下特点：

a. 分子间力较弱，大约 2～30kJ·mol^{-1}，比化学键力小 1～2 个数量级，是永远存在于分子之间的一种作用力。

b. 分子间力是静电引力，没有方向性和饱和性，其作用范围在 300～500 pm，与分子间距离的 6 次方呈反比，即随着分子间距离的增加而迅速减小。

c. 色散力存在于各种分子之间，一般也是最主要的一种分子间力。从表 10-13 列出的一些分子间三种作用力的能量分配情况可以看出，像 HCl 这样的极性分子，取向力仅占 16%，色散力则占 80%，只有极性很强的 H_2O 分子间才以取向力为主。

表 10-13　一些分子的分子间作用力的能量分配　　kJ·mol^{-1}

分子	取向力	诱导力	色散力	总和	分子	取向力	诱导力	色散力	总和
H_2	0	0	0.17	0.17	HCl	3.30	1.10	16.82	21.22
Ar	0	0	8.49	8.49	HBr	1.09	0.71	28.45	30.25
Xe	0	0	17.41	17.41	NH_3	13.30	1.55	14.73	29.58
CO	0.003	0.008	8.74	8.75	H_2O	36.36	1.92	9.00	47.28

分子间力不影响物质的化学性质，但它和物质的熔点、沸点、聚集状态、汽化热、熔化热等物理性质有密切关系，并影响物质的溶解度等性质。一般说来，分子间力越大，物质的熔点、沸点越高，聚集状态由气态到固态。如 F_2、Cl_2、Br_2、I_2 都是非极性分子，随着相对分子质量的增加，分子体积增大，变形性增大，分子间色散力依次增大，因此它们的熔点、沸点依次增高。在常温常压下，氟、氯为气体，溴为液体，碘为固体，它们的颜色依次加深。对于相同类型的单质和化合物来说，通常分子的极性对化合物熔点、沸点影响不大，一般随分子量的增加，分子体积的增大，其色散力增加，则熔点、沸点也增加，如 HCl、HBr、HI。当分子量相同或相近时，极性分子化合物的熔点、沸点比非极性分子略高。

(5) 氢键

当氢与电负性很大、半径很小的原子 X(X 可以是 F、O、N 等高电负性元素) 形成共价键时，共用电子对强烈偏向于 X 原子，因而氢原子几乎成为半径很小、只带正电荷的裸露的质子。这个几乎裸露的质子能与电负性很大的其他原子(Y)相互吸引，也可以和另一个 X 原子相互吸引，形成氢键。

① 形成氢键的条件

a. 氢原子与电负性很大的原子 X 形成共价键；

b. 有另一个电负性很大且具有孤对电子的原子 X(或 Y)。

氢键的表示方式为：X—H⋯X(Y)。其中的“⋯”即是氢键。

易形成氢键的元素有 F、O、N、Cl、S 等。

氢键的强弱与这些元素的电负性大小、原子半径大小有关。电负性愈大，氢键愈强；原子半径愈小，氢键也愈强。氢键的强弱顺序为：

$$F—H\cdots F>O—H\cdots O>N—H\cdots N>O—H\cdots Cl>O—H\cdots S$$

② 氢键的特点

a. 键能一般在 40kJ·mol^{-1} 以下，比化学键的键能小得多，与范德华力在同一数量级。

b. 具有饱和性和方向性。氢键的饱和性表示一个 X—H 只能和一个 Y 形成氢键。氢键的方向性是指 Y 原子与 X—H 形成氢键时，其方向尽可能与 X—H 键轴在同一方向，即 X—H⋯Y 尽可能保持 180°(这样成键可使 X 与 Y 距离最远，两原子的电子云斥力最小，形成稳定的氢键)。

③ 氢键的分类

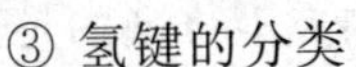

a. 分子间氢键　因为分子间形成氢键，固体熔化或液体汽化时，不仅要破坏分子间的力，还要提供额外的能量去破坏分子间的氢键。NH_3、H_2O 和 HF 的熔点和沸点与同族氢化物相比反常地升高，如图 10-39 所示，就是因为它们都有分子间氢键。例如，HF 分子气相为二聚体$(HF)_2$，HCOOH 分子气相也为二聚体$(HCOOH)_2$。根据甲酸二聚体在不同温度的解离度，可求得它的解离能为 59.0kJ·mol^{-1}，这个数据显然远远大于一般的分子间力。

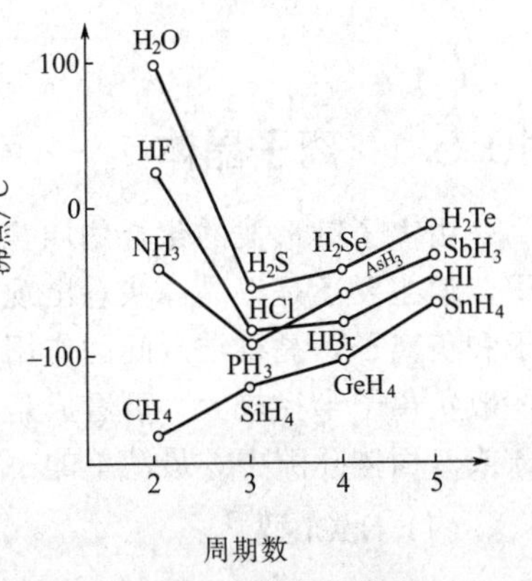

图 10-39　氢化物的沸点

b. 分子内氢键　HNO_3 分子，以及在苯酚的邻位上有—NO_2、—COOH、—CHO、—$CONH_3$ 等基团时都可以形成分子内氢键。分子内氢键由于分子结构原因通常不能保持直线形状。

④ 氢键对物质物理性质的影响　分子间形成氢键时，使分子间结合力增强，使化合物的熔点、沸点、熔化热、汽化热、黏度等增大，蒸气压则减小。例如 HF 的熔点、沸点比

HCl 高，H_2O 的熔点、沸点比 H_2S 高。分子间氢键还是分子缔合的主要原因。甘油的黏度很大，就是因为 $C_3H_5(OH)_3$ 分子间有氢键的缘故。因为冰有分子间氢键，必须吸收大量的热才能使其断裂，所以其熔点大于同族的 H_2S。

分子内氢键的形成一般使化合物的熔点、沸点、熔化热、汽化热、升华热减小。

⑤ 氢键对化合物的溶解度的影响　当溶质和溶剂分子间形成氢键时，使溶质的溶解度增大；当溶质分子间形成氢键或溶质分子内形成氢键时，在极性溶剂中的溶解度下降，而在非极性溶剂中的溶解度增大。例如邻硝基苯酚易形成分子内氢键，比间、对硝基苯酚在水中的溶解度更小，更易溶于苯中。

⑥ 氢键在生物大分子（如蛋白质、DNA、RNA 及糖类等）中的重要作用　蛋白质分子的 α-螺旋结构就是靠羰基(C═O)上的 O 原子和氨基(—NH)上的 H 原子以氢键(C═ O···H—N)结合而成。DNA 的双螺旋结构也是靠碱基之间的氢键连接在一起的。氢键在人类和动植物的生理、生化过程中也起着十分重要的作用。

10.5　离子型晶体

10.5.1　离子晶体

由离子键形成的化合物叫离子型化合物。离子型化合物虽然在气态可以形成离子型分子，但主要还是以晶体状态出现。例如氯化钠、氯化铯晶体，它们晶格结点上排列的是正离子和负离子，晶格结点间的作用力是离子键。许多离子晶体的结构可以按密堆积结构理解。一般负离子半径较大，可看成是负离子的等径圆球作密堆积，而正离子有序地填在四面体孔隙或八面体孔隙中。最简单的 AB 型离子晶体，有如下三种典型的晶体结构。

(1) NaCl 型

如图 10-40(a)所示，NaCl 型晶体属于立方晶系，是 AB 型离子晶体中最常见的一种晶体构型。可看成负离子(Cl^-)的面心立方密堆积与正离子(Na^+)的面心立方密堆积的交错重叠，重叠方式为：一个面心立方格子的结点是另一面心立方格子的中点。从图上可以看出，在每个 Na^+ 的周围最接近的有 6 个 Cl^-，而每个 Cl^- 周围最接近的有 6 个 Na^+。通常把分子或晶体中任一原子周围最接近的原子(或离子)数目叫做配位数，那么在 NaCl 晶体中，Na^+ 的配位数是 6，Cl^- 的配位数也是 6，它们的配位比是 6∶6。

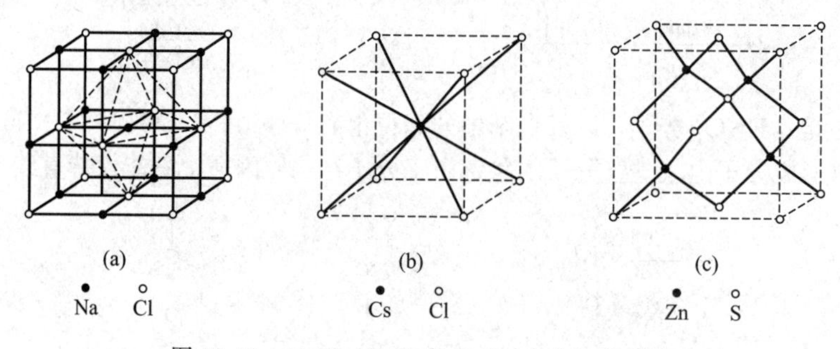

图 10-40　NaCl、CsCl 和 ZnS（立方）的晶胞

属于 NaCl 型结构的离子晶体有碱金属的大多数卤化物、氢化物和碱土金属的氧化物、

硫化物，AgCl 也属此类型。

(2) CsCl 型

如图 10-40(b)所示，CsCl 型的晶体结构属于立方晶系。正负离子均作简单立方堆积，两个简单立方格子平行交错，交错方式为一个简单立方格子的结点位于另一个简单立方格子的体心。配位数比是 8∶8，每个晶胞中所含的 Cs^+ 数与 Cl^- 数之比是 1∶1。属于 CsCl 型结构的离子晶体有 CsCl、CsBr、CsI、RbCl、ThCl、NH_4Br 等。

(3) ZnS 型

ZnS 的晶体结构有两种形式，立方 ZnS 型和六方 ZnS 型。这两种形式的化学键的性质相同，基本上为共价键型，其晶体应为共价型晶体。但有一些 AB 型离子晶体具有立方 ZnS 型的晶体结构（正离子处于 Zn 的位置，负离子处于 S 的位置），所以结晶化学中以 ZnS 晶体结构作为一种离子晶体构型的代表。Zn 与 S 原子均形成面心立方格子，但平行交错的方式较为复杂，是一个面心立方格子的结点位于另一个面心立方格子的体对角线的 1/4 处，如图 10-40(c)所示，属立方晶系，配位比为 4∶4。属立方 ZnS 型的离子晶体有 BeO、BeS、BeSe 等。

(4) 正负离子半径比与配位数

在离子型晶体中只有当正负离子完全紧密接触时，晶体才是稳定的。因此，单从静电作用出发，正负离子的相对大小是决定离子晶体结构的重要因素，对离子的配位数和配位形式起重要作用。下面以六配位的 NaCl 晶型为例，讨论正负离子半径比与配位数的关系。

离子间的接触有三种可能。NaCl 型晶体中，正离子处于负离子的八面体空隙中。图 10-41(a)表示正负离子相互接触，负离子与负离子也相互接触。此时静电吸引与静电排斥达到平衡，晶体稳定，即 $r_+/r_-=0.414$。图 10-41(b)表示正负离子相互接触，而负离子与负离子互相不接触。很显然，此时静电吸引大于静电排斥，晶体结构稳定，$r_+/r_->0.414$。另一方面，在正离子周围的负离子越多，即配位数越大，总静电吸引越强，晶体在这种情况下有增加配位数的倾向。根据计算，当 r_+/r_- 达到 0.732 时，正离子的配位数就可以增至 8 个，正离子进入负离子的立方体空隙中。图 10-41(c)表示负离子与负离子相互接触，而正负离子之间却不接触，此时 $r_+/r_-<0.414$。正负离子间的静电吸引力小于负离子间的静电排斥力。要改变此种状态，只有减小配位数，才能使晶体稳定。根据计算，必须使配位数降到 4，正离子进入负离子的四面体空隙。

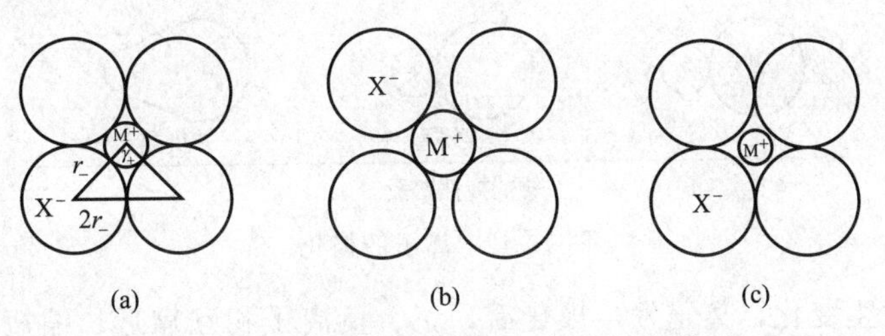

图 10-41　八面体配位中正负离子的接触情况

根据上面的计算与推理，可得表 10-14 所示的正负离子半径比与配位数之间的关系。

表 10-14　正负离子半径比与配位数的关系

r_+/r_-	配位数	晶体构型
0.225～0.414	4	ZnS
0.414～0.732	6	NaCl
0.732～1.00	8	CsCl

正负离子半径比只是影响晶体结构的一种因素，在复杂多样的离子晶体中，还有其他因素影响晶体的结构，例如离子的电子层结构、原子间轨道的重叠，还有外界条件的改变等。所以，往往会出现离子半径比与晶型不符的情况。

10.5.2 离子极化作用

当一个离子孤立存在时，可以看成是一个刚球，正负电荷的中心是重合的。但当一个离子处于外电场中时，正负电荷中心也会发生位移，产生诱导偶极，这一过程称为离子的极化。

通常正离子由于带有多余的正电荷，一般其半径较小，它对相邻的负离子会产生诱导作用，使其变形极化；而负离子由于带有负电荷，一般半径较大，易被诱导极化，变形性较大。因此，考虑离子极化作用时，一般考虑正离子对负离子的极化能力大小和负离子在正离子极化作用下的变形性大小。正离子的极化能力愈大、负离子的变形性愈大，则离子极化作用愈强。

(1) 离子的极化能力与变形性

离子极化能力的大小取决于离子的半径、电荷和电子层构型。离子电荷愈高，半径愈小，极化能力愈强。此外，正离子的外层电子构型对极化能力也有影响，其极化能力大小顺序为：

18、(18+2)及2电子构型>(9～17)电子构型>8电子构型

离子的半径愈大，变形性愈大。因为负离子的半径一般比较大，所以负离子的极化率一般比正离子大。正离子的电荷数越高，极化率越小；负离子的电荷数越高，极化率越大。在常见离子中 S^{2-} 和 I^- 是很易被极化的。

(2) 离子极化对晶体键型的影响

离子的极化作用主要指正离子使负离子变形极化。电子构型为18、(18+2)的正离子自身也易变形，在与变形性较大的负离子结合时，不仅使负离子变形极化，自身也会受到负离子极化而变形，从而产生附加极化作用，加强了正负离子间的极化作用。

例如 Ag^+、Cd^{2+}、Hg^{2+} 与 I^-、S^{2-} 间会因极化作用而使正负离子的电子云发生相互重叠，使离子键转变成了共价键，离子晶体也相应地转变为共价型晶体（图10-42）。

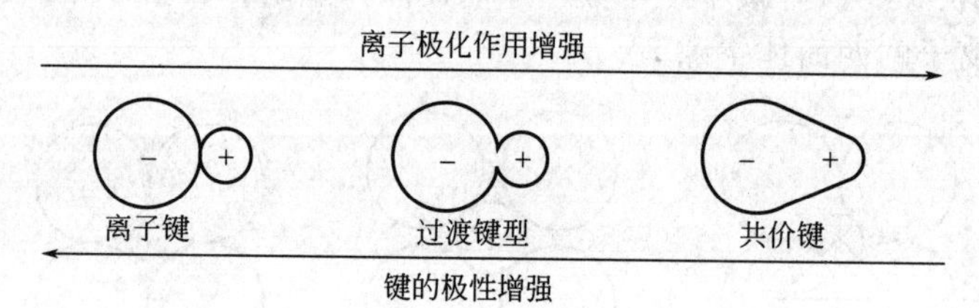

图10-42 离子的极化

极化使键型发生变化，离子发生极化后，正、负离子相互靠近，缩短了两核间的距离，或者说键长缩短了。比较实测的键长和正负离子半径和，可大致判断键型的变化。键长与正负离子半径之和基本一致的是离子型；键长与正负离子半径之和差别显著的，基本上是共价型；差别不很大的则是过渡型。

(3) 离子极化对化合物性质的影响

① 溶解度　离子的极化使化合物键型从离子键向共价键过渡，导致化合物在水中溶解度下降。例如卤化银 AgX 中，Ag^+ 为18电子构型，极化能力和变形性均很大；而 X^- 随 F^-、Cl^-、Br^-、I^- 顺序离子半径依次增大，变形性也随之增大。所以，除 AgF 为离子化

合物溶于水外，AgCl、AgBr、AgI均为共价化合物，并且共价程度依次增大，水中溶解度依次降低。

② 颜色　化合物的极化程度越大，化合物的颜色越深。Ag^+和卤素离子都是无色的，但AgCl为白色，AgBr为浅黄，AgI为较深的黄色。$AgCrO_4$，是砖红色而不是黄色。这都与离子极化作用有关。

③ 熔点、沸点　在$BeCl_2$、$MgCl_2$、$CaCl_2$、$SrCl_2$、$BaCl_2$等化合物中，由于Be^{2+}半径最小，又是2电子构型，所以有很大的极化能力，它使Cl^-发生显著的变形，Be^{2+}与Cl^-之间的键有很大的共价成分。因而$BeCl_2$具有较低的熔点、沸点。碱土金属离子的氯化物随着金属离子半径的逐渐增大，极化能力逐渐下降，化合物的共价成分依次下降，熔点、沸点逐渐升高。又如$HgCl_2$，Hg^{2+}为18电子构型，极化能力与变形性都很大，基本上为共价键型。因此，熔点、沸点都很低。

10.6　多键型晶体

除了离子晶体、原子晶体、分子晶体和金属晶体这四种典型晶体外，还有一种多键型（也称混合键型）晶体或称过渡型晶体，其晶体内同时存在着若干种不同的作用力，从而具有若干种晶体的结构和性质。典型的例子是石墨（图10-43）。石墨晶体中，同一层中的碳原子用sp^2杂化轨道与相邻的三个碳原子以σ共价键相连接，键角120°，形成无限片状结构。碳原子还剩下一个有一个p电子的p轨道，这些p轨道互相平行，并与杂化轨道所在的平面相垂直发生肩并肩重叠，在同层碳原子之间形成了大π键。大π键中的π电子可在整个层面中自由活动，相当于金属键中的自由电子，因此这种大π键亦是非定域的多中心键。故石墨具有金属光泽和导电、导热性。石墨层与层之间的距离远大于C—C键长，达340pm，它们以分子间力互相结合，这种结合要比同层碳原子间的结合弱得多，所以当石墨晶体受到平行于层结构的外力时，层与层间会发生滑动，这是石墨作为固体润滑剂的原因。在同一层中的碳原子之间是共价键，所以石墨的熔点很高，化学性质很稳定。由此可见，石墨晶体兼有原子晶体、金属晶体和分子晶体的特征，是一种多键型晶体。

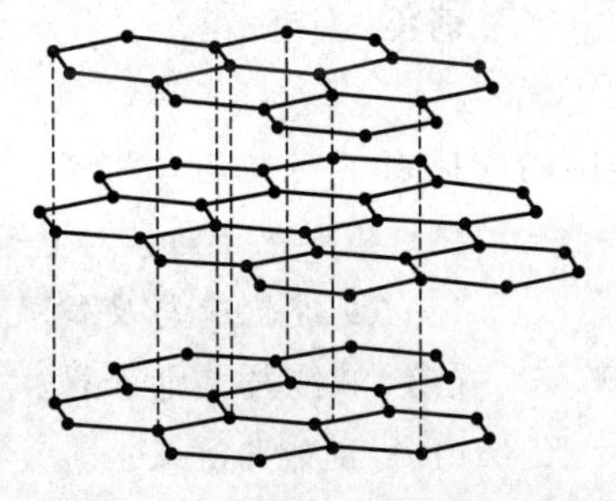

图10-43　石墨的层状晶体结构

具有多键型结构的晶体还有云母、黑磷、六方氮化硼BN（石墨型）等。

思考题

10-1　试区别：

（1）线状光谱与连续光谱；　　（2）基态与激发态；

（3）概率与概率密度；　　（4）电子云与原子轨道。

10-2　试述下列名词的意义：

(1) 能级交错； (2) 量子化； (3) 波粒二象性； (4) 简并轨道； (5) 泡利原理；
(6) 洪特规则； (7) 屏蔽效应；(8) 电离能； (9) 电负性； (10) 镧系收缩。

10-3 电子等实物微粒运动有何特性？电子运动的波粒二象性是通过什么实验得到证实的？

10-4 试述四个量子数的意义及它们的取值规则。

10-5 试述原子轨道与电子云的角度分布的含义有何不同？两种角度分布的图形有何差异？

10-6 多电子原子核外电子的填充依据什么规则？在能量相同的简并轨道上电子如何排布？

10-7 什么叫电离能？它的大小与哪些因素有关？它与元素的金属性有什么关系？

10-8 原子半径通常有哪几种？其大小与哪些因素有关？

10-9 试举例说明元素性质的周期性递变规律？短周期与长周期元素性质的递变有何差异？主族元素与副族元素的性质递变有何差异？

10-10 化学键的本质是什么？一般有几种类型？原子在分子中吸引电子能力的大小用什么来衡量？

10-11 根据元素的电负性及在元素周期表中的位置，指出哪些元素间易形成离子键，哪些元素间易形成共价键？

10-12 共价键的强度可用什么物理量来衡量？试比较下列各物质的共价键强度，并按由强至弱排。

H_2 F_2 O_2 HCl N_2 C_2 B_2

10-13 区别下列名词与术语。

(1) 孤对电子与键对电子；(2) 有效重叠与无效重叠；(3) 原子轨道与分子轨道；
(4) 成键轨道与反键轨道；(5) σ键与π键； (6) 极性键与非极性键；
(7) 单键与单电子键； (8) 叁键与三电子键； (9) 共价键与配位键；
(10) 键能与键级； (11) 氢键与化学键； (12) 极性分子与非极性分子；
(13) 固有偶极、诱导偶极与瞬时偶极； (14) 偶极矩与极化率；
(15) 杂化轨道与分子轨道； (16) sp、sp^2、sp^3 杂化。

10-14 下列叙述是否正确？若不正确则改正。

(1) s电子与s电子间形成的是σ键，p电子与p电子间形成的是π键；
(2) sp^3 杂化轨道指的是1s轨道和3p轨道混合形成4个 sp^3 杂化轨道。

10-15 常见晶体有几种类型？各类晶体性质如何？

10-16 AB型离子晶体有哪几种常见构型？用什么方法判断？

10-17 什么叫离子极化？离子极化作用对离子晶体的性质有何影响？

10-18 解释下列现象。

(1) 实验测定AgI晶体的配位数为4∶4，与其半径比结果不一致；
(2) 石灰石易敲碎，而Al、Ag、Cu等金属能打成薄片；
(3) MgO可作耐火材料，石墨可作固体润滑剂，Cu(s)能作导体；
(4) $BaSO_4$ 难溶于水，BaI_2 易溶于水，HgI_2 难溶于水，NH_3 易溶于水，CCl_4 难溶于水。

习题

10-1 计算氢原子核外电子从第三能级跃迁到第二能级时产生的谱线 H_α 的波长与频率。

（答：656nm；$4.57\times10^{14}s^{-1}$）

10-2 计算基态氢原子的电离能为多少？ （答：$I=h\nu=2.179\times10^{-18}J$）

10-3 下列各组量子数中，合理的一组是（ ）。

（A）$n=3$，$l=1$，$m_l=+1$，$m_s=+\frac{1}{2}$

（B）$n=4$，$l=5$，$m_l=-1$，$m_s=+\frac{1}{2}$

（C）$n=3$，$l=3$，$m_l=+1$，$m_s=-\frac{1}{2}$

（D）$n=4$，$l=2$，$m_l=+3$，$m_s=-\frac{1}{2}$

10-4 用合理的量子数表示：

（1）3d 能级； （2）$4s^1$ 电子。

10-5 分别写出下列元素基态原子的电子分布式，并分别指出各元素在周期表中的位置。

$_{9}F$ $_{10}Ne$ $_{25}Mn$ $_{24}Cr$ $_{29}Cu$ $_{47}Ag$

10-6 以（1）为例，完成下列（2）～（4）题。

（1）Na（Z=11） ［Ne］$3s^1$；

（2）________ $1s^2 2s^2 2p^6 3s^2 3p^3$；

（3）________（Z=24） ［ ］$3d^5 4s^1$；

（4）Kr（Z=________） ［ ］$3d^{10} 4s^2 4p^6$。

10-7 写出下列离子的最外层电子分布式：

S^{2-} K^+ Pb^{2+} Ag^+ Mn^{2+}

10-8 试完成下表。

原子序数	价层电子分布式	各层电子数	周期	族	区
11					
24					
35					
47					
60					
82					

10-9 已知某副族元素 A 的原子，电子最后填入 3d 轨道，最高氧化值为 4；元素 B 的原子，电子最后填入 4p 轨道，最高氧化值为 5：

（1）写出 A、B 元素原子的电子分布式；

（2）根据电子分布，指出它们在元素周期表中的位置（周期、区、族）。

10-10 有第四周期的 A、B、C 三种元素，其价电子数依次为 1、2、7，其原子序数按 A、B、C 顺序增大。已知 A、B 次外层电子数为 8，而 C 次外层电子数为 18，根据结构判断：

（1）C 与 A 的简单离子是什么？

(2) B与C两元素间能形成何种化合物？试写出化学式。

10-11 指出第四周期中具有下列性质的元素：

(1) 最大原子半径；　(2) 最大电离能；　(3) 最强金属性；

(4) 最强非金属性；　(5) 最大电子亲和能；(6) 化学性质最不活泼。

10-12 元素的原子其最外层仅有一个电子，该电子的量子数是 $n=4$，$l=0$，$m=0$，$m_s=+1/2$，

问：

(1) 符合上述条件的元素可以有几种？原子序数各为多少？

(2) 写出相应元素原子的电子分布式，并指出在元素周期表中的位置。

10-13 在下面的电子构型中，通常第一电离能最小的原子具有哪一种构型？

(1) ns^2np^3；　(2) ns^2np^4；　(3) ns^2np^5；　(4) ns^2np^6。

10-14 某元素的原子序数小于36，当此元素原子失去3个电子后，它的角动量量子数等于2的轨道内电子数恰好半满：

(1) 写出此元素原子的电子排布式；

(2) 此元素属哪一周期、哪一族、哪一区？元素符号是什么？

10-15 已知 $H_2O(g)$ 和 $H_2O_2(g)$ 的 $\Delta_f H_m^\ominus$ 分别为 $-241.8kJ\cdot mol^{-1}$、$-136.3kJ\cdot mol^{-1}$，$H_2(g)$ 和 $O_2(g)$ 的离解能分别为 $436kJ\cdot mol^{-1}$ 和 $493kJ\cdot mol^{-1}$，求 H_2O_2 中 O—O 键的键能。

[答：E(O—O)$=141kJ\cdot mol^{-1}$]

10-16 在极性分子之间存在着__________；在极性分子和非极性分子之间存在着__________力；在非极性分子之间存在着__________力。

10-17 写出 O_2 分子的分子轨道表达式，据此判断下列双原子分子或离子：O_2^+、O_2、O_2^-、O_2^{2-} 各有多少成单电子，将它们按键的强度由强到弱的顺序排列起来，并推测各自的磁性。

10-18 据电负性差值判断下列各对化合物中键的极性大小。

(1) FeO 和 FeS；　(2) AsH_3 和 NH_3；

(3) NH_3 和 NF_3；　(4) CCl_4 和 $SiCl_4$。

10-19 试说明三种分子中 NF_3、BF_3、ClF_3 各中心原子的杂化类型、分子的几何构型，并指出各自分子之间可能存在哪些分子间作用力。

10-20 用杂化轨道理论解释为何 PCl_3 是三角锥形，且键角为101°，而 BCl_3 却是平面三角形的几何构型。

10-21 波函数 ψ 是描述__________数学函数式，它和__________是同义词。$|\psi|^2$ 的物理意义是__________，电子云是__________的形象化表示。

10-22 氮分子中存在叁键，很不活泼，试从分子轨道理论的观点，加以解释。

10-23 (1) 推断出它的原子序号；(2) 写出分子轨道中的排布情况；

10-24 用 VSEPR 理论和杂化轨道理论推测下列各分子的空间构型和中心原子的杂化轨道类型。

PCl_3　SO_2　NO_2^+　SCl_2　$SnCl_2$　BrF_2^+

10-25 离子键无饱和性和方向性，而离子晶体中每个离子有确定的配位数，二者有无矛盾？

10-26 写出下列离子的外层电子排布式，并指出电子构型类型：

Mn^{2+}　Hg^{2+}　Bi^{3+}　Sr^{2+}　Be^{2+}

10-27 试由下列各物质的沸点，推断它们分子间力的大小，列出分子间力由大到小的顺序，这一顺序与分子量的大小有何关系？

Cl_2　−34.1℃　O_2　−183.0℃　N_2　−198.0℃

H_2　−252.8℃　I_2　181.2℃　Br_2　58.8℃

10-28 指出下列各组物质熔点由大到小的顺序。

(1) NaF　KF　CaO　KCl；　(2) SiF_4　SiC　$SiCl_4$；

(3) AlN　NH_3　PH_3；　(4) Na_2S　CS_2　CO_2。

10-29 已知NH_3、H_2S、BeH_2、CH_4的偶极矩分别为：4.90×10^{-30} C·m、3.67×10^{-30} C·m、0C·m、0C·m，试说明下列问题：

(1) 分子极性的大小；(2) 中心原子的杂化轨道类型；(3) 分子的几何构型。

10-30 下列化合物中哪些可能有偶极矩？

CS_2　CO_2　CH_3Cl　H_2S　SO_3

10-31 根据离子半径比，推测下列离子晶体属何种类型。

MnS　CaO　AgBr　RbCl　CuS

10-32 比较下列各对离子极化率的大小，简单说明判断依据。

(1) Cl^-　S^{2-}；　(2) F^-　O^{2-}；　(3) Fe^{2+}　Fe^{3+}；

(4) Mg^{2+}　Cu^{2+}；　(5) Cl^-　I^-；　(6) K^+　Ag^+。

10-33 将下列离子按极化力从大到小的顺序排列。

Mg^{2+}　Li^+　Fe^{2+}　Zn^{2+}

10-34 下列物质中，属极性分子的是

(A) PCl_5(g)　(B) BCl_3　(C) NCl_3　(D) XeF_2

10-35 形成氢键必须具备的两个基本条件是什么？

10-36 从离子极化角度讨论下列问题：

(1) AgF在水中溶解度较大，而AgCl则难溶于水。

(2) Cu^+的卤化物CuX的$r_+/r_->0.414$，但它们都是ZnS型结构。

(3) Pb^{2+}、Hg^{2+}、I^-均为无色离子，但PbI_2呈金黄色，HgI_2呈朱红色。

10-37 根据下列数据计算氧原子接受两个电子变成O^{2-}的电子亲和能$A(A_1+A_2)$。MgO的标准摩尔生成焓$\Delta_f H_m^{\ominus}(MgO)=-601.7\ kJ\cdot mol^{-1}$；$O_2$(g)的解离能$D=497kJ\cdot mol^{-1}$；MgO的晶格能$U=3824kJ\cdot mol^{-1}$；Mg的升华热$\Delta H_s^{\ominus}=146.4kJ\cdot mol^{-1}$；Mg(g)的电离能$I_1=737.7kJ\cdot mol^{-1}$，$I_2=1451kJ\cdot mol^{-1}$；($A_1+A_2=638.7kJ\cdot mol^{-1}$)。

10-38 试分析温度对导体和半导体的导电性的影响。

10-39 试说明石墨的结构是一种多键型的晶体结构。利用石墨作电极或作润滑剂各与它的哪一部分结构有关？

第 11 章

元素化学

学习要求

① 了解元素的分布及其分类。
② 熟悉重要元素及其化合物的性质。
③ 掌握 s 区、p 区、d 区、ds 区、f 区元素性质的一般规律。
④ 了解元素化学的一些新进展。

具有相同核电荷数（即质子数）的同一类原子总称为元素。整个物质世界，大至宇宙，小至微生物，都是由化学元素所构成的。研究元素及其单质、化合物的制备、性质以及变化规律，对认识生命的起源，促进工农业生产和提高人类生活水平有着巨大的影响。因此学习元素化学具有重要的现实意义。

本章将分别介绍 s 区、p 区、d 区、ds 区和 f 区元素通性，部分金属和非金属元素及其主要化合物的性质、变化规律，以及它们的主要用途。

11.1 元素概述

11.1.1 元素的分布

迄今为止，人类已经发现与人工合成的化学元素有 116 种（未包含尚未批准进入元素周期表的新发现元素），其中 92 种为自然界中存在的天然元素。元素在地壳中的含量称为丰度，常用质量分数来表示。地壳中含量居前十位元素的丰度分别为 O(48.6%)、Si(26.3%)、Al(7.73%)、Fe(4.75%)、Ca(3.45%)、Na(2.74%)、K(2.47%)、Mg(2.00%)、H(0.76%)、Ti(0.42%)。从数据中可知，地壳中轻元素含量相对更高，重元素含量较低。

人类一直在探索、开发的海洋也是元素资源的巨大宝库。海水的成分是很复杂的，因此海水中化学元素的含量差别很大（表 11-1）。按组分含量的不同，可把海水中的化学元素分为常量元素和微量元素。氯、钠、镁、钙、钾、锶、硫、碳、溴、氟、硼、硅等元素，占海水中溶解盐类的 99.8%～99.9%，它们在海水中的含量基本不变。

表 11-1　海水中元素含量（未计水和溶解气体量）

元素	质量分数/%	元素	质量分数/%
Cl	1.8980	Br	0.0065
Na	1.0561	Sr	0.0013
Mg	0.1272	B	0.00046
S	0.0884	Si	约 0.0004
Ca	0.0400	C	0.0003
K	0.0380	F	0.00014

海水中还含有 U、Zn、Cu、Mn 等 50 余种含量低于 $1mg/dm^3$ 的微量元素或痕量元素。它们在海水中的含量非常低，仅占海水总含盐量的 0.1%，但其种类却比常量元素多得多，大多与其他元素结合成无机盐的形式存在于海水中。由于海水的总体积（约 $1.4\times10^9 km^3$）十分巨大，虽然这些元素的含量极低，但在海水中的总含量却十分惊人。因此，海洋是一个巨大的物资库。

大气也是重要的自然资源，在当前的生产与生活中，人们每年要从大气中分离使用 O_2、N_2、稀有气体等物资达数以万吨计。大气的主要成分列于表 11-2 中。

表 11-2　大气的主要成分（未计入水蒸气的量）

气体	体积分数/%	气体	体积分数/%
N_2	78.09	CH_4	0.00022
O_2	20.95	Kr	0.00011
Ar	0.934	N_2O	0.0001
CO_2	0.0314	H_2	0.00005
Ne	0.00182	Xe	0.0000087
He	0.00052	O_3	0.000001

11.1.2　元素的分类

按照不同的研究目的，元素的分类常见的有三种。

(1) 金属与非金属

根据元素的物理、化学性质进行分类，分为金属与非金属。

在目前已发现的 116 种元素中，已知非金属元素有 22 种，其他元素都是金属元素。金属元素和非金属元素的物理、化学性质有明显的区别。但也有些元素，如 B、Si、Ge、As 等，兼有金属和非金属的性质。

如表 11-3 所示，在元素周期表中，除氢外，非金属元素都位于元素周期表的右上角位置，若以 B-Si-As-Te-At 画一条对角线，处于对角线左下方元素的单质均为金属，包括 s 区、ds 区、d 区、f 区及部分 p 区元素；处于对角线右上方元素的单质为非金属，仅为 p 区的部分元素；处于对角线上的元素称为准金属，其性质介于金属和非金属之间，大多数准金属可作半导体。

表 11-3　金属与非金属的分界

ⅢA	ⅣA	ⅤA	ⅥA	ⅦA	ⅧA
B	C	N	O	F	Ne
Al	Si	P	S	Cl	Ar
Ga	Ge	As	Se	Br	Kr
In	Sn	Sb	Te	I	Xe
Tl	Pb	Bi	Po	At	Rn

(2) 普通元素和稀有元素

根据元素在自然界中的分布及应用情况，将元素分为普通元素和稀有元素。

稀有元素一般指在自然界中含量少，或被人们发现得较晚，或对它们研究得较少，或提炼它们比较困难以致在工业上应用也较晚的元素。但稀有元素的名称具有一定的相对性，有些元素（如稀土元素）蕴含量并不少。稀有金属元素约占元素周期表元素的三分之二。

稀有金属元素根据性质的不同可以分为六类：

① 稀有轻金属：Li、Rb、Cs、Fr、Be 等。

② 难熔稀有金属：Ti、Zr、Hf、Ta、W、Mo、V、Re、Tc 等。

③ 稀有分散元素：在自然界中不独立成矿而以杂质状态分散存在于其他元素的矿物中的元素，包括 Re、Ga、In、Tl、Ge、Se、Te 等。

④ 稀土元素：Sc、Y、La、Ce、Pr、Nd、Pm、Sm、Eu、Gd、Tb、Dy、Ho、Er、Tm、Yb、Lu 等。

⑤ 稀有贵金属：Pt、Ir、Os、Ru、Rh、Pd 等。

⑥ 放射性稀有金属：Po、Ra 及锕系元素等。

(3) 生命元素与非生命元素

在 92 种天然元素中，根据元素的生物效应不同，又分为有生物活性的生命元素和非生命元素。生命元素又可根据在生命体中的含量及作用再进行细分，可分为必需元素、有毒元素、有益元素和不确定元素。生命元素有 60 多种，20 多种为生命所必需的元素。

必需元素遵循 Arnon 提出的三条原则：①若无该元素存在，则生物不能生长或不能完成其生活周期；②该元素在生物体内的作用不能由其他元素完全替代；③该元素具有一定的生物功能或对生物功能有直接的影响，并参与其代谢过程。已经发现有 H、Na、K、Mg、Ca、V、Cr、Mn、Mo、Fe、Co、Ni、Cu、Zn、C、N、U、P、F、Si、S、Cl、Se、Br、I，共 25 种。

有毒元素是生物体内除了必需元素外，经常发现的一些对机体有害且不是机体固有的元素，如 Cd、Pb、Hg、Al、Be、Ga、In、Tl、As、Sb、Bi、Te 等。这些元素在人体中的存在和剧增，与现代工业污染有很大的关系。

某些元素的存在对生命是有益的，但没有这些元素生命尚可存在，如 Ge 等，这样的元素被称为有益元素。

除以上三类元素外，目前生命体内还发现有 20～30 种元素，这些元素一般含量较微、种类不定，其生物效应尚不清楚，因此人们暂将其称为不确定元素。

11.2 s区元素

11.2.1 s区元素的通性

s区元素即位于元素周期表中的ⅠA族和ⅡA族元素，除H外均是最活泼的金属元素。ⅠA族元素，除H以外，包括Li、Na、K、Rb、Cs、Fr六种金属元素，又称碱金属元素。ⅡA族元素包括Be、Mg、Ca、Sr、Ba、Ra六种金属元素，又称为碱土金属元素，因为它们氧化物的性质与碱金属氧化物类似，也与土壤中的氧化铝类似。s区元素中，Li、Rb、Cs、Be是稀有轻金属元素，Fr和Ra是放射性元素。

ⅠA族和ⅡA族元素的价电子构型分别为ns^1和ns^2，它们的原子最外层有1～2个s电子，而次外层是8电子结构(Li和Be的次外层是2个电子)，而核电荷在同周期元素中是较小的，很容易失去最外层的1～2个s电子。因此，在同周期中，它们具有较小的电离能、较大的原子半径，易失去外层电子，表现出金属性。碱金属元素是同周期元素中金属性最强的。碱土金属的核电荷比碱金属大，原子半径比碱金属小，金属性比碱金属略差(图11-1)。

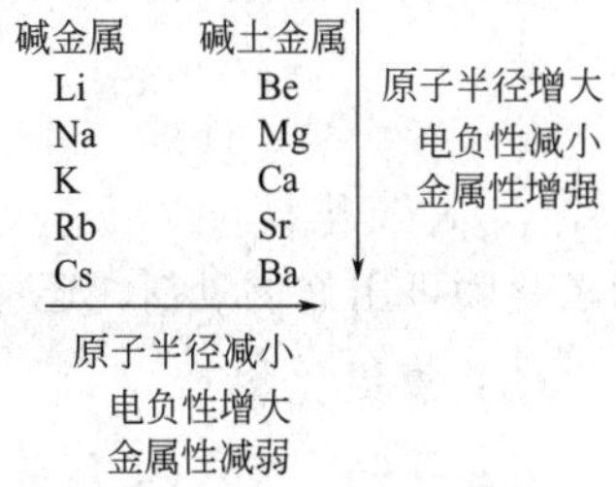

碱金属	碱土金属
Li	Be
Na	Mg
K	Ca
Rb	Sr
Cs	Ba

（向下）原子半径增大　电负性减小　金属性增强

（向右）原子半径减小　电负性增大　金属性减弱

图11-1　s区元素性质变化趋势

s区元素（除H外）的单质均为金属，具有金属光泽。它们的金属键较弱，因此，具有熔点低、硬度小、密度小等特点。它们的单质都能与大多数非金属反应，在反应中，它们均是强还原剂，例如极易在空气中燃烧。除了铍、镁外，都较易与水反应。s区元素形成稳定的氢氧化物，这些氢氧化物大多是强碱。s区元素所形成的化合物大多是离子型的。第二周期的锂和铍的离子半径小，形成的化合物基本上是共价型的，少数镁的化合物也是共价型的；也有一部分锂的化合物是离子型的。常温下s区元素的盐类在水溶液中大多不发生水解反应。除铍以外，s区元素都能溶于液氨生成蓝色的还原性溶液。

11.2.2 s区的重要元素及化合物

(1) 金属钠

在自然界中，钠元素都以化合物的形式存在。金属钠常用电解熔融的氯化钠或氢氧化钠的方法制得。

金属钠质软可切，呈银白色，是电、热的良导体。在潮湿的空气中，金属钠会马上失去金属光泽。钠比水轻，可以浮在水的表面与水发生剧烈反应，并放出大量的热。它还可与酸、卤素、氧、氢、醇等剧烈反应。因此，金属钠通常存放于煤油中。

(2) 氧化物

碱金属、碱土金属与氧主要形成三种类型的氧化物，即正常氧化物、过氧化物、超氧化物。

碱金属氧化物从Li_2O过渡到Cs_2O，颜色依次加深，能与水化合生成碱性氢氧化物。Li_2O与水反应很慢，Rb_2O和Cs_2O与水发生剧烈反应。碱土金属的氧化物都是难溶于水的白色粉末。

由于Li^+的半径特别小，Li_2O的熔点很高。Na_2O的熔点也很高，其余的氧化物未达熔点时便开始分解。碱土金属氧化物熔点都很高，硬度也很大。除 BeO 外，由 MgO 到 BaO，熔点依次降低。

氧化镁俗称苦土，是一种白色粉末，具有碱性氧化物的通性，难溶于水，熔点约为 2850℃，可作耐火材料，制备坩埚、耐火砖、高温炉的衬里等；医学上将纯的 MgO 用作抑酸剂，以中和过多的胃酸，还可作轻泻剂。含有 MgO 的滑石粉($3MgO \cdot 4SiO_2 \cdot H_2O$)广泛用于造纸、橡胶、颜料、纺织、陶瓷等工业，也作为机器的润滑剂。

除铍和镁外，所有碱金属和碱土金属都能分别形成相应的过氧化物 $M(\text{I})_2O_2$ 和 $M(\text{II})O_2$。

过氧化钠(Na_2O_2)是最常见的碱金属过氧化物。过氧化钠与水或稀酸在室温下反应生成 H_2O_2，由于反应放出大量的热，而使 H_2O_2 迅速分解，放出氧气。过氧化钠也能与二氧化碳反应，放出氧气。由于 Na_2O_2 的这种特殊反应性能，使其用于防毒面具、高空飞行和潜水作业等。

除了锂、铍、镁外，碱金属和碱土金属都能形成相应的超氧化物 $M(\text{I})O_2$ 和 $M(\text{II})(O_2)_2$。超氧化物与水反应生成 H_2O_2，同时放出 O_2，与 CO_2 作用也会有 O_2 放出。因此超氧化物可用作供氧剂，还可用作氧化剂。

(3) 氢氧化物

氢氧化钠（钾），俗称苛性钠（钾）也称烧碱，工业上通常是电解氯化钠（钾）溶液而制得。NaOH(KOH) 既是重要的化学实验试剂，也是重要的化工生产原料。主要用于精炼石油、肥皂、造纸、纺织、洗涤剂等生产。

碱金属和碱土金属的氢氧化物都是白色固体。它们易吸收空气中的 CO_2 变为相应的碳酸盐，也易在空气中吸水而潮解，故固体 NaOH 和 $Ca(OH)_2$ 常用作干燥剂。

碱金属的氢氧化物在水中都是易溶的，溶解时放出大量的热。碱土金属的氢氧化物的溶解度则较小，其中 $Be(OH)_2$ 和 $Mg(OH)_2$ 是难溶的氢氧化物。除 $Be(OH)_2$ 为两性氢氧化物外，其他的氢氧化物都是强碱或中强碱。

(4) 重要的盐

碱金属、碱土金属的常见的盐有卤化物、硝酸盐、硫酸盐、碳酸盐等。碱金属的盐大多数易溶于水，仅少数是难溶的。如锂的氟化物、碳酸盐、磷酸盐等。碱土金属的盐比相应碱金属的盐溶解度小。除卤化物和硝酸盐外，多数碱土金属的盐溶解度较小，而且不少是难溶的，例如，碳酸盐、草酸盐以及磷酸盐等都是难溶盐。

碳酸钠，俗称纯碱或苏打，通常是含 10 个结晶水的白色晶体($Na_2CO_3 \cdot 10H_2O$)，在空气中易风化而逐渐碎裂为疏松的粉末，易溶于水，其水溶液有较强的碱性，大量用于玻璃、搪瓷、肥皂、造纸、纺织、洗涤剂的生产和有色金属的冶炼中，它还是制备其他钠盐或碳酸盐的原料。

工业上常用氨碱法生产碳酸钠：

$$NaCl + NH_3 + CO_2 + H_2O \longrightarrow NaHCO_3 \downarrow + NH_4Cl$$

$$2NaHCO_3 \longrightarrow Na_2CO_3 + H_2O \uparrow + CO_2 \uparrow$$

氯化镁常以 $MgCl_2 \cdot 6H_2O$ 形式存在，其为无色晶体，味苦，易吸水，受热到 530℃ 以上，分解为 MgO 和 HCl 气体。

$$MgCl_2 \cdot 6H_2O = MgO + 2HCl \uparrow + 5H_2O$$

因此，欲得到无水 $MgCl_2$，必须在干燥的 HCl 气流中加热 $MgCl_2 \cdot 6H_2O$，使其脱水。无水 $MgCl_2$ 是制取金属镁的原料。纺织工业中用 $MgCl_2$ 来保持棉纱的湿度而使其柔软。从海水中制得不纯 $MgCl_2 \cdot 6H_2O$ 的盐卤块，工业上常用于制造 $MgCO_3$ 和其他镁的化合物。

硫酸钙常含结晶水，$CaSO_4 \cdot 2H_2O$ 俗称石膏，为无色晶体，微溶于水，将其加热到120℃左右，部分脱水转变为熟石膏。

$$2CaSO_4 \cdot 2H_2O \longrightarrow (CaSO_4)_2 \cdot H_2O + 3H_2O$$

此为可逆反应，若将熟石膏加水混合成糊状后放置一段时间，又会变成 $CaSO_4 \cdot 2H_2O$，逐渐硬化并膨胀，故用以制模型、塑像、粉笔和石膏绷带。还用于生产水泥和轻质建筑材料。

11.3 p 区元素

11.3.1 p 区元素的通性

p 区元素包括ⅢA 至ⅧA 六个主族。除稀有气体外，p 区元素共有 25 种元素，其中金属元素 10 种，非金属元素 15 种，是元素周期表中唯一同时包含金属和非金属的一个区。在元素周期表中，以硼、硅、砷、碲、砹为分界线，上部分为非金属元素，下部分为金属元素。

p 区元素价电子构型为 $ns^2np^{1\sim6}$（除 H 和 He 外），由于 p 轨道上电子数的不同而呈现出明显不同的性质。在同一族元素中，原子半径从上到下逐渐增大，而有效核电荷只是略有增加。因此，金属性逐渐增强，非金属性逐渐减弱。一般地，同周期元素中，熔、沸点从左到右逐渐减小，同族元素中，熔、沸点从上到下逐渐增大。

p 区元素与其他元素化合时，常常会出现两种情况：一种是仅有 p 电子参与反应；另一种则是 s、p 电子全都参与反应。因此，除氟外一般具有多种氧化态，其最高正氧化值等于其最外层电子数（即族数）。第ⅢA～ⅤA 族的低正氧化态化合物的稳定性在同一主族中大致随原子序数的增加而增强，但高氧化态的稳定性从上到下逐渐减弱。在同一族中，低氧化态化合物从上到下比高氧化态化合物稳定的现象叫惰性电子对效应。一般认为，随着原子序数的增加，外层 ns 轨道的电子不容易参与成键，不够活泼。反之，高氧化态化合物容易得到 2 个电子形成 ns^2 电子结构。

p 区元素电负性较 s 区元素的电负性大，所以其金属性比碱金属和碱土金属要弱。某些元素甚至表现出两性，如 Si、Al 等。p 区元素在许多化合物中以共价键结合。当非金属元素的原子半径较小，成单价电子数较小时，可形成独立的少原子分子，如 Cl_2、O_2、N_2 等；而当非金属元素的原子半径较大，成键电子较多时，则形成多原子的巨形分子，如 C、Si、B 等。

11.3.2 p 区重要元素及其化合物

(1) 硼和铝

B、Al 系ⅢA 族的元素，它们与 Ga、In、Tl 一样具有金属光泽，其金属性明显弱于相应ⅡA 族但强于ⅣA 族元素。就同族元素来讲最上边的硼为非金属，到铝变为金属，且从上到下金属性逐渐增强。

B单质有无定形和结晶形两种。前者呈棕黑色至黑色的粉末，后者银灰色，硬度与金刚石相近。结晶型B单质在室温下比较稳定，即使在盐酸或氢氟酸中长期煮沸也不起反应，但能与卤族元素直接化合，形成卤化硼。高温下硼还与许多金属和金属氧化物反应，形成金属硼化物。这些化合物通常是高硬度、耐熔、高电导率和化学惰性的物质，常具有特殊的性质。硼在氮或氨气中加热到1000℃以上则形成氮化硼，温度在1800～2000℃时硼和氢仍不发生反应，硼和硅在2000℃以上反应生成硼化硅。

硼的高熔点和液态反应性决定了很难制得高纯度的单质硼。无定形硼用镁或钠还原B_2O_3制得。

$$B_2O_3 + 3Mg(s) \xrightarrow{\triangle} 3MgO(s) + 2B(s)$$

硼的应用比较广泛。硼与塑料或铝合金结合，是有效的中子屏蔽材料；硼钢在反应堆中用作控制棒；硼纤维用于制造复合材料等。

Al具有良好的导电、导热和延展性能。铝的电离能较小，电负性为1.5。铝的标准电极电位为$-1.66V$，但却不能从水中置换出氢气，因为它与水接触时表面易生成一层难溶解的氢氧化铝。铝与氧气的结合能力很强，暴露在空气中时，其表面会形成一层致密的氧化膜。

$$2Al(s) + \frac{3}{2}O_2(g) \longrightarrow Al_2O_3(s) \qquad \Delta_f H_m^{\ominus} = -1676kJ \cdot mol^{-1}$$

铝在冷的浓H_2SO_4、浓HNO_3中呈钝化状态，因此常用铝制品储运浓H_2SO_4、浓HNO_3。但铝可与稀HCl、稀H_2SO_4及碱发生反应放出氢气：

$$2Al + 6HCl \longrightarrow 2AlCl_3 + 3H_2\uparrow$$

$$2Al + 3H_2SO_4 \longrightarrow Al_2(SO_4)_3 + 3H_2\uparrow$$

$$2Al + 2NaOH + 2H_2O \longrightarrow 2NaAlO_2 + 3H_2\uparrow$$

铝是强还原剂，能从金属氧化物中将金属还原出来，常用此法来制备金单质，称为“铝热法”。如

$$2Al(s) + Cr_2O_3(s) \longrightarrow Al_2O_3(s) + 2Cr(s) \qquad \Delta_r H_m^{\ominus} = -536kJ \cdot mol^{-1}$$

工业上提铝一般分两步进行，用碱溶液或碳酸钠处理铝土矿，首先碱处理铝土矿，从中提出Al_2O_3，然后电解Al_2O_3得铝。

铝是一种很重要的金属材料，广泛用来作导线、结构材料和日用器皿。特别是铝合金，质轻而又坚硬，大量用于制造汽车和飞机发电机及其他构件。

(2) 氧化铝

氧化铝可由氢氧化铝加热脱水而制得。在不同的温度条件下，制得的Al_2O_3可以有不同的形态和不同的用途。一般常用希腊字母α、β、γ等分别表示Al_2O_3的不同晶型。氧化铝是离子晶体，具有很高的熔点和硬度。

自然界存在的结晶氧化铝是α-Al_2O_3，称为刚玉。而$Al(OH)_3$热分解得到的α-Al_2O_3称人造刚玉。α-Al_2O_3是一种多孔性物质，有很大的表面积，并有优异的吸附性、表面活性和热稳定性，因而常常被用作催化剂的活性成分，又称活性氧化铝。含有少量杂质的α-Al_2O_3常呈鲜明的颜色。如红宝石就是含极微量Cr_2O_3的α-Al_2O_3，常用作制造耐磨的微型轴承和首饰，其单晶用于制造红宝石激光器。蓝宝石则是含铁和钛氧化物的α-Al_2O_3，常用作磨料和抛光剂。

γ-Al_2O_3是在450℃左右热分解$Al(OH)_3$或铝铵矾得到的。γ-Al_2O_3在1000℃高温下转化为α-Al_2O_3。α-Al_2O_3和γ-Al_2O_3的晶体结构不同，它们的反应性也不同。α-Al_2O_3化

学性质极不活泼，除溶于熔融的碱外，与所有试剂都不反应。γ-Al_2O_3 的反应活性更高，可溶于稀酸，也能溶于碱，又称为活性氧化铝。

(3) 二氧化硅

硅在地壳中的含量仅次于氧，主要以二氧化硅和硅酸盐的形式存在。二氧化硅属于原子晶体，以 sp^3 杂化的硅和氧原子结合成 Si—O 四面体，Si—O 键在空间不断重复形成二氧化硅晶体。在 Si—O 四面体中 Si 位于中心，每个氧为两个硅所共用，因此它的化学式用 SiO_2 表示。石英是天然的二氧化硅晶体，纯净的石英又叫水晶，是一种坚硬、脆性、难熔的无色透明的固体，常用于制作光学仪器。无定形 SiO_2 如石英玻璃，其骨架结构也是 Si—O 四面体，只不过是排列杂乱属无定形结构。

石英在 1600℃熔化形成黏稠液体，当急剧冷却时，形成石英玻璃。石英玻璃具有高的透光率，膨胀系数小，能经受温度的巨变，也经常用于制造紫外灯、光学仪器和玻璃器皿。

SiO_2 的结构决定了它的晶体硬度大、熔点高、不溶于水和王水，但可溶于 HF 和某些碱、含氧酸盐。二氧化硅是酸性氧化物，能与碱性物质，如 NaOH、Na_2CO_3、CaO 等反应：

$$SiO_2 + 2OH^- \longrightarrow SiO_3^{2-} + H_2O$$

$$SiO_2 + Na_2CO_3 \longrightarrow CO_2 + Na_2SiO_3\text{（俗称水玻璃或泡花碱）}$$

$$SiO_2 + CaO \longrightarrow CaSiO_3$$

(4) 氮的氧化物

氮的氧化物常见的有五种：N_2O、NO、N_2O_3、NO_2、N_2O_5。氮的氧化物分子中因为所含的 N—O 键较弱，这些氧化物的稳定性都比较差，它们受热易分解或氧化。

一氧化氮含有未成对电子，具有顺磁性，但与其他具有成单电子的分子不同，气态 NO 是无色的。液体和固体的一氧化氮会形成双聚的 N_2O_2。

一氧化氮不稳定，主要来源于大气中氮气的氧化，并且在空气中很快转变为二氧化氮产生刺激作用。氮氧化物主要损害呼吸道。但近来发现一氧化氮 NO 广泛分布于生物体内各组织中，特别是神经组织中。它是一种新型生物信使分子，1992 年被美国 Science 杂志评选为明星分子。NO 是一种极不稳定的生物自由基，分子小，结构简单，常温下为气体，微溶于水，具有脂溶性，可快速透过生物膜扩散，生物半衰期只有 3～5s，其生成依赖于一氧化氮合成酶（nitric oxide synthase，NOS）并在心、脑血管调节、神经、免疫调节等方面有着十分重要的生物学作用。因此，受到人们的普遍重视。

二氧化氮 NO_2 是红棕色气体，具有特殊的臭味并有毒。NO_2 在 21.2℃为红棕色液体，冷却时颜色变淡，最后变为无色液体，在－9.3℃形成无色晶体。经蒸气密度测定证明，此无色晶体是由于二氧化氮在冷凝时聚合成无色的 N_2O_4。

$$2NO_2(g) \longrightarrow N_2O_4(g) \qquad \Delta_r H_m^\ominus = -57.2\text{kJ}\cdot\text{mol}^{-1}$$

当温度升高到 140℃，N_2O_4 分解为 NO_2，呈深棕色。温度超过 150℃以上 NO_2 分解为 NO 和 O_2。NO_2 是强氧化剂，其氧化能力比硝酸强。

$$NO_2 + H^+ + e^- \longrightarrow HNO_2 \qquad E^\ominus = 1.07\text{V}$$

(5) 硝酸

硝酸是工业上重要的无机酸之一。它是制造化肥、炸药、染料、人造纤维、药剂、塑料和分离贵金属的重要化工原料。目前工业上生产普遍采用氨催化氧化法制备硝酸。将氨和空气的混合物通过灼热（800℃）的铂铑丝网，氨可以完全被氧化成 NO：

$$4NH_3 + 5O_2 \longrightarrow 4NO + 6H_2O$$

生成的 NO 被 O_2 氧化为 NO_2，后者再与水发生歧化反应生成硝酸和 NO。NO 再经过氧化、吸收可以得到质量分数为 47%～50%的稀硝酸，加入硝酸镁脱水蒸馏可制得浓硝酸。

$$2NO+O_2 \longrightarrow 2NO_2$$

$$3NO_2+H_2O \longrightarrow 2HNO_3+NO$$

市售 HNO_3 为 68%，沸点 393.5K，它比较稳定，但见光仍可分解，所以应放在阴凉处。

$$4HNO_3(\text{浓}) \longrightarrow 4NO_2\uparrow+O_2\uparrow+2H_2O$$

纯硝酸为无色液体，熔点-42℃，沸点 83℃，分解产生的 NO_2 溶于浓硝酸中，使它的颜色呈现黄色到红色。溶有过多 NO_2 的浓 HNO_3 叫发烟硝酸。硝酸可以任何比例与水混合，稀硝酸较稳定。

硝酸是一种强氧化剂，其还原产物相当复杂，不仅与还原剂的本性有关，还与硝酸的浓度有关。硝酸与非金属硫、磷、碳、硼等反应时，不论浓、稀硝酸，它被还原的产物主要为 NO。

$$S+2HNO_3 \longrightarrow H_2SO_4+2NO\uparrow$$

$$5HNO_3+3P+2H_2O \longrightarrow 3H_3PO_4+5NO\uparrow$$

$$3C+4HNO_3 \longrightarrow 3CO_2\uparrow+4NO\uparrow+2H_2O$$

硝酸与大多数金属反应时，其还原产物常较复杂。浓硝酸一般皆被还原到 NO_2，稀硝酸可被还原到 NO、N_2O 直到 NH_4^+。一般说来，硝酸越稀，金属越活泼，硝酸中 N 被还原的氧化数越低。

$$Cu+4HNO_3(\text{浓}) \longrightarrow Cu(NO_3)_2+2NO_2\uparrow+2H_2O$$

$$3Cu+8HNO_3(\text{稀}) \longrightarrow 3Cu(NO_3)_2+2NO\uparrow+4H_2O$$

$$Mg+4HNO_3(\text{浓}) \longrightarrow Mg(NO_3)_2+2NO_2\uparrow+2H_2O$$

$$4Mg+10HNO_3(\text{稀}) \longrightarrow 4Mg(NO_3)_2+N_2O\uparrow+5H_2O$$

$$4Mg+10HNO_3(\text{极稀}) \longrightarrow 4Mg(NO_3)_2+NH_4NO_3+3H_2O$$

冷、浓 HNO_3 可使 Fe、Al、Cr 表面钝化，阻碍进一步反应。Sn、Sb、Mo、W 等和浓硝酸作用生成含水氧化物或含氧酸，如 $SnO_2 \cdot nH_2O$、H_2MoO_4。

实际工作中常用含有硝酸的混合物。

a. 王水为 1 体积浓 HNO_3 与 3 体积浓盐酸的混合物，兼有 HNO_3 的氧化性和 Cl^- 的配位性特点，因此可溶解 Au、Pt 等金属。

$$Au+HNO_3+4HCl \longrightarrow HAuCl_4+NO\uparrow+2H_2O$$

b. HNO_3-HF 混合物能溶解 Nb、Ta 等。

c. HNO_3-H_2SO_4 在有机化学中作硝化试剂。

(6) 过氧化氢

过氧化氢（H_2O_2）俗称双氧水。纯过氧化氢为无色或浅蓝色黏稠液体，在 0.40℃凝固，151℃沸腾，能与水以任意比例混合。市售试剂为 30%的 H_2O_2 水溶液。过氧化氢在液态和固态时，分子间存在较强氢键而产生分子的缔合，这也是其沸点较高的原因。

过氧化氢在水溶液中表现为一种极弱的二元酸：

$$H_2O_2 \rightleftharpoons H^+ + HO_2^- \qquad K_{a_1}^{\ominus}=2.2\times10^{-12}$$

$$HO_2^- \rightleftharpoons H^+ + O_2^{2-} \qquad K_{a_2}^{\ominus}=10^{-25}$$

过氧化氢的化学性质除了其弱酸性外，主要表现为氧化还原性。H_2O_2 中的氧呈-1 中间氧化态，因此 H_2O_2 既可作氧化剂，也可作还原剂。凡电势在 0.68～1.78V 的金属电对

均可催化 H_2O_2 分解。

$$2MnO_4^- + 5H_2O_2 + 6H^+ \longrightarrow 2Mn^{2+} + 5O_2 + 8H_2O$$

$$Cl_2 + H_2O_2 \longrightarrow 2HCl + O_2$$

$$H_2O_2 + 2Fe^{2+} + 2H^+ \longrightarrow 2Fe^{3+} + 2H_2O$$

过氧化氢不稳定，易分解。过氧化氢的分解反应也是一个氧化还原反应，而且是一个歧化反应：

$$2H_2O_2 \rightleftharpoons 2H_2O + O_2$$

当过氧化氢与某些物质作用时，可发生过氧键的转移反应。例如，在酸性溶液中过氧化氢能使重铬酸盐生成过氧化铬（在水相不稳定，在乙醚、戊醇等有机相稳定）。

在乙醚有机相：　$Cr_2O_7^{2-} + 4H_2O_2 + 2H^+ \longrightarrow 5H_2O + 2CrO_5$（蓝色）

水相：　$2CrO_5 + 7H_2O_2 + 6H^+ \longrightarrow 7O_2\uparrow + 10H_2O + 2Cr^{3+}$（蓝绿）

过氧化氢是重要的无机化工原料，也是实验室常用试剂。由于其氧化还原产物为 O_2 或 H_2O，使用时不会引入其他杂质，所以过氧化氢是一种理想的氧化还原试剂。过氧化氢能将有色物质氧化为无色，所以可用来作漂白剂；它还具有杀菌作用，3%的溶液在医学上用作消毒剂和食品的防霉剂。90%的 H_2O_2 曾作为火箭燃料的氧化剂。

(7) 硫酸

硫酸是主要的化工产品之一，它的用途极广。大约有上千种化工产品需要以硫酸为原料，硫酸主要用于化肥生产，此外还大量用于农药、燃料、医药、国防和轻工业等部门。

纯硫酸是无色油状液体，相对密度 1.84，凝固点和沸点分别为 10.4℃和 338℃，化学上常利用其高沸点性质将挥发性酸从其盐溶液中置换出来。例如，浓 H_2SO_4 与硝酸盐作用，可制得易挥发的 HNO_3。浓硫酸吸收 SO_3 就得发烟硫酸：

$$H_2SO_4 + xSO_3 \longrightarrow H_2SO_4 \cdot xSO_3$$

用水稀释发烟硫酸，就可得任意浓度的硫酸。

硫酸是二元酸中酸性最强的酸，稀硫酸能完全解离为 H^+ 和 HSO_4^-，其二级解离较不完全。

$$H_2SO_4 \rightleftharpoons H^+ + HSO_4^-$$

$$HSO_4^{2-} \rightleftharpoons H^+ + SO_4^{2-} \qquad K_{a_2}^{\ominus} = 1.2\times10^{-2}$$

浓硫酸能和水结合为一系列的稳定水化物，因此含 H_2SO_4 98%的浓硫酸有强烈的吸水性，因此实验室常用它来作干燥剂。浓硫酸还能从有机化合物中夺取水分子而具脱水性，可使有机物炭化，还原性物质氧化。这一性质常用于炸药、油漆和一些化学药品的制造中。如蔗糖与浓 H_2SO_4 作用：

$$C_{12}H_{22}O_{11} \xrightarrow{H_2SO_4} 12C + 11H_2O$$

因此，浓硫酸能严重地破坏动植物组织，如损坏衣物和烧伤皮肤，使用时应注意安全。

浓硫酸是很强的氧化剂，特别在加热时，能氧化很多金属和非金属。它将金属和非金属氧化为相应的氧化物，金属氧化物则与硫酸作用生成硫酸盐。浓硫酸作氧化剂时本身可被还原为 SO_2、S 或 H_2S。浓硫酸和非金属作用时，一般被还原为 SO_2。浓硫酸和金属作用时，其被还原程度和金属的活泼性有关，不活泼金属的还原性弱，只能将浓硫酸还原为 SO_2；活泼金属的还原性强，可以将浓硫酸还原为单质 S，甚至 H_2S。铁和铝易被浓硫酸钝化，可用来运输硫酸。不过，稀硫酸没有氧化性，金属活泼性在氢以上的金属与稀硫酸作用产生氢气。

$$Cu+2H_2SO_4(浓) \longrightarrow CuSO_4+SO_2\uparrow+2H_2O$$
$$C+2H_2SO_4(浓) \longrightarrow CO_2\uparrow+2SO_2\uparrow+2H_2O$$
$$3Zn+4H_2SO_4(浓) \longrightarrow 3ZnSO_4+S+4H_2O$$
$$4Zn+5H_2SO_4(浓) \longrightarrow 4ZnSO_4+H_2S\uparrow+4H_2O$$

(8) 卤素

周期系ⅦA族的元素统称为卤素，共涉及F、Cl、Br、I、At五个元素，除放射性元素At外，其余四个均为生命必需元素，其主要性质见表11-4。

由表11-4可见，卤素的物理性质随原子序数的增加呈现规律性变化，熔点、沸点逐渐升高，这是因为分子间色散力逐渐增大的缘故。卤素的性质唯有电负性是随原子序数的增大而减小。单质的颜色逐渐加深，这是由于不同的卤素单质对光线的选择吸收所致。

表11-4 卤素的性质

性质	氟(F)	氯(Cl)	溴(Br)	碘(Ⅰ)
原子序数	9	17	35	53
价电子构型	$2s^22p^5$	$3s^23p^5$	$4s^24p^5$	$5s^25p^5$
常温下状态	浅黄色气体	黄绿色气体	红棕色液体	紫黑色固体
熔点/℃	−219.62	−100.98	−7.2	113.5
沸点/℃	−118.14	−34.5	58.78	184.35
原子半径/pm	58	99	114.2	133.3
电负性	3.98	3.16	2.96	2.66
常见氧化态	−1	−1,+1,+3,+5,+7	−1,+1,+3,+5,+7	−1,+1,+3,+5,+7

卤素单质均有刺激性气味，能刺激眼、鼻、气管的黏膜。毒性从F_2至I_2逐渐减轻，吸入较多的蒸气会中毒，甚至引起死亡，故使用卤素时要特别小心。

卤素的单质都是以双原子分子存在的，以X_2表示，通常指F_2、Cl_2、Br_2、I_2这四种。除F_2以外其他卤素单质在水溶液中溶解度较小，在有机溶剂中溶解度却较大并呈现特殊的颜色。如Br_2可溶于乙醚、氯仿、乙醇、四氯化碳、二硫化碳等溶剂中。据此可用有机溶剂分离水溶液中的卤素并进行鉴定。另外，I_2由于能与I^-形成I_3^-而易溶于水：

$$I_2+I^- = I_3^-$$

卤素的价电子构型为ns^2np^5，它们容易得到一个电子达到稳定的八隅体结构，即形成X^-，即卤素单质X_2具有强的得电子能力，是强氧化剂，氧化性按照F_2、Cl_2、Br_2、I_2的顺序减弱；卤素离子的还原性则按照F^-、Cl^-、Br^-、I^-的顺序增强。因此卤素单质均为活泼的非金属，氧化性较强，能与金属、非金属、水和碱等发生反应，并且卤素的氧化性越强，所发生的反应就越剧烈。卤素单质的氧化能力随着原子序数的增大而降低。由于F_2具有很强的氧化能力，故遇水后立即发生分解反应。

$$F_2+H_2O \longrightarrow \frac{1}{2}O_2+2HF$$

卤素的用途非常广泛。F_2大量用来制取有机氟化物，如高效灭火剂（CF_2ClBr、CBr_2F_2等）、杀虫剂（CCl_3F）、塑料（聚四氟乙烯）等。SF_6的热稳定性好，可以作为理想的气体绝缘材料。氟碳化合物代红细胞制剂可作为血液代用品应用于临床。含有ZrF_4、BaF_2、NaF的氟化物玻璃可用作光导纤维材料。此外，液态F_2还是航天燃料的高能氧化剂。

Cl_2是一种重要的化工原料，主要用于盐酸、农药、炸药、有机染料、有机溶剂及化学试剂的制备，用于漂白纸张、布匹等。Br_2 是制取有机和无机化合物的工业原料，广泛用于医药、农药、感光材料、含溴染料、香料等方面。I_2 在医药上有重要用途，如制备消毒剂（碘酒）、防腐剂（碘仿 CHI_3）、镇痛剂等。碘还用于制造偏光玻璃，在偏光显微镜、车灯、车窗上得到应用。当人体缺碘时，会导致甲状腺肿大、生长停滞等病症。

(9) 卤化氢和氢卤酸

常温下卤化氢都是无色、有刺激性的气体。卤化氢分子中键的极性随着卤素电负性的减小，按照 HF＞HCl＞HBr＞HI 的顺序递减。因此卤化氢的性质呈现规律性的变化。氟化氢的熔点、沸点在卤化氢中最高是由于 HF 分子间存在氢键形成了缔合分子的缘故。卤化氢的一些性质列于表 11-5 中。

表 11-5　卤化氢的一些性质

性质	HF	HCl	HBr	HI
熔点/℃	−88.57	−114.18	−86.87	−50.8
沸点/℃	19.52	−85.05	−66.71	−35.1
核间距/pm	92	127	141	161
偶极矩/10^{-30}C·m	6.37	3.57	2.76	1.40
熔化焓/kJ·mol^{-1}	19.6	2.0	2.4	2.9
气化焓/kJ·mol^{-1}	28.7	16.2	17.6	19.8
键能/kJ·mol^{-1}	570	432	366	298
$\Delta_f G_m^\ominus$/kJ·mol^{-1}	−273.2	−95.299	−53.45	1.70

卤素都能与氢气反应生成卤化氢。氟化氢和氯化氢通常在实验室都用浓 H_2SO_4 与相应的盐作用制得，其反应如下

$$CaF_2(s)+H_2SO_2(浓)\longrightarrow CaSO_4+2HF\uparrow$$

$$NaCl(s)+H_2SO_4(浓)\longrightarrow NaHSO_4+HCl\uparrow$$

由于浓 H_2SO_4 可将溴化氢和碘化氢进一步氧化成 Br_2 和 I_2，故溴化氢和碘化氢不能用此法制取，其反应为：

$$2HBr+H_2SO_4(浓)\longrightarrow Br_2+SO_2\uparrow+2H_2O$$

$$8HI+H_2SO_4(浓)\longrightarrow 4I_2+H_2S\uparrow+4H_2O$$

卤化氢都是共价型分子，易液化，易溶于水。由于卤化氢易与空气中的水蒸气形成细小雾滴，所以能在空气中发烟。卤化氢的水溶液称氢卤酸。其酸的强度是 HI＞HBr＞HCl（HF 为弱酸）。但氢氟酸能和玻璃、陶瓷中的主要成分二氧化硅和硅酸盐反应，即：

$$SiO_2+4HF\longrightarrow SiF_4\uparrow+2H_2O$$

$$CaSiO_3+6HF\longrightarrow CaF_2+SiF_4\uparrow+3H_2O$$

因此氢氟酸一般装在聚乙烯塑料瓶中。

氢卤酸蒸馏时都有恒沸现象。如蒸馏浓盐酸时，首先蒸发出含有少量水的 HCl 气体，在 101.3kPa 下，当溶液浓度降低到 20.24%时，蒸馏出来的水分和 HCl 气体保持这个浓度比例，而溶液浓度不变，这时溶液沸点为 383K。只要压力不变，盐酸溶液的浓度和沸点都不会改变，这种盐酸称为恒沸盐酸。

盐酸是氢卤酸中最重要的一种酸。市售浓盐酸含 36%～38%的氯化氢，密度为 1.19g·mL^{-1}，浓度约为 12mol·L^{-1}。工业浓盐酸含 HCl 仅 32%左右。纯净的盐酸是无色透明液体，有刺激性气味，工业盐酸因含有铁离子而显黄色。

盐酸具有如下特点：①酸性强；②可以完全挥发；③氯化物易溶，用盐酸进行中和、溶

解时一般不产生不溶物（Ag^+、Pb^{2+}除外）；④阴离子 Cl^- 没有氧化性；⑤Cl^- 可作配位体与中心离子形成配离子，故盐酸具有特殊的溶解能力。例如，王水能溶解 Au 和 Pt（王水由浓硝酸和浓盐酸按 1∶3 组成）就是因为 Cl^- 易与 Au 和 Pt 形成配离子，其反应为：

$$Au+HNO_3+4HCl \longrightarrow H[AuCl_4]+NO\uparrow+2H_2O$$
$$3Pt+4HNO_3+18HCl \longrightarrow 3H_2[PtCl_6]+4NO\uparrow+8H_2O$$

盐酸是三大强酸之一，具有酸的通性，它可以跟活泼金属、金属氧化物、碱等反应。此外，盐酸还具有一定的还原性，它可以跟强氧化剂（如 $KMnO_4$）反应：

$$2KMnO_4+16HCl \longrightarrow 2KCl+2MnCl_2+8H_2O+5Cl_2\uparrow$$

盐酸是一种重要的工业原料和化学试剂，在工业上通常采用直接化合法，即将氯碱工业的副产品氢气和氯气，通入合成炉中，让氢气流在氯气中平静地燃烧生成氯化氢。它在医药、化工、机械、电子、冶金、纺织、皮革及食品工业中，都有着广泛的用途。例如，在食品工业上常用来制造葡萄糖、酱油、味精等；在机械热加工中，常用于钢铁制品的酸洗以除去铁锈；在化工工业中，盐酸常用于制备多种氯化物及其他各种含氯产品。

11.4 d 区元素

11.4.1 d 区元素的通性

d 区元素包括ⅢB～ⅧB 族所有元素，又称过渡系列元素，共 32 种元素（不包括镧以外的镧系和锕以外的锕系）。四、五、六周期分别称为第一、第二、第三过渡系列。第一过渡系元素基本性质列于表 11-6 中。

表 11-6　第一过渡系元素的基本性质

性质	Sc	Ti	V	Cr	Mn	Fe	Co	Ni
价电子	$3d^14s^2$	$3d^24s^2$	$3d^34s^2$	$3d^54s^1$	$3d^54s^2$	$3d^64s^2$	$3d^74s^2$	$3d^84s^2$
原子半径/pm	161	145	132	125	124	124	125	125
离子半径/pm	—	94	86	88	80	74	72	69
第一电离势/$kJ \cdot mol^{-1}$	631	656	650	653	717	762	758	737
密度/$g \cdot cm^{-3}$	3.2	4.5	6.0	7.1	7.4	7.9	8.7	8.9
熔点/K	1673	1950	2190	2176	1517	1812	1768	1728
沸点/K	2750	3550	3650	2915	2314	3160	3150	3110

d 区元素的价电子构型一般为$(n-1)d^{1\sim8}ns^{1\sim2}$，与其他四区元素相比，其最大特点是具有未充满的 d 轨道（Pd 除外）。而其最外层只有 1～2 个电子，较易失去，因此，d 区元素均为金属元素。由于$(n-1)$d 轨道和 ns 轨道的能量相近，d 电子可部分或全部参与化学反应，从而构成了 d 区元素具有以下方面特性。

d 区元素的 d 电子可参与成键，使成键价电子数较多，单质的金属键很强，原子化焓较大。因此 d 区元素的金属单质一般质地坚硬，色泽光亮，是电和热的良导体，有较高的熔点、沸点。在所有元素中，铬的硬度最大(9)，钨的熔点最高(3410℃)，锇的密度最大($22.61g \cdot cm^{-3}$)，铼的沸点最高(5687℃)。它们具有金属的一般物理性质，但化学性质与主族元素有显著的不同。如ⅢA 族金属都是优良还原剂，而ⅢB 族金属的还原性就不太明显。

由于镧系收缩的影响造成第三、第四过渡系列的同族元素半径相等或相近。因此过渡元素按族而言有效核电荷作用显著，电离能一般呈增大趋势，金属的活泼性降低，如ⅧB族第一过渡系列Fe、Co、Ni易被腐蚀，第三过渡系列的Os、Ir、Pt却极为稳定。

d区元素因其特殊的电子构型，不仅ns电子可作为价电子，$(n-1)$d电子也可部分或全部作为价电子，因此，该区元素常具有多种氧化值，一般从+2变到和元素所在族数相同的最高氧化值。如Mn常见的氧化态有+2、+3、+4、+6和+7，在某些配合物中还可呈现低氧化态的+1和0，特殊情况下甚至可以有负氧化态，如$K[Mn(CO)_5]$中Mn的氧化态为−1。从Sc到Mn和族数相同的氧化态的氧化性增加，如$KMnO_4$是强氧化剂，而Sc^{3+}却无氧化性。

过渡金属由于有空的$(n-1)$d轨道，同时其原子或离子的半径又较主族元素为小，不仅具有接受电子对的空轨道，同时还具有较强的吸引配位体的能力，使它们更易形成配位键，产生丰富多彩的配位化合物。例如，它们易形成氨配合物、氰基配合物、草酸基配合物等，除此之外，多数元素的中性原子能形成羰基配合物，如$Fe(CO)_5$、$Ni(CO)_4$等，这是该区元素的一大特性。

d区元素的许多水合离子、配离子常呈现颜色，这主要是由于电子发生d—d跃迁所致。具有d和d^{10}构型的离子，不可能发生d—d跃迁，因而是无色的；而具有其他d电子构型的离子一般具有一定的颜色。部分d区元素水合离子的颜色列于表11-7中。

表11-7　一些d区元素水合离子的颜色

离子中未成对d电子数	水合离子的颜色	离子中未成对d电子数	水合离子的颜色
0	Sc^{3+}（无色）、La^{3+}（无色）、Ti^{4+}（无色）	3	Cr^{3+}（紫色）、Co^{2+}（桃红）、V^{2+}（紫色）
1	Ti^{3+}（紫红色）、V^{4+}（蓝色）	4	Fe^{2+}（淡绿色）、Cr^{2+}（蓝色）
2	Ni^{2+}（绿色）、V^{3+}（绿色）	5	Mn^{2+}（淡红色）、Fe^{3+}（淡紫色）

11.4.2　d区重要元素及其化合物

(1) 钛、锆和铪

钛在地壳中的丰度为0.632%，在金属中仅次于铁，在所有元素中排第9位。但大都处于分散状态，主要矿物有金红石(TiO_2)、钛铁矿(FeTiO)和钒钛铁矿。钛的资源虽然丰富，但钛与氧、氯、氮、氢有很大的亲和力，使炼制纯金属很难。钛的熔点1680℃，沸点3260℃，密度为$4.5g \cdot cm^{-3}$。钛具有特强的抗腐蚀作用，无论在常温或加热下，在任意浓度的硝酸中均不被腐蚀。

锆在地壳中的含量为0.0162%，海水中为2.6×10^{-9}%，比铜、锌和铅的总量还多，但分布非常分散，主要矿物为斜锆石(ZrO_2)和锆英石($ZrSO_4$)。铪在地壳中的含量为2.8×10^{-4}%，海水中低于8×10^{-7}%，没有独自的矿物，在自然界与锆共生于锆英石中。所以，钛、锆和铪都归入稀有金属。

金属钛为银白色，外观似钢，属于高熔点的轻金属。钛比铁轻，比强度是铁的2倍多，铝的5倍。钛或钛合金广泛应用于制造航天飞机、火箭、导弹、潜艇、轮船和化工设备，也大量应用于石油化工、纺织、冶金机电设备等方面。钛还能承受超低温，用于制备盛放液氮和液氧等的器皿。此外，钛具有生物相容性，用于接骨和人工关节，故誉为“生物金属”。

钛或钛合金还具有特殊的记忆功能、超导功能和储氢功能等

工业上大规模生产钛一般采用 $TiCl_4$ 的金属热还原法。首先将 TiO_2 或天然金红石与炭粉混合加热至 1000～1100K，进行氯化处理制备 $TiCl_4$。然后用金属镁或钠在 1070K，氩气氛中还原得到钛。

钛是活泼金属，其标准电极电势为－1.63V，在空气中能迅速与氧反应生成致密的氧化物膜而钝化，使其在室温下不与水、稀酸和碱反应。但因为与钛能生成配合物 TiF_6^{2-} 而可溶于氢氟酸或酸性氟化物溶液中，其反应为：

$$Ti + 6HF \longrightarrow TiF_6^{2-} + 2H^+ + 2H_2$$

钛也能溶于热的浓盐酸，生成绿色的 $TiCl_3$，反应式为：

$$2Ti + 6HCl \longrightarrow 2TiCl_3 + 3H_2$$

钛在高温下可与碳、氮、硼反应生成碳化钛(TiC)、氮化钛(TiN) 和硼化钛(TiB)，它们的硬度高、难熔、稳定，称为金属陶瓷。氮化钛为青铜色，涂层能仿金。

锆和铪都是活泼金属，但它们的致密金属在空气中是稳定的。在高温下，锆和铪与空气中的氧反应生成氧化物保护膜，并且氧可在锆中溶解，在真空中加热也不能除去。铪的亲氧能力更强，高温下可以夺取 MgO、BeO 坩埚中的氧，所以它们只能在金属坩埚中熔融。在高温下，它们可以与碳及含碳气体化合物(CO、CH_4 等)作用生成高硬、高熔点的碳化物(ZrC、HfC)；与硼作用可以生成硼化物(ZrB_2、HfB_2)；吸收氮气形成固溶体和氮化物。这些碳化物、硼化物和氮化物都是重要的陶瓷材料。

锆和铪主要用于原子能工业。锆用作核反应堆中核燃料包套材料。铪具有特别强的热中子吸收能力，主要用于军舰和潜艇原子反应堆的控制棒。锆合金强度高，宜作反应堆结构材料。铪合金难熔，具有抗氧化性，用作火喷嘴、发动机和宇宙飞行器等。锆不与人体的血液、骨骼及组织发生作用，已用作外科和牙科医疗器械，并能强化和代替骨骼。它们还可用于化工设备和电子管的吸气剂等。

(2) 钒、铌和钽

钒在地壳中的丰度为 0.0136 %，在所有元素中排第 23 位。但它的分布广且分散，海水中含量仅 2×10^{-9} %～35×10^{-9} %。钒的主要矿物为绿硫钒 VS_2 或 V_2S_5，铅钒矿[$Pb_5(VO_4)_3Cl$]等。由于镧系收缩的影响，铌和钽性质相似，在自然界共生，其矿物可用通式 $Fe(MO_3)_2$ 表示。钒、铌、钽均属于稀有金属。

钒是银灰色有延展性的金属，但不纯时硬而脆。钒有金属“维生素”之称。含钒百分之几的钢，具有高强度、高弹性、抗磨损和抗冲击性能，广泛应用于汽车工业和飞机制造业。

钒是活泼金属，易呈钝态，常温下不与水、苛性碱和稀的非氧化性酸作用；但可溶于氢氟酸、强氧化性酸和王水中，也能与熔融的苛性碱反应。高温下可与大多数非金属反应，甚至比钛还容易与氧、碳、氮和氢化合，所以制备纯金属很难。常用其他金属（如钙）热还原 V_2O_5 得到。钒有多种氧化态（如＋5、＋4、＋3、＋2、0)，其离子色彩丰富（V^{2+} 紫色，V^{3+} 绿色，VO^{2+} 蓝色，VO_2^+、VO_3^- 黄色)；酸根极易聚合（$V_2O_7^{4-}$、$V_3O_9^{3-}$、$V_{10}O_{28}^{6-}$)，pH 下降，聚合度增加，颜色从无色→黄色→深红，酸度足够大时为 VO_2^+。

铌和钽都是钢灰色金属，具有最强的抗腐蚀能力，能抵抗浓热的盐酸、硫酸、硝酸和王水。铌和钽只能溶于氢氟酸或氢氟酸与硝酸的热混合液中，在熔融碱中被氧化为铌酸盐或钽酸盐。铌酸盐或钽酸盐进一步转化为其氧化物，再由金属热还原得到铌或钽。

铌和钽最重要的性质是具有吸收氧、氮和氢等气体的能力，如 1g 铌在常温下可吸收

100mL 的氢气。另外，它们对人的肌肉和细胞无任何不良影响，而且细胞可在其上生长发育。如钽片可以弥补头盖骨的损伤，钽丝可以缝合神经和肌腱，钽条可代替骨头，所以在医学方面有重要应用。目前，钽主要用于制备固体电解质电容器，在计算机、雷达、导弹和彩电等电子线路中发挥重要作用。

(3) 高锰酸钾

锰（Ⅶ）的化合物中，最为重要的是高锰酸钾($KMnO_4$，俗称灰锰氧)，为紫黑色晶体，有金属光泽。其热稳定性差，将固体加热到 200℃以上，会分解放出氧气，这是实验室制取氧气的方法之一。

$$2KMnO_4 \longrightarrow K_2MnO_4 + MnO_2 + O_2\uparrow$$

高锰酸钾为紫黑色固体，易溶于水，呈现 MnO_4^- 的特征颜色，即紫红色。在酸性溶液中会缓慢分解，析出棕色的 MnO_2，并有氧气放出：

$$4MnO_4^- + 4H^+ \longrightarrow 4MnO_2 + 2H_2O + 3O_2\uparrow$$

在中性或弱碱性溶液中 MnO_4^- 也会分解，只是这种分解速率更为缓慢。光线对分解起催化作用，所以配制好的 $KMnO_4$ 溶液必须保存在棕色试剂瓶中。

高锰酸钾具有氧化性，其氧化能力随介质的酸碱性减弱而减弱，其还原产物也因介质的酸碱性不同而变化，如 $KMnO_4$ 与 Na_2SO_3 的反应：

$$2MnO_4^- + 5SO_3^{2-} + 6H^+ \longrightarrow 2Mn^{2+} + 5SO_4^{2-} + 3H_2O\text{(酸性介质)}$$

$$2MnO_4^- + 3SO_3^{2-} + H_2O \longrightarrow 2MnO_2\downarrow + 3SO_4^{2-} + 2OH^-\text{(中性介质)}$$

$$2MnO_4^- + SO_3^{2-} + 2OH^- \longrightarrow 2MnO_4^{2-} + SO_4^{2-} + H_2O\text{(强碱性介质)}$$

在酸性介质中 $KMnO_4$ 的氧化能力很强，它本身有很深的紫红色，而它的还原产物 Mn^{2+} 几近无色（浓 Mn^{2+} 溶液呈淡红色），所以在定量分析中用它来测定还原性物质时，不需要另外添加指示剂。因此 $KMnO_4$ 滴定法广泛应用于分析化学中的定量分析，如 Fe^{2+}、$C_2O_4^{2-}$、H_2O_2、SO_3^{2-} 等：

$$MnO_4^- + 8H^+ + 5Fe^{2+} \longrightarrow Mn^{2+} + 5Fe^{3+} + 4H_2O$$

$$2MnO_4^- + 6H^+ + 5H_2O_2 \longrightarrow 2Mn^{2+} + 5O_2\uparrow + 8H_2O$$

高锰酸钾在化学工业中用于生产维生素 C、糖精等，在轻化工业用作纤维、油脂的漂白和脱色，医疗上用作杀菌消毒剂和防腐剂。在日常生活中可用于饮食用具、器皿、蔬菜、水果等消毒。

(4) 铁

铁位于元素周期表ⅧB 族，是地壳中的丰产元素之一，其丰度为 0.62%。主要矿物有赤铁矿(Fe_2O_3)、磁铁矿(Fe_3O_4)和黄铁矿(FeS_2)。我国东北的鞍山、本溪，华北的包头、宣化和华中的大冶等地都有较好的铁矿，但高品位的铁矿仍多依赖进口。铁及其合金是基本的金属结构材料，在工农业生产以及日常生活的各个领域都有非常广泛的应用。如不锈钢(18%Cr，9%Ni)、钴钢(15%Co，5.9%Cr，1%W)，可制永磁铁；白钢(25%Cr，20%Ni)，耐高温、抗腐蚀；镍铁合金，制录音机磁头等。钢铁的产量曾长期被作为一个国家工业化程度的重要标志。

纯净的铁是光亮的银白色金属，密度为 $7.85g \cdot cm^{-3}$，熔点 1539℃，沸点 2500℃。纯铁耐蚀能力较强。在干燥的空气中加热到 150℃也不与氧作用，灼烧到 500℃时形成 Fe_3O_4，在更高温度时，可形成 Fe_2O_3。铁在 570℃左右才能与水蒸气作用，但是，铁在潮湿的空气中即使室温条件也易生锈。

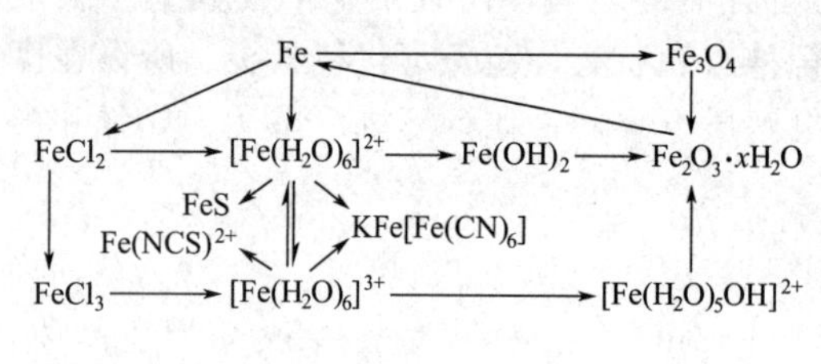

图 11-2　铁的重要化学反应

铁的重要化学反应如图 11-2 所示。铁是中等活泼金属，能溶于稀盐酸和稀硫酸中，形成 Fe^{2+} 并放出氢气。冷的浓硝酸和浓硫酸能使其钝化。铁在 +2、+3 氧化态时，半径较小，又有未充满的 d 轨道，使它们有形成配合物的强烈倾向，尤其是 Fe(Ⅲ)形成配合物数量特别多。铁系金属可形成多种化合物和配合物，最重要的有 $FeCl_3$、$(NH_4)_2Fe(SO_4)_2$、$Fe(C_5H_5)_2$ 等。

(5) 铂系金属

铂系金属是指ⅧB 族的钌、铑、钯和锇、铱、铂等铂系稀有元素，它们都是有色金属。钌、铑、钯的密度约为 $12g\cdot cm^{-3}$，称为轻铂系元素；锇、铱、铂密度约为 $22g\cdot cm^{-3}$，称为重铂系元素。因为它们的性质非常相似，在自然界共生，所以统称铂系元素。它们在地壳中的丰度（%）分别为：钌，10^{-8}；铑，1.5×10^{-8}；钯，1.5×10^{-6}；锇，10^{-7}；铱，10^{-7}；铂，10^{-6}。它们在自然界可以游离态存在，如铂矿和锇铱矿；也可共生于铜和镍的硫化物中，因此在电解精炼铜和镍后，铂系金属和金银常以阳极泥的形式存在于电解槽中。

铂系金属除锇呈蓝灰色外，其余均呈银白色。它们熔点、沸点高，密度大，钌、锇硬而脆，其余韧性、延展性好。特别是纯铂，可塑性极高，可冷轧成厚度 2.5μm 的箔。

铂系金属原子的价电子构型与原子核外电子排布规律不完全一致。这是因为 4d 和 5s 及 5d 和 6s 能级差与 3d 和 4s 相比更小，更易发生能级交错现象，导致铂系元素的原子最外层电子有从 ns 进入 $(n-1)$d 的更强趋势，而且这种趋势随原子序数的增大而增强。

铂系金属呈化学惰性，在常温下不与氧、氟、氮等非金属反应，具有极高的抗腐蚀性能。Ru、Rh、Ir 和块状的 Os 不溶于王水。Pd 和 Pt 相对较活泼，可溶于王水，Pd 可溶于浓硝酸和浓硫酸中。在有氧化剂如 KNO_3、$KClO_3$ 等存在时，铂系金属与碱共熔可转化成可溶性化合物。

$$3Pt+4HNO_3+18HCl \longrightarrow 3H_2[PtCl_6]+4NO\uparrow+8H_2O$$

铂系金属容易生成配合物，水溶液中几乎全是配合物的化学。Pd(Ⅱ)、Pt(Ⅱ)、Rh(Ⅰ)、Ir(Ⅰ) 等 d^8 型离子与强场配体常常生成反磁性的平面正方形配合物。这些正方形配合物配位不饱和，在适当条件下，可在 z 轴方向进入某些配体使配位数和氧化态发生改变，并使分子活化，实现均相催化。所以，它们都是优良的催化剂。铂系金属除作催化剂外，用途很广。铂可作蒸发皿、坩埚和电极；铂及其铂铑合金可制造测量高温的热电偶，铂铱合金可制造金笔的笔尖和国际标准米尺。

11.5　ds 区元素

11.5.1　ds 区元素的通性

ds 区元素是指ⅠB、ⅡB 两族元素，包括了铜、银、金和锌、镉、汞六种元素。该区元素处于 d 区和 p 区之间，其性质有其独特之处。铜、银、金是人类发现最早的单质态矿物，因为它们有悦目的外观和美丽的色泽，很早被人们用作饰物和钱币，故有货币金属之称。

铜、锌族金属的价电子构型为：$(n-1)d^{10}ns^{1\sim2}$，最外层电子数与碱金属相同，但次外层不同。s 区元素只有最外层是价电子，原子半径较大；而 ds 区元素的最外层 s 电子和次外层部分的 d 电子都是价电子，np、nd 有空的价电子轨道，原子半径较小。铜族元素对核的屏蔽效应远小于 8 电子结构，有效核电荷大，对外层电子的吸引力强，故其第一电离势远大于碱金属，电极电势呈正值，为不活泼金属。ds 区元素的基本性质列于表 11-8 中。

表 11-8　ds 区元素的基本性质

元素符号	价电子构型	常见氧化态	第一电离势/$kJ\cdot mol^{-1}$	第二电离势/$kJ\cdot mol^{-1}$
Cu	$3d^{10}4s^1$	+1,+2	750	1970
Ag	$4d^{10}5s^1$	+1	735	2083
Au	$5d^{10}6s^1$	+1,+3	895	1987
Zn	$3d^{10}4s^2$	+2	908	1733
Cd	$4d^{10}5s^2$	+2	866	1631
Hg	$5d^{10}6s^2$	+1,+2	1010	1810

ds 区元素都具有特征的颜色，铜呈紫色，银呈白色，金呈黄色，锌呈微蓝色，镉和汞呈白色。与 d 区元素比较，ds 区元素有相对较低的熔、沸点。这种性质锌族尤为突出，汞（Hg）是常温下唯一的液态金属，气态汞是单原子分子。一般来说，ⅡB 族元素的熔点、沸点比ⅠB 族低。这两族元素常温下为固态（汞除外），密度均大于 $5g\cdot cm^{-3}$，硬度都比较小，具有良好的延展性、导电性、导热性（尤其是ⅠB 族的铜、银、金）。如金是一切金属中延展性最好的，1g 金既能拉成长 3km 的丝，也能压成 1.0×10^{-4}mm 厚的金箔；而银在所有金属中具最好的导电性（铜次之）、导热性和最低的接触电阻。所以都是电子和电气工业的重要物资。铜质合金，如黄铜、青铜和白铜分别用作仪器零件和刀具。汞的密度很大($13.55g\cdot cm^{-3}$)，蒸气压低，可用于制造压力计，还可用于高压汞灯和日光灯等。

铜族元素的原子半径小，ns^1 电子的活泼性远小于碱金属的 ns^1 电子，因此具有极大的稳定性，且单质的稳定性以 Cu、Ag、Au 的顺序增大。它们在常温下不与非氧化性酸反应。铜和银溶于浓硫酸和浓硝酸中，而金只溶于王水。通氧条件下，铜可溶于加热的硫酸和盐酸。

$$Cu+2H_2SO_4(浓)\longrightarrow CuSO_4+SO_2\uparrow+2H_2O$$
$$3Ag+4HNO_3\longrightarrow 3AgNO_3+NO\uparrow+2H_2O$$
$$Au+4HCl+HNO_3\longrightarrow H[AuCl_4]+NO\uparrow+2H_2O$$
$$2Cu+2H_2SO_4+O_2\longrightarrow 2CuSO_4+2H_2O$$
$$2Cu+8HCl\longrightarrow 2H_3[CuCl_4]+H_2\uparrow$$

铜和银在干燥的空气中很稳定，但银与含硫化氢的空气接触时，表面因生成一层 Ag_2S 而发暗，这是银币和银首饰变暗的原因。铜在干燥的空气中有 CO_2 及潮湿的空气时，则在表面生成绿色碱式碳酸铜（俗称“铜绿”）。

$$2Cu+H_2O+CO_2+O_2\longrightarrow Cu_2(OH)_2CO_3$$

锌族元素的性质既不同于铜族元素又不同于碱土金属。锌族元素的化学活泼性比碱土金属要低得多，依 Zn、Cd、Hg 顺序依次降低。锌和镉能与稀酸反应放出氢气；汞不与非氧化性酸作用，但可溶于硝酸。锌不同于镉和汞，还可与强碱反应生成$[Zn(OH)_4]^{2-}$。在干燥的空气中，它们都很稳定；当加热到足够温度时，锌和镉可以在空气中燃烧，生成氧化物，但汞氧化很慢。

$$4Zn+2O_2+3H_2O+CO_2 \longrightarrow ZnCO_3 \cdot 3Zn(OH)_2$$

$$Zn+2NaOH+2H_2O \longrightarrow Na_2[Zn(OH)_4]+H_2\uparrow$$

$$3Hg+8HNO_3 \longrightarrow 3Hg(NO_3)_2+2NO\uparrow+4H_2O$$

锌具有两性，既可溶于酸，也可溶于碱中。在潮湿的空气中，锌表面易生成一层致密的碱式碳酸锌而起保护作用。锌还可与氧、硫、卤素等在加热时直接化合。

11.5.2 ds 区元素的重要化合物

(1) 硫酸铜

硫酸铜为天蓝色或略带黄色粒状晶体，水溶液呈酸性，属保护性无机杀菌剂，对人畜比较安全。一般为五水合物 $CuSO_4 \cdot 5H_2O$，俗名胆矾，是蓝色斜方晶体，其水溶液也呈蓝色，故也有蓝矾之称。硫酸铜也是电解精炼铜时的电解液中的主要成分。

$CuSO_4 \cdot 5H_2O$ 可用铜屑或氧化物溶于硫酸中制得。它在不同温度下可逐步失水。

$$CuSO_4 \cdot 5H_2O(378K) \longrightarrow CuSO_4 \cdot 3H_2O(386K) \longrightarrow CuSO_4 \cdot H_2O(533K)$$

$$\longrightarrow CuSO_4(923K) \longrightarrow CuO$$

无水硫酸铜为白色粉末，不溶于乙醇和乙醚，吸水性很强，吸水后呈蓝色，利用这一性质可检验乙醇和乙醚等有机溶剂中的微量水，并可作干燥剂。

为防止水解，配制铜盐溶液时，常加入少量相应的酸：

$$2CuSO_4+H_2O \longrightarrow [Cu_2(OH)SO_4]^++HSO_4^-$$

硫酸铜与 H_2S 反应得到黑色的硫化铜沉淀，可以用于检验硫酸铜的存在。

$$CuSO_4+H_2S \longrightarrow CuS(\text{黑色沉淀})+H_2SO_4$$

硫酸铜是制备其他铜化合物的重要原料，在电镀、电池、印染、染色、木材保存、颜料、杀虫剂等工业中都大量使用硫酸铜。在农业上将硫酸铜同石灰乳混合可得“波尔多”溶液，可用于防治或消灭植物的多种病虫害，加入贮水池中可以防止藻类生长。

(2) 氯化锌

无水氯化锌为白色粒状结晶或粉末，易吸湿潮解，熔点约 290℃，沸点 732℃，是无机盐工业的重要产品之一。由于它的吸水性很强，在有机化学中常用作去水剂和催化剂。氯化锌在水中的溶解度非常大，在不同的温度下，其溶解度可以达到 333g（10℃）、432g（25℃）和 614g（100℃）。

$ZnCl_2$ 可通过 Zn 或 ZnO 与盐酸反应而制得。但是，由于 $ZnCl_2$ 的水解而无法通过蒸发 $ZnCl_2$ 溶液制备无水 $ZnCl_2$，一般在干燥 HCl 气流中加热脱水来制备。

氯化锌易溶于水，溶于甲醇、乙醇、甘油、丙酮、乙醚，不溶于液氨。其浓溶液由于生成配合酸——羟基二氯合锌酸 而具有显著的酸性，具有溶解金属氧化物和纤维素的特性。

$$ZnCl_2 \cdot H_2O \longrightarrow H[ZnCl_2(OH)]$$

$$2H[ZnCl_2(OH)]+FeO \longrightarrow H_2O+Fe[ZnCl_2(OH)]_2$$

焊接金属时用的“熟镪水”就是氯化锌的浓溶液。焊接时它不损害金属表面，而且水分热蒸发后，熔化的盐覆盖在金属表面，使之不再氧化。$ZnCl_2$ 水溶液还可用作木材防腐剂。浓的 $ZnCl_2$ 水溶液能溶解淀粉、丝绸和纤维素，因此不能用纸过滤氯化锌。熔融氯化锌有很好的导电性能。此外，氯化锌在石油、印染、橡胶、电镀等行业都有广泛的应用。

(3) **氯化汞和氯化亚汞**

$HgCl_2$ 俗称升汞，针状晶体，熔点276℃，沸点302℃。常温时微量挥发，100℃时变得十分明显，在约300℃时仍然持续挥发。$HgCl_2$ 是典型的共价化合物，剧毒，溶于水、醇、醚和乙酸。氯化汞可用于木材和解剖标本的保存、皮革鞣制和钢铁镂蚀，是分析化学的重要试剂，还可做消毒剂和防腐剂。

以过量的氯气与汞反应，可制得氯化汞：

$$Hg + Cl_2 \longrightarrow HgCl_2$$

用 HgO 溶于盐酸，或利用其升华特性而通过 $HgSO_4$ 和 NaCl 的混合物加热，都可以制备 $HgCl_2$。

氯化汞与氢氧化钠作用生成黄色沉淀。氯化汞溶液中加过量的氨水，得白色氯化氨基汞 $Hg(NH_2)Cl$ 沉淀：

$$HgCl_2 + 2NH_3 \longrightarrow Hg(NH_2)Cl\downarrow + NH_4Cl$$

$Hg(NH_2)Cl$ 加热不熔，而分解为 Hg_2Cl_2、NH_3 和 N_2，被称为不熔性白色沉淀。若氯化汞溶液中含大量的氯化铵，加入氨水，则得氯化二氨合汞 $Hg(NH_3)_2Cl_2$ 白色结晶沉淀，这种沉淀受热熔化而不分解，故被称为可熔性白色沉淀。

在酸性溶液中，$HgCl_2$ 是个较强的氧化剂，例如可以被还原剂 $SnCl_2$ 还原成氯化亚汞的白色沉淀或单质汞：

$$2HgCl_2 + SnCl_2(\text{适量}) \longrightarrow Hg_2Cl_2\downarrow + SnCl_4$$

$$Hg_2Cl_2 + SnCl_2(\text{过量}) \longrightarrow 2Hg\downarrow + SnCl_4$$

因此，此反应也常用来检验 Hg^+ 或 Sn^{2+}。

氯化亚汞是不溶于水的白色固体，无毒，因味略甜，俗称甘汞，医药上用作轻泻剂、利尿剂。由于 Hg（I）无成对电子，因此 Hg_2Cl_2 有抗磁性。Hg_2Cl_2 常用来制作甘汞电极。

Hg^{2+} 在水溶液中可以稳定存在，歧化趋势很小，因此，常利用 Hg^{2+} 与 Hg 反应制备亚汞盐，如：

$$Hg(NO_3)_2 + Hg \longrightarrow Hg_2(NO_3)_2$$

$$HgCl_2 + Hg \longrightarrow Hg_2Cl_2$$

Hg_2Cl_2 加热或见光易分解，需储存在棕色瓶中。

11.6 f 区元素

11.6.1 镧系元素的通性

镧系元素是指从镧到镥（57～71 号）的 15 种元素。当原子序数增加时，新增加的电子，依次进入 4f 轨道，最外层的电子是 $6s^2$，故称为内过渡元素。这 15 种元素在元素周期表中，同在第 6 周期第ⅢB 族的一格内，用 Ln 表示。镧系元素的原子及其阳离子的基态电子构型常用发色光谱的数据来确定，其基态价层电子构型可以用 $4f^{0\sim14}5d^{0\sim1}6s^2$ 来表示。镧系元素 4f 与 5d 电子数之和为 1～15，其中 57 号 La($4f^0$)、63 号 Eu($4f^7$)、64 号 Gd($4f^7$)、70 号 Yb($4f^{14}$)、71 号 Lu($4f^{14}$)处于全空、半满和全满的稳定状态。镧系元素形成 Ln^{3+} 时，外层的 5d 和 $6s^2$ 电子都已电离掉。镧系元素单质及其离子的物理和化学性质十分相似，但镧系元素随核电荷增加和 4f 电子数目不同所引起的半径变化，使它们的性质略有差异，成为镧系元素得以区分和分离的基础。镧系元素的基本性质列于表 11-9 中。

表 11-9 镧系元素的电子构型和性质

元素	电子构型	常见氧化态	原子半径/pm	离子半径/pm	熔点/K	第三电离势 I_3 /kJ·mol^{-1}
La	$5d^1 6s^2$	+3	188	106	1193	1855
Ce	$4f^1 5d^1 6s^2$	+3,+4	182	103	1071	1955
Pr	$4f^3 6s^2$	+3,+4	183	101	1204	2093
Nd	$4f^4 6s^2$	+3	182	100	1283	2142
Pm	$4f^5 6s^2$	+3	180	98	1353	2150
Sm	$4f^6 6s^2$	+2,+3	180	96	1345	2267
Eu	$4f^7 6s^2$	+2,+3	204	95	1095	2410
Gd	$4f^7 5d^1 6s^2$	+3	180	94	1584	1996
Tb	$4f^9 6s^2$	+3,+4	178	92	1633	2122
Dy	$4f^{10} s^2$	+3	177	91	1682	2203
Ho	$4f^{11} 6s^2$	+3	177	89	1743	2210
Er	$4f^{12} 6s^2$	+3	176	88	1795	2197
Tm	$4f^{13} 6s^2$	+3	175	87	1818	2292
Yb	$4f^{14} 6s^2$	+2,+3	194	86	1097	2424
Lu	$4f^{14} 5d^1 6s^2$	+3	173	85	1929	2027

镧系元素的特征氧化态为+3。根据洪特规则，当 d 或 f 轨道处于全空、全满或半满时，其原子或离子有特殊的稳定性。因此 Ce、Tb 失去 4 个电子时，4f 轨道分别处于全空和半满，+4 氧化态较稳定。Pr 和 Dy 失去 4 个电子时，4f 轨道接近全空和半满，所以也可存在+4 氧化态。同理，Eu 和 Yb 失去 2 个电子时，4f 轨道分别处于半满和全满，可以形成较稳定的+2 氧化态的化合物，Sm 和 Tm 的+2 氧化态化合物稳定性较差。这也表明电子构型是影响其稳定存在的重要因素，但也不能不考虑其他因素对稳定性的影响。

第ⅢB 族从 Sc 经 Y 到 La，原子半径和 M^{3+} 离子半径逐渐增大，但从 La 到 Lu 则逐渐减小。这种镧系元素的原子半径和离子半径随原子序数的增加而逐渐减小的现象称为镧系收缩。这是因为镧系元素中每增加一个质子，相应的一个电子进入 4f 轨道，而 4f 电子对原子核的屏蔽作用与内层电子相比较小，有效核电荷增加较大，核对最外层电子的吸引力增强。但在原子半径总的收缩趋势中，Eu 和 Yb 出现反常现象，这是因为 Eu 和 Yb 的电子构型具有半充满 $4f^7$ 和全充满 $4f^{14}$ 的稳定结构，对原子核有较大的屏蔽作用。

镧系收缩有两个特点：

① 镧系内原子半径呈缓慢减小的趋势，多数相邻元素原子半径之差只有 1pm 左右。这是因为 4f 轨道比 6s 和 5s、5p 轨道对核电荷有较大的屏蔽作用，因此随着原子序数的增加，最外层电子受核的吸引只是缓慢增加，从而导致原子半径缓慢缩小的趋势。

② 随着原子序数的增加，镧系元素的原子半径虽然只是缓慢地变小，但是经过从 La 到 Yb 的 14 种元素的原子半径递减的积累却减小了约 14pm 之多，从而造成了镧系的 Lu、镧系后面的 Hf 和 Ta 原子半径与同族的 Y、Zr 和 Nb 的原子半径极为接近的事实。

在镧系收缩中，离子半径的收缩要比原子半径收缩显著得多，这是因为离子比金属原子少一层电子，镧系金属原子失去最外层的 6s 电子以后，4f 轨道则处于次外层，这种状态的

4f 轨道比原子中的 4f 轨道对核电荷的屏蔽作用小，从而使得离子半径的收缩效果比原子半径明显。

镧系收缩是无机化学中一个重要现象。因为镧系收缩，使 Y^{3+} 的离子半径与 Tb^{3+}、Dy^{3+} 的离子半径相近，导致钇在矿物中与镧系金属共生；其次镧系收缩也使镧系后面的金属元素 Zr 与 Hf、Nb 与 Ta、Mo 与 W 的半径几乎相等，造成这三对元素性质非常相似，形成共生元素对，给分离工作带来很大困难。

表 11-10 列出了 Ln^{3+} 在水溶液中的颜色。镧系元素的三价离子大多具有颜色，这主要是这些元素吸收可见光后使 4f 电子发生跃迁结果。从表 11-10 可以看出，除 4f 轨道处于全空、半空和全满的 La^{3+}、Gd^{3+}、Lu^{3+} 为无色外，其他离子(不包括 Ce^{3+} 和 Yb^{3+}) 都具有一定颜色。

表 11-10 Ln^{3+} 水溶液中离子的颜色

原子序数	离子	4f 亚层电子构型	颜色	未成对电子数	颜色	4f 电子数	离子	原子序数
57	La^{3+}	0	无	0	无	14	Lu^{3+}	71
58	Ce^{3+}	1	无	1	无	13	Yb^{3+}	70
59	Pr^{3+}	2	黄绿	2	浅绿	12	Tm^{3+}	69
60	Nd^{3+}	3	红紫	3	淡红	11	Er^{3+}	68
61	Pm^{3+}	4	粉红	4	淡黄	10	Ho^{3+}	67
62	Sm^{3+}	5	淡黄	5	浅黄绿	9	Dy^{3+}	66
63	Eu^{3+}	6	浅粉红	6	微淡粉红	8	Tb^{3+}	65
64	Gd^{3+}	7	无	7	无	7	Gd^{3+}	64

根据国际纯粹与应用化学联合会对稀土元素的定义，通常把 Sc、Y 和镧系共 17 种元素称为稀土元素。但由于 21 号元素钪与其余 16 个元素在性质上的差别比较大，在自然界共生的关系也不密切，所以人们有时习惯不把钪列入稀土元素，而放射性元素钷 (Pm) 在自然界存在的量很低，因此通常习惯所称的稀土元素只有 15 个元素。

稀土元素的化学性质虽然十分相似，但并不完全相同，相互之间存在一定的差异，根据它们的物理、化学性质的某些差别，可以分为两组：将镧、铈、镨、钕、钷、钐、铕称为铈组稀土；钆、镝、钬、铒、铥、镱、镥、钇称为钇组稀土，铈组稀土和钇组稀土习惯上也分别称为轻稀土和重稀土。钇之所以被列入重稀土是因为它的离子半径在重稀土之间，化学性质和重稀土更相似，在自然界和重稀土共存。

稀土在自然界存在的形态有两种方式。一种是诸如独居石(RE、Th)PO_4、氟碳铈矿 RE(CO_3)F 等稀土以矿物相组成的形态，目前已知以稀土含量为主的矿物约有 70 多种，稀土为非主要组分的矿物还有 200 多种。

另一类型稀土矿是 20 世纪 70 年代在我国南方地区（赣南、粤西北、湖南、闽西及广西少数地区）发现和确定的我国独特的花岗岩风化壳离子吸附型稀土矿，该类矿床中稀土含量低，但易开采，经简单处理，可容易获得含量高的稀土氧化物。经多方鉴定，该矿有 90% 以上稀土不呈稀土矿物，而是呈阳离子状态附存于高岭石类黏土矿物上，其物理化学特性符合交换吸附规律，因而被称为离子吸附型稀土矿，后经正式定名为淋积型稀土矿。

稀土元素在地球上的丰度见表 11-11。从表 11-11 的数据可知，稀土元素在地壳中并不稀少，有些稀土元素含量甚至与我们常见的金属元素 Sn、Pb、Co、Zn 相当(甚至大于 Ag)。稀土元素更不是“土”，而是一种活泼性仅次于碱金属和碱土金属的一组典型金属元素。

表 11-11 稀土元素在地球的丰度 $\times 10^{-6}$

元素	La	Ce	Pr	Nd	Pm	Sm	Eu	Gd
丰度	35	66	9.1	40	0.45	7.1	2.1	6.1
元素	Tb	Dy	Ho	Er	Tm	Yb	Lu	Y
丰度	1.2	4.5	1.3	1.3	0.5	3.1	0.8	31

稀土资源在许多经济发达国家作为战略资源来对待，又因与材料密切相关，故被人们称为新材料的“宝库”，是国内外专家尤其是材料专家最为关注的一种资源，被发达国家有关政府列为发展信息、生物、新材料、新能源、空间、海洋等高新技术产业的关键资源。随着稀土资源的开发利用，将引起一场新的技术革命，我国高新技术产业在稀土资源的利用上也正逐渐显露头角。

11.6.2 镧系重要元素及化合物

(1) 稀土金属

稀土金属呈银白色，较软，具有延展性；有很强的还原性。稀土金属的标准电极电势与镁接近，具有与碱土金属相似的性质，故应保存于煤油中，否则会被空气氧化而变色；金属的活泼顺序由 Sc—Y—La 递增，由 La 到 Lu 递减；容易与其他非金属形成离子型化合物；室温下能与卤素反应生成卤化物 LnX_3，在 473K 时，反应激烈并迅速燃烧。

稀土金属在加热（大于 453K）下直接与氧反应可以得到碱性氧化物 Ln_2O_3；但 Ce、Pr、Tb 例外，它们分别生成 CeO_2、Pr_6O_{11}、Tb_4O_7，这些氧化物在酸性条件下都是强氧化剂，可与卤化物定量反应生成卤素单质。稀土氧化物的标准生成焓（绝对值）高于 Al_2O_3，所以混合稀土是比铝更好的还原剂。

在 1275K 时，稀土金属可与 N_2 反应生成 LnN；与沸腾的硫反应生成 Ln_2S；与 H_2 反应生成非整比化合物 LnH_2、LnH_3 等；与水反应生成 $Ln(OH)_3$ 或 $Ln_2O_3 \cdot xH_2O$ 沉淀，并放出 H_2，加热会使反应加速。稀土单质的化学性质如图 11-3 所示。

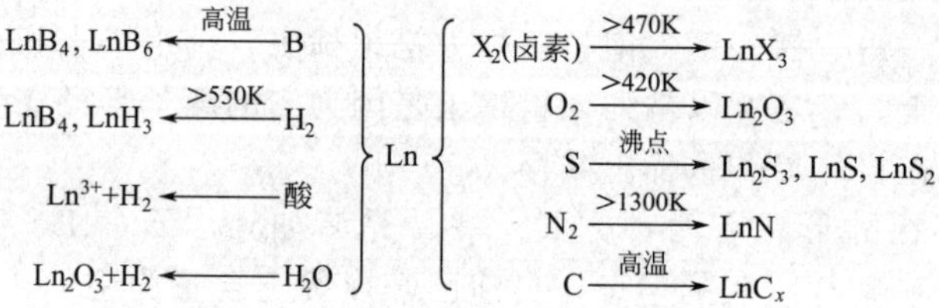

$LnB_4, LnB_6 \xleftarrow{\text{高温}} B$

$LnB_4, LnH_3 \xleftarrow{>550K} H_2$

$Ln^{3+} + H_2 \longleftarrow$ 酸

$Ln_2O_3 + H_2 \longleftarrow H_2O$

Ln

X_2(卤素) $\xrightarrow{>470K} LnX_3$

$O_2 \xrightarrow{>420K} Ln_2O_3$

$S \xrightarrow{\text{沸点}} Ln_2S_3, LnS, LnS_2$

$N_2 \xrightarrow{>1300K} LnN$

$C \xrightarrow{\text{高温}} LnC_x$

图 11-3 稀土单质的化学性质

镧系金属燃点低，如 Ce 为 438K、Pr 为 563K、Nd 为 543K 等，燃烧时放出大量的热，故以 Ce 为主体的混合轻稀土长期用于民用打火石和军用发火合金。如 Ce 占 50%，La 和 Nd 占 44%，Fe、Al、Ca、C 和 Si 等占 6%的稀土引火合金可用于子弹点火装置。

稀土金属及其合金具有吸收气体的能力，且吸氢能力最强，所以可用作储氢材料。如 1kg 的 $LaNi_5$ 合金在室温和 253kPa 下可吸收相当于标准状况下 170L 的 H_2，而且吸收和释放 H_2 是可逆的。

Gd 具有 $4f^7$ 电子构型，可实现电子只朝一个方向自旋的状态，所以具有铁磁性。4f 电子不足半数轨道的轻稀土金属具有顺磁性。稀土金属及其化合物都是重要的永磁材料，如第

一代的 $SmCo_5$ 永磁体、第二代的 $Ln_2(FeCo)_{17}$ 和第三代的 Nd-Fe-B 化合物等永磁材料，有广阔的应用前景。

(2) 稀土氧化物

稀土元素单质除 Ce、Pr、Tb 外与氧直接反应或其草酸盐、硫酸盐、硝酸盐、氢氧化物在空气中加热分解，都能得到 RE_2O_3 型氧化物。而 Ce、Pr、Tb 分别得到淡黄色 CeO_2、黑棕色 Pr_6O_{11} 和暗棕色 Tb_4O_7，将它们还原可得到＋3 价氧化物。Ln 的氧化物除 Pr_2O_3 为深蓝色、Nb_2O_3 为浅蓝色、Er_2O_3 为粉红色外，其他氧化值为＋3 的氧化物均为白色。

Ln_2O_3 为离子型氧化物，难溶于水，易溶于酸，熔点高（绝大多数高于 2450K），所以都是很好的耐火材料。氧化铽用于原子反应堆中作中子吸收剂；钕、钐、钇等的氧化物用来制造荧光粉。

(3) 稀土盐类

稀土元素的强酸盐大多可溶，弱酸盐难溶，如氯化物、硫酸盐、硝酸盐易溶于水，草酸盐、碳酸盐、氟化物、磷酸盐难溶于水。

镧系元素的草酸盐在稀土化合物中相当重要，因为草酸盐的溶解度非常小。在碱金属草酸盐溶液中，钇组草酸盐由于形成配合物 $[Ln(C_2O_4)_3]^{3-}$，比铈组草酸盐的溶解度大得多。根据稀土草酸盐的这种溶解度差别，可进行镧系元素分离中的轻重稀土分组。

稀土氯化物易于形成水合物，Ln 的氯化物和溴化物常含 6～7 个结晶水，而 $LnI_3 \cdot nH_2O$ 中 $n=8 \sim 9$。直接加热不能得到无水氯化物，要得到无水氯化物，需在 HCl 气流加热或选用其他方法。如：

$$2Ln + 3Cl_2 \longrightarrow 2LnCl_3$$

$$Ln_2O_3 + 3C + 3Cl_2 \longrightarrow 2LnCl_3 + 3CO$$

稀土硫酸盐具有特殊的溶解度规律，无水硫酸盐溶解度低于水合硫酸盐，溶解度随温度升高而降低，故以冷水浸取为宜。$Ln_2(SO_4)_3$ 易与碱金属硫酸盐形成复盐 $Ln_2(SO_4)_3 \cdot M_3SO_4 \cdot nH_2O$，且硫酸复盐的溶解度从 La 到 Lu 逐渐增大，并按 NH_4^+、Na^+、K^+ 的顺序降低。根据硫酸复盐溶解度大小，可以用来分离铈和钇两组稀土。

11.6.3 锕系元素的通性

锕系元素都是放射性元素。其中位于铀后面的 93 号 Np 至 102 号 No 被称为"超铀元素"。锕系元素的研究与原子能工业的发展有着密切的关系。除了人们所熟悉的铀、钍和钚大量用作核反应堆的燃料外，诸如 ^{138}Pu、^{244}Cm 和 ^{252}Cf 在空间技术、气象学、生物学直至医学方面都有实际的和潜在的应用价值。

89 号 Ac 和 90 号 Th 的电子构型为 $6d^{1\sim2}7s^2$，没有 5f 电子；91、92、93、96 和 103 号元素都具有 $5f^{2\sim14}6d^17s^2$ 电子构型；其余元素都属于 $5f^{6\sim14}7s^2$ 电子构型。与镧系元素相比，同样把一个外数第三层的 f 元素激发到次外层的 d 轨道上去，在前半部分（95 号 Am 以前）锕系元素所需能量要少，表明这些锕系元素的 f 电子较容易被激发，成键的可能性更大一些，更容易表现为高氧化态；在 95 号 Am 以后的锕系元素则相反，因此它们的低氧化态化合物更稳定。由 Ac 到 Am 的前半部分锕系元素最稳定的氧化值由＋3 上升到 U 的＋6，随后又下降到 Am 的＋3。Cm 以后的稳定氧化值为＋3 价，唯有 No 在水溶液中最稳定的氧化态为＋2。

同镧系元素类似，锕系元素相同氧化态的离子半径随着原子序数的增加而逐步缩小，且减小缓慢，从 90 号 Th 到 98 号 Cf 共减少了约 10pm，称为锕系收缩。

11.6.4 锕系重要元素及化合物

(1) 钍及其化合物

钍主要存在于硅酸盐钍矿、独居石等矿中，在 1000℃的高温下通过金属钙还原 ThO_2 而制得金属钍。钍（Ⅳ）的氢氧化物、氟化物、碘酸盐、草酸盐和磷酸盐等都是难溶性的盐，除氢氧化物外，钍的后四种盐类即使在 $6mol \cdot L^{-1}$ 的强酸中也不易溶解。钍的硫酸盐、硝酸盐和氯化物都易溶于水，从水溶液中结晶可得到含水晶体。

钍也可以形成 $MThCl_5$、M_2ThCl_6、M_3ThCl_7 等配合物，也可与 EDTA 等形成螯合物。

(2) 铀及其化合物

沥青铀矿经酸或碱处理后用沉淀法、溶剂萃取法或离子交换法可得到 $UO_2(NO_3)_2$，再经过还原可得 UO_2。UO_2 在 HF 中加热得到 UF_4，用 Mg 还原 UF_4 可得 U 和 MgF_2。铀与各种非金属等的反应列于图 11-4。

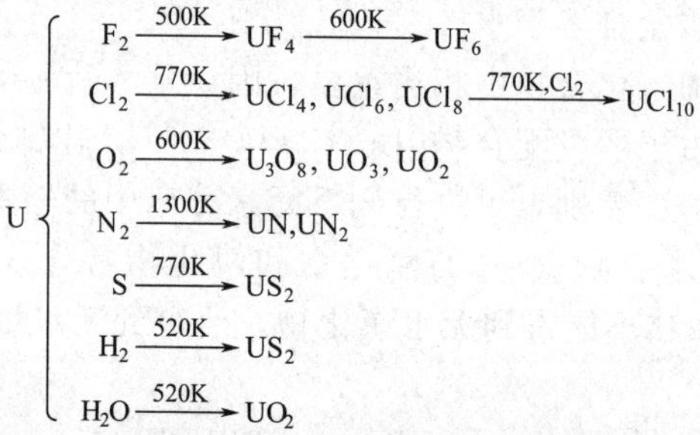

$$
U\left\{\begin{array}{l}
F_2 \xrightarrow{500K} UF_4 \xrightarrow{600K} UF_6 \\
Cl_2 \xrightarrow{770K} UCl_4, UCl_6, UCl_8 \xrightarrow{770K, Cl_2} UCl_{10} \\
O_2 \xrightarrow{600K} U_3O_8, UO_3, UO_2 \\
N_2 \xrightarrow{1300K} UN, UN_2 \\
S \xrightarrow{770K} US_2 \\
H_2 \xrightarrow{520K} US_2 \\
H_2O \xrightarrow{520K} UO_2
\end{array}\right.
$$

图 11-4 铀的化学性质

在氟化物 UF_3、UF_4、UF_5 和 UF_6 中，以 UF_6 最为重要。该物质为易挥发性物质，可以用低氧化值的氟化物经氟化而制得。利用 $^{235}UF_6$ 和 $^{238}UF_6$ 扩散速率的不同，可以使两者分离而进一步制得 ^{235}U 核燃料。

铀黄作为黄色颜料被广泛应用于瓷釉或玻璃工业中。醋酸铀酰能与碱金属钠离子加合形成配合物被用来鉴定微量钠离子。

思考题

11-1 碱金属及其氢氧化物为什么不能在自然界中存在？金属钠着火时能否用 H_2O、CO_2、石棉毯扑灭？为什么？

11-2 锌、镉、汞同为ⅡB族，锌和镉为活泼金属，可作为工程材料，而汞在常温下为液体，表现出化学惰性，如何解释？

11-3 为什么商品 NaOH 中常常含有 Na_2CO_3？怎样简便地检验和除去？

11-4 如何制备无水 $AlCl_3$？能否用加热脱去 $AlCl_3 \cdot 6H_2O$ 中水的方法制取无水 $AlCl_3$？

习题

11-1 简述碱金属与氢反应生成的“氢化物”和与氧反应生成的“氧化物”的结构与性

能特点及应用。

11-2 新生成的氢氧化物沉淀为什么会发生下列变化？

(1) $Mn(OH)_2$ 几乎是白色的，在空气中变为暗褐色。

(2) 白色的 $Hg(OH)_2$ 立即变为黄色。

(3) 蓝色的 $Cu(OH)_2$，加热时变为黑色。

11-3 完成并配平下列反应方程式。

(1) $KI+KIO_3+H_2SO_4$(稀)$\longrightarrow$　　(2) $MnO_2+HBr\longrightarrow$

(3) $Ca(OH)_2+Br_2$(常温)$\longrightarrow$　　(4) $Br_2+Cl_2(g)+H_2O\longrightarrow$

(5) $BrO_3^-+Br^-+H^+\longrightarrow$　　(6) $NaBrO_3+F_2+NaOH\longrightarrow$

11-4 如何解释下列事实：

(1) 锂的电离势比铯大，但 $E_e(Li^+/Li)$ 却比 $E_a(Cs^+/Cs)$ 小。

(2) $E_a(Li^+/Li)$ 比 $E_e(Na^+/Na)$ 小，但锂同水的作用不如钠激烈。

(3) LiI 比 KI 易溶于水，而 LiF 比 KF 难溶于水。

(4) $BeCl_2$ 为共价化合物，而 $CaCl_2$ 为离子化合物。

(5) 金属钙与盐酸反应剧烈，但与硫酸反应缓慢。

11-5 (1) 欲从含有少量 Cu^{2+} 的 $ZnSO_4$ 溶液中除去 Cu^{2+}，最好加入试剂 H_2S、NaOH、Zn、Na_2CO_3 中的哪一种？(2) CuCl、AgCl、Hg_2Cl_2 均为难溶于水的白色粉末，试用最简便的方法区别之。

11-6 简述铂系金属的主要物理性质和用途。

11-7 什么叫“镧系收缩”？讨论出现这种现象的原因和它对第 6 周期中镧系后面各个元素的性质所发生的影响。

11-8 CaH_2 与冰反应释放出 H_2，因此 CaH_2 用做高寒山区野外作业时的生氢剂。试计算 1.00gCaH_2与冰反应最多可制得 0℃、100kPa 下 H_2 的体积。　（答：1.08L)

11-9 计算反应 $MgO(s)+C$(石墨)$\longrightarrow CO(g)+Mg(s)$ 的 $\Delta_r H_m^\ominus(298K)$、$\Delta_r S_m^\ominus(298K)$ 和 $\Delta_r G_m^\ominus(298K)$ 及该反应可以自发进行的最低温度。

（答：$\Delta_r H_m^\ominus=491.18kJ \cdot mol^{-1}$，$\Delta_r S_m^\ominus=197.67kJ \cdot mol^{-1}$，
$\Delta_r G_m^\ominus=432.26kJ \cdot mol^{-1}$，$T=2485K$)

11-10 铝矾土中常含有氧化铁杂质，将铝矾土和氢氧化钠共熔($Na[Al(OH)_4]$为生成物之一)，用水溶解熔块后过滤。在滤液中通入二氧化碳后生成沉淀。再次过滤后将沉淀灼烧，便得到较纯的氧化铝。试写出有关反应方程式，并指出杂质铁是在哪一步除去的。

11-11 $[Ag(CN)_2]^-$ 的不稳定常数是 1.0×10^{-20}，若把 1g 银氧化并溶入含有 $1.0\times10^{-1}mol \cdot dm^{-3}$ 溶液中，试问平衡时 Ag^+ 的浓度是多少？

（答：$[Ag^+]=1.4\times10^{-20}mol \cdot dm^{-3}$)

11-12 已知在酸性条件下 $E_A^\ominus(ClO_3^-/Cl_2)=1.47V$，求碱性条件下 $E_B^\ominus(ClO_3^-/Cl_2)$的值。

（答：$E_B^\ominus(ClO_3^-/Cl_2)=0.49V$)

11-13 称取 10.00g 含铬和锰的钢样，经适当处理后，铬和锰被氧化为 $Cr_2O_7^{2-}$ 和 MnO_4^- 的溶液，共 250.0cm^3。精确量取上述溶液 10.00cm^3，加入 $BaCl_2$ 溶液并调节酸度使铬全部沉淀下来，得到 0.0549g $BaCrO_4$。另取一份上述溶液 10.00cm^3，在酸性介质中用 Fe^{2+} 溶液滴定，用去 15.95cm^3。计算钢样中铬和锰

的质量分数。　　　　　　　　　　　　　　　　　　　　　　　　（答：Cr 2.83%，Mn 3.29%）

11-14　已知 $E^{\ominus}(Cu^{2+}/Cu^{+})=0.1607V$，$E^{\ominus}(Cu^{+}/Cu)=0.5180V$，$K_f^{\ominus}([Cu(NH_3)_2]^{+})=7.2\times10^{10}$，$K_f^{\ominus}([Cu(NH_3)_4]^{2+})=2.30\times10^{12}$，$K_{sp}^{\ominus}(CuCl)=1.7\times10^{-7}$。通过计算说明：（1）CuCl 是否可溶于氨水；（2）$[Cu(NH_3)_2]^{+}$ 是否能歧化为 $[Cu(NH_3)_4]^{2+}$ 和 Cu?　　　　　　　　　　　　　（答：（1）可以；（2）不能歧化）

11-15　已知下列反应的标准平衡常数：

$$Zn(OH)_2(s)+2OH^{-}\longrightarrow[Zn(OH)_4]^{2-}\qquad K^{\ominus}=10^{0.68}$$

结合有关数据，计算 $E^{\ominus}(Zn(OH)_4^{2-}/Zn)$。

［答：$E^{\ominus}(Zn(OH)_4^{2-}/Zn)=-1.26V$］

第 12 章

化学与生命科学

学习要求

① 了解构成生命的最基本物质。
② 理解 DNA 是遗传物质的间接证据。
③ 掌握化学对基因工程的贡献。

化学发展至今已成为了一个庞大的学科群，并交叉和渗透到各个学科领域，与生命、材料、环保、能源、信息、航天、海洋等学科以及与工业、农业和国防工业密切相关。毫无疑问，化学的确是联系各个学科的一门中心科学。

在生命科学中，化学与生物学共同研究生命体系的物质组成、存在形式及生命过程中的化学变化。例如，研究人体遗传物质的作用、人类基因、酶结构与催化功能、脑科学、模拟生命过程以及生命体系的合成等。已形成了生物化学、药物化学、生物无机化学、生物有机化学、分子生物学、化学生物学、量子生物化学等多门交叉学科。哈佛大学教授 Corry (Noble 奖获得者）曾预言：“21 世纪，化学将涵盖医学与化学之间的任一事情。”

生命过程实际上是一个复杂的化学过程，生物学与医学均是以化学为基础的，因此，只有生命过程中化学基本问题的突破才能导致生物学和医学的突破。在这一领域可能产生突破的化学基本问题是：

① 生物大分子之间、生物大分子与小分子之间的各种相互作用。
② 生物分子的结构与功能的关系。
③ 生命的本质及影响生命的因素。
④ 无生命与生命间的相互关系与转变以及直接合成出有生命的物质等。

12.1 构成生命的化学元素

跟自然界的其他物质一样，人体也是由化学元素组成的。到目前为止，在人类的身体中能找到60余种元素。这些元素在人体内的含量多少不等，差别很大。其含量高于万分之一的为宏量元素，低于万分之一的则叫微量元素或痕量元素。

宏量元素有11种，按含量从高到低排列为氧、碳、氢、钙、氮、磷、钾、硫、钠、氯和镁，其中氧占65%，而镁仅为0.05%。它们对人体的重要性是不言而喻的，如氧、碳、氢是构成人体各种器官的主要元素；钙是骨骼形成的主导元素，青少年发育期间常需补钙以促进骨骼的正常生长，老年人常因缺钙而使骨骼变脆而容易折断；磷是构成卵磷脂的关键元素，卵磷脂是脑思维活动中的一种重要物质，是制约智力发展的物质因素，它广泛存在于禽蛋和植物的种子中；氮是蛋白质、氨基酸里的核心元素，人们通过食入蛋白质来补充所需的元素。根据微量元素对人体的重要性，可分为四类，见表12-1。

表12-1 人体中微量元素分类

类别	元　　素	类别	元素
必需微量元素	Fe、F、Zn、Cu、Sn、V、Mn、Cr、I、Se、Mo、Ni、As、Co	非必需微量元素	B、Al、Sr、Sb、Te
可能必需微量元素	Ge、Br、Li	有害微量元素	Pb、Hg、Cd、Tl、Be

无论是宏量元素还是微量元素，都有着自己特定的作用，它们彼此之间相辅相成，在人体中构成化学平衡，维系着人体的生命活力。一般情况下只要人们的饮食正常，有着合理的食物结构，不偏食，那么就不会有什么大的异常。不过，在不同的年龄阶段或不同的居住地区，适当地有针对性地补充一些元素也是必要的，但切忌进补时“多多益善”，物极必反。

12.2 生命的物质基础

生物体都具有以下基本特征：生物体具有共同的物质基础和结构基础，都有新陈代谢作用，都有应激性，都有生长、发育和生殖的现象，都有遗传和变异的特性，都能适应一定的环境。与生物体组成和生物活动密切相关的化合物有糖类、蛋白质和核酸等。

12.2.1 糖

糖类（carbohydrate）是多羟基（2个或以上）的醛类（aldehyde）或酮类（ketone）化合物，或在水解后能变成以上两者之一的有机化合物。由于其由碳、氢、氧元素构成，在化学式的表现上类似于“碳”与“水”聚合，故又称之为碳水化合物。在日光作用下，通过叶绿素的催化作用，植物和某些微生物将空气中的二氧化碳和水进行光合作用得到分子式为$C_6H_{12}O_6$的糖类，实质上是太阳能转化为C—C键、C—H键间的键能。动物从空气中吸收了氧，将食物中的糖类经过一系列生化变化逐步氧化为二氧化碳和水，将储存的能量释放出来供机体生长及活动所需。

糖可分为单糖、低聚糖及多糖三类。

12.2.2 蛋白质

蛋白质（protein）是生命的物质基础，没有蛋白质就没有生命。因此，它是与生命及各种形式的生命活动紧密联系在一起的物质，构成动物的肌肉、皮肤、毛发、指甲、角、蹄以及蚕丝等。机体中的每一个细胞和所有重要组成部分都有蛋白质参与。蛋白质占人体质量的16%～20%，即一个60kg重的成年人其体内约有蛋白质9.6～12kg。人体内蛋白质的种类很多，性质、功能各异，但都是由20多种氨基酸按不同比例组合而成的，并在体内不断进行代谢与更新。

(1) 氨基酸（amino acid）

氨基酸是含有氨基和羧基的一类有机化合物的通称，是生物功能大分子蛋白质的基本组成单位。结构中含有一个碱性氨基和一个酸性羧基，氨基连在α-碳上的为α-氨基酸。天然氨基酸均为α-氨基酸。除甘氨酸外均为L-α-氨基酸，其中脯氨酸是一种L-α-亚氨基酸。天然氨基酸的结构通式（R基为可变基团）为：

$$R-\underset{NH_2}{\overset{H}{\underset{|}{\overset{|}{C}}}}-COOH$$

蛋白质水解得到的主要氨基酸见表12-2。氨基酸一般为无色晶体，熔点极高，一般在200℃以上。不同的氨基酸其味不同，有的无味，有的味甜，有的味苦。谷氨酸的单钠盐有鲜味，是味精的主要成分。各种氨基酸在水中的溶解度差别很大，并能溶解于稀酸或稀碱中，但不能溶于有机溶剂。通常酒精能把氨基酸从其溶液中沉淀析出。

表12-2 主要氨基酸

分类	俗名	中文缩写	英文缩写	系统名称	结构式
中性氨基酸	甘氨酸	甘	Gly	氨基乙酸	$CH_2(NH_2)COOH$
	丙氨酸	丙	Ala	2-氨基丙酸	$CH_3CH(NH_2)COOH$
	丝氨酸	丝	Ser	2-氨基-3-羟基丙酸	$CH_2(OH)CH(NH_2)COOH$
	半胱氨酸	半胱	Cys	2-氨基-3-巯基丙酸	$CH_2(SH)CH(NH_2)COOH$
	胱氨酸	胱	Cys-Cys	双3-硫代-2-氨基丙酸	$SCH_2CH(NH_2)COOH$ | $SCH_2CH(NH_2)COOH$
	苏氨酸*	苏	Thr	2-氨基-3-羟基丁酸	$CH_3CH(OH)CH(NH_2)COOH$
	缬氨酸*	缬	Val	3-甲基-2-氨基丁酸	$(CH_3)_2CHCH(NH_2)COOH$
	蛋氨酸*	蛋	Met	2-氨基-4-甲硫基丁酸	$CH_3SCH_2CH_2CH(NH_2)COOH$
	亮氨酸*	亮	Leu	4-甲基-2-氨基戊酸	$(CH_3)_2CHCH_2CH(NH_2)COOH$
	异亮氨酸*	异亮	Ile	3-甲基-2-氨基戊酸	$CH_3CH_2CH(CH_3)CH(NH_2)COOH$
	苯丙氨酸*	苯丙	Phe	3-苯基-2-氨基丙酸	$C_6H_5-CH_2CH(NH_2)COOH$
	酪氨酸	酪	Tyr	2-氨基-3-(对羟苯基)丙酸	$HO-C_6H_4-CH_2CH(NH_2)COOH$
	脯氨酸	脯	Pro	吡咯-2-甲酸	COOH N H
	羟脯氨酸	羟脯	Hyp	4-羟基吡咯-2-甲酸	HO COOH N H
	色氨酸*	色	Trp	2-氨基-3-(β-吲哚基)丙酸	$CH_2CH(NH_2)COOH$ N H

续表

分类	俗名	中文缩写	英文缩写	系统名称	结构式
酸性氨基酸	天冬氨酸	天冬	Asp	2-氨基丁二酸	$HOOCCH_2CH(NH_2)COOH$
	谷氨酸	谷	Glu	2-氨基戊二酸	$HOOCCH_2CH_2CH(NH_2)COOH$
碱性氨基酸	精氨酸	精	Arg	2-氨基-5-胍基戊酸	$H_2NC(=NH)NH(CH_2)_3CH(NH_2)COOH$
	赖氨酸*	赖	Lys	2,6-二氨基己酸	$H_2N(CH_2)_4CH(NH_2)COOH$
	组氨酸	组	His	2-氨基-3-(5′-咪唑基)丙酸	(咪唑环)$-CH_2CH(NH_2)COOH$

注：表中带＊号的八个氨基酸是人体必需氨基酸。

氨基酸的一个重要光学性质是对光有吸收作用。20种氨基酸在可见光区域均无光吸收，在远紫外区（<220nm）均有光吸收，在紫外区（近紫外区）（220～300nm）只有三种氨基酸有光吸收能力，这三种氨基酸是苯丙氨酸、酪氨酸、色氨酸，因为它们的R基含有苯环共轭双键系统。苯丙氨酸最大光吸收在259nm、酪氨酸在278nm、色氨酸在279nm，蛋白质一般都含有这三种氨基酸残基，所以其最大光吸收在大约280nm波长处，因此能利用分光光度法很方便地测定蛋白质的含量。分光光度法测定蛋白质含量的依据是朗伯-比尔定律。在280nm处蛋白质溶液吸光值与其浓度成正比。

氨基酸在水溶液中或结晶时基本上均以两性离子或偶极离子的形式存在。所谓偶极离子是指在同一个氨基酸分子上带有能释放出质子的 NH_3^+ 正离子和能接受质子的 COO^- 负离子，因此氨基酸是两性电解质。氨基酸在水溶液中存在下列平衡：

$$H_3O^+ + H_2N{-}\underset{\large R}{\underset{|}{CH}}{-}COO^- \xrightleftharpoons{H_2O} H_3N^+{-}\underset{\large R}{\underset{|}{CH}}{-}COO^- + H_2O \xrightleftharpoons{H_2O} H_3N^+{-}\underset{\large R}{\underset{|}{CH}}{-}COOH + OH^-$$

（Ⅰ）阴离子(酸式解离)　　偶极离子　　（Ⅱ）阳离子(碱式解离)

氨基酸的带电状况取决于所处环境的pH值，改变pH值可以使氨基酸带正电荷或负电荷，也可使它处于正负电荷数相等，即净电荷为零的两性离子状态。使氨基酸所带正负电荷数相等即净电荷为零时的溶液pH值称为该氨基酸的等电点（p*I*）。

$$H_2N{-}\underset{\large R}{\underset{|}{CH}}{-}COO^- \underset{OH^-}{\overset{H^+}{\rightleftharpoons}} H_3N^+{-}\underset{\large R}{\underset{|}{CH}}{-}COO^- \underset{OH^-}{\overset{H^+}{\rightleftharpoons}} H_3N^+{-}\underset{\large R}{\underset{|}{CH}}{-}COOH$$

（Ⅰ）阴离子 $pH>pI$　　偶极离子 $pH=pI$　　（Ⅱ）阳离子 $pH<pI$

氨基酸在等电点时主要以偶极离子形式存在，不向电场中任何一极移动。氨基酸在等电点时，溶解度最小。不同氨基酸的等电点不同，因而用调节pH的方法，可以分离氨基酸的混合物。

(2) 蛋白质

蛋白质主要由C(碳)、H(氢)、O(氧)、N(氮）等元素组成，一般蛋白质可能还含有P(磷)、S(硫)、Fe(铁)、Zn(锌)、Cu(铜)、B(硼)、Mn(锰)、I(碘)、Mo(钼）等元素。这些元素在蛋白质中的组成百分比约为：碳50%、氢7%、氧23%、氮16%、硫0～3%。主要有以下两个特点：a.一切蛋白质都含N元素，且各种蛋白质的含氮量很接近，平均为16%；b.任何生物样品中每1g N元素的存在，就表示大约有6.25g蛋白质的存在，6.25常称为蛋白质常数。

蛋白质是以 α-氨基酸为基本单位，通过肽键构成的生物大分子。蛋白质分子上氨基酸的序列和由此形成的立体结构构成了蛋白质结构的多样性。蛋白质具有一级、二级、三级、四级结构，蛋白质分子的结构决定了它的功能。

在蛋白质分子中存在着氨基和羧基，因此跟氨基酸相似，蛋白质也是两性物质，它在水溶液中存在下列平衡：

$$\underset{\substack{\text{阴离子} \\ pH>pI}}{H_2N-Pr-COO^-} \underset{OH^-}{\overset{H^+}{\rightleftharpoons}} \underset{\substack{\text{偶极离子} \\ pH=pI}}{H_3N^+-Pr-COO^-} \underset{OH^-}{\overset{H^+}{\rightleftharpoons}} \underset{\substack{\text{阳离子} \\ pH<pI}}{H_3N^+-Pr-COOH}$$

蛋白质在酸、碱或酶的作用下发生水解反应，经过多肽，最后得到多种 α-氨基酸。蛋白质水解时，应找准结构中键的“断裂点”，水解时肽键部分或全部断裂。

有些蛋白质能够溶解在水里（例如鸡蛋白能溶解在水里）形成溶液。蛋白质的分子直径达到了胶体微粒的大小（10^{-9}～10^{-7}m），所以蛋白质溶液具有胶体的性质。

加入高浓度的中性盐、加入有机溶剂、加入重金属、加入生物碱或酸类、热变性均会使蛋白质沉淀，而少量的盐（如硫酸铵、硫酸钠等）能促进蛋白质的溶解。如果向蛋白质水溶液中加入浓的无机盐溶液，可使蛋白质的溶解度降低，而从溶液中析出，这种作用叫做盐析。这样盐析出的蛋白质仍旧可以溶解在水中，而不影响原来蛋白质的性质，因此盐析是个可逆过程。利用这个性质，采用分段盐析方法可以分离提纯蛋白质。

在热、酸、碱、重金属盐、紫外线等作用下，蛋白质会发生性质上的改变而凝结。这种凝结是不可逆的，不能再使它们恢复成原来的蛋白质，蛋白质的这种变化叫做变性。

蛋白质变性后，就失去了原有的可溶性，也就失去了它们生理上的作用，因此蛋白质的变性凝固是个不可逆过程。造成蛋白质变性的原因主要有物理因素和化学因素。物理因素包括加热、加压、搅拌、振荡、紫外线照射、X 射线、超声波等，而化学因素包括强酸、强碱、重金属盐、三氯乙酸、乙醇、丙酮等。

蛋白质可以跟许多试剂发生颜色反应。例如在鸡蛋白溶液中滴入浓硝酸，则鸡蛋白溶液呈黄色。这是由于蛋白质（含苯环结构）与浓硝酸发生了颜色反应的缘故。还可以用双缩脲试剂对其进行检验，该试剂遇蛋白质变紫。蛋白质在灼烧分解时，可以产生一种烧焦羽毛的特殊气味。利用这一性质可以鉴别蛋白质。

值得一提的是多肽和蛋白质是有区别的。一方面是多肽中氨基酸残基数较蛋白质少，一般少于 50 个，而蛋白质大多由 100 个以上氨基酸残基组成，但它们之间在数量上也没有严格的分界线。另一方面，除分子量外，现在还认为多肽一般没有严密并相对稳定的空间结构，即其空间结构比较易变，具有可塑性，而蛋白质分子则具有相对严密、比较稳定的空间结构，这也是蛋白质发挥生理功能的基础。因此一般将胰岛素划归为蛋白质。但有些书上仍称胰岛素为多肽，因其分子量较小。但多肽和蛋白质都是氨基酸的多聚缩合物，而多肽也是蛋白质不完全水解的产物。

12.2.3 核酸

核酸（nucleic acid）是由许多核苷酸聚合成的生物大分子化合物，为生命的最基本物质之一。核酸广泛存在于所有动物、植物的细胞及微生物体内。生物体内的核酸常与蛋白质结合形成核蛋白。不同的核酸，其化学组成、核苷酸排列顺序等不同。根据化学组成不同，核酸可分为核糖核酸（简称 RNA）和脱氧核糖核酸（简称 DNA）。DNA 是储存、复制和传递遗传信息的主要物质基础。RNA 在蛋白质合成过程中起着重要作用，其中转移核糖核酸，简称 tRNA，起着携带和转移活化氨基酸的作用；信使核糖核酸，简称 mRNA，是合成蛋白质的模板；核糖体的核糖核酸，简称 rRNA，是细胞合成蛋白质的主要场所。

(1) 核酸的化学组成

DNA 和 RNA 都是由一个一个核苷酸（nucleotide）头尾相连而形成的（图 12-1），由 C、H、O、N、P 五种元素组成，核酸的五种基本碱基分子结构见图 12-2。DNA 是绝大多数生物的遗传物质，RNA 是少数不含 DNA 的病毒（如烟草花叶病毒、流感病毒、SARS 病毒等）的遗传物质。RNA 平均长度大约为 2000 个核苷酸，而人的 DNA 却是很长的，约有 3×10^9 个核苷酸。RNA 和 DNA 除了结构上的差异外，在基本的组成单位戊糖和含氮碱基上也存在着差异。表 12-3 列出了 RNA 和 DNA 的化学组成。

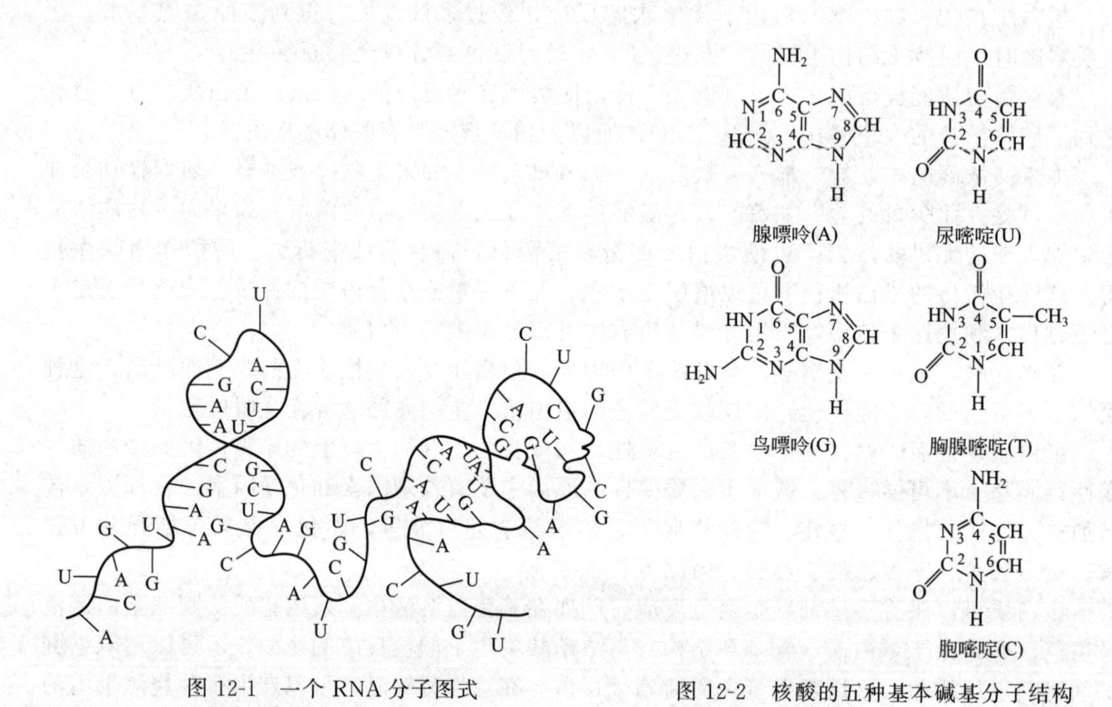

图 12-1　一个 RNA 分子图式

图 12-2　核酸的五种基本碱基分子结构

表 12-3　RNA 和 DNA 的化学组成

类　别		RNA	DNA
戊糖		β-D-核糖	β-D-2-脱氧核糖
含氮碱基	嘧啶碱	胞嘧啶、尿嘧啶	胞嘧啶、胸腺嘧啶
	嘌呤碱	腺嘌呤、鸟嘌呤	腺嘌呤、鸟嘌呤
磷酸		磷酸	磷酸

(2) 核苷和核苷酸

核苷是戊糖与碱基之间以糖苷键（glycosidic bond）相连接而成。戊糖中 C-1′与嘧啶碱的 N-1 或者与嘌呤碱的 N-9 相连接，戊糖与碱基间的连接键是 N—C 键，一般称为 *N*-糖苷键。RNA 中含有稀有碱基，并且还存在异构化的核苷。如在 tRNA 和 rRNA 中含有少量假尿嘧啶核苷，在它的结构中戊糖的 C-1 不是与尿嘧啶的 N-1 相连接，而是与尿嘧啶 C-5 相连接。核苷根据所含的碱基来命名。核糖核酸所形成的核苷分别称为腺苷（A）、鸟苷（G）、胞苷（C）和尿苷（U）。对脱氧核苷来说，它们分别是脱氧腺苷（dA）、脱氧鸟苷（dG）、脱氧胞苷（dC）和脱氧胸腺苷（dT）。

核苷中的戊糖5′碳原子上羟基被磷酸酯化形成核苷酸。核苷酸分为核糖核苷酸与脱氧核糖核苷酸两大类。依磷酸基团的多少，有核苷一磷酸、核苷二磷酸、核苷三磷酸。核苷酸在体内除构成核酸外，尚有一些游离核苷酸参与物质代谢、能量代谢与代谢调节。如腺苷三磷酸（ATP）是体内重要能量载体；尿苷三磷酸参与糖原的合成；胞苷三磷酸参与磷脂的合成；环腺苷酸（cAMP）和环鸟苷酸（cGMP）作为第二信使，在信号传递过程中起重要作用。核苷酸还参与某些生物活性物质的组成，如尼克酰胺腺嘌呤二核苷酸（NAD^+）、尼克酰胺腺嘌呤二核苷酸磷酸（$NADP^+$）和黄素腺嘌呤二核苷酸（FAD）。

(3) DNA 的二级结构

DNA二级结构即双螺旋结构（double helix structure），是20世纪50年代初Chargaff等人分析多种生物DNA的碱基组成发现的规则。DNA双螺旋模型的提出揭示了遗传信息稳定传递中DNA半保留复制的机制，是分子生物学发展的里程碑。

DNA双螺旋结构（图12-3）特点如下：

a. 两条DNA互补链反向平行。

b. 由脱氧核糖和磷酸间隔相连而成的亲水骨架在螺旋分子的外侧，而疏水的碱基对则在螺旋分子内部，碱基平面与螺旋轴垂直，螺旋旋转一周正好为10个碱基对，螺距为3.4nm，这样相邻碱基平面间隔为0.34nm并有一个36°的夹角。

c. DNA双螺旋的表面存在一个大沟（major groove）和一个小沟（minor groove），蛋白质分子通过这两个沟与碱基相识别。

d. 两条DNA链依靠彼此碱基之间形成的氢键而结合在一起。根据碱基结构特征，只能形成嘌呤与嘧啶配对，即A与T相配对，形成2个氢键；G与C相配对，形成3个氢键。因此G与C之间的连接较为稳定。

e. DNA双螺旋结构比较稳定。维持这种稳定性主要靠碱基对之间的氢键以及碱基的堆积力（stacking force）。

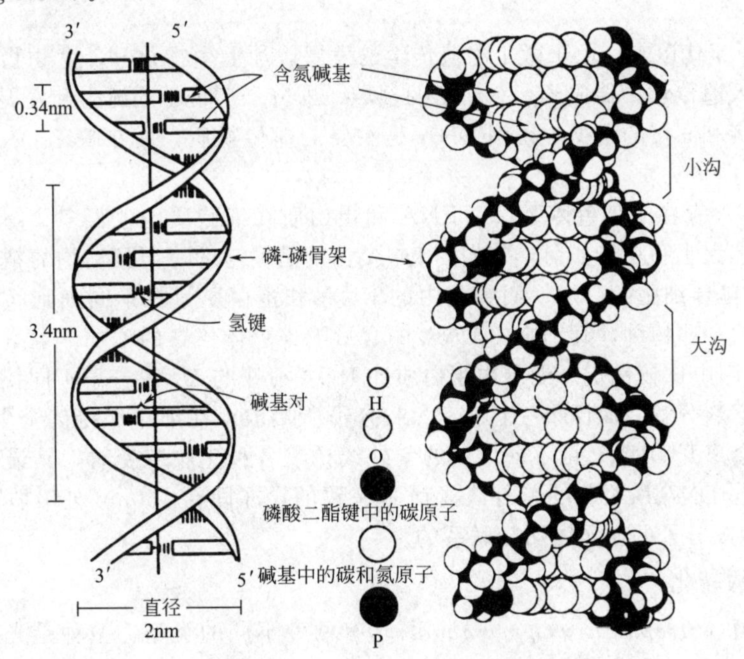

图12-3 DNA双螺旋模型示意图

生理条件下，DNA 双螺旋大多以 B 型形式存在。右手双螺旋 DNA 除 B 型外还有 A 型、C 型、D 型、E 型。此外还发现左手双螺旋 Z 型 DNA。Z 型 DNA 是 1979 年 Rich 等在研究人工合成的 CGCGCG 的晶体结构时发现的。Z-DNA 的特点是两条反向平行的多核苷酸互补链组成的螺旋呈锯齿形，其表面只有一条深沟，每旋转一周是 12 个碱基对。研究表明在生物体内的 DNA 分子中确实存在 Z-DNA 区域，其功能可能与基因表达的调控有关。DNA 二级结构还存在三股螺旋 DNA。三股螺旋 DNA 中，通常是一条同型寡核苷酸与寡嘧啶核苷酸-寡嘌呤核苷酸双螺旋的大沟结合。三股螺旋中的第三股可以来自分子间，也可以来自分子内。三股螺旋 DNA 存在于基因调控区和其他重要区域，因此具有重要生理意义。

12.3 分子遗传学的化学基础

分子遗传学（moleculargenetics）是在分子水平上研究生物遗传和变异机制的遗传学分支学科。经典遗传学的研究课题主要是基因在亲代和子代之间的传递问题；分子遗传学则主要研究基因的本质、基因的功能以及基因的变化等问题。分子遗传学的早期研究都用微生物为材料，它的形成和发展与微生物遗传学和生物化学有密切关系。

基因存在于染色体上。从化学上分析，生物的染色体是核酸和蛋白质的复合物。其中，核酸主要是脱氧核糖核酸（DNA），在染色体中平均约占 27%；其次是核糖核酸（RNA），约占 6%。染色体中的蛋白质主要有组蛋白与非组蛋白两种，其中组蛋白的含量比较稳定。根据细胞的类型与代谢活动，非组蛋白的含量与性质变化较大。此外，还含有少量的拟脂与无机物质。

20 世纪 40 年代以来，由于微生物遗传学的发展，加上生物化学、生物物理学以及许多新技术不断引入遗传学，促成了一个崭新的领域，即分子遗传学的诞生和发展。分子遗传学已拥有大量直接和间接的证据，说明 DNA 是主要的遗传物质，而在缺乏 DNA 的某些病毒中，RNA 就是遗传物质。

大部分 DNA 存在于染色体上，而 RNA 和蛋白质在细胞质内也很多。每个物种不同组织的细胞不论其大小和功能如何，它们的 DNA 含量是恒定的，而且动物的精子或卵子中的 DNA 含量正好是体细胞的一半；而细胞内的 RNA 和蛋白质量在不同细胞间变化很大。另外，多倍体系的一些物种，其细胞中 DNA 的含量随染色体倍数的增加，也呈现倍数性的递增。DNA 在代谢上比较稳定。细胞内蛋白质和 RNA 分子与 DNA 分子不同，它们在迅速形成的同时，又不断分解。而原子一旦被 DNA 分子所摄取，在细胞保持健全生长的情况下，保持稳定，不会离开 DNA。由不同波长的紫外线诱发各种生物突变时，其最有效的波长均为 260nm。这与 DNA 所吸收的紫外线光谱是一致的，亦即在 260nm 处吸收最多。这证明其突变是与 DNA 分子的变异密切相联系的。

（1）细菌的转化

肺炎双球菌（*Streptococcus pneumoniae*）有两种不同的类型：一种是光滑型（或称 S 型），被一层多糖类的荚膜所保护，具有毒性，在培养基上形成光滑的菌落；另一种是粗糙型（或称 R 型），没有荚膜和毒性，在培养基上形成粗糙的菌落。在 R 型和 S 型内还可以按血清免疫反应分成许多抗原型，常用ⅠR、ⅡR和ⅠS、ⅡS、ⅢS等加以区别。R型和S型的各种抗原型都比较稳定，在一般情况下不发生互变。

早在1928年，格里菲思（F. Griffith）首次将一种类型的肺炎双球菌（ⅡR）转化为另一种类型（ⅢS），实现了细菌遗传性状的定向转化。实验的方法是先将少量无毒的ⅡR型肺炎双球菌注入家鼠体内，再将大量有毒但已加热（65℃）杀死的ⅢS型肺炎双球菌注入。结果，家鼠发病死亡。从死鼠体内分离出的肺炎双球菌全部是ⅢS型。可以肯定，被加热杀死的ⅢS型肺炎双球菌必然含有某种促成这一转变的活性物质。但当时并不知道这种物质是什么。

16年后（1944年），阿委瑞（O. T. Avery）等用生物化学方法证明这种活性物质是DNA。他们不仅成功地重复了上述试验，而且将ⅢS型细菌的DNA提取物与ⅡR型细菌混合在一起，在离体培养的条件下，也成功地使少数ⅡR型细菌定向转化为ⅢS型细菌。其所以确认导致转化的物质是DNA，是因为该提取物不受蛋白酶、多糖酶和核糖酶的影响，而只能为DNA酶所破坏。

迄今，已经在几十种细菌和放线菌中成功地获得了遗传性状的定向转化。这些试验都证明起转化作用的物质是DNA。

（2）噬菌体的侵染和繁殖

噬菌体是极小的低级生命类型，必须在电子显微镜下才可以看到。T2噬菌体的DNA在大肠杆菌内，不仅能够利用大肠杆菌合成DNA的材料来复制自己的DNA，而且能够利用大肠杆菌合成蛋白质的材料，来合成其蛋白质外壳和尾部，因而形成完整的新生的噬菌体。

赫尔希（A. D. Hershey）等用同位素^{32}P和^{35}S分别标记T2噬菌体的DNA与蛋白质。因为P是DNA的组分，但不见于蛋白质；而S是蛋白质的组分，但不见于DNA。然后用标记的T2噬菌体（^{32}P或^{35}S）分别感染大肠杆菌，经10min后，用搅拌器甩掉附着于细胞外面的噬菌体外壳。发现标记^{32}P的噬菌体，基本上全部放射性活性见于细菌内而不被甩掉并可传递给子代；标记^{35}S的噬菌体，放射性活性大部分见于被甩掉的外壳中，细菌内只有较低的放射性活性，且不能传递给子代，见图12-4。这样看来，主要是由于DNA进入细胞内才产生完整的噬菌体。所以说DNA是具有连续性的遗传物质。

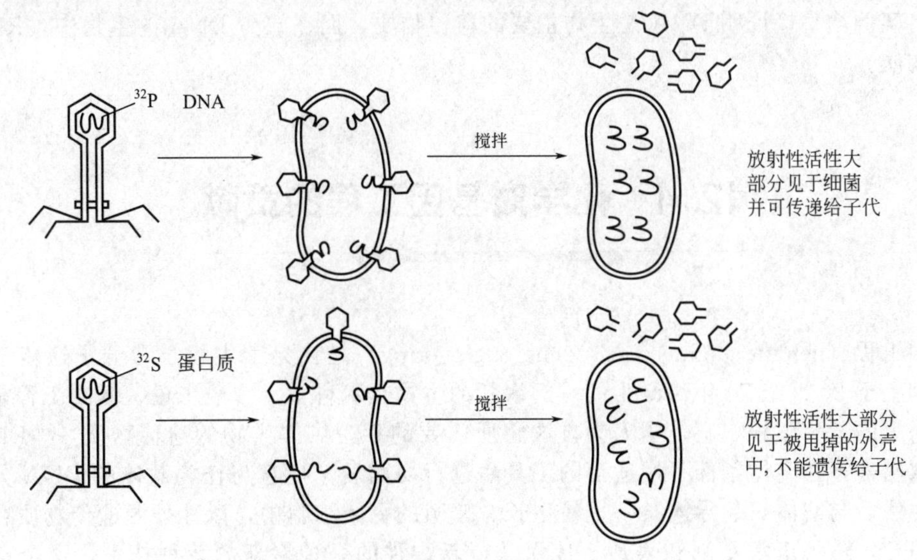

图12-4　赫尔希等证明DNA是T2噬菌体的遗传物质

(3) 烟草花叶病毒的感染和繁殖

烟草花叶病毒（tobacco mosaic virus，TMV）是由 RNA 与蛋白质组成的管状微粒，它的中心是单螺旋的 RNA，外部是由蛋白质组成的外壳。如果将 TMV 的 RNA 与蛋白质分开，把提纯的 RNA 接种到烟叶上，可以形成新的 TMV 而使烟草发病；单纯利用它的蛋白质接种，就不能形成新的 TMV，烟草继续保持健壮。如果事先用 RNA 酶处理提纯的 RNA，再接种到烟草上，也不能产生新的 TMV。这说明在不含 DNA 的 TMV 中，RNA 就是遗传物质。

为了进一步论证上述的结论，佛兰科尔-康拉特（H. Frankel-Conrat）与辛格尔（B. Singer）把 TMV 的 RNA 与另一种病毒——霍氏车前草病毒（Holmes ribgrass virus，HRV）的蛋白质，重新合成混合的烟草花叶病毒。用它感染烟草叶片时，所产生的新病毒颗粒与提供 RNA 的品系完全一样，亦即亲本的 RNA 决定了后代的病毒类型，见图 12-5。

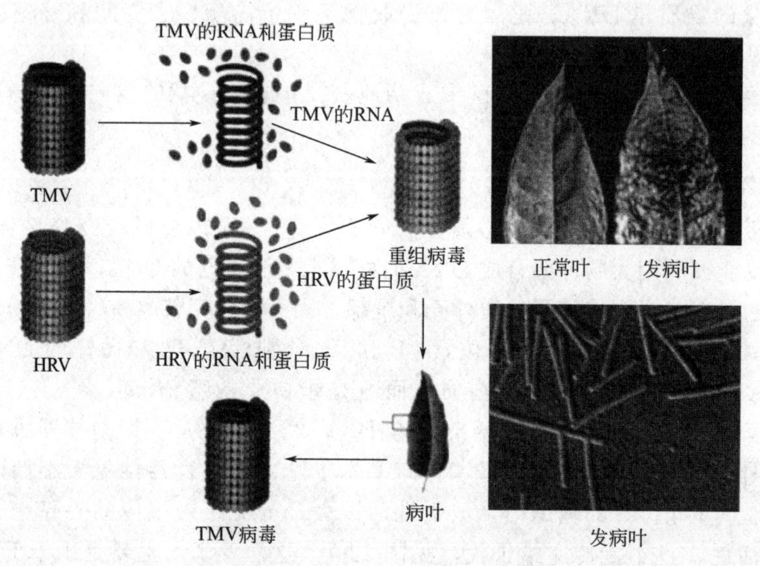

图 12-5　病毒重组实验证明 RNA 是 TMV 的遗传物质

以上实例均直接证明 DNA 是生物主要的遗传物质，而在缺少 DNA 的生物中，RNA 则为遗传物质。

12.4 化学对基因工程的贡献

基因工程（genetic engineering；gene engineering）是在分子生物学和分子遗传学综合发展基础上于 20 世纪 70 年代诞生的一门崭新的生物技术科学。一般来说，基因工程是指在基因水平上的遗传工程，它是用人为方法将所需要的某一供体生物的遗传物质——DNA 大分子提取出来，在离体条件下用适当的工具酶进行切割后，把它与作为载体的 DNA 分子连接起来，然后与载体一起导入某一更易生长、繁殖的受体细胞中，以让外源遗传物质在其中“安家落户”，进行正常复制和表达，从而获得新物种的一种崭新的育种技术。这个定义表明，基因工程具有以下几个重要特征：首先，外源核酸分子在不同的寄主生物中进行繁殖，能够跨越天然物种屏障，把来自任何一种生物的基因放置到新的生物中，而这种生物可以与原来生物毫无亲缘关系，这种能力是基因工程的第一个重要特征。第二个特征是，一种确定的DNA小片段在新的寄主细胞中进行扩增，这样实现很少量DNA样品“拷贝”出大量的DNA，而且是大量没有污染任何其他DNA序列的、绝对纯净的DNA分子群体。科学家将改变人类生殖细胞DNA的技术称为“基因系治疗”，通常所说的“基因工程”则是针对改变动植物生殖细胞的。无论称谓如何，改变个体生殖细胞的DNA都将可能使其后代发生同样的改变。

12.4.1 基因工程——重组DNA技术

重组DNA技术（recombinant DNA technique）又称遗传工程，在体外重新组合脱氧核糖核酸（DNA）分子，并使它们在适当的细胞中增殖的遗传操作。这种操作可把特定的基因组合到载体上，并使之在受体细胞中增殖和表达。因此它不受亲缘关系限制，为遗传育种和分子遗传学研究开辟了崭新的途径。

(1) 相关概念

① 克隆与克隆化　所谓克隆是指来自同一母本的所有副本或拷贝的集合；获取同一拷贝的过程称为克隆化，又称无性繁殖。克隆可以是细胞的，也可以是分子的。分子克隆专指DNA克隆。

② 基因工程　亦称遗传工程，就是应用酶学的方法，在体外将各种来源的遗传物质，即同源的或异源的、原核的或真核的、天然的或人工合成的DNA与载体DNA结合成一复制子，继而通过转化或转染等导入宿主细胞（安全宿主菌），生长、筛选出含有目的基因的转化子细胞。转化子细胞经扩增、提取获得大量目的DNA的无性繁殖系，即DNA克隆，又称基因克隆。“克隆”过程中，将外源DNA（目的DNA）插入载体分子所形成的复制子是杂合分子——嵌合DNA，所以DNA克隆或基因克隆又称重组DNA。涉及上述操作过程的各项技术统称重组DNA技术或基因工程。

③ 工具酶　在基因工程技术中需要一些基本工具酶进行操作。例如，对基因或DNA进行处理需要利用序列特异的限制性核酸内切酶在准确的位置切割DNA，使较大的基因片段或DNA分子成为较小的DNA片段；有时需在DNA连接酶催化下使较小的DNA片段连接成较大的DNA分子。此外，DNA聚合酶、反转录酶、多聚核苷酸激酶和末端转移酶等也是基因工程技术中常用的工具酶。

④ 基因载体　又称克隆载体。这是为“携带”目的外源DNA、实现外源DNA的无性繁殖或表达有意义的蛋白质所采用的一些DNA分子。充当克隆载体的DNA分子有质粒、噬菌体和病毒DNA，它们经适当改造后成为具有自我复制、表达功能的克隆载体。

质粒是存在于细菌染色体的小型环状双链DNA分子，分子量小的为2000～3000个碱基，大的可达数十万个碱基。质粒分子本身含有复制功能的遗传结构，能在宿主细胞内独立自主地进行复制，并在细胞分裂时保持恒定地传给子代细胞。质粒携带有某些遗传信息，如对某些抗生素的抗性等，所以质粒在细菌内存在会赋予宿主细胞一些遗传性状。质粒DNA的自我复制功能及特殊遗传信息在基因工程操作如扩增、筛选过程中是极其有用的。

⑤ 聚合酶链反应　在有模板DNA、特别设计合成的DNA引物及合成DNA所需要的脱氧核苷三磷酸存在时，向DNA合成体系加入热稳定的*Taq* DNA聚合酶，反应体系经反复变性、退火及扩增循环，自动地、往复多次地在两引物间进行特定DNA片段的酶促合成，使反应产物按指数增长，这就是聚合酶链反应（PCR）。PCR基本工作原理概括如下：反应体系中一对引物分别与模板DNA两条链的3′端特定序列互补，并恰好使所选择的互补

序列分别位于待合成 DNA 片段的两侧。将反应体系置于特殊装置（自动温度循环器，俗称 PCR 仪）中，加热至高温（一般为 94℃、90s）使模板 DNA 变性，再退火（55℃、2min），使引物与模板互补成双链，再升温至 72℃，*Taq* DNA 聚合酶催化 DNA 的聚合反应（通常为 3min 或视情况而定）。以后再变性、退火、聚合，如此循环改变温度，使聚合反应重复进行。由于每次温度循环所产生的 DNA 均可作为下次循环合成 DNA 时的模板，故可使目的 DNA 片段在两引物间按指数扩增，经历 25～30 次温度循环后 DNA 可扩增至 100 万倍以上。

(2) 基因工程与医学

基因工程作为分子生物学发展的一个重要领域，不但为生命科学的理论研究提供了崭新的技术手段，而且为工农业生产和医学领域的发展开辟了广阔的前景。分子医学正是基因工程技术及其他分子遗传学技术、理论与医学实践相结合的结果。分子医学包括以下内容。

① 疾病基因的发现　根据克隆基因的定位、性质和功能研究所提供的线索，可进一步确定克隆的基因在分子遗传病中的作用。因此，某个疾病相关基因的发现不仅可导致新的遗传病的发现，而且对遗传病的诊断和治疗都是极有价值的。

② 发展新药物　利用基因工程技术生产有药用价值的蛋白质、多肽产品已成为当今世界上的一项重大产业。目前已经或正投入市场的基因工程产品有胰岛素、生长素、促红细胞生成素、因子Ⅷ、白介素-2、粒细胞-巨噬细胞集落刺激因子、肥大细胞生长因子及白血病抑制因子等。

③ DNA 诊断　DNA 诊断又称基因诊断，目前已发展成为一门独具特色的诊断学科——DNA 诊断学。DNA 诊断是利用分子生物学及分子遗传学的技术和原理，在 DNA 水平上分析、鉴定遗传性疾病所涉及的基因的置换、缺失或插入等突变。目前用于 DNA 诊断的方法很多，但其基本过程相似：首先分离、扩增待测的 DNA 片段，然后利用适当的分析手段，区分或鉴定 DNA 的异常，目前广泛用于待测基因的分离及扩增技术是 PCR 技术；其次是连接酶链反应。常用的 DNA 分析手段有限制性片段长度多态性（RFLP）、单链构象多态性（SSCP）、核酸分子杂交、变性梯度凝胶电泳、核酸酶 A 技术以及 DNA 序列分析等。

④ 基因治疗　所谓基因治疗就是向功能缺陷的细胞补充相应功能的基因，以纠正或补偿其基因缺陷，从而达到治疗的目的。针对体细胞进行基因改良的基因治疗称体细胞基因治疗，这类基因治疗仅单独治疗受累组织，类似于器官移植。性细胞基因治疗因对后代遗传性状有影响，目前仅限于动物实验（转基因动物），以测试各种重组 DNA 在矫正遗传病方面是否有效。

⑤ 遗传病的防治　受累疾病基因克隆不仅为医学家提供了重要工具，使他们能深入地认识、理解一种遗传病的发生机制，为寻求可能的治疗途径、预测疗效提供了有力手段；更重要的是可以利用此成果进行极有意义的产前诊断，而后通过治疗，从根本上杜绝遗传性疾病的发生和流行。

12.4.2 应用

重组 DNA 技术已经对生物学和医学产生巨大影响，并且由于整个人类基因组的核酸序列已经被了解，极可能会产生更大的影响。成千上万种未知功能的基因将采用重组 DNA 技术来进行研究。基因治疗可能成为某些疾病的常规疗法，采用遗传工程技术将可以设计出许多新的基因转移载体。

同样的，采用重组 DNA 技术获得的转基因植物将可能在现代农业中扮演日益重要的角色。涉及构建或使用 GMOs 的实验应首先进行生物安全评估。与该生物体有关的病原特性和所有潜在危害可能都是新型的，没有确定的。供体生物的特性、将要转移的DNA序列的性质、受体生物的特性以及环境特性等都需要进行评估。这些因素将有助于决定安全操作目标遗传修饰生物体所要求的生物安全水平，并确定应使用的生物学和物理防护系统。

（1）克隆羊“多莉”诞生（1997）

克隆羊多莉是世界上第一只用已经分化的成熟的体细胞（乳腺细胞）克隆出的羊。

多莉的出生，是克隆技术领域研究的巨大突破。这一巨大进展意味着：在理论上证明了，同植物细胞一样，分化了的动物细胞核也具有全能性，在分化过程中细胞核中的遗传物质没有不可逆变化；在实践上证明了，利用体细胞进行动物克隆的技术是可行的，将有无数相同的细胞可用来作为供体进行核移植，并且在与卵细胞相融合前可对这些供体细胞进行一系列复杂的遗传操作，从而为大规模复制动物优良品种和生产转基因动物提供了有效方法。

克隆的基本过程是先将含有遗传物质的供体细胞的核移植到去除了细胞核的卵细胞中，利用微电流刺激等使两者融合为一体，然后促使这一新细胞分裂繁殖发育成胚胎，当胚胎发育到一定程度后，再被植入动物子宫中使动物怀孕，便可产下与提供细胞者基因相同的动物。这一过程中如果对供体细胞进行基因改造，那么无性繁殖的动物后代基因就会发生相同的变化。

这种以单细胞培养出来的克隆动物，具有与单细胞供体完全相同的特征，是单细胞供体的“复制品”。

这项研究不仅对胚胎学、发育遗传学、医学有重大意义，而且也有巨大的经济潜力。克隆技术可以用于器官移植，造福人类；也可以通过这项技术改良物种，给畜牧业带来好处。克隆技术若与转基因技术相结合，可大批量“复制”含有可产生药物原料的转基因动物，从而使克隆技术更好地为人类服务。

克隆技术犹如原子能技术，是一把双刃剑，剑柄掌握在人类手中。人类应该采取联合行动，避免“克隆人”的出现，使克隆技术造福于人类社会。

（2）特别珍贵的药用蛋白质

药用蛋白一般用转基因动物的乳腺产生，产生的重组蛋白作为生物制药在医学中作用显著。利用基因工程技术，可以使哺乳动物本身变成“批量生产药物的工厂”。方法是将药用蛋白基因与乳腺蛋白基因的启动子等调控组件重组在一起，通过显微注射等方法，导入哺乳动物（哺乳动物才会泌乳）的受精卵中，然后，将受精卵送入母体内，使其生长发育成转基因动物。转基因动物进入泌乳期后，可以通过分泌的乳汁来生产所需要的蛋白质药品，因而称为动物乳腺生物反应器或乳房生物反应器。目前，科学家已在牛和山羊等动物的乳腺生物反应器中表达出了抗凝血酶、血清白蛋白、生长激素和α-抗胰蛋白酶等重要的医药产品。

（3）基因重组疫苗

基因重组疫苗是由于不同DNA链的断裂和连接而产生DNA片段的交换和重新组合，形成新DNA分子的过程。一般发生在生物体内基因的交换或重新组合。包括同源重组、位点特异重组、转座作用和异常重组四大类。是生物遗传变异的一种机制。

原核生物的基因重组有转化、转导和接合等方式。受体细胞直接吸收来自供体细胞的DNA片段，并使它整合到自己的基因组中，从而获得供体细胞部分遗传性状的现象，称为转化。通过噬菌体媒介，将供体细胞DNA片段带进受体细胞中，使后者获得前者的部分遗传性状的现象，称为转导。自然界中转导现象较普遍，可能是低等生物进化过程中产生新的基因组合的一种基本方式。供体菌和受体菌的完整细胞经直接接触而传递大段DNA遗传信息的现象，称为接合。细菌和放线菌均有接合现象。高等动植物中的基因重组通常在有性生殖过程中进行，即在性细胞成熟时发生减数分裂时同源染色体的部分遗传物质可实现交换，导致基因重组。基因重组是杂交育种的生物学基础，对生物圈的繁荣昌盛起重要作用，也是基因工程中的关键性内容。基因工程的特点是基因体外重组，即在离体条件下对 DNA 分子切割并将其与载体 DNA 分子连接，得到重组 DNA。1977 年美国科学家首次用重组的人生长激素释放抑制因子基因生产人生长激素释放抑制因子获得成功。此后，运用基因重组技术生产医药上重要的药物以及在农牧业育种等领域中取得了很多成果，预计 21 世纪在生产治疗心血管病、镇痛和清除血栓等药物方面基因重组技术将发挥更大的作用。

思考题

12-1 为什么说 DNA 是遗传物质的间接证据？

12-2 什么叫基因重组，试举例说明基因重组的应用。

第13章

化学与材料

学习要求

① 了解材料的发展历史和分类。

② 了解重要的金属材料、无机非金属材料和高分子材料。

13.1 引言

13.1.1 材料的发展历史

人类社会发展的历史证明，材料是人类生存和发展、征服自然和改造自然的物质基础，也是人类社会现代文明的重要支柱。纵观人类利用材料的历史可以清楚地看到，每一种重要的新材料的发现和应用，都把人类支配自然的能力提高到一个新的水平。材料科学技术的每一次重大突破，都会引起生产技术的革命，大大加速社会发展的进程，并给社会生产和人们生活带来巨大的变化。因此，材料也成为人类历史发展的重要标志。

原始人采用天然石、木、竹、骨等材料作为渔猎工具，生活在旧石器时代。随着人类开始对石头进行加工，使之成为精致的器皿和工具，人类进入了新石器时代，在这一阶段人类掌握了钻木取火技术，发明了把黏土烧结成陶的制陶技术。在烧制陶器的过程中偶然发现金属铜和锡，进而生产出可以浇铸成型、色泽鲜艳的青铜器，使人类进入青铜器时代。在公元前13～14世纪，人类发明了从铁矿石中冶炼铁，进入了铁器时代。生铁制成韧性铸铁以及生铁炼钢等重大技术的突破，极大地推动了生产力的发展，从而推动了世界文明的进步。18世纪的蒸汽机和19世纪的电动机的发明，对金属材料提出更高的要求。此后，不同类型的特殊钢铁相继问世，铜和铝也得到大量应用，镁、钛等其他稀有金属相继出现，使金属材料在整个20世纪占据了结构材料的主导地位。随着有机化学的发展，20世纪初，人工合成有机高分子材料相继问世，有机高分子材料在20世纪也得到迅猛发展。目前世界三大有机合成材料（树脂、纤维、橡胶）的年产量已超过亿吨。随着有机材料的性能不断提高，特别是特种聚合物正向功能材料各个领域进军，有机材料正显示巨大的发展潜力。复合材料是20世纪后期发展的另一类材料，人类利用树脂的易成型和金属的韧性好，无机非金属材料的高强度、耐高温的优点，把它们进行复合加工，制成了树脂基复合材料和金属基复合材料，目前各种其他基体的复合材料也得到了相继发展。以硅为主体的计算机用半导体材料在20世纪后期异军突起，得到迅速发展。加之高性能磁性材料的不断涌现，激光材料和光导纤维的问世，使人类进入了高速发展的信息时代。随着能源、计算机、通信、电子、激光等科技的迅速发展，传统意义上的金属材料、有机高分子材料、无机非金属材料的界限正在日益消失。近十年来，功能材料成为材料科学和工程领域中最为活跃的部分，每年以5%以上的速度增长，相当于每年有上万种新材料问世。这说明了材料对人类文明进步的巨大推动作用。

13.1.2 材料的分类

材料的分类方法有多种，若按照材料的使用性能来看，可分为结构材料和功能材料两类。结构材料的使用性能主要是力学性能；功能材料的使用性能主要是光、电、磁、热、声等功能性能。从材料的应用对象来看，它又可分为建筑材料、信息材料、能源材料、航空航天材料等。在通常情况下，我们是以材料所含的化学物质的不同将材料分为四类：金属材料、无机非金属材料、高分子材料及由此三类材料相互组合而成的复合材料。

(1) 金属材料

金属材料包括两大类：钢铁材料和有色金属材料。有色金属主要包括铝合金、钛合金、铜合金、镍合金等。金属材料的使用历史非常悠久，我国在殷商时期就有青铜器，汉时就开始冶炼铁。而更大规模的金属材料的开发和使用则是19世纪，在工业革命的推动下，钢铁材料大规模生产。到20世纪30～50年代，就世界范围来说，钢铁材料达到了鼎盛时期。那时，钢铁也是整个材料科学的中心。虽然钢铁材料现在有所衰退，但仍是目前用量最大、使用最广的材料。在汽车制造业中，钢铁占72%，铝合金占5.3%。在其他机械制造业中（如农业机械、化工设备、电力机械、纺织机械等），钢铁材料占90%，有色金属约占5%。

在有色金属中，铝及铝合金用得最多。虽然铝合金的力学性能远不如钢，但如果设计者把减轻质量放在性能要求的首位，最合适的就是铝合金。因为铝合金的密度小、质量轻，仅有钢的1/3，因此在现代飞机工业中具有重要的地位。波音767飞机所用材料的81%都是铝合金。此外，铝合金耐大气腐蚀，在美国25%的铝用来制作容器和包装品；20%的铝用作建筑结构，如门窗、框架、滑轨等；还有10%的铝用作导电材料。钛合金的高温强度比铝合金好，但钛的价格比铝的价格高近五倍。在美国，钛合金也主要用于航空、航天领域。

(2) 无机非金属材料

无机非金属材料由黏土、长石、石英等成分组成，主要作为建筑材料使用。而新型的结构陶瓷材料，其主要成分是Al_2O_3、SiC、Si_3N_4等，具有耐高温、硬度大、质量轻、耐化学腐蚀等特性，因此，在现代高新技术领域具有重要的应用价值。例如，航天飞机在进入太空和返回大气层时，要经受剧烈的温度变化，在几分钟内温度由室温改变到1260℃，所以用陶瓷作为热绝缘材料，保护机体不受损伤。

无机非金属材料在现代电子工业领域也具有非常突出的重要地位。例如，半导体、光纤、电子陶瓷、敏感元件、磁性材料、超导材料等，都是由无机非金属材料制成的功能材料。可以说，没有这些无机非金属功能材料，就没有现代电子工业及计算机信息产业。

(3) 高分子材料

人类活动与高分子物质（或称聚合物）有着密切的关系，在漫长的岁月里，无论是人类用于充饥的淀粉或蛋白质，还是御寒用的皮、毛、丝、麻、棉，都是天然的高分子材料。但在相当长的时间里，人们对高分子材料的科学认识远远落后于实践。直到20世纪30年代前后，随着科学技术的发展，科学家才可能用物理化学和胶体化学的方法去研究天然的和实验室合成的高分子物质的结构与特征。其中德国化学家斯陶丁格（Staudinger）首先提出了聚合物的概念，即高分子物质是由具有相同化学结构的单体经过化学反应（聚合）靠化学键连接在一起的大分子化合物，由此奠定了现代高分子材料科学的基础。

高分子材料一般是由碳、氢、氧、氮、硅、硫等元素组成的分子量足够高的有机化合物。常用高分子材料的分子量在几千到几百万之间。高分子量对化合物性质的影响，就是使它具有了一定的强度，从而可以作为材料使用。另一方面，人们还可以通过各种手段，用物理的或化学的方法使高分子化合物成为具有某种特殊性能的功能高分子材料，例如导电高分子、磁性高分子、高分子催化剂、高分子药物等。通用高分子材料包括塑料、橡胶、纤维、涂料、黏合剂等。其中被称为现代高分子三大合成材料的塑料、橡胶、合成纤维已成为国防建设和人民生活中必不可少的重要材料。

(4) 复合材料

金属、陶瓷、聚合物自身都各有其优点和缺点，如把两种材料结合在一起，发挥各自的长处，又可在一定程度上克服它们固有的弱点，这就产生了复合材料。复合材料的种类主要有：聚合物基复合材料、金属基复合材料、陶瓷基复合材料和碳-碳复合材料等。工业上用得最多的是聚合物基复合材料。因为玻璃纤维有高的弹性模量和强度，并且成本低，而聚合物容易加工成型，所以，早在20世纪40年代末就产生了用玻璃纤维增强树脂的材料，俗称玻璃钢，这是第一代复合材料。在日本有42%的玻璃钢用于建筑，25%用于造船，日本有一半以上的渔船用玻璃钢制造。1981年美国通用汽车公司用玻璃纤维增强环氧基体的材料制作后桥的叶片弹簧，只用了一片质量为3.6kg的复合材料就代替了10片总质量为18.6kg的钢板弹簧。到20世纪70年代碳纤维增强聚合物的第二代复合材料开始应用，这类材料在战斗机和直升机上使用较多；此外在体育娱乐方面，如高尔夫球棒、网球拍、划船桨、自行车等也多用此类材料制造。

13.2 金属与合金

13.2.1 合金的结构类型

金属材料包括单质金属和金属合金。单质金属强度低，数量有限，不能满足现代工程上的众多性能要求，常见的金属材料为合金。合金不仅有良好的力学性质，许多合金还具有优异的理化性质，如电、磁、耐磨性、耐热性等。根据合金中组成元素之间的相互作用情况不同，合金一般可分为三种结构类型：金属固溶体、金属间化合物和机械混合物。

(1) 金属固溶体

在固态下两种以上的原子或分子相互溶解而形成的均匀的固相混合物，称为固溶体。保持原来晶体结构的组分为溶剂，其余的组分为溶质。根据溶质原子在溶剂晶格中的位置不同（图13-1），固溶体又分为两种：置换固溶体和间隙固溶体。置换固溶体中溶质原子取代部分溶剂原子而占据晶格格点位置，如图13-1（b）所示。间隙固溶体中溶质原子分布于溶剂晶格的间隙之中，如图 13-1（c）所示。当溶剂与溶质原子半径及电负性相近，晶格类型相同时，一般形成置换固溶体。若它们的原子半径相差较大，易形成间隙固溶体。例如，半径较小的非金属元素如 N、H、C、O 等在合金中易形成间隙固溶体。与纯金属相比，固溶体合金的滑移变形较困难，塑性和韧性略有下降，但强度和硬度随溶质浓度的增加而提高。

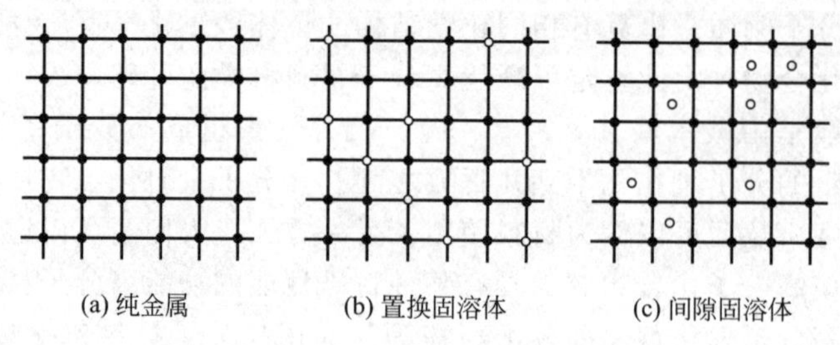

图 13-1　金属固溶体与纯金属晶格对比

(2) 金属间化合物

由两种组分组成的合金除了可形成固溶体外，还可以形成晶格类型和特性完全不同于任一组分的新固相，这种新固相成为金属间化合物。金属间化合物一般具有硬度和熔点高、性脆的特性，常用作功能材料，但难以作为结构材料。

(3) 机械混合物

各组分之间不起化学作用而形成不完全均匀的物质，其力学性能如硬度等性质一般是各组分的平均性质，但其熔点降低。

13.2.2　几种重要的合金材料

(1) 轻金属合金

① 铝及铝合金　铝为银白色金属，密度小（$2.7g \cdot cm^{-3}$）。纯铝具有良好的导电、导热性，仅次于 Ag、Cu、Au，居第四位，但其强度和硬度低，耐磨性差。铝中含有 Fe、Si 等杂质时能提高铝的强度，但使其塑性和导电性下降。铝合金中常用的金属元素有 Mg、Cu、Zn、Si、Mn 等。Mg、Al 按一定比例形成的合金具有良好的耐腐蚀性能和低温性能，易于加工成型；加入少量的 Mn、Ti、V 等辅助元素能改善合金的耐蚀性，并提高合金的强度。如在铝中加入一定的铜、镁可得到主要用于建筑的“硬铝合金”；在硬铝合金中再加入 5%～7%的锌，可得到铝锌镁铜的“超硬铝合金”。超硬铝合金具有强度高、密度小等特点，是良好的航空结构轻质材料。

② 钛和钛合金　钛在室温下为银白色，密度小（$4.5g \cdot cm^{-3}$），但强度高于铝和铁。钛的标准电极电势较负，热力学稳定性较低。钛表面容易形成一层致密的保护膜，使钛具有一定的耐腐蚀性，但在还原性酸中腐蚀较严重。在纯钛中加入合金元素如 Al、Sn、V、Cr、Mo、Te、Si 等，形成置换固溶体或金属间化合物，在一定程度上能提高钛合金的强度、耐热性和耐腐蚀性能。例如，合金在还原性介质（H_2SO_4、HCl）中的耐腐蚀性能优于纯钛，并广泛用于各种强酸环境中的反应器、高压釜、泵、电解槽等。钛和钛合金因密度小、比强度高、抗腐蚀性强等优点而广泛用于涡轮发动机、飞机构架、人造卫星等方面。但钛及常规钛合金在高温下易燃烧，并快速氧化，使钛零件完全烧尽。因此，提高钛合金的阻燃性能是目前研究的目标。

(2) 硬质合金

硬质合金是指ⅣB、ⅤB、ⅥB 族的金属与原子半径小的碳、氮、硼等形成的间隙化合物。由于硬度和熔点特别高，因而统称为硬质合金。硬质合金的高强度性是因为合金中半径小的原子填充在金属晶格的间隙中，这些原子的价电子可以进入金属元素的空的轨道形成一定程度的共价键，金属元素的空轨道越多，合金的共价程度就越大，间隙结构越稳定。硬质合金在高温下，仍保持良好的热硬度及抗腐蚀性。硬质合金刀具的切削速率比普通刀具高 4 倍以上。因此，硬质合金被广泛用于切削金属的刀具、地质钻头、金属的模具以及各种耐磨部件等。W、Cr、Ta、Nb、Co 等元素的碳化物是十分重要的硬质合金。例如，WC-Co 硬质合金用于耐磨、抗冲击工具；TiC-Ni-Co 合金主要用于切削钢；在钛钙硬质合金中加入碳化铌或碳化钽，可明显提高合金的热硬性和耐磨性，并广泛用于切削钢和铸铁的刀具；碳化钛具有高硬度、高熔点、高抗温氧化、密度小、成本低等特点，是一种在航空、舰船、兵器等重要工业部门获得应用的重要合金。

(3) 形状记忆合金

具有一定形状的固体材料，在低温下被施加应力产生变形，应力去除后，形变并没有消失，但通过加热会逐渐消除形变，又恢复到原来的形状的现象，称为形状记忆效应。具有形状记忆效应的合金材料称为形状记忆合金。迄今为止，人们发现具有形状记忆效应的合金有 50 多种，分 3 大类：Ti-Ni 系，包括 Ti-Ni、Ti-Ni-Nb 等；Cu 基系，包括 Cu-Zn、Cu-Zn-Al、Cu-Zn-Ni、Cu-Al-Si 等；Fe 基系，包括 Fe-Pt、Fe-Pd、Fe-Mn、Fe-Mn-C 等。其中比较成熟且应用较多的形状记忆合金为 Ti-Ni 合金和 Cu-Zn-Al 合金。形状记忆合金作为新型功能材料，应用十分广泛。在智能方面，它可以用于多种自动调节和控制装置，如自动电子干燥箱、自动启闭的电源开关、火灾自动报警器等。形状记忆合金最典型的应用是制造人造卫星天线，由合金板制成的天线能卷入卫星体内，当卫星进入轨道后，利用太阳能或其他热源加热就能在太空中展开，并用于通信。

(4) 非晶态金属

将某些金属熔体，以极快的速度急剧冷却，如 106K · s^{-1}，无序的原子被迅速“冻结”而形成无定形的固体，称非晶态金属，也称金属玻璃。能形成非晶态的合金有两类：金属之间的合金，如 $Cu_{60}Zr_{40}$、$La_{76}Au_{24}$、$U_{70}Cr_{30}$ 等；金属与非金属形成的合金，如 $Fe_{80}B_{20}$、$Fe_{40}Ni_{40}P_{14}O_{6}$ 和 $Fe_{5}Co_{70}Si_{15}B_{10}$ 等。制备非晶态合金的方法有：气相沉积法、激光表层熔化法、离子注入法、化学沉积法和电沉积法等。非晶态合金具有强度韧性兼具、耐腐蚀性优异等特点。

13.3 无机非金属材料

13.3.1 陶瓷材料

(1) 陶瓷的组成相

陶瓷是一种多晶材料，它们由晶体相、玻璃相和气相组成。

① 晶体相 它是陶瓷的主要组成相，一般数量大，对性能影响最大。陶瓷的晶体结构大致有硅酸盐结构、氧化物结构和非氧化物结构。很多陶瓷中都有硅酸盐，构成硅酸盐的基本结构单元为硅氧四面体。四个氧原子紧密排成四面体，硅离子居于四面体中心。四面体的

每个顶点的氧最多只能为两个硅氧四面体所共有。在四面体中，Si—O—Si 的键角接近于145°。由于这种结构的特点，以硅氧为骨干的硅酸盐晶体可以构成多种结构形式，如岛状、链状、环状结构、片层状结构和网状结构。氧化物结构主要由离子键结合，也有一定成分的共价键。氧化物中的氧离子进行紧密排列，作为陶瓷结构的骨架，较小的阳离子则处于骨架的间隙中，大多数氧化物结构是氧离子排列成简单六方、面心立方和体心立方三类晶体结构，金属离子位于其间隙之中。

② 玻璃相　它是陶瓷组织中的一种非晶态的低熔点的固体相。玻璃相在陶瓷中主要起黏结分裂的晶体、抑制晶体相颗粒长大、填充晶体相之间的空隙、提高材料的致密度和降低陶瓷烧成温度的作用。

③ 气相　它是指陶瓷在烧制过程中，其组织内部残留下来的孔洞，一般占5%～10%。气相的存在可提高陶瓷抗温度波动的能力，并能吸收振动，但气相使陶瓷的致密度减小。

(2) 传统陶瓷

传统陶瓷主要是以黏土、长石、石英等天然矿物为原料经过粉碎、加工、成型、烧结等过程制成的硅酸盐材料。黏土的化学成分主要是 $SiO_2 \cdot Al_2O_3 \cdot H_2O$，它是陶瓷的主要成分，能使陶瓷坯体得以成型，在成型后保持其形状，并且在干燥或烧结过程中保持其形状和强度。长石的组成是碱金属或碱土金属的铝硅酸盐，它是陶瓷坯料的溶剂原料，在烧结过程中，它易形成黏稠的玻璃相，将高熔点的组分黏结在一起。石英的主要成分为 SiO_2，它的熔点高，在陶瓷坯体中起着骨架作用。

(3) 特种陶瓷

特种陶瓷的组分主要是一些金属或非金属元素的氧化物、氮化物、碳化物及硼化物等。具有不同化学组分和显微结构的特种陶瓷有不同的特殊性能，如优异的力学性能，耐高温性能，各种光、电、磁、声性能，各种信号的接收、发射及转换功能，因此是近代尖端科学进步必不可少的材料。

① 碳化硅陶瓷　碳化硅又称金刚砂，是典型的共价键结合的化合物，其键合能力强、熔点高、硬度大，近似于金刚石。碳化硅化学性质稳定，不会被酸（HNO_3、HF、H_2SO_4 等）或碱（NaOH）所腐蚀。SiC 在空气中加热时会氧化，表面形成 SiO_2 保护膜，阻止氧化向内部扩散，降低氧化速度。SiC 陶瓷具有强度大、抗蠕变、耐磨、热膨胀系数小、热稳定性好、耐腐蚀性好等优点，是良好的高温结构材料。因此，它一般用于耐磨、耐腐蚀以及耐高温条件下的工作零件，如密封环、轴套、轴承、喷嘴、热电偶保护导管等。

② 氮化硅陶瓷　Si_3N_4，耐磨，具有润滑性，可作为密封材料，但脆性较大。Si_3N_4 化学性质稳定，在硫酸、盐酸、硝酸、磷酸中都有很好的耐腐蚀性，但 HF 除外。在常温下 Si_3N_4 不与强碱作用，但受熔碱侵蚀，也能抵抗熔融金属（Al、Pb、Sn、Mg 等）的腐蚀。Si_3N_4 具有较高的硬度，仅次于金刚石、氮化硼等几种超硬材料，是一种优异的高温结构陶瓷，用来制作飞机叶片、飞机发动机轴承、汽车发动机等，提高热机的使用效率。

③ 氮化硼陶瓷　BN 是白色、难溶、耐高温物质，将 B_2O_3 与 NH_4Cl 共熔，或将单质硼在 NH_3 中燃烧均可制得 BN。BN 晶体是六方晶系，其晶体结构与石墨相似，具有良好的润滑性和导热性，因此，俗称白色石墨。与石墨不同之处是 BN 结构中没有自由电子，是绝缘体；而石墨为导体。在高温、高压（1350～1800℃，800 MPa）条件下，石墨结构的氮化硼可转化为金刚石结构的氮化硼。氮化硼是一种惰性材料，对一般金属、酸、碱等都有很好的耐腐蚀性。

13.3.2 建筑材料

(1) 水泥

当与水混合时，由于发生化学反应而凝固并硬化的物质称为水泥。水泥是建筑业中最重要的材料。普通的硅酸盐水泥（又称 Portland 水泥）起源于19世纪英国，是由黏土和石灰石及氧化铁为原料，在旋转窑中于1500℃以上温度煅烧成为熔块后，再加入少量石膏（以防止骤冷和快速凝结），磨成粉状后而成。

Portland 水泥容易受到硫酸盐的侵蚀，所以在与海水接触的地方不能用。如果加入的石膏量少，水泥的凝结速度快；如果在水泥熟料中加入1%～2%的氯化钙，可以得到凝结速度更快的水泥。但凝结速度越快，其脆性就越大。用等量的石灰和氧化铝，再加入少量的氧化铁、氧化硅、氧化镁及碱金属氧化物为原料制造的水泥，称为矾土水泥。该水泥的一个重要性质是快速凝结而强度高，并且耐硫酸盐，但其成本比普通水泥要高得多。如果在矾土水泥的原料中加大氧化铝的量至80%，可以得到"高铝水泥"，这是一种能耐高温到1800℃的特种水泥。

(2) 石膏

石膏是以 $CaSO_4$ 为主要成分的气硬性胶凝材料，包括建筑石膏、高强度石膏、硬石膏水泥等。石膏胶凝材料一般采用天然的二水石膏（$CaSO_4 \cdot 2H_2O$）作原料，在一定条件下加热脱水制备。采用不同的热处理条件，可以得到不同的石膏制品。将天然石膏加热至60～70℃时，开始脱去部分结晶水；当温度至107～170℃时，石膏脱水剧烈，生成半水石膏$\left(CaSO_4 \cdot \frac{1}{2}H_2O\right)$。该过程可以得到两种不同形态的半水石膏（α型和β型）。若在干燥空气中加热至110～170℃，石膏脱水生成β型半水石膏，将其磨成细粉，即为建筑石膏。若二水石膏在加压水蒸气条件下加热至120～140℃时，脱水生成α型半水石膏。α型半水石膏致密、颗粒粗，称为高强石膏。将半水石膏加热至170～200℃，继续脱水，生成可溶性硬石膏；当温度高于400℃，石膏完全失水，成为不溶性硬石膏，并失去凝结硬化能力，俗称僵烧石膏；当温度高于800℃，部分 $CaSO_4$ 分解为 CaO，变成高温煅烧石膏，该石膏又具有凝结硬化性能。

在建筑石膏中加水，首先是半水石膏溶解并很快成为饱和溶液，接着半水石膏与水化合生成二水石膏。常温下，二水石膏在水中的溶解度比半水石膏小得多。因此，形成的溶液对二水石膏来说是高度饱和的，二水石膏以胶粒的形式析出，并破坏了半水石膏的溶解平衡。半水石膏将继续溶于水，并不断水化，二水石膏的胶粒逐渐增多。随着胶粒的凝聚并变成晶体，石膏浆失去塑性，开始凝结。此后，随水分的蒸发，晶体继续增大，彼此交错紧密结合形成网络结构，使凝结后的石膏渐渐硬化并达到一定的强度。建筑石膏凝结、硬化的速度快，加水搅拌，几分钟内便开始失去塑性。为了满足施工操作的要求，一般均需加入硼砂和柠檬酸等作缓凝剂。缓凝剂的作用在于降低半水石膏的溶解度和溶解速度。

建筑石膏在硬化后，由于多余水分的蒸发，在内部形成大量孔隙，因而热导率小、吸声性强、吸湿性大，可调节室内的温度和湿度。石膏制品质地细腻，凝结硬化时，体积微膨胀0.5%～1.0%，使石膏制品表面光滑，尺寸精确，形体饱满，因而装饰性好。石膏还具有良好的防火性。石膏制品的这些性能使它广泛用于装修、抹灰、粉刷并制作成各种墙体材料（纸面石膏板、石膏空心板、石膏装饰板、纤维石膏板等）。

(3) 石灰

石灰通常是生石灰和熟石灰的统称。石灰的原料石灰石在自然界中分布很广，生产工艺简单，成本低廉，因此，在建筑上应用广泛。石灰石的主要成分为 $CaCO_3$，在高温下煅烧，分解为生石灰，其主要成分为 CaO。在煅烧过程中，需将温度控制在 1000～1100℃，烧成的石灰呈多孔结构，具有较好的“活性”。提高煅烧温度或延长煅烧时间，将会使多孔结构破坏，石灰颗粒增大，内比表面减小，活性降低。当温度超过 1400℃，将会得到完全烧结的 CaO，称为死烧石灰。死烧石灰将影响石灰的熟化和使用。

生石灰与水作用生成消石灰［$Ca(OH)_2$］的过程称为石灰的“熟化”。石灰的熟化为放热反应，熟化后体积增大 1～2.5 倍。煅烧良好、CaO 含量高的石灰熟化较快，放出热量和体积增加较多。死烧石灰由于结构致密、颗粒粗大，熟化时与水反应较慢，以致使用后才开始熟化，体积发生膨胀引起制品隆起和开裂现象。因此，石灰需充分熟化后才能使用。生石灰熟化成石灰粉时，理论需水 32.1%，由于一部分水分需消耗于蒸发，实际加水量常为生石灰质量的 60%～80%；若加水过多，会使温度下降，减慢熟化速率，从而延长熟化时间。

石灰浆体在空气中逐渐硬化，包括两个同时进行的过程：a. 结晶过程，在干燥环境中，石灰浆体随水分的不断蒸发，$Ca(OH)_2$ 逐渐从饱和溶液中结晶出来；b. 碳化过程，$Ca(OH)_2$ 与空气中的 CO_2 化合生成 $CaCO_3$ 结晶，释放出水，并被蒸发的过程。$Ca(OH)_2$ 与 CO_2 只有在水分存在下才能发生碳化过程。由于空气中的 CO_2 浓度低且碳化过程是从表层开始，生成的 $CaCO_3$ 表面结构致密，阻碍 CO_2 的渗入，也影响水分的蒸发。因此，石灰浆体的硬化过程极其缓慢。

石灰在建筑中用途很广。将石灰中掺入大量的水制成石灰水，用于粉刷墙面，增加室内美观和亮度。由石灰、黏土或石灰、砂、碎石、黏土按一定比例可配制成石灰石和三合土，具有较好的耐水性和强度，广泛用于建筑物的地基基础和各种垫层。若以石灰为原料，掺入纤维状填料或轻质骨料（如矿渣）搅拌成型，然后用人工碳化形成一种轻质板材，可用于建筑物的隔墙、天花板、吸声板等；石灰可以用来配制无熟料水泥、硅酸盐建筑制品等。

13.3.3 几种重要的无机非金属材料

（1）半导体材料

按照金属能带理论，空带和满带之间的禁带能级小于 3eV 的物质为半导体。与金属通过电子流动而导电的机理不同，它是通过电子和空穴两类所谓载流子的迁移来实现的。满带中少部分电子受热或以其他方式激发后，可以跃迁至没有电子的空带上，而在满带中留下空穴，在外电场作用下，满带中其他电子移动来填补这些空穴，而这些电子又留下新的空穴，形成空穴的不断移动，就好像是带正电的粒子沿着与电子流动相反的方向移动。

按半导体是否含有杂质分为本征半导体和杂质半导体。本征半导体的纯度十分高，如大规模集成电路用的单晶硅的纯度要求 9 个“9”，跃迁到空带中的电子数完全受禁带能级大小和温度的支配。非本征半导体(含有杂质的半导体)的电导率比本征半导体要高得多，其电导率的大小与杂质的性质和量有关，因此，可以通过掺入杂质的量来准确地控制这类半导体的电导率。在电子工业中使用最多和最重要的是非本征半导体，其中有 p 型半导体(空穴型)和 n 型半导体(电子型)之分。目前，半导体以掺杂的硅、锗和砷化镓等为最多。

半导体的应用十分广泛，主要用于半导体器件和电子元件，如晶体管、集成电路、整流器、激光器、发光二极管、光电器件和微波器件等；半导体在太阳能的利用上有十分重要的作用，用单晶硅做的太阳能电池具有较高的光电转换率，但因为对材料要求高而价格昂贵。多晶硅或非晶态硅的价格要便宜得多，但转换率只有 13%左右，不过使用砷化镓可达 20%～28%的转换率。IBM 公司研制了一种转换率达到 40%的多层复合型半导体器件。

(2) **激光晶体**

激光技术是光电子技术的核心组成部分，而激光晶体是激光器的工作物质。自 1960 年第一台红宝石激光器件问世以后，人们对激光工作物质进行了广泛深入的研究与探索。固体激光晶体经历了 20 世纪 60 年代的起步，70 年代的探索，80 年代的发展过程，已从最初几种基质晶体发展到常见的数十种。作为固体激光器的主体，激光晶体发展成为固体激光技术的重要支柱。

激光晶体由晶体基质和激活离子组成。激光晶体的激光性能与晶体基质、激活离子的特性关系极大。目前已知的激光晶体，大致可以分为氟化物晶体、含氧酸盐晶体和氧化物晶体三大类。激活离子可分为过渡金属离子、稀土离子及锕系元素离子。目前，已知的约 320 种激光晶体中，约 290 种是掺入稀土作为激活离子的。可见，稀土在激光晶体中已经成为很重要的元素，在发展激光晶体材料中将发挥重要作用。

(3) **碳纤维材料**

纤维增强的复合材料在航天、航空、体育用品、运输机械等许多领域的应用越来越广，这些纤维增强材料主要有晶须、硼纤维、碳纤维、碳化硅纤维及有机高分子芳纶纤维等，这里只介绍被称为魔法纤维的碳纤维。碳纤维是一种比人发细、比铝轻、比钛刚、比钢强的特种纤维材料。

碳纤维的制造过程类似于植物在与氧隔绝的地下，受高温高压作用后生成煤的原理，也是在隔绝氧气的条件下高温炭化而成。为了得到高强度的碳纤维，先要将炭化物（如聚丙烯腈）在 300～500℃进行预氧化，使原丝中链状的聚丙烯腈分子高强环化和氧化脱氢转变为耐热梯形结构，然后在 500～1400℃下进一步炭化，梯形结构再发生交联、环化和缩聚等一系列反应，最后形成类似石墨型的乱层结构的碳纤维。有意思的是如果将炭化温度提高至 2000℃，得到的是导电性良好的石墨纤维。工业上生产碳纤维的主要原料有胶黏丝、聚丙烯腈和沥青三类。美国 Amoco 化学公司研制出了拉伸模量达到 820×10^9 Pa 的超高模量碳纤维。日本东丽公司研制的 M-40J 碳纤维的拉伸强度为 3.6×10^9 Pa，拉伸模量为 550×10^9 Pa，打破了过去认为碳纤维不可兼得高强度和高模量的传统观念，达到了能制作飞机一次构件的苛刻要求。这些高强度、高模量碳纤维的问世，对航天、火箭和航空工业的发展起了极大的推动作用。例如，日本、美国科学家曾合作用碳纤维复合材料制造了世界上第一架全塑飞机 AVTEK 400，不仅质量和耗油量都减少一半，而且跑道只需要 380m，航速可达 $780\text{km}\cdot\text{h}^{-1}$。

13.4 高分子材料

高分子材料也叫聚合物材料，按照其来源可分为天然高分子材料和合成高分子材料。天然高分子材料有天然橡胶、纤维素、淀粉、蚕丝等。合成高分子材料的种类繁多，如合成塑料、合成橡胶、合成纤维等。

13.4.1 通用高分子材料

(1) **塑料**

人们常用的塑料主要是以合成树脂为基础，再加入塑料辅助剂（如填料、增塑剂、稳定剂、润滑剂、交联剂及其他添加剂）制得的。通常，按塑料的受热行为和是否具备反复成型加工性，可以将塑料分为热塑性塑料和热固性塑料两大类。前者受热时熔融，可进行各种成型加工，冷却时硬化，再受热又可熔融、加工，即具有多次重复加工性。后者受热熔化成型的同时发生固化反应，形成立体网状结构，再受热不熔融，在溶剂中也不溶解，当温度超过分解温度时将被分解破坏，即不具备重复加工性。按照塑料的使用范围和用途，塑料又可分为通用塑料和工程塑料。通用塑料的产量大、用途广、价格低，但是性能一般，主要用于非结构材料，如聚乙烯、聚丙烯、聚氯乙烯、聚苯乙烯、酚醛塑料、氨基塑料等。工程塑料具有较高的力学性能，能够经受较宽的温度变化范围和较苛刻的环境条件，并且在此条件下能够长时间使用，且可作为结构材料。而在工程塑料中，人们一般把长期使用温度在100～150℃范围内的塑料，称为通用工程塑料，如聚酰胺、聚碳酸酯、聚甲醛、聚苯醚、热塑性聚酯等；把长期使用温度在150℃以上的塑料称为特种工程塑料，如聚酰亚胺、聚芳酯、聚苯酯、聚砜、聚苯硫醚、氟塑料等。

随着科学技术的迅速发展，对高分子材料性能的要求越来越高，工程塑料的应用领域不断开拓，各工业部门对工程塑料的需求量迅速增长，特别是20世纪80年代以后，随着对高分子合金、复合材料的深入研究，对高分子合金聚集态结构和界面化学物理的深入研究，反应性共混、共混相容剂和共混技术装置的开发，大大地推进了工程塑料合金和工业化进程。通过共聚、填充、增强、合金化等途径，使得工程塑料与通用塑料之间的界限变得模糊，并可使通用塑料工程化，这就可以大大提高材料的性价比。通过合金化的途径，发展互穿聚合物网络技术，可实现工程塑料的高性能化、结构功能一体化。通过改进合金化路线、改进加工方案、发展复合材料技术和开发纳米材料，可促进高性能工程塑料的实用化。

(2) 橡胶

橡胶是一类线形柔性高分子聚合物。其分子链柔性好，在外力作用下可产生较大形变，除去外力后能迅速恢复原状。它的特点是在很宽的温度范围内具有优异的弹性，所以又称弹性体。需要注意的是同一种高分子聚合物，由于其制备方法、制备条件、加工方法不同，可以作为橡胶用，也可作为纤维或塑料。

橡胶按其来源，可分为天然橡胶和合成橡胶两大类。最初橡胶工业使用的橡胶全是天然橡胶，它是从自然界的植物中采集出来的一种高弹性材料。第二次世界大战期间，由于军需橡胶量的激增以及工农业、交通运输业的发展，天然橡胶远不能满足需要，这促使人们进行合成橡胶的研究，发展了合成橡胶工业。

合成橡胶是各种单体经聚合反应合成的高分子材料。按其性能和用途可分为通用合成橡胶和特种合成橡胶。用以代替天然橡胶来制造轮胎及其他常用橡胶制品的合成橡胶称为通用合成橡胶，如丁苯橡胶、顺丁橡胶、乙丙橡胶、丁基橡胶、氯丁橡胶等。近几十年来，出现了一种新型的集成橡胶，它主要用于轮胎的胎面。凡具有特殊性能，专门用于各种耐寒、耐热、耐油、耐臭氧等特种橡胶制品的橡胶，称为特种合成橡胶，如硅橡胶、氟橡胶、丙烯酸酯橡胶、聚氨酯橡胶等。特种合成橡胶随着其综合性能的改进、成本的降低以及推广应用的扩大，也可能作为通用合成橡胶来使用。

(3) 纤维

纤维是指长度比直径大很多倍并且有一定柔韧性的纤细物质，包括天然纤维（棉花、麻、蚕丝）和化学纤维。化学纤维是天然高分子或合成高分子化合物经过化学加工而制成的纤维，又分为人造纤维和合成纤维。人造纤维以天然聚合物为原料制得，主要有黏胶纤维、铜铵纤维、乙酸酯纤维、再生蛋白质纤维等。合成纤维由合成的聚合物制得，品种繁多，已工业化生产的有40余种，其中最主要的产品有聚酯纤维（涤纶）、聚酰胺纤维（尼龙）、聚丙烯腈纤维（腈纶）三大类，这三大类纤维的产量占合成纤维总产量的90%以上。

合成纤维具有强度高、耐高温、耐酸碱、耐磨损、质量轻、保暖性好、抗霉蛀、电绝缘性好等特点，广泛地用于纺织工业、国防工业、航空航天、交通运输、医疗卫生、通信联络等各个重要领域，已经成为国民经济发展的重要部分。

13.4.2 高分子复合材料

一般来说，复合材料是由两种或两种以上物理和化学性质不同的材料组成，并具有复合效应的多相固体材料。复合材料往往由基体和增强体两相组成。增强体可以是粒料、纤维、片状材料或它们的组合，被基体所包围，起着承受外加负荷的作用。基体材料在复合材料中呈连续相，包围着增强体。

聚合物基复合材料是以高分子聚合体为基体，聚合物基体包括：①热固性树脂，如环氧树脂、不饱和树脂、热固性酚醛树脂等；②热塑性树脂，如聚酰亚胺、双马来酰亚胺、热塑性酚醛树脂等。

复合材料中广泛应用的增强材料为纤维，如碳纤维、芳纶纤维、硼纤维、碳化硅纤维、超高分子量的聚乙烯醇纤维等。此外高性能的晶须和颗粒（Al_2O_3、SiC）也常被用作增强体。

思考题

13-1 什么是结构材料？什么是功能材料？

13-2 形状记忆合金记忆功能指的是什么？它的形状记忆是如何产生的？

13-3 简述石膏凝结硬化的原理。

13-4 功能陶瓷材料有哪些应用？

13-5 碳纤维材料有哪些应用？

13-6 通用高分子材料主要包括哪些？

第 14 章

化学与环境

学习要求

① 了解当今世界三大环境问题产生的原因、危害及治理方法。

② 增强环境保护意识。

社会在发展，科技在进步，但是人们赖以获得能量和物质的自然环境却随着科技水平的提高而受到日益严重的破坏。近年来屡屡发生的公害事件终于使人们认识到一味地对自然环境索取而不加保护是要受到严厉报复的。对于已经发生的污染进行有效的治理当然是重要的，但是从根本上看，更要防患于未然。只有当人们普遍树立起环保意识，形成世界范围的巨大力量来保护我们共同的环境时，科学技术的进步才能给人类带来稳定的繁荣。

14.1 当今世界三大环境问题

当今世界三大环境问题，主要是全球性大气污染，是因为气态污染物的排放所影响的范围涉及了全球，并污染了大气环境，对全人类的生存环境构成威胁，其中主要有酸雨问题、温室效应引起气候变暖、臭氧层破坏等三大问题。

14.1.1 酸雨 (大气酸沉降)

最早在 19 世纪中叶，英国化学家史密斯(R. A. Smith)就根据当时英国工业发展所造成的大气污染情况，在 1872 年所著的《空气和降雨，化学气候学的开端》一书中首次使用了“酸雨”这一名词。现在统一用大气酸沉降的概念来代替酸雨的概念，是指 $pH<5.6$ 的天然降水（湿沉降）和酸性气体及颗粒物的沉降（干沉降）。它包括雨、雾、雪、冰雹、尘等形式的酸沉降。因降雨是最主要形式，而且直观和比较容易监测，故习惯上仍

称酸雨。

20世纪70年代，酸雨在世界上仍是局部性问题，但是目前已发展成为人类面临的主要环境问题之一，与全球变暖和臭氧层空洞一样，受到人们的普遍关注。

(1) 酸雨的分布

目前，全球主要有三大酸雨区，分别是北欧、北美和中国。由于我国是一个燃煤大国，又处于经济迅速发展时期，所以酸雨问题日益突出，已成为世界上第三大酸雨区。

20世纪70年代以来，继北欧后美国、日本、东欧相继观察到严重的酸雨现象。我国的酸雨现象发展也很快，分布有明显的区域性和季节性特征。区域性特征总的趋势是以长江为界，长江以北降水pH值偏高，多呈中性或碱性，长江以南多呈酸性。根据2008年的统计结果显示我国酸雨主要分布在长江以南、青藏高原以东和四川盆地等地区，其中长江以南酸雨严重的地区主要集中在浙江、福建、江西、湖北、湖南、广东、广西、海南、贵州、重庆、四川、云南等省（自治区、直辖市），其中华中中心区域也是中国酸雨污染最为严重的地区。

(2) 酸雨的成因

酸雨的成因是一种复杂的大气化学和大气物理的现象。酸雨中含有多种无机酸和有机酸，绝大部分是硫酸和硝酸。煤、石油的燃烧和金属的冶炼过程都会释放出相当数量的SO_2，燃烧石油以及汽车尾气排放出来的氮氧化物，经过“云内成雨过程”，即水汽凝结在硫酸根、硝酸根等凝结核上，发生液相氧化反应，形成硫酸雨滴和硝酸雨滴；又经过“云下冲刷过程”，即含酸雨滴在下降过程中不断合并吸附、冲刷其他含酸雨滴和含酸气体，形成较大雨滴，最后降落在地面上，形成了酸雨（图14-1）。随着化石燃料消费量的不断增长，全世界人为排放的二氧化硫不断增加，已占到总排放量的90%左右。

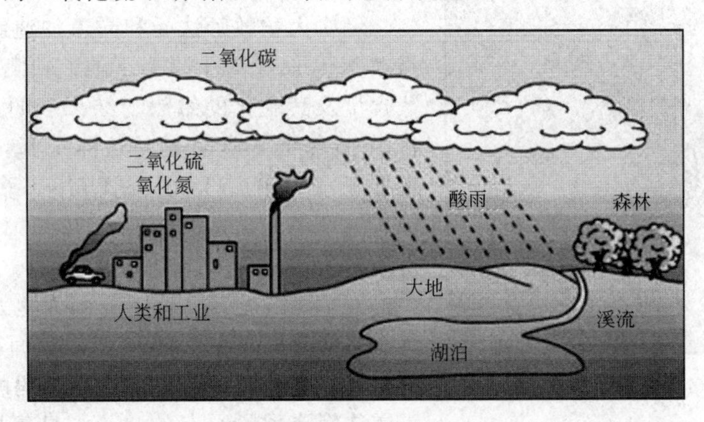

图14-1　酸雨

(3) 酸雨的危害

酸雨的危害不是疾风骤雨式的，而是在不知不觉中缓慢吞噬着地球上的生灵和环境。酸雨的主要危害是：

a. 直接危害树木、农作物，可以造成大面积森林死亡；

b. 使土壤酸化，加速酸性淋溶，使土壤肥力下降；

c. 使湖泊、水库酸化，造成“死湖”；

d. 对钢铁构件、建筑物、古迹、石雕、铁桥、铁塔等的腐蚀严重；

e. 对人体健康产生一定影响。

(4) **酸雨的防治**

治理酸雨污染，首先要控制二氧化硫和氮氧化物的排放总量。世界上酸雨最严重的欧洲和北美许多国家在遭受多年的酸雨危害之后，终于都认识到，大气无国界，防治酸雨是一个国际性的环境问题，不能依靠一个国家单独解决，必须共同采取对策，减少硫氧化物和氮氧化物的排放量。目前世界上减少二氧化硫排放量的主要措施有：

① 原煤脱硫技术　可以除去燃煤中40%～60%的无机硫。

② 优先使用低硫燃料　如含硫较低的低硫煤和天然气等。

③ 改进燃煤技术　减少燃煤过程中二氧化硫和氮氧化物的排放量。例如，液态化燃煤技术是受到各国欢迎的新技术之一。它主要是利用加进石灰石和白云石，与二氧化硫发生反应，生成硫酸钙随灰渣排出。

④ 对煤燃烧后形成的烟气在排放到大气中之前进行烟气脱硫　目前主要用石灰法，可以除去烟气中85%～90%的二氧化硫气体。不过，脱硫效果虽好但十分费钱。例如，在火力发电厂安装烟气脱硫装置的费用，要达电厂总投资的25%之多。这也是治理酸雨的主要困难之一。

⑤ 开发新能源　如太阳能、风能、可燃冰等。

14.1.2 臭氧层空洞

在大气圈25km左右高空的平流层底部有一臭氧浓度相对较高的小圈层，即为臭氧层，但其臭氧浓度最高仅为10×10^{-6}。就是靠这个臭氧层吸收了99%的来自太阳的高强度紫外线，保护了人类和生物免遭紫外辐射的伤害（图14-2）。

图14-2　臭氧层阻挡太阳紫外线

(1) **臭氧层空洞的发现**

剑桥大学教师法曼和同事加迪纳尚克林在1985年在Nature杂志上发表了他们检测到的南极上空臭氧含量及其变化的结果。结果表明：南极臭氧总量自1975年起，臭氧总量逐年下降，1982年开始出现低于200DU（Dobson Units，多布森单位）区域，这个值比正常值低了30%～40%。这片区域就是通常所说的臭氧层空洞。

20世纪70年代后期美国人也观察到南极上空臭氧层变薄的现象。1985年，其面积相当于整个美国大陆，其深度可装得下珠穆朗玛峰。1987年，臭氧层浓度降到了原有的一半，臭氧层空洞面积大到可以覆盖整个欧洲大陆。其后臭氧浓度下降继续加快，空洞持续的时间也在延长。2006年南极上空臭氧层空洞的面积和深度又创历史新高。但据最近几年的研究结果显示，臭氧层已经得到控制，如2010年空洞面积在$2.2\times10^{7}km^{2}$左右，2009年为$2.4\times10^{7}km^{2}$，2000年面积最大时达到$2.9\times10^{7}km^{2}$，但形势仍不容乐观。

(2) **臭氧层空洞的危害**

随着科学技术的发展和人类对舒适生活的追求，制冷剂、发泡剂、喷射剂等化学制品被大量使用。这些制品中含有大量消耗臭氧层物质（ODS），如氯氟烃和含溴氟烃等，它们的大量排放对臭氧层构成严重威胁。臭氧层耗减的直接结果是：强烈的紫外线照射会抑制人的免疫力，会使白内障和皮肤癌患者增加。大气层中的臭氧含量每减少1%，地面受太阳紫外线的辐射量就增加 2%，患皮肤癌的人就会增加 2%～4%。过量的紫外线辐射可使农作物叶片受损，抑制农作物光合作用，改变农作物细胞内的遗传基因和再生能力，导致农产品减产或质量劣化。过量的紫外线还会杀死水中的微生物，造成某些物种灭绝。

(3) 臭氧层空洞的成因

臭氧损耗的原因，目前比较一致的看法是：人类活动排入大气的某些化学物质与臭氧发生作用，导致了臭氧的损耗。这些物质统称为消耗臭氧层物质（ODS），已知的主要有：氟氯化碳（CFCs）、CCl_4、CH_4、N_2O、三氯乙烷以及哈龙（氟溴化碳）等。由于这些物质性质比较稳定，上升至平流层底部，在紫外线的照射下分解释放出氯原子（或溴原子），Cl 原子（或 Br 原子）与 O_3 分子反应生成 ClO（或 BrO），从而破坏了 O_3（图 14-3）。每个 Cl 原子可以连续破坏 10^4 个 O_3 分子。

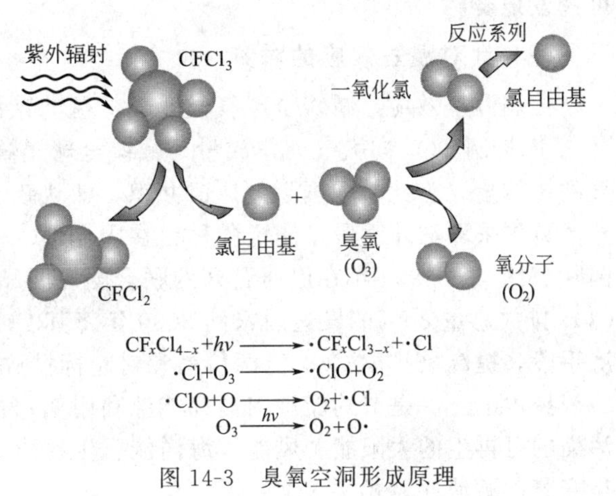

图 14-3　臭氧空洞形成原理

(4) 保护臭氧层

氟里昂是美国杜邦公司 20 世纪 30 年代开发的一个引为骄傲的产品，被广泛用于制冷剂、溶剂、塑料发泡剂、气溶胶喷雾剂及电子清洗剂等，在消防等行业发挥着重要作用。当科学家研究令人信服地揭示出人类活动已经造成臭氧层严重损耗的时候，“补天”行动非常迅速。实际上，现代社会很少有一个科学问题像“大气臭氧层”这样由激烈的反对、不理解，迅速发展到全人类采取一致行动来加以保护。

1985 年，也就是 Monlina 和 Rowland 提出氯原子臭氧层损耗机制后 11 年，同时也是南极臭氧洞发现的当年，由联合国环境署发起，通过保护臭氧层的维也纳公约，首次在全球建立了共同控制臭氧层破坏的一系列原则方针。

1987 年，大气臭氧层保护的重要历史性文件《蒙特利尔议定书》通过。在该议定书中，规定了保护臭氧层的受控物质种类和淘汰时间表，要求到 2000 年全球的氟里昂消减一半，并制定了针对氟里昂类物质生产、消耗、进口及出口等的控制措施。由于进一步的科学研究显示大气臭氧层损耗的状况更加严峻，1990 年通过《蒙特利尔议定书》伦敦修正案。1992 年通过了哥本哈根修正案，其中受控物质的种类再次扩充，完全淘汰的日程也一次次提前。

从这里我们不仅可以看到人类日益紧迫的步伐，而且也发现，即使如此努力地弥补我们上空的“臭氧洞”，但由于臭氧层损耗物质从大气中除去十分困难，预计采用哥本哈根修正案也要在 2050 年左右平流层氢原子浓度才能下降到临界水平以下。到那时，我们上空的臭氧层可望开始恢复。臭氧层保护是近代史上一个全球合作十分典型的范例。这种合作机制将成为人类的财富，并为解决其他重大问题提供借鉴和经验。

14.1.3　温室效应

(1) 温室效应及其危害

温室效应主要是由于 CO_2、CH_4、CFCs（氟氯化碳）、N_2O 等温室气体造成的。主要污染大国是美国。我国是发展中的大国，CO_2 等温室气体排放量也很大，居世界第二位。

进入大气层中的这些温室气体，能使太阳能的短波辐射透过，加热地面，而地面增温后所放出的热辐射（长波）被这些气体吸收，使大气增温，这种现象称为温室效应，像玻璃暖房（温室）的效应一样。

温室效应的结果可导致全球气候变暖，冰川、冰帽融化，海平面上升，淹没沿海城市和岛屿；可导致气候异常，水旱灾害频繁；海平面上升，地球赤道半径增大，改变地球应力，可诱发地震。

(2) 针对温室效应的对策

控制温室效应，减缓全球气候变暖，是世界各国面临的重大课题。

① 控制 CO_2 向大气的排放量　减缓全球气候变暖的根本对策是全球参与控制 CO_2 向大气的排放量。为此，在国际上达成共识，即从政治上和技术上控制 CO_2 的排放量。

首先采取法律手段，制定各种旨在限制 CO_2 排放的各种政府和国际的规定，签订各种国际公约。如 1992 年在巴西召开的联合国发展和环境大会签订的“气候公约”，要求占全球 CO_2 排放总量 80％的发达国家到 2000 年将其 CO_2 排放量降至 1990 年的水平。其次采用经济手段，提高易排放 CO_2 能源价格和对超标排放课税等。

技术上：一是节约能源和提高能源利用率；二是开发可再生替代能源，例如大力开发无污染的可再生的太阳能、风能、海洋能、生物能、地热能、氢能等；三是大力发展核能；四是变革能源消耗模式。

② 采取措施吸收 CO_2

a. 搞好绿化是关键，再辅以人工措施　植物的光合作用是地球上规模最大的吸收 CO_2 的过程，因此保护原始森林、大规模植树造林、培植草原、搞好城市绿化是减少大气中 CO_2 的重要手段。

b. 人工吸收 CO_2　在一些工业过程中，用人工方法吸收 CO_2。例如日本学者提出在吸收剂中使用沸石对火力发电中排出的 CO_2 做物理式吸收，或者使用化学溶剂进行化学吸收。美国学者提出向海中施铁，可使海生植物大量繁殖，从而达到大量吸收 CO_2 的目的。

14.2 保护水环境

人类的活动会使大量的工业、农业和生活废弃物排入水中，使水受到污染。目前，全世界每年有 4200 多亿立方米的污水排入江河湖海，污染了 5.5 万亿立方米的淡水，这相当于全球径流总量的 14％以上。

1984 年颁布的《中华人民共和国水污染防治法》中为“水污染”下了明确的定义，即水体因某种物质的介入而导致其化学、物理、生物或者放射性等方面特征的改变，从而影响水的有效利用，危害人体健康或者破坏生态环境，造成水质恶化的现象称为水污染。

14.2.1 污水产生的原因

水污染主要由人类活动产生的污染物造成，它包括工业污染源、农业污染源和生活污染源三大部分。

工业废水是水域的重要污染源，具有量大、面积广、成分复杂、毒性大、不易净化、难处理等特点。据2008年中国水资源公报资料显示：这一年，全国废水排放总量共571.7亿吨，其中，工业废水排放量241.7亿吨，占42.3%。实际上，排污水量远远超过这个数，因为许多乡镇企业工业污水排放量难以统计。

农业污染源包括牲畜粪便、农药、化肥等。农药污水中，一是有机质、植物营养物及病原微生物含量高；二是农药、化肥含量高。中国目前没开展农业方面的监测，据有关资料显示，在1亿公顷耕地和220万公顷草原上，每年使用农药110.49万吨。中国是世界上水土流失最严重的国家之一，每年表土流失量约50亿吨，致使大量农药、化肥随表土流入江、河、湖、库，随之流失的氮、磷、钾营养元素使2/3的湖泊受到不同程度富营养化污染的危害，造成藻类以及其他生物异常繁殖，引起水体透明度和溶解氧的变化，从而致使水质恶化。

生活污染源主要是城市生活中使用的各种洗涤剂和污水、垃圾、粪便等。生活污水中含氮、磷、硫多，致病细菌多。据调查，2008年中国生活污水排放量达330亿吨。

14.2.2 污水的危害

日趋加剧的水污染，已对人类的生存安全构成重大威胁，成为人类健康、经济和社会可持续发展的重大障碍。据世界权威机构调查，在发展中国家，各类疾病有80%是因为饮用了不卫生的水而传播的，每年因饮用不卫生水至少造成全球2000万人死亡，因此，水污染被称作“世界头号杀手”。水体污染影响工业生产、增大设备腐蚀、影响产品质量，甚至使生产不能进行下去。

(1) 危害人的健康

水污染后，通过饮水或食物链，污染物进入人体，使人急性或慢性中毒。砷、铬、铵类、苯并［*a*］芘等，还可诱发癌症。被寄生虫、病毒或其他致病菌污染的水，会引起多种传染病和寄生虫病。重金属污染的水，对人的健康有很大危害。被镉污染的水、食物，人饮食后，会造成肾、骨骼病变，摄入硫酸镉20mg，就会造成死亡。铅造成的中毒，引起贫血，神经错乱。六价铬有很大毒性，引起皮肤溃疡，还有致癌作用。饮用含砷的水，会发生急性或慢性中毒。砷使许多酶受到抑制或失去活性，造成机体代谢障碍，皮肤角质化，引发皮肤癌。有机磷农药会造成神经中毒，有机氯农药会在脂肪中蓄积，对人和动物的内分泌、免疫功能、生殖机能均造成危害。稠环芳烃多数具有致癌作用。氰化物也是剧毒物质，进入血液后，与细胞的色素氧化酶结合，使呼吸中断，造成呼吸衰竭窒息死亡。我们知道，世界上80%的疾病与水有关。伤寒、霍乱、胃肠炎、痢疾、传染性肝类是人类五大疾病，均由水的不洁引起。

(2) 对工农业生产的危害

水质污染后，工业用水必须投入更多的处理费用，造成资源、能源的浪费。食品工业用水要求更为严格，水质不合格，会使生产停顿。这也是工业企业效益不高、质量不好的因素。农业使用污水，使作物减产，品质降低，甚至使人畜受害，大片农田遭受污染，降低土壤质量。海洋污染的后果也十分严重，如石油污染，造成海鸟和海洋生物死亡。

(3) 水的富营养化的危害

在正常情况下，氧在水中有一定溶解度。溶解氧不仅是水生生物得以生存的条件，而且氧参加水中的各种氧化-还原反应，促进污染物转化降解，是天然水体具有自净能力的重要原因。含有大量氮、磷、钾的生活污水的排放，大量有机物在水中降解放出营养元素，促进水中藻类丛生，植物疯长，使水体通气不良，溶解氧下降，甚至出现无氧层。以致使水生植物大量死亡，水面发黑，水体发臭形成“死湖”“死河”“死海”，进而变成沼泽。这种现象称为水的富营养化。富营养化的水臭味大、颜色深、细菌多，这种水的水质差，不能直接利用，水中鱼类大量死亡。

14.2.3 防治污水的措施与建议

为了推动对水资源进行综合性统筹规划和管理，加强水资源保护，解决日益严峻的缺水问题，开展广泛的宣传教育以提高公众对开发和保护水资源的认识，1993 年 1 月 18 日，第 47 届联合国大会确定自 1993 年起，将每年的 3 月 22 日定为世界水日。面对严峻的缺水、水污染问题，我们应积极行动起来，珍惜每一滴水，采取节水技术、防治水污染、植树造林等多种措施，合理利用和保护水资源。

(1) 强化对饮用水源取水口的保护

有关部门要划定水源区，在区内设置告示牌并加强取水口的绿化工作。定期组织人员进行检查。从根本杜绝污染，达到标本兼治的目的。

(2) 加大城市污水和工业废水的治理力度

加快城市污水处理厂的建设对于改善城市水环境状况有着十分重要的作用。目前随着城市人口的增加和居民生活水平的提高，城市的废水排放量正在不断地增加，而城市污水处理厂却没有相应地增加，这必然会导致水环境质量的下降。因此建设更多的污水处理厂是迫在眉睫的事。

(3) 加强公民的保护水资源意识

改善环境不仅要对其进行治理，更重要的是通过各方面的宣传和教育来增强居民的环保意识，培养每位公民节约、保护水资源的好习惯、好品质。居民的环保意识增强了，破坏环境的行为就自然减少了。

(4) 实现废水资源化利用

随着经济的发展，工业的废水排放量还要增加，如果只重视末端治理，很难达到改善目前水污染状况目的，所以我们要实现废水资源化利用。

(5) 家用水的净化

自来水的净化过程为：

过滤——沉淀(明矾)——用活性炭除异味，去颜色——消毒(氯气，漂白粉)

在自来水管传递过程中有可能出现二次污染，所以饮用时要煮沸杀菌，而且还要用干净的杯子。另外有条件的家庭可以安装家用健康饮水机。

14.3 垃圾——摆错了地方的财富

随着人们生活水平的提高，“垃圾围城”的现象越来越普遍。如何处理垃圾以降低其危害性，如何将垃圾变废为宝，成为摆在人类面前亟待解决的环境问题和资源的再利用问题。

14.3.1 垃圾的成分及分类

垃圾又称为“固体废弃物”，包括生产生活中丢弃的固体、半固体（泥状、浆状、糊状）

物质。

固体废弃物可分为三大类：第一类是工业固体废物，包括矿业、工业、放射性废物等；第二类是城市生活垃圾，包括厨余垃圾、碎玻璃、废旧电池等；第三类是危险废物，包括具有易燃性、腐蚀性、毒性、反应性、感染性的废物。

随着消费方式的变化，垃圾也变得“现代化”起来，各种塑料包装物成了主要的垃圾，金属和玻璃所占百分比大大提高，建筑装修后废弃的油漆、颜料、黏合剂以及废电池、废纸、清洁剂等也逐渐成为家庭垃圾的主要成分。还有一类特殊的废弃物已开始进入城市垃圾的行列，那就是废旧的电视机、冰箱、洗衣机、电脑、复印机、移动电话和其他电子垃圾。

14.3.2 垃圾的危害

随着城市人口的不断增长，将有越来越多的垃圾来不及处理，对人群和社会造成多方面的威胁。

(1) 卫生问题

每堆垃圾都是一个大的污染点和致病源。尤其到夏天，恶臭弥散，蚊蝇成团，老鼠成群，容易造成传染病的蔓延。

(2) 爆炸隐患

垃圾中含有大量可燃物，在天然堆放过程中会产生甲烷等可燃性气体，遇到明火或自燃易引起火灾。垃圾堆的爆炸事件时有发生，如1994年8月，湖南省岳阳市郊一座约20000m^{3}的垃圾堆突然发生爆炸，产生的冲击波竟将1.5万吨的垃圾抛向高空，摧毁了垃圾场外40m处的污水大堤。

(3) 污染水体

每年的4月底至5月初，长江水骤涨，形成春汛，大量的塑料饭盒、方便面碗、秸秆、柴草、木料等，随着暴雨和上涨的江水进入江中，不断涌向葛洲坝。每年多达上万立方米的杂物，聚集于电厂发电机的拦污栅前，形成大片厚达几米的堆积层，堵塞水道，使水压降低，这些漂浮物主要来自于长江沿岸的城镇及过往船只的倾倒。

南京美丽的秦淮河曾经是桨声灯影，游人如织。而前些年某些河段随处可见的垃圾使得河面变得污浊不堪，成了一条人人避而远之的臭水沟，夏日里散发的阵阵恶臭使附近的居民只能紧闭门窗。

(4) 越境转移

垃圾威胁还具有国际性，也就是越境转移现象。某些发达国家为了避免承担昂贵的垃圾处理费用，希望花较少的钱将废物迅速转移，一些发展中国家出于经济方面的考虑而接受了废物的进口。由于这种转移的废物通常都是危险性极高的，而发展中国家并不具备处理的能力，因此这是一种伤天害理的行为。我国早在1995年就颁布了《中华人民共和国固体废物污染环境防治法》，拒绝“洋垃圾”，对违法进口固体废弃物的行为将采取严厉的制裁。

14.3.3 垃圾的处理

为了能有一个健康、整洁的生存环境，人类采用了多种方式来处理垃圾。目前最常用的垃圾处理技术为卫生填埋、焚烧和堆肥。

(1) 垃圾卫生填埋

所谓卫生填埋就是对垃圾处理场按照环境卫生工程技术进行施工，不使掩埋的垃圾对地下水、土地、空气及周围环境造成污染。垃圾卫生填埋技术始于20世纪60年代，是在传统的露天堆放和垃圾填坑基础上，出于保护环境的目的而发展起来的一项工程技术。

卫生填埋必须进行科学选址、场地防护、填埋计划设计、渗出液收集和处理、网络监测、最终封场与土地恢复利用等多项工序才能建成。但由于垃圾填埋也存在一些隐患，因此城市垃圾采用填埋的趋势在下降，数量在减少。

(2) 垃圾焚烧处理与垃圾制能

焚烧是将垃圾放在特殊设计的封闭炉内，在1000℃下烧成灰，然后再送去填埋。这种垃圾处理方式在工业发达国家呈上升趋势。世界上垃圾焚烧制能居领先地位的是日本和西欧的一些国家，北欧几个国家也在迅速发展。经过焚烧，垃圾的体积可缩小80%～90%，有害物质和病菌也基本被除去。此外，由于垃圾成分中可燃物，尤其是纸和塑料的大量增加，使得垃圾发热量明显提高，可用来发电。如德国全年所需能量的4%～5%靠焚烧垃圾获得，可节约该国25%的石油和煤。荷兰阿姆斯特丹市垃圾焚烧发出的电为该市耗电的6%。因此，在当今资源日益减少的情况下，垃圾焚烧制能是一举两得的好办法。目前垃圾焚烧制能除了发达国家积极发展外，有些发展中国家的城市也建立了或正在筹建垃圾焚烧工厂。天津双港垃圾焚烧发电厂利用焚烧垃圾产生的热能发电，供天津生产、生活用电，相当于每年节约标准煤48000t，日处理生活垃圾1200t。

(3) 垃圾高温堆肥技术

堆肥是我国农村长期使用的一种沤肥方法，已有悠久的历史，这一方法在20世纪初才传到西方。

堆肥是将有机垃圾通过生物化学的降解作用，变成高效有机肥。堆肥一般分为厌氧堆肥与好氧堆肥两种。厌氧堆肥多采用人工堆制，处理工艺简单，但周期长、占地多、臭味大，有些物质不易腐烂，某些病菌不易杀死。好氧堆肥又称高温堆肥，是利用现代技术和机械化方式处理垃圾，臭味小，物料分解较彻底，病菌可全部杀死，堆肥周期也短。目前国外城市垃圾堆肥几乎都采用此种方法。

14.3.4 综合性废物管理

人们面对“垃圾围城”的状况，不得不开始审视自己的行为，从自身找症结，提出了“综合性废物管理”模式，这是当前处理垃圾的国际潮流。其特征是：动员全体民众参与“3R”行动，从源头上减少垃圾的产生量，运用堆肥、焚烧和填埋等技术，达到真正的无害化治理效果。

(1) 第一个R：减量化原则（reduce）

减量化原则，要求用较少的原料和能源（特别要控制使用有害环境的资源）投入来达到既定的生产和消费目的，从而在经济活动的源头实现节约资源和减少污染。

(2) 第二个R：再使用原则（reuse）

再使用原则，指制造的产品、外包装及包装容器等经过简单净化和恢复以初始状态同样的方式多次重复使用，延长从有用物品变成垃圾的时间，如回收化妆品的原包装瓶、酒瓶、药瓶、牛奶瓶等。

(3) 第三个R：再循环原则（recycle）

再循环原则，指生产出的消费产品在完成其使用功能后能重新加工成可用的资源、新的产品或材料，而不是不可恢复的垃圾。再循环有两种情况：一种是原级再循环，即废品循环用于生产同种类型的新产品，如纸再生纸、易拉罐再生易拉罐、金属再生金属、塑料再生塑料等；另一种是次级再循环，即将废物资源转化成其他产品的原料，如把秸秆变成乙醇、把钢渣变成水泥等。原级再循环在减原材料消耗方面达到的效率要比次级再循环高得多，是循环经济追求的理想境界。

思考题

14-1 试述当前人类面临的环境问题有哪些。

14-2 温室效应会给我们带来什么影响？我们应该采取什么措施预防温室效应？

14-3 引起酸雨的主要原因有哪些？

14-4 水污染的危害有哪些？如何防治？

14-5 垃圾处理有哪几种方法？各有什么优势和缺点？

第 15 章

绿色化学

学习要求

① 了解绿色化学产生历史及发展趋势。
② 了解绿色化学的基本概念及特征。
③ 掌握绿色化学涉及的研究内容及相关应用技术。
④ 熟悉绿色化学遵循的规则。

化学对人类做出了巨大的贡献，在国民经济中的发展速度超出了其他任何部门。化学在很大程度上提高了人类的生活质量，改变了人类的生活方式。然而，传统的化学工业对整个人类赖以生存的生态环境造成了严重污染和破坏。目前，人类正面临有史以来最严重的环境危机，世界人口剧增、资源和能源日趋减少和濒临枯竭、大量排放的工业污染物和生活废弃物使人类生存的生态环境迅速恶化。

面对上述挑战，人们对化学物质危害性的认识逐渐深入，采取了一系列的预防治理的方法和措施来防止生态环境的进一步恶化。在此过程中，人们认识到追求化学的完美，不仅仅要考虑目标分子的性质或某一反应试剂的效率，而且应该考虑这些物质对人类环境的影响，以期减少对人类健康和环境的危害，充分利用资源，求得可持续发展。此后，人们使用了环境无害化学、环境友好化学、清洁化学、原子经济和无害设计化学等来描述人类未来挑战的化学。1995 年，美国化学会组织召开相关学术会议并以“绿色化学”为名出版了论文集，由此推动了绿色化学的研究和开发应用。

15.1 绿色化学导论

15.1.1 绿色化学的产生和发展

(1) 生态危机呼唤绿色化学

人类生存的生态环境迅速恶化，主要表现为大气被污染，酸雨成灾，全球气候变暖，臭氧层被破坏，淡水资源紧张和被污染，海洋被污染，土地资源退化和沙漠化，森林锐减，生物多样性减少，固体废弃物造成污染等。

目前，人类赖以生存的自然环境遭到破坏，人与自然的矛盾激化。绿色化学是化学发展的必然选择，是适应人类需求而逐步形成的化学发展更高阶段，也是人类生存和社会可持续发展的必然选择。

（2）绿色化学发展

近十多年来，绿色化学和技术已成为世界各国政府关注的最重要问题之一，也是各国企业界和学术界极感兴趣的重要研究领域。政府的直接参与，产学研密切结合，促进了绿色化学的蓬勃发展。

1962 年，美国女科学家 R. Carson 所著的《寂静的春天》详细地叙述了 DDT 和其他杀虫剂对各种鸟类所产生的影响。DDT 等杀虫剂通过食物链使秃头鹰的数量急剧减少，同时也危及其他鸟类，使原来百鸟歌唱的春天变得“一片寂静”。这本书强烈地唤醒了人类对生态环境保护的关注。

1972 年，联合国召开人类会议，发表了《人类环境宣言》。

1987 年，联合国环境与发展委员会公布了《我们共同的未来》的长篇报告书。

1990 年，美国环境保护署颁布了污染防止法令，它源于“废物最小化”思想，其基本内涵是对产品及其生产过程采用预防污染的策略来减少污染物的产生，体现了绿色化学的思想，是绿色化学的雏形。

1995 年美国总统克林顿宣布建立“总统绿色化学挑战奖”，奖励在绿色化学合成方法、路线、工艺条件和产品设计方面做出贡献的单位和个人。同年美国宣布国家环境技术战略，其目标为：至 2020 年地球日时，将废弃物减少 40%～50%，每套装置消耗原材料减少 20%～30%。

1997 年，美国国家科学院举办了第一届绿色化学与工程会议，展示了有关绿色化学的重大研究成果，包括生物催化、超临界流体中的反应、流程和反应器设计及“2020 年技术展望”。

1998 年美国化学会召开了第二届绿色化学与工程会议，会议主题为“绿色化学：全球性展望”。会议高度赞扬了在环境友好的合成和过程中所取得的重大成果。同年，P. T. Anastas 和 J. C. Warner 出版了《绿色化学：理论与实践》，详细论述了绿色化学的定义、原则、评估方法和发展趋势，成为绿色化学的经典之作。

2000 年美国化学会出版了第一本绿色化学教科书，旨在推动绿色化学教育的发展。日本、德国、荷兰等都制订了绿色化学的相关计划，这些政府行为极大地促进了绿色化学蓬勃发展。

我国对绿色化学这一新兴学科的研究非常重视。1992 年在联合国和世界银行的帮助下，我国已逐步开展了清洁工业的理论研究和实际应用。

1993 年世界环境和发展大会后，编制了《中国 21 世纪议程》郑重声明可持续发展道路的决心。

1996 年，召开了“工业生产中绿色化学与技术”研讨会，并出版了《绿色化学与技术研讨学术报告汇编》。

1997 年，国家自然科学基金委员会与中国石油化工集团公司联合立项资助了“九五”重大基础研究项目“环境友好石油化工催化化学与化学反应工程”；同年以“可持续发展问题对科学的挑战——绿色化学”为主题的香山学术会议第 72 次会议在北京举行，中心议题为可持续发展对物质科学的挑战、化学工业中的绿色革命以及绿色科技中的一些重大问题和中国绿色化学发展战略。

1999 年，由国家自然科学基金委主办的第 16 次中华科学论坛在北京举行，会议从科学发展和国家长远需要的战略高度对绿色化学的基本问题进行了充分的研讨，提出了近期研究工作的重点：绿色合成技术、方法和过程的研究；可再生资源的利用与转化中的基本科学问题；绿色化学在矿物资源高效利用中的关键科学问题。提出了在“十五”期间优先安排和部署我国在该领域开展研究工作的意见。

15.1.2 绿色化学定义

绿色化学（green chemistry）又称环境友好化学（environmentally friendly chemistry）、环境无害化学（environmentally benign chemistry）、清洁化学（clean chemistry）。绿色化学即是用化学的技术和方法去减少或消灭那些对人类健康、社区安全、生态环境有害的原料、催化剂、溶剂和试剂、产物、副产品的使用和生产。绿色化学不同于一般的控制污染。绿色化学的理想在于不再使用有毒、有害的物质，不再生产废物，不再处理废物。它是一门从源头上阻止污染的化学。治理污染最好的办法就是不产生污染。

绿色化学与传统化学的区别在于前者更多地考虑环境、经济和社会的和谐发展，对环境支持系统具有更小的破坏性作用，进而改善环境质量，促进人类和自然关系的协调。绿色化学与环境化学的区别是前者是研究对环境友好的化学反应和技术，特别是新的催化反应技术，而环境化学则是研究影响环境的化学问题。绿色化学与环境质量的区别是前者进行污染预防，后者是末端治理。

15.1.3 绿色化学的内容

绿色化学的任务是开发环境友好的化学品和生产过程，其最终目标是从源头上防止污染。因此绿色化学的主要内容包括以下几个方面。

(1) 设计安全有效的目标分子

设计或重新探索对人类健康和生存环境更安全的绿色产品是绿色化学的关键所在。绿色产品具备两个特征：首先，产品本身对环境、人体及其他物体不会产生危害；其次，产品被使用后应能被安全回收、循环利用或者能降解。因此，设计安全有效化学品包括如下两个方面的内容：

① 新的安全有效的化学品的设计。人们必须根据分子结构与功能之间的关系，设计出新的安全有效的目标分子，同时考虑它的功能及对环境的影响。

② 对已有的有效但不安全的分子进行重新设计，使这类分子保留其已有的功效，消除其不安全的性质，得到改进过的安全有效分子。

(2) 采用无毒或低毒的绿色原料

绿色原料有两个含义：一是无毒、无害（或低毒、低害）的环保原料；二是可再生的生物资源。

① 传统化学产品的合成过程中，多采用一些剧毒的化学药品，如光气、氢氰酸及其衍生物硫酸二甲酯和氰化物等为原料。由于这些化学品的化学性质活泼，以此为原料的合成技术工业简单，条件温和，制得的产品价格低廉，因此应用广泛。但这些物质有的可能直接危及人类的生命，严重污染环境，有的则会危害人类的健康和安全或造成间接的环境污染。绿色化学的任务之一就是要研究如何用无毒无害的原料来代替这些有毒有害的物质，生产人们所需要的产品。找到和利用对人类和环境更加安全的反应原料，就可以减少有害物质的使用，从而减少对人类和环境的危害。

比如聚氨酯是一种重要的高分子材料，广泛用于涂料、黏合剂、合成纤维、合成橡胶或塑料。其传统工艺为：由胺和光气合成异氰酸酯，再合成聚氨酯。

$$RNH_2+COCl_2 \longrightarrow RNCO+2HCl$$
$$RNCO+R'OH \longrightarrow RNHCOOR'$$

用二氧化碳代替光气与胺反应生成异氰酸酯，不仅消除了剧毒物质光气的使用，其生成的副产物水也对环境不产生污染，同时解决了两方面的问题。

$$RNH_2+CO_2 \longrightarrow RNCO+H_2O$$
$$RNCO+R'OH \longrightarrow RNHCOOR'$$

② 对可再生的生物资源的利用主要是制取燃料和化工品。生物燃料的优点在于它是清洁的可再生能源，还可以应用废弃物生产。生物质主要有两类，即淀粉和木质纤维素。木质纤维素是地球上最丰富的生物质，而且每年以 1604×10^8 t 的速度不断再生，但至今人类仅利用了其 1.5%。淀粉和木质纤维素都有糖类聚合物，将其降解成单体后就可用于发酵。比如，从生物中提取出的蔗糖和葡萄糖就可以作为化学化工原料，在酶催化或细菌作用下生产人类所需要的化学物质。

(3) 寻找安全有效的合成路线

原料和目标产物确定后，合成路线对过程的友好与否就具有十分重要的影响。美国斯坦福大学 Paul A. Wender 曾指出，一条合理的合成路线应该是采用价格便宜的、易得的反应原料，经过简单的、安全的、环境可接受的和资源有效利用的操作，快速和高产率地得到目标分子，而不管这一目标分子是天然物分子还是根据需要设计的分子。大多数的合成都是由相对简单的原料合成更为复杂的分子，故通常有两种方法来逼近以最小步骤获得目标分子复杂性较大增加这一理想合成目标，即可采用每一步增大一点分子复杂性由此逐步增大分子复杂性的多步反应方法。因此，设计和发展增大目标分子复杂性的反应路线对复杂合成十分重要，既要考虑到产品的性能优良、价格低廉，又要使产生的废物和副产品最少，对环境无害。

(4) 寻找新的转化方法

在化学过程中要减少有毒有害物质的使用，可以采用多种方法。近年来的研究发现，采用一些特别的非传统化学方法，可获得多种环境效果。

① 催化等离子体方法　按传统的合成方式，如果要用二氧化碳和甲烷合成燃料油，必须先重整得到合成气，再采用费-托合成工艺把合成气转化为燃料油。

$$CO_2+CH_4 \xrightarrow{\text{催化}} 2CO+2H_2 \longrightarrow \text{燃料油}$$

这一过程是一个高耗能的过程，且使用的催化剂易积炭而失活。刘昌俊采用催化等离子体方法实现了一步直接合成燃料油，改善了产品的选择性，降低了单位产品的能耗。在这一过程中催化剂增强了等离子体的非平衡性，而等离子体又促进了催化剂的催化作用。

② 电化学方法　采用电化学方法可以消除有毒有害原料的使用，而且可以使反应在常温常压下进行。如自由基反应是有机合成中一类非常重要的碳-碳键形成反应，传统的实现自由基环化的方法是要使用有毒又难于除去的三丁基锡做催化剂，会造成污染。但采用维生素 B_{12} 做催化剂进行电化学还原环化，就完全避免了传统方法的缺陷。

③ 光化学及其他辐射方法　光和其他辐射的方法，也可革命性地改变传统过程，消除有毒有害物质的使用。例如，传统的二噁烷，氧或硫杂环己烷的开环反应要用重金属作催化剂，在一定试剂作用下才能进行，而 Epling 等则采用可见光作为“反应试剂”直接使保护基团开环，避免了使用重金属造成的环境污染。

(5) 寻找安全有效的反应条件

在合成化学品的过程中，采用的反应条件对整个环境的影响很大。经济上比较容易评价而且目前考虑较多的是能耗。过程对环境的影响程度由于评估比较困难，因此目前仍然考虑不多。化学化工产业对人类、对环境的影响不仅来自于其原料及产物，而且一切与整个过程相关的其他因素对人类和环境都有大的影响。在这些因素中，反应所用的催化剂和溶剂是两个重要的因素。

① 寻找安全有效的催化剂　由于催化剂在化学反应中起到加快反应速率、降低反应温度和压力等多种作用，几乎所有的化学化工过程均要使用催化剂。如在石油炼制中烃类的裂解、重整、异构化等反应及石油化工的烯烃水合、芳烃烷基化、醇酸酯化等反应中，常采用HF、H_2SO_4、$AlCl_3$、H_3PO_4 等作为催化剂。这些酸催化反应存在难以实现连续生产，催化剂不易与原料和产物分离，对设备有较大腐蚀性，对环境污染，危害人体健康和社区安全等问题。因此需要研究开发环境友好的催化剂来取代这些传统的催化剂。

② 寻找安全有效的反应介质　在化学反应中，大量使用溶剂作为反应介质，同时分离过程、制剂过程等也要使用溶剂。许多情况下，化学化工过程中用到的有机溶剂不仅危害人体健康，对水、大气也有污染。因此，为减少对人及环境的危害，必须研究环境友好的溶剂。

15.1.4 绿色化学应遵循的原则

1998 年，Anastas 和 Warner 明确了绿色化学的十二条原则，简称前十二条，目前已为国际化学界所公认，它也为绿色化学与技术研究的未来发展指明了方向。它们是：

(1) 防止污染优于污染治理

防止废物的产生优于在其生成后再进行处理或者清理。

化学的发展改变了世界，它所创造的物质财富显著地提高了人类的生活质量，但是近50 年来地球出现了严重的环境污染。绿色化学正是在环境治理出现困境的情形下兴起的。绿色化学从根本上说是环境友好化学，它设计、生产、运用环境友好化学品，并且生产过程也是环境友好的，从而防止污染，降低环境和人类健康受到危害的风险。绿色化学是对传统化学思维模式的更新和新发展。它的目的是把现有的化学和化工生产的技术路线从“先污染，后治理”改变为“从源头上防止污染”，从源头上避免和消除对生态环境有毒有害的原料、催化剂、溶剂和试剂的使用以及产物、副产物等的产生，力求使化学反应具有“原子经济性”，实现废物的“零排放”。绿色化学与环境治理是两个不同的概念。环境治理是对已被污染的环境进行治理，使之恢复到被污染前的面目；而绿色化学则是从源头上阻止污染物生成的新策略，即污染预防。如果没有污染物的使用、生成和排放，也就没有环境被污染的问题，所以说防止污染优于污染治理。从经济观点出发，它合理利用资源和能源、降低生产成本，符合经济可持续发展的要求。从环境观点出发，它从根本上解决生态环境日益恶化的问题，是生态可持续发展的关键。因此，只有通过绿色化学的途径，从科学研究着手发展环境友好的化学、化工技术，才能解决环境污染与可持续发展的矛盾，促进人与自然环境的协调与和谐。

(2) 原子经济性

合成方法应被设计成能把反应过程中所用的材料尽可能多地转化到最终产物中。

在传统的化学反应中，评价一个合成过程的效率高低一直以产率的大小为标准。而实际上一个产率为 100%的反应过程，在生成目标产物的同时也可能产生大量的副产物，而这些副产物不能在产率中体现出来。为此，美国著名有机化学家 Trost 首次提出了“原子经济性”的概念，认为高效的有机合成应最大限度地利用原料分子的每一个原子，使之结合到目标分子中，达到零排放，即不产生副产物或废弃物。

Trost 认为合成效率已成为当今合成化学的关键问题。合成效率包括两个方面：一是选择性（化学选择性、区域选择性、顺反选择性、非对映选择性和对映选择性）；另一个就是原子经济性，即原料中究竟有多少原子得到了有效利用。例如，对于一般的有机合成反应，传统工艺是以 A 和 B 为原料合成目标产物 C，同时有 D 生成：

$$A+B \longrightarrow C+D$$

其中 D 是副产物，可能对环境有害，即使无害，从原子利用的角度来看也是浪费。如果开发一个新工艺，以 E 和 F 为原料，也可以生成产物 C，但没有副产物 D 生成：

$$E+F \longrightarrow C$$

新工艺中反应分子的原子全部得到利用，这是一个理想的原子经济性反应。

原子经济性可以用原子利用率来衡量：

$$\text{原子利用率}=\frac{\text{目标产物的分子量}}{\text{化学计量方程式中反应物的分子量总和}}\times 100\%$$

这是一个在原子水平上评估原料转化程度的新思想。一个化学反应的原子经济性越高，原料中的物质进入产物的量就越多。理想的原子经济性反应是原料物质中的原子 100% 进入产物。因此，原子经济性的特点就是最大限度地利用原料。

(3) 绿色合成

只要可行，合成方法应被设计成能使用和产生对人类健康和环境无毒性或很低毒性的物质。

现在绿色化学将化学作为一个解决污染的方法，通过化学与化学技术本身的改进以实现污染的防止，所以在进行化学合成方法设计时，要注意将化学合成中使用和产生的物质的毒害降至最低程度，甚至要达到消除毒害，达成对人类健康和环境安全的目标。

(4) 设计安全化学品

化工产品应被设计成既保留功效，又降低毒性。

设计安全化学品的定义是利用构效关系和分子改造的手段使化学品的毒理效力和其功效达到最适当的平衡。因为化学品往往很难达到完全无毒或达到最强的功效，所以两个目标的权衡是设计安全化学品的关键，应该在这些产品被期望功效得以实现的同时，将它们的毒性降低到最低限度。以此为依据在对新化合物进行结构设计的同时，对已存在的有毒的化学品进行结构修饰、重新设计也是化学家的研究内容。

设计安全化学品通常要考虑的因素有外部的和内部的因素。外部因素：减少暴露或降低进入生物体的机会。内部因素：防止毒性。

(5) 采用无毒无害的溶剂和助剂

应尽可能避免使用辅助性物质（如溶剂、分离剂等），如须使用，应使用无毒物质。

在化学品的制造、加工和使用中，几乎处处都使用溶剂和助剂。这些物质是用来克服分子或化学品合成与制造中的特殊障碍。在传统的有机反应中，有机溶剂是最常见的反应介质，这主要是因为它们能很好地溶解有机化合物。通常，这些辅助剂对人类健康与环境具有一定的负面影响。氟氯化碳（CFCs）对人类及野生动物的直接毒性很小，并具有低的事故隐患，如不易燃烧、不易爆炸等优点，在 20 世纪得到了广泛利用，没人怀疑其在各种用途中的有效性，但是氟氯化碳对臭氧层的破坏与造成的环境影响是众所周知的。

① 超临界流体　人们一直在寻找传统的有害溶剂的替代物，较有希望的清洁溶剂之一为超临界流体。

超临界流体是指当物质处于其临界温度和临界压力以上时所形成的一种特殊状态的流体，是一种介于气态与液态之间的流体状态。这种流体具有液体一样的密度、溶解能力和传热系数，具有气体一样的低黏度和高扩散，同时只需改变压力或温度即可控制其溶解能力并影响以它为介质的合成速率。因此，其可作为某些有害溶剂的替代物。

由于超临界流体的特有性质，其在萃取、色谱分离、重结晶以及有机反应等方面表现出很强的优越性，从而在化学化工中获得实际应用。在有机合成中，二氧化碳由于其临界温度和临界压力较低、具有能溶解脂溶性反应物和产物、无毒、阻燃、价廉易得、可循环使用等优点而迅速成为最常用的超临界流体。

② 水　水是地球上广泛存在的一种天然资源，价廉、无毒、不危害环境，为最无害的物质，用水来代替有机溶剂是一条可行的途径。最典型的例子是环戊二烯与甲基乙烯酮发生的 D-A 环加成反应，在水中进行比在异辛烷中进行速率快 700 倍。另外，超临界水反应的研究十分活跃。同传统的溶剂相比，使用水做溶剂不会增加废物流的浓度。因此，水是理想的环境无害溶剂。

③ 固定化溶剂　有机挥发性溶剂对人类健康与环境的影响主要来自于其挥发性，目前正在研究的解决方法之一为固定化溶剂方法。实现溶剂固定化的方法有多种，但目标是一致的，即保持一种材料的溶解能力而使其不挥发，使其危害性不暴露于人类和环境。常用的方法有将溶剂分子固定到固体载体上；或直接将溶剂分子键合于聚合物的主链上；另外，还有本身有良好的溶解性能且无害的新聚合物也可作为溶剂。

④ 离子液体　离子液体是在室温下或室温附近温度下呈液态的由离子组成的物质。许多新的离子液体以液态存在的温度范围宽，不燃、不爆炸、不氧化，具有高的热稳定性，是许多有机、无机物的优良溶剂；其黏度低、比热容大，有的对水、对空气均稳定，故易于处理；制造较为容易，不太昂贵；品种有数百种乃至更多。因此，离子液体被认为是理想的绿色高效溶剂，广泛应用于化学反应和分离过程。

⑤ 无溶剂反应　无溶剂反应是减少溶剂和助剂使用的最佳方法，其不仅在对人类健康与环境安全方面具有巨大优点，而且有利于降低费用，是绿色化学的重要研究方向之一。在无溶剂存在下进行的反应大致可分为三类：原料与试剂同时起溶剂作用的反应；试剂与原料在熔融态反应，以获得好的混合性及最佳的反应条件；固体表面反应。固态化学反应的研究吸引了无机、有机材料及理论化学等多学科的关注，某些固态反应已用于工业生产。固态化学反应实际上是在无溶剂存在的环境下进行的反应，有时比在溶液环境中的反应能耗低、效果更好、选择性更高，又不用考虑废物处理问题，有利于环境保护。所有这些研究的目标是为了在化学过程中避免溶剂或助剂的使用。

(6) 合理使用和节省能源，利用可再生的资源合成化学品

应认识到能源消耗对环境和经济的影响，并应尽量少地使用能源。合成应在常温和常压下进行。

(7) 绿色原料

只要技术和经济上可行，原料或反应底物应是可再生的而不是将耗竭的。

(8) 减少衍生物

应尽可能避免不必要的衍生化（阻断基团、保护脱保护、物理和化学过程的暂时的修饰）。

(9) 催化

催化剂试剂（有尽可能好的选择性）优于化学计量试剂。

(10) 设计可降解化学品

化工产品应被设计成在完成使命后不在环境中久留并降解为无毒的物质。

(11) 污染的快速检测和控制

分析方法须进一步发展，以使在有害物质的生成前能够进行即时的和在线的跟踪及控制。

(12) 减少或消除制备和使用过程中的事故和隐患

在化学转换过程中，所用的物质和物质的形态应尽可能地降低发生化学事故的可能性，包括泄漏、爆炸和火灾。

W. H. Glage 认为化学转化的绿色度只有在放大（scale-up）、应用（application）与实践（practice）中才能评估，这就要求在技术经济与工业所导致的一些竞争的因素之间作出权衡。在此基础上，Neil Winterton 提出了另外的绿色化学十二条原则（twelve more principles of green chemistry），简称后十二条。这后十二条的内容是：

① 鉴别与量化副产物。

② 报道转换率、选择性与生产率。

③ 建立整个工艺的物料衡算。

④ 测定催化剂、溶剂在空气与废水中的损失。

⑤ 研究基础的热化学。

⑥ 估算传热与传质的极限。

⑦ 请化学或工艺工程师咨询。

⑧ 考虑全过程中选择化学品与工艺的效益。

⑨ 促进开发并应用可持续性量度。

⑩ 量化和减用辅料与其他投入。

⑪ 了解何种操作是安全的，并与减废要求保持一致。

⑫ 监控、报道并减少实验室废物的排放。

绿色化学的前十二条原则涉及合成与工艺的各个方面，十分全面，大多数的化学家和工程师都能从中得到教益并用于指导工作。而后十二条可以帮助化学家们评估每个工艺过程的相对“绿色性”，并与其他的工艺相比较。

闵恩泽、傅军用一个简明的图示（见图 15-1）表达了上述原则，使人一目了然。它表明了绿色化学的整体性以及化学反应、原料、催化剂、溶剂和产品的绿色化之间的相互关系。综上所述，这些原则和图示为绿色化学指明了发展方向，同时也明确了当今绿色化学的主要研究内容和实现途径。

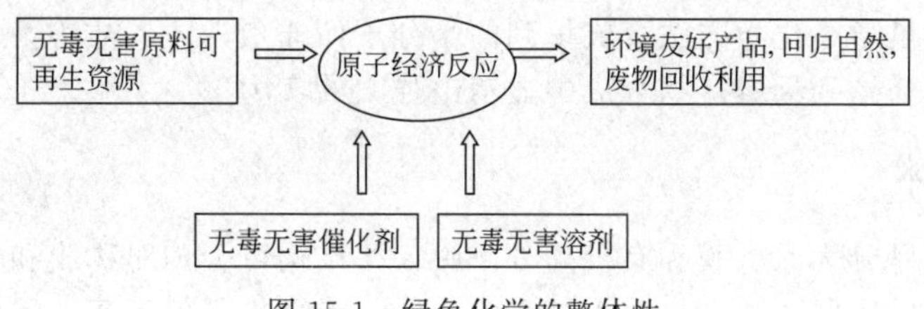

图 15-1　绿色化学的整体性

15.2 新技术在绿色化学的应用

15.2.1 生物技术

生物技术是利用生物体或其体系或该生物体的衍生物来制造人类所需要的各种产品的一门新型的跨学科的技术体系。它具有高效经济、清洁、低耗和可持续发展、可遗传、易扩散与自主扩展等特点。

生物技术是许多学科或技术交汇而形成的新兴技术，同时它又渗透到许多工业中去。在化学领域，有机化学与生物化学之间的发展已经相互渗透密不可分。生物技术在绿色化学中的应用在未来必将越来越广泛。

酶催化剂用于有机合成是生物技术中最具有“化学性”与分子性的一个领域。据统计，20 世纪末全世界酶工程产品达到数百亿美元，占化学产品总数的 25%。酶催化在有机合成反应中得到了广泛的应用。

① 模拟酶　酶催化反应以高效、专一及条件温和而引人注目，但天然酶来源有限，难于纯制，敏感、易变，实际应用尚有不少的困难。开发具有与酶功能相似甚至更优越的人工酶已成为当代化学与仿生科技领域的重要课题之一。

在模拟酶催化剂体系中最常用的有环糊精、冠醚（图 15-2）与胶束。

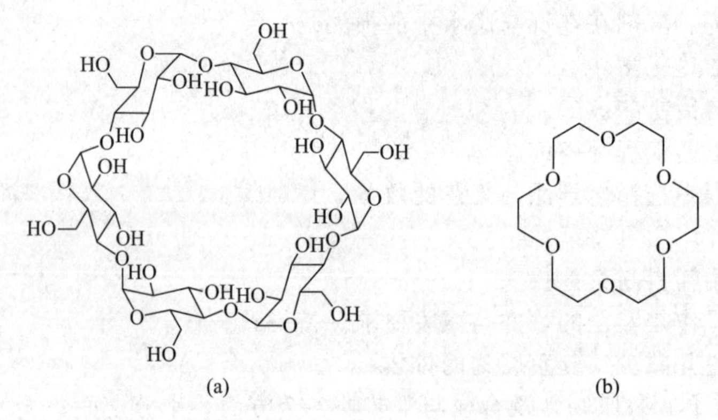

图 15-2　α-环糊精（a）和 18-冠-6-醚（b）的结构

研究比较深入的是环糊精，它的羟基处在外层，而有一个大的非极性内穴，可以包括非极性底物而赋予良好的模拟酶特性。其次是冠醚，它可以与非极性底物结合成为冠醚的离子配合物。

② 化学酶　在有机化学中，探索与设计具有高选择性、高产率的反应试剂一直是研究的热点。从 1986 年起，Corey 等合成了一系列的手性催化剂，并将其应用于不对称合成，取得了极大的成功。这类催化剂的催化作用像酶的催化作用那样，立体选择性和催化效率都很高，但手性配体是通过化学方法合成得到的小分子而非蛋白质，故称为化学酶。

化学酶已经在药物和天然产物合成中显示出强大的实力。

15.2.2 膜技术

膜按化学组成可分为无机膜和有机高分子膜，按结构可分为对称膜和不对称膜，按用途可分为分离膜和膜反应器。膜分离技术具有成本低、能耗少、效率高、无污染并可回收有用物质等特点。膜催化反应可以“超平衡”地进行，提高反应的选择性和原料的转化率，节省资源，减少污染。

（1）膜分离

膜分离技术是利用膜对混合物中各个组分的选择性渗透的差异来实现分离、提纯和浓缩的新型分离技术，在海水淡化、工业废水处理、高纯水的制备等方面发挥了巨大的应用。

（2）膜催化

膜催化技术是在多相催化领域中出现的一种新技术。该技术是将催化材料制成膜反应器或将催化剂置于膜反应器中操作，反应物可选择性地穿透膜并发生反应，产物可选择性地穿过膜而离开反应区域，从而有效地调节某一反应物或产物在反应器中的区域浓度，打破化学反应在热力学上的平衡状态，实现反应的高选择性 并提高原料的利用率。

膜催化技术在化学工业中具有重要的应用，如在催化加氢、催化脱氢及烃类催化氧化等反应中用于制备甲醇、甲醛及其下游精细化学品，具有重要的实用价值和经济意义。

15.2.3 超临界流体技术

超临界流体内部的分子和原子处在激烈的高能量热运动状态，它能加速和促进反应物质在分子或原子水平上的化学和物理反应。目前，最引人注目的是超临界二氧化碳和超临界水的应用。主要原因是这两种物质都是无毒、不燃、化学惰性、价廉易得、对环境相容性好，而且它们的临界状态容易实现。

（1）超临界二氧化碳流体化学反应

超临界二氧化碳无毒无害，用它做化学反应介质没有溶剂残留，可以实施清洁生产。另外，超临界二氧化碳本身是萃取剂，它在反应的同时又起到萃取分离的作用，实现反应-分离一体化过程，二氧化碳可以循环使用，不但提高生产产率，而且节约能源、资源。

鉴于超临界二氧化碳的优异特性，最近 10 多年来对超临界二氧化碳中的化学反应研究日趋深入，取得了不少成果。例如，超临界二氧化碳做溶剂的酶催化反应中，酶的活性更高，稳定性更好，反应速率大幅度提高，实现了反应-萃取一步到位。在超临界二氧化碳做溶剂的氧化还原反应中，反应概率大幅度提高，简单调节压力就可使产物得到分离。

（2）超临界水技术

水的临界温度是 374℃，临界压力为 22.1MPa，水在超临界下气液界面消失，成为气液一体的超临界流体。在超临界状态下，水从极性转变为非极性，可以应用于超临界萃取。目前，超临界水被认为是最有应用前景的领域。

在有毒有害物质的处理中，由于许多有毒有害物质、生活垃圾、生物污泥和复杂有机物质，用传统和常规工业难以将其转化为无害物质，而超临界水却能将它们氧化成无害物质，同时放出大量热。这些热能可供进一步利用，整个工艺过程对环境没有污染，符合绿色化学原则。据相关文献报道，目前对含氮化合物、含氧化合物、含硫化合物、羧酸类化合物以及氰化物、卤化物等进行超临界水氧化研究表明，上述有害物质都能转化成无毒无害的小分子化合物。

15.2.4 微波和超声波技术

微波和超声波直接作用于化学反应体系都可能促进各类化学反应的进行，成为绿色化学研究中的新兴学科领域。

微波加快化学反应速率的原理是微波的致热效应及电磁场对反应物分子间行为的直接作用，改变了反应的动力学，降低了反应的活化能。同时，微波对化学反应体系不产生污染，属于清洁技术。微波在无机化学中主要用于烧结合成和水热合成，而在有机合成中主要应用于以无机固体物为载体的无溶剂的微波有机合成反应。

超声波作用于化学体系时能改变反应进程，提高反应的选择性，增大化学速率和产率，降低能耗和减少废物的排放，因此也是一种无害的“绿色技术”，在合成化学中有广泛的应用。

15.3 绿色化学的展望

15.3.1 绿色化学的发展方向

目前，绿色化学的目标体现在两个方面：一是开发“原子经济性”为基本原则的新化学反应过程；另一个是改进现有的化学工业，以消除污染。

(1) 新的化学反应过程研究

在原子经济性和可持续发展的基础上研究合成化学和催化的基本问题，即绿色合成和绿色催化问题。如美国孟山都公司避免使用剧毒的氢氰酸和氨、甲醛为原料，以无毒害的二乙醇胺为原料，开发了催化脱氢安全生产氨基二乙酸钠的技术。美国的 Dow 公司研发出利用二氧化碳代替对生态环境有害的氟氯烃作苯乙烯泡沫塑料的发泡剂。这些新流程的开发都是绿色化学领域中的新进展。

(2) 传统化学过程的绿色化学改造

如在烯烃的烷基化反应生产乙苯和异丙苯过程中要用酸 HF 催化反应，现在用固体酸-分子筛催化合成，并配合固定床烷基化工艺，解决了环境污染问题。在异氰酸酯生产过程中，用 CO_2 和胺催化代替剧毒的光气，成为环境友好的化学工业。

(3) 能源中的绿色化学和洁净煤化学技术

我国的能源结构中，煤是主要能源之一。由于煤中含硫量高和燃烧不完全，使大气污染，形成酸雨对生态环境造成巨大的破坏。因此，研究和开发催化燃烧技术，等离子除硫、除尘，生物化学除硫等新技术是能源中绿色化学的首要任务。

(4) 资源再生和循环使用技术研究

自然资源的局限性决定了化学品的回收、再生和循环使用也是绿色化学研究的一个重要领域。例如世界塑料的年产量高达 1 亿吨，其中约有 5%经使用后就作为废弃物排放，如包装袋、地膜、饭盒、汽车垃圾等。西方国家提出“3R”原则来解决这种污染：第一是降低（reduce）塑料制品的用量；第二是提高塑料的稳定性，提倡塑料制品的再利用（reuse）；第三是重视塑料的再资源化（recycle），回收、再生活再生产其他化学品等。

绿色化学是近十年来才被人们认识和开展的一门新兴学科，是人类可持续发展的长远所在，对于绿色化学的研究方兴未艾。

15.3.2 我国的绿色化学研究策略

从我国的化学和化学工业的实际情况来看，主要存在三个问题：a.主要能源在相当长的时间内仍将是石油、煤炭、天然气，产业能耗大，使用过程中对环境造成了很大的污染；b.矿物资源没有得到环境友好的利用，以牺牲环境换来发展；c.大量生物再生资源被浪费，缺乏战略和基础研究。因此，我国绿色化学研究需要加强以下三个方面的基础研究工作。

① 突出强调绿色合成技术、方法和过程的研究，其科学目标是通过对化学化工反应机理、环境友好反应原料（试剂）、新型催化剂、反应介质的研究，实现高原子经济性、高选择性反应，发展石油化工，精细化工等环境友好技术，为逐步建立与环境协调的可持续发展的化学工业提供化学和化学工程的科学技术基础。

② 重视反战可持续再生资源的利用和转化技术。作为地球上极为丰富、且可再生的有机资源，木质素和纤维素每年产生约有1640亿吨，只有不到20%为人类所利用，其余大部分都自然腐烂、分解并对环境造成影响。因此，开展可再生资源的转化与利用的基础研究，对于国民经济的可持续发展和人类走向生存经济具有十分重要的意义。

③ 加快解决矿物资源高效利用中的绿色化学问题。我国矿产资源丰富，但结构复杂，以伴生矿为主，分离困难。近十年来，国内外迅速发展的绿色冶金的关键问题都集中在基于环境协调发展的概念，深入系统地研究复杂矿物转化过程，特别是内在的化学规律，以及设计新的化学反应和新的化学反应过程，从源头有效地利用资源和减少排放，实现资源开发利用与生态环境的协调发展。

思考题

15-1 什么是绿色化学？简要论述绿色化学产生的时代背景。

15-2 为什么说绿色化学是具有明确的社会需要和科学目标的新兴交叉学科？

15-3 绿色化学的研究对象主要包括哪些内容？

15-4 绿色化学与环境治理的根本区别是什么？

15-5 为什么说绿色化学是21世纪化学化工发展最重要的领域之一？

15-6 简要论述绿色化学12条原则及其重要意义。

15-7 什么是原子经济性？提供化学反应的原子经济性有什么意义？

15-8 设计安全化学品的一般原则及方法是什么？

附录

附录Ⅰ 本书采用的法定计量单位

本书采用《中华人民共和国法定计量单位》，现将有关法定计量单位摘录如下。

1. 国际单位制基本单位

量的名称	单位名称	单位符号
长度	米	m
质量	千克	kg
时间	秒	s
电流	安[培]	A
热力学温度	开[尔文]	K
物质的量	摩[尔]	mol
光强度	坎[德拉]	cd

2. 国际单位制导出单位（部分）

量的名称	单位名称	单位符号
面积	平方米	m^2
体积	立方米	m^3
压力	帕[斯卡]	Pa
能、功、热量	焦[耳]	J
电量、电荷	库[仑]	C
电势、电压、电动势	伏[特]	V
摄氏温度	摄氏度	℃

3. 国际单位制词冠（部分）

倍数	中文符号	国际符号	分数	中文符号	国际符号
10^1	十	da	10^{-1}	分	d
10^2	百	h	10^{-2}	厘	c
10^3	千	k	10^{-3}	毫	m
10^6	兆	M	10^{-6}	微	μ
10^9	吉	G	10^{-9}	纳	n
10^{12}	太	T	10^{-12}	皮	p

4. 我国选定的非国际单位制单位（部分）

物理量	单位名称	单位符号
时间	分	min
	[小]时	h
	天(日)	d
体积	升	L
	毫升	mL
能	电子伏[特]	eV
质量	吨	t

附录Ⅱ 基本物理常量和本书使用的一些常用量的符号与名称

1. 基本物理常量

量	符号	数　值	单　位
摩尔气体常数	R	8.314510	$J \cdot mol^{-1} \cdot K^{-1}$
阿伏加德罗常数	N_A	6.0221367×10^{23}	mol^{-1}
光速	c	2.99792458×10^{8}	$m \cdot s^{-1}$
普朗克常量	h	6.6260755×10^{-34}	$J \cdot s$
元电荷	e	1.60217722×10^{-19}	C
法拉第常数	F	96487.309	$C \cdot mol^{-1}$ 或 $J \cdot V^{-1} \cdot mol^{-1}$
热力学温度	T	$\{T\}=\{t\}+273.15$(正确值)	K

2. 本书使用的一些常用量的符号与名称

符号	名　称	符号	名　称	符号	名　称
a	活度	N_A	阿伏加德罗数	E_a	活化能
A_i	电子亲和能	p	压力(压强)	E	能量、误差、电动势
c	物质的量浓度	Q	热量、电量、反应商	α	副反应系数、极化率
d_i	偏差	r	粒子半径	β	累积平衡常数
D_i	键解离能	s	标准偏差、溶解度	γ	活度系数
G	吉布斯函数	S	熵	Δ	分裂能
H	焓	T	热力学温度、滴定度	θ	键角
I	离子强度、电离能	U	热力学能、晶格能	μ	真值、键矩、磁矩、偶极矩
k	速率常数	V	体积	ρ	密度
K	平衡常数	w	质量分数	ξ	反应进度
m	质量	W	功	σ	屏蔽常数
M	摩尔质量	x_B	摩尔分数、电负性	E	电极电势
n	物质的量	$Y_{l,m}$	原子轨道的角度分布	ψ	波函数、原子(分子)轨道

附录Ⅲ　一些常见单质、离子及化合物的热力学函数

(298.15K,100kPa)

物质B化学式	状　　态	$\frac{\Delta_f H_m^\ominus}{kJ \cdot mol^{-1}}$	$\frac{\Delta_f G_m^\ominus}{kJ \cdot mol^{-1}}$	$\frac{S_B^\ominus}{J \cdot mol^{-1} \cdot K^{-1}}$
Ag	cr	0	0	42.55
Ag^+	ao	105.579	77.107	72.68
$AgBr$	cr	−100.37	−96.90	107.1
$AgCl$	cr	−127.068	−109.789	96.2
$AgCl_2^-$	ao	−245.2	−215.4	231.4
Ag_2CO_3	cr	−505.8	−436.8	167.4
$Ag_2C_2O_4$	cr	−673.2	−584.0	209
Ag_2CrO_4	cr	−731.74	−641.76	217.6
AgF	cr	−204.6	—	—
AgI	cr	−61.84	−66.19	115.5
AgI_2^-	ao	—	−87.0	—
$AgNO_3$	cr	−124.39	−33.41	140.92
$Ag(NH_3)_2^+$	ao	−111.29	−17.12	245.2
Ag_2O	cr	−31.05	−11.20	121.3
Ag_3PO_4	cr	—	−879	—
Ag_2S	cr(α-斜方)	−32.59	−40.69	144.01
Al	cr	0	0	28.33
Al^{3+}	ao	−531	−485	−321.7
$AlCl_3$	cr	−704.2	−628.8	110.67
AlF_3	cr	−1504.1	−1425.0	66.44
AlN	cr	−318.0	−287.0	20.17
AlO_2^-	ao	−930.9	−830.9	−36.8
Al_2O_3	cr(刚玉)	−1675.7	−1582.3	50.92
$Al(OH)_4^-$	ao[AlO_2^-(ao)+$2H_2O$(l)]	−1502.5	−1305.3	102.9
$Al_2(SO_4)_3$	cr	−3440.84	−3099.94	239.3
As	cr(灰)	0	0	35.1
AsO_4^{3-}	ao	−888.14	−648.41	−162.8
As_4O_6	cr	−1313.94	−1152.43	214.2
$HAsO_4^{2-}$	ao	−906.34	−714.60	−1.7
$H_2AsO_4^-$	ao	−909.56	−753.17	117
H_3AsO_4	ao	−902.5	−766.0	184
H_3AsO_3	ao	−742.2	−639.80	195.0
As_2O_5	cr	−924.87	−782.3	105.4
As_2S_3	cr	−169.0	−168.6	163.6
Au	cr	0	0	47.40
$AuCl$	cr	−34.7	—	—
$AuCl_2^-$	ao	—	−151.12	—

续表

物质B化学式	状态	$\frac{\Delta_f H_m^\ominus}{kJ \cdot mol^{-1}}$	$\frac{\Delta_f G_m^\ominus}{kJ \cdot mol^{-1}}$	$\frac{S_B^\ominus}{J \cdot mol^{-1} \cdot K^{-1}}$
$AuCl_3$	cr	−117.6	—	—
$AuCl_4^-$	ao	−322.2	−235.14	266.9
B	cr	0	0	5.86
BBr_3	g	−205.64	−232.50	324.24
BCl_3	g	−403.76	−388.72	290.10
BF_3	g	−1137.00	−1120.33	254.12
BF_4^-	ao	−1574.9	−1486.9	180
B_2H_6	g	35.6	86.7	232.11
BI_3	g	71.13	20.72	349.18
B_2O_3	cr	−1272.77	−1193.65	53.97
H_3BO_3	cr	−1094.33	−968.92	88.83
H_3BO_3	ao	−1072.32	−968.75	162.3
$B(OH)_4^-$	ao	−1344.03	−1153.17	102.5
BN	cr	−254.4	−228.4	14.81
Ba	cr	0	0	62.8
Ba^{2+}	ao	−537.64	−560.77	9.6
$BaCl_2$	cr	−858.6	−810.4	123.68
$BaCO_3$	cr	−1216.3	−1137.6	112.1
$BaCrO_4$	cr	−1446.0	−1345.22	158.6
$Ba(NO_3)_2$	cr	−992.07	−796.59	213.8
BaO	cr	−553.5	−525.1	70.42
$Ba(OH)_2$	cr	−944.7	—	—
BaS	cr	−460	−456	78.2
$BaSO_4$	cr	−1473.2	−1362.2	132.2
Be	cr	0	0	9.50
Be	g	324.3	286.6	136.269
Be^{2+}	ao	−382.8	−379.73	−129.7
$BeCl_2$	cr(α)	−490.4	−445.6	82.68
BeO	cr	−609.6	−580.3	14.14
$Be(OH)_2$	cr(α)	−902.5	−815.0	51.9
$BeCO_3$	cr	−1025.0		
Bi	cr	0	0	56.74
Bi^{3+}	ao	—	82.8	—
$BiCl_3$	cr	−379.1	−315.0	117.0
Bi_2O_3	cr	−573.88	−493.7	151.5
BiOCl	cr	−366.9	−322.1	120.5
Bi_2S_3	cr	−143.1	−140.6	200.4
Br^-	ao	−121.55	−103.96	82.4
Br_2	l	0	0	152.231
Br_2	ao	−2.59	3.93	130.5

续表

物质B化学式	状　态	$\dfrac{\Delta_f H_m^\ominus}{kJ \cdot mol^{-1}}$	$\dfrac{\Delta_f G_m^\ominus}{kJ \cdot mol^{-1}}$	$\dfrac{S_B^\ominus}{J \cdot mol^{-1} \cdot K^{-1}}$
Br_2	g	30.907	3.110	245.436
BrO^-	ao	-94.1	-33.4	42
BrO_3^-	ao	-67.07	18.60	161.71
BrO_4^-	ao	13.0	118.1	199.6
HBr	g	-36.40	-53.45	198.695
HBrO	ao	-113.0	-82.4	142
C	cr(石墨)	0	0	5.740
C	cr(金刚石)	1.895	2.900	2.377
CH_4	g	-74.81	-50.72	186.264
CH_3OH	g	-200.66	-161.96	239.81
CH_3OH	l	-238.66	-166.27	126.8
CH_2O	g	-115.9	-110	218.7
HCOOH	ao	-425.43	-372.3	163
C_2H_2	g	226.73	209.20	200.94
C_2H_4	g	52.26	68.15	219.56
C_2H_6	g	-84.68	-32.82	229.60
CH_3CHO	g	-166.19	-128.86	250.3
CH_3CHO	l	-192.2	-127.6	160.2
C_2H_5OH	g	-235.10	-168.49	282.70
C_2H_5OH	l	-277.69	-174.78	160.78
C_2H_5OH	ao	-288.3	-181.64	148.5
CH_3COO^-	ao	-486.01	-369.31	86.6
CH_3COOH	l	-484.5	-389.9	124.3
CH_3COOH	ao	-485.76	-396.46	178.7
$(CH_3)_2O$	g	-184.05	-112.59	266.38
$C_6H_5CH_2CH_3$	g		130.6	
$C_6H_5CHCH_2$	g	147.9	213.8	
$C_6H_5CHCH_2$	l	103.8		
$C_6H_{12}O_6$	s	-1274.4	-910.5	212
$C_{12}H_{22}O_{11}$	s	-2222		360.2
$CHCl_3$	l	-134.47	-73.66	201.7
CCl_4	l	-135.44	-65.21	216.40
CN^-	ao	150.6	172.4	94.1
HCN	ao	107.1	119.7	124.7
SCN^-	ao	76.44	92.71	144.3
HSCN	ao	—	97.56	—
CO	g	-110.525	-137.168	197.674
CO_2	g	-393.509	-394.359	213.74
CO_2	ao	-413.80	-385.98	117.6
CO_3^{2-}	ao	-677.14	-527.81	-66.9

续表

物质B化学式	状　态	$\frac{\Delta_f H_m^\ominus}{kJ \cdot mol^{-1}}$	$\frac{\Delta_f G_m^\ominus}{kJ \cdot mol^{-1}}$	$\frac{S_B^\ominus}{J \cdot mol^{-1} \cdot K^{-1}}$
HCO_3^-	ao	−691.99	−586.77	91.2
H_2CO_3	ao[CO_2(ao)+H_2O(l)]	−699.65	−623.08	187.4
$C_2O_4^{2-}$	ao	−825.1	−673.9	45.6
$HC_2O_4^-$	ao	−818.4	−698.34	149.4
CS_2	l	89.70	65.27	151.34
Ca	cr	0	0	41.42
Ca^{2+}	ao	−542.83	−553.58	−53.1
CaC_2	cr	−59.8	−64.9	69.96
$CaCl_2$	cr	−795.8	−748.1	104.6
$CaCO_3$	cr(方解石)	−1206.92	−1128.79	92.9
CaC_2O_4	cr	−1360.6		
$CaC_2O_4 \cdot H_2O$	cr	−1674.86	−1513.87	156.5
CaH_2	cr	−186.2	−147.2	42.0
CaF_2	cr	−1219.6	−1167.3	68.87
CaO	cr	−635.09	−604.03	39.75
$Ca(OH)_2$	cr	−986.09	−898.49	83.39
$Ca_3(PO_4)_2$	cr(β,低温型)	−4120.8	−3884.7	236.0
$Ca_3(PO_4)_2$	cr(α,高温型)	−4109.9	−3875.5	240.91
$Ca_{10}(PO_4)_6(OH)_2$	cr(羟基磷灰石)	−13477	−12677	780.7
$Ca_{10}(PO_4)_6F_2$	cr(氟磷灰石)	−13744	−12983	775.7
$CaSO_4 \cdot 2H_2O$	cr(石膏)	−2022.63	−1797.28	194.1
Cd	cr	0	0	51.76
Cd^{2+}	ao	−75.9	−77.612	−73.2
$CdCO_3$	cr	−750.6	−669.4	92.5
$Cd(NH_3)_4^{2+}$	ao	−450.2	−226.1	336.4
CdO	cr	−258.2	−228.4	54.8
$Cd(OH)_2$	cr(沉淀)	−560.7	−473.6	96
CdS	cr	−161.9	−156.5	64.9
Ce	cr	0	0	72.0
Ce^{3+}	ao	−696.2	−672.0	−205
Ce^{4+}	ao	−537.2	−503.8	−301
Cl^-	ao	−167.159	−131.228	56.5
Cl_2	g	0	0	223.066
Cl_2	ao	−23.4	6.94	121
ClO^-	ao	−107.1	−36.8	42
ClO_2^-	ao	−66.5	17.2	101.3
ClO_3^-	ao	−103.97	−7.95	162.3
ClO_4^-	ao	−129.33	−8.52	182.0
HCl	g	−92.307	−95.299	186.908
HClO	g	−78.7	−66.1	236.67

续表

物质B化学式	状　态	$\frac{\Delta_f H_m^\ominus}{kJ \cdot mol^{-1}}$	$\frac{\Delta_f G_m^\ominus}{kJ \cdot mol^{-1}}$	$\frac{S_B^\ominus}{J \cdot mol^{-1} \cdot K^{-1}}$
HClO	ao	−120.9	−79.9	142
Co	cr(六方)	0	0	30.04
CO^{2+}	ao	−58.2	−54.4	−113
CO^{3+}	ao	92	134	−305
$CoCl_2$	cr	−312.5	−269.8	109.16
$Co(NH_3)_4^{2+}$	ao	—	−189.3	—
$Co(NH_3)_6^{3+}$	ao	−584.9	−157.0	146
$Co(OH)_2$	cr(蓝,沉淀)	—	−450.6	—
$Co(OH)_2$	cr(桃红,沉淀)	−539.7	−454.3	79
$Co(OH)_3$	cr	−716.7	—	—
Cr	cr	0	0	23.77
Cr^{2+}	ao	−143.5	—	—
$CrCl_3$	cr	−556.5	−486.1	123.0
CrO_4^{2-}	ao	−881.15	−727.75	50.21
Cr_2O_3	cr	−1139.7	−1058.1	81.2
$Cr_2O_7^{2-}$	ao	−1490.3	−1301.1	261.9
Cs	cr	0	0	85.23
Cs^+	ao	−258.28	−292.02	133.05
CsCl	cr	−443.04	−414.53	101.17
CsF	cr	−553.5	−525.5	92.80
Cu	cr	0	0	33.150
Cu^+	ao	71.67	49.98	40.6
Cu^{2+}	ao	64.77	65.49	−99.6
CuBr	cr	−104.6	−100.8	96.11
CuCl	cr	−137.2	−119.86	86.2
$CuCl_2^-$	ao	—	−240.1	—
CuI	cr	−67.8	−69.5	96.7
$Cu(NH_3)_4^{2+}$	ao	−348.5	−111.07	273.6
CuO	cr	−157.3	−129.7	42.63
CuS	cr	−53.1	−53.6	66.5
$CuSO_4$	cr	−771.36	−661.8	109
$CuSO_4 \cdot 5H_2O$	cr	−2279.65	−1879.745	300.4
F^-	ao	−332.63	−278.79	−13.8
F_2	g	0	0	202.78
HF	ao	−320.08	−296.82	88.7
HF	g	−271.1	−273.2	173.779
HF_2^-	g	−649.94	−578.08	92.5
Fe	cr	0	0	27.28
Fe^{2+}	ao	−89.1	−78.9	−137.7
Fe^{3+}	ao	−48.5	−4.7	−315.9

续表

物质B化学式	状　态	$\frac{\Delta_f H_m^\ominus}{kJ \cdot mol^{-1}}$	$\frac{\Delta_f G_m^\ominus}{kJ \cdot mol^{-1}}$	$\frac{S_B^\ominus}{J \cdot mol^{-1} \cdot K^{-1}}$
$FeCl_2$	cr	−341.79	−302.30	117.95
$FeCl_3$	cr	−399.49	−334.00	142.3
Fe_2O_3	cr(赤铁矿)	−824.2	−742.2	87.4
Fe_3O_4	cr(磁铁矿)	−1118.4	−1015.4	146.4
$Fe(OH)_2$	cr(沉淀)	−569.0	−486.5	88
$Fe(OH)_3$	cr(沉淀)	−823.0	−696.5	106.7
$Fe(OH)_4^{2-}$	ao	—	−769.7	—
FeS_2	cr(黄铁矿)	−178.2	−166.9	52.93
$FeSO_4 \cdot 7H_2O$	cr	−3014.57	−2509.87	409.2
H^+	ao	0	0	0
H_2	g	0	0	130.684
H_2O	g	−241.818	−228.575	188.825
H_2O	l	−285.830	−237.129	69.91
H_2O_2	g	−136.31	−105.57	232.7
H_2O_2	l	−187.78	−120.35	109.6
H_2O_2	ao	−191.17	−134.03	143.9
Hg	l	0	0	76.02
Hg	g	61.317	31.820	174.96
Hg^{2+}	ao	171.1	164.40	−32.2
Hg_2^{2+}	ao	172.4	153.52	84.5
$HgCl_2$	ao	−216.3	−173.2	155
$HgCl_2$	cr	−224.3	−178.6	146.0
$HgCl_4^{2+}$	ao	−554.0	−446.8	293
Hg_2Cl_2	cr	−265.22	−210.745	192.5
HgI_2	cr(红色)	−105.4	−101.7	180
HgI_4^{2-}	ao	−235.6	−211.7	360
HgO	cr(红色)	−90.83	−58.539	70.29
HgO	cr(黄色)	−90.46	−58.409	71.1
HgS	cr(红色)	−58.2	−50.6	82.4
HgS	cr(黑色)	−53.6	−47.7	88.3
$Hg(NH_3)_4^{2+}$	ao	−282.8	−51.7	335
I^-	ao	−55.19	−51.57	111.3
I_2	cr	0	0	116.135
I_2	g	62.438	19.327	260.69
I_2	ao	22.6	16.40	137.2
I_3^-	ao	−51.5	−51.4	239.3
IO^-	ao	−107.5	−38.5	−5.4
IO_3^-	ao	−221.3	−128.0	118.4
IO_4^-	ao	−151.5	−58.5	222
HI	g	26.48	1.70	206.549

续表

物质B化学式	状 态	$\frac{\Delta_f H_m^\ominus}{kJ \cdot mol^{-1}}$	$\frac{\Delta_f G_m^\ominus}{kJ \cdot mol^{-1}}$	$\frac{S_B^\ominus}{J \cdot mol^{-1} \cdot K^{-1}}$
HIO	ao	−138.1	−99.1	95.4
HIO_3	ao	−211.3	−132.6	166.9
K	cr	0	0	64.18
K^+	ao	−252.38	−283.27	102.5
KBr	cr	−393.798	−380.66	95.90
KCl	cr	−436.747	−409.14	82.59
$KClO_3$	cr	−397.73	−296.25	143.1
$KClO_4$	cr	−432.75	−303.09	151.0
KCN	cr	−113.0	−101.86	128.49
K_2CO_3	cr	−1151.02	−1063.5	155.52
$KHCO_3$	cr	−963.2	−863.5	115.5
K_2CrO_4	cr	−1403.7	−1295.7	200.12
$K_2Cr_2O_7$	cr	−2061.5	−1881.8	291.2
KF	cr	−567.27	−537.75	66.57
$K_3[Fe(CN)_6]$	cr	−249.8	−129.6	426.06
$K_4[Fe(CN)_6]$	cr	−594.1	−450.3	418.8
KHF_2	cr(α)	−927.68	−859.68	104.27
KI	cr	−327.900	−324.892	106.32
KIO_3	cr	−501.37	−418.35	151.46
$KMnO_4$	cr	−837.2	−737.6	171.71
KNO_2	cr(正交)	−369.82	−306.55	152.09
KNO_3	cr	−494.63	−394.86	133.05
KO_2	cr	−284.93	−239.4	116.7
K_2O_2	cr	−494.1	−425.1	102.1
K_2O	cr	−361.5	—	—
KOH	cr	−424.764	−379.08	78.9
KSCN	cr	−200.16	−178.31	124.26
K_2SO_4	cr	−1437.79	−1321.37	175.56
$K_2S_2O_8$	cr	−1961.1	−1697.3	278.7
$KAl(SO_4)_2 \cdot 12H_2O$	cr	−6061.8	−5141.0	687.4
La^{3+}	ao	−707.1	−683.7	−217.6
$La(OH)_3$	cr	−1410.0		
$LaCl_3$	cr	−1071.1		
Li	cr	0	0	29.12
Li^+	ao	−278.49	−293.31	13.4
Li_2CO_3	cr	−1215.9	−1132.06	90.37
LiF	cr	−615.97	−587.71	35.65
LiH	cr	−90.54	−68.05	20.008
Li_2O	cr	−597.94	−561.18	37.57
LiOH	cr	−484.93	−438.95	42.80

续表

物质B化学式	状态	$\frac{\Delta_f H_m^\ominus}{kJ \cdot mol^{-1}}$	$\frac{\Delta_f G_m^\ominus}{kJ \cdot mol^{-1}}$	$\frac{S_B^\ominus}{J \cdot mol^{-1} \cdot K^{-1}}$
Li_2SO_4	cr	−1436.49	−1321.70	115.1
Mg	cr	0	0	32.68
Mg^{2+}	ao	−466.85	−454.8	−138.1
$MgCl_2$	cr	−641.32	−591.79	89.62
$MgCO_3$	cr(菱镁矿)	−1095.8	−1012.1	65.7
$MgSO_4$	cr	−1284.9	−1170.6	91.6
$MgSO_4 \cdot 7H_2O$	cr	−3388.71	−2871.5	372
MgO	cr(方镁石)	−601.70	−569.43	26.94
$Mg(OH)_2$	cr	−924.54	−833.51	63.18
Mn	cr(α)	0	0	32.01
Mn^{2+}	ao	−220.75	−228.1	−73.6
$MnCl_2$	cr	−481.29	−440.59	118.24
MnO_2	cr	−520.03	−466.14	53.05
MnO_4^-	ao	−541.4	−447.2	191.2
MnO_4^{2-}	ao	−653.	−500.7	59
$Mn(OH)_2$	am	−695.4	−615.0	99.2
MnS	cr(绿色)	−214.2	−218.4	78.2
$MnSO_4$	cr	−1065.25	−957.36	112.1
Mo	cr	0	0	28.66
MoO_3	cr	−745.09	−667.97	77.74
MoO_4^{2-}	ao	−745.09	−667.97	
N_2	g	0	0	191.61
N_3^-	ao	275.14	348.2	107.9
HN_3	ao	260.08	321.8	146
NH_3	g	−46.11	−16.45	192.45
NH_3	ao	−80.29	−26.50	111.3
NH_4^+	ao	−132.51	−79.31	113.4
N_2H_4	l	50.63	149.34	121.21
N_2H_4	g	95.40	159.35	238.47
N_2H_4	ao	34.31	128.1	138.0
NH_4Cl	cr	−314.43	−202.87	94.6
NH_4HCO_3	cr	−849.4	−665.9	120.9
$(NH_4)_2CO_3$	cr	−333.51	−197.33	104.60
NH_4NO_3	cr	−365.56	−183.87	151.08
$(NH_4)_2SO_4$	cr	−1180.5	−901.67	220.1
$(NH_4)_2S_2O_8$	cr	−1648.1	—	—
NH_4Ac	ao	−618.5	−448.6	200.0
NO	g	90.25	86.55	210.761
NO_2	g	33.18	51.31	240.06
NO_2^-	ao	−104.6	−32.0	123.0

续表

物质 B 化学式	状态	$\frac{\Delta_f H_m^\ominus}{kJ \cdot mol^{-1}}$	$\frac{\Delta_f G_m^\ominus}{kJ \cdot mol^{-1}}$	$\frac{S_B^\ominus}{J \cdot mol^{-1} \cdot K^{-1}}$
NO_3^-	ao	−205.0	−108.74	146.4
HNO_2	ao	−119.2	−50.6	135.6
HNO_3	l	−174.10	−80.71	155.6
N_2O_4	l	−19.50	97.54	209.2
N_2O_4	g	9.16	97.89	304.29
N_2O_5	cr	−43.1	113.9	178.2
N_2O_5	g	11.3	115.1	355.7
NOCl	g	51.71	66.08	261.69
Na	cr	0	0	51.21
Na^+	ao	−240.12	−261.905	59.0
HCOONa	cr	−666.5	−599.9	103.7
NaAc	cr	−708.81	−607.18	123.0
$Na_2B_4O_7$	cr	−3291.1	−3096.0	189.54
$Na_2B_4O_7 \cdot 10H_2O$	cr	−6288.6	−5516.0	586
NaBr	cr	−361.062	−348.983	86.82
NaCl	cr	−411.153	−384.138	72.13
Na_2CO_3	cr	−1130.68	−1044.44	134.98
$NaHCO_3$	cr	−950.81	−851.0	101.7
NaF	cr	−573.647	−543.494	51.46
NaH	cr	−56.275	−33.46	40.016
NaI	cr	−287.78	−286.06	98.53
$NaNO_2$	cr	−358.65	−284.55	103.8
$NaNO_3$	cr	−467.85	−367.00	116.52
Na_2O	cr	−414.22	−375.46	75.06
Na_2O_2	cr	−510.87	−447.7	95.0
NaO_2	cr	−260.2	−218.4	115.9
NaOH	cr	−425.609	−379.494	64.455
Na_3PO_4	cr	−1917.4	−1788.80	173.80
NaH_2PO_4	cr	−1536.8	−1386.1	127.49
Na_2HPO_4	cr	−1478.1	−1608.2	150.50
Na_2S	cr	−364.8	−349.8	83.7
Na_2SO_3	cr	−1100.8	−1012.5	145.94
Na_2SO_4	cr(斜方晶体)	−1387.08	−1270.16	149.58
Na_2SiF_6	cr	−2909.6	−2754.2	207.1
Ni	cr	0	0	29.87
Ni^{2+}	ao	−54.0	−45.6	−128.9
$NiCl_2$	cr	−305.332	−259.032	97.65
NiO	cr	−239.7	−211.7	37.99
$Ni(CN)_4^{2-}$	ao	367.8	472.1	218
$Ni(CO)_4$	g	−602.91	−587.23	410.6

续表

物质B化学式	状态	$\frac{\Delta_f H_m^\ominus}{kJ \cdot mol^{-1}}$	$\frac{\Delta_f G_m^\ominus}{kJ \cdot mol^{-1}}$	$\frac{S_B^\ominus}{J \cdot mol^{-1} \cdot K^{-1}}$
$Ni(CO)_4$	l	−633.0	−588.2	313.4
$Ni(OH)_2$	cr	−529.7	−447.2	88
$NiSO_4$	cr	−872.91	−759.7	92
$NiSO_4$	ao	−949.3	−803.3	−18.0
$NiSO_4 \cdot 7H_2O$	cr	−2976.33	−2461.83	378.49
NiS	cr	−82.0	−79.5	52.97
O	g	249.170	231.731	161.055
O_2	g	0	0	205.138
O_3	g	142.7	163.2	238.9
O_3	ao	125.9	174.6	146
OF_2	g	24.7	41.9	247.43
OH^-	ao	−229.994	−157.244	−10.75
P	cr(白磷)	0	0	41.09
P	cr 红磷(三斜)	−17.6	−121.1	22.80
PF_3	g	−918.8	−897.5	273.24
PF_5	g	−1595	—	—
PCl_3	g	−287.0	−267.8	311.78
PCl_3	l	−319.7	−272.3	217.1
PCl_5	g	−374.9	−305.0	364.58
PCl_5	cr	−443.5	—	—
PH_3	g	5.4	13.4	210.23
PO_4^{3-}	ao	−1277.4	−1018.7	−222
$P_2O_7^{4-}$	ao	−2271.11919.0	−1018.7	
P_4O_6	cr	−1640.1	—	—
P_4O_{10}	cr(六方)	−2984.0	−2697.7	
HPO_4^{2-}	ao	−1292.14	−1089.15	−33.5
$H_2PO_4^-$	ao	−1271.9	−1123.6	
H_3PO_4	l	−1271.9	−1123.6	150.8
H_3PO_4	cr	−1279.0	−1119.1	110.50
H_3PO_4	ao	−1288.34	−1142.54	158.2
P_4O_{10}	cr	−2984.0	−2697.7	228.86
Pb	cr	0	0	64.81
Pb^{2+}	ao	−1.7	−24.43	10.5
$PbCl_2$	cr	−359.41	−314.10	136.0
$PbCl_3^-$	ao	—	−426.3	—
$PbCO_3$	cr	−699.1	−625.5	131.0
PbI_2	cr	−175.48	−173.64	174.85
PbI_4^{2-}	ao	—	−254.8	—
PbO	cr(黄色)	−217.32	−187.89	68.70
PbO	cr(红色)	−218.9	−188.93	66.5

续表

物质B化学式	状态	$\frac{\Delta_f H_m^\ominus}{kJ \cdot mol^{-1}}$	$\frac{\Delta_f G_m^\ominus}{kJ \cdot mol^{-1}}$	$\frac{S_B^\ominus}{J \cdot mol^{-1} \cdot K^{-1}}$
PbO_2	cr	−277.4	−217.33	68.6
Pb_3O_4	cr	−718.4	−601.2	211.3
$Pb(OH)_3^-$	ao	—	−575.6	—
PbS	cr	−100.4	−98.7	91.2
$PbSO_4$	cr	−919.94	−813.14	148.57
$PbAc^+$	ao	—	−406.2	—
$Pb(Ac)_2$	ao	—	−779.7	—
Rb	cr	0	0	76.78
Rb^+	Ao	−251.17	−283.98	121.50
S	cr(正交)	0	0	31.80
S_8	g	102.3	49.63	430.98
S^{2-}	ao	33.1	85.8	−14.6
HS^-	ao	−17.06	12.08	62.8
H_2S	g	−20.63	−33.56	205.79
H_2S	ao	−39.7	−27.83	121
SF_4	g	−744.9	−731.3	292.03
SF_6	g	−1209	−1105.3	291.83
SO_2	g	−296.830	−300.194	248.22
SO_2	ao	−322.980	−300.676	161.9
SO_3	g	−395.72	−371.06	256.76
SO_3^{2-}	ao	−635.5	−486.5	−29
SO_4^{2-}	ao	−909.27	−744.53	20.1
HSO_4^-	ao	−887.34	−755.91	131.8
HSO_3^-	ao	−626.22	−527.73	139.7
H_2SO_3	ao	−608.81	−537.81	232.2
H_2SO_4	l	−831.989	−609.003	156.904
$S_2O_3^{2-}$	ao	−648.5	−522.5	67
$S_4O_6^{2-}$	ao	−1224.2	−1040.4	257.3
SCN^-	ao	76.44	92.71	144.3
$SbCl_3$	cr	−382.11	−323.67	184.1
Sb_2S_3	cr(黑)	−174.9	−173.6	182.0
Sc	cr	0	0	34.64
Sc^{3+}	ao	−614.2	−586.6	−255
Sc_2O_3	cr	−1908.82	−1819.36	77.0
Se	cr(六方,黑色)	0	0	42.442
Se^{2-}	ao	—	129.3	—
H_2Se	ao	19.2	22.2	163.6
Si	cr	0	0	18.83
$SiBr_4$	l	−457.3	−443.9	277.8
SiC	cr(β-立方)	−65.3	−62.8	16.61

续表

物质B化学式	状态	$\Delta_f H_m^\ominus$ / $kJ \cdot mol^{-1}$	$\Delta_f G_m^\ominus$ / $kJ \cdot mol^{-1}$	$S_B^\ominus$ / $J \cdot mol^{-1} \cdot K^{-1}$
$SiCl_4$	l	−680.7	−619.84	239.7
$SiCl_4$	g	−657.01	−616.98	330.73
SiF_4	g	−1614.9	−1572.65	282.49
SiF_6^{2-}	ao	−2389.1	−2199.4	122.2
SiH_4	g	34.3	56.9	204.62
SiI_4	cr	−189.5	—	—
SiO_2	α-石英	−910.49	−856.64	41.84
H_2SiO_3	ao	−1182.8	−1079.4	109
H_4SiO_4	ao[H_2SiO_3(ao)+H_2O(l)]	−1468.6	−1316.6	180
Sn	cr(白色)	0	0	51.55
Sn	cr(灰色)	−2.09	0.13	44.14
Sn^{2+}	ao	−8.8	−27.2	−17
$Sn(OH)_2$	cr	−561.1	−491.6	155
$SnCl_2$	ao	−329.7	−299.5	172
$SnCl_4$	l	−511.3	−440.1	258.6
SnS	cr	−100	−98.3	77.0
Sr	cr(α)	0	0	52.3
Sr^{2+}	ao	−545.80	−559.48	−32.6
$SrCl_2$	cr(α)	−828.9	−781.1	114.85
$SrCO_3$	cr(菱锶矿)	−1220.1	−1140.1	97.1
SrO	cr	−592.0	−561.9	54.5
$SrSO_4$	cr	−1453.1	−1340.9	117
Ti	cr	0	0	30.63
$TiCl_3$	cr	−720.9	−653.5	139.7
$TiCl_4$	l	−804.2	−737.2	252.34
TiO_2	cr(金红石)	−944.7	−889.5	50.33
Tl	cr	0	0	64.18
Tl^+	ao	5.36	−32.40	125.5
Tl^{3+}	ao	196.6	214.6	−192
$TlCl_3$	ao	−315.1	−274.4	134
UO_2	cr	−1084.9	−1031.7	77.03
UO_2^{2+}	ao	−1019.6	−953.5	−97.5
UF_6	g	−2147.4	−2063.7	377.9
UF_6	cr	−2197.0	−2068.5	227.6
V	cr	0	0	28.91
VO^{2+}	ao	−486.6	−446.4	−133.9
VO_2^+	ao	−649.8	−587.0	−42.3
V_2O_5	cr	−1550.6	−1419.5	131.0
W	cr	0	0	32.64
WO_3	cr	−842.87	−764.03	75.90

物质B化学式	状　　态	$\frac{\Delta_f H_m^{\ominus}}{kJ \cdot mol^{-1}}$	$\frac{\Delta_f G_m^{\ominus}}{kJ \cdot mol^{-1}}$	$\frac{S_B^{\ominus}}{J \cdot mol^{-1} \cdot K^{-1}}$
WO_4^{2-}	ao	−1075.7	—	—
Zn	cr	0	0	41.63
Zn^{2+}	ao	−153.89	−147.06	−112.1
$ZnBr_2$	ao	−397.0	−355.0	52.7
$ZnCl_2$	cr	−415.05	−396.398	111.46
$ZnCl_2$	ao	−488.2	−409.5	0.8
$Zn(CO_3)_2$	cr	−812.78	−731.52	82.4
ZnF_2	ao	−819.1	−704.6	−139.7
ZnI_2	ao	−264.3	−250.2	1105
$Zn(NH_3)_4^{2+}$	ao	−533.5	−3301.9	301
$Zn(NO_3)_2$	ao	−568.6	−369.6	180.7
$Zn(OH)_2$	cr(β)	−641.91	−553.52	81.2
$Zn(OH)_4^{2-}$	ao	—	−858.52	—
ZnS	闪锌矿	−205.98	−201.29	57.7
$ZnSO_4$	cr	−982.8	−871.5	110.5
$ZnSO_4$	ao	−1063.2	−891.6	−92.0

注：cr为结晶固体；am为非晶态固体；l为液体；g为气体；ao为水溶液，非电离物质，标准状态，$b=1mol \cdot kg^{-1}$或不考虑进一步解离时的离子。

数据摘自《NBS化学热力学性质表》［美国］国家标准局，刘天河，赵梦月译. 中国标准出版社，1998

附录Ⅳ　一些弱电解质的解离常数（25℃）

1. 弱酸

弱电解质	化学式	级数	$K_a^{\ominus}$	$pK_a^{\ominus}$
铝酸	H_3AlO_3	1	6×10^{-12}	11.2
亚砷酸	$HAsO_2$	1	6.0×10^{-10}	9.22
砷酸	H_3AsO_4	1	6.3×10^{-3}	2.20
		2	1.1×10^{-7}	6.96
		3	3.2×10^{-12}	11.49
二甲基砷酸	$(CH_3)_2AsO(OH)$		6.4×10^{-7}	6.19
硼酸	H_3BO_3	1	5.8×10^{-10}	9.24
		2	1.8×10^{-13}	12.74
		3	1.6×10^{-14}	13.80
			2.4×10^{-9}	8.62
次溴酸	HBrO		6.2×10^{-10}	9.21
氢氰酸	HCN	1	4.2×10^{-7}	6.38
碳酸	H_2CO_3	2	5.6×10^{-11}	10.25

续表

弱电解质	化学式	级数	$K_a^\ominus$	$pK_a^\ominus$
次氯酸	$HClO$		3.2×10^{-8}	7.49
亚氯酸	$HClO_2$		1.1×10^{-2}	1.96
铬酸	H_2CrO_4	1	9.5	−0.98
		2	3.2×10^{-7}	6.49
氢氟酸	HF		6.6×10^{-4}	3.18
次碘酸	HIO		2.3×10^{-11}	10.64
高碘酸	HIO_4		2.8×10^{-2}	1.56
氰酸	$HOCN$		3.5×10^{-4}	3.46
硫氰酸	$HSCN$		1.4×10^{-1}	0.85
亚硝酸	HNO_2		5.1×10^{-4}	3.29
过氧化氢	H_2O_2	1	2.2×10^{-12}	11.66
次磷酸	H_3PO_2		1×10^{-11}	11.0
亚磷酸	H_3PO_3	1	5.0×10^{-2}	1.30
		2	2.5×10^{-7}	6.6
磷酸	H_3PO_4	1	7.5×10^{-3}	2.12
		2	6.3×10^{-8}	7.20
		3	4.3×10^{-13}	12.36
焦磷酸	$H_4P_2O_7$	1	3.0×10^{-2}	1.52
		2	4.4×10^{-3}	2.36
		3	2.5×10^{-7}	6.60
		4	5.6×10^{-10}	9.25
氢硫酸	H_2S	1	1.07×10^{-7}	6.97
		2	1.3×10^{-13}	12.90
亚硫酸	SO_2+H_2O	1	1.3×10^{-2}	1.90
		2	6.3×10^{-8}	7.20
硫酸	H_2SO_4	2	1.2×10^{-2}	1.92
硫代硫酸	$H_2S_2O_3$	1	2.5×10^{-1}	0.60
		2	1.9×10^{-2}	1.72
偏硅酸	H_2SiO_3	1	1.7×10^{-10}	9.77
		2	1.6×10^{-12}	11.80
甲酸(蚁酸)	$HCOOH$		1.8×10^{-4}	3.74
乙酸(醋酸)	$CH_3COOH(HAc)$		1.8×10^{-5}	4.74
乙二酸(草酸)	$H_2C_2O_4$	1	5.4×10^{-2}	1.27
		2	6.4×10^{-5}	4.19
丙酸	CH_3CH_2COOH		1.35×10^{-5}	4.87
丙烯酸	$CH_2CHCOOH$		5.5×10^{-5}	4.26
乳酸(丙醇酸)	$CH_3CHOHCOOH$		1.4×10^{-4}	3.85
丙二酸	$HOOCCH_2COOH$	1	1.4×10^{-3}	2.85
		2	2.2×10^{-6}	5.66
正丁酸	C_3H_7COOH		1.52×10^{-5}	4.82
异丁酸	$(CH_3)_2CHCOOH$		1.41×10^{-5}	4.85

续表

弱电解质	化学式	级数	$K_a^\ominus$	$pK_a^\ominus$
甘油酸	$HOCH_2CHOHCOOH$		2.29×10^{-4}	3.64
柠檬酸	$HOCOCH_2C(OH)(COOH)CH_2COOH$	1	7.4×10^{-4}	3.13
		2	1.7×10^{-5}	4.77
		3	4.0×10^{-7}	6.40
酒石酸	$HOCOCH(OH)CH(OH)COOH$	1	9.1×10^{-4}	3.04
		2	4.3×10^{-5}	4.37
氯乙酸	$ClCH_2COOH$		1.4×10^{-3}	2.85
二氯乙酸	$Cl_2CHCOOH$		5.0×10^{-2}	1.30
三氯乙酸	Cl_3CCOOH		2.0×10^{-1}	0.70
氨基乙酸	$^+H_3NCH_2COOH$	1	4.5×10^{-3}	2.35
	$^+H_3NCH_2COO^-$	2	2.5×10^{-10}	9.60
谷氨酸	$HOCOCH_2CH_2CH(NH_2)COOH$	1	7.3×10^{-3}	2.13
		2	4.9×10^{-5}	4.31
		3	4.4×10^{-10}	9.36
葡萄糖酸	$CH_2OH(CHOH)_4COOH$		1.4×10^{-4}	3.86
水杨酸	$C_6H_4(OH)COOH$	1	1.05×10^{-3}	2.98
		2	4.17×10^{-13}	12.38
苯酚	C_6H_5OH		1.1×10^{-10}	9.96
苯甲酸	C_6H_5COOH		6.2×10^{-5}	4.21
氯化丁基铵	$C_4H_9NH_3^+Cl^-$		4.1×10^{-10}	9.39
吡啶硝酸盐	$C_5H_5NH^+NO_3^-$		5.6×10^{-6}	5.25
铵离子	NH_4^+	1	5.8×10^{-10}	9.24
EDTA	H_6Y^{2+}	1	1.3×10^{-1}	0.9
	H_5Y^+	2	2.5×10^{-2}	1.6
	H_4Y	3	1.0×10^{-2}	2.0
	H_3Y^-	4	2.1×10^{-3}	2.67
	H_2Y^{2-}	5	6.9×10^{-7}	6.16
	HY^{3-}	6	5.5×10^{-11}	10.26

2. 弱碱

弱电解质	化学式	级数	$K_b^\ominus$	$pK_b^\ominus$
氢氧化铝	$Al(OH)_3$		1.38×10^{-9}	8.86
氢氧化铍	$Be(OH)_2$	1	1.78×10^{-6}	5.75
	$BeOH^+$	2	2.51×10^{-9}	8.6
氢氧化铅	$Pb(OH)_2$	1	9.55×10^{-4}	3.02
		2	3.0×10^{-8}	7.52
氢氧化锌	$Zn(OH)_2$		9.55×10^{-4}	3.02
氨水	$NH_3\cdot H_2O$		1.8×10^{-5}	4.74
联氨(肼)	$N_2H_4+H_2O$		9.8×10^{-7}	6.01

续表

弱电解质	化学式	级数	$K_b^{\ominus}$	$pK_b^{\ominus}$
羟氨	H_2NOH		9.1×10^{-9}	8.04
甲胺	CH_3NH_2		4.17×10^{-4}	3.38
尿素(脲)	$CO(NH_2)_2$		1.5×10^{-14}	13.82
乙胺	$CH_3CH_2NH_2$		4.27×10^{-4}	3.37
乙醇胺	$H_2N(CH_2)_2OH$		3.16×10^{-5}	4.50
乙二胺	$H_2NCH_2CH_2NH_2$	1	8.5×10^{-5}	4.07
		2	7.1×10^{-8}	7.15
吡啶	C_5H_5N		1.5×10^{-9}	8.82
六亚甲基四胺	$(CH_2)_6N_4$		1.4×10^{-9}	8.85
苯胺	$C_6H_5NH_2$		3.98×10^{-10}	9.40
二苯胺	$(C_6H_5)_2NH$		7.94×10^{-14}	13.1

附录Ⅴ 一些配位化合物的稳定常数与金属离子的羟合效应系数

1. 一些配位化合物的累积稳定常数

中心离子和配位体	$\lg\beta_1$	$\lg\beta_2$	$\lg\beta_3$	$\lg\beta_4$	$\lg\beta_5$	$\lg\beta_6$
1. F^-						
Al(Ⅲ)	6.10	11.15	15.00	17.75	19.37	19.84
Be(Ⅱ)	5.1	8.8	11.26	13.10		
Fe(Ⅲ)	5.28	9.30	12.06		15.77	
Th(Ⅲ)	7.65	13.46	17.97			
Ti(Ⅳ)	5.4	9.8	13.7	18.0		
Zr(Ⅳ)	8.80	16.12	21.94			
2. Cl^-						
Ag(Ⅰ)	3.04	5.04		5.30		
Au(Ⅲ)		9.8				
Bi(Ⅲ)	2.44	4.7	5.0	5.6		
Cd(Ⅱ)	1.95	2.50	2.60	2.80		
Cu(Ⅰ)		5.5	5.7			
Fe(Ⅲ)	1.48	2.13	1.99	0.01		
Hg(Ⅱ)	6.74	13.22	14.07	15.07		
Pb(Ⅱ)	1.62	2.44	1.70	1.60		
Pt(Ⅱ)		11.5	14.5	16.0		
Sb(Ⅲ)	2.26	3.49	4.18	4.72		
Sn(Ⅱ)	1.51	2.24	2.03	1.48		
Zn(Ⅱ)	0.43	0.61	0.53	0.20		

续表

中心离子和配位体	$\lg\beta_1$	$\lg\beta_2$	$\lg\beta_3$	$\lg\beta_4$	$\lg\beta_5$	$\lg\beta_6$
3. Br^-						
Ag(Ⅰ)	4.38	7.33	8.00	8.73		
Au(Ⅰ)		12.46				
Cd(Ⅱ)	1.75	2.34	3.32	3.70		
Cu(Ⅰ)		5.89				
Cu(Ⅱ)	0.30					
Hg(Ⅱ)	9.05	17.32	19.74	21.00		
Pb(Ⅱ)	1.2	1.9		1.1		
Pd(Ⅱ)				13.1		
Pt(Ⅱ)				20.5		
4. I^-						
Ag(Ⅰ)	6.58	11.74	13.68			
Cd(Ⅱ)	2.10	3.43	4.49	5.41		
Cu(Ⅰ)		8.85				
Hg(Ⅱ)	12.87	23.82	27.60	29.83		
Pb(Ⅱ)	2.00	3.15	3.92	4.47		
5. CN^-						
Ag(Ⅰ)		21.1	21.7	20.6		
Au(Ⅰ)		38.3				
Cd(Ⅱ)	5.48	10.60	15.23	18.78		
Cu(Ⅰ)		24.0	28.59	30.30		
Fe(Ⅱ)						35
Fe(Ⅲ)						42
Hg(Ⅱ)					41.4	
Ni(Ⅱ)					31.3	
Zn(Ⅱ)	5.3	11.70	16.70	21.60		
6. NH_3						
Ag(Ⅰ)	3.24	7.05				
Cd(Ⅱ)	2.65	4.75	6.19	7.12	6.80	5.14
Co(Ⅱ)	2.11	3.74	4.79	5.55	5.73	5.11
Co(Ⅲ)	6.7	14.0	20.1	25.7	30.8	35.2
Cu(Ⅰ)	5.93	10.86				
Cu(Ⅱ)	4.31	7.98	11.02	13.32	12.86	
Fe(Ⅱ)	1.4	2.2				
Hg(Ⅱ)	8.8	17.5	18.5	19.28		
Ni(Ⅱ)	2.80	5.04	6.77	7.96	8.71	7.74
Pt(Ⅱ)						35.3
Zn(Ⅱ)	2.37	4.81	7.31	9.46		
7. OH^-						
Ag(Ⅰ)	2.0	3.99				
Al(Ⅲ)	9.27			33.03		
Be(Ⅱ)	9.7	14.0	15.2			
Bi(Ⅲ)	12.7	15.8		35.2		

续表

中心离子和配位体	$\lg\beta_1$	$\lg\beta_2$	$\lg\beta_3$	$\lg\beta_4$	$\lg\beta_5$	$\lg\beta_6$
Cd(Ⅱ)	4.17	8.33	9.02	8.62		
Cr(Ⅲ)	10.1	17.8		29.9		
Cu(Ⅱ)	7.0	13.68	17.00	18.5		
Fe(Ⅱ)	5.56	9.77	9.67	8.58		
Fe(Ⅲ)	11.87	21.17	29.67			
Ni(Ⅱ)	4.97	8.55	11.33			
Pb(Ⅱ)	7.82	10.85	14.58		61.0	
Sb(Ⅲ)		24.3	36.7	38.3		
Tl(Ⅲ)	12.86	25.37				
Zn(Ⅱ)	4.40	11.30	14.14	17.60		
8. $P_2O_7^{4-}$						
Ca(Ⅱ)	4.6					
Cd(Ⅱ)	5.6					
Cu(Ⅱ)	6.7	9.0				
Ni(Ⅱ)	5.8	7.4				
Pb(Ⅱ)	7.3	10.15				
Zn(Ⅱ)	8.7	11.0				
9. SCN^-						
Ag(Ⅰ)	4.6	7.57	9.08	10.08		
Au(Ⅰ)		23		42		
Cd(Ⅱ)	1.39	1.98	2.58	3.6		
Co(Ⅱ)	−0.04	−0.70	0	3.00		
Cr(Ⅲ)	1.87	2.98				
Cu(Ⅰ)	12.11	5.18				
Fe(Ⅲ)	2.21	3.64	5.00	6.30	6.20	6.0
Hg(Ⅱ)	9.08	16.86	19.70	21.70		
Ni(Ⅱ)	1.18	1.64	1.81			
Zn(Ⅱ)	1.33	1.91	2.00	1.60		
10. $S_2O_3^{2-}$						
Ag(Ⅰ)	8.82	13.46				
Cd(Ⅱ)	3.92	6.44				
Cu(Ⅰ)	10.27	12.22	13.84			
Hg(Ⅱ)		29.44	31.90	33.24		
Pb(Ⅱ)		5.13	6.35			
11. 草酸 $H_2C_2O_4$						
Ag(Ⅰ)	2.41					
Al(Ⅲ)	7.26	13.0	16.3			
Fe(Ⅱ)	2.9	4.52	5.22			
Fe(Ⅲ)	9.4	16.2	20.2			
Mn(Ⅱ)	3.97	5.80				
Ni(Ⅱ)	5.3	7.64	8.5			
Zn(Ⅱ)	4.89	7.60	8.15			

续表

中心离子和配位体	$\lg\beta_1$	$\lg\beta_2$	$\lg\beta_3$	$\lg\beta_4$	$\lg\beta_5$	$\lg\beta_6$
12. 乙酸 CH_3COOH						
Ag(Ⅰ)	0.73	0.64				
Pb(Ⅱ)	2.52	4.0	6.4	8.5		
13. 乙二胺 en						
Ag(Ⅰ)	4.70	7.70				
Cd(Ⅱ)	5.47	10.09	12.09			
Co(Ⅱ)	5.91	10.64	13.94			
Co(Ⅲ)	18.7	34.9	48.69			
Cr(Ⅱ)	5.15	9.19				
Cu(Ⅰ)		10.8				
Cu(Ⅱ)	10.67	20.00	21.0			
Fe(Ⅱ)	4.34	7.65	9.70			
Hg(Ⅱ)	14.3	23.3				
Mn(Ⅱ)	2.73	4.79	5.67			
Ni(Ⅱ)	7.52	13.84	18.33			
Zn(Ⅱ)	5.77	10.83	14.11			

2. 一些金属离子的羟合效应系数 $\lg\alpha_{M(OH)}$

金属离子	离子强度	pH													
		1	2	3	4	5	6	7	8	9	10	11	12	13	14
Al^{3+}	2					0.4	1.3	5.3	9.3	13.3	17.3	21.3	25.3	29.3	33.3
Bi^{3+}	3	0.1	0.5	1.4	2.4	3.4	4.4	5.4							
Ca^{2+}	0.1													0.3	1.0
Cd^{2+}	3									0.1	0.5	2.0	4.5	2.1	12.0
Co^{2+}	0.1								0.1	0.4	1.1	2.2	4.2	7.2	10.2
Cu^{2+}	0.1								0.2	0.8	1.7	2.7	3.7	4.7	5.7
Fe^{2+}	1									0.1	0.6	1.5	2.5	3.5	4.5
Fe^{3+}	3			0.4	1.8	3.7	5.7	7.7	9.7	11.7	13.7	15.7	17.7	19.7	21.7
Hg^{2+}	0.1			0.5	1.9	3.9	5.9	7.9	9.9	11.9	13.9	15.9	17.9	19.9	21.9
La^{3+}	3										0.3	1.0	1.9	2.9	3.9
Mg^{2+}	0.1											0.1	0.5	1.3	2.3
Mn^{2+}	0.1										0.1	0.5	1.4	2.4	3.4
Ni^{2+}	0.1									0.1	0.7	1.6			
Pb^{2+}	0.1							0.1	0.5	1.4	2.7	4.7	7.4	10.4	13.4
Th^{4+}	1				0.2	0.8	1.7	2.7	3.7	4.7	5.7	6.7	7.7	8.7	9.7
Zn^{2+}	0.1									0.2	2.4	5.4	8.5	11.8	15.5

3. 金属-EDTA 配位化合物的稳定常数

M	Ag^{+}	Al^{3+}	Ba^{2+}	Be^{2+}	Bi^{3+}	Ca^{2+}	Cd^{2+}	Co^{2+}	Co^{3+}	Cr^{3+}
$\lg K_f^{\ominus}$	7.32	16.5	7.78	9.2	27.8	11.0	16.36	16.26	41.4	23.4
M	Cu^{2+}	Fe^{2+}	Fe^{3+}	Hg^{2+}	Mg^{2+}	Mn^{2+}	Ni^{2+}	Pb^{2+}	Sn^{2+}	Zn^{2+}
$\lg K_f^{\ominus}$	18.70	14.27	24.23	21.5	9.12	13.81	18.5	17.88	18.3	16.36

4. 金属-EDTA 配位化合物的条件稳定常数

金属离子（M）和 EDTA（Y）在考虑了各种副反应的影响后得到的稳定常数称条件稳定常数 $K_f^{\ominus\prime}$，或称表观稳定常数。如果忽略酸式或碱式配位化合物的影响，它与稳定常数的关系为：

$$\lg K_f^{\ominus\prime}=\lg K_f^{\ominus}-\lg\alpha_{M(L)}-\lg\alpha_{Y(H)}$$

本表列出的是在不同 pH 时 M-EDTA 配位化合物的条件稳定常数。除 Fe(Ⅲ)，Hg(Ⅱ) 和 Al(Ⅲ) 的条件稳定常数考虑了碱式或酸式配位化合物的影响外，其余的则只考虑酸效应和羟合效应。

金属离子	pH														
	0	1	2	3	4	5	6	7	8	9	10	11	12	13	14
Ag					0.7	1.7	2.8	3.9	5.0	5.9	6.8	7.1	6.8	5.0	2.2
Al			3.0	5.4	7.5	9.6	10.4	8.5	6.6	4.5	2.4				
Ba						1.3	3.0	4.4	5.5	6.4	7.3	7.7	7.8	7.7	7.3
Bi	1.4	5.3	8.6	10.6	11.8	12.8	13.6	14.0	14.1	14.0	13.9	13.3	12.4	11.4	10.4
Ca					2.2	4.1	5.9	7.3	8.4	9.3	10.2	10.6	10.7	10.4	9.7
Cd		1.0	3.8	6.0	7.9	9.9	11.7	13.1	14.2	15.0	15.5	14.4	12.0	8.4	4.5
Co		1.0	3.7	5.9	7.8	9.7	11.5	12.9	13.9	14.5	14.7	14.0	12.1		
Cu		3.4	6.1	8.3	10.2	12.2	14.0	15.4	16.3	16.6	16.6	16.1	15.7	15.6	15.6
Fe(Ⅱ)			1.5	3.7	5.7	7.7	9.5	10.9	12.0	12.8	13.2	12.7	11.8	10.8	9.8
Fe(Ⅲ)	5.1	8.2	11.5	13.9	14.7	14.8	14.6	14.1	13.7	13.6	14.0	14.3	14.4	14.4	14.4
Hg(Ⅱ)	3.5	6.5	9.2	11.1	11.3	11.3	11.1	10.5	9.6	8.8	8.4	7.7	6.8	5.8	4.8
La			1.7	4.6	6.8	8.8	10.6	12.0	13.1	14.0	14.6	14.3	13.5	12.5	11.5
Mg						2.1	3.9	5.3	6.4	7.3	8.2	8.5	8.2	7.4	
Mn			1.4	3.6	5.5	7.4	9.2	10.6	11.7	12.6	13.4	13.4	12.6	11.6	10.6
Ni		3.4	6.1	8.2	10.1	12.0	13.8	15.2	16.3	17.1	17.4	16.9			
Pb		2.4	5.2	7.4	9.4	11.4	13.2	14.5	15.2	15.2	14.8	13.0	10.6	7.6	4.6
Sr						2.0	3.8	5.2	6.3	7.2	8.1	8.5	8.6	8.5	8.0
Zn		1.1	3.8	6.0	7.9	9.9	11.7	13.1	14.2	14.9	13.6	11.0	8.0	4.7	1.0

附录Ⅵ 溶度积常数（18～25℃）

物　质	溶度积常数 $K_{sp}^{\ominus}$	$pK_{sp}^{\ominus}$	物　质	溶度积常数 $K_{sp}^{\ominus}$	$pK_{sp}^{\ominus}$
AgAc	1.9×10^{-3}	2.72	$Be(OH)_2$(无定形)	1.6×10^{-22}	21.8
Ag_3AsO_4	1.0×10^{-22}	22.00	BiI_3	8.1×10^{-19}	18.09
AgBr	5.0×10^{-13}	12.30	$Bi(OH)_3$	4×10^{-30}	30.4
$AgBrO_3$	5.3×10^{-5}	4.28	BiOBr	3.0×10^{-7}	6.52
AgCN	1.2×10^{-16}	15.92	BiOCl	1.8×10^{-31}	30.75
Ag_2CO_3	8.1×10^{-12}	11.09	$BiO(NO_2)$	4.9×10^{-7}	6.31
$Ag_2C_2O_4$	3.4×10^{-11}	10.46	$BiO(NO_3)$	2.8×10^{-3}	2.55
AgCl	1.8×10^{-10}	9.75	BiOOH	4×10^{-10}	9.4
Ag_2CrO_4	1.1×10^{-12}	11.95	$BiPO_4$	1.3×10^{-23}	22.89
$Ag_2Cr_2O_7$	2.0×10^{-7}	6.70	Bi_2S_3	1×10^{-97}	97
AgI	8.3×10^{-17}	16.08	$CaCO_3$	2.8×10^{-9}	8.54
$AgIO_3$	3.0×10^{-8}	7.52	$CaC_2O_4\cdot H_2O$	4×10^{-9}	8.4
$AgNO_2$	6.0×10^{-4}	3.22	$CaCrO_4$	7.1×10^{-4}	3.15
AgOH	2.0×10^{-8}	7.71	CaF_2	2.7×10^{-11}	10.57
Ag_3PO_4	1.4×10^{-16}	15.84	$CaHPO_4$	1×10^{-7}	7.0
Ag_2S	6.3×10^{-50}	49.2	$Ca(OH)_2$	5.5×10^{-6}	5.26
AgSCN	1.0×10^{-12}	12.00	$Ca_3(PO_4)$	2.0×10^{-29}	28.70
Ag_2SO_3	1.5×10^{-14}	13.82	$CaSO_3$	6.8×10^{-8}	7.17
Ag_2SO_4	1.4×10^{-5}	4.84	$CaSO_4$	9.1×10^{-6}	5.04
$Al(OH)_3$(无定形)	1.3×10^{-33}	32.9	$Ca[SiF_6]$	8.1×10^{-4}	3.09
$AlPO_4$	6.3×10^{-19}	18.24	$CaSiO_3$	2.5×10^{-8}	7.60
Al_2S_3	2.0×10^{-7}	6.7	$Cd(OH)_2$	5.27×10^{-15}	14.28
AuCl	2.0×10^{-13}	12.7	$CdCO_3$	5.2×10^{-12}	11.28
AuI	1.6×10^{-23}	22.8	$CdC_2O_4\cdot 3H_2O$	9.1×10^{-8}	7.04
$AuCl_3$	3.2×10^{-25}	24.5	$Cd_3(PO_4)_2$	2.5×10^{-33}	32.6
AuI_3	1×10^{-46}	46	CdS	8.0×10^{-27}	26.1
$Au(OH)_3$	5.5×10^{-46}	45.26	CeF_3	8×10^{-16}	15.1
$BaCO_3$	5.1×10^{-9}	8.29	CeO_2	8×10^{-37}	36.1
BaC_2O_4	1.6×10^{-7}	6.79	$Ce(OH)_3$	1.6×10^{-20}	19.8
$BaCrO_4$	1.2×10^{-10}	9.93	$CePO_4$	1×10^{-23}	23
BaF_2	1.0×10^{-6}	5.98	Ce_2S_3	6.0×10^{-11}	10.22
$BaHPO_4$	3.2×10^{-7}	6.5	$CoCO_3$	1.4×10^{-13}	12.84
$Ba(NO_3)_2$	4.5×10^{-3}	2.35	$CoHPO_4$	2×10^{-7}	6.7
$Ba(OH)_2$	5×10^{-3}	2.3	$Co(OH)_2$(新制备)	1.6×10^{-15}	14.8
$Ba_3(PO_4)_2$	3.4×10^{-23}	22.47	$Co(OH)_3$	1.6×10^{-44}	43.8
$BaSO_3$	8×10^{-7}	6.1	$Co_3(PO_4)_2$	2×10^{-35}	34.7
$BaSO_4$	1.1×10^{-10}	9.96	α-CoS	4.0×10^{-21}	20.4
BaS_2O_3	1.6×10^{-5}	4.79	β-CoS	2.0×10^{-25}	24.7
$BeCO_3\cdot 4H_2O$	1×10^{-3}	3	CrF_3	6.6×10^{-11}	10.18

续表

物 质	溶度积常数 $K_{sp}^{\ominus}$	$pK_{sp}^{\ominus}$	物 质	溶度积常数 $K_{sp}^{\ominus}$	$pK_{sp}^{\ominus}$
$Cr(OH)_2$	2×10^{-16}	15.7	$MgCO_3$	3.5×10^{-8}	7.46
$Cr(OH)_3$	6.3×10^{-31}	30.2	MgF_2	6.5×10^{-9}	8.19
CuBr	5.3×10^{-9}	8.28	$Mg(OH)_2$	1.8×10^{-11}	10.74
CuCl	1.2×10^{-6}	5.92	$MgSO_3$	3.2×10^{-3}	2.5
CuCN	3.2×10^{-20}	19.49	$MnCO_3$	1.8×10^{-11}	10.74
CuI	1.1×10^{-12}	11.96	$Mn(OH)_2$	1.9×10^{-13}	12.72
CuOH	1×10^{-14}	14.0	MnS(无定形)	2.5×10^{-10}	9.6
Cu_2S	2.5×10^{-48}	47.6	MnS(晶状)	2.5×10^{-13}	12.6
CuSCN	4.8×10^{-15}	14.32	Na_3AlF_6	4.0×10^{-10}	9.39
$CuCO_3$	1.4×10^{-10}	9.86	$NiCO_3$	6.6×10^{-9}	8.18
CuC_2O_4	2.3×10^{-8}	7.64	NiC_2O_4	4×10^{-10}	9.4
$CuCrO_4$	3.6×10^{-6}	5.44	$Ni(OH)_2$(新制备)	2.0×10^{-15}	14.7
$Cu_2[Fe(CN)_6]$	1.3×10^{-16}	15.89	α-NiS	3.2×10^{-19}	18.5
$Cu(IO_3)_2$	7.4×10^{-8}	7.13	β-NiS	1.0×10^{-24}	24.0
$Cu(OH)_2$	2.2×10^{-20}	19.66	γ-NiS	2.0×10^{-26}	25.7
$Cu_3(PO_4)_2$	1.3×10^{-37}	36.9	$PbAc_2$	1.8×10^{-3}	2.75
CuS	6.3×10^{-36}	35.2	$PbBr_2$	4.0×10^{-5}	4.41
FeS	6.3×10^{-18}	17.2	$PbCO_3$	7.4×10^{-14}	13.13
$Fe(OH)_2$	8.0×10^{-16}	15.1	PbC_2O_4	4.8×10^{-10}	9.32
$FeCO_3$	3.2×10^{-11}	10.50	$PbCl_2$	1.6×10^{-5}	4.79
$Fe(OH)_3$	4×10^{-38}	37.4	$PbCrO_4$	2.8×10^{-13}	12.55
$FePO_4$	1.3×10^{-22}	21.89	PbF_2	2.7×10^{-8}	7.57
Hg_2Br_2	5.6×10^{-23}	22.24	PbI_2	7.1×10^{-9}	8.15
$Hg_2(CN)_2$	5×10^{-40}	39.3	$Pb(IO_3)_2$	3.2×10^{-13}	12.49
Hg_2CO_3	8.9×10^{-17}	16.05	$Pb(OH)_2$	1.2×10^{-25}	14.93
$Hg_2C_2O_4$	2.0×10^{-13}	12.7	PbOHBr	2.0×10^{-15}	14.70
Hg_2Cl_2	1.3×10^{-18}	17.88	PbOHCl	2×10^{-14}	13.7
Hg_2I_2	4.5×10^{-29}	28.35	$Pb_3(PO_4)_2$	8.0×10^{-43}	42.10
$Hg_2(OH)_2$	2.0×10^{-24}	23.7	PbS	1.3×10^{-28}	27.9
Hg_2S	1.0×10^{-47}	47.0	$Pb(SCN)_2$	2.0×10^{-5}	4.70
$Hg_2(SCN)_2$	2.0×10^{-20}	19.7	$PbSO_4$	1.6×10^{-8}	7.79
Hg_2SO_3	1.0×10^{-27}	27.0	PbS_2O_3	4.0×10^{-7}	6.40
Hg_2SO_4	7.4×10^{-7}	6.13	$Pb(OH)_4$	3.2×10^{-66}	65.5
$Hg(OH)_2$	3.0×10^{-26}	25.52	$Pd(OH)_2$	1.0×10^{-31}	31.0
HgS(红色)	4×10^{-53}	52.4	$Sc(OH)_3$	8.0×10^{-31}	30.1
HgS(黑色)	1.6×10^{-52}	51.8	$Sn(OH)_2$	1.4×10^{-28}	27.85
$K_2[PtCl_6]$	1.1×10^{-5}	4.96	SnS	1.0×10^{-25}	25.0
K_2SiF_6	8.7×10^{-7}	6.06	$Sn(OH)_4$	1×10^{-56}	56
Li_2CO_3	2.5×10^{-2}	1.60	$SrSO_3$	4×10^{-8}	7.4
LiF	3.8×10^{-3}	2.42	$SrCO_3$	1.1×10^{-10}	9.96
Li_3PO_4	3.2×10^{-9}	8.5	$SrC_2O_4\cdot H_2O$	1.6×10^{-7}	6.80

续表

物　质	溶度积常数 $K_{sp}^{\ominus}$	$pK_{sp}^{\ominus}$	物　质	溶度积常数 $K_{sp}^{\ominus}$	$pK_{sp}^{\ominus}$
$SrCrO_4$	2.2×10^{-5}	4.65	$ZnCO_3$	1.4×10^{-11}	10.84
SrF_2	2.5×10^{-9}	8.61	ZnC_2O_4	2.7×10^{-8}	7.56
$SrSO_4$	3.2×10^{-7}	6.49	$Zn(OH)_2$	1.2×10^{-17}	16.92
TlCl	1.9×10^{-4}	3.72	α-ZnS	1.6×10^{-24}	23.8
TlI	5.5×10^{-8}	7.26	β-ZnS	2.5×10^{-22}	21.6
$Tl(OH)_3$	1.5×10^{-44}	43.82			

附录Ⅶ　标准电极电势（298.15K）

1. 酸性介质（按 $E_a^{\ominus}$ 由小到大排列）

电极反应	$E_a^{\ominus}$/V	电极反应	$E_a^{\ominus}$/V
$Li^{+}+e^{-} \rightleftharpoons Li$	−3.045	$TlI+e^{-} \rightleftharpoons Tl+I^{-}$	−0.752
$K^{+}+e^{-} \rightleftharpoons K$	−2.925	$Cr^{3+}+3e^{-} \rightleftharpoons Cr$	−0.744
$Rb^{+}+e^{-} \rightleftharpoons Rb$	−2.925	TiO_2(金红石)$+4H^{+}+e^{-} \rightleftharpoons Ti^{3+}+2H_2O$	−0.666
$Cs^{+}+e^{-} \rightleftharpoons Cs$	−2.923	$TlBr+e^{-} \rightleftharpoons Tl+Br^{-}$	−0.658
$Ra^{2+}+2e^{-} \rightleftharpoons Ra$	−2.916	$TlCl+e^{-} \rightleftharpoons Tl+Cl^{-}$	−0.557
$Ba^{2+}+2e^{-} \rightleftharpoons Ba$	−2.906	$Sb+3H^{+}+3e^{-} \rightleftharpoons SbH_3$	−0.510
$Sr^{2+}+2e^{-} \rightleftharpoons Sr$	−2.888	$H_3PO_3+3H^{+}+3e^{-} \rightleftharpoons$ P(白)$+3H_2O$	−0.502
$Ca^{2+}+2e^{-} \rightleftharpoons Ca$	−2.866	TiO_2(金红石)$+4H^{+}+2e^{-} \rightleftharpoons Ti^{2+}+2H_2O$	−0.502
$Na^{+}+e^{-} \rightleftharpoons Na$	−2.714	$2CO_2+2H^{+}+2e^{-} \rightleftharpoons H_2C_2O_4$	−0.49
$La^{3+}+3e^{-} \rightleftharpoons La$	−2.522	$SiO_3^{2-}+6H^{+}+4e^{-} \rightleftharpoons Si+3H_2O$	−0.455
$Ce^{3+}+3e^{-} \rightleftharpoons Ce$	−2.483	$H_3PO_3+3H^{+}+3e^{-} \rightleftharpoons$ P(红)$+3H_2O$	−0.454
$Y^{3+}+3e^{-} \rightleftharpoons Y$	−2.372	$Fe^{2+}+2e^{-} \rightleftharpoons Fe$	−0.440
$Mg^{2+}+2e^{-} \rightleftharpoons Mg$	−2.363	$Cr^{3+}+e^{-} \rightleftharpoons Cr^{2+}$	−0.408
$Sc^{3+}+3e^{-} \rightleftharpoons Sc$	−2.077	$Cd^{2+}+2e^{-} \rightleftharpoons Cd$	−0.403
$Be^{2+}+2e^{-} \rightleftharpoons Be$	−1.847	$Ti^{3+}+e^{-} \rightleftharpoons Ti^{2+}$	−0.368
$Ti^{2+}+2e^{-} \rightleftharpoons Ti$	−1.628	$PbSO_4+2e^{-} \rightleftharpoons Pb+SO_4^{2-}$	−0.359
$Al^{3+}+3e^{-} \rightleftharpoons Al$	−1.622	$Tl^{+}+e^{-} \rightleftharpoons Tl$	−0.336
$Ti^{3+}+3e^{-} \rightleftharpoons Ti$	−1.21	$PbBr_2+2e^{-} \rightleftharpoons Pb+2Br^{-}$	−0.284
$V^{2+}+2e^{-} \rightleftharpoons V$	−1.186	$Co^{2+}+e^{-} \rightleftharpoons Co$	−0.277
$Mn^{2+}+2e^{-} \rightleftharpoons Mn$	−1.180	$H_3PO_4+2H^{+}+2e^{-} \rightleftharpoons H_3PO_3+H_2O$	−0.276
$Cr^{2+}+2e^{-} \rightleftharpoons Cr$	−0.913	$PbCl_2+2e^{-} \rightleftharpoons Pb+2Cl^{-}$	−0.268
$BeO_2^{2-}+4H^{+}+2e^{-} \rightleftharpoons Be+2H_2O$	−0.909	$V^{3+}+e^{-} \rightleftharpoons V^{2+}$	−0.256
$H_3BO_3+3H^{+}+3e^{-} \rightleftharpoons B+3H_2O$	−0.870	$Ni^{2+}+2e^{-} \rightleftharpoons Ni$	−0.250
$SiO_2+4H^{+}+4e^{-} \rightleftharpoons Si+2H_2O$	−0.857	$VO_2^{+}+4H^{+}+5e^{-} \rightleftharpoons V+2H_2O$	−0.25
$H_2SiO_3+4H^{+}+4e^{-} \rightleftharpoons Si+3H_2O$	−0.84	$CO_2+2H^{+}+2e^{-} \rightleftharpoons HCOOH$	−0.199
$V^{3+}+3e^{-} \rightleftharpoons V$	−0.835	$CuI+e^{-} \rightleftharpoons Cu+I^{-}$	−0.185
$SnO_2+4H^{+}+2e^{-} \rightleftharpoons Sn^{2+}+2H_2O$	−0.77	$AgI+e^{-} \rightleftharpoons Ag+I^{-}$	−0.152
$Zn^{2+}+2e^{-} \rightleftharpoons Zn$	−0.763	$Sn^{2+}+2e^{-} \rightleftharpoons Sn$	−0.136

续表

电极反应	$E_a^{\ominus}$/V	电极反应	$E_a^{\ominus}$/V
$Pb^{2+}+2e^- \rightleftharpoons Pb$	−0.126	$2SO_4^{2-}+10H^++8e^- \rightleftharpoons S_2O_3^{2-}+5H_2O$	0.29
$CO_2+2H^++2e^- \rightleftharpoons CO+H_2O$	−0.12	$Re^{3+}+3e^- \rightleftharpoons Re$	0.300
P(红)$+3H^++3e^- \rightleftharpoons PH_3$(气)	−0.111	$Cu^{2+}+2e^- \rightleftharpoons Cu$	0.337
$SnO_2+2H^++2e^- \rightleftharpoons SnO+H_2O$	−0.108	$AgIO_3+e^- \rightleftharpoons Ag+IO_3^-$	0.354
$SnO+2H^++2e^- \rightleftharpoons Sn+H_2O$	−0.104	$SO_4^{2-}+8H^++6e^- \rightleftharpoons S+4H_2O$	0.357
$S+H^++2e^- \rightleftharpoons HS^-$	−0.065	$VO^{2+}+2H^++e^- \rightleftharpoons V^{3+}+H_2O$	0.359
$Fe_2O_3(\alpha)+6H^++6e^- \rightleftharpoons 2Fe+3H_2O$	−0.051	$VO_2^++4H^++3e^- \rightleftharpoons V^{2+}+2H_2O$	0.360
$VO^{2+}+e^- \rightleftharpoons VO^+$	−0.044	$SbO_3^-+2H^++2e^- \rightleftharpoons SbO_2^-+H_2O$	0.363
$Ti^{4+}+e^- \rightleftharpoons Ti^{3+}$	−0.04	$Bi_2O_3+6H^++6e^- \rightleftharpoons 2Bi+3H_2O$	0.371
$[HgI_4]^{2-}+2e^- \rightleftharpoons Hg+4I^-$	−0.038	$SnO_3^{2-}+3H^++2e^- \rightleftharpoons HSnO_2^-+H_2O$	0.374
$CuI_2^-+e^- \rightleftharpoons Cu+2I^-$	0.0	$[HgCl_4]^{2-}+2e^- \rightleftharpoons Hg+4Cl^-$	0.38
$HSO_3^-+5H^++4e^- \rightleftharpoons S+3H_2O$	0.0	$[PtI_6]^{2-}+2e^- \rightleftharpoons [PtI_4]^{2-}+2I^-$	0.393
$2H^++2e^- \rightleftharpoons H_2$	0.000	$2H_2SO_3+2H^++4e^- \rightleftharpoons S_2O_3^{2-}+3H_2O$	0.400
$Sn^{4+}+4e^- \rightleftharpoons Sn$	0.009	$Co^{3+}+3e^- \rightleftharpoons Co$	0.4
$CuBr+e^- \rightleftharpoons Cu+Br^-$	0.033	$As_2O_5+10H^++10e^- \rightleftharpoons 2As+5H_2O$	0.429
P(白)$+3H^++3e^- \rightleftharpoons PH_3$(气)	0.0637	$H_2SO_3+4H^++4e^- \rightleftharpoons S+3H_2O$	0.450
$AgBr+e^- \rightleftharpoons Ag+Br^-$	0.071	$Ru^{2+}+2e^- \rightleftharpoons Ru$	0.45
$Si+4H^++4e^- \rightleftharpoons SiH_4$	0.102	$S_2O_3^{2-}+6H^++4e^- \rightleftharpoons 2S+3H_2O$	0.465
$NiO+2H^++2e^- \rightleftharpoons Ni+H_2O$	0.110	$CO+6H^++6e^- \rightleftharpoons CH_4+H_2O$	0.497
$CuCl+e^- \rightleftharpoons Cu+Cl^-$	0.137	$4H_2SO_3+4H^++6e^- \rightleftharpoons S_4O_6^{2-}+6H_2O$	0.51
$S+2H^++2e^- \rightleftharpoons H_2S$(水)	0.142	$Cu^++e^- \rightleftharpoons Cu$	0.521
$SO_4^{2-}+8H^++8e^- \rightleftharpoons S^{2-}+4H_2O$	0.149	I_2(结晶)$+2e^- \rightleftharpoons 2I^-$	0.536
$Sb_2O_3+6H^++6e^- \rightleftharpoons 2Sb+3H_2O$	0.150	$I_3^-+2e^- \rightleftharpoons 3I^-$	0.536
$Sn^{4+}+2e^- \rightleftharpoons Sn^{2+}$	0.151	$Cu^{2+}+Cl^-+e^- \rightleftharpoons CuCl$	0.538
$Cu^{2+}+e^- \rightleftharpoons Cu^+$	0.153	$AgBrO_3+e^- \rightleftharpoons Ag+BrO_3^-$	0.546
$BiOCl+2H^++3e^- \rightleftharpoons Bi+Cl^-+H_2O$	0.160	$H_3AsO_4+2H^++2e^- \rightleftharpoons HAsO_2+2H_2O$	0.56
$SO_4^{2-}+4H^++2e^- \rightleftharpoons H_2SO_3+H_2O$	0.172	$CuO+2H^++2e^- \rightleftharpoons Cu+H_2O$	0.570
$Bi^{3+}+3e^- \rightleftharpoons Bi$	0.2	$[PtBr_4]^{2-}+2e^- \rightleftharpoons Pt+4Br^-$	0.58
$2Cu^{2+}+H_2O+2e^- \rightleftharpoons Cu_2O+2H^+$	0.203	$Sb_2O_5+6H^++4e^- \rightleftharpoons 2SbO^++3H_2O$	0.581
$SbO^++2H^++3e^- \rightleftharpoons Sb+H_2O$	0.204	$[PdCl_4]^{2-}+2e^- \rightleftharpoons Pd+4Cl^-$	0.591
$AgCl+e^- \rightleftharpoons Ag+Cl^-$	0.222	$[PdBr_4]^{2-}+2e^- \rightleftharpoons Pd+4Br^-$	0.60
$[HgBr_4]^{2-}+2c^- \rightleftharpoons Hg+4Br^-$	0.223	$2HgCl_2+2e^- \rightleftharpoons Hg_2Cl_2+2Cl^-$	0.63
$CO_3^{2-}+3H^++2e^- \rightleftharpoons HCOO^-+H_2O$	0.227	$Cu^{2+}+Br^-+e^- \rightleftharpoons CuBr$	0.640
$SO_3^{2-}+6H^++6e^- \rightleftharpoons S^{2-}+3H_2O$	0.231	$Ag_2SO_4+2e^- \rightleftharpoons 2Ag+SO_4^{2-}$	0.654
$As_2O_3+6H^++6e^- \rightleftharpoons 2As+3H_2O$	0.234	$PbO_2+4H^++4e^- \rightleftharpoons Pb+2H_2O$	0.666
$Sb^{3+}+3e^- \rightleftharpoons Sb$	0.24	$VO_2^++4H^++2e^- \rightleftharpoons V^{3+}+2H_2O$	0.668
饱和甘汞电极(饱和 KCl 溶液)	0.2412	$[PtCl_6]^{2-}+2e^- \rightleftharpoons [PtCl_4]^{2-}+2Cl^-$	0.68
$PbO+2H^++2e^- \rightleftharpoons Pb+H_2O$	0.248	$O_2+2H^++2e^- \rightleftharpoons H_2O_2$	0.682
$N_2+8H^++6e^- \rightleftharpoons 2NH_4^+$	0.26	$2SO_3^{2-}+6H^++4e^- \rightleftharpoons S_2O_3^{2-}+3H_2O$	0.705
$Hg_2Cl_2+2e^- \rightleftharpoons 2Hg+2Cl^-$	0.268	$Tl^{3+}+3e^- \rightleftharpoons Tl$	0.71
甘汞电极(1mol KCl)	0.2801	$SbO_2^++2H^++2e^- \rightleftharpoons SbO^++H_2O$	0.720

续表

电极反应	$E_a^\ominus$/V	电极反应	$E_a^\ominus$/V
$SbO_3^- + 4H^+ + 2e^- \rightleftharpoons SbO^+ + 2H_2O$	0.720	$ClO_3^- + 3H^+ + 2e^- \rightleftharpoons HClO_2 + H_2O$	1.21
$[PtCl_4]^{2-} + 2e^- \rightleftharpoons Pt + 4Cl^-$	0.73	$O_2 + 4H^+ + 4e^- \rightleftharpoons 2H_2O$	1.229
$Fe^{3+} + e^- \rightleftharpoons Fe^{2+}$	0.771	$MnO_2 + 4H^+ + 2e^- \rightleftharpoons Mn^{2+} + 2H_2O$	1.23
$Hg_2^{2+} + 2e^- \rightleftharpoons 2Hg$	0.788	$2NO_3^- + 12H^+ + 10e^- \rightleftharpoons N_2 + 6H_2O$	1.24
$Ag^+ + e^- \rightleftharpoons Ag$	0.799	$Tl^{3+} + 2e^- \rightleftharpoons Tl^+$	1.25
$NO_3^- + 2H^+ + e^- \rightleftharpoons NO_2 + H_2O$	0.80	$VO_4^{3-} + 6H^+ + 2e^- \rightleftharpoons VO^+ + 3H_2O$	1.256
$Rh^{3+} + 3e^- \rightleftharpoons Rh$	0.80	$2HNO_2 + 4H^+ + 4e^- \rightleftharpoons N_2O + 3H_2O$	1.29
$AuBr_4^- + 2e^- \rightleftharpoons AuBr_2^- + 2Br^-$	0.82	$Cr_2O_7^{2-} + 14H^+ + 6e^- \rightleftharpoons 2Cr^{3+} + 7H_2O$	1.33
$Hg^{2+} + 2e^- \rightleftharpoons Hg$	0.854	$HBrO + H^+ + 2e^- \rightleftharpoons Br^- + H_2O$	1.33
$Cu^{2+} + I^- + e^- \rightleftharpoons CuI$	0.86	$ClO_4^- + 8H^+ + 7e^- \rightleftharpoons 1/2Cl_2 + 4H_2O$	1.34
$HNO_2 + 7H^+ + 6e^- \rightleftharpoons NH_4^+ + 2H_2O$	0.864	$2NO_2 + 8H^+ + 8e^- \rightleftharpoons N_2 + 4H_2O$	1.35
$NO_3^- + 10H^+ + 8e^- \rightleftharpoons NH_4^+ + 3H_2O$	0.864	Cl_2(气)$ + 2e^- \rightleftharpoons 2Cl^-$	1.358
$AuBr_4^- + 3e^- \rightleftharpoons Au + 4Br^-$	0.87	$ClO_4^- + 8H^+ + 8e^- \rightleftharpoons Cl^- + 4H_2O$	1.38
$2Hg^{2+} + 2e^- \rightleftharpoons Hg_2^{2+}$	0.920	$Au^{3+} + 2e^- \rightleftharpoons Au^+$	1.40
$AuCl_4^- + 2e^- \rightleftharpoons AuCl_2^- + 2Cl^-$	0.926	$IO_4^- + 8H^+ + 8e^- \rightleftharpoons I^- + 4H_2O$	1.4
$NO_3^- + 3H^+ + 2e^- \rightleftharpoons HNO_2 + H_2O$	0.934	$2HNO_2 + 6H^+ + 6e^- \rightleftharpoons N_2 + 4H_2O$	1.44
$AuBr_2^- + e^- \rightleftharpoons Au + 2Br^-$	0.956	$BrO_3^- + 6H^+ + 6e^- \rightleftharpoons Br^- + 3H_2O$	1.44
$V_2O_5 + 6H^+ + 2e^- \rightleftharpoons 2VO^{2+} + 3H_2O$	0.958	$BrO_3^- + 5H^+ + 4e^- \rightleftharpoons HBrO + 2H_2O$	1.45
$NO_3^- + 4H^+ + 3e^- \rightleftharpoons NO + 2H_2O$	0.96	$ClO_3^- + 6H^+ + 6e^- \rightleftharpoons Cl^- + 3H_2O$	1.45
$Pb_3O_4 + 2H^+ + 2e^- \rightleftharpoons 3PbO + H_2O$	0.972	$2HIO + 2H^+ + 2e^- \rightleftharpoons I_2 + 2H_2O$	1.45
$2MnO_2 + 2H^+ + 2e^- \rightleftharpoons Mn_2O_3 + H_2O$	0.98	$PbO_2 + 4H^+ + 2e^- \rightleftharpoons Pb^{2+} + 2H_2O$	1.455
$Pd^{2+} + 2e^- \rightleftharpoons Pd$	0.987	$ClO_3^- + 6H^+ + 5e^- \rightleftharpoons 1/2Cl_2 + 3H_2O$	1.47
$HIO + H^+ + 2e^- \rightleftharpoons I^- + H_2O$	0.99	$HClO + H^+ + 2e^- \rightleftharpoons Cl^- + H_2O$	1.494
$VO_2^+ + 2H^+ + e^- \rightleftharpoons VO^{2+} + H_2O$	0.999	$Au^{3+} + 3e^- \rightleftharpoons Au$	1.498
$AuCl_4^- + 3e^- \rightleftharpoons Au + 4Cl^-$	1.00	$Mn^{3+} + e^- \rightleftharpoons Mn^{2+}$	1.51
$HNO_2 + H^+ + e^- \rightleftharpoons NO + H_2O$	1.00	$MnO_4^- + 8H^+ + 5e^- \rightleftharpoons Mn^{2+} + 4H_2O$	1.51
$NO_2 + 2H^+ + 2e^- \rightleftharpoons NO + H_2O$	1.03	$O_3 + 6H^+ + 6e^- \rightleftharpoons 3H_2O$	1.511
$VO_4^{2-} + 6H^+ + 2e^- \rightleftharpoons VO^{2+} + 3H_2O$	1.031	$BrO_3^- + 6H^+ + 5e^- \rightleftharpoons 1/2Br_2 + 3H_2O$	1.52
$N_2O_4 + 4H^+ + 4e^- \rightleftharpoons 2NO + 2H_2O$	1.035	$2NO + 2H^+ + 2e^- \rightleftharpoons N_2O + H_2O$	1.59
$N_2O_4 + 2H^+ + 2e^- \rightleftharpoons 2HNO_2$	1.065	$HClO + H^+ + e^- \rightleftharpoons 1/2Cl_2 + H_2O$	1.63
Br_2(液)$ + 2e^- \rightleftharpoons 2Br^-$	1.065	$IO_4^- + 2H^+ + 2e^- \rightleftharpoons IO_3^- + H_2O$	1.653
$NO_2 + H^+ + e^- \rightleftharpoons HNO_2$	1.07	$NiO_2 + 4H^+ + 2e^- \rightleftharpoons Ni^{2+} + 2H_2O$	1.678
$IO_3^- + 6H^+ + 6e^- \rightleftharpoons I^- + 3H_2O$	1.085	$2NO + 4H^+ + 4e^- \rightleftharpoons N_2 + 2H_2O$	1.68
Br_2(水)$ + 2e^- \rightleftharpoons 2Br^-$	1.087	$PbO_2 + SO_4^{2-} + 4H^+ + 2e^- \rightleftharpoons PbSO_4 + 2H_2O$	1.682
$HVO_3 + 3H^+ + e^- \rightleftharpoons VO^{2+} + 2H_2O$	1.1	$Pb^{4+} + 2e^- \rightleftharpoons Pb^{2+}$	1.69
$2NO_3^- + 10H^+ + 8e^- \rightleftharpoons N_2O + 5H_2O$	1.116	$Au^+ + e^- \rightleftharpoons Au$	1.691
$AuCl_2^- + e^- \rightleftharpoons Au + 2Cl^-$	1.15	$MnO_4^- + 4H^+ + 3e^- \rightleftharpoons MnO_2 + 2H_2O$	1.692
$AuCl + e^- \rightleftharpoons Au + Cl^-$	1.17	$BrO_4^- + 2H^+ + 2e^- \rightleftharpoons BrO_3^- + H_2O$	1.763
$ClO_4^- + 2H^+ + 2e^- \rightleftharpoons ClO_3^- + H_2O$	1.19	$N_2O + 2H^+ + 2e^- \rightleftharpoons N_2 + H_2O$	1.77
$2IO_3^- + 12H^+ + 10e^- \rightleftharpoons I_2 + 6H_2O$	1.195	$H_2O_2 + 2H^+ + 2e^- \rightleftharpoons 2H_2O$	1.776
$[RhCl_6]^{2-} + e^- \rightleftharpoons [RhCl_6]^{3-}$	1.2	$NaBiO_3 + 4H^+ + 2e^- \rightleftharpoons BiO^+ + Na^+ + 2H_2O$	>1.8

续表

电极反应	$E_a^\ominus$/V	电极反应	$E_a^\ominus$/V
$Co^{3+}+e^- \rightleftharpoons Co^{2+}$	1.808	$S_2O_8^{2-}+2H^++2e^- \rightleftharpoons 2HSO_4^-$	2.123
$Ag^{2+}+e^- \rightleftharpoons Ag^+$	1.98	$MnO_4^{2-}+4H^++2e^- \rightleftharpoons MnO_2+2H_2O$	2.257
$S_2O_8^{2-}+2e^- \rightleftharpoons 2SO_4^{2-}$	2.01	$F_2+2H^++2e^- \rightleftharpoons 2HF$	3.035
$O_3+2H^++2e^- \rightleftharpoons O_2+H_2O$	2.07		

2. 碱性介质（按 $E_b^\ominus$ 由小到大排列）

电极反应	$E_b^\ominus$/V	电极反应	$E_b^\ominus$/V
$Al(OH)_3+3e^- \rightleftharpoons Al+3OH^-$	−2.30	$PbCO_3+2e^- \rightleftharpoons Pb+CO_3^{2-}$	−0.509
$SiO_3^{2-}+3H_2O+4e^- \rightleftharpoons Si+6OH^-$	−1.697	$[Ni(NH_3)_6]^{2+}+2e^- \rightleftharpoons Ni+6NH_3$	−0.49
$Mn(OH)_2+2e^- \rightleftharpoons Mn+2OH^-$	−1.55	$NiO_2+2H_2O+2e^- \rightleftharpoons Ni(OH)_2+2OH^-$	−0.490
$[Fe(CN)_6]^{4-}+2e^- \rightleftharpoons Fe+6CN^-$	−1.5	$S+2e^- \rightleftharpoons S^{2-}$	−0.48
$Cr(OH)_2+2e^- \rightleftharpoons Cr+2OH^-$	−1.41	$2S+2e^- \rightleftharpoons S_2^{2-}$	−0.476
$ZnS+2e^- \rightleftharpoons Zn+S^{2-}$	−1.405	$[Cu(CN)_2]^-+e^- \rightleftharpoons Cu+2CN^-$	−0.429
$Cr(OH)_3+3e^- \rightleftharpoons Cr+3OH^-$	−1.34	$Cu_2O+H_2O+2e^- \rightleftharpoons 2Cu+2OH^-$	−0.358
$[Zn(CN)_4]^{2-}+2e^- \rightleftharpoons Zn+4CN^-$	−1.26	$Ag(CN)_2^-+e^- \rightleftharpoons Ag+2CN^-$	−0.31
$Zn(OH)_2+2e^- \rightleftharpoons Zn+2OH^-$	−1.245	$Cu(OH)_2+2e^- \rightleftharpoons Cu+2OH^-$	−0.224
$ZnO_2^{2-}+2H_2O+2e^- \rightleftharpoons Zn+4OH^-$	−1.216	$NO_3^-+2H_2O+3e^- \rightleftharpoons NO+4OH^-$	−0.14
$N_2+4H_2O+4e^- \rightleftharpoons N_2H_4+4OH^-$	−1.15	$CrO_4^{2-}+4H_2O+3e^- \rightleftharpoons Cr(OH)_3+5OH^-$	−0.13
$NiS(\gamma)+2e^- \rightleftharpoons Ni+S^{2-}$	−1.04	$[Cu(NH_3)_2]^++e^- \rightleftharpoons Cu+2NH_3$	−0.12
$[Zn(NH_3)_4]^{2+}+2e^- \rightleftharpoons Zn+4NH_3$	−1.04	$[Cu(NH_3)_4]^{2+}+2e^- \rightleftharpoons Cu+4NH_3$	−0.05
$FeS+2e^- \rightleftharpoons Fe+S^{2-}$	−0.95	$MnO_2+2H_2O+2e^- \rightleftharpoons Mn(OH)_2+2OH^-$	−0.05
$SO_4^{2-}+H_2O+2e^- \rightleftharpoons SO_3^{2-}+2OH^-$	−0.93	$[Cu(NH_3)_4]^{2+}+e^- \rightleftharpoons [Cu(NH_3)_2]^++2NH_3$	−0.01
$PbS+2e^- \rightleftharpoons Pb+S^{2-}$	−0.93	$NO_3^-+H_2O+2e^- \rightleftharpoons NO_2^-+2OH^-$	0.01
$HSnO_2^-+H_2O+2e^- \rightleftharpoons Sn+3OH^-$	−0.909	$Ag(S_2O_3)_2^{3-}+e^- \rightleftharpoons Ag+2S_2O_3^{2-}$	0.017
$CoS(\alpha)+2e^- \rightleftharpoons Co+S^{2-}$	−0.90	$S_4O_6^{2-}+2e^- \rightleftharpoons 2S_2O_3^{2-}$	0.08
$Fe(OH)_2+2e^- \rightleftharpoons Fe+2OH^-$	−0.877	$[Co(NH)_6]^{3+}+e^- \rightleftharpoons [Co(NH)_6]^{2+}$	0.108
$SnS+2e^- \rightleftharpoons Sn+S^{2-}$	−0.87	$Mn(OH)_3+e^- \rightleftharpoons Mn(OH)_2+OH^-$	0.15
$NiS(\alpha)+2e^- \rightleftharpoons Ni+S^{2-}$	−0.83	$Co(OH)_3+e^- \rightleftharpoons Co(OH)_2+OH^-$	0.17
$[Co(CN)_6]^{3-}+e^- \rightleftharpoons [Co(CN)_6]^{4-}$	−0.83	$2IO_3^-+6H_2O+10e^- \rightleftharpoons I_2+12OH^-$	0.21
$2H_2O+2e^- \rightleftharpoons H_2+2OH^-$	−0.828	$PbO_2+H_2O+2e^- \rightleftharpoons PbO+2OH^-$	0.247
$CuS+2e^- \rightleftharpoons Cu+S^{2-}$	−0.76	$IO_3^-+3H_2O+6e^- \rightleftharpoons I^-+6OH^-$	0.26
$Ni(OH)_2+2e^- \rightleftharpoons Ni+2OH^-$	−0.72	$MnO_4^-+4H_2O+5e^- \rightleftharpoons Mn(OH)_2+6OH^-$	0.34
$HgS(黑)+2e^- \rightleftharpoons Hg+S^{2-}$	−0.69	$[Fe(CN)_6]^{3-}+e^- \rightleftharpoons [Fe(CN)_6]^{4-}$	0.356
$SbO_2^-+2H_2O+3e^- \rightleftharpoons Sb+4OH^-$	−0.675	$[Ag(NH_3)_2]^++e^- \rightleftharpoons Ag+2NH_3$	0.373
$AsO_4^{3-}+2H_2O+2e^- \rightleftharpoons AsO_2^-+4OH^-$	−0.67	$O_2+2H_2O+4e^- \rightleftharpoons 4OH^-$	0.401
$Ag_2S+e^- \rightleftharpoons 2Ag+S^{2-}$	−0.66	$2BrO^-+2H_2O+2e^- \rightleftharpoons Br_2+4OH^-$	0.45
$SO_3^{2-}+3H_2O+4e^- \rightleftharpoons S+6OH^-$	−0.66	$Ag_2CrO_4+2e^- \rightleftharpoons 2Ag+CrO_4^{2-}$	0.464
$Au(CN)_2^-+e^- \longleftarrow Au+2CN^-$	−0.611	$IO^-+H_2O+2e^- \rightleftharpoons I^-+2OH^-$	0.485
$PbO+H_2O+2e^- \rightleftharpoons Pb+2OH^-$	−0.58	$ClO^-+H_2O+e^- \rightleftharpoons 1/2Cl_2+2OH^-$	0.49
$2SO_3^{2-}+3H_2O+4e^- \rightleftharpoons S_2O_3^{2-}+6OH^-$	−0.571	$BrO_3^-+2H_2O+4e^- \rightleftharpoons BrO^-+4OH^-$	0.54

续表

电极反应	$E_b^{\ominus}$/V	电极反应	$E_b^{\ominus}$/V
$MnO_4^- + e^- \rightleftharpoons MnO_4^{2-}$	0.558	$BrO^- + H_2O + 2e^- \rightleftharpoons Br^- + 2OH^-$	0.761
$ClO_4^- + 4H_2O + 8e^- \rightleftharpoons Cl^- + 8OH^-$	0.56	$ClO^- + H_2O + 2e^- \rightleftharpoons Cl^- + 2OH^-$	0.89
$MnO_4^{2-} + 2H_2O + 2e^- \rightleftharpoons MnO_2 + 4OH^-$	0.603	$Cu^{2+} + 2CN^- + e^- \rightleftharpoons [Cu(CN)_2]^-$	1.12
$BrO_3^- + 3H_2O + 6e^- \rightleftharpoons Br^- + 6OH^-$	0.61	$MnO_4^- + 2H_2O + 3e^- \rightleftharpoons MnO_2 + 4OH^-$	1.23
$ClO_3^- + 3H_2O + 6e^- \rightleftharpoons Cl^- + 6OH^-$	0.63	$O_3 + H_2O + 2e^- \rightleftharpoons O_2 + 2OH^-$	1.24
$FeO_4^{2-} + 4H_2O + 3e^- \rightleftharpoons Fe(OH)_3 + 5OH^-$	0.72	$F_2 + 2e^- \rightleftharpoons 2F^-$	2.866

附录Ⅷ 条件电极电势

电极反应	$E^{\ominus\prime}$/V	介质
$Ag^+ + e^- \rightleftharpoons Ag$	0.792	$1mol \cdot L^{-1}$ $HClO_4$
	0.228	$1mol \cdot L^{-1}$ HCl
	0.59	$1mol \cdot L^{-1}$ NaOH
$H_3AsO_4 + 2H^+ + 2e^- \rightleftharpoons H_3AsO_3 + H_2O$	0.577	$1mol \cdot L^{-1}$ HCl, $HClO_4$
	0.07	$1mol \cdot L^{-1}$ NaOH
	−0.16	$5mol \cdot L^{-1}$ NaOH
$Au^{3+} + 2e^- \rightleftharpoons Au^+$	1.27	$0.5mol \cdot L^{-1}$ H_2SO_4(氧化金饱和)
	1.26	$1mol \cdot L^{-1}$ HNO_3(氧化金饱和)
	0.93	$1mol \cdot L^{-1}$ HCl
$Au^{3+} + 3e^- \rightleftharpoons Au$	0.30	7～$8mol \cdot L^{-1}$ NaOH
$Ce^{4+} + e^- \rightleftharpoons Ce^{3+}$	1.70	$1mol \cdot L^{-1}$ $HClO_4$
	1.71	$2mol \cdot L^{-1}$ $HClO_4$
	1.75	$4mol \cdot L^{-1}$ $HClO_4$
	1.82	$6mol \cdot L^{-1}$ $HClO_4$
	1.87	$8mol \cdot L^{-1}$ $HClO_4$
	1.61	$1mol \cdot L^{-1}$ HNO_3
	1.62	$2mol \cdot L^{-1}$ HNO_3
	1.61	$4mol \cdot L^{-1}$ HNO_3
	1.56	$8mol \cdot L^{-1}$ HNO_3
	1.44	$1mol \cdot L^{-1}$ H_2SO_4
	1.44	$0.5mol \cdot L^{-1}$ H_2SO_4
	1.43	$2mol \cdot L^{-1}$ H_2SO_4
	1.28	$1mol \cdot L^{-1}$ HCl
$Co^{3+} + e^- \rightleftharpoons Co^{2+}$	1.84	$3mol \cdot L^{-1}$ HNO_3
$Cr^{3+} + e^- \rightleftharpoons Cr^{2+}$	−0.40	$5mol \cdot L^{-1}$ HCl
$Cr_2O_7^{2-} + 14H^+ + 6e^- \rightleftharpoons Cr^{3+} + 7H_2O$	0.93	$0.1mol \cdot L^{-1}$ HCl
	0.97	$0.5mol \cdot L^{-1}$ HCl
	1.00	$1mol \cdot L^{-1}$ HCl
	1.05	$2mol \cdot L^{-1}$ HCl

续表

电极反应	$E^{\ominus\prime}/V$	介质
	1.08	$3mol \cdot L^{-1}$ HCl
	1.15	$4mol \cdot L^{-1}$ HCl
	0.92	$0.1mol \cdot L^{-1}$ H_2SO_4
	1.08	$0.5mol \cdot L^{-1}$ H_2SO_4
	1.10	$2mol \cdot L^{-1}$ H_2SO_4
	1.15	$4mol \cdot L^{-1}$ H_2SO_4
	0.84	$0.1mol \cdot L^{-1}$ $HClO_4$
	1.10	$0.2mol \cdot L^{-1}$ $HClO_4$
	1.025	$1mol \cdot L^{-1}$ $HClO_4$
	1.27	$1mol \cdot L^{-1}$ HNO_3
$CrO_4^{2-}+2H_2O+3e^- \rightleftharpoons CrO_2^-+4OH^-$	−0.12	$1mol \cdot L^{-1}$ NaOH
$Cu^{2+}+e^- \rightleftharpoons Cu^+$	−0.09	pH=14
$Fe^{3+}+e^- \rightleftharpoons Fe^{2+}$	0.73	$0.1mol \cdot L^{-1}$ HCl
	0.72	$0.5mol \cdot L^{-1}$ HCl
	0.70	$1mol \cdot L^{-1}$ HCl
	0.69	$2mol \cdot L^{-1}$ HCl
	0.68	$3mol \cdot L^{-1}$ HCl
	0.64	$5mol \cdot L^{-1}$ HCl
	0.68	$0.1mol \cdot L^{-1}$ H_2SO_4
	0.674	$0.5mol \cdot L^{-1}$ H_2SO_4
	0.68	$4mol \cdot L^{-1}$ H_2SO_4
	0.735	$0.1mol \cdot L^{-1}$ $HClO_4$
	0.732	$1mol \cdot L^{-1}$ $HClO_4$
	0.46	$2mol \cdot L^{-1}$ H_3PO_4
	0.70	$1mol \cdot L^{-1}$ HNO_3
	−0.68	$10mol \cdot L^{-1}$ NaOH
	0.51	$1mol \cdot L^{-1}$ HCl+$0.5mol \cdot L^{-1}$ H_3PO_4
$2Hg^{2+}+2e^- \rightleftharpoons Hg_2^{2+}$	0.920	$1mol \cdot L^{-1}$ $HClO_4$
	0.28	$1mol \cdot L^{-1}$ HCl
$Hg_2^{2+}+2e^- \rightleftharpoons 2Hg$	0.33	$0.1mol \cdot L^{-1}$ KCl
	0.28	$1mol \cdot L^{-1}$ KCl
	0.25	饱和 KCl
	0.66	$4mol \cdot L^{-1}$ $HClO_4$
	0.274	$1mol \cdot L^{-1}$ HCl
$I_3^-+2e^- \rightleftharpoons 3I^-$	0.5446	$0.5mol \cdot L^{-1}$ H_2SO_4
$I_2(aq)+2e^- \rightleftharpoons 2I^-$	0.6276	$0.5mol \cdot L^{-1}$ H_2SO_4
$Mn^{3+}+e^- \rightleftharpoons Mn^{2+}$	1.50	$7.5mol \cdot L^{-1}$ H_2SO_4
$MnO_4^-+8H^++5e^- \rightleftharpoons Mn^{2+}+4H_2O$	1.45	$1mol \cdot L^{-1}$ $HClO_4$
$O_2+2H_2O+4e^- \rightleftharpoons 4OH^-$	0.41	$1mol \cdot L^{-1}$ NaOH
$Sb^{5+}+2e^- \rightleftharpoons Sb^{3+}$	0.82	$6mol \cdot L^{-1}$ HCl
	0.75	$3.5mol \cdot L^{-1}$ HCl

续表

电极反应	$E^{\ominus\prime}$/V	介 质
$Sn^{4+} + 2e^- \rightleftharpoons Sn^{2+}$	0.14	$1mol \cdot L^{-1} HCl$
	0.13	$2mol \cdot L^{-1} HCl$
	−0.16	$1mol \cdot L^{-1} HClO_4$
$SnCl_4^{2-} + 2e^- \rightleftharpoons Sn + 4Cl^-$	−0.19	$1mol \cdot L^{-1} HCl$
$SnCl_6^{2-} + 2e^- \rightleftharpoons SnCl_4^{2-} + 2Cl^-$	0.14	$1mol \cdot L^{-1} HCl$
	0.10	$5mol \cdot L^{-1} HCl$
	0.07	$0.1mol \cdot L^{-1} HCl$
	0.40	$4.5mol \cdot L^{-1} H_2SO_4$
$Ti^{4+} + e^- \rightleftharpoons Ti^{3+}$	−0.05	$1mol \cdot L^{-1} H_3PO_4$
	−0.15	$5mol \cdot L^{-1} H_3PO_4$
	−0.24	$0.1mol \cdot L^{-1} KSCN$
	−0.01	$0.2mol \cdot L^{-1} H_2SO_4$
	0.12	$2mol \cdot L^{-1} H_2SO_4$

注：附录Ⅳ～Ⅷ数据主要源于“*CRC Handbook of Chemistry and Physics* 82th”。

参考文献

[1] 贾之慎，张仕勇. 无机及分析化学. 2版. 北京：高等教育出版社，2008.
[2] 钟国清，朱元云. 无机及分析化学. 北京：科学出版社，2011.
[3] 刘玉林，刘宜树，王传虎. 无机及分析化学. 北京：科学出版社，2011.
[4] 武汉大学主编. 分析化学. 5版. 北京：高等教育出版社，2006.
[5] 大连理工大学无机化学教研室编. 无机化学. 5版. 北京：高等教育出版社，2006.
[6] 曲保中，朱炳林，周伟红.新大学化学.北京：科学出版社，2002.
[7] 周志华.化学与生活·社会·环境.南京：江苏教育出版社，2009.
[8] 沈玉龙，曹文华.绿色化学. 北京：中国环境科学出版社，2009.
[9] 徐培珍，赵斌，孙尔康.化学实验与化学生活.南京：南京大学出版社，2008.
[10] 傅献彩，魏元训，芦昌盛. 大学化学. 2版. 北京：高等教育出版社，2019.
[11] 周享春.普通化学. 2版. 北京：北京大学出版社，2020.